U0313853

炼钢工程施工管理与施工技术

中国十七冶集团有限公司　编著

北　京

冶 金 工 业 出 版 社

2017

内 容 简 介

本书详细介绍了炼钢工程的施工技术与组织管理等。全书内容主要包括炼钢连铸生产工艺简介、施工组织与策划、土建工程施工技术、钢结构制作及安装、炼钢机械设备安装、工业管道安装技术、炼钢电气工程施工、季节性施工技术、施工进度计划及控制、劳动力管理及控制、工程项目管理及工程施工实例等。

本书以实用为主，旨在使读者通过本书了解和掌握炼钢连铸工程的施工管理与施工技术。

本书可供冶金建设单位施工管理人员、施工技术人员使用，也可供建筑施工企业技术管理人员、设计单位以及高等院校相关专业师生等参考。

图书在版编目（CIP）数据

炼钢工程施工管理与施工技术/中国十七冶集团有限公司
编著 . —北京：冶金工业出版社，2017. 1
ISBN 978-7-5024-7301-3

Ⅰ. ①炼…　Ⅱ. ①中…　Ⅲ. ①炼钢设备—设备安装—施工
管理　Ⅳ. ①TF31

中国版本图书馆 CIP 数据核字（2016）第 212079 号

出 版 人　谭学余
地　　址　北京市东城区嵩祝院北巷 39 号　邮编　100009　电话　（010）64027926
网　　址　www. cnmip. com. cn　电子信箱　yjcbs@ cnmip. com. cn
责任编辑　杨盈园　美术编辑　彭子赫　版式设计　彭子赫
责任校对　石　静　责任印制　李玉山
ISBN 978-7-5024-7301-3
冶金工业出版社出版发行；各地新华书店经销；三河市双峰印刷装订有限公司印刷
2017 年 1 月第 1 版，2017 年 1 月第 1 次印刷
787mm×1092mm　1/16；36.5 印张；904 千字；564 页
108.00 元
冶金工业出版社　投稿电话　（010）64027932　投稿信箱　tougao@ cnmip. com. cn
冶金工业出版社营销中心　电话　（010）64044283　传真　（010）64027893
冶金书店　地址　北京市东四西大街 46 号（100010）　电话　（010）65289081（兼传真）
冶金工业出版社天猫旗舰店　yjgycbs. tmall. com
（本书如有印装质量问题，本社营销中心负责退换）

编辑委员会

主　　　任	喻世功				
副 主 任	刘安义	尹万云			
委　　　员	（按姓氏拼音为序）				
	柴文杰	金仁才	孔　炯	雷团结	刘祖国
	刘惠林	庞遵富	邵传林	施光涛	石瑞先
	时华钢	吴梦菊	夏显胜	周　兴	
编　　　辑	庞遵富	邵传林			
审　　　稿	金仁才	柴文杰	庞遵富	刘祖国	石瑞先
	时华钢	邵传林			

各章撰稿

第 1 章	庞遵富		
第 2 章	周　兴	柴文杰	邵传林
第 3 章～第 4 章	刘祖国	石瑞先	祝　旻
第 5 章	陈　刚	刘世民	
第 6 章	李学瀛	刘祖国	石瑞先
	雷团结	刘家宽	刘　伟
	陶金福	李善华	
第 7 章～第 8 章	刘惠林	伍科亮	张　强
	汤林生		
第 9 章～第 11 章	孔　炯	吴梦菊	时小兵
	张伟良	孙　亮	孙柏荣
	赵佳佳	房　政	伍广扬
	高忠明	杨鸿福	崔世杰
	朱道付	吴　兵	王　毅
	王　峰	朱荣国	张鸿羽
第 12 章～第 14 章	祝　旻	吴　波	张　伟
第 15 章	夏显胜	时华钢	史朝华
	胡世杰		
第 16 章	庞遵富		

前　言

　　钢铁工业是国民经济建设的基础工业，钢铁产品是国家发展的物质保障之一。钢铁工业发展水平也是国家经济水平和综合国力的重要标志。随着国际产业的转移和我国国民经济的快速发展，我国钢铁工业取得了巨大成就。我国钢铁工业不仅为我国国民经济的快速发展做出了重大贡献，也为世界经济的繁荣和世界钢铁工业的发展起到了积极的促进作用。

　　进入新世纪，炼钢工业向规模化、集成化、自动化、环保节约化发展，钢铁冶炼的技术、装备和建设技术不断发展创新，中国十七冶集团有限公司（以下简称：中国十七冶）作为在基本建设战线上的施工劲旅和世界知名承包商，拥有"双特双甲"资质，机电、市政、公路等施工总承包一级和房地产开发一级资质。

　　中国十七冶从成立之初至今一直活跃在冶金工程领域，承接了马钢、宝钢、武钢、莱钢等国内几十个大型钢铁企业的建设工程，其中炼钢连铸工程建设水平处于国内领先水平，代表着该领域的国际先进水平，在国内冶金建设领域尤其是炼钢工程建设领域具有较大的影响力及市场占有率，是冶金建设运营服务"国家队"主力成员。

　　中国十七冶在多年炼钢、连铸工程实践中，坚持科技创新引领企业发展。目前中国十七冶在冶金工程领域拥有授权专利180余项，其中发明专利近20项，国家级工法5项，省部级工法20项，主编国家标准2项。为了进一步推动我国炼钢技术的发展，中国十七冶结合多年从事炼钢工程施工项目经验，组织编写了本书。

　　本书比较全面地对当今炼钢连铸工程建造生产技术和管理等各方面进行了系统的总结，书中素材均来源于施工工程实践，具有较强的应用指导价值。本书对炼钢连铸工程施工项目的施工组织、施工技术、项目管理进行了阐述，对主要设备和工艺做了介绍，并尽可能地将一些近年来的科技进步成果写入书中，为了突出实用性还列举了一些实例供读者参考。本书的编写得到了中冶集团及十七冶的高度重视，凝聚了十七冶广大施工技术人员的心血和智慧，在此对参与编撰本书的同仁表示衷心的感谢！

本书的编写和出版工作得到了相关单位的大力支持，同时书中引用了有关专著和论文的资料及数据，在此一并表示诚挚的谢意！

由于编者水平和知识面所限，书中如有不妥之处，恳请读者批评指正。

编 者
2016 年 5 月

目　　录

1 概　　述

1.1 炼钢生产发展史简述

1.1.1 世界炼钢生产发展史简介

1.1.1.1 炼钢发展概况

钢铁工业是现代工业的基础产业。它直接关系到一个国家的经济发展，过去常以钢铁的产量、消费量、人均钢铁数量的多少来衡量其国家经济发展水平。

现代钢铁工业始于19世纪初期，至今已有百多年历史，但直到第二次世界大战前，世界钢铁产量仍很有限，生产国也不多，分布也较集中。1937年总产量为1.1亿多吨，而美国、西欧和苏联则占到总量的87.5%。战后，尤其是20世纪50年代以来，世界钢铁工业突飞猛进地向前发展，产量倍增。1950年只有1.89亿吨，1968年则超过5亿吨，到1979年达到7.4亿吨，年平均增长1900万吨。同期，钢铁产量在1000万吨以上的国家由4个增加到16个，并出现了设备能力超过1亿吨的国家。1990年世界钢铁产量为7.7亿吨。

进入20世纪80年代后，世界性经济危机造成市场萎缩，能源供给紧张，发达国家产业结构进行大调整，造成钢铁工业开工不足，产量停滞，增速放缓，总量维持在7亿吨左右。这期间，我国钢产量却迅猛发展，而近年突显产能过剩。

1.1.1.2 炼钢方法的演变过程

金属冶炼技术早在我国春秋、战国时代就已出现，但现代炼钢技术世界公认的时间为1740年出现的坩埚法炼钢技术。它是将生铁和废铁装入由石墨和黏土制成的坩埚内，用火焰加热熔化炉料之后，将熔化的炉料浇成钢锭。

1856年英国人亨利·贝塞麦发明了酸性空气底吹转炉炼钢法，也称为贝塞麦法。第一次解决了用铁水直接冶炼钢水的难题，从而使炼钢的质量得到提高，但此法要求铁水的硅含量大于0.8%，而且不能脱硫，目前已被淘汰。

1865年德国人马丁利用蓄热室原理发明了以铁水、废钢为原料的酸性平炉炼钢法，即马丁炉法。1880年出现了第一座碱性平炉。由于其成本低、炉容大，同时原料的适应性强，平炉炼钢法一时成为主要的炼钢法。

1878年英国人托马斯发明了碱性炉衬的底吹转炉炼钢法，即托马斯法。他是在吹炼过程中加石灰造碱性渣，从而解决了高磷铁水脱磷问题。但托马斯法的缺点是炉子寿命低，钢水中氮的含量高。

1899年出现了完全依靠废钢为原料的电弧炉炼钢法（EAF），解决了充分利用废钢炼钢的问题，此炼钢法自问世以来，一直在不断发展，是当前主要的炼钢方法之一。电弧炉设备组成如图1-1所示。

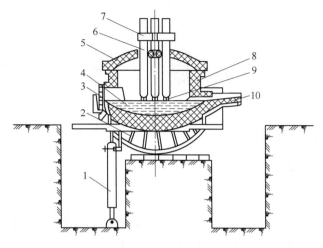

图 1-1　电弧炉设备组成示意图

1—倾动机构；2—摇架；3—炉门；4—熔池；5—炉盖；6—电极；
7—电极夹持器；8—炉体；9—电弧；10—出钢槽

瑞典人罗伯特·杜勒首先进行了氧气顶吹转炉炼钢的试验，并获得了成功。1952 年奥地利的林茨城（Linz）和多纳维兹城（Donawitz）先后建成了 30t 的氧气顶吹转炉车间并投入生产，所以此法也称为 LD 法。氧气顶吹转炉如图 1-2 所示。

1965 年加拿大液化气公司研制成双层管氧气喷嘴，1967 年联邦德国马克西米利安钢铁公司引进此技术并成功开发了底吹氧转炉炼钢法，即 OBM 法（Oxygen Bottom Maxhuette）。1971 年美国钢铁公司引进 OBM 法，1972 年建设了 3 座 200t 底吹转炉，命名为 Q-BOP（Quiet BOP）。

在顶吹氧气转炉炼钢发展的同时，1978～1979 年成功开发了转炉顶底复合吹炼工艺，即从转炉上方供给氧气（顶吹氧），从转炉底部供给惰性气体或氧气，它不仅提高钢的质量，而且降低了炼钢消耗和吨钢成本。转炉顶底复合吹炼钢是目前最主要的炼钢方法之一。

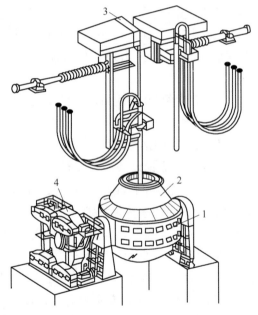

图 1-2　氧气顶吹转炉

1—转炉支撑系统；2—转炉；
3—氧枪升降机构；4—转炉倾动机械

1972～1973 年我国首先在沈阳第一炼钢厂成功开发了全氧侧吹转炉炼钢工艺，并在唐钢等企业推广应用。目前该方法已不再使用。

1.1.1.3　炼钢新技术

炼钢技术经过 200 多年的发展，技术水平、自动化程度有了很大的提高，各种新技术不断出现。

（1）提高炉龄技术。氧气顶吹转炉炼钢的突出特点是冶炼时间短，生产效率高，炉龄是发挥其特点的关键因素，也是一项重要的技术经济指标。LD 转炉发展初期，炉龄只有 100～300 炉，生产效率较低，转炉炼钢车间一般要布置 3 座转炉，2 座生产，1 座交替更换炉衬，简称三吹二。通过改变炉衬材料，改善冶炼操作方法，采用溅渣护炉新工艺，炉龄不断提高，最高可达 30000 炉，转炉炼钢不再是三吹二，而是二吹二，一两年可以不换炉衬。

（2）炉外精炼技术。炉外精炼是将转炉、平炉、电炉炼出来的成品或半成品钢液，在另外的某种专门设备中进行脱碳、脱硫、脱氧、去气等处理，以获得高质量钢液的炼钢方法。炉外精炼方法很多，常用的有真空循环脱气法（RH），钢包吹氩法（CAS），钢包精炼炉法（LF），真空罐内钢包吹氧脱气法（VOD）等。

（3）铁水预处理技术。铁水预处理是指在铁水兑入炼钢炉之前，对其进行脱除杂质元素或从铁水中回收有用元素的一种铁水处理工艺。普通铁水预处理包括脱硫、脱硅、脱磷处理过程；特殊铁水预处理是针对铁水中的特殊元素进行提纯精炼或资源综合利用而进行的处理过程，如提钒、提铌、提钨等。普通铁水预处理主要方法有投入脱硫剂法、机械搅拌法，铁水容器搅拌法和喷吹法等。

（4）烟气除尘、煤气回收技术。炼钢烟气除尘、煤气回收分为湿法、干法和半干法 3 种，最具代表性的是 OG 湿法工艺、LT 干法工艺和高效节水型塔文工艺。炼钢煤气回收利用率不断提高，国外先进钢铁企业已实现负能炼钢。

（5）大型化技术。自 1952 年 11 月奥地利林茨钢厂第一台 30t 氧气顶吹（LD）投产以来，转炉容积不断扩大。1980 年世界上共有转炉 554 座，其中 100t 以下的只有 184 座（多数在中国），100～200t 的有 205 座，200t 以上的有 165 座，其中最大转炉 400t（苏联）。1985 年 9 月上海宝钢 300t 转炉建成投产，开创了我国大型化转炉建设的新纪元。大型化是提高转炉炼钢生产效率的最有效方法之一。

1.1.2　我国炼钢生产发展简述

1.1.2.1　新中国成立之前我国钢铁工业简介

我国是世界上用铁最早的国家之一。早在 2500 年前的春秋、战国时期，就已生产和使用铁器，逐步由青铜时代过渡到铁器时代。公元前 513 年，赵国铸的"刑鼎"就是我国掌握冶炼液态铁和铸造技术的见证，而欧洲各国到 14 世纪才炼出液态生铁。

冶炼技术在我国的发展，表现了我国古代劳动人民的伟大创造力，有力地促进了我国封建社会的经济繁荣。但是，到了 18 世纪，特别是清王朝时期，实行闭关锁国政策，隔断了与欧洲工业国家的技术交流，钢铁业和其他行业一样发展非常缓慢。与此同时，欧洲爆发了工业革命。19 世纪英国和俄国首先把高炉鼓风动力改为蒸汽机，使炼铁炉的规模不断扩大。不久英国又用高炉煤气把鼓风预热，逐渐产生了现代高炉的雏形。当钢铁生产向着大型化、机械化、电气化方向发展，冶炼技术不断完善的时候，中国却与外界隔绝，钢铁生产发展迟缓。直到 1891 年，清末张之洞首次在汉阳建造了两座日产

100t 生铁的高炉，迈出了我国近代炼铁生产的第一步。之后，又先后在鞍山、本溪、石景山、太原、马鞍山、唐山等地修建了高炉。1943 年是我国新中国成立前钢铁产量最高的一年（包括东三省在内）生铁产量 180 万吨，钢产量 90 万吨，居世界第 16 位。后来由于连年战争的破坏，到了 1949 年，生铁年产量仅为 25 万吨，钢年产量 15.8 万吨。

1.1.2.2　改革开放前我国炼钢生产简述

新中国成立后，钢铁工业逐步得到恢复、发展，经过解放初期 3 年恢复生产，在原苏联援助下建设了鞍钢、武钢、包钢、齐齐哈尔等钢铁厂。1953 年生铁产量就达到了 190 万吨，超过了历史最高水平。到了 1957 年钢产量达到 535 万吨。1958 年提出"大跃进"、"全民大炼钢铁"、"为 1070 万吨钢而奋斗"、"赶英超美"等口号；1966 年又开始了长达 10 年的"文革"运动，对我国钢铁工业的健康发展造成严重影响。

随着三线建设的推进，钢铁工业整体布局又进一步展开，在我国西南、西北地区先后建设了攀钢、酒钢、成都无缝钢管厂、长城钢厂、西宁特钢等钢铁生产基地。

总的来说，在改革开放前的 30 年里，我国长期处于相对封闭的国际环境中，无法共享这一时期世界钢铁工业突飞猛进的技术进步成果，具有现代化水平的先进工艺装备几乎为零。直到 1978 年，以武钢 1.7m 轧机和冷轧硅钢片为标志的三厂一车间的建成投产，中国才算有了现代化的钢铁生产工艺装备。1978 年我国钢产量为 3178 万吨，占世界钢产量的 4.5%。

1.1.2.3　最近 30 年我国炼钢生产简述

1978 年党的十一届三中全会召开后，我国实行改革开放政策，1993 年又进一步告别计划经济体制，走上了社会主义市场经济道路，四个现代化建设的蓬勃发展，为我国钢铁工业大发展提供了机遇。

1978 年 12 月 23 日上海宝钢开工建设，之后又建设了天津大无缝等具备世界先进水平的现代化大型钢铁企业。一些老的大型钢铁企业如鞍钢、武钢、首钢、包钢等也进行升级改造，淘汰了平炉炼钢等多项落后工艺，引进或自主开发了一批具有现代化水平的生产线和装配，产能提高、能耗降低。同时，一大批中型钢铁企业如邯钢、唐钢、莱钢、济钢、安钢、马钢、宣钢等也全面升级改造，扩大了生产规模，跻身大型钢铁企业行列。

随着改革开放不断深入发展，民间资本和外资也进入过去国有经济一统天下的钢铁行业，如沙钢、兴澄、海鑫、建龙、国丰等钢铁企业相继出现和崛起，为我国钢铁工业增添了新的生机与活力。市场竞争机制的推动，国民经济的快速增长及世界经济一体化的发展趋势，为钢铁工业的发展注入了强大的内在动力，提供了巨大的发展空间，我国钢铁工业步入了一个前所未有的快速发展轨道。1986 年钢产量超过 5000 万吨，1996 年首次跨过一亿吨大关，超过日本、美国，成为世界第一产钢大国，实现了"赶英超美"。2005 年生铁产量约 3 亿吨，2012 年粗钢产量达到 7.17 亿吨，占世界钢产量的 60% 以上。

改革开放以来，我国钢铁工业取得了长足发展，为国民经济持续、稳定、健康发展做出了重要贡献。随着世界经济发展速度放缓，我国经济结构的调整，钢铁工业的发展势头也随之趋缓。

我国仍处在加快工业化、城镇化的发展阶段，对钢铁产品的需求还会增加，钢铁工业还要发展，这是总的趋势。

1.2 炼钢连铸生产和工艺流程

1.2.1 转炉炼钢生产和工艺流程

1.2.1.1 转炉炼钢法的种类

转炉炼钢法是以铁水为主要原料的现代炼钢方法。炼钢炉由圆台形炉帽、圆柱形炉身和球缺形炉底组成。炉身周向固定在托圈上并可绕耳轴旋转，故而得名。转炉炼钢法一般分为空气转炉和氧气转炉两大类。空气转炉又分为酸性空气底吹转炉（贝塞麦炉）、碱性空气底吹转炉（托马斯炉）和碱性空气侧吹转炉 3 种。空气转炉是早期的主要炼钢方法，很多年之前已被淘汰。氧气转炉又分为氧气顶吹转炉（LD）、氧气底吹转炉（DBM）、氧气侧吹转炉和顶底复吹转炉 4 种。目前，新建、扩建钢厂多采用顶底复吹转炉炼钢法，其他方法正逐步被淘汰。

1.2.1.2 氧气顶底复吹转炉炼钢的特点

优点：

（1）冶炼速度快，生产效率高。

（2）钢的品种多，质量好。

（3）原材料消耗低，热效率高，在冶炼过程中不需要外加热能。

（4）可加入 10%~30% 的废钢。

（5）基建投资少，建设周期短。

（6）容易与连续铸钢工艺匹配。

缺点：吹损较高（10%），所炼钢种仍受到一定限制，环境污染较大。

1.2.1.3 转炉炼钢工艺流程

炼钢生产总体工艺流程是：铁水预处理→转炉吹氧冶炼→炉外精炼→连铸。

氧气顶吹转炉炼钢工艺流程如图 1-3 所示。

1.2.2 电弧炉炼钢生产和工艺流程

1.2.2.1 电炉炼钢的种类及其现状

电炉炼钢以电为能源的炼钢过程。电炉按设备种类分为电弧炉、感应电炉、电渣炉、电子束炉、自耗电弧炉等。电弧炉是以电弧为主要热源的电炉。电弧热源温度高达 4000℃以上，可以快速熔化炉内废钢。电炉冶炼过程一般分为熔化期、氧化期和还原期，在炉内不仅能造成氧化气氛，还能造成还原气氛，因此脱磷、脱硫的效率很高。目前，世界上电炉钢产量的 95% 以上都是由电弧炉生产的，因此电炉炼钢主要指电弧炉炼钢。

电弧炉是继平炉、转炉之后出现的又一种炼钢方法。电弧炉从诞生至今已有一百多年的历史。在这一百多年中，其发展速度虽然不如 20 世纪 60 年代前的平炉，也比不上 60 年代后的氧气转炉，但随着科学技术的不断进步，电炉钢的产量及其所占比例始终在稳步增长，目前已达 35% 左右。世界上现有较大型的电炉约 1400 座。电炉正在向大型化、超高功率以及电子计算机自动控制等方面发展，最大电炉容量为 400t。

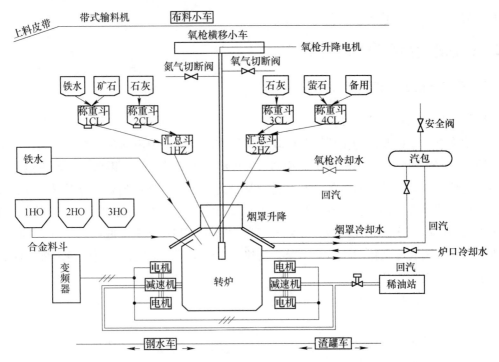

图 1-3　氧气顶吹转炉炼钢工艺流程图

1.2.2.2　电炉炼钢的特点

优点主要有：

（1）电炉炼钢的设备比较简单，投资少、基建速度以及资金回收快。

（2）电炉以废钢为主原料，增加了废钢的消耗速度，减少了废钢铁料对于空间的占用和污染。

（3）电炉能够冶炼熔点较高的钢种。在冶炼过程中，钢液的温度控制比较精确，终点温度的偏差可以控制在 5℃ 以内。

（4）电炉炼钢的热源主要来自于电弧，温度高达 4000℃ 以上，并直接作用于炉料，所以热效率高，一般在 65% 以上。

（5）电炉炼钢不仅可去除钢中的有害气体与夹杂物，还可脱氧、去硫、合金化等，故能冶炼出高质量的特殊钢种。

（6）电炉生产的组织比较简单，适应性强，可连续生产，也可间断生产，就是经过长期停产后恢复也较快。

（7）电炉炼钢可采用冷装或热装，不受炉料的限制，并可用较次的炉料熔炼出较好的高级优质钢或合金。

缺点主要有：

（1）电能消耗量大，我国电力供应不足。

（2）在电炉炼钢过程中，能分离出大量的 H、N 元素，使成品钢坯中的气体含量比转炉炼钢高。

（3）钢中残余元素多，如 Cu、Ni、Cr 富积。

（4）电炉炼一炉钢的时间比转炉长，效率低。

（5）电炉炼钢的工作环境比较差，噪声和弧光辐射对于工人的健康有影响，患职业病的可能性较大。

1.2.2.3　电炉炼钢工艺流程

电炉炼钢工艺操作过程包括补炉、装料、熔化、氧化、还原与出钢6个阶段。冶炼过程又常归结为熔化、氧化、还原三期。

传统电炉炼钢总体流程是：废钢收集→电炉冶炼→钢水铸造。

现代短流程电炉炼钢总体流程是：废钢收集→电炉冶炼→炉外精炼→连铸。

现代短流程电炉炼钢工艺流程如图1-4所示。

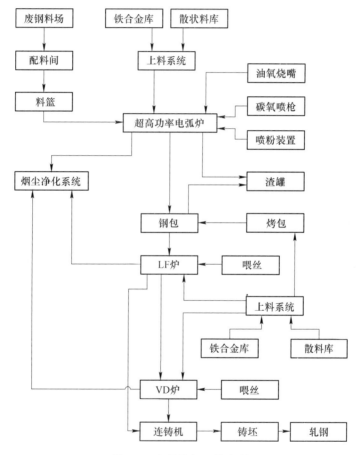

图1-4　电炉炼钢工艺流程

1.2.3　连铸生产和工艺流程

1.2.3.1　连铸机及其发展情况

连铸为连续铸钢（Continuous Steel Casting）的简称。在炼钢生产过程中，使钢水凝固成型有两种方法：传统的模铸法和连续铸钢法。

连铸机按机型分为：立式、立弯式、直结晶器弧形、弧形、椭圆形、水平式几种。按连铸坯的形状分为：小方坯、大方坯、板坯、圆形坯、异形坯等。

1933 年德国人容汉斯第一次建成带振动、结晶器的连铸机，用于浇注铝合金。从 20 世纪 50 年代开始，连铸这项生产工艺开始在欧美国家的钢铁厂中应用，到了 80 年代，连铸技术作为主导技术逐步完善，并在世界各地主要产钢国得到广泛应用，到了 90 年代初，世界各主要产钢国已经实现了 90% 以上的连铸比。

我国虽然于 1964 年 6 月 24 日在重钢三厂建成第一台弧形连铸机，但连铸生产工艺发展缓慢，直到改革开放后才真正开始了对国外连铸技术的消化和移植；到 90 年代初我国的连铸比仅为 30%。连铸技术对钢铁工业生产流程的变革、产品质量的提高和结构优化等方面起了革命性的作用。我国自 1996 年成为世界第一产钢大国以来，连铸比逐年增加，2007 年连铸比达到了 96.95%。

1.2.3.2　连铸的特点

连铸与传统的模铸比较，其优点是：

（1）生产工序简化。

（2）金属收得率高。

（3）改善劳动条件，易于实现自动化。

（4）节约能量消耗。

（5）连铸坯易产生内部非金属夹杂物、裂纹、中心偏析、中心疏松等质量缺陷。

1.2.3.3　连铸生产工艺流程

弧形连铸机工艺设备结构如图 1-5 所示。

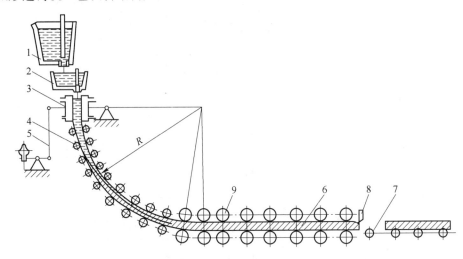

图 1-5　弧形连铸机示意图

1—钢包；2—中间包；3—结晶器；4—二冷段；5—振动装置；

6—铸坯；7—运输辊道；8—切割设备；9—拉坯矫直机

连铸生产工艺如下：

钢水→大包回转台→中间包→结晶器→二冷段→拉坯矫直→切割→运输→轧钢（坯库）

连铸生产工艺流程如图 1-6 所示。

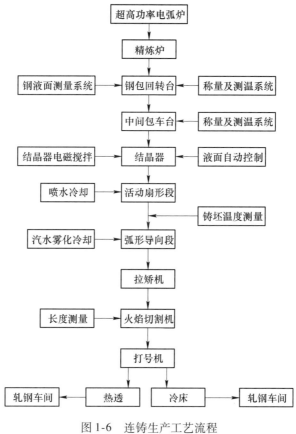

图 1-6　连铸生产工艺流程

1.3　炼钢车间布置及设备组成

1.3.1　炼钢车间布置

1.3.1.1　转炉车间布置

转炉炼钢生产主要由四大系统构成，即原料供应系统、吹炼、精炼与出钢系统、供氧系统、烟气净化与回收系统。

转炉炼钢车间的各主要作业是在车间的主要跨间、辅助跨间和附属跨间内完成的：

（1）主要跨间由转炉跨、接受跨、加料跨、精炼跨组成，又称为车间主厂房。在此要完成加料、吹炼、出钢、出渣、精炼、烟气净化等任务，是车间的主体和核心部分。

（2）辅助跨间包括废钢跨、铁水预处理（混铁炉）、炉渣、修包等跨间。

（3）附属跨间炼钢所需的石灰、白云石等原料的焙烧；机修、制氧、供水等系统，以及炉渣的处理、烟尘的处理等系统。

转炉车间的类型一般根据车间的生产规模、主厂房跨间布置来划分：

（1）按生产规模不同，车间可分为大型、中型、小型三类。目前在国内，一般年产钢量在 100 万吨以下的为小型转炉炼钢车间；年产钢量在 100 万~200 万吨的为中型车间；年产钢量在 200 万吨以上为大型车间。

（2）按主厂房的跨间数可以分为单跨式车间、双跨式车间和多跨式车间：

1）单跨式车间。这种车间是将炼钢生产的主要工序及设备布置在一个跨间的主厂房，其特点是车间厂房狭长、设备布置拥挤、劳动条件差、生产率低。这种形式目前已很少见了。

2）双跨式车间。双跨式车间的主厂房由主跨和副跨组成，如图1-7所示。一般在主跨内进行铁水贮存与供应、转炉吹炼、修包、散状材料供应等作业；在副跨内进行浇铸前的准备、浇铸、脱模、精整、出渣等作业。这种形式的厂房比单跨式增加了作业面积，减少了车间内的干扰，改善了劳动条件，有利于提高生产率和钢质量。过去我国小型转炉车间多采用这种布置。

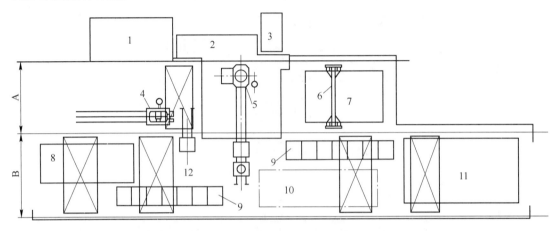

图1-7　双跨式车间布置图

1—散状原料间；2—烟气净化；3—化验室；4—铁水罐车；5—转炉；6—吊车；7—修炉区；8—翻渣区；
9—注坑；10—预留连铸机地区；11—精整区；12—钢水罐车；A—主跨；B—副跨

3）多跨式车间。多跨式车间其主厂房设有3个或3个以上的跨间，如图1-8所示。主厂房内设有加料跨、转炉跨、接受跨3个跨间，炼钢生产的主要工序分别在各个跨间内进行。这种类型的车间，各跨间的作业、吊车及物料运输线的专用化程度高，互相干扰减少，劳动条件也大大改善，适用于具有高生产率的大、中型车间。

1.3.1.2　电炉车间布置

现代短流程电炉炼钢车间一般设有原料跨、电炉跨、精炼跨、浇注跨和出坯跨：

（1）原料跨：布置炼钢所需的废钢、铁水、铁合金等各种原料。

（2）电炉跨：主要布置电炉本体设备及其操作设备。

（3）精炼跨：布置LF炉、VD炉及其操作设备。

（4）浇注跨和出坯跨布置连铸设备。

由于原料结构不同，生产操作习惯不同，物料接口不同，现代短流程电炉车间布置也是多种多样。目前，电炉炼钢车间布置形式分为同跨布置、垂直布置和多跨并列布置三种：

（1）同跨布置。电炉、LF炉、连铸钢包接收位布置在同一跨间内，如图1-9所示。电炉、LF精炼炉变压器布置在车间外。废钢跨与炉子跨垂直布置，由料槽车将废钢运至炉子跨。该车间布置紧凑，钢水包运输距离短，可减少行车作业时间，占地少，投资也少。缺点是车间贯通，横向风不好控制，车间除尘困难。

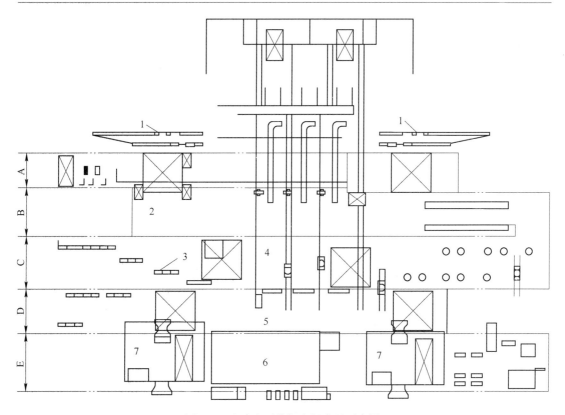

图 1-8 多跨大型炼钢车间布置示意图

A~E—A~E 跨；1—铁水运输车；2—炉子跨；3—铸锭台；4—1 号浇筑跨；
5—2 号浇筑跨；6—3 号浇筑跨；7—连铸机

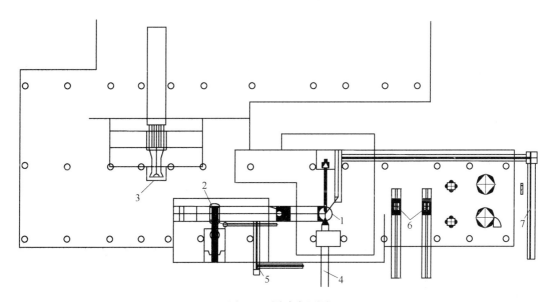

图 1-9 同跨布置图

1—电炉；2—LF 炉；3—连铸机；4—水冷烟道；5—铁合金上料皮带；6—废钢料车；7—石灰上料皮带

（2）垂直布置。电炉跨与精炼、浇注跨垂直布置，如图 1-10 所示。废钢用废钢料槽运输车运至电炉跨，铁水由铁水运输车从炼铁厂运至电炉跨。石灰、合金料分别由皮带和料罐运至高位料仓，再由加料系统装置分别向电炉和 LF 炉加料。铁水用行车将铁水包吊至炉前，由移动溜槽通过炉门将铁水直接加入电炉。垂直布置一般采用较少，多用于车间改造或因总图位置限制而采用。

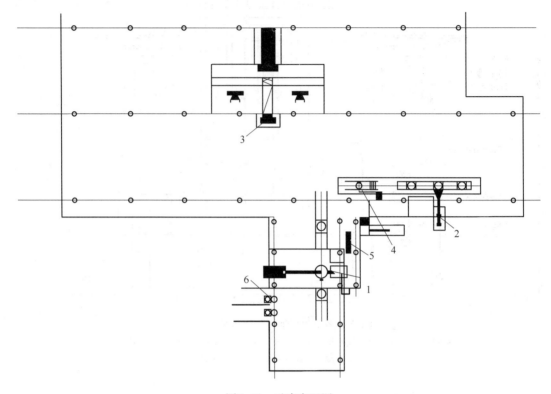

图 1-10　垂直布置图

1—电炉；2—LF 炉；3—连铸机；4—VD 炉；5—上料系统；6—废钢料车

（3）多跨并列布置。电炉跨、加料跨、精炼浇注跨多跨平行布置的一种布置形式，如图 1-11 所示。电炉跨外侧设一简易废钢跨，直接用料槽车，将废钢运至电炉跨。多跨布置一般将精炼跨中的 VD、VOD 或 RH 炉抽真空装置布置在加料跨，这样加料跨面积得以充分利用而不显空旷。生产特殊钢多采用多跨布置，因为特殊钢需要合金量较大且品种多，料仓数量较多，单独设置加料跨便于高位料仓布置，方便向各个用户点投料。

多跨并列布置建筑车间整体美观，但占地多，相比同跨布置投资会有所增加。

1.3.2　炼钢生产车间主要设备

1.3.2.1　转炉炼钢生产主要设备

原料供应系统：

（1）铁水预处理设备。普通铁水预处理的方法不同，涉及的预处理设备也不相同，包括测温设备及扒渣机等。

（2）铁水倒罐站设备。包括铁水包、吊运行车、铁水包移动台车等。

（3）混铁炉。小型炼钢车间往往不设铁水倒罐站而设混铁炉，包括炉体及倾动设备、

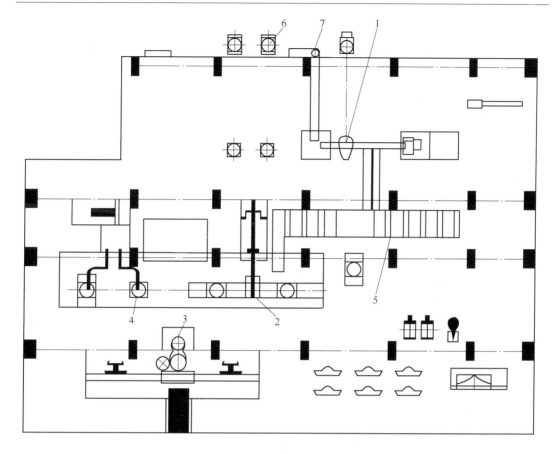

图 1-11 多跨并列布置

1—电炉；2—LF 炉；3—连铸机；4—VD 炉；5—上料系统；6—废钢料车；7—水冷烟道

铁水包等设备。

（4）废钢间设备。包括废钢料车、料槽、磁吸盘、行车等。

（5）铁合金供应设备。包括皮带机、料仓、溜槽、加料器等。

（6）石灰供应设备。包括上料皮带机、卸料车、料仓、称量料斗、溜槽等设备。

铁水冶炼、钢水精炼系统：

（1）转炉本体。包括炉子壳体、把持器、炉帽护板等。

（2）托圈。包括托圈（耳轴）及支撑轴承。

（3）倾动设备。包括电动机、一、二级减速机、制动器、扭力杆、润滑站等

（4）出钢、出渣设备。包括钢水包、钢包车、挡渣设备，钢渣罐及运输车。

（5）钢水精炼设备。炉外精炼方法较多，设备也各不相同，常用的有真空循环脱气炉（RH）、钢包吹氩站（CAS）、钢包精炼炉（LF）、钢包吹氧脱气炉（VOD）及其相关设备等。

供氧系统：

（1）氧枪、氧枪横移（更换）小车、氧枪升降设备及滑道。

（2）氧气阀门间设备。

（3）副枪系统设备。

烟气净化与煤气回收系统：

（1）烟气冷却设备。包括裙罩、移动冷却烟道及台车、固定冷却烟道等设备。

（2）烟气除尘、净化设备。湿法（OG）设备有一文、二文或喷雾洗涤塔；干法（LT）设备有蒸发冷却器、静电除尘器；半干法设备有蒸发冷却器、环缝可调喉口、脱水器等。

（3）煤气回收设备。包括引风机、水封器、三通阀、气柜，放散点火器等。

（4）蒸汽回收。包括蒸汽包及蒸汽管道。

1.3.2.2　电炉炼钢生产主要设备

机械设备：

（1）炉体设备。包括轨座、摇架、炉体、偏心倾动装置、倾动锁定装置、炉盖及提升、旋转装置、电极夹持器及升降、旋转装置、氧枪等。

（2）供料设备。包括废钢间行车、废钢破碎设备、废钢料车，铁水罐、石灰上料皮带机等。

（3）炉外精炼设备。包括钢包精炼炉（LF）系统设备、真空吹氧脱碳炉（VOD）系统设备、循环真空脱气精炼炉（RH）系统设备等。

电气设备：主要包括电炉炼钢车间变电所设备、高压隔离开关、高压断路器、电炉变压器、电抗器、电压、电流互感器、LF炉变压器及其供电设备、低压供电及操作电气设备等。

液压、气动设备：包括炉体倾动、电极升降、炉盖旋转液压站设备，炉门升降、加料阀开闭、电极夹头清灰启动装置等。

1.3.3　公辅设施

（1）原料供应：包括铁水运输铁路、废钢收集储存间、石灰车间等。

（2）能源供应：包括高、低压变电所、制氧站、冷却水泵房、空压机房等。

（3）废弃物处理、利用：包括钢渣处理、煤气回收、煤气放散、污水处理、二次除尘等。

1.4　连铸车间布置及设备组成

1.4.1　连铸车间布置

1.4.1.1　连铸车间组成

连铸车间由主厂房和辅助设施组成。全连铸主厂房一般由钢水接受跨、浇注跨、切割跨、出坯跨组成。

连铸机作业线上的中间罐和中间罐车、结晶器和结晶器振动装置、二冷段和喷水装置以及拉矫机等，一般设在浇注跨。切割跨主要进行铸坯的切割分段，布置剪机或火焰切割机、引锭杆和引锭杆存放装置，切头输送装置等。在出坯跨内进行铸坯精整和存放，内设出坯辊道、推（拉）钢机、冷床等。连铸机的电气室、液压站和操作控制室，一般设在主厂房靠连铸机的适当区域内。

连铸车间的辅助设施，一部分设在主厂房内，一部分设在主厂房外的独立区域内。中间罐的拆、修、砌，结晶器铜管（板）的拆装、更换对弧，扇形段辊子调整，更换对弧等工作，一般都在主厂房内进行。连铸水处理设施（包括循环泵站、沉淀池、过滤塔、冷却塔、加药装置、安全水塔和水质化验设施等）设在独立的区域。连铸主厂房一般靠近炼钢厂房设立，与炼钢厂房毗邻，有利于钢水的运送。

1.4.1.2　连铸车间布置形式

根据连铸机在主厂房的立面布置形式，可分为高架式、地坑式、半地坑式3种。大型全连铸车间多采用高架式布置。根据连铸机在主厂房的平面布置形式，一般分为横向布置、纵向布置和靠近轧钢车间布置3种：

（1）横向布置。横向布置是指连铸机中心线与主厂房纵向柱列线垂直的布置形式，如图1-12所示。这种布置钢包运输距离短，物料流向合理，便于增建和扩大连铸机的生产能力，可将不同的作业分散在不同的跨间，减少各项操作的相互干扰，适用于有多台连铸机的车间。

（2）纵向布置。纵向布置是指连铸机中心线与主厂房纵向柱列线平行的布置形式，如图1-13所示。这种布置转炉跨与连铸跨之间用钢包运输线分开，钢水可分别用行车供应各台连铸机，比较方便，缺点是车间厂房较长，再增加连铸机困难。

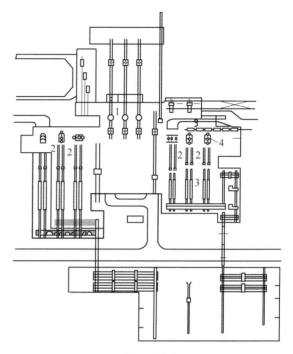

图1-12　连铸机横向布置示意图
1—转炉；2—连铸机；
3—运送辊道；4—大包回转台

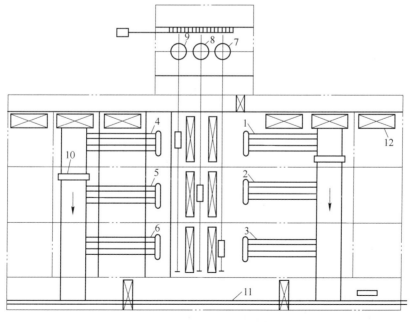

图1-13　连铸机纵向布置示意图
1~6—连铸机；7~9—转炉；10—过跨车；11—精整区；12—行车

（3）靠近轧钢车间布置。这种布置是将连铸机由炼钢车间主厂房移至靠近轧钢车间处，如图 1-14 所示。该布置的目的是保证得到高温铸坯，为实现铸坯的热送或直接轧制创造条件。

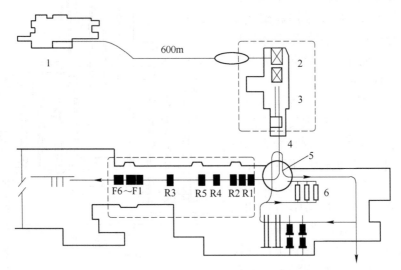

图 1-14　连铸机靠近轧钢车间布置工艺图

1—转炉车间；2—RH 炉；3—连铸机；4—轧钢机；5—旋转台；6—均热炉

1.4.2　连铸生产主要设备

1.4.2.1　浇注设备

（1）钢（大）包回转台。包括底座、回转臂、传动装置、钢包滑动水口装置等。

（2）中间罐。包括中间罐、中间罐台车、台车轨道。

（3）烘烤器。包括烘烤器及燃气管道。

1.4.2.2　连续铸钢设备

（1）结晶器。包括结晶器、定位块及振动装置。

（2）二次冷却装置（段）。包括支撑导向装置、传动装置、底座、扇形段设备、扇形段更换装置等。

（3）拉矫机。包括底座、传动设备、支撑辊道、引坯导向板等。

（4）引锭杆装置。下插入式包括传动装置、存放台架、收送滑道、收送托辊、收送卷扬、脱引锭杆机构等；上插入式包括引锭杆小车轨道、引锭杆脱装置、引锭杆导向装置、防引锭杆落下装置、卷扬机等。

（5）钢坯剪切设备。包括火焰切割机、摆动剪切机、毛刺清理机及切头收集装置等。

1.4.2.3　出坯和精整设备

（1）输送辊道。包括辊道及传动设备。

（2）转盘。包括传动装置、回转立轴座、环形轨道。

（3）出坯设备。包括推钢机、拉缸机、翻钢机。

（4）其他设备。包括打印机、升降挡板、横移小车、扇形段对中装置、液压、润滑及冷却设备等。

2 炼钢、连铸工程项目施工组织综述

2.1 炼钢、连铸工程概况

2.1.1 工程项目内容

根据炼钢生产工艺，炼钢、连铸工程项目建设一般包括以下子项目系统：铁水预处理系统；加料系统；转炉系统；汽化冷却系统；氧、副枪系统；转炉一次除尘系统；转炉二次除尘系统；脱硫、精炼除尘系统；LF精炼系统；RH精炼系统；渣处理系统；钢包回转系统；连铸机铸流系统；辊道系统；出坯系统；旋流沉淀系统；高压供配电系统；低压供配电系统；通信及自动化系统；给排水系统；消防及火灾报警系统；介质管道系统；生产辅助系统；总图运输系统；绿化等。子项目中包括建筑施工、钢结构制造安装、机械设备安装、管道制作安装、电气仪表安装、耐火材料施工等内容。

在大中型炼钢、连铸项目中，大部分设备为国产设备，极少部分机械、电气设备采用进口设备，采用进口设备的项目包括进口设备的开箱验收、安装调试内容。

2.1.2 施工工期

炼钢、连铸工程施工工期根据建设规模、工艺先进程度等要素确定，依据各种类型的炼钢、连铸工程的施工经验，施工工期要求一般见表2-1。

表2-1 一般炼钢工程、连铸工程施工工期

项 目 名 称	施工总工期/月	土建交安时间/月	钢结构安装时间/月	机电管安装时间/月	单体试车时间/月	联动试车时间/月
小型转炉（150t以下）炼钢、连铸工程	10~15	4~5	5~6	6~7	约1.5	约1
中型（150~300t）转炉炼钢、连铸工程	12~18	6~8	8~10	9~11	约2	约1.5
大型（300t以上）转炉炼钢、连铸工程	15~20	8~10	10~12	12~14	3~4	约2

2.1.3 工程特点

2.1.3.1 大体积设备基础

炼钢、连铸工程中有很多设备基础属于大体积混凝土（如转炉、大包回转台基础等）。大体积混凝土浇筑成型工艺要求高，设备基础一次浇筑混凝土量大，温控、防止有害裂缝的产生难度大，施工中混凝土水化热控制是关键。

连铸区域设备基础纵向贯穿整个厂房，给吊装机械的行走、物料调配和施工大临道路的综合规划，带来较大的难度。

2.1.3.2 深基础多

炼钢连铸工程中有很多深基础施工，主要包括：倒罐站、地下料仓、连铸机大包和扇形段基础、冲渣沟、电缆隧道、排蒸风道、水道管廊、旋流池等。大型深基础施工复杂，难度大。

连铸工程深基础多且比较分散。要保证钢结构安装顺序推进，必须加强深基础的施工组织，在保证钢结构安装阶段施工总平面要求的前提下，为浅基、地坪、辅助设施和小房施工创造条件。

2.1.3.3 钢结构制作、安装、运输难度大

中大型炼钢厂房一般属于重型厂房，厂房柱、吊车梁单件质量重、体积大，钢结构制作量大。由于钢结构体量大，材料规格、品种的多样性，给钢材配套采购带来麻烦，需要提前计划，提前订货。

钢结构安装同期安排紧凑，钢结构构件供应相对集中，需要钢结构制作及时配套、相对集中供应，并有一定的储备，才能满足安装进度要求；一般炼钢、连铸钢结构制作工期较紧，满足钢结构安装非常困难。

炼钢、连铸工程厂房钢结构安装属于露天作业，不同地区钢结构施工的防寒、防风、防雨、防雷电等措施也有所不同。

钢结构柱、吊车梁构件超大、超重，运输困难。

2.1.3.4 大型钢构件及设备吊装难度大，结构与设备吊装穿插进行

炼钢主厂房建筑钢结构和工艺钢结构体量大，尤其是转炉跨厂房结构高，多层钢平台上有大体积设备（漏斗、汽化烟道、蒸汽包等），必须和钢结构安装穿插进行。

转炉托圈、炉壳、倾动装置以及连铸钢包回转台、电炉精炼炉变压器等设备单件质量大，安装位置多在立柱列线中心附近，车间内桥式起重机不能直接将设备吊装到安装位置，吊装就位难度大。

炼钢工程桥式起重机数量多、吨位大、高处作业多，安装困难。

2.1.3.5 连铸工艺设备安装精度要求高

连铸机工艺主体设备为散装设备，是连铸系统的关键设备，安装质量好坏直接影响连铸坯的质量和产量；其安装控制基准线为一条连续弧线，安装精度要求高，安装工序复杂，部件繁多。

连铸机在整个安装过程中，结晶器、扇形段设备均需要在离线组装对中台架上进行预装配，并进行所属设备的液压、电气、仪表、冷却水系统的安装测试，工作量大。

2.1.3.6 介质管道种类多，电气控制系统复杂

炼钢、连铸工程各种介质管道种类较多，涉及氮气、氧气、氩气、天然气、蒸汽等多介质管道，这些管道属于压力管道，安装、焊接技术要求高，施工难度大，特别是厂房行列线介质管道由于受高空、吊装操作面的限制，施工格外困难。

主体工艺设备安装、调试时间紧凑。在设备安装期间，中间配管、电缆敷设、电气、仪表安装尽量同步穿插进行。

炼钢、连铸工程自动化控制水平高，需调试内容多、技术含量高、程序复杂，需与制造商派遣人员密切合作，保证调试质量。

2.2 炼钢、连铸工程项目施工组织

2.2.1 施工组织特点和难点

2.2.1.1 施工组织复杂

炼钢、连铸项目子系统众多，各单位工程及分部分项工程之间联系紧密，从工艺平面布置看，各系统分布面宽、点多、线长，建筑、设备、电气、管道、筑炉、调试各专业相互交错，施工顺序互相牵连、互相制约，在组织炼钢、连铸工程施工时，现场的时间、空间、平面等具体情况是千变万化的，不同时间段和位置有不同的工作需要安排。因此，炼钢、连铸工程施工组织极其复杂，在施工策划时要勘探现场、熟悉图纸、了解工艺、理解设计意图、认真准备、精心谋划。

2.2.1.2 涉及专业广、交叉作业多

炼钢工程各专业作业队伍众多，分布在各区域点位作业，交叉作业难以避免。施工现场可以结合不同工艺的区域布置情况，将整个项目划分成若干的作业片区，采取分步分块作业的施工方式调度安排。各专业施工队可以在个区域之间交错性流水作业。加强各作业区域之间的协调性，合理安排每个区域的垂直作业时间和平面作业次序，做到忙而不乱。

2.2.1.3 施工场地局限

炼钢系统工艺平面设计一般比较紧凑，加料跨、转炉跨、精炼跨等按照工艺互相紧挨着，在主要厂房周边布置除尘、上料、水处理、供配电等系统，规划用地面积往往相对有限。转炉系统具有垂直纵向多工艺层次的布置，整体呈现的施工立体作业面窄小，交错密集、集中布置；炼钢主厂房（塔楼）一般采用跨外吊装；主厂房工作量大、施工周期长，吊车占用主厂房相邻车间平面时间长，相邻车间部分厂房必须在主厂房施工完毕、吊车退出后再施工屋面系统，这种特殊的施工工艺把有限的施工场地变得更加紧凑；在施工过程中多专业、多工序交叉施工的情况比较多。

2.2.1.4 地下工程复杂

炼钢、连铸工程有很多较深、较大的地下工程，如倒罐站、电缆沟、地下料仓、冲渣沟、旋流池等。施工深基础时土建工程的工作量很大，要按照施工工艺，确定施工顺序、施工方法，在进行施工总体部署时要避免在同一个集中场地上出现施工混乱，以及由于地下工程安排不当影响关键线路的时间。

2.2.1.5 高处作业、交叉作业多

炼钢系统结构高度高，工艺平台结构分层较多，设备、管道就位于各层平台上，施工时高空作业、交叉作业频繁，高空临边、悬空作业多，高空坠落、物体打击等安全隐患多，施工作业效率低，安全风险加大。

2.2.2 单位工程划分

单位工程是指具有独立的设计文件竣工后可以独立发挥生产能力或工程效益的工程并构成建设工程项目的组成部分。

2.2.2.1 炼钢工程

炼钢工程项目建设一般划分为以下单位工程，见表2-2。

表 2-2　炼钢工程项目建设单位工程划分

序号	单位工程名称	序号	单位工程名称
1	炼钢桩基工程	23	蓄热器安装工程
2	炼钢主厂房结构与建筑工程	24	主厂房起重设备安装工程
3	炼钢主厂房内生产及辅助用房	25	电梯安装工程
4	炼钢工程地下管廊土建工程	26	铁水预处理起重设备安装工程
5	转炉设备基础与沟道工程	27	转炉烟气除尘设施安装工程
6	RH、LAST、LF 设备基础与沟道工程	28	主厂房附属设备安装工程
7	铁水预处理结构与建筑工程	29	主厂房内综合管线工程
8	铁水预处理设备基础与沟道工程	30	综合楼三电安装工程
9	综合楼建筑工程	31	铁水预处理机械安装工程
10	净循环水处理建筑工程	32	铁水预处理三电安装工程
11	浊循环水处理建筑工程	33	钢、铁水罐维修设备安装工程
12	非工艺除尘系统建筑工程	34	净循环水处理设备安装工程
13	工艺除尘系统建筑工程	35	浊循环水处理设备安装工程
14	上料系统建筑工程	36	上料设备安装工程
15	钢水罐维修间建筑工程	37	主厂房消防及火灾报警工程
16	铁水罐维修间建筑工程	38	公辅区域消防及火灾报警工程
17	区域道路工程	39	主厂房通讯系统安装工程
18	转炉机械安装工程	40	公辅区域通讯系统安装工程
19	转炉三电安装工程	41	主厂房杂动力安装工程
20	RH、LF、LAST 精炼机械安装工程	42	防雷接地工程
21	RH、LF、LAST 精炼三电安装工程	43	区域总平面及场地平整
22	转炉汽化冷却系统安装工程		

2.2.2.2　连铸工程

连铸工程项目建设一般划分为以下单位工程，见表 2-3。

表 2-3　连铸工程项目建设单位工程划分

序号	单位工程名称	序号	单位工程名称
1	连铸桩基工程	11	连铸离线设备机、电、管安装
2	连铸主厂房结构与建筑工程	12	连铸车间综合管线工程
3	连铸主厂房内生产及辅助用房	13	主厂房消防及火灾报警工程
4	连铸设备基础及沟道工程	14	公辅区域消防及火灾报警工程
5	连铸车间起重设备安装	15	主厂房通讯系统安装工程
6	连铸机机械安装工程	16	公辅区域通讯系统安装工程
7	连铸机三电安装工程	17	防雷接地工程
8	沉淀池建筑工程	18	区域道路工程
9	沉淀池机、电、管安装工程	19	区域总平面及场地平整
10	连铸电气室三电安装		

2.2.3　施工组织总体部署

2.2.3.1　施工总流程

施工总流程如图 2-1 所示。

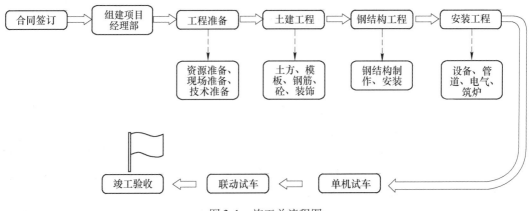

图 2-1　施工总流程图

2.2.3.2　施工部署原则

（1）以关键线路上的项目先施工为原则。转炉跨、加料跨、精炼跨、钢水接受跨、铸造跨、主控楼为重点，确保工程总工期目标。

（2）分阶段施工原则。炼钢、连铸工程工期长、涉及专业多，施工时可分为土建、钢结构安装、设备安装、设备调试 4 个阶段。分阶段组织施工，各阶段施工时做好衔接及各专业的穿插施工。

（3）抓重点子项施工原则。土建工程重点要抓转炉基础、连铸机基础、沉淀池、管廊、料仓等深基坑子项的施工；钢结构工程重点要抓主厂房主跨的钢结构制作及安装；机械设备安装工程重点要抓转炉、精炼炉、连铸机等主要设备的安装；管道工程重点要抓厂房内介质管道的施工；电气工程重点要抓大型变压器、主控楼电气设备、现场仪表的安装及调试。

（4）同步施工安排原则。针对炼钢、连铸工程的特点，总体安排上做到结构与设备同步，炼钢与连铸同步，设备与能源介质同步、主体与辅助设施同步。

2.2.3.3　施工总体安排

根据炼钢、连铸项目的工程特点、难点和施工总体要求，有序组织工程实施，一般以抓主线、分阶段、保重点的原则安排施工。

A　炼钢工程施工安排

（1）坚持"以炼钢主厂房转炉跨为主线，以高层框架为核心"的总体思路。

（2）施工阶段划分：

第一阶段为土建施工阶段：其内容包括厂房柱基、厂房内主要设备基础及管廊、铁水倒罐坑施工，铁合金及副原料上料地坑，主控楼、水处理泵房及水池构筑物施工，除尘设施基础及构筑物施工等。

第二阶段为结构安装阶段：其内容包括主厂房钢结构安装、转炉跨大型设备就位、部分桥式起重机安装。

第三阶段为机、电、管安装阶段：其内容包括起重设备、转炉、精炼设施等工艺设备（包括工艺钢结构）、介质管道、水处理设施、三电设备的安装与调试、介质管道试压吹扫。

第四阶段为试运转阶段：该阶段分单体和联动试运转两个步骤来进行。进入试运转阶段前，编制试车方案，成立试运转领导小组组织指挥试运转工作。

B　连铸工程施工安排

（1）坚持以连铸机设备、安装调试为主线组织施工。

（2）施工阶段划分：

第一阶段为基础、结构施工阶段，其内容包括：主厂房柱基、主厂房结构、连铸机设备基础、连铸冲渣沟、主电室、电缆隧道和管沟等构筑物及部分基础。

第二阶段为设备、管道、电气安装阶段，其主要内容包括：连铸工艺设备（含工艺钢结构）、剩余桥式起重机设备、修磨及输送设备、辅助设备、除尘设备、加热设备、工艺介质管道、液压润滑设备、三电设备等的安装。

第三阶段为系统调试阶段，分设备单体试运转和无负荷联动试运转两个步骤来实施。

C　炼钢、连铸重点工程

炼钢、连铸重点工程如下：

（1）炼钢重点工程主要包括：转炉基础、倒罐站、地下料仓、地下管廊、主控楼、钢结构制作、安装、大型桥式起重机安装、转炉炉壳焊接、转炉安装就位等。

（2）连铸重点工程主要包括：大包回转台设备基础、连铸机基础及旋流井、连铸主电室、电缆隧道、大包回转台设备就位、扇形段设备安装调试等。

这些重点工程是整个炼钢、连铸工程的关键，对工程的质量、安全、工期有着至关重要的影响。因此对于炼钢、连铸重点项目要认真准备、如期施工，全力以赴做好管控工作，保证施工质量、安全、工期，确保工程按期完成。

2.2.3.4　炼钢、连铸工程各专业施工安排

A　土建工程

土建专业施工安排原则如下：一次规划、分步实施；分区分块、突出重点；先主后辅、先深后浅；开闭结合、避开雨天；路管相交、管道优先；精细策划、确保节点。主要施工安排如下：

（1）土建基础施工在具备施工条件的区域，要配足资源，在确保重点的前提下，力争全面开工，为钢结构安装、设备安装创造条件。

（2）整个土建基础工程按转炉、连铸、精炼、脱硫、主控楼、上料系统划分作业区，分块组织施工。

（3）炼钢、连铸厂房采用"开闭结合"的施工方法，即：深基坑、主要设备基础采取开口施工，在厂房钢结构吊装前完工；其他设备基础原则上采取闭口施工，视厂房钢结构吊装进展情况组织施工。

（4）副原料地下料仓、铁合金地下料仓应避开雨天尽快安排施工完毕，为上部工程施工创造条件，并确保道路尽早畅通。

（5）炼钢、连铸水管廊、电缆隧道工程量大、施工周期较长，且几乎贯穿整个主厂房。炼钢水管廊必须提前开工，在钢结构安装之前回填完毕，连铸厂房内的水管廊及电缆隧道必须在钢结构吊装前施工完毕，否则严重制约厂房安装进展，影响整个施工现场的平面管理。

（6）水管廊、电缆隧道支护须分段施工，以一个伸缩缝为准，大型设备吊装进出路段先施工。

（7）连铸区域基础施工，以各跨厂房柱基及连铸机设备基础为重点。在基坑支护范围内的厂房柱基优先施工，柱基施工完毕后再做基坑支护。连铸跨大包回转台基础及连铸机基础和两侧的厂房基础同时施工。

（8）旋流沉淀池较深，有的工程布置在主厂房内或靠近主厂房，需根据地质情况采取相应的施工措施。

B 钢结构制作工程

（1）钢结构制作是炼钢工程很重要的一个环节，工程一开工就要安排钢结构制作，开工前就要做好各种准备工作。若承建单位不能自行完成时，就应对钢结构制造厂进行调研，选择钢结构制造厂。由于炼钢、连铸工程的钢结构制造要求高，尽可能安排在有一定制作能力的制造厂制作，选择钢结构制造厂时要考虑资质、诚信度、加工能力、运输距离、钢结构制造价格等因素。

（2）制作总体要求：高跨厂房优先制造，配套供应，根据现场安装进度，提前供货，保证现场能连续吊装。

（3）按照施工程序对炼钢、连铸车间进行分区划分，钢结构制作顺序和分区划分的吊装顺序一致。以转炉高层刚架为核心，加料跨钢结构制作同步安排；在保证上述区域钢结构制作进度的前提下，统筹安排好精炼跨和钢水接收跨、浇注跨等厂房的钢结构制作。

（4）屋盖系统特别是高层刚架系统构件在制作时，一定要按照划分的作业段组织钢结构配套生产、配套供应。安装自下而上、自前而后、有序安排，梯级推进。

C 钢结构安装工程

（1）安装要求：高跨先安装、两侧跟进；分段分层、设备同步；合理安排、及时封闭。

（2）各安装作业线按施工网络计划要求，按分段完成分段内的所有内容，及时退出为土建二次进场施工剩余基础、地坪及小房创造条件。

（3）在转炉高跨钢结构安装过程中，必须兼顾与高跨钢结构相关的设备、屋面除尘管道、地下料仓至转运站到炼钢主厂房的通廊安装工作，汽化烟道斜烟道，转角烟道及除尘塔、汽包、除氧器等设备应和钢结构安装同步就位；各跨桥式起重机在每跨厂房最后一跨屋面安装之前吊装就位；在安装厂房屋面时及时完成屋面除尘管道安装工作。

（4）炼钢、连铸工程厂房一般长度较长，中大型厂房长达 400～500m，按常规均安排分段施工，在划分施工段时，应考虑安全稳定，每列要有一组自下而上柱间支撑，以保证厂房结构的整体稳定性。

（5）为提高施工效率，缩短工序完成时间，减少不必要的重复工作，一次性能完成的工作，尽可能一次完成，避免由于各种因素影响，人员、机械重复调配，每一施工段安装时，主要构件、屋面彩板要求一次性完成。

D　设备安装工程

（1）炼钢工程桥式起重机数量多，部件尺寸大、质量重，中、大型炼钢工程配备大吨位桥式起重机。桥式起重机必须在厂房屋面封闭前，利用钢结构安装的起重机械全部吊装就位。桥式起重机的安装、调试进度将直接影响到转炉系统和精炼系统设备的安装进度，因此桥式起重机安装要以确保每跨有一台桥式起重机尽快投入使用，尤其是加料跨的桥式起重机安装调试更重要，必须确保安装转炉前投入使用。

（2）炼钢、连铸工程大部分设备采用车间内桥式起重机吊装。转炉托圈、炉壳、倾动装置以及连铸钢包回转台、电炉变压器、精炼炉变压器等在柱子行列线附近的设备，车间内桥式起重机无法直接吊装，采用特殊的安装工艺进行安装。

（3）连铸厂房屋面封闭后，应保证桥式起重机正常使用，以便进行设备安装。若桥式起重机不能及时投用，则考虑其他行走起重机安装。

（4）转炉汽化冷却设备与 OG 系统设备体积庞大、质量重，安装就位难度大，因此需要在炼钢主厂房高层框架钢结构安装过程中，充分发挥大型起重机械的吊装性能，穿插汽化冷却、除尘塔等设备安装。转炉是炼钢车间的关键设备，也是总网络一个重要的关键节点。

（5）连铸工艺设备安装应抓住大包回转台和铸流设备两项关键设备。铸流设备包括从结晶器、扇形段直至引锭杆脱开装置的所有关键设备。其安装难度大、精度要求高、安装质量直接影响板坯的生产质量。

（6）连铸机通常采用液压传动，如连铸机大包回转台、中间罐车行走、中间罐升降和横移，结晶器、扇形段夹送辊等均为液压传动。液压系统控制精度高、压力高、清洁度要求高，因此安装和调试周期长。

E　管道安装工程

（1）炼钢工程管道施工是炼钢工程重要的组成部分，工艺介质管道种类繁多，施工战线长，技术质量要求高，大部分管道布置在厂房内，只能在厂房钢结构施工过程中穿插进行。

（2）炼钢蒸汽、水、燃气、热力等行列线管道施工应在主厂房钢结构形成稳定的框架后迅速展开，在主厂房内部分的工艺介质管道可与设备安装同步进行施工，连铸系统水、燃气、热力等工艺管道主管线在厂房安装后即可与设备安装同步进行。

F　电气安装工程

（1）电气安装以主控楼配电系统、转炉电气、桥式起重机电气、精炼炉电气为主线。电气室的设备安装和现场电缆桥架施工同步进行，优先安排高压配电、加料跨桥式起重机施工。

（2）电气专业施工期间将沟通电气管线通道，完成电气室供配电设备及控制设备的安装，电缆敷设完。

（3）电气设备到场前应及时跟踪到场准确时间，根据具体施工方案安排吊车，安排专人进行设备验收与交接。

（4）电缆进场检验后分别对电缆盘编号并安排专人进行看护，材料发放与领用记录及时可靠，安排专人分别负责组织大型动力电缆和控制电缆敷设。

（5）提前做好调试作业准备，熟悉软件程序，以及过程控制及管理控制原理，同设备制造商及业主积极配备好，使调试能顺利进行，实现联动成功。

（6）三电设备调试后开始进行系统的单机试车，试运转所需要的各种介质管道应在试车前开通，液压润滑设备提前安排试车以确保主体设备试车的需要。

（7）先进行单体调试，后进行分区联动，最后进行整体无负荷联动调试。

2.2.4　组织机构设置及工程施工管理

组织机构设置及工程施工管理有关内容详见本书第 15 章，这里不再赘述。

3 施工平面布置

炼钢工程为大型系统工程，具有子系统多、投入大、工期长、设备体积大、钢结构件大而重、交叉施工多等特点，因此，施工平面布置对炼钢工程项目的施工工期、质量、安全、经营等目标的实现至关重要。

3.1 施工平面布置的依据

（1）建设地区气候条件。

（2）建设项目周围道路、河流状况、运输条件等。

（3）建设项目施工用地范围内现状，包括地上及地下设施的位置、尺寸等。

（4）建筑总平面图、地形地貌图、区域规划图等。

（5）建设项目各单位工程的长、宽、高，基础深度，各种建筑材料构件、加工品、施工机械和运输工具一览表，尤其是大型设备的运输质量以及钢结构单件运输长、宽、高、质量。

（6）工程项目的施工方法，尤其是深基坑、大型设备、钢结构制作地点等。

（7）建设项目施工用地范围内水源、电源接头位置，排水沟的位置以及项目安全施工和防火标准。

（8）施工项目周围的房屋和生活设施。

3.2 施工平面布置的要求

3.2.1 总体要求

（1）施工平面布置以满足现场施工需要为原则，并服从业主统一安排。

（2）施工平面布置应严格控制在建筑红线之内。

（3）施工平面布置要紧凑合理，尽量减少施工用地。

（4）施工区域的划分和场地的确定，应符合施工流程要求，尽量减少专业工种和各工程之间的干扰。

（5）除生活区、项目部办公区外，其余施工平面布置分阶段进行。

3.2.2 临时设施布置的要求

（1）科学确定施工区域和场地面积，尽量减少专业工种之间交叉作业。

（2）充分利用各种永久性建筑物、构筑物和原有设施为施工服务，降低临时设施的费用。

（3）尽量采用装配式施工设施，减少搬迁损失，提高施工设施安装速度。

（4）满足不同阶段、各种专业作业队伍对办公场所及材料储存、加工场地的需要。

（5）各种生产生活设施应便于工人的生产生活。

（6）满足半成品、原材料、周转材料堆放及钢筋加工需要。

（7）临时水电应就近铺设。

（8）各种施工机械既满足各工作面作业需要又便于安装、拆卸。

3.2.3　施工运输布置的一般要求

（1）合理布置起重机械和各项施工设施，科学规划施工道路，尽量降低运输费用。

（2）合理地组织运输，保证现场运输道路畅通，尽量减少场内运输费。

（3）在平面交通上，尽量避免土建、安装以及其他各专业施工相互干扰。

（4）充分考虑施工场地状况及场地主要出入口交通状况。

（5）塔吊根据建筑物平面形式和规模进行布置，尽量靠近堆场及加工场。

3.2.4　安全文明施工对施工布置的要求

（1）各项施工设施布置都要满足方便生产、有利于生活、安全防火、环境保护和劳动保护要求。

（2）除垂直运输工具以外，建筑物四周3m范围内不得布置任何设施。

（3）满足创建安全文明工地的要求。

3.3　施工平面布置的内容

3.3.1　垂直运输设施布置

根据炼钢主体工程及公辅工程所包含的内容，整个炼钢系统的垂直运输布置考虑如下因素。

3.3.1.1　炼钢综合楼

炼钢综合楼为炼钢工程最重要的控制中心，一般为四层左右的钢筋混凝土框架结构，结构较长，施工中主要涉及基础、结构、装饰装修、电气设备安装、调试等，施工工期比较长：

炼钢综合楼一般布置在加料跨外侧，且靠近加料跨。土建施工阶段结构施工时一般采用塔吊作为垂直运输，装饰装修阶段施工时一般采用汽车吊或龙门井架作为垂直运输。

3.3.1.2　水处理净循环系统

水处理净循环系统主要为钢筋混凝土结构，一般布置在主厂房外，因此，土建施工阶段在结构外布置一台塔吊或用汽车吊作为垂直运输。

3.3.1.3　副原料地下料仓、铁合金地下料仓、铁水倒罐坑

副原料地下料仓、铁合金地下料仓、铁水倒罐坑为钢筋混凝土结构，其地下埋设较深，如副原料地下料仓为 -13m，铁合金地下料仓为 -10m，铁水倒罐坑为 -14m。为了解决地下结构施工时的材料运输，一般选用汽车吊进行垂直运输。

3.3.1.4　炼钢主厂房

炼钢主厂房一般为高层钢结构框架结构，最高可达到80m，其钢结构的安装施工周期长、难度大、危险性高，因此，安装设备的配备对施工工期的影响巨大。

根据炼钢转炉的容量、厂房的规模，一般采用2000～4000t·m塔吊，150～400t履带吊作为钢结构吊装的垂直运输。分别布置在加料跨、转炉跨、精炼跨和钢水接收跨。

废钢跨等采用50~150t履带吊作为钢结构吊装的垂直运输。为了提高炼钢主厂房钢结构安装的效率及人员上下的安全，一般在厂房中间或端部设置一台人货两用电梯。

3.3.2 临时生产设施

炼钢大临设施主要包括：现场办公区、钢筋加工厂、材料堆场及库房、钢结构堆场、铁件加工厂、钢结构现场制作加工厂、职工生活设施等。

3.3.2.1 现场办公区

现场办公区主要布置业主、设计、监理、施工单位项目部及各级专业作业处施工管理人员的办公室：

（1）项目经理部办公室：根据企业文化的要求和业主的要求，现场一般建二层彩板房作为项目经理部办公楼，内设办公室、会议室、接待室、医务室、厕所等。

（2）作业人员工具房：现场工具房采用集装箱式。

3.3.2.2 材料堆场及库房

材料堆场及库房主要解决工程材料、施工用料等堆放。其占地面积应根据炼钢工程的规模及平面布置进行设置，一般约7000~8000m²。地面做法一般铺设100~150mm厚的碎石或用50mm厚混凝土硬化，周边用铁网或彩板围护，墙高1800mm。

3.3.2.3 钢筋加工厂

钢筋加工厂主要解决钢筋的加工及堆放。其占地面积应根据炼钢工程的规模及平面布置进行设置，一般5000~7000m²。地面做法一般铺设150mm厚碎石或50mm厚混凝土硬化；钢筋加工场地原材料堆放要架空，高度不小于200mm；钢筋加工区搭设规范的钢筋操作棚，周边用铁网或彩板围护，墙高1800mm。

3.3.2.4 钢结构堆场及拼装场地

由于炼钢钢结构框架构件尺寸大、质量重，质量要求高，需要采用工厂化制造，因此，施工现场一般不设置钢结构加工厂，而仅设置钢结构堆场及拼装场地。

钢结构堆场及拼装场地的占地面积应根据炼钢工程规模设置，一般约6000m²，地面一般做法为：中转堆放场地做硬化处理；临时堆放场地铺设150mm厚的碎石；拼装场地地基压实后铺设200mm厚石子。

3.3.2.5 职工生活设施

施工区域内一般不设职工临时生活设施，在施工场地附近租地建设生活设施或租用民房。

3.3.3 临时用水、用电

3.3.3.1 施工用水

（1）施工用水主要供工程施工用水、管道冲洗和现场生活及消防用水等，按照要求生产用水、生活用水及消防用水分别接取。

（2）施工用水在业主提供的供水管网上接出并安装计量装置。施工用水管线采用DN100mm的UPVC管作为主管，管线沿厂房排列或沿道路敷设，接入施工地点。支管采用DN50mm，大约每隔50m设置一只DN25mm的双水龙头，作为现场施工用水。管线用明铺或埋地相结合方式，穿越道路处加钢套管保护，一般埋深大于0.8m，并在管线穿越处做明显的标记。

（3）生活用水从业主提供的接点处接出管线并安装计量装置，管道采用 DN25mm 的 UPVC 管敷设至各区域的现场办公地点。

（4）消防用水管线采用 DN100mm 的 UPVC 管作为主管，每隔 50m 设置消防栓。

3.3.3.2 施工用电

（1）施工用电从业主提供的接线电源接出，根据炼钢工程转炉容量及施工规模，炼钢工程施工总用电量 1500 ~ 3000kV·A 之间，变压器的容量一般采用 630kV·A 和 1000kV·A 两种，其数量可根据炼钢工程规模进行布置。开工前编制施工用电组织设计，报审后实施。

（2）临时电源可采用架空或埋地敷设，埋地深度不小于 0.8m，过路段要加套管保护并回填黄沙处理。电源在转角及直线间距 30m 左右处设鲜明标志标明电源走向。

（3）施工电源：供电线路采用三相五线制 380/220V 电源，配电箱开关容量 200 ~ 630A，电缆用 VV-0.611kV，截面 70 ~ 185mm^2 五芯电缆进行连接，配电箱数量根据炼钢建设规模进行设置。

（4）为保证现场的夜间照明，在施工现场不影响工程施工的地方设夜间照明灯塔，每座灯塔上设一只 3kW 照明灯。

3.3.4 施工道路

临时施工道路应根据工程特点及工程建设需要进行布置，做到满足施工、经济合理。

临时施工道路尽量利用工程的正式路基作为临时道路的路基，并使整个施工道路形成环行通道，道路的做法根据所进场施工机械设备所需的道路等级要求进行施工。施工道路的转弯半径应满足钢筋、钢结构等大型设备运输车辆的转弯需要。

3.3.5 场地围护和排水

3.3.5.1 场地围护

根据业主和企业文化的要求，施工现场采用全封闭施工，四周采用 1.8m 高彩板进行围挡，在大门处设门岗。

3.3.5.2 场地排水

施工场地的排水一般按主要临时道路的走向在道路两侧挖排水沟，排水沟采用砖砌排水沟，过路段埋设排水管。

场地内排水汇集到总排水沟经沉淀池再排入下水总管。

4 施 工 准 备

炼钢连铸工程工艺复杂、设备安装精度要求高，施工专业多，属于大型系统性工程。在施工中，主要涉及土建、钢结构、管道、机械、电气等专业，因此，施工准备非常重要。

施工准备包括技术准备、材料准备、劳动力准备、施工机具准备、施工现场准备、场外协调等。

4.1 了解当地地质、地形与环境

一般炼钢连铸工程有铁水倒罐坑、RH顶升液压坑、地下料仓、管廊、冲渣沟、旋流沉淀池等深基坑工程，而深基坑工程的施工方法对整个炼钢工程的施工工期目标、质量目标、安全目标等有重大影响，因此，对地质情况的了解十分重要。

地质情况的了解一般根据岩土详细勘察报告并结合实地考察进行，主要了解内容如下。

4.1.1 地形地貌

地形地貌主要包括场地地形变化、绝对标高、相对标高等。

4.1.2 岩性构成

岩性构成主要包括地质构造、土的性质和类别。

4.1.3 地基土的特征

地基土的特征主要了解的内容有：地质年代、土层名称、颜色、状态或密实度、压缩性、层底标高（绝对标高）、摩擦角、内聚力、重度、渗透系数和承载力等。

4.1.4 水文状况

水文状况包括河流流量、最高洪水和枯水期的水位、地下水位的高低变化、含水层的流向、厚度、流量和水质等。

4.1.5 气候及环境概况

4.1.5.1 气候影响

气候以及环境的变化对施工技术方案以及工程目标的实现将起重要作用，影响的因素主要有：

（1）气温。包括年最高、最低、平均气温等，如当地气温过低，将导致冬天施工时保温费用增加或者冬休导致工期的延期。

（2）雨。包括年最大、最小、平均降雨量，雨期的期限等，雨季将对地下工程、工程工期等产生重要影响。

（3）风。包括常年风向、最大风力级别等，台风季节将对炼钢工程的吊装产生重大影响。

（4）雪。包括年最大、最小、平均降雪量，冬季土的冻结深度等。

4.1.5.2 周围环境状况

主要了解进出施工现场道路及桥梁的宽度、转弯半径、载重量等，水供应状况，电供应状况，地上、地下管线状况，相邻的地下、地上建（构）筑物情况等。周围环境对炼钢工程的大件运输、土方开挖等产生重大影响。

4.2 技术准备

4.2.1 施工图纸自审、会审

施工图纸自审一般由施工单位组织相关专业的技术人员对施工图纸的审核，而图纸会审由建设单位组织设计、施工、监理等单位，由设计单位对工程的重点、难点进行交底，回答相关问题并形成会议纪要。

4.2.1.1 图纸自审

炼钢连铸施工单位项目经理部的总工程师组织土建、钢结构、管道、机械、电气、筑炉等专业技术负责人对相关专业的施工图纸审核，主要审核下列内容：

（1）熟悉转炉、精炼、连铸等系统的工艺流程和技术要求，掌握水、电、气、介质等配套工程的投产先后次序和相互关系。

（2）审查建筑图与其相关的结构图在平面尺寸、标高和说明方面是否一致，技术要求是否明确。

（3）审查设备、电气、管道、筑炉等图纸与其配套的土建图纸是否一致，能否满足设备安装的工艺要求。

（4）施工图纸与说明书在内容上是否一致，施工图纸及其各组成部分之间有无矛盾和错误。

（5）熟悉拟建工程的建筑结构形式和特点，掌握深基坑工程施工、大体积混凝土工程施工、钢结构安装、转炉安装、精炼炉安装、行车安装、各种天气条件下施工措施等重点、难点技术问题。

（6）掌握地下构筑物，管线和地面建筑物之间的关系，为施工顺序的安排奠定基础等。

图纸自审应形成自审记录，交设计单位解答后作为施工文件正式执行。

4.2.1.2 图纸会审

项目部应参加由建设单位组织的图纸会审工作，充分了解炼钢工程的设计意图、工艺流程等，掌握炼钢工程的施工技术难点、重点以及设备引进情况，对炼钢工程不明确之处，与设计、建设单位充分交流，形成会审纪要并作为施工文件正式执行。

4.2.2 技术文件准备

4.2.2.1 技术标准准备

技术标准包括标准、规范、规程，可分为国家、行业及地方技术标准，炼钢工程施工需要配备的主要技术标准如下。

A　国家技术标准

包括：

《建筑工程施工质量验收统一标准》GB 50300

《建筑地基基础工程施工质量验收规范》GB 50202

《砌体工程施工质量验收规范》GB 50203

《混凝土结构工程施工质量验收规范》GB 50204

《钢结构工程施工质量验收规范》GB 50205

《屋面工程施工质量验收规范》GB 50207

《地下防水工程施工质量验收规范》GB 50208

《建筑地面工程施工质量验收规范》GB 50209

《建筑装饰装修工程施工质量验收规范》GB 50210

《智能建筑工程质量验收规范》GB 50339

《机械设备安装工程施工及验收通用规范》GB 50231

《输送设备安装工程施工及验收规范》GB 50270

《锅炉安装工程施工及验收规范》GB 50273

《风机、压缩机、泵安装工程施工及验收规范》GB 50275

《起重设备安装工程施工及验收规范》GB 50278

《冶金除尘设备工程安装与质量验收规范》GB 50566

《冶金机械液压、润滑和气动设备工程施工规范》GB 50730

《炼钢机械设备工程安装验收规范》GB 50403

《工业设备及管道绝热工程施工规范》GB 50126

《工业设备及管道绝热工程施工质量验收规范》GB 50185

《给水排水构筑物工程施工及验收规范》GB 50141

《工业金属管道工程施工规范》GB 50235

《现场设备、工业管道焊接工程施工规范》GB 50236

《建筑给水排水及采暖工程施工质量验收规范》GB 50242

《通风与空调工程施工质量验收规范》GB 50304

《给水排水管道工程施工及验收规范》GB 50268

《自动化仪表工程施工及验收规范》GB 50093

《电气装置安装工程　高压电器施工及验收规范》GB 50147

《电气装置安装工程　电力变压器、油浸电抗器、互感器施工及验收规范》GB 50148

《电气装置安装工程　母线装置施工及验收规范》GB 50149

《建筑电气工程施工质量验收规范》GB 50303

《冶金电气设备工程安装验收规范》GB 50397

《建筑电气照明装置施工与验收规范》GB 50617

《工业炉砌筑工程施工及验收规范》GB 50211

《火灾自动报警系统施工及验收规范》GB 50166

《工程测量规范》GB 50026

《大体积混凝土施工规范》GB 50496

B　行业技术标准

包括：

《建筑桩基技术规范》JGJ 94

《建筑基坑支护技术规程》JGJ 120

《建筑施工扣件式钢管脚手架技术规程》JGJ 130

《钢筋焊接及验收规程》JGJ 18

《建筑施工模板安全技术规范》JGJ 162

《建筑工程冬期施工规范》JGJ/T 104

《建筑施工安全检查标准》JGJ 59

C　地方技术标准

地方技术标准是根据当地特性发布的适合当地施工的技术标准，具有地方特色，也应按设计文件要求收集并执行。

4.2.2.2　标准图集准备

一般设计图纸中采用了一定的标准图集，标准图集等作用同于图纸，也应收集并执行。

4.2.2.3　技术文件编制

技术文件包括施工组织总设计（设计）、施工方案、安全专项施工方案等。

A　技术文件编制的依据

主要内容有：

（1）施工合同。

（2）施工图纸。

（3）地质勘查报告。

（4）投标文件。

（5）国家、行业、地方技术标准。

（6）当地施工条件等。

B　施工组织总设计（设计）

炼钢连铸工程施工前，需要编制工程施工组织总设计（设计），炼钢连铸工程施工组织总设计（设计），是工程施工的纲领性文件，对炼钢连铸工程施工方案、施工安全专项方案的编制以及炼钢工程施工具有指导意义。

C　施工方案

施工方案首先按专业分类，然后按分部、分项工程编制，具体指导施工的技术文件，炼钢连铸工程主要包括的施工方案为：

（1）土建专业。包括转炉基础施工方案、大包回转台基础施工方案、铁水倒罐坑施工方案、料仓施工方案、管廊施工方案、综合楼施工方案、精炼炉土建施工方案、除尘系统土建施工方案、耐材砌筑施工方案等。

（2）钢结构专业。包括钢结构制作方案、钢结构安装方案等。

（3）机械专业。包括转炉安装方案、精炼炉安装方案、铁水预处理设备安装方案、上料系统设备安装方案、除尘系统设备安装方案、起重设备安装方案等。

（4）电气专业。包括照明施工方案、通讯及工业电视施工方案、火灾报警施工方案、综合楼电气仪表施工方案、转炉系统电气仪表施工方案、精炼系统电气仪表施工方案、上料系统电气仪表施工方案、水处理电气仪表施工方案、铁水预处理电气仪表施工方案、防雷接地施工方案、主厂房内综合管线施工方案、临时施工用电施工方案等。

（5）管道专业。包括转炉余热锅炉及蓄热器施工方案、水处理管道施工方案、除尘设施管道施工方案、上料系统管道施工方案、铁水预处理管道施工方案、通风及空调安装施工方案、介质管道试压及吹扫方案、设备调试方案等。

D　安全专项施工方案

根据中华人民共和国住房和城乡建设部《危险性较大的分部分项工程安全管理办法》（建质〔2009〕87号）文件要求，炼钢连铸工程需要编制的主要安全专项方案包括：

（1）铁水倒罐坑支护、降水及土方开挖安全专项施工方案。

（2）RH顶升液压坑支护、降水及土方开挖安全专项施工方案。

（3）地下料仓基坑支护、降水及土方开挖安全专项施工方案。

（4）管廊基坑支护、降水及土方开挖安全专项施工方案。

（5）钢结构安装安全专项施工方案。

（6）起重机械安装、拆卸安全专项施工方案。

（7）起重设备安装、拆卸安全专项施工方案。

（8）大型设备安装安全专项施工方案。

（9）模板支撑安全专项施工方案。

4.2.2.4　质量文件准备

（1）根据施工合同，确定项目质量目标。

（2）根据规范划分单位工程，并将质量目标分解到单位工程。

（3）根据确定的质量目标，编制《炼钢连铸工程技术质量策划书》、《炼钢连铸工程创优规划》。

4.2.2.5　经营文件准备

根据合同及图纸等技术文件，测算工程经营指标，并编制《炼钢连铸项目经营管理策划书》。

4.2.2.6　职业健康安全、文明施工文件准备

（1）根据施工合同，确定项目职业健康安全、文明施工目标。

（2）根据确定的职业健康安全、文明施工目标，编制《炼钢连铸工程职业健康安全、文明施工管理方案》。

4.2.2.7　绿色施工文件准备

（1）根据施工合同，确定项目绿色施工目标。

（2）根据确定的绿色施工目标，编制《炼钢连铸工程绿色施工施工方案》。

4.3　材料准备

施工材料分为工程材料、周转材料等。工程材料又分为甲方供料和乙方自行采购两种。

4.3.1 工程材料准备

（1）项目经理部根据施工图预算、施工进度计划，编制钢材、水泥等工程材料需求计划；甲方供料要报甲方批准。

（2）工程材料需求计划应根据工程进度的要求，分期、分批的提供。

（3）量大的工程材料一般采取招标采购，以便降低材料采购价格。

（4）工程材料进场后，应登记在进货台账上，按规范规定对材料的外观检查，需要复检的材料，如钢材、水泥等，在见证取样的基础上，按相关标准规定，对材料进行复检，合格后，按总平面布置图规定的位置堆放并标识。

4.3.2 周转材料准备

（1）项目经理部根据施工图预算、施工进度计划，编制模板、钢管等周转材料需求计划。

（2）周转材料需求计划应根据工程进度需求分期、分批提供，并在施工现场进行综合平衡和协调。

（3）量大的周转材料需要实行招标采购。

（4）进场的周转材料经外观检查或复检合格后，按总平面布置图规定的位置堆放并标识。

（5）施工后的周转材料应经过修整、清理合格后方能重新使用。

4.4 人力资源准备

4.4.1 项目经理部人员准备

（1）项目经理应在工程投标前，一般由施工单位通过公开竞聘选定，中标后，根据合同规定，确定项目经理和项目总工程师。

（2）项目经理根据工程项目需要，选聘生产副经理、经营副经理、安全经理、设备经理等，共同组成项目经理部领导班子成员。

项目经理部领导班子成员共同选聘办公室、工程技术部、安全监管部、工程质量部、物资供应部、设备部、经营计划部、财务部等部门负责人。

（3）各部门负责人选聘下属人员。

（4）由于炼钢连铸工程多专业性的特点，总工程师需要选聘相关专业的副总工程师，负责相关专业的技术、质量管理工作。

（5）项目经理部的项目经理、质量员、安全员、取样员应持有相应的资质证书，且具有施工过类似工程经验和较高的专业水平。

（6）项目经理部人员的选聘应遵循合理分工与密切协作，因事设职和因职选人，动态管理的原则，建立具有开拓精神和高效率的项目管理团队。

4.4.2 协作单位准备

4.4.2.1 协作单位的选择

由于炼钢连铸工程施工涉及土建、钢结构、机械、管道、电气、筑炉等专业，协作单位的选择对工程目标的实现十分重要。项目经理部应列出劳务、专业分包的工程项目清单专业分包的工程项目应根据合同要求或报业主批准后才能实施。

4.4.2.2　工程分包的准入控制

（1）项目经理部相关部门对分包企业考核、评价、会签，填写《合格供方（工程）考察会签意见表》，符合条件的纳入工程/劳务合格供方名录。

（2）工程分包应填写分包申请表，并报主管部门审批。

（3）分包企业应具有与《建筑业企业资质管理规定》相适应的专业承包资格，具有法人或拥有有效法人授权委托的其他组织，具有自主经营权，可自行承担合同义务，必须具有《安全生产许可证》，具有质量、环境、职业健康安全管理体系认证。

（4）工程分包实行投标或议标，并实行中标单位约谈制，符合条件者签订分包合同。

4.4.2.3　分包队伍的进场验证控制

（1）分包队伍进场后，项目经理部应对其资质、人员素质、施工设备和施工能力，包括项目经理、技术人员、质量检查人员、安全员、特种作业人员等关键岗位人员到位情况验证。

（2）对分包人员告知企业质量、环境、职业健康安全管理体系以及相关管理制度的有关规定和要求，并实施培训，合格后上岗。

4.4.2.4　建立三标管理体系

（1）分包队伍进场验证、培训合格后，项目经理部应将分包单位纳入项目质量、环境、职业健康安全管理体系中，并具体落实到分包单位的施工班组。

（2）项目经理部将本工程的工期、质量、安全、文明施工、绿色施工等目标分解到分包单位。

（3）项目经理部将各种管理流程向分包单位交底，如图纸、工程联系单传递流程，工程材料、半成品、成品送检传递流程，检试验报告传递流程，质量验收资料传递流程，质量检查信息传递流程，其他质量信息传递流程等。

4.4.2.5　分包单位技术文件的编制与交底

（1）专业分包的工程，其分包单位应编制所施工项目的施工方案、安全专项方案等，并经分包单位盖章、技术负责人签字后，交项目经理部。

（2）分包单位编制的施工方案、安全技术方案等，在分包单位盖章、技术负责人签字的基础上，项目经理部按规定审批程序审批。

（3）涉及分包单位施工项目的施工组织总设计、单位工程施工组织设计、安全专项方案、施工方案等均应向分包单位交底。

（4）项目经理部对分包单位施工的相关工序实行班组技术交底，并由交底人、接受交底人签字。

4.4.3　主要作业工种

4.4.3.1　土建施工

土建施工主要工种有：测量工、维护电工、木工、瓦工、架工、混凝土工、钢筋工、防水工等。

4.4.3.2　钢结构制作

钢结构制作主要工种有：电焊工、铆工、起重工、火焊工、油漆工、喷砂工等。

4.4.3.3　钢结构安装

钢结构安装主要工种有：起重工、铆工、电焊工、火焊工、测量工、油漆工、吊车司机等。

4.4.3.4　设备安装

设备安装主要工种有：起重工、钳工、铆工、电焊工、测量工、吊车司机等。

4.4.3.5　管道安装

管道安装主要工种有：管道工、电焊工、起重工、铆工、油漆工、测量工、吊车司机等。

4.4.3.6　电气安装

电气安装主要工种有：电气安装工、仪表安装工、通信安装工、电气调试工等。

4.4.3.7　筑炉施工

筑炉施工工种有：筑炉工、架子工、运转工等。

4.5　施工机具准备

炼钢工程是个复杂的系统工程，涉及土建、钢结构、机械、电气、管道、筑炉等施工专业，地下工程深，高空作业高，安装设备中，因此，需要大量的大型施工机具。

4.5.1　土建施工机具

土建施工主要机具见表4-1。

表4-1　土建施工主要机具

序号	项目名称	主　要　机　具
1	测　量	全站仪、经纬仪、水准仪、钢尺等
2	深基坑施工	降水设备、基坑支护设备、挖土机、运土车等
3	桩基施工	打桩机、压桩机、钻孔灌注桩机、汽车吊、电焊机等
4	钢筋加工	钢筋对焊机、钢筋弯曲机、钢筋切割机、钢筋调直机、电渣压力焊机、直螺纹加工机等
5	垂直运输	塔吊、汽车吊等
6	木工施工	圆盘锯、电钻、电焊机等
7	混凝土施工	搅拌机、罐车、输送泵、泵车、振动器、测温仪等
8	装饰装修	砂浆搅拌机、电焊机、切割机、吊篮等

4.5.2　钢结构制作设备

主要钢结构制作设备有：龙门吊、多头切割机、液压矫正机、门型焊机、CO_2气体保护焊机、埋弧自动焊机、硅整流焊机、交流焊机、电渣焊机、卷板机、空压机、自动切割机、数控钻床、钻床、仿形切割机、喷砂机、抛丸机、喷漆机、行车、水压机、H型钢组立机、磁力钻、三维数控钻床、热处理设备、超声波探伤仪等。

4.5.3 钢结构安装设备

塔吊、履带吊、汽车吊、平板车、电焊机、空压机、电动扳手、经纬仪、水准仪、全站仪、液压千斤顶、卷扬机、铝热焊机、电钻、葫芦等。

4.5.4 机械安装设备

塔吊、履带吊、汽车吊、平板车、经纬仪、水准仪、全站仪、氩弧焊机、交流电焊机、直流焊机、滤油机、电动试压泵、液压千斤顶、冲洗设备、卷扬机等。

4.5.5 管道安装设备

履带吊、汽车吊、挖土机、卷板机、电焊机、氩弧焊机、自动焊机、卷扬机、坡口机、角向磨光机、电动试压泵、等离子切割机、电动套丝机等。

4.5.6 电气安装调试设备

电焊机、卷扬机、液压车、真空净油机、真空泵、贮油罐、电动套丝机、砂轮切割机、电锤、电钻、油压钳、液压千斤顶、电动扳手、力矩扳手、打卡机、母线煨弯机、绝缘电阻测试仪、信号发生器、兆欧表、仪表综合校验仪、数字万用表、光纤熔接器、压力表、电压表、电流表、光纤测试仪、直流电桥、光功率计、信息线缆测试仪、示波器、彩色信号发生器、扫频仪、噪声测试仪、感温、感烟探测器、经纬仪、水准仪、变压器绕组测试仪、智能变比及组别测试仪、智能介损测试仪、智能CT综合测试仪、绝缘电阻测试仪、直流泄漏试验议、微机继电保护测试仪、开关特性测试仪、回路电阻测试仪、直流双臂电桥、工频耐压试验成套设备、16通道波形记录仪、碳刷中性位置检查装置、直流稳压电源、钳型电流表、示波器、脉冲信号发生器、接地电阻测试仪等。

4.5.7 筑炉施工设备

强制式搅拌机、灰浆搅拌机、切砖机、磨砖机、空压机、风动捣固锤、喷涂机、高压水泵、叉车等。

4.6 施工现场准备

4.6.1 测量控制网准备

（1）项目经理部复测业主给定的平面、高程测量基准点，如有问题，与业主、设计、监理等单位协调。

（2）编制测量控制网施工方案并报业主、监理单位批准。

（3）按测量控制网施工方案布置炼钢连铸区域加密的控制网，并报监理验收。

4.6.2 施工大临准备

根据《施工组织总设计》中的施工平面布置图对施工现场的施工道路、临时用电、给排水、办公室、工具房、材料堆场、钢结构组装场地等施工临时建（构）筑物施工，生活临时设施一般不布置在施工现场内，采取在现场外租赁的方式解决。

4.6.3　与建设各方人员的协调

（1）建立与业主单位的沟通协调机制，学习业主单位的相关管理制度，对进场人员登记、造册并办理出门证。

（2）建立与监理单位的沟通协调机制，熟悉监理的业务流程。

（3）建立与设计单位的沟通协调机制，熟悉设计变更的业务流程。

（4）建立与勘探单位的沟通协调机制，熟悉地基验槽的业务流程。

（5）与当地质量监督站取得联系，熟悉质量监督的业务流程。

4.7　施工场外协调

4.7.1　协作单位的协调

4.7.1.1　与钢结构制作单位的协调

根据施工总进度、钢结构吊装顺序等，将钢结构的原材料供应、制作顺序、运输条件、质量检验、驻厂人员等与钢结构协作单位协调，使其满足工程目标的要求。

4.7.1.2　与混凝土搅拌站的协调

在充分了解混凝土搅拌站的生产能力、泵送高度、冬期施工措施等的基础上，与混凝土搅拌站协调转炉大体积的施工措施、地下防水混凝土的施工措施、冬期施工措施等内容。

4.7.1.3　与材料供应商的协调

炼钢连铸工程主要涉及的材料很多，应在了解当地供应商供应能力的基础上，与材料供应商协调，大宗材料实行招标采购。

4.7.2　与设计单位的协调

根据施工进度，了解设计单位的设计进度，提出到图计划并与设计协商，确保施工图纸满足施工进度要求。图纸具体要求如下：

（1）主厂房柱基基础、转炉基础、厂房内电缆隧道、管廊、深基坑支护施工图需要一次性提供，并不迟于开工前15天。

（2）由于主厂房钢结构制安量巨大，尤其是转炉跨，开工前需要提供主厂房钢柱、柱间支撑、吊车梁、制动桁架、平台梁的制作图。

（3）开工后需提供主厂房地坪结构图。

（4）工艺总图不能代替设备安装图，单体设备要有安装图。

（5）引进国外设计、设备资料应提供转化过的资料和图纸。

（6）工艺管线图与设备图接口到位。

（7）在电气设计中，传动控制操作电源与主回路电源分离，既便利检修，又有利于自动化的模拟调试；既可缩短施工过程模拟调试时间，也简化了自动控制的系统模拟过程。

4.7.3　与设备供应单位的协调

根据施工进度，了解设备供应单位的制作进度，提出设备到货计划并与设备供应商协商，确保施工设备满足施工进度要求。主要要求如下：

（1）设备制造商提供全套设备图及说明书，国外进口设备应提供作业指导书，便于设备安装调试及生产时设备维护和检修。

（2）在运输许可的前提下，单台设备或部件尽可能整体供货。

4.7.4　生活区建设

考虑到劳务工的生活住宿及部分单身职工的需要，应在施工现场附近租赁或建设生活区。生活区内除宿舍外，还应建设食堂、浴室及相应的文化娱乐设施。

5 施 工 测 量

5.1 施工测量综述

工程施工阶段的测量工作主要包括：施工控制网的建立、建筑物的放样、竣工测量和施工期间的变形观测等。施工控制网为工程建筑物的施工放样所布设的测量控制网，分为平面控制网和高程控制网。平面控制网一般是三角网和导线网，在工业建筑场地上也可以是建筑方格网，高程控制网大多是水准网。

5.1.1 施工测量阶段划分

根据炼钢工程总体安排和现场实际条件，测量工作一般分为5个阶段：

第一阶段：炼钢工程区域控制网测设阶段。

第二阶段：炼钢主厂房控制网及加密阶段。

第三阶段：主厂房内设备基础控制网测设阶段。

第四阶段：炼钢一次、二次除尘控制测设阶段。

第五阶段：工程的细部放线与附属设施的定位放线阶段。

5.1.2 测量准备工作

5.1.2.1 测量仪器的准备

GPS 接收仪 1 套、水准仪 2 台（DSZ2 水准仪 1 台、DINI03 电子水准仪 1 台）、全站仪 2 台（NikonDTM-452C 1 台、徕卡 TS06 1 台）；工具：50m 钢尺 2 把、5m 塔尺 2 把、数字精密水准仪尺 2 把、尼康棱镜 2 台、莱卡 TS06 棱镜 2 台。所使用的测量器具必须经过具有相应资质的检定单位检定合格（有检定证书），并在有效检定周期内。

5.1.2.2 人员准备

由持证上岗的专业测量工程师、助理工程师、技术员组成测量组，负责专业测量工作。

5.1.2.3 技术准备

熟悉设计图纸，详细了解各相邻建筑之间的关系，找出它们之间的联系尺寸，施测前按照炼钢工程区域平面布置图，设计控制网施测草图。复核甲方提供测量控制点坐标间的相对关系并采取保护措施。

5.1.3 测量放线基本准则及精度要求

5.1.3.1 测量放线基本准则

A 施工测量控制网的建立程序

建立炼钢工程平面、高程区域控制网→炼钢主厂房控制网→设备基础控制网→炼钢一次、二次除尘控制网→附属设施细部测量放线。

B　工程施工测量工作的原则

先整体后局部，先确定建筑物主轴线，经校核无误后，再放样各细部轴线位置等。

C　原始记录存档

保留好测量原始记录，以备验收、检查、追溯。

D　点位检查

定位点、线完成后应与主控制点进行复核确认无误后，方可进行施工。

E　测量放线的质量依据

依据国家标准《工程测量规范》GB 50026 控制成果质量。

5.1.3.2　测量放线精度要求

A　轴线竖向投测精度要求

轴线竖向投测的允许误差应符合表 5-1 的要求。

表 5-1　轴线竖向投测的允许误差

项　目		允许偏差/mm
每　层		3
总高(H)/m	$30 < H \leqslant 60$	10
	$60 < H \leqslant 90$	15

B　细部放线精度要求

施工各部位放线时，应先在结构平面上校核投测轴线，闭合后再测细部轴线，平面角度校核闭合差不大于 10″，量距精度不低于 1/10000。各部位放线允许误差应符合表 5-2 的要求。

表 5-2　各部位放线允许误差

项　目		允许偏差/mm
外廊主轴线长度(L)/m	$30 < L \leqslant 60$	±10
细部轴线		±2
承重墙柱边线		±3
非承重墙边线		±3
门窗洞口		±3

C　标高竖向传递精度要求

标高竖向传递，应用钢尺从首层起始标高线竖直量取，当传递高度超过钢尺长度时，应另设一道标高起始线。每栋建筑按每层每段三个点分别向上传递标高，以备校核。标高允许误差应符合表 5-3 的要求。

表 5-3　标高允许误差

项　目		允许偏差/mm
每　层		±3
总高(H)/m	$30 < H \leqslant 60$	±10

5.1.4 测量放线质量要求

5.1.4.1 建筑物、设备中心放线

校核控制点测绘成果及施工图图纸相关尺寸。根据测绘成果，采用直角坐标法用全站仪做出有选择的建筑物行列线偏线的控制点，控制点最好设置在主厂房控制网线上，以方便与主控制点检查。检查的不符值应用内分法分配于各行列线控制点（距离指标桩）上。控制线测设及引桩的制作，根据已知点定出各轴线，确定各个细部控制线，制定控制线原则应避开墙、柱。

为防止机械车辆扰动或槽边自然下沉，做引桩时，将引线引至路面、围墙或固定建筑物上（红色三角标志），采取保护措施，避免损坏。

5.1.4.2 基槽放线

建筑行列线定位后，土方开挖按照具体土方工程施工方案所要求的放坡系数放出槽下口外廓线，并预留排水沟等施工工作面，然后再放出槽上口轮廓线。

5.1.4.3 螺栓定位

向型钢固定架上投点时，依据施工蓝图设计采取分区域分批次投点。

采用全站仪、50m 钢卷尺向每个型钢固定架上投点，要求每个点位至少投点两次。每个型钢固定架上所直接投设的相临两点之间的距离必须小于 5m（有螺栓时便于再次细分螺栓位置点，并易于保证精度）。本批次投点后要相互核对，并与前面批次已投点间相互核对，经核对无误后，再利用 5m 卷尺分出每根螺栓的位置点。

5.1.4.4 结构放线

A ±0.000m 以下结构放线

根据主轴线控制桩向槽内投测"井"字形线，依据基础平面图进行底板、柱等各部位的放线。水管廊等沟槽的施工中，需在每道沟壁的两侧弹出距底板 400mm 的控制线，以备检查模板和上层使用。

B ±0.000m 以上结构放线

首层以上竖向轴线投测采用外控法，在建（构）筑物外设置控制点。通过全站仪将控制点层层向上引测，将各主轴线弹出，用钢卷尺量出各细部尺寸位置线，包括门窗洞口线、墙皮线，楼梯位置线、柱子位置线。每层放线完毕，测量放线人员都应互相对换进行检查，主轴线采用 50m 钢卷尺拉对角线方法，使误差在边长的 $2^{1/2}$ 倍范围之内。用钢卷尺量门窗洞口、楼梯、柱子控制线距离，检查门窗洞口数量是否与图纸相符，如发现有误及时纠正。

C 门窗控制线

为了便于检查控制 ±0.000m 以上的外墙门窗洞口放一条竖线，控制平行度与标高。在外墙面上外窗两侧、外墙阴阳角、内墙阴阳角均弹出竖线到顶。

D 标高的引测及传递

根据甲方给出的已知点的绝对标高，使用前先进行闭合校核，并作为现场制作的永久水准点。在施测主厂房内部设备基础时，将 ±0.000m 标高线引测至已安装完的厂房柱上，引测时采用附合测法。由于 ±0.000m 标高点相对位置较低，考虑实际施工，现场引测

+0.500m 线至四周已安装完的厂房柱，每边不少于 3 点。保证仪器无论安置在任何位置上都能观测到两个点位，以便施测中进行校核，误差在允许范围之内方可使用。引测时，仪器安置尽可能摆放在测点中间部位，以消除视差影响。引测的标高点都必须用红漆做成倒立三角形明显标出，倒立三角形顶部即为所引测的现场 +0.500m 标高点。

5.1.4.5　±0.000m 以下标高传递

A　挖槽深度控制

根据 ±0.000m 标高点或现场引测的 +0.500m 标高点，安置水准仪，用塔尺向槽内引测距槽底 300mm 标高桩，并在槽内四周均匀测设距槽底 300mm 的水平桩，槽内测设水平桩位 15~20 个，以此为准作为进行基槽清理整平及地下沟壁 300mm 线的引测依据。为了配合人工清土，在槽底按 3m×3m 呈梅花形布设水平控制桩点，其水平标高为槽底设计高度的 +15cm 为宜，布设时允许偏差不超过 ±10mm，清土时必须拉小线以确保槽底开挖深度符合设计要求，不超挖和少挖。

B　开挖基坑深度控制

根据 ±0.000m 标高点或现场引测的 +0.500m 标高点，安置水准仪，用塔尺向坑内引测距坑底 300mm 标高桩，并在坑内四周均匀测设距槽底 300mm 的水平桩，坑内每侧测设水平桩位 3~5 个，以此为准作为进行基坑清理整平的引测依据。为了配合人工清土，在坑底按 3m×3m 呈梅花形布设水平控制桩点，其水平标高为坑底设计高度的 +15cm 为宜，布设时允许偏差不超过 ±10mm，清土时必须拉小线以确保坑底开挖深度符合设计要求，不超挖和少挖。

5.1.4.6　±0.000m 以上标高传递

每个建构筑物设 3 个点位向上传递标高，引测位置于无障碍物的外墙大角、楼梯间等处。每次向上引测标高，均应从标高起始线竖直量取，钢尺量距及标准拉力（50N），保证钢尺的铅直。

各施工层抄平之前，先校核首层传递上来的 3 个标高点，当较差小于 3mm，取其中数引测水平线。抄平时，尽量将水准仪安置在测点中心位置，并进行一次精密整平，水平线标高允许误差为 ±3mm。

各层柱钢筋上相对标高 500mm 线的抄测，在绑完柱筋、合完模后，将上一层的楼板上皮的建筑标高 +500mm 控制点抄测到每个房间四角的柱钢筋上，用红漆做出明显标记，便于柱混凝土浇筑高度、上层顶板混凝土浇筑厚度及水电施工控制。

各层建筑 1m 线的抄测，柱拆模后，及时在每个柱四周抄测建筑 1m 线，并弹好墨线，为后面支顶板、大梁、钢筋绑扎、抹灰、门窗安装、水暖电管件安装及地面施工提供可靠的标高依据。

5.1.4.7　装修阶段的放线

建筑物围护结构封闭前，必须将控制轴线引测至结构内部，作为室内装修与设备安装放线的依据，控制线可采用平行借线法引测。

为保证建筑安装的构件，水暖电管件、通风道、抹灰上下贯通垂直，因此楼的各大角、窗口、分户墙的安装都必须弹出上下一致的垂直线。

隔墙的砌筑施工前，在楼地面上放出墙的位置、尺寸线。地面面层及吊顶控制的施工测量：在柱身四面上测设出建筑 1m 线，作为地面面层及吊顶施工的标高控制线，同时也是水暖电管件、器具安装的标高依据。

A 墙面装饰施工测量

外墙装饰墙面按设计需要分格分块，用钢卷尺依据各大角控制线和抄测的水平控制线拉尺测量定出分格线，用墨线弹出。

内墙抹灰、刮腻子前，在所有阴角处（包括墙与墙、墙与顶）弹墨线，控制阴角的顺直。

B 外墙门窗安装测量

在门窗洞口两侧弹出控制线，在室内、室外弹出建筑 1m 线，供门窗安装使用。

5.1.4.8 设备安装测量主要技术要求

设备基础施工完成后，土建测量人员要完成竣工线的测量工作，并与设备安装测量人员进行工序交接。

设备基础中心线必须进行复测，两次测量的偏差不应超过 5mm。对于埋设有中心标板的重要设备基础，其中心线应由竣工中心线引测，同一中心标点的偏差不超过 ±1mm。纵横中心线应进行正交度检查并调整横向中心线。同一设备基础基准中心线的平行偏差或同一生产系统的中心线的直线度应在 ±1mm 以内。每组设备基础，均应设立临时标高控制点。标高控制点的精度，对于一般的设备基础，其标高偏差，应在 ±2mm 以内，对于与传动装置有联系的设备基础，其相邻两标高控制点的标高偏差，应在 ±1mm 以内。

5.2 施工测量控制网的建立

5.2.1 施工区域测量控制网

施工控制网常分级布设。首级网覆盖整个施工区域，当工地上某项工程或设备需进行较高精度的放样时，可在它们周围再建一个小范围的高精度施工控制网。小范围施工控制网均布成独立网，它只从上级网传递一个点的坐标和一条边的方位角，或者一个点的高程，以保证全工地有统一的平面坐标和高程系统，其施测精度常高于首级网。平面施工控制网常采用建筑坐标系。

5.2.2 炼钢主厂房测量控制网

炼钢主厂房测量控制网的建立，首先对区域控制网定位点进行复测。施测时要求其测角中误差不大于 2.5″，边长相对中误差不高于 1/30000。施测完毕后及时将复测点位误差成果同调整方案报业主及监理单位。

5.2.2.1 布设方法及精度要求

经过对图纸的仔细研究，设计"十"字形主轴线，主轴线位于厂房中部主要设备中心线附近，其方向与厂房轴线方向平行，两端主控点留设位于厂房外部（视现场情况而定），埋设控制桩使其能够较长期的留存。根据已测设的主控线点，以直角坐标法测设其他的设计控制点，在埋设标桩并初步测设到位后，与区域控制点进行联测并平差，改化至设计位置。要求设计位于一条控制线上的各点与厂房外控制点连线的夹角，满足不大于 180° ±

$5''$，两条设计垂直的控制线间夹角不大于$90° \pm 5''$。

5.2.2.2 测设步骤及技术要求

A 测量步骤

一般测量步骤是：初定→埋标→初测→精测→平差计算→改化点→检查。

B 技术要求

角度、边长观测方法及技术要求见表5-4及表5-5。

表5-4 角度观测方法及技术要求

等级	仪器	测角中误差/('')	测回数	半测回归零差	2C较差/('')	各测回较差/('')
一级		5	4	8	13	9

表5-5 边长观测方法及技术要求

等级	仪器	往返	总测回数	一测回读数次数	一测回读数较差/mm	往返相对误差（1/10000）	最小读数/mm	测回较差/mm
一级		往返	4	3	3	5	0.1	3

5.2.2.3 内业计算及提交成果

一级导线网采用软件进行严密平差模拟和计算，将测量成果及时报业主及监理单位审核。

5.2.2.4 点位标志的建立

控制点的埋设采用混凝土基础预埋铁件形式。首先在现场进行初定位，然后人工挖$1000mm \times 1000mm \times 850mm$的方坑，用C20混凝土浇筑（地面以上外露150mm），并在混凝土表面埋设$150mm \times 150mm \times 10mm$的预埋铁。待混凝土达到强度后，将控制点准确测设在标板上，点位以钻眼作为点标记，并在混凝土标桩拐角埋$\phi 16mm$、长约20cm钢筋，钢筋伸出桩高15mm，钢筋头表面磨圆作为高程控制点，同时在铁板上标出控制点编号，具体形式如图5-1所示。

5.2.2.5 点位保护

控制点外圈设置表面为红白漆相间钢管架的护栏进行保护，控制点混凝土露出标桩地面20cm，另外控制点均进行挂牌标识，标识牌上要注明控制点的等级、编号、单位名称。具体形式如图5-2所示。

在施工区域外做几个永久性的控制点，以作为整个工程的平面控制依据及建筑物位移监测的依据，使施工控制点及建筑物变形处于有效的监控之中。

5.2.3 高程控制网的建立

5.2.3.1 高程测量水准网

高程是指由高程基准面起算的高度，按选用的基准面不同而有不同的高程系统。在工程测量中，主要使用的高程系统有国家高程基准和假设高程系统。水准测量是用水准仪和水准标尺测量两点间高差的方法，又称几何水准测量。在测区内每隔一定距离布设高程控制点（称为水准点），相邻两水准点间构成水准路线，形成能控制全测区的网（称为水准

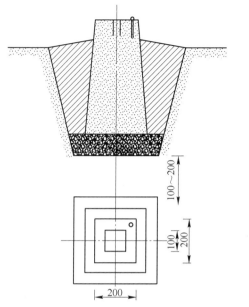

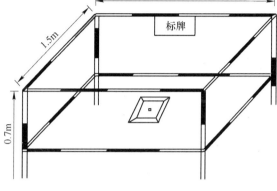

图 5-1 高程控制点图   图 5-2 控制点保护图

网）。它通常构成闭合路线，是结点形或附合于两高级已知水准点间的附合路线。工程测量的水准网分二等、三等、四等 3 个等级，其精度与国家水准网相应等级的精度一致。水准网可以一次全面布网，也可以逐级布设。各级水准点均需埋设长期性的标石或标志（见测量标志）。厂区高程控制网，应布设成闭合或附合路线，其测量精度不低于三等水准要求。主要技术标准按《工程测量规范》GB 50026 有关规定执行。引测精度，不低于原高程点的精度等级。

5.2.3.2　高程基准点的复测

对给定的已知水准点，以不低于原测精度进行复测，复测结果及时报验。选择符合要求水准点 2~3 个作为施测依据。

5.2.3.3　控制网的布设原则

利用炼钢连铸工程总控制网的平面控制点高程标志作为水准点形成闭合环线，并随工程开工区域的增加，经常性的进行检核及联测。

5.2.3.4　测设方法及精度要求

采用三等闭合水准路线进行检测，使其闭合差符合规范要求 $12\sqrt{L}$ mm（环线闭合差不大于 $12\sqrt{L}$，L 为路线长度，单位为 km），最后经过计算平差得出每个高程控制点的高程数据。水准观测的技术要求见表 5-6。

表 5-6　水准观测技术要求

等级	视线长度/m	前后视距较差/m	前后视距累积差/m	视线离地面最低高度/m	基辅分划读数/mm	基辅分划所测高度之差/mm
三等	75	2	5	0.3	2.0	3.0

5.2.3.5　成果提交

内业资料经检查确认，提交建设单位、监理公司经审查及现场确认后，方可进行工程施工。

5.3　变形监测

变形监测就是利用专用的仪器和方法对变形体的变形现象进行持续观测、对变形体变形性态进行分析和变形体变形的发展态势进行预测等的各项工作。其任务是确定在各种荷载和外力作用下，变形体的形状、大小、及位置变化的空间状态和时间特征。

5.3.1　垂直位移监测基准网

大型设备基础沉降监测，应建立监测基准网，布设成环形网，采用二等水准技术要求进行观测。基准点应设立在变形区以外的原土层内或利用稳固的建构筑物，设立水准基点。

5.3.2　垂直位移监测精度要求

垂直位移监测基准网的主要技术要求，按照《工程测量规范》GB 50026 相关要求执行。

5.4　质量保证措施

5.4.1　项目管理

施工测量记录和报验单由技术人员填写，项目总工程师组织验线后签字报资料室，由资料员统一报监理签认，以签认后的有效文件为准进行资料整理和存档。

测量工作是项目管理的一项重要工作，测量工作准确与否，直接影响工程的使用功能及能否顺利交验，同时也是项目创优工作的必要保证。

5.4.2　内、外业检查

测量外业施测和内业计算要做到步步校核；所有归档的资料和需交付顾客的测绘产品必须经过作业人员的自检、工程控制组的最终检验。

5.4.3　测量准备阶段的控制

（1）根据测绘生产任务编制测量方案。

（2）由测量组长对作业所依据的原始资料，测绘成果进行校测、核算，并记录校核结果。

（3）测量组长依据测量方案向项目设备管理员提出仪器需用计划。

（4）测量组设备管理人员按计划做好测量仪器及测量辅助工具的校准工作。

（5）测量组要依据测量方案要求，选择能够胜任工作的技术人员、操作人员。

（6）测量组长或施工组长要在作业前向作业人员做好技术交底，使每位作业人员都明确职责和技术要求。

5.4.4　施工阶段的控制

（1）测量组长或施工组长要按进度和方案要求，安排工作，并做好测绘日志。

（2）作业过程中应根据《测量仪器使用管理办法》的规定进行检校维护、保养并做好记录，发现问题后立即将仪器送检。

（3）作业过程中，要严格按作业规范和技术要求进行。

测量时仪器要精平，对中要准确。测角以长边定短边，测高程仪器支在两点之间，保证前后视线等长。

测量工作要步步校核。测角采用复测法，盘左、盘右取平均值；高程引测采用附合测法，即由已知点 BM1 引测各点位到现场后，再回到另一已知高程 BM2 进行附合。测量时，每个读数都要由两名放线员分别读数；计算数据时，须经两人复核。

主轴线采用量对角线的方法进行检查，细部尺寸放线完毕后，放线人员互相对换，进行检查门窗口、洞口、独立柱的位置数量，沟壁边线和每道沟壁控制尺寸是否正确。

5.4.5　减少测量误差的方法

5.4.5.1　全站仪、经纬仪检查

（1）采用盘左、盘右复测法。

（2）以长边定短边。

（3）优先选用高精度全站仪、经纬仪。

（4）注意保养仪器，在检定期内使用并每星期自检。

5.4.5.2　水准仪

（1）采用附合测法。

（2）前后视线等长。

（3）塔尺要扶正，保证顺直。

（4）在检定期内使用，并每星期自检。

5.4.5.3　钢尺量距

（1）丈量两点间定线要直，以保证丈量的距离为两点之间直线距离。

（2）在测量中拉钢尺，使用拉力秤按标准拉力 30N 、50N 进行操作。

5.4.5.4　仪器保养和使用制度

（1）测量仪器实行专人负责制，建立测量仪器管理台账，由专人保管、填写。

（2）所有测量仪器必须每年校准检定一次，在仪器上粘贴校准状态标识，具备合格的计量检定证书，并由项目部测量负责人每半月一次进行自检。

（3）仪器必须置于专业仪器柜内，仪器柜必须干燥、无尘土。

（4）仪器使用完毕后，必须进行擦拭，并填写使用情况表格。

（5）仪器在运输过程中，必须手提、抱等，禁止置于有振动的车上。

（6）仪器现场使用时，测量员不得离开仪器。

（7）水准尺不得躺放，三脚架水准尺不得做工具使用。

5.5　施工测量管理制度

5.5.1　交接检制度

（1）项目部技术组收到设计图纸、具备交接桩条件后，报告建设单位和项目技术部，

确定时间及时进行交接桩工作。

（2）交接桩工作由建设单位主持，施工单位由项目技术部组织，在现场由勘测单位直接进行交接桩工作。

（3）交接桩测量资料必须齐全，并应有标桩示意图，表明各种标桩平面位置和标高，必要时要附有文字说明，依照资料，现场核对进行点交。

（4）各种标桩采用点交方式，必要时进行现场交接复测。

（5）交接桩时，各主要标桩要完整、稳固。交接后，接桩单位应组织测量单位进行必要的复测工作。

（6）交接单位在复测过程中，如发现问题，应及时提交交接单位研究解决。

5.5.2 测量复测制度

（1）为避免测量差错，所有测量内业和计算资料，必须经两人复核。施工中，应采取不同方式不同测点由两人进行复测，其测量工作内容、成果等要详细填入测量资料内，并签字以示负责。

（2）现场内各测量控制标桩，必须定期进行复测，特殊情况应随时复测。

5.5.3 标桩保护

（1）测量人员必须对标桩妥善保护。各控制网的标桩要设置牢固，并应设置明显标志，设"测量标桩，注意保护"标识，以防损坏。

（2）测量人员应经常定期巡视标桩保护情况。所有测量标桩，未经项目部总工程师批准，不得随意拆毁。

（3）在施测范围内，需搭设临时建筑物或堆放材料时，必须事先与各级测量人员取得联系，同意后方可实施，以免损坏测量标桩或影响测量视线。

5.5.4 测量成果整理与归档

（1）测量成果的计算资料必须做到记录真实、字迹清楚、计算正确，尽量做到格式统一，装订成册后妥善保管。

（2）原始资料记录必须清楚，不得涂改或后补。测量手簿应按规定填写，并详细记载观测时的特殊情况。

（3）工程竣工后，必须及时整理测量资料，凡纳入工程技术档案的，应按规定要求的内容整理好后交技术组归档；其他不入档者，应保留到工程竣工后一年方可处理。

5.5.5 常用测量仪器简介

工程施工常用的测量仪器有：水准仪、经纬仪、全站仪、全球定位系统（GPS）等。

5.5.5.1 水准仪

A 水准仪分类

（1）水准仪按结构不同可分为：微倾水准仪、自动安平水准仪、激光水准仪、数字水准仪。

（2）按工作原理不同可分为：电子水准仪和光学水准仪。其外形如图5-3及图5-4所示。

图5-3　电子水准仪 DINI03

图5-4　水准仪 DSZ2

（3）按精度不同可分为普通水准仪和精密水准仪。我国国家标准把水准仪分为 DS05、DS1、DS3 和 DS10 四个等级。DS 分别为"大地测量"和"水准仪"的汉语拼音第一个字母，其后 05、1、3、10 等数字表示该仪器的精度，即每公里往返测量高差中数的偶然中误差。DS05 级和 DS1 级水准仪为精密水准仪，用于国家一等、二等精密水准测量及地震监测。DS3 级和 DS10 级水准仪为普通水准仪，用于国家三等、四等水准测量以及一般工程水准测量。工程测量中一般使用 DS3 级水准仪。

B　水准仪作用

水准仪用于水准测量，水准测量是利用水准仪提供的一条水平视线，借助带有刻度的尺子，测量出两地面点之间的高差，然后根据测得的高差和已知点的高程，推算出另一个点的高程。

C　水准仪的使用

（1）微倾水准仪的使用步骤包括：安置仪器和粗略整平（简称粗平）、调焦和照准、精确整平（简称精平）和读数。

1）安置水准仪和粗平。先选好平坦、坚固的地面作为水准仪的安置点，然后张开三脚架使之高度适中，架头大致水平，再用连接螺旋将水准仪固定在三脚架头上，将架腿的脚尖踩实。调整三个脚螺旋，使圆水准气泡居中称为粗平。

2）调焦和照准。水准仪整平后，将望远镜对着明亮的背景，转动目镜调焦螺旋，使十字丝清晰；用望远镜的准心和照准水准尺，然后旋紧制动螺旋固定望远镜；转动物镜调焦螺旋，待水准尺成像清晰后，再转动水平微动螺旋，使十字丝竖丝照准水准尺；瞄准目标后，眼睛可在目镜处做上下移动，如发现十字丝与目标影像有相对移动，读数随眼睛的移动而改变，说明有视差；产生视差的原因是目标影像与十字丝分划板不重合，它将影响读数的正确性；消除视差，办法是先调目镜调焦螺旋看清十字丝，再继续仔细地转动物镜调焦螺旋，直至尺像与十字丝平面重合。

3）精平。转动微倾螺旋，同时察看水准管气泡观察窗，当符合水准泡成像吻合时，表明已精确整平。

4）读数。当符合水准气泡居中时，根据十字丝中丝在水准尺上读数。不论使用的水准仪是正像或是倒像，读数总是由小的一端向大的一端读出。通常读数保留四位数。

（2）精密水准仪的操作程序。精密水准仪一般 DS3 水准仪基本相同，不同之处是精密水准仪是采用光学测微器测出不足一个分格的数值。作业时，先转动微倾螺旋，使望远镜视场左侧的水准管气泡两端的影像符合，保证视线水平。再转动测微轮，使十字丝上楔形丝精确地夹住整分划，读取该分划线读数。

（3）自动安平水准仪操作程序：粗平—照准—读数。

（4）数字水准仪操作程序，与自动安平水准仪基本一样，但数字式水准仪能自动观测和记录，并将测量结果以数字的形式显示出来。

5.5.5.2　经纬仪

A　分类

（1）经纬仪根据度盘刻度和读数方式的不同可分为：游标经纬仪、光学经纬仪和电子经纬仪。

（2）按精度不同可分为 DJ07、DJ1、DJ2、DJ6 和 DJ10 等，DJ 分别为"大地测量"和"经纬仪"的汉语拼音第一个字母，数字 07、1、2、6、10 表示该仪器精度，DJ07、DJ1、DJ2 的属于精密经纬仪，DJ6 属于普通经纬仪。经纬仪外形如图5-5 所示。

图 5-5　赛特 SETLSDJ2
电子经纬仪

B　作用

经纬仪是进行角度测量的主要仪器，它包括水平角测量和竖直角测量。另外，经纬仪兼有低精度的间接测距和测定高差以及高精度的定线辅助功能。

C　经纬仪的使用

经纬仪的使用包括对中、整平、照准和读数四个操作步骤。

a　对中和整平

有用垂球对中及经纬仪整平的方法和用光学对中器对中及经纬仪整平的两种方法。

用垂球对中及经纬仪整平的方法：

（1）垂球对中。先打开三脚架放在测站上，脚架长度要适当，以便于观测；三脚架架头应大致水平。把脚架上的连接螺旋放在架头中心位置，挂上垂球，移动脚架使垂球尖概略对准测站点，同时保持脚架头大致水平。从箱中取出仪器放到三脚架上，旋紧连接螺旋使仪器与脚架连接。此时再细心观察垂球是否偏离标志中心，如偏离可略放松连接螺旋，在架头上平移仪器，使垂球尖准确对准测站点，再旋紧连接螺旋。

（2）整平。先转动仪器照准部，使水准管平行于任意两个脚螺旋连线，转动这两个脚螺旋使气泡居中；然后将仪器照准部旋转 90°，旋转第三个脚螺旋，使气泡居中。按上述方法反复进行几次，直到仪器旋到任何位置，气泡都居中时为止。

用光学对中器对中及经纬仪整平的方法：

（1）目估初步对中，并使三脚架架头大致水平。

（2）转动和推拉对中器目镜调焦，使地面标志点成像清晰，且分划板上中心圆圈也清晰可见。

（3）转动仪器脚螺旋，使地面标志点影像位于圆圈中心。

（4）伸缩调节三脚架架腿，使圆水准气泡居中。

（5）按用垂球安置仪器的整平方法进行精确整平。

（6）检查光学对中器，此时若标志点位于圆圈中心则对中、整平完成，若仍有偏差，可稍松动连接螺旋，在架头上移动仪器，使其准确对中，然后重新进行精确整平，直到对中和整平均达到要求为止。

b　照准

（1）目镜调焦。将望远镜对向明亮的背景，转动目镜调焦螺旋，使十字丝清晰。

（2）粗瞄目标。松开望远镜水平、竖直制动螺旋，通过望远镜上的粗瞄器对准目标，然后拧紧制动螺旋。

（3）物镜调焦。转动望远镜物镜调焦螺旋，使目标成像清晰。注意消除视差现象。

（4）准确瞄准目标。转动水平微动及竖直微动螺旋，使十字丝竖丝与目标成像单线平分或双丝夹准，并且使十字丝交点部分对准目标的底部。

c　读数

打开反光镜，调整其位置，使读数窗内进光明亮均匀，然后进行读数显微镜调焦，使读数窗内分划清晰，进行读数。电子经纬仪可在屏幕上直接读数。

5.5.5.3　全站仪

A　全站仪的种类

全站型电子速测仪简称全站仪，它是一种集自动测距、测角、计算和数据自动记录及传输功能于一体的自动化、数字化及智能化的三维坐标测量与定位系统。

全站仪的生产厂家很多，主要的生产厂家及相应生产的全站仪系列有：瑞士徕卡公司生产的 TC 系列全站仪；日本 TOPCN（拓普康）公司生产的 GTS 系列；索佳公司生产的 SET 系列；宾得公司生产的 PCS 系列；尼康公司生产的 DMT 系列及瑞典捷创力公司生产的 GDM 系列全站仪；我国南方测绘仪器公司生产的 NTS 系列全站仪。全站仪外形如图 5-6 和图 5-7 所示。

图 5-6　全站仪徕卡 TS06　　　　　图 5-7　全站仪 NikonDTM-452C

B　全站仪的作用

全站仪的功能是测量水平角、竖直角和斜距，借助于机内固化的软件，可以组成多种测量功能，如可以计算并显示平距、高差以及镜站点的三维坐标，进行偏心测量、悬高测量、对边测量、面积计算等。

C　全站仪的使用

不同型号的全站仪，其具体操作方法会有较大的差异。下面简要介绍全站仪的基本操作与使用方法。

a　水平角测量

（1）按角度测量键，使全站仪处于角度测量模式，照准第一个目标"A"。

（2）设置"A"方向的水平度盘读数为0°0′0″。

（3）照准第二个目标"B"，此时显示的水平度盘读数即为两方向间的水平夹角。

b　距离测量

（1）设置棱镜常数。测距前须将棱镜常数输入仪器中，仪器会自动对所测距离进行改正。

（2）设置大气改正值或气温、气压值。光在大气中的传播速度会随大气的温度和气压而变化，15℃和760mmHg（1mmHg=133.322Pa）是仪器设置的一个标准值，此时的大气改正为0ppm。实测时，可输入温度和气压值，全站仪会自动计算大气改正值（也可直接输入大气改正值），并对测距结果进行改正。

（3）量仪器高、棱镜高并输入全站仪。

（4）距离测量。照准目标棱镜中心，按测距键，距离测量开始，测距完成时显示斜距、平距、高差。

全站仪的测距模式有精测模式，跟踪模式、粗测模式三种。精测模式是最常用的测距模式，测量时间约为2.5s，最小显示单位1mm；跟踪模式，常用于跟踪移动目标或放样时连续测距，最小显示一般为1cm，每次测距时间约0.3s；粗测模式，测量时间约为0.7s，最小显示单位1m。

c　坐标测量

（1）设定测站点的三维坐标。

（2）设定后视点的坐标或设定后视方向的水平度盘读数为其方位角。当设定后视点的坐标时，全站仪会自动计算后视方向的方位角，并设定后视方向的水平度盘读数为其方位角。

（3）设置棱镜常数。

（4）设置大气改正值或气温、气压值。

（5）量仪器高、棱镜高并输入全站仪。

（6）照准目标棱镜，按坐标测量键，全站仪开始测距并计算显示测点的三维坐标。

5.5.5.4　全球定位系统（GPS）

A　分类

全球定位系统GPS（Global Position System），是一种可以授时和测距的空间交会定点的导航系统，可向全球用户提供连续、实时、高精度的三维位置、三维速度和时间信息。GPS仪器外形如图5-8所示。

GPS的定位方法，若按用户接收机天线在测量中所处的状态来分，可分为静态定位和动态定位。

静态定位，即在定位过程中，接收机天线（观测站）的位置相对于周围地面点而言，处于静止状态。

而动态定位则正好相反，即在定位过程中，接收机天线处于运动状态，定位结果是连续变化的。大地测量、控制测量、变形测量、工程测量采用静态相对定位，精度要求不高的碎部测量可采用动态相对定位。

若按定位的结果来分，可分为绝对定位和相对定位。

绝对定位也称单点定位，是利用 GPS 独立确定用户接收机天线（观测站）在 WGS-84 坐标系中的绝对位置。

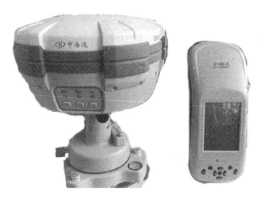

图 5-8　GPS 中海达 V30

相对定位则是在 WGS-84 坐标系中确定收机天线（观测站）与某一地面参考点之间的相对位置，或两观测站之间相对位置的方法。

B　GPS 的作用

工程测量主要应用了 GPS 的两大功能：静态功能和动态功能。静态功能是通过接收到的卫星信息，确定地面某点的三维坐标；动态功能是通过卫星系统，把已知的三维坐标点位，实地放样地面上。

C　GPS-RTK 的使用

GPS-RTK 由两部分组成：基准站部分和移动站部分，如图 5-8 所示。其操作步骤是先启动基准站，后进行移动站操作。

a　基准站部分

（1）架好脚架于已知点上，对中整平（如架在未知点上，则大致整平即可）。

（2）接好电源线和发射天线电缆。注意电源的正负极正确（红正黑负）。

（3）打开主机和电台，主机开始自动初始化和搜索卫星，当卫星数和卫星质量达到要求后（大约 1min），主机上的 DL 指示灯开始 5s 快闪 2 次，同时电台上的 TX 指示灯开始 1s 闪 1 次。这表明基准站差分信号开始发射，整个基准站部分开始正常工作。

为了让主机能搜索到多数量卫星和高质量卫星，基准站应选在周围视野开阔，避免在截止高度角 15°以内有大型建筑物；为了让基准站差分信号能传播得更远，基准站一般应选在地势较高的位置。

b　移动站部分

（1）将移动站主机接在碳纤对中杆上，并将接收天线接在主机顶部，同时将手簿夹在对中杆的适合位置。

（2）打开主机，主机开始自动初始化和搜索卫星，当达到一定的条件后，主机上的 DL 指示灯开始 1s 闪 1 次（必须在基准站正常发射差分信号的前提下），表明已经收到基准站差分信号。

（3）打开手簿，启动配套的软件。

（4）启动软件后，软件一般会自动通过蓝牙和主机连通。如果没连通则首先需要进行设置蓝牙。

（5）软件在和主机连通后，软件首先会让移动站主机自动去匹配基准站发射时使用的通道。如果自动搜频成功，则软件主界面左上角会有信号在闪动。如果自动搜频不成功，则需要进行电台设置。

（6）在确保蓝牙连通和收到差分信号后，开始新建工程（工程—新建工程），依次按要求填写或选取如下工程信息：工程名称、椭球系名称、投影参数设置、四参数设置（未启用可以不填写）、七参数设置（未启用可以不填写）和高程拟合参数设置（未启用可以不填写），最后确定，工程新建完毕。

（7）进行校正。校正有两种方法：

方法一：利用控制点坐标库（设置—控制点坐标库）求四参数。

在控制点坐标库界面中点击"增加"，根据提示依次增加控制点的已知坐标和原始坐标，一般至少两个控制点，当所有的控制点都输入以后察看确定无误后，单击"保存"，选择参数文件的保存路径并输入文件名，保存的文件名称以当天的日期命名。完成之后单击"确定"。然后单击"保存成功"小界面右上角的"OK"，四参数已经计算并保存完毕。

方法二：校正向导（工具—校正向导），这时又分为两种模式。

注意：此方法只在此介绍单点校正，一般是在有四参数或七参数的情况下才通过此方法进行单点校正。

将对中杆对立在需测的点上，当状态达到固定解时，利用快捷键"A"开始保存数据。

6 土 建 工 程

6.1 地基处理

钢铁企业属于高耗电、高耗水的企业，一般选择沿江河及海洋地区建厂。因此，钢厂的地基具有复杂多变、处理难度大的特点，如马钢地处长江边，湛江钢厂地处沿海的东海岛。在这些地区建厂，为提高地基承载力，改善其变形性质或渗透性质，就必须对地基进行处理，方能满足设计要求。

6.1.1 换填垫层类

当建筑物基础下的持力层比较软弱、不能满足上部结构荷载对地基的要求时，常采用换填土垫层来处理软弱地基。即将基础下一定范围内的土层挖除，然后回填强度较大的砂、砂石或灰土等，并分层夯实至设计要求的密实程度，作为地基的持力层。如在饱和软土上换填砂垫层时，砂垫层具有提高地基承载力，减小沉降量，防止冻胀和加速软土排水固结的作用。

6.1.1.1 换填垫层法主要作用

换填垫层法适于浅层地基处理，处理深度可达 2 ~ 3m。

具体表现为：

（1）置换作用。将基底以下软弱土全部或部分挖出，换填为较密实材料，可提高地基承载力，增强地基稳定。

（2）应力扩散作用。基础底面下一定厚度垫层的应力扩散作用，可减小垫层下天然土层所受的压力和附加压力，从而减小基础沉降量，并使下卧层满足承载力的要求。

（3）加速固结作用。用透水性大的材料作垫层时，软土中的水分可部分通过它排除，在建筑物施工过程中，可加速软土的固结，减小建筑物建成后的沉降。

（4）防止冻胀。由于垫层材料是不冻胀材料，采用换土垫层对基础地面以下可冻胀土层全部或部分置换后，可防止土的冻胀作用。

（5）均匀地基反力与沉降作用。对石芽出露的山区地基，将石芽间软弱土层挖出，换填压缩性低的土料，并在石芽以上也设置垫层；或对于建筑物范围内局部存在松填土、暗沟、暗塘、古井、古墓或拆除旧基础后的坑穴，可进行局部换填，保证基础底面范围内土层压缩性和反力趋于均匀。

因此，换填的目的就是：提高承载力，增加地基强度；减少基础沉降；垫层采用透水材料可加速地基的排水固结。

6.1.1.2 换填垫层法

A 一般规定

（1）换填垫层适用于浅层软弱土层或不均匀土层的地基处理。

（2）应根据建筑体型、结构特点、荷载性质、场地土质条件、施工机械设备及填料性质和来源等综合分析后，进行换填垫层的设计，并选择施工方法。

（3）对于工程量较大的换填垫层，应按所选用的施工机械、换填材料及场地的土质条件进行现场试验，确定换填垫层压实效果和施工质量控制标准。

（4）换填垫层的厚度应根据置换软弱土的深度以及下卧土层的承载力确定，厚度宜为 0.5 ~ 3.0m。

B 设计

根据《建筑地基处理技术规范》JGJ 79，垫层材料的选用应符合下列要求：

（1）砂石。宜选用碎石、卵石、角砾、圆砾、砾砂、粗砂、中砂或石屑，并应级配良好，不含植物残体、垃圾等杂质。当使用粉细砂或石粉时，应掺入不少于总重量 30% 的碎石或卵石。砂石的最大粒径不宜大于 50mm。对湿陷性黄土或膨胀土地基，不得选用砂石等透水性材料。

（2）粉质黏土。土料中有机质含量不得超过 5%。且不得含有冻土或膨胀土。当含有碎石时，其最大粒径不宜大于 50mm。用于湿陷性黄土或膨胀土地基的粉质黏土垫层，土料中不得夹有砖、瓦或石块等。

（3）灰土。体积配合比宜为 2:8 或 3:7。石灰宜选用新鲜的消石灰，其最大粒径不得大于 5mm。土料宜选用粉质黏土，不宜使用块状黏土，且不得含有松软杂质，土料应过筛且最大粒径不得大于 15mm。

（4）粉煤灰。选用的粉煤灰应满足相关标准对腐蚀性和放射性的要求。粉煤灰垫层上宜覆土 0.3 ~ 0.5m。粉煤灰垫层中采用掺加剂时，应通过试验确定其性能及适用条件。粉煤灰垫层中的金属构件、管网应采取防腐措施。大量填筑粉煤灰时，应经场地地下水和土壤环境的不良影响评价合格后，方可使用。

（5）矿渣。宜选用分级矿渣、混合矿渣及原状矿渣等高炉重矿渣。矿渣的松散重度不应小于 11kN/m³，有机质及含泥总量不得超过 5%。垫层设计、施工前应对所选用的矿渣进行试验，确认性能稳定并满足腐蚀性和放射性安全的要求。对易受酸、碱影响的基础或地下管网不得采用矿渣垫层。大量填筑矿渣时，应经场地地下水和土壤环境的不良影响评价合格后，方可使用。

（6）其他工业废渣。在有充分依据或成功经验时，可采用质地坚硬、性能稳定、透水性强、无腐蚀性和无放射性危害的其他工业废渣材料，但应经过现场试验证明其经济技术效果良好且施工措施完善后方可使用。

（7）土工合成材料加筋垫层所选用土工合成材料的品种与性能及填料，应根据工程特性和地基土质条件，按照现行国家标准《土工合成材料应用技术规范》GB 50290 的要求，通过设计计算并进行现场试验后确定。土工合成材料应采用抗拉强度较高、耐久性好、抗腐蚀的土工带、土工格栅、土工格室、土工垫或土工织物等土工合成材料。垫层填料宜用碎石、角砾、砾砂、粗砂、中砂等材料，且不宜含氯化钙、碳酸钠、硫化物等化学物质。当工程要求垫层具有排水功能时，垫层材料应具有良好的透水性。在软土地基上使用加筋垫层时，应保证建筑物稳定并满足允许变形的要求。

垫层厚度的确定应符合下列要求：

（1）应根据需置换软弱土（层）的深度或下卧土层的承载力确定，并应符合 JGJ 79

相关要求。

（2）垫层（材料）的压力扩散角 θ，宜通过试验确定。无试验资料时，可按表 6-1 选用。

表 6-1　土和砂石材料压力扩散角 θ　　　　　　　　（°）

换填材料 z/b	中砂、粗砂、砾砂、圆砾、角砾、石屑、卵石、碎石、矿渣	粉质黏土、粉煤灰	灰　土
0.25	20	6	28
≥0.50	30	23	

注：当 $z/b < 0.25$ 时，除灰土取 $\theta = 28°$ 外，其他材料均取 $\theta = 0°$，必要时宜由试验确定；当 $0.25 < z/b < 0.5$ 时，θ 值可以内插；土工合成材料加筋垫层其压力扩散角宜由现场静载荷试验确定。

垫层底面的宽度应符合 JGJ 79 现行规范要求。

垫层压实标准可按表 6-2 选用。

表 6-2　各种垫层的压实标准

施工方法	换填材料类别	压实系数 λ_c
碾压 振密 或夯实	碎石、卵石	≥0.97
	砂夹石（其中碎石、卵石占全重的 30%～50%）	
	土夹石（其中碎石、卵石占全重的 30%～50%）	
	中砂、粗砂、砾砂、角砾、圆砾、石屑	
	粉质黏土	≥0.97
	灰　土	≥0.95
	粉煤灰	≥0.95

注：1. 压实系数 λ_c 为土的控制干密度 ρ_d 与最大干密度 ρ_{dmax} 的比值；土的最大干密度宜采用击实试验确定；碎石或卵石的最大干密度可取 $2.1 \sim 2.2 t/m^3$。

2. 表中压实系数 λ_c 系使用轻型击实试验测定土的最大干密度 ρ_{dmax} 时给出的压实控制标准，采用重型击实试验时，对粉质黏土、灰土、粉煤灰及其他材料压实标准应为压实系数 $\lambda_c \geq 0.94$。

换填垫层的承载力宜通过现场静载荷试验确定。

对于垫层下存在软弱下卧层的建筑，在进行地基变形计算时应考虑邻近建筑物基础荷载对软弱下卧层顶面应力叠加的影响。当超出原地面标高的垫层或换填材料的重度高于天然土层重度时，宜及时换填，并应考虑其附加荷载的不利影响。

垫层地基的变形由垫层自身变形和下卧层变形组成。换填垫层在满足 JGJ 79 规范条件下，垫层地基的变形可仅考虑其下卧层的变形。对地基沉降有严格限制的建筑，应计算垫层自身的变形。垫层下卧层的变形量可按现行国家标准《建筑地基基础设计规范》GB 50007 的规定进行计算。

加筋土垫层所选用的土工合成材料尚应进行材料强度验算。

加筋土垫层的加筋体设置应符合下列要求：

（1）一层加筋时，可设置在垫层的中部。

（2）多层加筋时，首层筋材距垫层顶面的距离宜取 30% 垫层厚度，筋材层间距宜取 30%～50% 的垫层厚度，且不应小于 200mm。

（3）加筋线密度宜为 0.15～0.35m。无经验时，单层加筋宜取高值，多层加筋宜取低值。垫层的边缘应有足够的锚固长度。

C　施工

垫层施工应根据不同的换填材料选择施工机械。粉质黏土、灰土垫层宜采用平碾、振动碾或羊足碾，以及蛙式夯、柴油夯。砂石垫层等宜用振动碾。粉煤灰垫层宜采用平碾、振动碾、平板振动器、蛙式夯。矿渣垫层宜采用平板振动器或平碾，也可采用振动碾。

垫层的施工方法、分层铺填厚度、每层压实遍数宜通过现场试验确定。除接触下卧软土层的垫层底部应根据施工机械设备及下卧层土质条件确定厚度外，其他垫层的分层铺填厚度宜为 200～300mm。为保证分层压实质量，应控制机械碾压速度。

粉质黏土和灰土垫层土料的施工含水量宜控制在最佳含水量 ±2% 的范围内，粉煤灰垫层的施工含水量宜控制在最佳含水量 ±4% 的范围内。最佳含水量可通过击实试验确定，也可按当地经验选取。

当垫层底部存在古井、古墓、洞穴、旧基础、暗塘时，应根据建筑物对不均匀沉降的控制要求予以处理，并经检验合格后，方可铺填垫层。

基坑开挖时应避免坑底土层受扰动，可保留 180～220mm 厚的土层暂不挖去，待铺填垫层前再由人工挖至设计标高。严禁扰动垫层下的软弱土层，应防止软弱垫层被践踏、受冻或受水浸泡。在碎石或卵石垫层底部宜设置厚度为 150～300mm 的砂垫层或铺一层土工织物，并应防止基坑边坡塌土混入垫层中。

换填垫层施工时，应采取基坑排水措施。除砂垫层宜采用水撼法施工外，其余垫层施工均不得在浸水条件下进行。工程需要时应采取降低地下水位的措施。

垫层底面宜设在同一标高上，如深度不同，坑底土层应挖成阶梯或斜坡搭接，并按先深后浅的顺序进行垫层施工，搭接处应夯压密实。

粉质黏土、灰土垫层及粉煤灰垫层施工，应符合下列要求：

（1）粉质黏土及灰土垫层分段施工时，不得在柱基、墙角及承重窗间墙下接缝。

（2）垫层上下两层的缝距不得小于 500mm，且接缝处应夯压密实。

（3）灰土拌和均匀后，应当日铺填夯压；灰土夯压密实后，3 天内不得受水浸泡。

（4）粉煤灰垫层铺填后，宜当日压实，每层验收后应及时铺填上层或封层，并应禁止车辆碾压通行。

（5）垫层施工竣工验收合格后，应及时进行基础施工与基坑回填。

土工合成材料施工，应符合下列要求：

（1）下铺地基土层顶面应平整。

（2）土工合成材料铺设顺序应先纵向后横向，且应把土工合成材料张拉平整、绷紧，严禁有皱折。

（3）土工合成材料的连接宜采用搭接法、缝接法或胶接法，接缝强度不应低于原材料抗拉强度，端部应采用有效方法固定，防止筋材拉出。

（4）应避免土工合成材料暴晒或裸露，阳光暴晒时间不应大于 8h。

D　质量检验

（1）对粉质黏土、灰土、砂石、粉煤灰垫层的施工质量可选用环刀取样、静力触探、轻型动力触探或标准贯入试验等方法进行检验；对碎石、矿渣垫层的施工质量可采用重型动力触探试验等进行检验。压实系数可采用灌砂法、灌水法或其他方法进行检验。

（2）换填垫层的施工质量检验应分层进行，并应在每层的压实系数符合设计要求后铺填上层。

（3）采用环刀法检验垫层的施工质量时，取样点应选择位于每层垫层厚度的 2/3 深度处。检验点数量，条形基础下垫层每 $10 \sim 20 \mathrm{m}^2$ 不应少于 1 个点，独立柱基、单个基础下垫层不应少于 1 个点，其他基础下垫层每 $50 \sim 100 \mathrm{m}^2$ 不应少于 1 个点。采用标准贯入试验或动力触探法检验垫层的施工质量时，每分层平面上检验点的间距不应大于 4m。

（4）竣工验收应采用静载荷试验检验垫层承载力，且每个单体工程不宜少于 3 个点；对于大型工程应按单体工程的数量或工程划分的面积确定检验点数。

（5）加筋垫层中土工合成材料的检验应符合下列要求：

1）土工合成材料质量应符合设计要求，外观无破损、无老化、无污染。

2）土工合成材料应可张拉、无皱折、紧贴下承层，锚固端应锚固牢靠。

3）上下层土工合成材料搭接缝应交替错开，搭接强度应满足设计要求。

6.1.1.3 普通挤淤置换法

沿江沿海地区浅水滩涂通过人工或机械回填，并采用适当的方法加固地基，即可成为理想的建筑用地。其中采用抛石挤淤置换法，即用块石及碎石回填置换原软弱的饱和淤泥质黏土，然后再用强夯方法进行挤密加固处理沿江沿海地区浅水滩涂地基的工程做法，通过一些工程以及现场测试的结果来看，此方法取得了比较好的结果，同时还推导了适用的理论计算公式。

6.1.1.4 控制加载爆炸挤淤置换法

控制加载爆炸挤淤置换法是采用爆炸的方法在极短的时间里将基础一定深度和范围内的软土置换成块石渣体，利用块石石渣料良好的抗剪抗滑的物理力学性质来达到满足整体的稳定性。

其施工原理是在填筑料形成的堤头下的淤泥中埋设炸药，利用炸药爆炸产生的巨大能量将原地基基础中的软土挤开，同时借助堆石体的自重及炸药爆炸产生的附加荷载将堆石体压入软土基础中。即通过控制加载（抛填和爆炸）挤淤，形成泥石置换；同时，经过抛填控制、爆炸控制使地基基础满足设计要求，达到控制工程质量和造价的目的。

工程特点：

（1）施工工序简单，有利于质量控制。

（2）施工速度快，工期短。

（3）建筑物工后沉降小，沉降时间短。

（4）工程造价低。

适用条件：

（1）施工现场要有丰富的石料，含泥量最好要小于 10%，并处理成连续级配。

（2）爆破软基处理适用深度一般没有限制，对于有夹层的地基，应根据其具体情况确定合理的设计参数和施工方案。

（3）由于施工采用爆炸，因此需考虑安全范围，施工现场应远离居民的生活区和生产区。

爆炸挤淤是普通抛石挤淤方法的延伸，其要点是：

（1）施工参数的设计。

1）计算设计堤身高度并确定堤身抛填高度；

2）计算抛填宽度；

3）计算堤身自重挤淤深度，确定堤身要达到设计深度还需要挤除的软基厚度值；

4）确定爆炸参数。

（2）施工实施：按设计施工。

（3）现场反馈，修正调整：通过施工的测量、统计分析，进一步调整和控制抛填和爆炸的设计参数，确保设计断面的完整形成。

（4）爆炸挤淤置换法其中爆炸的作用效果。

1）爆炸排淤；

2）堤身爆炸下沉；

3）爆炸使堤身密实；

4）爆炸使淤泥弱化；

5）加速堤身下卧土层的固结。

近年来，随着我国沿海地区大量围海造地工程的实施，爆炸挤淤置换法在处理堤坝、围堤等工程中应用更加广泛。控制加载爆炸挤淤置换法在淤泥质堤坝工程的应用情况越来越多，通过对施工参数的分析、整理，得出一套施工管理模式和施工经验参数，为今后全国沿江沿海地区浅水滩涂各地修造炼钢的软基处理工程提供宝贵经验。

6.1.1.5 岩土褥垫

岩土褥垫是一种土岩组合地基的土与石褥垫处理方法，它是在建筑物的基础下与岩石接触处设置褥垫，首先将基岩表面上的土夹石层进行翻拌均匀，然后进行平整，待均匀平整后进行夯实即成为褥垫；褥垫厚度为 400 ~ 600mm；褥垫中土与石的比例为 1:0.6 ~ 1:0.7；含水量为最佳含水量：单纯黏土的含水量一般为 18% ~ 30%，土与石褥垫的含水量为 10% ~ 18%；夯填度即褥垫夯实后的厚度与虚铺厚度的比例为 0.7 ~ 0.8。充分利用地基场地平整中开挖出的天然土夹石，能够确保地基在设计荷载下的沉降量满足规范要求，并省工省时，降低工程造价。可应用在山区的建筑工程中。

A 岩土褥垫法的做法

首先将基岩表面上的土夹石层进行翻拌均匀，然后在基岩表面上铺设褥垫；褥垫包括下层褥垫和上层褥垫，铺设分两步进行，第一步进行下层褥垫的铺设，铺设均匀平整，待达到下层褥垫的虚铺面即进行夯实，夯实到下层褥垫的实铺面；第二步进行上层褥垫的铺设，铺设均匀平整，待达到上层褥垫的虚铺面即进行夯实，夯实到上层褥垫的实铺面。

B 岩土褥垫法的作用

（1）解决岩石地基和土地基在强度和刚度的差异，提高地基承载力。

（2）解决岩石地基部分的基础变形小，减少沉降差异。

（3）解决与岩石相邻的土层的承载力发挥不出来。

（4）解决基础在土岩交界处形成应力集中的问题。

（5）减小土岩之间的沉降差，通过垫层的压缩和过渡使基础变形和受力得到过渡，避免基础在交界处形成受力大转角。

6.1.1.6　桩顶褥垫

桩顶褥垫作为处理软土地基手段之一的各种桩复合地基，近年在我国土建工程中，已得到广泛使用。复合地基设计中，基础与桩和桩间土之间设置一定厚度散体粒状材料及土工格栅组成的褥垫层，是复合地基的一个核心技术。基础下是否设置褥垫层，对复合地基受力影响很大。这就是桩顶褥垫。

（1）桩顶褥垫法的特征：若不设置褥垫层，复合地基承载特性与桩基础相似，桩间土承载能力难以发挥，不能成为复合地基。基础下设置褥垫层，桩间土承载力的发挥就不单纯依赖于桩的沉降，即使桩端落在好土层上，也能保证荷载通过褥垫层作用到桩间土上，使桩土共同承担荷载。

（2）桩顶层褥垫法的作用。

1）保证桩与土的共同作用；

2）可有效调整桩与土应力比；

3）改善了基础地板的受力状态；

4）改善了桩体的受力桩状态；

5）调整地基变形加速软弱土层的排水固结，防止冻胀，消除地基的湿陷性和胀缩性。

6.1.2　预压地基类

6.1.2.1　预压地基处理的一般规定

（1）预压地基适用于处理淤泥质土、淤泥、冲填土等饱和黏性土地基。预压地基按处理工艺可分为堆载预压、真空预压、真空和堆载联合预压。

（2）真空预压适用于处理以黏性土为主的软弱地基。当存在粉土、砂土等透水、透气层时，加固区周边应采取确保膜下真空压力满足设计要求的密封措施。对塑性指数大于25且含水量大于85%的淤泥，应通过现场试验确定其适用性。加固土层上覆盖有厚度大于5m以上的回填土或承载力较高的黏性土层时，不宜采用真空预压处理。

（3）预压地基应预先通过勘察查明土层在水平和竖直方向的分布、层理变化，查明透水层的位置、地下水类型及水源补给情况等。并应通过土工试验确定土层的先期固结压力、孔隙比与固结压力的关系、渗透系数、固结系数、三轴试验抗剪强度指标，通过原位十字板试验确定土的抗剪强度。

（4）对重要工程，应在现场选择试验区进行预压试验，在预压过程中应进行地基竖向变形、侧向位移、孔隙水压力、地下水位等项目的监测并进行原位十字板剪切试验和室内土工试验。根据试验区获得的监测资料确定加载速率控制指标，推算土的固结系数、固结度及最终竖向变形等，分析地基处理效果，对原设计进行修正，指导整个场区的设计与施工。

（5）对堆载预压工程，预压荷载应分级施加，并确保每级荷载下地基的稳定性；对真空预压工程，可采用一次连续抽真空至最大压力的加载方式。

（6）对主要以变形控制设计的建筑物，当地基土经预压所完成的变形量和平均固结度满足设计要求时，方可卸载。对以地基承载力或抗滑稳定性控制设计的建筑物，当地基土经预压后其强度满足建筑物地基承载力或稳定性要求时，方可卸载。

（7）当建筑物的荷载超过真空预压的压力，或建筑物对地基变形有严格要求时，可采用真空和堆载联合预压，其总压力宜超过建筑物的竖向荷载。

（8）预压地基加固应考虑预压施工对相邻建筑物、地下管线等产生附加沉降的影响。真空预压地基加固区边线与相邻建筑物、地下管线等的距离不宜小于20m，当距离较近时，应对相邻建筑物、地下管线等采取保护措施。

（9）当受预压时间限制，残余沉降或工程投入使用后的沉降不满足工程要求时，在保证整体稳定条件下可采用超载预压。

6.1.2.2 预压地基处理的质量检验

施工过程中，质量检验和监测应包括下列内容：

（1）对塑料排水带应进行纵向通水量、复合体抗拉强度、滤膜抗拉强度、滤膜渗透系数和等效孔径等性能指标现场随机抽样测试。

（2）对不同来源的砂井和砂垫层砂料，应取样进行颗粒分析和渗透性试验。

（3）对以地基抗滑稳定性控制的工程，应在预压区内预留孔位，在加载不同阶段进行原位十字板剪切试验和取土进行室内土工试验；加固前的地基土检测，应在打设塑料排水带之前进行。

（4）对预压工程，应进行地基竖向变形、侧向位移和孔隙水压力等监测。

（5）真空预压、真空和堆载联合预压工程，除应进行地基变形、孔隙水压力监测外，尚应进行膜下真空度和地下水位监测。

预压地基竣工验收检验应符合以下规定：

（1）排水竖井处理深度范围内和竖井底面以下受压土层，经预压所完成的竖向变形和平均固结度应满足设计要求。

（2）应对预压的地基土进行原位试验和室内土工试验。

原位试验可采用十字板剪切试验或静力触探，检验深度不应小于设计处理深度。原位试验和室内土工试验，应在卸载3~5天后进行。检验数量按每个处理分区不少于6点进行检测，对于堆载斜坡处应增加检验数量。

预压处理后的地基承载力应按《建筑地基处理技术规范》JGJ 79确定。检验数量按每个处理分区不应少于3点进行检测。

6.1.2.3 堆载预压

A 设计

对深厚软黏土地基，应设置塑料排水带或砂井等排水竖井。当软土层厚度较小或软土层中含较多薄粉砂夹层，且固结速率能满足工期要求时，可不设置排水竖井。

堆载预压地基处理的设计应包括下列内容：

（1）选择塑料排水带或砂井，确定其断面尺寸、间距、排列方式和深度。

（2）确定预压区范围、预压荷载大小、荷载分级、加载速率和预压时间。

（3）计算堆载荷载作用下地基土的固结度、强度增长、稳定性和变形。

排水竖井分普通砂井、袋装砂井和塑料排水带。普通砂井直径宜为300~500mm，袋

装砂井直径宜为 70~120mm。塑料排水带的当量换算直径可按规范 JGJ 79 计算:

排水竖井可采用等边三角形或正方形排列的平面布置,并应符合规范 JGJ 79 要求。

排水竖井的间距可根据地基土的固结特性和预定时间内所要求达到的固结度确定。设计时,竖井的间距可按井径比 n 选用($n = d_e/d_w$,d_e 为竖井的有效排水直径,d_w 为竖井直径,对塑料排水带可取 $d_w = d_p$,d_p 为塑料排水带当量换算直径)。塑料排水带或袋装砂井的间距可按 $n = 15~22$ 选用,普通砂井的间距可按 $n = 6~8$ 选用。

排水竖井的深度应符合下列要求:

(1)根据建筑物对地基的稳定性、变形要求和工期确定。

(2)对以地基抗滑稳定性控制的工程,竖井深度应大于最危险滑动面以下 2.0m。

(3)对以变形控制的建筑工程,竖井深度应根据在限定的预压时间内需完成的变形量确定;竖井宜穿透受压土层。

当排水竖井采用挤土方式施工时,应考虑涂抹对土体固结的影响。当竖井的纵向通水量与天然土层水平向渗透系数的比值较小,且长度较长时,尚应考虑井阻影响。瞬时加载条件下,考虑涂抹和井阻影响时,竖井地基径向排水平均固结度要进行计算。

预压荷载大小、范围、加载速率应符合下列要求:

(1)预压荷载大小应根据设计要求确定;对于沉降有严格限制的建筑,可采用超载预压法处理,超载量大小应根据预压时间内要求完成的变形量通过计算确定,并宜使预压荷载下受压土层各点的有效竖向应力大于建筑物荷载引起的相应点的附加应力。

(2)预压荷载顶面的范围应不小于建筑物基础外缘的范围。

(3)加载速率应根据地基土的强度确定;当天然地基土的强度满足预压荷载下地基的稳定性要求时,可一次性加载;如不满足应分级逐渐加载,待前期预压荷载下地基土的强度增长满足下一级荷载下地基的稳定性要求时,方可加载。

预压处理地基应在地表铺设与排水竖井相连的砂垫层,砂垫层应符合下列要求:

(1)厚度不应小于 500mm。

(2)砂垫层砂料宜用中粗砂,黏粒含量不应大于 3%,砂料中可含有少量粒径不大于 50mm 的砾石;砂垫层的干密度应大于 1.5t/m³,渗透系数应大于 1×10^{-2}cm/s。

在预压区边缘应设置排水沟,在预压区内宜设置与砂垫层相连的排水盲沟,排水盲沟的间距不宜大于 20m。

砂井的砂料应选用中粗砂,其黏粒含量不应大于 3%。

堆载预压处理地基设计的平均固结度不宜低于 90%,且应在现场监测的变形速率明显变缓时方可卸载。

B 施工

(1)塑料排水带的性能指标应符合设计要求,并应在现场妥善保护,防止阳光照射、破损或污染。破损或污染的塑料排水带不得在工程中使用。

(2)砂井的灌砂量,应按井孔的体积和砂在中密状态时的干密度计算,实际灌砂量不得小于计算值的 95%。

(3)灌入砂袋中的砂宜用干砂,并应灌制密实。

(4)塑料排水带和袋装砂井施工时,宜配置深度检测设备。

(5)塑料排水带需接长时,应采用滤膜内芯带平搭接的连接方法,搭接长度宜大于 200mm。

（6）塑料排水带施工所用套管应保证插入地基中的带子不扭曲。袋装砂井施工所用套管内径应大于砂井直径。

（7）塑料排水带和袋装砂井施工时，平面井距偏差不应大于井径，垂直度允许偏差应为 ±1.5%，深度应满足设计要求。

（8）塑料排水带和袋装砂井砂袋埋入砂垫层中的长度不应小于 500mm。

（9）堆载预压加载过程中，应满足地基承载力和稳定控制要求，并应进行竖向变形、水平位移及孔隙水压力的监测，堆载预压加载速率应满足下列要求：

1）竖井地基最大竖向变形量不应超过 15mm/d。

2）天然地基最大竖向变形量不应超过 10mm/d。

3）堆载预压边缘处水平位移不应超过 5mm/d。

4）根据上述观测资料综合分析、判断地基的承载力和稳定性。

6.1.2.4　真空预压

A　真空预压的设计

（1）真空预压处理地基应设置排水竖井，包括竖井断面尺寸、间距、排列方式和深度等。

（2）砂井的砂料应选用中粗砂，其渗透系数应大于 1×10^{-2} cm/s。

（3）真空预压竖向排水通道应穿透软土层，但不应进入下卧透水层。当软土层较厚、且以地基抗滑稳定性控制的工程，竖向排水通道的深度不应小于最危险滑动面下 2.0m。对以变形控制的工程，竖井深度应根据在限定的预压时间内需完成的变形量确定，且宜穿透主要受压土层。

（4）真空预压区边缘应大于建筑物基础轮廓线，每边增加量不得小于 3.0m。

（5）真空预压的膜下真空度应稳定地保持在 86.7kPa（650mmHg）以上，且应均匀分布，排水竖井深度范围内土层的平均固结度应大于 90%。

（6）对于表层存在良好的透气层或在处理范围内有充足水源补给的透水层，应采取有效措施隔断透气层或透水层。

（7）真空预压固结度和地基强度增长、地基最终竖向变形的计算可按 JGJ 79 规范计算。

（8）真空预压地基加固面积较大时，宜采取分区加固，每块预压面积应尽可能大且呈方形，分区面积宜为 20000 ~ 40000m²。

（9）真空预压地基加固可根据加固面积的大小、形状和土层结构特点，按每套设备可加固地基 1000 ~ 1500m² 确定设备数量。

（10）真空预压的膜下真空度应符合设计要求，且预压时间不宜低于 90 天。

B　真空预压的施工

真空预压的抽气设备宜采用射流真空泵，真空泵空抽吸力不应低于 95kPa。真空泵的设置应根据地基预压面积、形状、真空泵效率和工程经验确定，每块预压区设置的真空泵不应少于两台。

真空管路设置应符合下列要求：

（1）真空管路的连接应密封，真空管路中应设置止回阀和截门。

（2）水平向分布滤水管可采用条状、梳齿状及羽毛状等形式，滤水管布置宜形成回路。

（3）滤水管应设在砂垫层中，上覆砂层厚度宜为 100~200mm。

（4）滤水管可采用钢管或塑料管，应外包尼龙纱或土工织物等滤水材料。

密封膜应符合下列要求：

（1）密封膜应采用抗老化性能好、韧性好、抗穿刺性能强的不透气材料。

（2）密封膜热合时，采用双热合缝的平搭接，搭接宽度应大于 15mm。

（3）密封膜宜铺设三层，膜周边可采用挖沟埋膜、平铺并用黏土覆盖压边、围埝沟内及膜上覆水等方法进行密封。

地基土渗透性强时，应设置黏土密封墙。黏土密封墙宜采用双排搅拌桩，搅拌桩直径不宜小于 700mm；当搅拌桩深度小于 15m 时，搭接宽度不宜小于 200mm；当搅拌桩深度大于 15m 时，搭接宽度不宜小于 300mm；搅拌桩成桩搅拌应均匀，黏土密封墙的渗透系数应满足设计要求。

6.1.2.5 真空和堆载联合预压

A 设计

（1）当设计地基预压荷载大于 80kPa，且进行真空预压处理地基不能满足设计要求时可采用真空和堆载联合预压地基处理。

（2）堆载体的坡肩线宜与真空预压边线一致。

（3）对于一般软黏土，上部堆载施工宜在真空预压膜下真空度稳定地达到 86.7kPa（650mmHg）且抽真空时间不少于 10 天后进行。对于高含水量的淤泥类土，上部堆载施工宜在真空预压膜下真空度稳定地达到 86.7kPa（650mmHg）且抽真空 20~30 天后可进行。

（4）当堆载较大时，真空和堆载联合预压应采用分级加载，分级数应根据地基土稳定计算确定。分级加载时，应待前期预压荷载下地基的承载力增长满足下一级荷载下地基的稳定性要求时，方可增加堆载。

（5）真空和堆载联合预压时地基固结度和地基承载力增长、真空和堆载联合预压最终竖向变形可按 JGJ 79 规范计算。

B 施工

（1）采用真空和堆载联合预压时，应先抽真空，当真空压力达到设计要求并稳定后，再进行堆载，并继续抽真空。

（2）堆载前，应在膜上铺设编织布或无纺布等土工编织布保护层。保护层上铺设 100~300mm 厚砂垫层。

（3）堆载施工时可采用轻型运输工具，不得损坏密封膜。

（4）上部堆载施工时，应监测膜下真空度的变化，发现漏气应及时处理。

（5）堆载加载过程中，应满足地基稳定性设计要求，对竖向变形、边缘水平位移及孔隙水压力的监测应满足下列要求：

1）地基向加固区外的侧移速率不应大于 5mm/d；

2）地基竖向变形速率不应大于 10mm/d；

3）根据上述观察资料综合分析、判断地基的稳定性。

真空和堆载联合预压除满足以上规定外，尚应符合本书 6.1.2.3 节堆载预压和 6.1.2.4 节真空预压的要求。

6.1.3　压实地基和夯实地基类

6.1.3.1　一般规定

（1）压实地基适用于处理大面积填土地基。浅层软弱地基以及局部不均匀地基的换填处理应符合《建筑地基处理技术规范》JGJ 79 的有关规定。

（2）夯实地基可分为强夯和强夯置换处理地基。强夯处理地基适用于碎石土、砂土、低饱和度的粉土与黏性土、湿陷性黄土、素填土和杂填土等地基；强夯置换适用于高饱和度的粉土与软塑—流塑的黏性土地基上对变形要求不严格的工程。

（3）压实和夯实处理后的地基承载力应按 JGJ 79 规范确定。

6.1.3.2　压实地基

压实地基处理应符合下列要求：

（1）地下水位以上填土，可采用碾压法和振动压实法，非黏性土或黏粒含量少、透水性较好的松散填土地基宜采用振动压实法。

（2）压实地基的设计和施工方法的选择，应根据建筑物体型、结构与荷载特点、场地土层条件、变形要求及填料等因素确定。对大型、重要或场地地层条件复杂的工程，在正式施工前，应通过现场试验确定地基处理效果。

（3）以压实填土作为建筑地基持力层时，应根据建筑结构类型、填料性能和现场条件等，对拟压实的填土提出质量要求。未经检验，且不符合质量要求的压实填土，不得作为建筑地基持力层。

（4）对大面积填土的设计和施工应验算并采取有效措施确保大面积填土自身稳定性、填土下原地基的稳定性、承载力和变形满足设计要求；应评估对邻近建筑物及重要市政设施、地下管线等的变形和稳定的影响；施工过程中，应对大面积填土和邻近建筑物、重要市政设施、地下管线等进行变形监测。

压实填土地基的设计：

（1）压实填土的填料可选用粉质黏土、灰土、粉煤灰、级配良好的砂土或碎石土，以及质地坚硬、性能稳定、无腐蚀性和无放射性危害的工业废料等，并应满足下列要求：

1）以碎石土作填料时，其最大粒径不宜大于 100mm。

2）以粉质黏土、粉土作填料时，其含水量宜为最佳含水量，可采用击实试验确定。

3）不得使用淤泥、耕土、冻土、膨胀土以及有机质含量大于 5% 的土料。

4）采用振动压实法时，宜降低地下水位到振实面下 600mm。

（2）碾压法和振动压实法施工时，应根据压实机械的压实性能、地基土性质、密实度、压实系数和施工含水量等，并结合现场试验确定碾压分层厚度、碾压遍数、碾压范围和有效加固深度等施工参数。初步设计可按表6-3选用。

表 6-3　填土每层铺填厚度及压实遍数

施工设备	每层铺填厚度/mm	每层压实遍数
平碾（8~12t）	200~300	6~8
羊足碾（5~16t）	200~300	8~16
振动碾（8~15t）	500~1200	6~8
冲击碾压（冲击势能 15~25kJ）	600~1500	20~40

（3）对已经回填完成且回填厚度超过表 6-3 中的铺填厚度，或粒径超过 100mm 的填料含量超过 50% 的填土地基，应采用较高性能的压实设备或采用夯实法进行加固。

（4）压实填土的质量以要求压实系数控制，并应根据结构类型和压实填土所在部位按表 6-4 的要求确定。

表 6-4　压实填土的质量控制

结构类型	填土部位	压实系数 λ_c	控制含水量/%
砌体承重结构和框架结构	在地基主要受力层范围以内	≥0.97	$\omega_{op} \pm 2$ （ω_{op} 为最佳含水量）
	在地基主要受力层范围以下	≥0.95	
排架结构	在地基主要受力层范围以内	≥0.96	
	在地基主要受力层范围以下	≥0.94	

注：地坪垫层以下及基础底面标高以上的压实填土，压实系数不应小于 0.94。

（5）压实填土的最大干密度和最佳含水量，宜采用击实试验确定，当无试验资料时，最大干密度可按设计或 JGJ 79 计算。当填料为碎石或卵石时，其最大干密度可取 2.1~2.2t/m³。

（6）设置在斜坡上的压实填土，应验算其稳定性。当天然地面坡度大于 20% 时，应采取防止压实填土可能沿坡面滑动的措施，并应避免雨水沿斜坡排泄。当压实填土阻碍原地表水畅通排泄时，应根据地形修筑雨水截水沟，或设置其他排水设施。设置在压实填土区的上、下水管道，应采取严格防渗、防漏措施。

（7）压实填土的边坡坡度允许值，应根据其厚度、填料性质等因素，按照填土自身稳定性、填土下原地基的稳定性的验算结果确定。压实填土的边坡坡度允许值见表 6-5。

表 6-5　压实填土的边坡坡度允许值

填土类型	边坡坡度允许值（高宽比）		压实系数（λ_c）
	坡高在 8m 以内	坡高为 8~15m	
碎石、卵石	1:1.50~1:1.25	1:1.75~1:1.50	0.94~0.97
砂夹石（碎石卵石占全重 30%~50%）	1:1.50~1:1.25	1:1.75~1:1.50	
土夹石（碎石卵石占全重 30%~50%）	1:1.50~1:1.25	1:2.00~1:1.50	
粉质黏土，黏粒含量 $p_c \geq 10\%$ 的粉土	1:1.75~1:1.50	1:2.25~1:1.75	

注：当压实土填厚度 H 大于 15m 时，可设计成台阶或者采用土工格栅加筋等措施，验算满足稳定性要求后进行压实填土的施工。

（8）冲击碾压法可用于地基冲击碾压、土石混填或填石路基分层碾压、路基冲击增强补压、旧砂石（沥青）路面冲压和旧水泥混凝土路面冲压等处理；其冲击设备、分层填料的虚铺厚度、分层压实的遍数等的设计应根据土质条件、工期要求等因素综合确定，其有效加固深度宜为 3.0～4.0m，施工前应进行试验段施工，确定施工参数。

（9）压实填土地基承载力特征值，应根据现场静载荷试验确定，或可通过动力触探、静力触探等试验，并结合静载荷试验结果确定；其下卧层顶面的承载力应满足 JGJ 79 规范的要求。

（10）压实填土地基的变形，可按现行国家标准《建筑地基基础设计规范》GB 50007的有关规定计算，压缩模量应通过处理后地基的原位测试或土工试验确定。

压实填土地基的施工应符合下列要求：

（1）应根据使用要求、邻近结构类型和地质条件确定允许加载量和范围，并按设计要求均衡分步施加，避免大量快速集中填土。

（2）填料前，应清除填土层底面以下的耕土、植被或软弱土层等。

（3）压实填土施工过程中，应采取防雨、防冻措施，防止填料（粉质黏土、粉土）受雨水淋湿或冻结。

（4）基槽内压实时，应先压实基槽两边，再压实中间。

（5）冲击碾压法施工的冲击碾压宽度不宜小于6m，工作面较窄时，需设置转弯车道，冲压最短直线距离不宜少于100m，冲压边角及转弯区域应采用其他措施压实；施工时，地下水位应降低到碾压面以下 1.5m。

（6）性质不同的填料，应采取水平分层、分段填筑，并分层压实；同一水平层，应采用同一填料，不得混合填筑；填方分段施工时，接头部位如不能交替填筑，应按1:1坡度分层留台阶；如能交替填筑，则应分层相互交替搭接，搭接长度不小于2m；压实填土的施工缝，各层应错开搭接，在施工缝的搭接处，应适当增加压实遍数；边角及转弯区域应采取其他措施压实，以达到设计标准。

（7）压实地基施工场地附近有对振动和噪声环境控制要求时，应合理安排施工工序和时间，减少噪声与振动对环境的影响，或采取挖减振沟等减振和隔振措施，并进行振动和噪声监测。

（8）施工过程中，应避免扰动填土下卧的淤泥或淤泥质土层。压实填土施工结束检验合格后，应及时进行基础施工。

压实填土地基的质量检验：

（1）在施工过程中，应分层取样检验土的干密度和含水量；每50～100m² 面积内应设不少于 1 个检测点，每一个独立基础下，检测点不少于 1 个点，条形基础每20 延米设检测点不少于 1 个点，压实系数不得低于表6-4 的规定；采用灌水法或灌砂法检测的碎石土干密度不得低于 2.0t/m³。

（2）有地区经验时，可采用动力触探、静力触探、标准贯入等原位试验，并结合干密度试验的对比结果进行质量检验。

（3）冲击碾压法施工。宜分层进行变形量、压实系数等土的物理力学指标监测和检测。

（4）地基承载力验收检验，可通过静载荷试验并结合动力触探、静力触探、标准贯入等试验结果综合判定。每个单体工程静载荷试验不应少于3点，大型工程可按单体工程的数量或面积确定检验点数。

（5）压实地基的施工质量检验应分层进行。每完成一道工序，应按设计要求进行验收，未经验收或验收不合格时，不得进行下一道工序施工。

6.1.3.3 夯实地基

夯实地基处理包括强夯法和强夯置换法。

（1）夯实地基处理应符合下列要求：

1）强夯和强夯置换施工前，应在施工现场有代表性的场地选取一个或几个试验区，进行试夯或试验性施工。每个试验区面积不宜小于20m×20m，试验区数量应根据建筑场地复杂程度、建筑规模及建筑类型确定。

2）场地地下水位高，影响施工或夯实效果时，应采取降水或其他技术措施进行处理。

（2）强夯置换处理地基，必须通过现场试验确定其适用性和处理效果。

（3）强夯处理地基的设计应符合下列要求：

1）强夯的有效加固深度，应根据现场试夯或地区经验确定。在缺少试验资料或经验时，可按表6-6进行预估。

表6-6 强夯的有效加固深度

单击夯击能 $E/kN \cdot m$	碎石土、砂土等粗颗粒土/m	粉土、粉质黏土、湿陷性黄土等细颗粒土/m
1000	4.0~5.0	3.0~4.0
2000	5.0~6.0	4.0~5.0
3000	6.0~7.0	5.0~6.0
4000	7.0~8.0	6.0~7.0
5000	8.0~8.5	7.0~7.5
6000	8.5~9.0	7.5~8.0
8000	9.0~9.5	8.0~8.5
10000	9.5~10.0	8.5~9.0
12000	10.0~11.0	9.0~10.0

注：强夯法的有效加固深度应从最初起夯面算起；单击夯击能 E 大于12000kN·m时，强夯的有效加固深度应通过试验确定。

2）夯点的夯击次数，应根据现场试夯的夯击次数和夯沉量关系曲线确定，并应同时满足下列条件：

最后两击的平均夯沉量，宜满足表6-7的要求，当单击夯击能 E 大于12000kN·m时，应通过试验确定；

表6-7 强夯法最后两击平均夯沉量

单击夯击能 $E/kN \cdot m$	最后两击平均夯沉量不大于/mm
$E < 4000$	50
$4000 \leqslant E < 6000$	100
$6000 \leqslant E < 8000$	150
$8000 \leqslant E < 12000$	200

夯坑周围地面不应发生过大的隆起；

不因夯坑过深而发生提锤困难。

3）夯击遍数应根据地基土的性质确定，可采用点夯 2～4 遍，对于渗透性较差的细颗粒土，应适当增加夯击遍数；最后以低能量满夯 2 遍，满夯可采用轻锤或低落距锤多次夯击，锤印搭接。

4）两遍夯击之间，应有一定的时间间隔，间隔时间取决于土中超静孔隙水压力的消散时间。当缺少实测资料时，可根据地基土的渗透性确定，对于渗透性较差的黏性土地基，间隔时间不应少于 2～3 周；对于渗透性好的地基可连续夯击。

5）夯击点位置可根据基础底面形状，采用等边三角形、等腰三角形或正方形布置。第一遍夯击点间距可取夯锤直径的 2.5～3.5 倍，第二遍夯击点应位于第一遍夯击点之间。以后各遍夯击点间距可适当减小，对处理深度较深或单击夯击能较大的工程，第一遍夯击点间距宜适当增大。

6）强夯处理范围应大于建筑物基础范围，每边超出基础外缘的宽度宜为基底下设计处理深度的 1/2～2/3，且不应小于 3m；对可液化地基，基础边缘的处理宽度，不应小于 5m；对湿陷性黄土地基，应符合现行国家标准《湿陷性黄土地区建筑规范》GB 50025 的有关规定。

7）根据初步确定的强夯参数，提出强夯试验方案，进行现场试夯。应根据不同土质条件，待试夯结束一周至数周后，对试夯场地进行检测，并与夯前测试数据进行对比，检验强夯效果，确定工程采用的各项强夯参数。

8）根据基础埋深和试夯时所测得的夯沉量，确定起夯面标高、夯坑回填方式和夯后标高。

9）强夯地基承载力特征值应通过现场静载荷试验确定。

10）强夯地基变形计算，应符合现行国家标准《建筑地基基础设计规范》GB 50007 有关规定。夯后有效加固深度内土的压缩模量，应通过原位测试或土工试验确定。

（4）强夯处理地基的施工，应符合下列要求：

1）强夯夯锤质量宜为 10～60t，其底面形式宜采用圆形，锤底面积宜按土的性质确定，锤底静接地压力值宜为 25～80kPa，单击夯击能高时，取高值，单击夯击能低时，取低值，对于细颗粒土宜取低值。锤的底面宜对称设置若干个上下贯通的排气孔，孔径宜为 300～400mm。

2）强夯法施工，应按下列步骤进行：

①清理并平整施工场地。

②标出第一遍夯点位置，并测量场地高程。

③起重机就位，夯锤置于夯点位置。

④测量夯前锤顶高程。

⑤将夯锤起吊到预定高度，开启脱钩装置，夯锤脱钩自由下落，放下吊钩，测量锤顶高程；若发现因坑底倾斜而造成夯锤歪斜时，应及时将坑底整平。

⑥重复步骤⑤，按设计规定的夯击次数及控制标准，完成一个夯点的夯击；当夯坑过深，出现提锤困难，但无明显隆起，而尚未达到控制标准时，宜将夯坑回填至与坑顶齐平后，继续夯击。

⑦换夯点，重复步骤③~⑥，完成第一遍全部夯点的夯击。

⑧用推土机将夯坑填平，并测量场地高程。

⑨在规定的间隔时间后，按上述步骤逐次完成全部夯击遍数；最后，采用低能量满夯，将场地表层松土夯实，并测量夯后场地高程。

（5）强夯置换处理地基的设计，应符合下列要求：

1）强夯置换墩的深度应由土质条件决定。除厚层饱和粉土外，应穿透软土层，到达较硬土层上，深度不宜超过 10m。

2）强夯置换的单击夯击能应根据现场试验确定。

3）墩体材料可采用级配良好的块石、碎石、矿渣、工业废渣、建筑垃圾等坚硬粗颗粒材料。且粒径大于 300mm 的颗粒含量不宜超过 30%。

4）夯点的夯击次数应通过现场试夯确定，并应满足下列条件：

墩底穿透软弱土层，且达到设计墩长；

累计夯沉量为设计墩长的 1.5~2.0 倍；

最后两击的平均夯沉量可按表 6-7 确定。

5）墩位布置宜采用等边三角形或正方形。对独立基础或条形基础可根据基础形状与宽度作相应布置。

6）墩间距应根据荷载大小和原状土的承载力选定，当满堂布置时，可取夯锤直径的 2~3 倍。对独立基础或条形基础可取夯锤直径的 1.5~2.0 倍。墩的计算直径可取夯锤直径的 1.1~1.2 倍。

7）强夯置换处理范围应符合本书 6.1.3.3 节（3）6）项的要求。

8）墩顶应铺设一层厚度不小于 500mm 的压实垫层，垫层材料宜与墩体材料相同。粒径不宜大于 100mm。

9）强夯置换设计时，应预估地面抬高值，并在试夯时校正。

10）强夯置换地基处理试验方案的确定，应符合本书 6.1.3.3（3）7）项的要求。除应进行现场静载荷试验和变形模量检测外，尚应采用超重型或重型动力触探等方法，检查置换墩着底情况，以及地基土的承载力与密度随深度的变化。

11）软黏性土中强夯置换地基承载力特征值应通过现场单墩静载荷试验确定；对于饱和粉土地基，当处理后形成 2.0m 以上厚度的硬层时，其承载力可通过现场单墩复合地基静载荷试验确定。

12）强夯置换地基的变形宜按单墩静载荷试验确定的变形模量计算加固区的地基变形，对墩下地基土的变形可按置换墩材料的压力扩散角计算传至墩下土层的附加应力，按现行国家标准《建筑地基基础设计规范》GB 50007 的有关规定计算确定；对饱和粉土地基，当处理后形成 2.0m 以上厚度的硬层时，可按 JGJ 79 规范规定确定。

（6）强夯置换处理地基的施工应符合下列要求：

1）强夯置换夯锤底面宜采用圆形，夯锤底静接地压力值宜大于 80kPa。

2）强夯置换施工应按下列步骤进行：

清理并平整施工场地，当表层土松软时，可铺设 1.0~2.0m 厚的砂石垫层；

标出夯点位置，并测量场地高程；

起重机就位，夯锤置于夯点位置；

测量夯前锤顶高程；

夯击并逐击记录夯坑深度；当夯坑过深，起锤困难时，应停夯，向夯坑内填料直至与坑顶齐平，记录填料数量；工序重复，直至满足设计的夯击次数及质量控制标准，完成一个墩体的夯击；当夯点周围软土挤出，影响施工时，应随时清理，并宜在夯点周围铺垫碎石后，继续施工；

按照"由内而外、隔行跳打"的原则，完成全部夯点的施工；

推平场地，采用低能量满夯，将场地表层松土夯实，并测量夯后场地高程；

铺设垫层，分层碾压密实。

(7) 夯实地基宜采用带有自动脱钩装置的履带式起重机，夯锤的质量不应超过起重机械额定起重质量。履带式起重机应在臂杆端部设置辅助门架或采取其他安全措施，防止起落锤时，机架倾覆。

(8) 当场地表层土软弱或地下水位较高，宜采用人工降低地下水位或铺填一定厚度的砂石材料的施工措施。施工前，宜将地下水位降低至坑底面以下 2m。施工时，坑内或场地积水应及时排除。对细颗粒土，尚应采取晾晒等措施降低含水量。当地基土的含水量低，影响处理效果时，宜采取增湿措施。

(9) 施工前，应查明施工影响范围内地下构筑物和地下管线的位置。并采取必要的保护措施。

(10) 当强夯施工所引起的振动和侧向挤压对邻近建构筑物产生不利影响时，应设置监测点，并采取挖隔振沟等隔振或防振措施。

(11) 施工过程中的监测应符合下列要求：

1) 开夯前，应检查夯锤质量和落距，以确保单击夯击能量符合设计要求。

2) 在每一遍夯击前，应对夯点放线进行复核，夯完后检查夯坑位置，发现偏差或漏夯应及时纠正。

3) 按设计要求，检查每个夯点的夯击次数、每击的夯沉量、最后两击的平均夯沉量和总夯沉量、夯点施工起止时间，对强夯置换施工，尚应检查置换深度。

4) 施工过程中，应对各项施工参数及施工情况进行详细记录。

(12) 夯实地基施工结束后，应根据地基土的性质及所采用的施工工艺，待土层休止期结束后，方可进行基础施工。

(13) 强夯处理后的地基竣工验收，承载力检验应根据静载荷试验、其他原位测试和室内土工试验等方法综合确定。强夯置换后的地基竣工验收，除应采用单墩静载荷试验进行承载力检验外，尚应采用动力触探等查明置换墩着底情况及密度随深度的变化情况。

(14) 夯实地基的质量检验应符合下列要求：

1) 检查施工过程中的各项测试数据和施工记录，不符合设计要求时应补夯或采取其他有效措施。

2) 强夯处理后的地基承载力检验，应在施工结束后间隔一定时间进行，对于碎石土和砂土地基，间隔时间宜为 7～14 天；粉土和黏性土地基，间隔时间宜为 14～28 天；强夯置换地基，间隔时间宜为 28 天。

3) 强夯地基均匀性检验，可采用动力触探试验或标准贯入试验、静力触探试验等原位测试，以及室内土工试验。检验点的数量，可根据场地复杂程度和建筑物的重要性确定，对于简单场地上的一般建筑物，按每 400m² 不少于 1 个检测点，且不少于 3 点；对于复杂场地或重要建筑地基，每 300m² 不少于 1 个检验点，且不少于 3 点。强夯置换地基，可采用超重型或重型动力触探试验等方法，检查置换墩着底情况及承载力与密度随深度的变化，检验数量不应少于墩点数的 3%，且不少于 3 点。

4）强夯地基承载力检验的数量，应根据场地复杂程度和建筑物的重要性确定，对于简单场地上的一般建筑，每个建筑地基载荷试验检验点不应少于 3 点；对于复杂场地或重要建筑地基应增加检验点数。检测结果的评价，应考虑夯点和夯间位置的差异。强夯置换地基单墩载荷试验数量不应少于墩点数的 1%，且不少于 3 点；对饱和粉土地基，当处理后墩间土能形成 2.0m 以上厚度的硬层时，其地基承载力可通过现场单墩复合地基静载荷试验确定，检验数量不应少于墩点数的 1%，且每个建筑载荷试验检验点不应少于 3 点。

6.1.4 复合地基

6.1.4.1 一般规定

（1）复合地基设计前，应在有代表性的场地上进行现场试验或试验性施工，以确定设计参数和处理效果。

（2）对散体材料复合地基增强体应进行密实度检验；对有黏结强度复合地基增强体应进行强度及桩身完整性检验。

（3）复合地基承载力的验收检验应采用复合地基静载荷试验，对有黏结强度的复合地基增强体尚应进行单桩静载荷试验。

（4）复合地基增强体单桩的桩位施工允许偏差：对条形基础的边桩沿轴线方向应为桩径的 ±1/4，沿垂直轴线方向应为桩径的 ±1/6，其他情况桩位的施工允许偏差应为桩径的 ±40%；桩身的垂直度允许偏差应为 ±1%。

（5）复合地基承载力特征值应通过复合地基静载荷试验或采用增强体静载荷试验结果和其周边土的承载力特征值结合经验确定，初步设计时，可按规范 JGJ 79 计算。

（6）处理后的复合地基承载力，应按 JGJ 79 规范确定。

6.1.4.2 振冲碎石桩和沉管砂石桩复合地基

（1）振冲碎石桩、沉管砂石桩复合地基处理应符合下列要求：

1）适用于挤密处理松散砂土、粉土、粉质黏土、素填土、杂填土等地基以及用于处理可液化地基。饱和黏土地基，如对变形控制不严格，可采用砂石桩置换处理。

2）对大型的、重要的或场地地层复杂的工程，以及对于处理不排水抗剪强度不小于 20kPa 的饱和黏性土和饱和黄土地基应在施工前通过现场试验确定其适用性。

不加填料振冲挤密法适用于处理黏粒含量不大于 10% 的中砂、粗砂地基，在初步设计阶段宜进行现场工艺试验，确定不加填料振密的可行性，确定孔距、振密电流值、振冲水压力、振后砂层的物理力学指标等施工参数；30kW 振冲器振密深度不宜超过 7m，75kW 振冲器振密深度不宜超过 15m。

（2）振冲碎石桩、沉管砂石桩复合地基设计应符合下列要求：

1）地基处理范围应根据建筑物的重要性和场地条件确定，宜在基础外缘扩大 1～3 排桩。对可液化地基，在基础外缘扩大宽度不应小于基底下可液化土层厚度的 1/2，且不应小于 5m。

2）桩位布置，对大面积满堂基础和独立基础，可采用三角形、正方形、矩形布桩；对条形基础，可沿基础轴线采用单排布桩或对称轴线多排布桩。

3）桩径可根据地基土质情况、成桩方式和成桩设备等因素确定，桩的平均直径可按每根桩所用填料量计算。振冲碎石桩桩径宜为 800 ~ 1200mm；沉管砂石桩桩径宜为 300 ~ 800mm。

4）桩间距应通过现场试验确定，并应符合下列要求：

振冲碎石桩的桩间距应根据上部结构荷载大小和场地土层情况，并结合所采用的振冲器功率大小综合考虑；30kW 振冲器布桩间距可采用 1.3 ~ 2.0m；55kW 振冲器布桩间距可采用 1.4 ~ 2.5m；75kW 振冲器布桩间距可采用 1.5 ~ 3.0m；不加填料振冲挤密孔距可为 2 ~ 3m；

沉管砂石桩的桩间距，不宜大于砂石桩直径的 4.5 倍；初步设计时，对松散粉土和砂土地基，应根据挤密后要求达到的孔隙比确定，可按 JGJ 79 规范估算。

5）桩长可根据工程要求和工程地质条件，通过计算确定并应符合下列要求：

当相对硬土层埋深较浅时，可按相对硬层埋深确定；

当相对硬土层埋深较大时，应按建筑物地基变形允许值确定；

对按稳定性控制的工程，桩长应不小于最危险滑动面以下 2.0m 的深度；

对可液化的地基，桩长应按要求处理液化的深度确定；

桩长不宜小于 4m。

6）振冲桩桩体材料可采用含泥量不大于 5% 的碎石、卵石、矿渣或其他性能稳定的硬质材料，不宜使用风化易碎的石料。对 30kW 振冲器，填料粒径宜为 20 ~ 80mm；对 55kW 振冲器，填料粒径宜为 30 ~ 100mm；对 75kW 振冲器，填料粒径宜为 40 ~ 150mm。沉管桩桩体材料可用含泥量不大于 5% 的碎石、卵石、角砾、圆砾、砾砂、粗砂、中砂或石屑等硬质材料，最大粒径不宜大于 50mm。

7）桩顶和基础之间宜铺设厚度为 300 ~ 500mm 的垫层，垫层材料宜用中砂、粗砂、级配砂石和碎石等，最大粒径不宜大于 30mm，其夯填度（夯实后的厚度与虚铺厚度的比值）不应大于 0.9。

8）复合地基的承载力初步设计可按规范 JGJ 79 估算，处理后桩间土承载力特征值，可按地区经验确定，如无经验时，对于一般黏性土地基，可取天然地基承载力特征值，松散的砂土、粉土可取原天然地基承载力特征值的 1.2 ~ 1.5 倍；复合地基桩土应力比 n，宜采用实测值确定，如无实测资料时，对于黏性土可取 2.0 ~ 4.0，对于砂土、粉土可取 1.5 ~ 3.0。

9）复合地基变形计算应符合规范 JGJ 79 的规定。

10）对处理堆载场地地基，应进行稳定性验算。

（3）振冲碎石桩施工应符合下列要求：

1）振冲施工可根据设计荷载的大小、原土强度的高低、设计桩长等条件选用不同功率的振冲器。施工前应在现场进行试验，以确定水压、振密电流和留振时间等各种施工参数。

2）升降振冲器的机械可用起重机、自行井架式施工平车或其他合适的设备。施工设备应配有电流、电压和留振时间自动信号仪表。

3）振冲施工可按下列步骤进行：

清理平整施工场地，布置桩位；

施工机具就位，使振冲器对准桩位；

启动供水泵和振冲器，水压宜为 200～600kPa，水量宜为 200～400L/min，将振冲器徐徐沉入土中，造孔速度宜为 0.5～2.0m/min，直至达到设计深度；记录振冲器经各深度的水压、电流和留振时间；

造孔后边提升振冲器，边冲水直至孔口，再放至孔底，重复 2～3 次扩大孔径并使孔内泥浆变稀，开始填料制桩；

大功率振冲器投料可不提出孔口，小功率振冲器下料困难时，可将振冲器提出孔口填料，每次填料厚度不宜大于 500mm；将振冲器沉入填料中进行振密制桩，当电流达到规定的密实电流值和规定的留振时间后，将振冲器提升 300～500mm；

重复以上步骤，自下而上逐段制作桩体直至孔口，记录各段深度的填料量、最终电流值和留振时间；

关闭振冲器和水泵。

4）施工现场应事先开设泥水排放系统，或组织好运浆车辆将泥浆运至预先安排的存放地点，应设置沉淀池，重复使用上部清水。

5）桩体施工完毕后，应将顶部预留的松散桩体挖除，铺设垫层并压实。

6）不加填料振冲加密宜采用大功率振冲器，造孔速度宜为 8～10m/min，到达设计深度后，宜将射水量减至最小，留振至密实电流达到规定时，上提 0.5m，逐段振密直至孔口，每米振密时间约 1min。在粗砂中施工，如遇下沉困难，可在振冲器两侧增焊辅助水管，加大造孔水量，降低造孔水压。

7）振密孔施工顺序，宜沿直线逐点逐行进行。

（4）沉管砂石桩施工应符合下列要求：

1）砂石桩施工可采用振动沉管、锤击沉管或冲击成孔等成桩法。当用于消除粉细砂及粉土液化时，宜用振动沉管成桩法。

2）施工前应进行成桩工艺和成桩挤密试验。当成桩质量不能满足设计要求时，应调整施工参数后，重新进行试验或设计。

3）振动沉管成桩法施工，应根据沉管和挤密情况，控制填砂石量、提升高度和速度、挤压次数和时间、电机的工作电流等。

4）施工中应选用能顺利出料和有效挤压桩孔内砂石料的桩尖结构。当采用活瓣桩靴时，对砂土和粉土地基宜选用尖锥形；一次性桩尖可采用混凝土锥形桩尖。

5）锤击沉管成桩法施工可采用单管法或双管法。锤击法挤密应根据锤击能量，控制分段的填砂石量和成桩的长度。

6）砂石桩桩孔内材料填料量，应通过现场试验确定，估算时，可按设计桩孔体积乘以充盈系数确定，充盈系数可取 1.2～1.4。

7）砂石桩的施工顺序：对砂土地基宜从外围或两侧向中间进行。

8）施工时桩位偏差不应大于套管外径的 30%，套管垂直度允许偏差应为 ±1%。

9）砂石桩施工后，应将表层的松散层挖除或夯压密实，随后铺设并压实砂石垫层。

（5）振冲碎石桩、沉管砂石桩复合地基的质量检验应符合下列要求：

1）检查各项施工记录，如有遗漏或不符合要求的桩，应补桩或采取其他有效的补救措施。

2）施工后，应间隔一定时间方可进行质量检验。对粉质黏土地基不宜少于 21 天，对粉土地基不宜少于 14 天，对砂土和杂填土地基不宜少于 7 天。

3）施工质量的检验，对桩体可采用重型动力触探试验；对桩间土可采用标准贯入、静力触探、动力触探或其他原位测试等方法；对消除液化的地基检验应采用标准贯入试验。桩间土质量的检测位置应在等边三角形或正方形的中心。检验深度不应小于处理地基深度，检测数量不应少于桩孔总数的 2%。

（6）竣工验收时，地基承载力检验应采用复合地基静载荷试验，试验数量不应少于总桩数的 1%，且每个单体建筑不应少于 3 点。

6.1.4.3　水泥土搅拌桩复合地基

水泥土搅拌桩复合地基处理应符合下列要求：

（1）适用于处理正常固结的淤泥、淤泥质土、素填土、黏性土（软塑、可塑）、粉土（稍密、中密）、粉细砂（松散、中密）、中粗砂（松散、稍密）、饱和黄土等土层。不适用于含大孤石或障碍物较多且不易清除的杂填土、欠固结的淤泥和淤泥质土、硬塑及坚硬的黏性土、密实的砂类土，以及地下水渗流影响成桩质量的土层。当地基土的天然含水量小于 30%（黄土含水量小于 25%）时不宜采用粉体搅拌法。冬期施工时，应考虑负温对处理地基效果的影响。

（2）水泥土搅拌桩的施工工艺分为浆液搅拌法（以下简称湿法）和粉体搅拌法（以下简称干法）。可采用单轴、双轴、多轴搅拌或连续成槽搅拌形成柱状、壁状、格栅状或块状水泥土加固体。

（3）对采用水泥土搅拌桩处理地基，除应按现行国家标准《岩土工程勘察规范》GB 50021 要求进行岩土工程详细勘察外，尚应查明拟处理地基土层的 pH 值、塑性指数、有机质含量、地下障碍物及软土分布情况、地下水位及其运动规律等。

（4）设计前，应进行处理地基土的室内配比试验。针对现场拟处理地基土层的性质，选择合适的固化剂、外掺剂及其掺量，为设计提供不同龄期、不同配比的强度参数。对竖向承载的水泥土强度宜取 90 天龄期试块的立方体抗压强度平均值。

（5）增强体的水泥掺量不应小于 12%，块状加固时水泥掺量不应小于加固天然土质量的 7%；湿法的水泥浆水灰比可取 0.5 ~ 0.6。

（6）水泥土搅拌桩复合地基宜在基础和桩之间设置褥垫层，厚度可取 200 ~ 300mm。褥垫层材料可选用中砂、粗砂、级配砂石等，最大粒径不宜大于 20mm。褥垫层的夯填度不应大于 0.9。

水泥土搅拌桩用于处理泥炭土、有机质土、pH 值小于 4 的酸性土、塑性指数大于 25 的黏土，或在腐蚀性环境中以及无工程经验的地区使用时，必须通过现场和室内试验确定其适用性。

水泥土搅拌桩复合地基设计应符合下列要求：

（1）搅拌桩的长度，应根据上部结构对地基承载力和变形的要求确定，并应穿透软弱土层到达地基承载力相对较高的土层；当设置的搅拌桩同时为提高地基稳定性时，其桩长应超过危险滑弧以下不少于 2.0m；干法的加固深度不宜大于 15m，湿法加固深度不宜大于 20m。

（2）复合地基的承载力特征值，应通过现场单桩或多桩复合地基静载荷试验确定。初步设计时可按 JGJ 79 规范估算，处理后桩间土承载力特征值 f_{sk}（kPa）可取天然地基承载力特征值；桩间土承载力发挥系数 β，对淤泥、淤泥质土和流塑状软土等处理土层，可取 0.1~0.4，对其他土层可取 0.4~0.8；单桩承载力发挥系数 λ 可取 1.0。

（3）单桩承载力特征值，应通过现场静载荷试验确定。初步设计时可按 JGJ 79 规范估算，桩端端阻力发挥系数可取 0.4~0.6；桩端端阻力特征值，可取桩端土未修正的地基承载力特征值，并应满足 JGJ 79 的要求，应使由桩身材料强度确定的单桩承载力不小于由桩周土和桩端土的抗力所提供的单桩承载力。

（4）桩长超过 10m 时，可采用固化剂变掺量设计。在全长桩身水泥总掺量不变的前提下，桩身上部 1/3 桩长范围内，可适当增加水泥掺量及搅拌次数。

（5）桩的平面布置可根据上部结构特点及对地基承载力和变形的要求，采用柱状、壁状、格栅状或块状等加固形式。独立基础下的桩数不宜少于 4 根。

（6）当搅拌桩处理范围以下存在软弱下卧层时，应按现行国家标准《建筑地基基础设计规范》GB 50007 的有关规定进行软弱下卧层地基承载力验算。

（7）复合地基的变形计算应符合 JGJ 79 规范的相关规定。

用于建筑物地基处理的水泥土搅拌桩施工设备，其湿法施工配备注浆泵的额定压力不宜小于 5.0MPa；干法施工的最大送粉压力不应小于 0.5MPa。

水泥土搅拌桩施工应符合下列要求：

（1）水泥土搅拌桩施工现场施工前应予以平整，清除地上和地下的障碍物。

（2）水泥土搅拌桩施工前，应根据设计进行工艺性试桩，数量不得少于 3 根，多轴搅拌施工不得少于 3 组。应对工艺试桩的质量进行检验，确定施工参数。

（3）搅拌头翼片的枚数、宽度、与搅拌轴的垂直夹角、搅拌头的回转数、提升速度应相互匹配，干法搅拌时钻头每转一圈的提升（或下沉）量宜为 10~15mm，确保加固深度范围内土体的任何一点均能经过 20 次以上的搅拌。

（4）搅拌桩施工时，停浆（灰）面应高于桩顶设计标高 500mm。在开挖基坑时，应将桩顶以上土层及桩顶施工质量较差的桩段，采用人工挖除。

（5）施工中，应保持搅拌桩机底盘的水平和导向架的竖直，搅拌桩的垂直度允许偏差和桩位偏差应满足 JGJ 79 规范的相关规定；成桩直径和桩长不得小于设计值。

（6）水泥土搅拌桩施工应包括下列主要步骤：

1）搅拌机械就位、调平。

2）预搅下沉至设计加固深度。

3）边喷浆（或粉），边搅拌提升直至预定的停浆（或灰）面。

4）重复搅拌下沉至设计加固深度。

5）根据设计要求，喷浆（或粉）或仅搅拌提升直至预定的停浆（或灰）面。

6）关闭搅拌机械。

在预（复）搅下沉时，也可采用喷浆（粉）的施工工艺，确保全桩长上下至少再重复搅拌一次。

对地基土进行干法咬合加固时，如复搅困难，可采用慢速搅拌，保证搅拌的均匀性。

（7）水泥土搅拌湿法施工应符合下列要求：

1）施工前，应确定灰浆泵输浆量、灰浆经输浆管到达搅拌机喷浆口的时间和起吊设备提升速度等施工参数，并应根据设计要求，通过工艺性成桩试验确定施工工艺。

2）施工中所使用的水泥应过筛，制备好的浆液不得离析，泵送浆应连续进行。拌制水泥浆液的罐数、水泥和外掺剂用量以及泵送浆液的时间应记录；喷浆量及搅拌深度应采用经国家计量部门认证的监测仪器进行自动记录。

3）搅拌机喷浆提升的速度和次数应符合施工工艺要求，并设专人进行记录。

4）当水泥浆液到达出浆口后，应喷浆搅拌 30s，在水泥浆与桩端土充分搅拌后，再开始提升搅拌头。

5）搅拌机预搅下沉时，不宜冲水，当遇到硬土层下沉太慢时，可适量冲水。

6）施工过程中，如因故停浆，应将搅拌头下沉至停浆点以下 0.5m 处，待恢复供浆时，再喷浆搅拌提升；若停机超过 3h，宜先拆卸输浆管路，并妥加清洗。

7）壁状加固时，相邻桩的施工时间间隔不宜超过 12h。

（8）水泥土搅拌干法施工应符合下列要求：

1）喷粉施工前，应检查搅拌机械、供粉泵、送气（粉）管路、接头和阀门的密封性、可靠性，送气（粉）管路的长度不宜大于 60m。

2）搅拌头每旋转一周，提升高度不得超过 15mm。

3）搅拌头的直径应定期复核检查，其磨耗量不得大于 10mm。

4）当搅拌头到达设计桩底以上 1.5m 时，应开启喷粉机提前进行喷粉作业；当搅拌头提升至地面下 500mm 时，喷粉机应停止喷粉。

5）成桩过程中，因故停止喷粉。应将搅拌头下沉至停灰面以下 1m 处，待恢复喷粉时，再喷粉搅拌提升。

水泥土搅拌桩干法施工机械必须配置经国家计量部门确认的具有能瞬时检测并记录出粉体计量装置及搅拌深度自动记录仪。

水泥土搅拌桩复合地基质量检验应符合下列要求：

（1）施工过程中应随时检查施工记录和计量记录。

（2）水泥土搅拌桩的施工质量检验可采用下列方法：

1）成桩 3 天内，采用轻型动力触探检查上部桩身的均匀性，检验数量为施工总桩数的 1%，且不少于 3 根。

2）成桩 7 天后，采用浅部开挖桩头进行检查，开挖深度宜超过停浆（灰）面下 0.5m，检查搅拌的均匀性，量测成桩直径，检查数量不少于总桩数的 5%。

（3）静载荷试验宜在成桩 28 天后进行。水泥土搅拌桩复合地基承载力检验应采用复合地基静载荷试验和单桩静载荷试验，验收检验数量不少于总桩数的 1%，复合地基静载荷试验数量不少于 3 台（多轴搅拌为 3 组）。

（4）对变形有严格要求的工程，应在成桩 28 天后，采用双管单动取样器钻取芯样作水泥土抗压强度检验，检验数量为施工总桩数的 0.5%，且不少于 6 点。

基槽开挖后，应检验桩位、桩数与桩顶桩身质量，如不符合设计要求，应采取有效补强措施。

6.1.4.4 旋喷桩复合地基

旋喷桩复合地基处理应符合下列要求：

（1）适用于处理淤泥、淤泥质土、黏性土（流塑、软塑和可塑）、粉土、砂土、黄土、素填土和碎石土等地基。对土中含有较多的大直径块石、大量植物根茎和高含量的有机质，以及地下水流速较大的工程，应根据现场试验结果确定其适应性。

（2）旋喷桩施工，应根据工程需要和土质条件选用单管法、双管法和三管法；旋喷桩加固体形状可分为柱状、壁状、条状或块状。

（3）在制定旋喷桩方案时，应搜集邻近建筑物和周边地下埋设物等资料。

（4）旋喷桩方案确定后，应结合工程情况进行现场试验，确定施工参数及工艺。

旋喷桩加固体强度和直径，应通过现场试验确定。

旋喷桩复合地基承载力特征值和单桩竖向承载力特征值应通过现场静载荷试验确定。初步设计时，可按 JGJ 79 规范估算，其桩身材料强度尚应满足 JGJ 79 规范的相关要求。

旋喷桩复合地基的地基变形计算应符合 JGJ 79 规范的规定。

当旋喷桩处理地基范围以下存在软弱下卧层时，应按现行国家标准《建筑地基基础设计规范》GB 50007 的有关规定进行软弱下卧层地基承载力验算。

旋喷桩复合地基宜在基础和桩顶之间设置褥垫层。褥垫层厚度宜为 150～300mm，褥垫层材料可选用中砂、粗砂和级配砂石等，褥垫层最大粒径不宜大于 20mm。褥垫层的夯填度不应大于 0.9。

旋喷桩的平面布置可根据上部结构和基础特点确定，独立基础下的桩数不应少于 4 根。

旋喷桩施工应符合下列要求：

（1）施工前，应根据现场环境和地下埋设物的位置等情况，复核旋喷桩的设计孔位。

（2）旋喷桩的施工工艺及参数应根据土质条件、加固要求，通过试验或根据工程经验确定。单管法、双管法高压水泥浆和三管法高压水的压力应大于 20MPa，流量应大于 30L/min，气流压力宜大于 0.7MPa，提升速度宜为 0.1～0.2m/min。

（3）旋喷注浆，宜采用 42.5 级的普通硅酸盐水泥，可根据需要加入适量的外加剂及掺和料。外加剂和掺和料的用量，应通过试验确定。

（4）水泥浆液的水灰比宜为 0.8～1.2。

（5）旋喷桩的施工工序为：机具就位、贯入喷射管、喷射注浆、拔管和冲洗等。

（6）喷射孔与高压注浆泵的距离不宜大于 50m。钻孔位置的允许偏差应为 ±50mm。垂直度允许偏差应为 ±1%。

（7）当喷射注浆管贯入土中，喷嘴达到设计标高时，即可喷射注浆。在喷射注浆参数达到规定值后，随即按旋喷的工艺要求，提升喷射管，由下而上旋转喷射注浆。喷射管分段提升的搭接长度不得小于 100mm。

（8）对需要局部扩大加固范围或提高强度的部位，可采用复喷措施。

（9）在旋喷注浆过程中出现压力骤然下降、上升或冒浆异常时，应查明原因并及时采取措施。

（10）旋喷注浆完毕，应迅速拔出喷射管。为防止浆液凝固收缩影响桩顶高程，可在原孔位采用冒浆回灌或第二次注浆等措施。

（11）施工中应做好废泥浆处理，及时将废泥浆运出或在现场短期堆放后作土方运出。

（12）施工中应严格按照施工参数和材料用量施工，用浆量和提升速度应采用自动记录装置，并做好各项施工记录。

旋喷桩质量检验应符合下列要求：

（1）旋喷桩可根据工程要求和当地经验采用开挖检查、钻孔取芯、标准贯入试验、动力触探和静载荷试验等方法进行检验。

（2）检验点布置应符合下列要求：

1）有代表性的桩位；

2）施工中出现异常情况的部位；

3）地基情况复杂，可能对旋喷桩质量产生影响的部位。

（3）成桩质量检验点的数量不少于施工孔数的2%，并不应少于6点。

（4）承载力检验宜在成桩28天后进行。

竣工验收时，旋喷桩复合地基承载力检验应采用复合地基静载荷试验和单桩静载荷试验。检验数量不得少于总桩数的1%，且每个单体工程复合地基静载荷试验的数量不得少于3台。

6.1.4.5 灰土挤密桩和土挤密桩复合地基

灰土挤密桩、土挤密桩复合地基处理应符合下列要求：

（1）适用于处理地下水位以上的粉土、黏性土、素填土、杂填土和湿陷性黄土等地基，可处理地基的厚度宜为3～15m。

（2）当以消除地基土的湿陷性为主要目的时，可选用土挤密桩；当以提高地基土的承载力或增强其水稳性为主要目的时，宜选用灰土挤密桩。

（3）当地基土的含水量大于24%、饱和度大于65%时，应通过试验确定其适用性。

（4）对重要工程或在缺乏经验的地区，施工前应按设计要求，在有代表性的地段进行现场试验。

灰土挤密桩、土挤密桩复合地基设计应符合下列要求：

（1）地基处理的面积：当采用整片处理时，应大于基础或建筑物底层平面的面积，超出建筑物外墙基础底面外缘的宽度，每边不宜小于处理土层厚度的1/2，且不应小于2m；当采用局部处理时，对非自重湿陷性黄土、素填土和杂填土等地基，每边不应小于基础底面宽度的25%，且不应小于0.5m；对自重湿陷性黄土地基，每边不应小于基础底面宽度的75%，且不应小于1.0m。

（2）处理地基的深度，应根据建筑场地的土质情况、工程要求和成孔及夯实设备等综合因素确定。对湿陷性黄土地基，应符合现行国家标准《湿陷性黄土地区建筑规范》GB 50025的有关规定。

（3）桩孔直径宜为300～600mm。桩孔宜按等边三角形布置，桩孔之间的中心距离，可为桩孔直径的2.0～3.0倍，桩间土的平均挤密系数、桩孔的数量也可按JGJ 79规范估算。

（4）桩孔内的灰土填料，其消石灰与土的体积配合比，宜为2:8或3:7。土料宜选用粉质黏土，土料中的有机质含量不应超过5%，且不得含有冻土，渣土垃圾粒径不应超过15mm。石灰可选用新鲜的消石灰或生石灰粉，粒径不应大于5mm。消石灰的质量应合格，有效 CaO + MgO 含量不得低于 60%。

(5) 孔内填料应分层回填夯实，填料的平均压实系数不应低于 0.97，其中压实系数最小值不应低于 0.93。

(6) 桩顶标高以上应设置 300 ~ 600mm 厚的褥垫层。垫层材料可根据工程要求采用 2:8 或 3:7 灰土、水泥土等。其压实系数均不应低于 0.95。

(7) 复合地基承载力特征值，应按 JGJ 79 规范确定。初步设计时，可按规范进行估算。桩土应力比应按试验或地区经验确定。灰土挤密桩复合地基承载力特征值，不宜大于处理前天然地基承载力特征值的 2.0 倍，且不宜大于 250kPa；对土挤密桩复合地基承载力特征值，不宜大于处理前天然地基承载力特征值的 1.4 倍，且不宜大于 180kPa。

(8) 复合地基的变形计算应符合 JGJ 79 规范的相关规定。

灰土挤密桩、土挤密桩施工应符合下列要求：

(1) 成孔应按设计要求、成孔设备、现场土质和周围环境等情况，选用振动沉管、锤击沉管、冲击或钻孔等方法。

(2) 桩顶设计标高以上的预留覆盖土层厚度，宜符合下列规定：

1) 沉管成孔不宜小于 0.5m；

2) 冲击成孔或钻孔夯扩法成孔不宜小于 1.2m。

(3) 成孔时，地基土宜接近最优（或塑限）含水量，当土的含水量低于 12% 时，宜对拟处理范围内的土层进行增湿，应在地基处理前 4 ~ 6 天，将需增湿的水通过一定数量和一定深度的渗水孔，均匀地浸入拟处理范围内的土层中，增湿土的加水量可按下式估算：

$$Q = V\bar{\rho}_d(\omega_{op} - \omega)k \tag{6-1}$$

式中　Q——计算加水量，t；

　　　V——拟加固土的总体积，m^3；

　　　$\bar{\rho}_d$——地基处理前土的平均干密度，t/m^3；

　　　ω_{op}——土的最佳含水量，%，通过室内击实试验求得；

　　　ω——地基处理前土的平均含水量，%；

　　　k——损耗系数，可取 1.05 ~ 1.10。

(4) 土料有机质含量不应大于 5%，且不得含有冻土和膨胀土，使用时应过 10 ~ 20mm 的筛，混合料含水量应满足最佳含水量要求，允许偏差应为 ±2%，土料和水泥应拌和均匀。

(5) 成孔和孔内回填夯实应符合下列要求：

1) 成孔和孔内回填夯实的施工顺序，当整片处理地基时，宜从里（或中间）向外间隔 1 ~ 2 孔依次进行，对大型工程，可采取分段施工；当局部处理地基时，宜从外向里间隔 1 ~ 2 孔依次进行。

2) 向孔内填料前，孔底应夯实，并应检查桩孔的直径、深度和垂直度。

3) 桩孔的垂直度允许偏差应为 ±1%。

4) 孔中心距允许偏差应为桩距的 ±5%。

5) 经检验合格后，应按设计要求，向孔内分层填入筛好的素土、灰土或其他填料，并应分层夯实至设计标高。

(6) 铺设灰土垫层前，应按设计要求将桩顶标高以上的预留松动土层挖除或夯（压）

密实。

（7）施工过程中，应有专人监督成孔及回填夯实的质量，并应做好施工记录；如发现地基土质与勘察资料不符，应立即停止施工，待查明情况或采取有效措施处理后，方可继续施工。

（8）雨期或冬期施工，应采取防雨或防冻措施，防止填料受雨水淋湿或冻结。

灰土挤密桩、土挤密桩复合地基质量检验应符合下列要求：

（1）桩孔质量检验应在成孔后及时进行，所有桩孔均需检验并作出记录，检验合格或经处理后方可进行夯填施工。

（2）应随机抽样检测夯后桩长范围内灰土或土填料的平均压实系数，抽检的数量不应少于桩总数的1%，且不得少于9根。对灰土桩桩身强度有怀疑时，尚应检验消石灰与土的体积配合比。

（3）应抽样检验处理深度内桩间土的平均挤密系数，检测探井数不应少于总桩数的0.3%，且每项单体工程不得少于3个。

（4）对消除湿陷性的工程，除应检测上述内容外，尚应进行现场浸水静载荷试验，试验方法应符合现行国家标准《湿陷性黄土地区建筑规范》GB 50025的规定。

（5）承载力检验应在成桩后14～28天后进行，检测数量不应少于总桩数的1%，且每项单体工程复合地基静载荷试验不应少于3点。

竣工验收时，灰土挤密桩、土挤密桩复合地基的承载力检验应采用复合地基静载荷试验。

6.1.4.6　夯实水泥土桩复合地基

夯实水泥土桩复合地基处理应符合下列要求：

（1）适用于处理地下水位以上的粉土、黏性土、素填土和杂填土等地基，处理地基的深度不宜大于15m。

（2）岩土工程勘察应查明土层厚度、含水量、有机质含量等。

（3）对重要工程或在缺乏经验的地区，施工前应按设计要求，选择地质条件有代表性的地段进行试验性施工。

夯实水泥土桩复合地基设计应符合下列要求：

（1）夯实水泥土桩宜在建筑物基础范围内布置；基础边缘距离最外一排桩中心的距离不宜小于1.0倍桩径。

（2）桩长的确定：当相对硬土层埋藏较浅时，应按相对硬土层的埋藏深度确定；当相对硬土层的埋藏较深时，可按建筑物地基的变形允许值确定。

（3）桩孔直径宜为300～600mm；桩孔宜按等边三角形或方形布置，桩间距可为桩孔直径的2～4倍。

（4）桩孔内的填料，应根据工程要求进行配比试验，并应符合JGJ 79规范的规定；水泥与土的体积配合比宜为1:5～1:8。

（5）孔内填料应分层回填夯实，填料的平均压实系数不应低于0.97，压实系数最小值不应低于0.93。

（6）桩顶标高以上应设置厚度为100～300mm的褥垫层；垫层材料可采用粗砂、中砂或碎石等，垫层材料最大粒径不宜大于20mm；褥垫层的夯填度不应大于0.9。

（7）复合地基承载力特征值应按 JGJ 79 规范要求确定；初步设计时可按规范进行估算；桩间土承载力发挥系数 β 可取 $0.9 \sim 1.0$；单桩承载力发挥系数 λ 可取 1.0。

（8）复合地基的变形计算应符合 JGJ 79 规范的有关规定。

夯实水泥土桩施工应符合下列要求：

（1）成孔应根据设计要求、成孔设备、现场土质和周围环境等，选用钻孔、洛阳铲成孔等方法。当采用人工洛阳铲成孔工艺时，处理深度不宜大于 6.0m。

（2）桩顶设计标高以上的预留覆盖土层厚度不宜小于 0.3m。

（3）成孔和孔内回填夯实应符合下列要求：

1）宜选用机械成孔和夯实。

2）向孔内填料前，孔底应夯实；分层夯填时，夯锤落距和填料厚度应满足夯填密实度的要求。

3）土料有机质含量不应大于 5%，且不得含有冻土和膨胀土，混合料含水量应满足最佳含水量要求，允许偏差应为 ±2%，土料和水泥应拌和均匀。

4）成孔经检验合格后，按设计要求，向孔内分层填入拌和好的水泥土，并应分层夯实至设计标高。

（4）铺设垫层前，应按设计要求将桩顶标高以上的预留土层挖除。垫层施工应避免扰动基底土层。

（5）施工过程中，应有专人监理成孔及回填夯实的质量，并应做好施工记录。如发现地基土质与勘察资料不符，应立即停止施工，待查明情况或采取有效措施处理后，方可继续施工。

（6）雨期或冬期施工，应采取防雨或防冻措施，防止填料受雨水淋湿或冻结。

夯实水泥土桩复合地基质量检验应符合下列要求：

（1）成桩后，应及时抽样检验水泥土桩的质量。

（2）夯填桩体的干密度质量检验应随机抽样检测，抽检的数量不应少于总桩数的 2%。

（3）复合地基静载荷试验和单桩静载荷试验检验数量不应少于桩总数的 1%，且每项单体工程复合地基静载荷试验检验数量不应少于 3 点。

竣工验收时，夯实水泥土桩复合地基承载力检验应采用单桩复合地基静载荷试验和单桩静载荷试验；对重要或大型工程，尚应进行多桩复合地基静载荷试验。

6.1.4.7 水泥粉煤灰碎石桩（钻孔灌注桩及钢筋混凝土预制桩）复合地基

水泥粉煤灰碎石桩复合地基适用于处理黏性土、粉土、砂土和自重固结已完成的素填土地基。对淤泥质土应按地区经验或通过现场试验确定其适用性。

水泥粉煤灰碎石桩复合地基设计应符合下列要求：

（1）水泥粉煤灰碎石桩，应选择承载力和压缩模量相对较高的土层作为桩端持力层。

（2）桩径：长螺旋钻中心压灌、干成孔和振动沉管成桩宜为 350 ~ 600mm；泥浆护壁钻孔成桩宜为 600 ~ 800mm；钢筋混凝土预制桩宜为 300 ~ 600mm。

（3）桩间距应根据基础形式、设计要求的复合地基承载力和变形、土性及施工工艺确定：

1）采用非挤土成桩工艺和部分挤土成桩工艺，桩间距宜为 3 ~ 5 倍桩径。

2）采用挤土成桩工艺和墙下条形基础单排布桩的桩间距宜为 3～6 倍桩径。

3）桩长范围内有饱和粉土、粉细砂、淤泥、淤泥质土层，采用长螺旋钻中心压灌成桩施工中可能发生窜孔时宜采用较大桩距。

（4）桩顶和基础之间应设置褥垫层，褥垫层厚度宜为桩径的 40%～60%。褥垫材料宜采用中砂、粗砂、级配砂石和碎石等，最大粒径不宜大于 30mm，钢筋混凝土预制桩应采用混凝土桩帽等方法减少桩顶的刺入变形。

（5）水泥粉煤灰碎石桩可只在基础范围内布桩，并可根据建筑物荷载分布、基础形式和地基土性状，合理确定布桩参数：

1）内筒外框结构内筒部位可采用减小桩距、增大桩长或桩径布桩。

2）对相邻柱荷载水平相差较大的独立基础，应按变形控制确定桩长和桩距。

3）筏板厚度与跨距之比小于 1/6 的平板式筏基、梁的高跨比大于 1/6 且板的厚跨比（筏板厚度与梁的中心距之比）小于 1/6 的梁板式筏基，应在柱（平板式筏基）和梁（梁板式筏基）边缘每边外扩 2.5 倍板厚的面积范围内布桩。

4）对荷载水平不高的墙下条形基础可采用墙下单排布桩。

（6）复合地基承载力特征值、单桩承载力发挥系数、处理后桩间土的承载力特征值、桩端端阻力发挥系数等应按 JGJ 79 规范的相关规定。

（7）处理后的地基变形计算应符合 JGJ 79 规范的相关规定。

水泥粉煤灰碎石桩施工应符合下列要求：

（1）可选用下列施工工艺：

1）长螺旋钻孔灌注成桩：适用于地下水位以上的黏性土、粉土、素填土、中等密实以上的砂土地基。

2）长螺旋钻中心压灌成桩：适用于黏性土、粉土、砂土和素填土地基，对噪声或泥浆污染要求严格的场地可优先选用；穿越卵石夹层时应通过试验确定适用性。

3）振动沉管灌注成桩：适用于粉土、黏性土及素填土地基；挤土造成地面隆起量大时，应采用较大桩距施工。

4）泥浆护壁成孔灌注成桩，适用于地下水位以下的黏性土、粉土、砂土、填土、碎石土及风化岩层等地基；桩长范围和桩端有承压水的土层应通过试验确定其适应性。

（2）长螺旋钻中心压灌成桩施工和振动沉管灌注成桩施工应符合下列要求：

1）施工前，应按设计要求在试验室进行配合比试验；施工时，按配合比配制混合料；长螺旋钻中心压灌成桩施工的坍落度宜为 160～200mm，振动沉管灌注成桩施工的坍落度宜为 30～50mm；振动沉管灌注成桩后桩顶浮浆厚度不宜超过 200mm。

2）长螺旋钻中心压灌成桩施工钻至设计深度后，应控制提拔钻杆时间，混合料泵送量应与拔管速度相配合，不得在饱和砂土或饱和粉土层内停泵待料；沉管灌注成桩施工拔管速度宜为 1.2～1.5m/min，如遇淤泥质土，拔管速度应适当减慢；当遇有松散饱和粉土、粉细砂或淤泥质土，当桩距较小时，宜采取隔桩跳打措施。

3）施工桩顶标高宜高出设计桩顶标高不少于 0.5m；当施工作业面高出桩顶设计标高较大时，宜增加混凝土灌注量。

4）成桩过程中，应抽样做混合料试块，每台机械每台班不应少于一组。

（3）冬期施工时，混合料入孔温度不得低于 5℃，对桩头和桩间土应采取保温措施。

（4）清土和截桩时，应采用小型机械或人工剔除等措施，不得造成桩顶标高以下桩身断裂或桩间土扰动。

（5）褥垫层铺设宜采用静力压实法，当基础底面下桩间土的含水量较低时，也可采用动力夯实法，夯填度不应大于0.9。

（6）泥浆护壁成孔灌注成桩和锤击、静压预制桩施工，应符合现行行业标准《建筑桩基技术规范》JGJ 94 的规定。

水泥粉煤灰碎石桩复合地基质量检验应符合下列要求：

（1）施工质量检验应检查施工记录、混合料坍落度、桩数、桩位偏差、褥垫层厚度、夯填度和桩体试块抗压强度等。

（2）竣工验收时，水泥粉煤灰碎石桩复合地基承载力检验应采用复合地基静载荷试验和单桩静载荷试验。

（3）承载力检验宜在施工结束28 天后进行，其桩身强度应满足试验荷载条件；复合地基静载荷试验和单桩静载荷试验的数量不应少于总桩数的1%、且每个单体工程的复合地基静载荷试验的试验数量不应少于3 点。

（4）采用低应变动力试验检测桩身完整性，检查数量不低于总桩数的10%。

6.1.4.8 柱锤冲扩桩复合地基

柱锤冲扩桩复合地基适用于处理地下水位以上的杂填土、粉土、黏性土、素填土和黄土等地基；对地下水位以下饱和土层处理，应通过现场试验确定其适用性。

柱锤冲扩桩处理地基的深度不宜超过10m。

对大型的、重要的或场地复杂的工程，在正式施工前，应在有代表性的场地进行试验。

柱锤冲扩桩复合地基设计应符合下列要求：

（1）处理范围应大于基底面积。对一般地基，在基础外缘应扩大1～3 排桩，且不应小于基底下处理土层厚度的1/2；对可液化地基，在基础外缘扩大的宽度，不应小于基底下可液化土层厚度的1/2，且不应小于5m。

（2）桩位布置宜为正方形和等边三角形，桩距宜为1.2～2.5m 或取桩径的2～3 倍。

（3）桩径宜为500～800mm，桩孔内填料量应通过现场试验确定。

（4）地基处理深度。对相对硬土层埋藏较浅地基，应达到相对硬土层深度；对相对硬土层埋藏较深地基，应按下卧层地基承载力及建筑物地基的变形允许值确定；对可液化地基，应按现行国家标准《建筑抗震设计规范》GB 50011 的有关规定确定。

（5）桩顶部应铺设200～300mm 厚砂石垫层，垫层的夯填度不应大于0.9；对湿陷性黄土，垫层材料应采用灰土，满足JGJ 79 规范的相关规定。

（6）桩体材料可采用碎砖三合土、级配砂石、矿渣、灰土、水泥混合土等，当采用碎砖三合土时，其体积比可采用生石灰:碎砖:黏性土为1:2:4，当采用其他材料时，应通过试验确定其适用性和配合比。

（7）承载力特征值应通过现场复合地基静载荷试验确定；初步设计时，可按JGJ 79 规范估算，置换率 m 宜取0.2～0.5；桩土应力比 n 应通过试验确定或按地区经验确定；无经验值时，可取2～4。

（8）处理后地基变形计算应符合JGJ 79 规范的相关规定。

（9）当柱锤冲扩桩处理深度以下存在软弱下卧层时，应按现行国家标准《建筑地基基础设计规范》GB 50007 的有关规定进行软弱下卧层地基承载力验算。

柱锤冲扩桩施工应符合下列要求：

（1）宜采用直径 300～500mm、长度 2～6m、质量 2～10t 的柱状锤进行施工。

（2）起重机具可用起重机、多功能冲扩桩机或其他专用机具设备。

（3）柱锤冲扩桩复合地基施工可按下列步骤进行：

1）清理平整施工场地，布置桩位。

2）施工机具就位，使柱锤对准桩位。

3）柱锤冲孔：根据土质及地下水情况可分别采用下列三种成孔方式：①冲击成孔：将柱锤提升一定高度，自由下落冲击土层，如此反复冲击，接近设计成孔深度时，可在孔内填少量粗骨料继续冲击，直到孔底被夯密实；②填料冲击成孔：成孔时出现缩颈或塌孔时，可分次填入碎砖和生石灰块，边冲击边将填料挤入孔壁及孔底，当孔底接近设计成孔深度时，夯入部分碎砖挤密桩端土；③复打成孔：当塌孔严重难以成孔时，可提锤反复冲击至设计孔深，然后分次填入碎砖和生石灰块，待孔内生石灰吸水膨胀、桩间土性质有所改善后，再进行二次冲击复打成孔。当采用上述方法仍难以成孔时，也可以采用套管成孔，即用柱锤边冲孔边将套管压入土中，直至桩底设计标高。

4）成桩：用料斗或运料车将拌和好的填料分层填入桩孔夯实。当采用套管成孔时，边分层填料夯实，边将套管拔出。锤的质量、锤长、落距、分层填料量、分层夯填度、夯击次数和总填料量等，应根据试验或按当地经验确定。每个桩孔应夯填至桩顶设计标高以上至少 0.5m，其上部桩孔宜用原地基土夯封。

（4）施工机具移位，重复上述步骤进行下一根桩施工。

（5）成孔和填料夯实的施工顺序，宜间隔跳打。

（6）基槽开挖后，应晾槽拍底或振动压路机碾压后，再铺设垫层并压实。

柱锤冲扩桩复合地基的质量检验应符合下列要求：

（1）施工过程中应随时检查施工记录及现场施工情况，并对照预定的施工工艺标准，对每根桩进行质量评定。

（2）施工结束后 7～14 天，可采用重型动力触探或标准贯入试验对桩身及桩间土进行抽样检验，检验数量不应少于冲扩桩总数的 2%，每个单体工程桩身及桩间土总检验点数均不应少于 6 点。

（3）竣工验收时，柱锤冲扩桩复合地基承载力检验应采用复合地基静载荷试验。

（4）承载力检验数量不应少于总桩数的 1%，且每个单体工程复合地基静载荷试验不应少于 3 点。

（5）静载荷试验应在成桩 14 天后进行。

（6）基槽开挖后，应检查桩位、桩径、桩数、桩顶密实度及槽底土质情况，如发现漏桩、桩位偏差过大、桩头及槽底土质松软等质量问题，应采取补救措施。

6.1.4.9　多桩型复合地基

多桩型复合地基适用于处理不同深度存在相对硬层的正常固结土，或浅层存在欠固结土、湿陷性黄土、可液化土等特殊土，以及地基承载力和变形要求较高的地基。

多桩型复合地基的设计应符合下列要求：

（1）桩型及施工工艺的确定，应考虑土层情况、承载力与变形控制要求、经济性和环境要求等综合因素。

（2）对复合地基承载力贡献较大或用于控制复合土层变形的长桩，应选择相对较好的持力层；对处理欠固结土的增强体，其桩长应穿越欠固结土层；对消除湿陷性土的增强体，其桩长宜穿过湿陷性土层；对处理液化土的增强体，其桩长宜穿过可液化土层。

（3）如浅部存在有较好持力层的正常固结土，可采用长桩与短桩的组合方案。

（4）对浅部存在软土或欠固结土，宜先采用预压、压实、夯实、挤密方法或低强度桩复合地基等处理浅层地基，再采用桩身强度相对较高的长桩进行地基处理。

（5）对湿陷性黄土应按现行国家标准《湿陷性黄土地区建筑规范》GB 50025 的规定，采用压实、夯实或土桩、灰土桩等处理湿陷性，再采用桩身强度相对较高的长桩进行地基处理。

（6）对可液化地基，可采用碎石桩等方法处理液化土层，再采用有黏结强度桩进行地基处理。

多桩型复合地基单桩承载力应由静载荷试验确定，初步设计可按 JGJ 79 规范的规定估算；对施工扰动敏感的土层，应考虑后施工桩对已施工桩的影响，单桩承载力予以折减。

多桩型复合地基的布桩宜采用正方形或三角形间隔布置，刚性桩宜在基础范围内布桩，其他增强体布桩应满足液化土地基和湿陷性黄土地基对不同性质土质处理范围的要求。

多桩型复合地基垫层设置，对刚性长、短桩复合地基宜选择砂石垫层，垫层厚度宜取对复合地基承载力贡献大的增强体直径的 1/2；对刚性桩与其他材料增强体桩组合的复合地基，垫层厚度宜取刚性桩直径的 1/2；对湿陷性的黄土地基垫层材料应采用灰土，垫层厚度宜为 300mm。

多桩型复合地基承载力特征值，应采用多桩复合地基静载荷试验确定，初步设计时，可采用 JGJ 79 规范公式估算。

多桩型复合地基面积置换率，应根据基础面积与该面积范围内实际的布桩数量进行计算，当基础面积较大或条形基础较长时，可用单元面积置换率替代。

多桩型复合地基变形计算可按 JGJ 79 规范的规定公式计算。

复合地基变形计算深度应大于复合地基土层的厚度，且应满足现行国家标准《建筑地基基础设计规范》GB 50007 的有关规定。

多桩型复合地基的施工应符合下列要求：

（1）对处理可液化土层的多桩型复合地基，应先施工处理液化的增强体。

（2）对消除或部分消除湿陷性黄土地基，应先施工处理湿陷性的增强体。

（3）应降低或减小后施工增强体对已施工增强体的质量和承载力的影响。

多桩型复合地基的质量检验应符合下列要求：

（1）竣工验收时，多桩型复合地基承载力检验，应采用多桩复合地基静载荷试验和单桩静载荷试验，检验数量不得少于总桩数的 1%。

（2）多桩复合地基载荷板静载荷试验，对每个单体工程检验数量不得少于 3 点。

（3）增强体施工质量检验，对散体材料增强体的检验数量不应少于其总桩数的 2%，对具有黏结强度的增强体，完整性检验数量不应少于其总桩数的 10%。

6.1.5 注浆加固

6.1.5.1 一般规定

（1）注浆加固适用于建筑地基的局部加固处理，适用于砂土、粉土、黏性土和人工填土等地基加固。加固材料可选用水泥浆液、硅化浆液和碱液等固化剂。

（2）注浆加固设计前，应进行室内浆液配比试验和现场注浆试验，确定设计参数，检验施工方法和设备。

（3）注浆加固应保证加固地基在平面和深度连成一体，满足土体渗透性、地基土的强度和变形的设计要求。

（4）注浆加固后的地基变形计算应按现行国家标准《建筑地基基础设计规范》GB 50007 的有关规定进行。

（5）对地基承载力和变形有特殊要求的建筑地基，注浆加固宜与其他地基处理方法联合使用。

6.1.5.2 设计

水泥为主剂的注浆加固设计应符合下列要求：

（1）对软弱地基土处理，可选用以水泥为主剂的浆液及水泥和水玻璃的双液型混合浆液；对有地下水流动的软弱地基，不应采用单液水泥浆液。

（2）注浆孔间距宜取 1.0 ~ 2.0m。

（3）在砂土地基中，浆液的初凝时间宜为 5 ~ 20min；在黏性土地基中，浆液的初凝时间宜为 1 ~ 2h。

（4）注浆量和注浆有效范围，应通过现场注浆试验确定；在黏性土地基中，浆液注入率宜为 15% ~ 20%；注浆点上覆土层厚度应大于 2m。

（5）对劈裂注浆的注浆压力，在砂土中，宜为 0.2 ~ 0.5MPa；在黏性土中，宜为 0.2 ~ 0.3MPa。对压密注浆，当采用水泥砂浆浆液时，坍落度宜为 25 ~ 75mm，注浆压力宜为 1.0 ~ 7.0MPa。当采用水泥水玻璃双液快凝浆液时，注浆压力不应大于 1.0MPa。

（6）对人工填土地基，应采用多次注浆，间隔时间应按浆液的初凝试验结果确定，且不应大于 4h。

硅化浆液注浆加固设计应符合下列要求：

（1）砂土、黏性土宜采用压力双液硅化注浆；渗透系数为 0.1 ~ 2.0m/d 的地下水位以上的湿陷性黄土，可采用无压或压力单液硅化注浆；自重湿陷性黄土宜采用无压单液硅化注浆。

（2）防渗注浆加固用的水玻璃模数不宜小于 2.2，用于地基加固的水玻璃模数宜为 2.5 ~ 3.3，且不溶于水的杂质含量不应超过 2%。

（3）双液硅化注浆用的氧化钙溶液中的杂质含量不得超过 0.06%，悬浮颗粒含量不得超过 1%，溶液的 pH 值不得小于 5.5。

（4）硅化注浆的加固半径应根据孔隙比、浆液黏度、凝固时间、灌浆速度、灌浆压力和灌浆量等试验确定；无试验资料时，对粗砂、中砂、细砂、粉砂和黄土可按 JGJ 79 规范确定。

（5）注浆孔的排间距可取加固半径的 1.5 倍；注浆孔的间距可取加固半径的 1.5 ~ 1.7 倍；最外侧注浆孔位超出基础底面宽度不得小于 0.5m；分层注浆时，加固层厚度可按注浆管带孔部分的长度上下各 25% 加固半径计算。

（6）单液硅化法应采用浓度为 10% ~ 15% 的硅酸钠，可按 JGJ 79 规范估算。

（7）当硅酸钠溶液浓度大于加固湿陷性黄土所要求的浓度时，应进行稀释，稀释加水量可按 JGJ 79 规范估算。

（8）采用单液硅化法加固湿陷性黄土地基，灌注孔的布置应符合下列要求：

1）灌注孔间距：压力灌注宜为 0.8 ~ 1.2m；溶液无压力自渗宜为 0.4 ~ 0.6m。

2）对新建建（构）筑物和设备基础的地基，应在基础底面下按等边三角形满堂布孔，超出基础底面外缘的宽度，每边不得小于 1.0m。

3）对既有建（构）筑物和设备基础的地基，应沿基础侧向布孔，每侧不宜少于 2 排。

4）当基础底面宽度大于 3m 时，除应在基础下每侧布置 2 排灌注孔外，可在基础两侧布置斜向基础底面中心以下的灌注孔或在其台阶上布置穿透基础的灌注孔。

碱液注浆加固设计应符合下列要求：

（1）碱液注浆加固适用于处理地下水位以上渗透系数为 0.1 ~ 2.0m/d 的湿陷性黄土地基，对自重湿陷性黄土地基的适应性应通过试验确定。

（2）当 100g 干土中可溶性和交换性钙镁离子含量大于 10mg. eq 时，可采用灌注氢氧化钠一种溶液的单液法；其他情况可采用灌注氢氧化钠和氯化钙双液灌注加固。

（3）碱液加固地基的深度应根据地基的湿陷类型、地基湿陷等级和湿陷性黄土层厚度，并结合建筑物类别与湿陷事故的严重程度等综合因素确定；加固深度宜为 2 ~ 5m。

1）对非自重湿陷性黄土地基，加固深度可为基础宽度的 1.5 ~ 2.0 倍。

2）对 Ⅱ 级自重湿陷性黄土地基，加固深度可为基础宽度的 2.0 ~ 3.0 倍。

（4）碱液加固土层的厚度 h，可按下式估算：

$$h = L + r \tag{6-2}$$

式中　L——灌注孔长度，从注液管底部到灌注孔底部的距离，m；

　　　r——有效加固半径，m。

（5）碱液加固地基的半径 r，宜通过现场试验确定。当碱液浓度和温度符合 JGJ 79 规范的规定时，有效加固半径与碱液灌注量之间，可按 JGJ 79 规范估算。

（6）当采用碱液加固既有建（构）筑物的地基时，灌注孔的平面布置，可沿条形基础两侧或单独基础周边各布置一排。当地基湿陷性较严重时，孔距宜为 0.7 ~ 0.9m；当地基湿陷较轻时，孔距宜为 1.2 ~ 2.5m。

（7）每孔碱液灌注量可按下式估算：

$$V = \alpha\beta\pi r^2 (1 + r) n \tag{6-3}$$

式中　α——碱液充填系数，可取 0.6 ~ 0.8；

　　　β——工作条件系数，考虑碱液流失影响，可取 1.1；

　　　n——拟加固土的天然气孔率；

　　　r——有效加固半径，m。

6.1.5.3　施工

水泥为主剂的注浆施工应符合下列要求：

（1）施工场地应预先平整，并沿钻孔位置开挖沟槽和集水坑。

（2）注浆施工时，宜采用自动流量和压力记录仪，并应及时进行数据整理分析。

（3）注浆孔的孔径宜为 70～110mm，垂直度允许偏差应为 ±1%。

（4）花管注浆法施工可按下列步骤进行：

1）钻机与注浆设备就位。

2）钻孔或采用振动法将花管置入土层。

3）当采用钻孔法时，应从钻杆内注入封闭泥浆，然后插入孔径为 50mm 的金属花管。

4）待封闭泥浆凝固后，移动花管自下而上或自上而下进行注浆。

（5）压密注浆施工可按下列步骤进行：

1）钻机与注浆设备就位。

2）钻孔或采用振动法将金属注浆管压入土层。

3）当采用钻孔法时，应从钻杆内注入封闭泥浆，然后插入孔径为 50mm 的金属注浆管。

4）待封闭泥浆凝固后，捅去注浆管的活络堵头，提升注浆管自下而上或自上而下进行注浆。

（6）浆液黏度应为 80～90s，封闭泥浆 7 天后 70.7mm×70.7mm×70.7mm 立方体试块的抗压强度应为 0.3～0.5MPa。

（7）浆液宜用普通硅酸盐水泥。注浆时可部分掺用粉煤灰，掺入量可为水泥质量的 20%～50%。根据工程需要，可在浆液拌制时加入速凝剂、减水剂和防析水剂。

（8）注浆用水 pH 值不得小于 4。

（9）水泥浆的水灰比可取 0.6～2.0，常用的水灰比为 1.0。

（10）注浆的流量可取 7～10L/min，对充填型注浆，流量不宜大于 20L/min。

（11）当用花管注浆和带有活堵头的金属管注浆时，每次上拔或下钻高度宜为 0.5m。

（12）浆体应经过搅拌机充分搅拌均匀后，方可压注，注浆过程中应不停缓慢搅拌，搅拌时间应小于浆液初凝时间。浆液在泵送前应经过筛网过滤。

（13）水温不得超过 30～35℃，盛浆桶和注浆管路在注浆体静止状态不得暴露于阳光下，防止浆液凝固；当日平均温度低于 5℃ 或最低温度低于 -3℃ 的条件下注浆时，应采取措施防止浆液冻结。

（14）应采用跳孔间隔注浆，且先外围后中间的注浆顺序。当地下水流速较大时，应从水头高的一端开始注浆。

（15）对渗透系数相同的土层，应先注浆封顶，后由下而上进行注浆，防止浆液上冒。如土层的渗透系数随深度而增大，则应自下而上注浆。对互层地层，应先对渗透性或孔隙率大的地层进行注浆。

（16）当既有建筑地基进行注浆加固时，应对既有建筑及其邻近建筑、地下管线和地面的沉降、倾斜、位移和裂缝进行监测。并应采用多孔间隔注浆和缩短浆液凝固时间等措施，减少既有建筑基础因注浆而产生的附加沉降。

硅化浆液注浆施工应符合下列要求：

（1）压力灌浆溶液的施工步骤如下：

1）向土中打入灌注管和灌注溶液，应自基础底面标高起向下分层进行，达到设计深度后，应将管拔出，清洗干净方可继续使用。

2）加固既有建筑物地基时，应采用沿基础侧向先外排，后内排的施工顺序。

3）灌注溶液的压力值由小逐渐增大，最大压力不宜超过 200kPa。

（2）溶液自渗的施工步骤如下：

1）在基础侧向，将设计布置的灌注孔分批或全部打入或钻至设计深度。

2）将配好的硅酸钠溶液满注灌注孔，溶液面宜高出基础底面标高 0.50m，使溶液自行渗入土中。

3）在溶液自渗过程中，每隔 2~3h，向孔内添加一次溶液，防止孔内溶液渗干。

（3）待溶液量全部注入土中后，注浆孔宜用体积比为 2:8 灰土分层回填夯实。

碱液注浆施工应符合下列要求：

（1）灌注孔可用洛阳铲、螺旋钻成孔或用带有尖端的钢管打入土中成孔，孔径宜为 60~100mm，孔中应填入粒径为 20~40mm 的石子到注液管下端标高处，再将内径 20mm 的注液管插入孔中，管底以上 300mm 高度内应填入粒径为 2~5mm 的石子，上部宜用体积比为 2:8 灰土填入夯实。

（2）碱液可用固体烧碱或液体烧碱配制，每加固 1m³ 黄土宜用氢氧化钠溶液 35~45kg。碱液浓度不应低于 90g/L；双液加固时，氯化钙溶液的浓度为 50~80g/L。

（3）配溶液时，应先放水，而后徐徐放入碱块或浓碱液。溶液加碱量可按下列公式计算：

1）采用固体烧碱配制每 1m³ 浓度为 M 的碱液时，每 1m³ 水中的加碱量应符合下式规定：

$$G_s = \frac{1000M}{P} \qquad (6\text{-}4)$$

式中　G_s——每 1m³ 碱液中投入的固体烧碱量，g；

　　　M——配制碱液的浓度，g/L；

　　　P——固体烧碱中，NaOH 的质量分数，%。

2）采用液体烧碱配制每 1m³ 浓度为 M 的碱液时，投入的液体烧碱体积 V_1 和加水量 V_2，应符合下列公式规定：

$$V_1 = 1000 \frac{M}{d_N N}$$
$$V_2 = 1000 \left(1 - \frac{M}{d_N N}\right) \qquad (6\text{-}5)$$

式中　V_1——液体烧碱体积，L；

　　　V_2——加水的体积，L；

　　　d_N——液体烧碱的相对密度；

　　　N——液体烧碱的质量分数，%。

（4）应将桶内碱液加热到 90℃ 以上方能进行灌注，灌注过程中，桶内溶液温度不应低于 80℃。

（5）灌注碱液的速度，宜为 2~5L/min。

（6）碱液加固施工，应合理安排灌注顺序和控制灌注速率。宜采用隔 1~2 孔灌注，分段施工，相邻两孔灌注的间隔时间不宜少于 3 天。同时灌注的两孔间距不应小于 3m。

（7）当采用双液加固时，应先灌注氢氧化钠溶液，待间隔 8～12h 后，再灌注氯化钙溶液，氯化钙溶液用量宜为氢氧化钠溶液用量的 1/2～1/4。

6.1.5.4　质量检验

水泥为主剂的注浆加固质量检验应符合下列要求：

（1）注浆检验应在注浆结束 28 天后进行。可选用标准贯入、轻型动力触探、静力触探或面波等方法进行加固地层均匀性检测。

（2）按加固土体深度范围每间隔 1m 取样进行室内试验，测定土体压缩性、强度或渗透性。

（3）注浆检验点不应少于注浆孔数的 2%～5%。检验点合格率小于 80% 时，应对不合格的注浆区实施重复注浆。

硅化注浆加固质量检验应符合下列要求：

（1）硅酸钠溶液灌注完毕，应在 7～10 天后，对加固的地基土进行检验。

（2）应采用动力触探或其他原位测试检验加固地基的均匀性。

（3）工程设计对土的压缩性和湿陷性有要求时，尚应在加固土的全部深度内，每隔 1m 取土样进行室内试验，测定其压缩性和湿陷性。

（4）检验数量不应少于注浆孔数的 2%～5%。

碱液加固质量检验应符合下列要求：

（1）碱液加固施工应做好施工记录，检查碱液浓度及每孔注入量是否符合设计要求。

（2）开挖或钻孔取样，对加固土体进行无侧限抗压强度试验和水稳性试验。取样部位应在加固土体中部，试块数不少于 3 个，28 天龄期的无侧限抗压强度平均值不得低于设计值的 90%。将试块浸泡在自来水中，无崩解。当需要查明加固土体的外形和整体性时，可对有代表性加固土体进行开挖，量测其有效加固半径和加固深度。

（3）检验数量不应少于注浆孔数的 2%～5%。

注浆加固处理后地基的承载力应进行静载荷试验检验。

静载荷试验应按《建筑地基处理技术规范》JGJ 79 的规定进行，每个单体建筑的检验数量不应少于 3 点。

6.1.6　微型桩加固

6.1.6.1　一般规定

（1）微型桩加固适用于既有建筑地基加固或新建建筑的地基处理。微型桩按桩型和施工工艺，可分为树根桩、预制桩和注浆钢管桩等。

（2）微型桩加固后的地基，当桩与承台整体连接时，可按桩基础设计；桩与基础不整体连接时，可按复合地基设计。按桩基设计时，桩顶与基础的连接应符合现行行业标准《建筑桩基技术规范》JGJ 94 的有关规定；按复合地基设计时，应符合 JGJ 79 规范第 7 章的有关规定，褥垫层厚度宜为 100～150mm。

（3）既有建筑地基基础采用微型桩加固补强，应符合现行行业标准《既有建筑地基基础加固技术规范》JGJ 123 的有关规定。

（4）根据环境的腐蚀性、微型桩的类型、荷载类型（受拉或受压）、钢材的品种及设计使用年限，微型桩中钢构件或钢筋的防腐构造应符合耐久性设计的要求。钢构件或预制桩钢筋保护层厚度不应小于25mm，钢管砂浆保护层厚度不应小于35mm，混凝土灌注桩钢筋保护层厚度不应小于50mm。

（5）软土地基微型桩的设计施工应符合下列要求：

1）应选择较好的土层作为桩端持力层，进入持力层深度不小于5倍的桩径或边长。

2）对不排水抗剪强度小于10kPa的土层，应进行试验性施工；并应采用护筒或永久套管包裹水泥浆、砂浆或混凝土。

3）应采取间隔施工、控制注浆压力和速度等措施，减小微型桩施工期间的地基附加变形，控制基础不均匀沉降及总沉降量。

4）在成孔、注浆或压桩施工过程中，应监测相邻建筑和边坡的变形。

6.1.6.2 树根桩

树根桩适用于淤泥、淤泥质土、黏性土、粉土、砂土、碎石土及人工填土等地基处理。

树根桩加固设计应符合下列要求：

（1）树根桩的直径宜为150～300mm，桩长不宜超过30m，对新建建筑宜采用直桩型或斜桩网状布置。

（2）树根桩的单桩竖向承载力应通过单桩静载荷试验确定。当无试验资料时，可按JGJ 79规范估算。当采用水泥浆二次注浆工艺时，桩侧阻力可乘1.2～1.4的系数。

（3）桩身材料混凝土强度不应小于C25，灌注材料可用水泥浆、水泥砂浆、细石混凝土或其他灌浆料，也可用碎石或细石充填再灌注水泥浆或水泥砂浆。

（4）树根桩主筋不应少于3根，钢筋直径不应小于12mm，且宜通长配筋。

（5）对高渗透性土体或存在地下洞室可能导致的胶凝材料流失，以及施工和使用过程中可能出现桩孔变形与移位，造成微型桩的失稳与扭曲时，应采取土层加固等技术措施。

树根桩施工应符合下列要求：

（1）桩位允许偏差宜为±20mm；桩身垂直度允许偏差应为±1%。

（2）钻机成孔可采用天然泥浆护壁，遇粉细砂层易塌孔时应加套管。

（3）树根桩钢筋笼宜整根吊放。分节吊放时，钢筋搭接焊缝长度双面焊不得小于5倍钢筋直径，单面焊不得小于10倍钢筋直径，施工时，应缩短吊放和焊接时间；钢筋笼应采用悬挂或支撑的方法，确保灌浆或浇注混凝土时的位置和高度。在斜桩中组装钢筋笼时，应采用可靠的支撑和定位方法。

（4）灌注施工时，应采用间隔施工、间歇施工或添加速凝剂等措施，以防止相邻桩孔移位和窜孔。

（5）当地下水流速较大可能导致水泥浆、砂浆或混凝土流失影响灌注质量时，应采用永久套管、护筒或其他保护措施。

（6）在风化或有裂隙发育的岩层中灌注水泥浆时，为避免水泥浆向周围岩体的流失，应进行桩孔测试和预灌浆。

（7）当通过水下浇注管或带孔钻杆或管状承重构件进行浇注混凝土或水泥砂浆时，水下浇注管或带孔钻杆的末端应埋入泥浆中。浇注过程应连续进行，直到顶端溢出浆体的黏稠度与注入浆体一致时为止。

（8）通过临时套管灌注水泥浆时，钢筋的放置应在临时套管拔出之前完成，套管拔出过程中应每隔 2m 施加灌浆压力。采用管材作为承重构件时，可通过其底部进行灌浆。

（9）当采用碎石或细石充填再注浆工艺时，填料应经清洗，投入量不应小于计算桩孔体积的 0.9 倍，填灌时应同时用注浆管注水清孔。一次注浆时，注浆压力宜为 0.3 ~ 1.0MPa，由孔底使浆液逐渐上升，直至浆液溢出孔口再停止注浆。第一次注浆浆液初凝时，方可进行二次及多次注浆，二次注浆水泥浆压力宜为 2 ~ 4MPa。灌浆过程结束后，灌浆管中应充满水泥浆并维持灌浆压力一定时间。拔除注浆管后应立即在桩顶填充碎石，并在 1 ~ 2m 范围内补充注浆。

树根桩采用的灌注材料应符合下列要求：

（1）具有较好的和易性、可塑性、黏聚性、流动性和自密实性。

（2）当采用管送或泵送混凝土或砂浆时，应选用圆形骨料；骨料的最大粒径不应大于纵向钢筋净距的 1/4，且不应大于 15mm。

（3）对水下浇注混凝土配合比，水泥含量不应小于 375kg/m³，水灰比宜小于 0.6。

（4）水泥浆的制配，应符合图纸及 JGJ 79 规范的规定，水泥宜采用普通硅酸盐水泥，水灰比不宜大于 0.55。

6.1.6.3 预制桩

预制桩适用于淤泥、淤泥质土、黏性土、粉土、砂土和人工填土等地基处理。

预制桩桩体可采用边长为 150 ~ 300mm 的预制混凝土方桩，直径 300mm 的预应力混凝土管桩，断面尺寸为 100 ~ 300mm 的钢管桩和型钢等，施工除应满足现行行业标准《建筑桩基技术规范》JGJ 94 的规定外，尚应符合下列要求：

（1）对型钢微型桩应保证压桩过程中计算桩体材料最大应力不超过材料抗压强度标准值的 90%。

（2）对预制混凝土方桩或预应力混凝土管桩，所用材料及预制过程（包括连接件）、压桩力、接桩和截桩等，应符合现行行业标准《建筑桩基技术规范》JGJ 94 的有关规定。

（3）除用于减小桩身阻力的涂层外，桩身材料以及连接件的耐久性应符合现行国家标准《工业建筑防腐蚀设计规范》GB 50046 的有关规定。

预制桩的单桩竖向承载力应通过单桩静载荷试验确定；无试验资料时，初步设计可按 JGJ 79 规范进行估算。

6.1.6.4 注浆钢管桩

注浆钢管桩适用于淤泥质土、黏性土、粉土、砂土和人工填土等地基处理。

注浆钢管桩单桩承载力的设计计算，应符合现行行业标准《建筑桩基技术规范》JGJ 94 的有关规定；当采用二次注浆工艺时，桩侧摩阻力特征值取值可乘以 1.3 的系数。

钢管桩可采用静压或植入等方法施工。

水泥浆的制备应符合下列要求：

（1）水泥浆的配合比应采用经认证的计量装置计量，材料掺量符合设计要求。

（2）选用的搅拌机应能够保证搅拌水泥浆的均匀性；在搅拌槽和注浆泵之间应设置存

储池，注浆前应进行搅拌以防止浆液离析和凝固。

水泥浆灌注应符合下列要求：

（1）应缩短桩孔成孔和灌注水泥浆之间的时间间隔。

（2）注浆时，应采取措施保证桩长范围内完全灌满水泥浆。

（3）灌注方法应根据注浆泵和注浆系统合理选用，注浆泵与注浆孔口距离不宜大于30m。

（4）当采用桩身钢管进行注浆时，可通过底部一次或多次灌浆；也可将桩身钢管加工成花管进行多次灌浆。

（5）采用花管灌浆时，可通过花管进行全长多次灌浆，也可通过花管及阀门进行分段灌浆，或通过互相交错的后注浆管进行分步灌浆。

注浆钢管桩钢管的连接应采用套管焊接，焊接强度与质量应满足现行国家标准《建筑地基基础工程施工质量验收规范》GB 50202 的要求。

6.1.6.5 质量检验

（1）微型桩的施工验收，应提供施工过程有关参数，原材料的力学性能检验报告，试件留置数量及制作养护方法、混凝土和砂浆等抗压强度试验报告，型钢、钢管和钢筋笼制作质量检查报告。施工完成后尚应进行桩顶标高和桩位偏差等检验。

（2）微型桩的桩位施工允许偏差，对独立基础、条形基础的边桩沿垂直轴线方向应为 ±1/6 桩径，沿轴线方向应为 ±1/4 桩径，其他位置的桩应为 ±1/2 桩径；桩身的垂直度允许偏差应为 ±1% 。

（3）桩身完整性检验宜采用低应变动力试验进行检测。检测桩数不得少于总桩数的10%，且不得少于 10 根。每个柱下承台的抽检桩数不应少于 1 根。

（4）微型桩的竖向承载力检验应采用静载荷试验，检验桩数不得少于总桩数的1%，且不得少于 3 根。

6.2 桩基工程

桩基是处理软弱地基、减少建筑物沉降的最有效方法之一，改革开放以来，随着我国城市建设的迅猛发展，各种桩基得到了广泛应用。

6.2.1 灌注桩

6.2.1.1 桩基构造

灌注桩配筋要求：

（1）配筋率：当桩身直径为300～2000mm 时，正截面配筋率可取 0.65%～0.2%（小直径桩取高值）；对受荷载特别大的桩、抗拔桩和嵌岩端承桩应根据计算确定配筋率，并不应小于上述规定值。

（2）配筋长度：

1）端承型桩和位于坡地岸边的基桩应沿桩身等截面或变截面通长配筋。

2）桩径大于 600mm 的摩擦型桩配筋长度不应小于 2/3 桩长；当受水平荷载时，配筋长度尚不宜小于 $4.0/a$（a 为桩的水平变形系数）。

3）对于受地震作用的基桩，桩身配筋长度应穿过可液化土层和软弱土层，进入稳定土层的深度不应小于规范规定的深度。

4）受负摩阻力的桩、因先成桩后开挖基坑而随地基土回弹的桩，其配筋长度应穿过软弱土层并进入稳定土层，进入的深度不应小于 2～3 倍桩身直径。

5）专用抗拔桩及因地震作用、冻胀或膨胀力作用而受拔力的桩，应等截面或变截面通长配筋。

（3）对于受水平荷载的桩，主筋不应小于 $8\phi12mm$；对于抗压桩和抗拔桩，主筋不应少于 $6\phi10mm$；纵向主筋应沿桩身周边均匀布置，其净距不应小于 60mm；

（4）箍筋应采用螺旋式，直径不应小于 6mm，间距宜为 200～300mm；受水平荷载较大桩基、承受水平地震作用的桩基以及考虑主筋作用计算桩身受压承载力时，桩顶以下 5 天范围内的箍筋应加密，间距不应大于 100mm；当桩身位于液化土层范围内时箍筋应加密；当考虑箍筋受力作用时，箍筋配置应符合现行国家标准《混凝土结构设计规范》GB 50010 的有关规定；当钢筋笼长度超过 4m 时，应每隔 2m 设一道直径不小于 12mm 的焊接加劲箍筋。

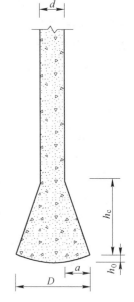

图 6-1 扩底灌注桩示意图
d—桩身直径；D—扩大端直径；
a—扩大端半径与桩身半径之差；
h_0—扩大端矢高；h_c—扩大端高度

桩身混凝土及混凝土保护层厚度要求：

（1）桩身混凝土强度等级不得小于 C25，混凝土预制桩尖强度等级不得小于 C30。

（2）灌注桩主筋的混凝土保护层厚度不应小于 35mm，水下灌注桩的主筋混凝土保护层厚度不得小于 50mm；扩底桩构造四类、五类环境中桩身混凝土保护层厚度应符合现行标准《水运工程混凝土结构设计规范》JTS 151、《工业建筑防腐蚀设计规范》GB 50046 的相关规定。

扩底灌注桩扩底端尺寸应符合下列要求，如图 6-1 所示：

（1）对于持力层承载力较高、上覆土层较差的抗压桩和桩端以上有一定厚度较好土层的抗拔桩，可采用扩底；扩底端直径与桩身直径之比 D/d，应根据承载力要求及扩底端侧面和桩端持力层土性特征以及扩底施工方法确定；挖孔桩的 D/d 不应大于 3，钻孔桩的 D/d 不应大于 2.5。

（2）扩底端侧面的斜率应根据实际成孔及土体自立条件确定，a/h_c 可取 1/4～1/2，砂土可取 1/4，粉土、黏性土可取 1/3～1/2。

（3）抗压桩扩底端底面宜呈锅底形，矢高 h_b 可取（0.15～0.20)D。

6.2.1.2 各种成孔灌注桩施工通用工作

A 施工准备

（1）灌注桩施工应具备下列资料：

1）建筑场地岩土工程勘察报告。

2）桩基工程施工图及图纸会审纪要。

3）建筑场地和邻近区域内的地下管线、地下构筑物、危房、精密仪器车间等的调查资料。

4）主要施工机械及其配套设备的技术性能资料。

5）桩基工程的施工组织设计。

6）水泥、砂、石、钢筋等原材料及其制品的质检报告。

7）有关荷载、施工工艺的试验参考资料。

（2）钻孔机具及工艺的选择，应根据桩型、钻孔深度、土层情况、泥浆排放及处理条件综合确定。

（3）施工组织设计应结合工程特点，有针对性地制定相应质量、安全、文明管理措施。

（4）成桩机械必须经鉴定合格，不得使用不合格机械。

（5）施工前应组织图纸会审，会审纪要连同施工图等应作为施工依据，并应列入工程档案。

（6）桩基施工用的供水、供电、道路、排水、临时房屋等临时设施，必须在开工前准备就绪，施工场地应进行平整处理，保证施工机械正常作业。

（7）基桩轴线的控制点和水准点应设在不受施工影响的地方。开工前，经复核后应妥善保护，施工中应经常复测。

（8）用于施工质量检验的仪表、器具的性能指标，应符合现行国家相关标准的规定。

B　一般规定

（1）不同桩型的适用条件：

1）泥浆护壁钻孔灌注桩宜用于地下水位以下的黏性土、粉土、砂土、填土、碎石土及风化岩层。

2）旋挖成孔灌注桩宜用于黏性土、粉土、砂土、填土、碎石土及风化岩层。

3）冲孔灌注桩除宜用于上述地质情况外，还能穿透旧基础、建筑垃圾填土或大孤石等障碍物。

4）在岩溶发育地区应慎重使用，采用时，应适当加密勘察钻孔。

5）长螺旋钻孔压灌桩后插钢筋笼宜用于黏性土、粉土、砂土、填土、非密实的碎石类土、强风化岩。

6）干作业钻、挖孔灌注桩宜用于地下水位以上的黏性土、粉土、填土、中等密实以上的砂土、风化岩层。

7）在地下水位较高，有承压水的砂土层、滞水层、厚度较大的流塑状淤泥、淤泥质土层中不得选用人工挖孔灌注桩。

8）沉管灌注桩宜用于黏性土、粉土和砂土；夯扩桩宜用于桩端持力层为埋深不超过20m的中、低压缩性黏性土、粉土、砂土和碎石类土。

（2）成孔设备就位后，必须平整、稳固，确保在成孔过程中不发生倾斜和偏移。应在成孔钻具上设置控制深度的标尺，并应在施工中进行观测记录。

（3）成孔的控制深度要求：

1）摩擦型桩：摩擦桩应以设计桩长控制成孔深度；端承摩擦桩必须保证设计桩长及桩端进入持力层深度。当采用锤击沉管法成孔时，桩管入土深度控制应以标高为主，以贯入度控制为辅。

2）端承型桩：当采用钻（冲），挖掘成孔时，必须保证桩端进入持力层的设计深度；当采用锤击沉管法成孔时，沉管深度控制以贯入度为主，以设计持力层标高对照为辅。

（4）灌注桩成孔施工的允许偏差应满足表6-8的要求。

表6-8　灌注桩成孔施工允许偏差表

成 孔 方 法		桩径偏差 /mm	垂直度 允许偏差 /%	桩位允许偏差/mm	
				1~3根桩、条形桩基沿 垂直轴线方向和群桩 基础中的边桩	条形桩基沿轴线 方向和群桩基础 的中间桩
泥浆护壁钻、挖、 冲孔桩	$d \leqslant 1000mm$	$\leqslant -50$	1	$d/6$ 且 $\leqslant 100$	$d/4$ 且 $\leqslant 150$
	$d > 1000mm$	-50		$100 + 0.01H$	$150 + 0.01H$
锤击（振动）沉管 振动冲击沉管成孔	$d \leqslant 500mm$	-20	1	70	150
	$d > 500mm$			100	150
螺旋钻、机动洛阳铲干作业成孔灌注桩		-20	1	70	150
人工挖孔桩	现浇混凝土护壁	± 50	0.5	50	150
	长钢套管护壁	± 20	1	100	200

注：1. 桩径允许偏差的负值是指个别断面。

　　2. H 为施工现场地面标高与桩顶设计标高的距离；d 为设计桩径。

（5）钢筋笼制作、安装的质量应符合下列要求：

1）钢筋笼的材质、尺寸应符合设计要求，制作允许偏差应符合表6-9的规定。

表6-9　钢筋笼制作允许偏差表

项 目	允许偏差/mm	项 目	允许偏差/mm
主筋间距	± 10	钢筋笼直径	± 10
箍筋间距	± 20	钢筋笼长度	± 100

2）分段制作的钢筋笼，其接头宜采用焊接或机械式接头（钢筋直径大于20mm），并应遵守现行标准《钢筋机械连接通用技术规程》JGJ 107、《钢筋焊接及验收规程》JGJ 18和《混凝土结构工程施工质量验收规范》GB 50204的规定。

3）加劲箍宜设在主筋外侧，当因施工工艺有特殊要求时也可置于内侧。

4）导管接头处外径应比钢筋笼的内径小100mm以上。

5）搬运和吊装钢筋笼时，应防止变形，安放应对准孔位，避免碰撞孔壁和自由落下，就位后应立即固定。

（6）粗骨料可选用卵石或碎石，其骨料粒径不得大于钢筋间距最小净距的1/3。

（7）检查成孔质量合格后应尽快灌注混凝土。直径大于1m或单桩混凝土量超过25m³的桩，每根桩桩身混凝土应留有1组试件；直径不大于1m的桩或单桩混凝土量不超过25m³的桩，每个灌注台班不得少于1组；每组试件应留3件。

（8）桩在施工前，应进行试成孔。

（9）灌注桩施工现场所有设备、设施、安全装置、工具配件以及个人劳保用品必须经常检查，确保完好和使用安全。

6.2.1.3 泥浆护壁及成孔灌注桩

A 泥浆的制备和处理

（1）除能自行造浆的黏性土层外，均应制备泥浆。泥浆制备应选用高塑性黏土或膨润土。泥浆应根据施工机械、工艺及穿越土层情况进行配合比设计。

（2）泥浆护壁要求：

1）施工期间护筒内的泥浆面应高出地下水位 1.0m 以上，在受水位涨落影响时，泥浆面应高出最高水位 1.5m 以上。

2）在清孔过程中，应不断置换泥浆，直至浇注水下混凝土。

3）浇注混凝土前，孔底 500mm 以内的泥浆比重应小于 1.25；含砂率不得大于 8%；黏度不得大于 28s。

4）在容易产生泥浆渗漏的土层中应采取维持孔壁稳定的措施。

（3）废弃的浆、渣应进行处理，不得污染环境。

B 正、反循环钻孔灌注桩的施工

（1）对孔深较大的端承型桩和粗粒土层中的摩擦型桩，宜采用反循环工艺成孔或清孔，也可根据土层情况采用正循环钻进，反循环清孔。

（2）泥浆护壁成孔时，宜采用孔口护筒，护筒设置要求为：

1）护筒埋设应准确、稳定，护筒中心与桩位中心的偏差不得大于 50mm。

2）护筒可用 4～8mm 厚钢板制作，其内径应大于钻头直径 100mm，上部宜开设 1～2 个溢浆孔。

3）护筒的埋设深度：在黏性土中不宜小于 1.0m；砂土中不宜小于 1.5m。护筒下端外侧应采用黏土填实；其高度尚应满足孔内泥浆面高度的要求。

4）受水位涨落影响或水下施工的钻孔灌注桩，护筒应加高加深，必要时应打入不透水层。

（3）当在软土层中钻进时，应根据泥浆补给情况控制钻进速度；在硬层或岩层中的钻进速度应以钻机不发生跳动为准。

（4）钻机设置的导向装置应符合下列要求：

1）潜水钻的钻头上应有不小于 3 倍直径长度的导向装置。

2）利用钻杆加压的正循环回转钻机，在钻具中应加设扶正器。

（5）如在钻进过程中发生斜孔、塌孔和护筒周围冒浆、失稳等现象时，应停钻，待采取相应措施后再进行钻进。

（6）钻孔达到设计深度，灌注混凝土之前，孔底沉渣厚度指标应符合下列要求：

1）对端承型桩，不应大于 50mm。

2）对摩擦型桩，不应大于 100mm。

3）对抗拔、抗水平力桩，不应大于 200mm。

C 冲击成孔灌注桩的施工

（1）冲击成孔操作要点见表 6-10。

表 6-10　冲击成孔操作要点

项　目	操　作　要　点
在护筒刃脚以下 2m 范围内	小冲程 1m 左右，泥浆密度 1.2～1.5，软弱土层投入黏土块夹小片石
黏性土层	中、小冲程 1～2m，泵入清水或稀泥浆，经常清除钻头上的泥块
粉砂或中粗砂层	中冲程 2～3m，泥浆密度为 1.2～1.5，投入黏土块，勤冲、勤掏渣
砂卵石层	中、高冲程 3～4m，泥浆密度 1.3 左右，勤掏渣
软弱土层或塌孔回填重钻	小冲程反复冲击，加黏土块夹小片石，泥浆密度为 1.3～1.5

注：1. 土层不好时提高泥浆密度或加黏土块。

　　2. 防黏钻可投入碎砖石。

（2）冲孔桩孔口护筒，其内径应大于钻头直径 200mm，护筒应按 JGJ 94 规范设置。

（3）泥浆的制备、使用和处理应符合 JGJ 94 规范的有关规定。

（4）冲击成孔质量控制措施如下：

1）开孔时，应低锤密击，当表土为淤泥、细砂等软弱土层时，可加黏土块夹小片石反复冲击造壁，孔内泥浆面应保持稳定。

2）在各种不同的土层、岩层中成孔时，可按照表 6-10 冲击成孔操作要点进行。

3）进入基岩后，应采用大冲程、低频率冲击，当发现成孔偏移时，应回填片石至偏孔上方 300～500mm 处，然后重新冲孔。

4）当遇到孤石时，可预爆或采用高低冲程交替冲击，将大孤石击碎或挤入孔壁。

5）应采取有效的技术措施防止扰动孔壁、塌孔、扩孔、卡钻和掉钻及泥浆流失等事故。

6）每钻进 4～5m 应验孔一次，在更换钻头前或容易缩孔处，均应验孔。

7）进入基岩后，非桩端持力层每钻进 300～500mm 和桩端持力层每钻进 100～300mm 时，应清孔取样一次，并应做记录。

8）排渣可采用泥浆循环或抽渣筒等方法，当采用抽渣筒排渣时，应及时补给泥浆。

9）冲孔中遇到斜孔、弯孔、梅花孔、塌孔及护筒周围冒浆、失稳等情况时，应停止施工，采取措施后方可继续施工。

10）大直径桩孔可分级成孔，第一级成孔直径应为设计桩径的 0.6～0.8 倍。

11）清孔要求：

①不易塌孔的桩孔，可采用空气吸泥清孔；

②稳定性差的孔壁应采用泥浆循环或抽渣筒排渣，清孔后灌注混凝土之前的泥浆指标应符合规定要求；

③清孔时，孔内泥浆面应符合规定要求；

④灌注混凝土前，孔底沉渣允许厚度应符合相应的规定要求。

D　旋挖成孔灌注桩的施工

（1）旋挖钻成孔灌注桩应根据不同的地层情况及地下水位埋深，采用干作业成孔和泥浆护壁成孔工艺，干作业成孔工艺可按规范要求执行。

（2）泥浆护壁旋挖钻机成孔应配备成孔和清孔用泥浆及泥浆池（箱），在容易产生泥浆渗漏的土层中可采取提高泥浆比重、掺入锯末、增黏剂提高泥浆黏度等维持孔壁稳定的措施。

（3）泥浆制备的能力应大于钻孔时的泥浆需求量，每台套钻机的泥浆储备量不应少于单桩体积。

（4）旋挖钻机施工时，应保证机械稳定、安全作业，必要时可在场地铺设能保证其安全行走和操作的钢板或垫层（路基板）。

（5）每根桩均应安设钢护筒，护筒应满足本书 6.2.1.3 节 B（2）的规定。

（6）成孔前和每次提出钻斗时，应检查钻斗和钻杆连接销子、钻斗门连接销子以及钢丝绳的状况，并应清除钻斗上的渣土。

（7）旋挖钻机成孔应采用跳挖方式，钻斗倒出的土距桩孔口的最小距离应大于 6m，并应及时清除。应根据钻进速度同步补充泥浆，保持所需的泥浆面高度不变。

（8）钻孔达到设计深度时，应采用清孔钻头进行清孔，并应满足要求。孔底沉渣厚度控制指标应符合规定要求。

E　水下混凝土的灌注

（1）钢筋笼吊装完毕后，应安置导管或气泵管二次清孔，并应进行孔位、孔径、垂直度、孔深、沉渣厚度等检验，合格后应立即灌注混凝土。

（2）水下灌注的混凝土应符合下列要求：

1）水下灌注混凝土必须具备良好的和易性，配合比应通过试验确定；坍落度宜为 180～220mm；水泥用量不应少于 360kg/m³（当掺入粉煤灰时水泥用量可不受此限）。

2）水下灌注混凝土的含砂率宜为 40%～50%，并宜选用中粗砂；粗骨料的最大粒径应小于 40mm；并应满足 6.2.1.2 节 B（6）的要求。

3）水下灌注混凝土宜掺外加剂。

（3）导管的构造和使用要求：

1）导管壁厚不宜小于 3mm，直径宜为 200～250mm；直径制作偏差不应超过 2mm，导管的分节长度可视工艺要求确定，底管长度不宜小于 4m，接头宜采用双螺纹方扣快速接头。

2）导管使用前应试拼装、试压，试水压力可取为 0.6～1.0MPa。

3）每次灌注后应对导管内外进行清洗。

（4）使用的隔水栓应有良好的隔水性能，并应保证顺利排出；隔水栓宜采用球胆或与桩身混凝土强度等级相同的细石混凝土制作。

（5）灌注水下混凝土的质量控制应满足下列要求：

1）开始灌注混凝土时，导管底部至孔底的距离宜为 300～500mm。

2）应有足够的混凝土储备量，导管一次埋入混凝土灌注面以下不应少于 0.8m。

3）导管埋入混凝土深度宜为 2～6m。严禁将导管提出混凝土灌注面，并应控制提拔导管速度，应有专人测量导管埋深及管内外混凝土灌注面的高差，填写水下混凝土灌注记录。

4）灌注水下混凝土必须连续施工，每根桩的灌注时间应按初盘混凝土的初凝时间控制，对灌注过程中的故障应记录备案。

5）应控制最后一次灌注量，超灌高度宜为 0.8～1.0m，凿除泛浆高度后必须保证暴露的桩顶混凝土强度达到设计等级。

6.2.1.4　长螺旋钻孔压灌桩

（1）当需要穿越老黏土、厚层砂土、碎石土以及塑性指数大于 25 的黏土时，应进行试钻。

（2）钻机定位后，应进行复检，钻头与桩位点偏差不得大于 20mm，开孔时下钻速度应缓慢；钻进过程中，不宜反转或提升钻杆。

（3）钻进过程中，当遇到卡钻、钻机摇晃、偏斜或发生异常声响时，应立即停钻，查明原因，采取相应措施后方可继续作业。

（4）根据桩身混凝土的设计强度等级，应通过试验确定混凝土配合比；混凝土坍落度宜为 180~220mm；粗骨料可采用卵石或碎石，最大粒径不宜大于 30mm；可掺加粉煤灰或外加剂。

（5）混凝土泵应根据桩径选型，混凝土输送泵管布置宜减少弯道，混凝土泵与钻机的距离不宜超过 60m。

（6）桩身混凝土的泵送压灌应连续进行，当钻机移位时，混凝土泵料斗内的混凝土应连续搅拌，泵送混凝土时，料斗内混凝土的高度不得低于 400mm。

（7）混凝土输送泵管宜保持水平，当长距离泵送时，泵管下面应垫实。

（8）当气温高于 30℃ 时，宜在输送泵管上覆盖隔热材料，每隔一段时间应洒水降温。

（9）钻至设计标高后，应先泵入混凝土并停顿 10~20s，再缓慢提升钻杆。提钻速度应根据土层情况确定，且应与混凝土泵送量相匹配，保证管内有一定高度的混凝土。

（10）在地下水位以下的砂土层中钻进时，钻杆底部活门应有防止进水的措施，压灌混凝土应连续进行。

（11）压灌桩的充盈系数宜为 1.0~1.2。桩顶混凝土超灌高度不宜小于 0.3~0.5m。

（12）成桩后，应及时清除钻杆及泵（软）管内残留混凝土。长时间停置时，应采用清水将钻杆、泵管、混凝土泵清洗干净。

（13）混凝土压灌结束后，应立即将钢筋笼插至设计深度。钢筋笼插设宜采用专用插筋器。

6.2.1.5　沉管灌注桩和内夯沉管灌注桩

A　锤击沉管灌注桩施工

锤击沉管灌注桩施工应根据土质情况和荷载要求，分别选用单打法、复打法或反插法。

锤击沉管灌注桩施工一般要求：

（1）群桩基础的基桩施工，应根据土质、布桩情况，采取消减负面挤土效应的技术措施，确保成桩质量。

（2）桩管、混凝土预制桩尖或钢桩尖的加工质量和埋设位置应与设计相符，桩管与桩尖的接触应有良好的密封性。

灌注混凝土和拔管的操作控制应符合下列要求：

（1）沉管至设计标高后，应立即检查和处理桩管内的进泥、进水和吞桩尖等情况，并立即灌注混凝土。

（2）当桩身配置局部长度钢筋笼时，第一次灌注混凝土应先灌至笼底标高，然后放置钢筋笼，再灌至桩顶标高。第一次拔管高度应以能容纳第二次灌入的混凝土量为限，不应拔得过高。在拔管过程中应采用测锤或浮标检测混凝土面的下降情况。

（3）拔管速度应保持均匀，对一般土层拔管速度宜为 1m/min，在软弱土层和软硬土层交界处拔管速度宜控制在 0.3~0.8m/min。

（4）采用倒打拔管的打击次数，单动汽锤不得少于 50 次/min，自由落锤小落距轻击不得少于 40 次/min；在管底未拔至桩顶设计标高之前，倒打和轻击不得中断。

混凝土的充盈系数不得小于 1.0；对于充盈系数小于 1.0 的桩，应全长复打，对可能断桩和缩颈桩，应采用局部复打。成桩后的桩身混凝土顶面应高于桩顶设计标高 500mm 以内。全长复打时，桩管入土深度宜接近原桩长，局部复打应超过断桩或缩颈区 1m 以上。

全长复打桩施工要求：

（1）第一次灌注混凝土应达到自然地面。

（2）拔管过程中应及时清除粘在管壁上和散落在地面上的混凝土。

（3）初打与复打的桩轴线应重合。

（4）复打施工必须在第一次灌注的混凝土初凝之前完成。

混凝土的坍落度宜采用 80~100mm。

B 振动、振动冲击沉管灌注桩施工

振动、振动冲击沉管灌注桩应根据土质情况和荷载要求，分别选用单打法、复打法、反插法等。单打法可用于含水量较小的土层，且宜采用预制桩尖；反插法及复打法可用于饱和土层。

振动、振动冲击沉管灌注桩单打法施工的质量控制应符合下列要求：

（1）必须严格控制最后 30s 的电流、电压值，其值按设计要求或根据试桩和当地经验确定。

（2）桩管内灌满混凝土后，应先振动 5~10s，再开始拔管，应边振边拔，每拔出 0.5~1.0m，停拔，振动 5~10s；如此反复，直至桩管全部拔出。

（3）在一般土层内，拔管速度宜为 1.2~1.5m/min，用活瓣桩尖时宜慢，用预制桩尖时可适当加快；在软弱土层中宜控制在 0.6~0.8m/min。

振动、振动冲击沉管灌注桩反插法施工的质量控制应符合下列要求：

（1）桩管灌满混凝土后，先振动再拔管，每次拔管高度 0.5~1.0m，反插深度 0.3~0.5m；在拔管过程中，应分段添加混凝土，保持管内混凝土面始终不低于地表面或高于地下水位 1.0~1.5m 以上，拔管速度应小于 0.5m/min。

（2）在距桩尖处 1.5m 范围内，宜多次反插以扩大桩端部断面。

（3）穿过淤泥夹层时，应减慢拔管速度，并减少拔管高度和反插深度，在流动性淤泥中不宜使用反插法。

C 内夯沉管灌注桩施工

（1）当采用外管与内夯管结合锤击沉管进行夯压、扩底、扩径时，内夯管应比外管短 100mm，内夯管底端可采用闭口平底或闭口锥底。

（2）外管封底可采用干硬性混凝土、无水混凝土配料，经夯击形成阻水、阻泥管塞，其高度可为 100mm。当内、外管间不会发生间隙涌水、涌泥时，也可不采用上述封底措施。

（3）桩身混凝土宜分段灌注；拔管时内夯管和桩锤应施压于外管中的混凝土顶面，边压边拔。

（4）施工前宜进行试成桩，并应详细记录混凝土的分次灌注量、外管上拔高度、内管夯击次数、双管同步沉入深度，并应检查外管的封底情况，有无进水、涌泥等，经核定后可作为施工控制依据。

6.2.1.6　干作业成孔灌注桩

A　钻孔（扩底）灌注桩施工

钻孔时应符合以下要求：

（1）钻杆应保持垂直稳固，位置准确，防止因钻杆晃动引起扩大孔径。

（2）钻进速度应根据电流值变化，及时调整。

（3）钻进过程中，应随时清理孔口积土，遇到地下水、塌孔、缩孔等异常情况时，应及时处理。

钻孔扩底桩施工，直孔部分应符合上述要求，扩底部位尚应符合下列要求：

（1）应根据电流值或油压值，调节扩孔刀片削土量，防止出现超负荷现象。

（2）扩底直径和孔底的虚土厚度应符合设计要求。

成孔达到设计深度后，孔口应予保护，应按规定验收，并应做好记录。

灌注混凝土前，应在孔口安放护孔漏斗，然后放置钢筋笼，并应再次测量孔内虚土厚度。扩底桩灌注混凝土时，第一次应灌到扩底部位的顶面，随即振捣密实；浇注桩顶以下 5m 范围内混凝土时，应随浇注随振动，每次浇注高度不得大于 1.5m。

B　人工挖孔灌注桩施工

（1）人工挖孔桩的孔径（不含护壁）不得小于 0.8m，且不宜大于 2.5m；孔深不宜大于 30m。当桩净距小于 2.5m 时，应采用间隔开挖。相邻排桩跳挖的最小施工净距不得小于 4.5m。

（2）人工挖孔桩混凝土护壁的厚度不应小于 100mm，混凝土强度等级不应低于桩身混凝土强度等级，并应振捣密实；护壁应配置直径不小于 8mm 的构造钢筋，竖向筋应上下搭接或拉接。

（3）人工挖孔桩施工应采取下列安全措施：

1）孔内必须设置应急软爬梯供人员上下；使用的电葫芦、吊笼等应安全可靠，并配有自动卡紧保险装置，不得使用麻绳和尼龙绳吊挂或脚踏井壁凸缘上下。电葫芦宜用按钮式开关，使用前必须检验其安全起吊能力。

2）每日开工前必须检测井下的有毒、有害气体，并应有足够的安全防范措施。当桩孔开挖深度超过 10m 时，应有专门向井下送风的设备，风量不宜少于 25L/s。

3）孔口四周必须设置护栏，护栏高度宜为 0.8m。

4）挖出的土石方应及时运离孔口，不得堆放在孔口周边 1m 范围内，机动车辆的通行不得对井壁的安全造成影响。

5）施工现场的一切电源、电路的安装和拆除必须遵守现行行业标准《施工现场临时用电安全技术规范》JGJ 46 的规定。

（4）开孔前，桩位应准确定位放样，在桩位外设置定位基准桩，安装护壁模板必须用桩中心点校正模板位置，并应由专人负责。

（5）第一节井圈护壁应符合下列要求：

1）井圈中心线与设计轴线的偏差不得大于 20mm。

2）井圈顶面应比场地高出 100～150mm，壁厚应比下面井壁厚度增加 100～150mm。

（6）修筑井圈护壁应符合下列要求：

1）护壁的厚度、拉接钢筋、配筋、混凝土强度等级均应符合设计要求。

2）上下节护壁的搭接长度不得小于 50mm。

3）每节护壁均应在当日连续施工完毕。

4）护壁混凝土必须保证振捣密实，应根据土层渗水情况使用速凝剂。

5）护壁模板的拆除应在灌注混凝土 24h 之后。

6）发现护壁有蜂窝、漏水现象时，应及时补强。

7）同一水平面上的井圈任意直径的极差不得大于 50mm。

（7）当遇有局部或厚度不大于 1.5m 的流动性淤泥和可能出现涌土涌砂时，护壁施工可按下列方法处理：

1）将每节护壁的高度减小到 300～500mm，并随挖、随验、随灌注混凝土。

2）采用钢护筒或有效的降水措施。

（8）挖至设计标高，终孔后应清除护壁上的泥土和孔底残渣、积水，并应进行隐蔽工程验收。验收合格后，应立即封底和灌注桩身混凝土。

（9）灌注桩身混凝土时，混凝土必须通过溜槽；当落距超过 3m 时，应采用串筒，串筒末端距孔底高度不宜大于 2m；也可采用导管泵送；混凝土宜采用插入式振捣器振实。

（10）当渗水量过大时，应采取场地截水、降水或水下灌注混凝土等有效措施。严禁在桩孔中边抽水边开挖边灌注，包括相邻桩的灌注。

6.2.1.7 灌注桩后注浆

灌注桩后注浆方法可用于各类钻、挖、冲孔灌注桩及地下连续墙的沉渣（虚土）、泥皮和桩底、桩侧一定范围土体的加固。

后注浆装置的设置要求：

（1）后注浆导管应采用钢管，且应与钢筋笼加劲筋绑扎固定或焊接。

（2）桩端后注浆导管及注浆阀数量宜根据桩径大小设置。对于直径不大于 1200mm 的桩，宜沿钢筋笼圆周对称设置 2 根；对于直径大于 1200mm 而不大于 2500mm 的桩，宜对称设置 3 根。

（3）对于桩长超过 15m 且承载力增幅要求较高者，宜采用桩端桩侧复式注浆。桩侧后注浆管阀设置数量应综合地层情况、桩长和承载力增幅要求等因素确定，可在离桩底 5～15m 以上、桩顶 8m 以下，每隔 6～12m 设置一道桩侧注浆阀，当有粗粒土时，宜将注浆阀设置于粗粒土层下部，对于干作业成孔灌注桩宜设于粗粒土层中部。

（4）对于非通长配筋桩，下部应有不少于 2 根与注浆管等长的主筋组成的钢筋笼通底。

（5）钢筋笼应沉放到底，不得悬吊，下笼受阻时不得撞笼、墩笼、扭笼。

后注浆阀应具备下列性能：

（1）注浆阀应能承受 1MPa 以上静水压力；注浆阀外部保护层应能抵抗砂石等硬质物的剐撞而不致使管阀受损。

（2）注浆阀应具备逆止功能。

浆液配比、终止注浆压力、流量、注浆量等参数设计应符合下列要求：

（1）浆液的水灰比应根据土的饱和度、渗透性确定，对于饱和土水灰比宜为 0.45 ~ 0.65，对于非饱和土水灰比宜为 0.7 ~ 0.9（松散碎石土、砂砾宜为 0.5 ~ 0.6）；低水灰比浆液宜掺入减水剂。

（2）桩端注浆终止注浆压力应根据土层性质及注浆点深度确定，对于风化岩、非饱和黏性土及粉土，注浆压力宜为 3 ~ 10MPa；对于饱和土层注浆压力宜为 1.2 ~ 4.0MPa，软土宜取低值，密实黏性土宜取高值。

（3）注浆流量不宜超过 75L/min。

（4）注浆量应按设计规定。

（5）后注浆作业开始前，应进行注浆试验，优化并最终确定注浆参数。

后注浆作业起始时间、顺序和速率应符合下列要求：

（1）注浆作业应于成桩 2 天后开始。

（2）注浆作业与成孔作业点的距离不小于 8 ~ 10m。

（3）对于饱和土中的复式注浆顺序宜先桩侧后桩端；对于非饱和土宜先桩端后桩侧；多断面桩侧注浆应先上后下；桩侧桩端注浆间隔时间不宜少于 2h。

（4）桩端注浆应对同一根桩的各注浆导管依次实施等量注浆。

（5）对于桩群注浆宜先外围、后内部。

当满足下列条件之一时可终止注浆：

（1）注浆总量和注浆压力均达到设计要求。

（2）注浆总量已达到设计值的 75%，且注浆压力超过设计值。

当注浆压力长时间低于正常值或地面出现冒浆或周围桩孔串浆，应改为间歇注浆，间歇时间宜为 30 ~ 60min，或调低浆液水灰比。

后注浆施工过程中，应经常对后注浆的各项工艺参数进行检查，发现异常应采取相应处理措施。当注浆量等主要参数达不到设计值时，应根据工程具体情况采取相应措施。

后注浆桩基工程质量检查和验收要求：

（1）后注浆施工完成后应提供水泥材质检验报告、压力表检定证书、试注浆记录、设计工艺参数、后注浆作业记录、特殊情况处理记录等资料。

（2）在桩身混凝土强度达到设计要求的条件下，承载力检验应在后注浆 20d 后进行，浆液中掺入早强剂时可于注浆 15 天后进行。

6.2.2　混凝土预制桩施工

6.2.2.1　混凝土预制桩的制作

（1）混凝土预制桩可在施工现场预制，预制场地必须平整、坚实。

（2）制桩模板宜采用钢模板，模板应具有足够刚度，并应平整，尺寸应准确。

（3）钢筋骨架的主筋连接宜采用对焊和电弧焊，当钢筋直径不小于 20mm 时，宜采用机械接头连接。主筋接头配置在同一截面内的数量，应符合下列要求：

1）当采用对焊或电弧焊时，对于受拉钢筋，不得超过 50%。

2）相邻两根主筋接头截面的距离应大于 $35d_g$（主筋直径），并不应小于 500mm。

3）必须符合现行行业标准《钢筋焊接及验收规程》JGJ 18 和《钢筋机械连接通用技术规程》JGJ 107 的规定。

（4）预制桩钢筋骨架的允许偏差应符合表 6-11 的规定。

表 6-11 预制桩钢筋骨架的允许偏差表

项 目	允许偏差/mm	项 目	允许偏差/mm
主筋间距	±5	吊环露出桩表面的高度	±10
桩尖中心线	10	主筋距桩顶距离	±5
箍筋间距或螺旋筋的螺距	±20	桩顶钢筋网片位置	±10
吊环沿纵轴线方向	±20	多节桩桩顶预埋件位置	±3
吊环沿垂直于纵轴线方向	±20		

（5）确定桩的单节长度时应符合以下要求：

1）满足桩架的有效高度、制作场地条件、运输与装卸能力。

2）避免在桩尖接近或处于硬持力层中时接桩。

（6）灌注混凝土预制桩时，宜从桩顶开始灌筑，并应防止另一端的砂浆积聚过多。

（7）锤击预制桩的骨料粒径宜为 5～40mm。

（8）锤击预制桩，应在强度与龄期均达到要求后，方可锤击。

（9）重叠法制作预制桩要求：

1）桩与邻桩及底模之间的接触面不得粘连。

2）上层桩或邻桩的浇注，必须在下层桩或邻桩的混凝土达到设计强度的 30% 以上时，方可进行。

3）桩的重叠层数不应超过 4 层。

（10）混凝土预制桩的表面应平整、密实，制作允许偏差应符合表 6-12 的规定。

表 6-12 混凝土预制桩制作允许偏差表

桩 型	项 目	允许偏差/mm
钢筋混凝土实心桩	横截面边长	±5
	桩顶对角线之差	≤5
	保护层厚度	±5
	桩身弯曲矢高	不大于 1‰桩长且不大于 20
	桩尖偏心	≤10
	桩端面倾斜	≤0.005
	桩节长度	±20

桩　型	项　目	允许偏差/mm
钢筋混凝土管桩	直　径	±5
	长　度	±0.5%L
	管壁厚度	−5
	保护层厚度	+10，−5
	桩身弯曲（度）矢高	L/1000
	桩尖偏心	≤10
	桩头板平整度	≤2
	桩头板偏心	≤2

（11）桩混凝土强度等级评定方法，应符合国家现行标准《先张法预应力混凝土管桩》GB 13476、《先张法预应力混凝土薄壁管桩》JC 888 和《预应力混凝土空心方桩》JG 197 的规定。

6.2.2.2　混凝土预制桩的起吊、运输和堆放

混凝土实心桩的吊运要求：

（1）混凝土设计强度达到 70% 及以上方可起吊，达到 100% 方可运输。

（2）桩起吊时应采取相应措施，保证安全平稳，保护桩身质量。

（3）水平运输时，应做到桩身平稳放置，严禁在场地上直接拖拉桩体。

预应力混凝土空心桩的吊运要求：

（1）出厂前应作出厂检查，其规格、批号、制作日期应符合所属的验收批号内容。

（2）在吊运过程中应轻吊轻放，避免剧烈碰撞。

（3）单节桩可采用专用吊钩钩住桩两端内壁直接进行水平起吊。

（4）运至施工现场时应进行检查验收，严禁使用质量不合格及在吊运过程中产生裂缝的桩。

预应力混凝土空心桩的堆放要求：

（1）堆放场地应平整坚实，最下层与地面接触的垫木应有足够的宽度和高度。堆放时桩应稳固，不得滚动。

（2）应按不同规格、长度及施工流水顺序分别堆放。

（3）当场地条件许可时，宜单层堆放；当叠层堆放时，外径为 500~600mm 的桩不宜超过 4 层，外径为 300~400mm 的桩不宜超过 5 层。

（4）叠层堆放桩时，应在垂直于桩长度方向的地面上设置两道垫木，垫木应分别位于距桩端 0.2 倍桩长处；底层最外缘的桩应在垫木处用木楔塞紧。

（5）垫木宜选用耐压的长木枋或枕木，不得使用有棱角的金属构件。

取桩要求：

（1）当桩叠层放置超过两层时，应采用吊机取桩，严禁拖拉取桩。

（2）三点支撑自行式打桩机不应拖拉取桩。

6.2.2.3　混凝土预制桩的接桩

桩的连接可采用焊接、法兰连接或机械快速连接（螺纹式、啮合式）。

接桩材料应符合下列要求：

（1）焊接接桩：钢板宜采用低碳钢，焊条宜采用 E43 级；接头宜采用探伤检测，同一工程检测量不得少于 3 个接头。

（2）法兰接桩：钢板和螺栓宜采用低碳钢。

采用焊接接桩除应符合现行国家标准《钢结构焊接规范》GB 50661 的有关规定外，尚需符合下列要求：

（1）下节桩段的桩头宜高出地面 0.5m。

（2）下节桩的桩头处宜设导向箍。接桩时上下节桩段应保持顺直，错位偏差不宜大于 2mm。接桩就位纠偏时，不得采用大锤横向敲打。

（3）桩对接前，上下端板表面应采用铁刷子清刷干净，坡口处应刷至露出金属光泽。

（4）焊接宜在桩四周对称地进行，待上下桩节固定后拆除导向箍再分层施焊；焊接层数不得少于 2 层，第一层焊完后必须把焊渣清理干净，方可进行第二层施焊，焊缝应连续、饱满。

（5）焊好后的桩接头应自然冷却后方可继续锤击，自然冷却时间不宜少于 8min；严禁采用水冷却或焊好即施打。

（6）雨天焊接时，应采取可靠的防雨措施。

（7）焊接接头的质量检查，对于同一工程探伤抽样检验不得少于 3 个接头。

采用机械快速螺纹接桩的操作与质量要求：

（1）安装前应检查桩两端制作的尺寸偏差及连接件，无受损后方可起吊施工，其下节桩端宜高出地面 0.8m。

（2）接桩时，卸下上下节桩两端的保护装置后，应清理接头残物，涂上润滑脂。

（3）应采用专用接头锥度对中，对准上下节桩进行旋紧连接。

（4）可采用专用链条式扳手进行旋紧，锁紧后两端板尚应有 1～2mm 的间隙。

采用机械啮合接头接桩的操作与质量要求：

（1）将上下接头钣清理干净，用扳手将已涂抹沥青涂料的连接销逐根旋入上节桩Ⅰ型端头钣的螺栓孔内，并用钢模板调整好连接销的方位。

（2）剔除下节桩Ⅱ型端头钣连接槽内泡沫塑料保护块，在连接槽内注入沥青涂料，并在端头钣面周边抹上宽度 20mm、厚度 3mm 的沥青涂料；当地基土、地下水含中等以上腐蚀介质时，桩端钣板面应满涂沥青涂料。

（3）将上节桩吊起，使连接销与Ⅱ型端头钣上各连接口对准，随即将连接销插入连接槽内。

（4）加压使上下节桩的桩头钣接触，接桩完成。

6.2.2.4 锤击沉桩

沉桩前必须处理空中和地下障碍物，场地应平整，排水应畅通，并应满足打桩所需的地面承载力。

桩锤的选用应根据地质条件、桩型、桩的密集程度、单桩竖向承载力及现有施工条件等因素确定，也可按《建筑桩基技术规范》JGJ 94 规范选用。

桩打入时应符合下列要求：

（1）桩帽或送桩帽与桩周围的间隙应为 5～10mm。

（2）锤与桩帽、桩帽与桩之间应加设硬木、麻袋、草垫等弹性衬垫。

（3）桩锤、桩帽或送桩帽应和桩身在同一中心线上。

（4）桩插入时的垂直度偏差不得超过0.5%。

打桩顺序要求应符合下列要求：

（1）对于密集桩群，自中间向两个方向或四周对称施打。

（2）当一侧毗邻建筑物时，由毗邻建筑物处向另一方向施打。

（3）根据基础的设计标高，宜先深后浅。

（4）根据桩的规格，宜先大后小，先长后短。

打入桩（预制混凝土方桩、预应力混凝土空心桩、钢桩）的桩位偏差，应符合表6-13的要求。斜桩倾斜度的偏差不得大于倾斜角正切值的15%（倾斜角系桩的纵向中心线与铅垂线间夹角）。

表6-13　打入桩桩位的允许偏差

项　　目		允许偏差/mm
带有基础梁的桩	（1）垂直基础梁的中心线；	$100 + 0.01H$
	（2）沿基础梁的中心线	$150 + 0.01H$
桩数为1~3根桩基中的桩		100
桩数为4~16根桩基中的桩		1/2桩径或边长
桩数大于16根桩基中的桩	（1）最外边的桩；	1/3桩径或边长
	（2）中间桩	1/2桩径或边长

注：H为施工现场地面标高与桩顶设计标高的距离。

当遇到贯入度剧变，桩身突然发生倾斜、位移或有严重回弹、桩顶或桩身出现严重裂缝、破碎等情况时，应暂停打桩，并分析原因，采取相应措施。

当采用射水法沉桩时，应符合下列要求：

（1）射水法沉桩宜用于砂土和碎石土。

（2）沉桩至最后1~2m时，应停止射水，并采用锤击至规定标高。

施打大面积密集桩群时，可采取下列辅助措施：

（1）对预钻孔沉桩，预钻孔孔径可比桩径（或方桩对角线）小50~100mm，深度可根据桩距和土的密实度、渗透性确定，宜为桩长的1/3~1/2；施工时应随钻随打；桩架宜具备钻孔锤击双重性能。

（2）应设置袋装砂井或塑料排水板。袋装砂井直径宜为70~80mm，间距宜为1.0~1.5m，深度宜为10~12m；塑料排水板的深度、间距与袋装砂井相同。

（3）应设置隔离板桩或地下连续墙。

（4）可开挖地面防震沟，并可与其他措施结合使用。防震沟沟宽可取0.5~0.8m，深度按土质情况决定。

（5）应限制打桩速率。

（6）沉桩结束后，宜普遍实施一次复打。

（7）沉桩过程中应加强邻近建筑物、地下管线等的观测、监护。

预应力混凝土管桩的总锤击数及最后1.0m沉桩锤击数应根据当地工程经验确定。

锤击沉桩送桩应符合下列要求：

（1）送桩深度不宜大于 2.0m。

（2）当桩顶打至接近地面需要送桩时，应测出桩的垂直度并检查桩顶质量，合格后应及时送桩。

（3）送桩的最后贯入度应参考相同条件下不送桩时的最后贯入度并修正。

（4）送桩后遗留的桩孔应立即回填或覆盖。

（5）当送桩深度超过 2.0m 且不大于 6.0m 时，打桩机应为三点支撑履带自行式或步履式柴油打桩机；桩帽和桩锤之间应用竖纹硬木或盘圆层叠的钢丝绳作"锤垫"，其厚度宜取 150~200mm。

送桩器及衬垫设置应符合下列要求：

（1）送桩器宜做成圆筒形，并应有足够的强度、刚度和耐打性。送桩器长度应满足送桩深度的要求，弯曲度不得大于 1/1000。

（2）送桩器上下两端面应平整，且与送桩器中心轴线相垂直。

（3）送桩器下端面应开孔，使空心桩内腔与外界连通。

（4）送桩器应与桩匹配。套筒式送桩器下端的套筒深度宜取 250~350mm，套管内径应比桩外径大 20~30mm，插销式送桩器下端的插销长度宜取 200~300mm，杆销外径应比（管）桩内径小 20~30mm。对于腔内存有余浆的管桩，不宜采用插销式送桩器。

（5）送桩作业时，送桩器与桩头之间应设置 1~2 层麻袋或硬纸板等衬垫。内填弹性衬垫压实后的厚度不宜小于 60mm。

施工现场应配备桩身垂直度观测仪器（长条水准尺或经纬仪）和观测人员，随时量测桩身的垂直度。

6.2.2.5 静压沉桩

采用静压沉桩时，场地地基承载力不应小于压桩机接地压强的 1.2 倍，且场地应平整。

静力压桩宜选择液压式和绳索式压桩工艺；宜根据单节桩的长度选用顶压式液压压桩机和抱压式液压压桩机。

选择压桩机的参数应包括下列内容：

（1）压桩机型号、桩机质量（不含配重）、最大压桩力等。

（2）压桩机的外形尺寸及拖运尺寸。

（3）压桩机的最小边桩距及最大压桩力。

（4）长、短船型履靴的接地压强。

（5）夹持机构的形式。

（6）液压油缸的数量、直径，率定后的压力表读数与压桩力的对应关系。

（7）吊桩机构的性能及吊桩能力。

压桩机的每件配重必须用量具核实，并将其质量标记在该件配重的外露表面；液压式压桩机的最大压桩力应取压桩机的机架重量和配重之和乘以 0.9。

当边桩空位不能满足中置式压桩机施压条件时，宜利用压边桩机构或选用前置式液压压桩机进行压桩，但此时应估计最大压桩能力减少造成的影响。

当设计要求或施工需要采用引孔法压桩时，应配备螺旋钻孔机，或在压桩机上配备专用的螺旋钻。当桩端持力层需进入较坚硬的岩层时，应配备可入岩的钻孔桩机或冲孔桩机。

最大压桩力不得小于设计的单桩竖向极限承载力标准值，必要时可由现场试验确定。

静力压桩施工的质量控制应符合下列要求：

（1）第一节桩下压时垂直度偏差不应大于0.5%。

（2）宜将每根桩一次性连续压到底，且最后一节有效桩长不宜小于5m。

（3）抱压力不应大于桩身允许侧向压力的1.1倍。

终压条件应符合下列要求：

（1）应根据现场试压桩的试验结果确定终压力标准。

（2）终压连续复压次数应根据桩长及地质条件等因素确定。对于入土深度大于或等于8m的桩，复压次数可为2~3次；对于入土深度小于8m的桩，复压次数可为3~5次。

（3）稳压压桩力不得小于终压力，稳定压桩的时间宜为5~10s。

压桩顺序宜根据场地工程地质条件确定，并应符合下列要求：

（1）对于场地地层中局部含砂、碎石、卵石时，先对该区域进行压桩。

（2）当持力层埋深或桩的入土深度差别较大时，先施压长桩后施压短桩。

压桩过程中应测量桩身的垂直度。当桩身垂直度偏差大于1%的时，应找出原因并设法纠正；当桩尖进入较硬土层后，严禁用移动机架等方法强行纠偏。

出现下列情况之一时，应暂停压桩作业，并分析原因，采取相应措施：

（1）压力表读数显示情况与勘察报告中的土层性质明显不符。

（2）桩难以穿越具有软弱下卧层的硬夹层。

（3）实际桩长与设计桩长相差较大。

（4）出现异常响声；压桩机械工作状态出现异常。

（5）桩身出现纵向裂缝和桩头混凝土出现剥落等异常现象。

（6）夹持机构打滑。

（7）压桩机下陷。

静压送桩的质量控制应符合下列要求：

（1）测量桩的垂直度并检查桩头质量，合格后方可送桩，压、送作业应连续进行。

（2）送桩应采用专制钢质送桩器，不得将工程桩用作送桩器。

（3）当场地上多数桩的有效桩长小于或等于15m或桩端持力层为风化软质岩，可能需要复压时，送桩深度不宜超过1.5m。

（4）除满足上述3项规定外，当桩的垂直度偏差小于1%，且桩的有效桩长大于15m时，静压桩送桩深度不宜超过8m。

（5）送桩的最大压桩力不宜超过桩身允许抱压压桩力的1.1倍。

引孔压桩法质量控制应符合下列要求：

（1）引孔宜采用螺旋钻干作业法；引孔的垂直度偏差不大于0.5%。

（2）引孔作业和压桩作业应连续进行，间隔时间不宜大于12h；在软土地基中不宜大于3h。

（3）引孔中有积水时，采用开口型桩尖。

当桩较密集，或地基为饱和淤泥、淤泥质土及黏性土时，应设置塑料排水板、袋装砂井消减超孔压或采取引孔等措施。在压桩施工过程中应对总桩数10%的桩设置上涌和水平偏位观测点，定时检测桩的上浮量及桩顶水平偏位值，若上涌和偏位值较大，应采取复压等措施。

6.2.3　钢桩（钢管桩、H型及其他异型钢桩）施工

6.2.3.1　钢桩的制作要求

（1）制作钢桩的材料应符合设计要求，并应有出厂合格证和试验报告。

（2）现场制作钢桩应有平整的场地及挡风防雨措施。

（3）钢桩制作的允许偏差应符合表6-14的规定，钢桩的分段长度符合规定要求，一般不大于15m。

表6-14　钢桩制作的允许偏差

项　目		允许偏差/mm
外径或断面尺寸	桩端部	±0.5%外径或边长
	桩　身	±0.1%外径或边长
长　度		>0
矢　高		≤1‰桩长
端部平整度		≤2（H型桩≤1）
端部平面与桩身中心线的倾斜值		≤2

（4）用于地下水有侵蚀性的地区或腐蚀性土层的钢桩，应按设计要求作防腐处理。

6.2.3.2　钢桩的焊接

钢桩的焊接应符合下列要求：

（1）必须清除桩端部的浮锈、油污等脏物，保持干燥；下节桩顶经锤击后变形的部分应割除。

（2）上下节桩焊接时应校正垂直度，对口的间隙宜为2~3mm。

（3）焊丝（自动焊）或焊条应烘干。

（4）焊接应对称进行。

（5）应采用多层焊，钢管桩各层焊缝的接头应错开，焊渣应清除。

（6）当气温低于0℃或雨雪天，无可靠措施确保焊接质量时，不得焊接。

（7）每个接头焊接完毕，应冷却1min后方可锤击。

（8）焊接质量应符合标准《钢结构工程施工质量验收规范》GB 50205和《钢结构焊接规范》GB 50661的规定。每个接头除应进行外观检查外，还应按要求进行超声或X射线拍片检查。

H型钢桩或其他异型薄壁钢桩，接头处应加连接板，可按等强度设置。

6.2.3.3　钢桩的运输和堆放

钢桩的运输与堆放应符合下列要求：

（1）堆放场地应平整、坚实、排水通畅。

（2）桩的两端应有适当保护措施，钢管桩应设保护圈。

（3）搬运时应防止桩体撞击而造成桩端、桩体损坏或弯曲。

（4）钢桩应按规格、材质分别堆放，堆放层数：ϕ900mm 的钢桩，不大于 3 层；ϕ600mm 的钢桩，不大于 4 层；ϕ400mm 的钢桩，不大于 5 层；H 型钢桩不大于 6 层。支点设置应合理，钢桩的两侧应采用木楔塞住。

6.2.3.4　钢桩的沉桩

（1）当钢桩采用锤击沉桩时，可按本章 6.2.2.4 节有关条文实施；当采用静压沉桩时，可按本章 6.2.2.5 节有关条文实施。

（2）对敞口钢管桩，当锤击沉桩有困难时，可在管内取土助沉。

（3）锤击 H 型钢桩时，锤重不宜大于 4.5t 级（柴油锤），且在锤击过程中桩架前应有横向约束装置。

（4）当持力层较硬时，H 型钢桩不宜送桩。

（5）当地表层遇有大块石、混凝土块等回填物时，应在插入 H 型钢桩前进行触探，并应清除桩位上的障碍物。

6.2.4　其他桩（墩）基础

6.2.4.1　载体桩

A　施工形成过程

采用细长夯锤夯击成孔，将护筒沉到设计标高后，用细长锤击出一定深度，分批向孔内投入填充料和干硬性混凝土，用细长锤反复夯实、挤密，在桩端形成复合载体，最后放置钢筋笼，灌注桩身混凝土而成桩。

B　基本规定

（1）对无相近地质条件下成桩试验资料的载体桩设计，应事先进行成孔、成桩试验和载荷试验确定设计及施工参数。

（2）被加固土层宜为粉土、砂土、碎石土及可塑、硬塑状态的黏性土。当软塑状态的黏性土、素填土、杂填土和湿陷性黄土经过成桩试验和载荷试验确定载体桩的承载力满足要求时，也可作为被加固土层。在湿陷性黄土地区采用载体桩时，载体桩必须穿透湿陷性黄土层。

（3）载体桩桩间距不宜小于 3 倍桩径，且载体施工时不得影响到相邻桩的施工质量。当被加固土层为粉土、砂土或碎石土时，桩间距不宜小于 1.6m；当被加固土层为含水量较高的黏性土时，桩间距不宜小于 2.0m。

（4）桩身长度应由所选择的被加固土层和持力层的埋深及承台底标高确定。

（5）桩身构造应符合下列要求：

1）桩身混凝土强度等级，灌注桩不得低于 C25，预制桩不得低于 C30。

2）主筋混凝土保护层厚度不应小于 35mm。

3）载体桩桩身正截面配筋率可取 0.20%~0.65%（小直径桩取大值，大直径桩取小值），对抗压和抗拔桩主筋不应少于 6ϕ10mm，对受水平力的桩主筋不应少于 8ϕ12mm；箍筋可采用直径不小于 ϕ6mm、间距不大于 300mm 的螺旋箍筋，在桩顶 3~5 倍桩身直径范围内箍筋应适当加密，钢筋笼应沿混凝土桩身通长配筋；当钢筋笼的长度超过 4m 时，应每隔 2m 设一道直径不小于 12mm 的焊接加劲箍筋。

4）抗压桩纵筋伸入承台的锚固长度不得小于 30 倍主筋直径；抗拔桩桩顶纵向主筋的锚固长度应按现行国家标准《混凝土结构设计规范》GB 50010 确定。

（6）载体施工时的填料量应以三击贯入度控制。对于桩径为 300～500mm 的载体桩，其填料量不宜大于 1.8m³；当填料量大于 1.8m³ 时，应另选被加固土层或改变施工参数。

（7）当桩身进入承压水土层时，应采取有效措施，防止发生突涌。

（8）在桩基础施工时，应采取相应措施控制相邻桩的上浮量。对于桩身混凝土已达到终凝的相邻桩，其上浮量不宜大于 20mm，对于桩身混凝土处于流动状态的相邻桩，其上浮量不宜大于 50mm。

（9）当采用载体桩作为复合地基中的增强体时，载体桩桩身可不配筋。

C　桩基工程质量检查

a　一般规定

对无相近地质条件下成桩试验资料的工程，必须进行试桩，试桩设计方案由载体桩设计人员提供。试桩与工程桩必须进行成桩质量的检查和桩身完整性及承载力的检测。

b　成桩质量检查

施工单位应提供施工过程中与桩身质量有关的资料，包括原材料的力学性能检验报告、试件留置数量及制作养护方法、混凝土抗压强度试验报告、钢筋笼制作质量检查报告。

对载体应检查下列项目：填料量；夯填混凝土量；每击贯入度；三击贯入度。

c　单桩桩身完整性及承载力检测

桩身完整性检测，可采用低应变动测法检测。试验桩必须全部检测。工程桩检测数量不应少于总桩数的 10%，且不应少于 10 根，条件允许可适当增加；承台下为 3 根桩或少于 3 根时，每个承台下抽检数量不得少于 1 根。

竖向承载力检测的方法应采用静载荷试验，为设计提供设计参数的静载荷试验应采用慢速维持荷载法，在有成熟检测经验的地区的工程桩检测可采用快速维持荷载法。为设计提供设计参数的试桩检测数量根据试桩方案确定；单位工程的工程桩检测数量不应少于同条件下总桩数的 1%，且不应少于 3 根，当总桩数小于 50 根时，检测数量不应少于 2 根。

在桩身混凝土强度达到设计要求的前提下，从成桩到开始检测的间歇时间，对于砂类土不应小于 10 天；对于粉土和黏性土不应小于 15 天；对于淤泥或淤泥质土不应小于 25 天。

6.2.4.2　挤扩支盘灌注桩

（1）可在下列土层中设置分支和承力盘：

1）可塑至硬塑的黏性土、中密至密实的粉土、砂土或卵砾石层。

2）全风化岩、强风化软质岩石。

（2）在砂性土中采用干法施工和在黏性土中采用水下施工设置承力盘应通过试验检查成盘的可行性。

（3）桩基的选型和布置应符合下列要求：

挤扩支盘灌注桩的桩径、桩长和支盘尺寸应根据工程地质条件、单桩承载力和施工机具的结构尺寸确定。当使用 LZ 系列挤扩支盘机时，挤扩支盘桩的主要构造尺寸可按表

6-15的规定采用。

表 6-15　挤扩支盘桩主要构造尺寸

桩干直径 d/mm	单支临界宽度 b/mm	承力盘直径 D/mm	承力盘高度 h/mm
400~500	200	900	500
600~700	280	1400	700
800~1100	380	1900	900

注：1. LZ系列挤扩支盘机示意图如图6-2、图6-3所示。

　　2. 水下施工时最小桩干直径不应小于500mm。

　　3. 水下施工时，表中桩干直径600~700mm、800~1100mm应分别调整620~700mm、820~1100mm。

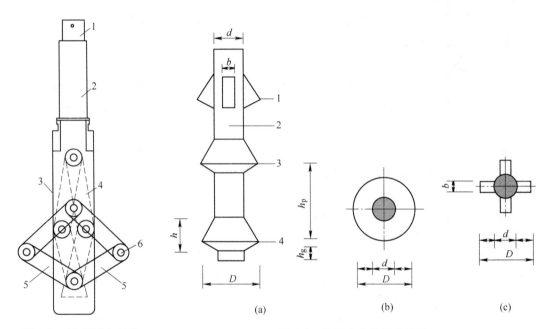

图 6-2　LZ 挤扩支盘机
示意图

1—接长杆接头；2—油缸；
3—防缩径套；4—回收状态；
5—弓压臂（单支）；6—扩展状态

图 6-3　挤扩支盘桩桩身构造

（a）挤扩支盘桩立面图；（b）挤扩支盘桩底视图；
（c）挤扩支盘桩顶视图

1—十字分支；2—桩干；3—上承力盘；4—底承力盘；
b—单支宽度；d—桩干直径（桩径）；
D—承力盘（十字分支）直径；h—承力盘高度；
h_g—桩根长度；h_p—盘间距

（4）挤扩支盘桩的布置应根据建筑物上部结构的类型和地基持力层的特性区别对待，可采用单桩或多桩基础。

（5）挤扩支盘桩的最小中心距不宜小于 $3d$ 和 $1.5D$。

（6）每根承压挤扩支盘桩的盘数不宜多于 4 个，抗拔挤扩支盘桩的盘数宜 1~2 个，挤扩支盘桩竖向最小盘间距不应小于 $2D$。

（7）挤扩支盘桩的承力盘应设在土层结构稳定、压缩性较小、承载力较高、层厚较大的土层中。设置承力盘的承载土层厚度大于 $2D$。

（8）承力盘底进入持力层的深度不宜小于 $(0.5~1.0)h$；桩根长度 h_g 不宜小于 $1d$。

桩端以下持力层厚度不宜小于 1.5D，当存在软弱下卧层时，桩端以下持力层厚度不宜小于 2D。

（9）挤扩支盘桩的桩身构造除满足国家现行有关标准的规定外尚应满足下列要求：

1）桩干配筋率宜采用 0.3%～0.65%（小桩径取高值，大桩径取低值）；对受荷载特别大的桩和抗拔桩宜根据计算确定配筋率。

2）配筋长度应符合下列要求：

①对以底承力盘为主受力的挤扩支盘桩，宜沿桩身通长配筋；短桩宜通长配筋；对不以底承力盘为主受力的长桩，配筋长度不宜小于 2/3 桩长，且钢筋端部宜延伸至相邻盘底面 500mm 以下；对竖向承载力较高的单桩宜沿深度分段变截面通长配筋；当桩身周围有淤泥质土和液化土层时，配筋长度应穿过该软弱土层，对承受负摩阻力的桩和位于坡地岸边的桩应沿桩身通长配筋。

②抗拔挤扩支盘桩应通长配筋；因地震作用、冻胀或膨胀力作用而承受拔力的挤扩支盘桩，应通长配筋。

3）挤扩支盘桩桩身的混凝土强度等级不得低于 C25；主筋的混凝土保护层厚度不应小于 35mm，水下灌注混凝土时不应小于 50mm。

（10）挤扩支盘桩施工应具备下列资料：

1）场地岩土工程勘察资料。

2）桩基工程施工设计图。

3）工程控制坐标点、水准点。

4）地下管线和其他障碍物资料。

5）桩基工程的施工组织设计。

6）原材料及其制品的质检报告。

（11）挤扩支盘桩施工应采用经检验合格的挤扩支盘机，并应满足下列要求：

1）挤扩支盘机应有足够的动力，满足承力盘挤扩成型的要求。

2）挤扩支盘机应安装防缩径套管装置。

3）挤扩支盘机的弓压臂宽度 b 不应小于单支临界宽度。

4）当设计盘径小于 1000mm 时，挤扩支盘机扩展最大尺寸应大于设计盘径 60mm；当设计盘径大于 1000mm 时，挤扩支盘机扩展最大尺寸应大于设计盘径 100mm。

5）显示挤扩压力的液压表应经检定合格。

（12）应经常检查现场施工设备、安全和环保措施、工具配件和劳保用品。

（13）施工现场的电源、电路安装和拆除须由持证电工操作，并符合施工安全规定。

（14）正式施工前宜进行试成孔作业。

（15）当桩中心距不大于 2D 时，应间隔施工。

（16）灌注充盈系数不得小于 1，且不大于 1.3。

（17）水下成孔挤扩支盘桩施工时，在黏性土、粉土和砂土层中，宜采用正、反循环或旋挖等泥浆护壁法成孔；在圆砾、卵石、碎石层中，宜采用反循环、旋挖或冲击钻法成孔。

（18）水下成孔挤扩支盘桩应按下列工艺流程施工：定位放线→桩位复核→钻机就位→钻进成孔→检测孔深→放置挤扩支盘机→挤扩支盘→盘径抽检→放置钢筋笼→放置灌注导管→二次清孔→测量沉渣厚度→水下灌注混凝土→桩养护。

（19）当采用干法成孔时应符合下列要求：

1）在渗透性能较好、地下水位较高的粗粒土中钻进时，应采取措施避免泥浆流失，防止塌孔。

2）钻进过程中应复核各土层的层位和厚度，并检查泥浆相对密度。

3）终孔后应检查孔深、孔径、垂直度、沉渣厚度和泥浆相对密度。

（20）挤扩支盘作业应符合下列要求：

1）挤扩支盘机入孔前应检查连接法兰、螺栓、油管、液压装置、弓压臂分合，检查连接杆盘位标记和挤扩支盘机运行情况。

2）入孔后可利用挤扩支盘机检查孔的垂直度，并复测孔深。

3）挤扩支盘作业宜自下而上进行。挤扩前后均应测量孔深，并应按规范做详细的施工记录。

4）按角度盘上的分度指示将挤扩支盘机均匀转动 8～10 次并挤扩成盘，应保证各相邻分支搭接 30～50mm。

5）当地质条件较复杂或土层标准贯入击数大于 50 从而挤不动时，应及时报告监理。可根据实际情况在桩身上下各 1m 范围适当调整盘位标高，但应保证调整后的盘位处于设计规定的土层中，并满足最小盘间距的要求。

6）挤扩过程中观测和记录要求：

①必须记录每次挤扩的压力值，盘位深度和挤扩全程的起止时间；

②记录每个承力盘腔形成后的泥浆液面变化情况；

③观测每次挤扩时油压计的读数变化，并记录挤扩支盘机机体上升值。

7）当泥浆液面下降到护桶底部时，应及时补浆。

（21）灌注混凝土应符合下列要求：

1）二次清孔后应及时灌注混凝土。当晾孔时间超过 30min 时，应重新测量孔底沉渣厚度。

2）灌注混凝土时导管口距孔底不应大于 500mm，混凝土初灌量应高出底盘顶部 1m 以上，严禁将导管底端拔出混凝土面。

（22）干作业成孔可采用螺旋钻，其施工工艺与螺旋钻孔灌注桩相同。

（23）干法施工成孔设备就位后应平正、稳固、不得发生倾斜、移动情况。施工中，桩架或桩管上应设置控制深度标尺，并观测和记录成孔深度。

（24）干作业成孔当发生电流值波动较大，钻进缓慢、钻具摇晃时，应立即提钻检查处理。

（25）干作业成孔在孔口周围 1m 范围内不得堆放积土，并随时清理。

（26）干作业成孔钻到设计深度后，应进行空钻清土，清土后提钻时不得回钻钻具。当经量测孔深符合设计要求后，方可继续施工。

（27）干作业成孔挤扩支盘作业应自下而上进行。

（28）干作业成孔，支盘成型后，第二次测量孔深时，如孔底虚土厚度大于 100mm，应采取有效措施处理。

（29）干作业成孔灌注混凝土必须通过溜槽，当灌注深度超过 3m 时，宜用串筒，且串筒末端离孔底高度不宜大于 2m。混凝土宜采用插入式振捣器振实。当桩径较小时可采取其他有效措施确保混凝土的灌注质量。

（30）挤扩支盘桩的质量检测及验收一般规定：

1）可取一个工程项目的挤扩支盘桩为一个检验批。当一个工程项目含有多个子项目或地基土较复杂，所设计的挤扩支盘桩规格不同时，应视具体情况，划分为几个检验批。

2）挤扩支盘桩工程的质量检测及验收，除应执行本规程外，尚应符合国家现行有关标准的规定。

（31）挤扩支盘桩成桩质量检测：

1）挤扩支盘桩的成桩质量检测主要包括成孔、挤扩支盘、清孔、钢筋笼制作和安放、混凝土拌制和灌注等，应重点检测挤扩支盘的质量。

2）钢筋笼制作应符合设计要求，应对钢筋规格、焊条规格、品种、焊缝外观和质量、主筋和箍筋的制作偏差等进行检查。钢筋笼质量检验标准应按现行国家标准《建筑地基基础工程施工质量验收规范》GB 50202 的有关规定执行。

3）在灌注混凝土前，应对桩孔的位置、孔深、孔径、（支）盘数、盘径、（支）盘位、首次挤扩压力、垂直度、孔底沉渣厚度、钢筋笼安放的实际位置等进行检测并填写质量检测记录。盘径、盘位检测可采用改进型井径仪或盘径测量仪等有效检测方法，盘径测量仪的使用可按挤扩支盘桩规范规定进行，检测数量宜为总桩数的 10%～20%，一柱一桩时应 100% 进行检测。

4）挤扩支盘桩质量验收中的主控项目和一般项目中的垂直度、桩径、钢筋笼安放深度、混凝土充盈系数、桩顶标高等，其检验标准应按现行国家标准《建筑地基基础工程施工质量验收规范》GB 50202 的相关规定执行。其他主控项目和一般项目的检测标准应按照表 6-16 的规定执行。

表 6-16　挤扩支盘桩质量检验标准表

项目分类	序号	检查项目	允许偏差或允许值/mm	检查方法
主控项目	1	支、盘数量	符合设计要求	检查施工记录
一般项目	1	盘　径	$-0.1d$ 且 ≤50	改进型井径仪或盘径测量仪
	2	盘　位	按规程	改进型井径仪或盘径测量仪
	3	首次挤扩压力	按规程	检查施工记录
	4	灌注前泥浆相对密度	1.15～1.25	用比重计
	5	灌注前沉渣厚度	≤100（抗压桩） ≤300（抗拔桩）	用沉渣仪或重锤测量
	6	混凝土坍落度	水下施工 180～220 干法施工 80～100	坍落度仪

（32）基桩检测：

1）为确保单桩竖向极限承载力特征值达到设计要求，应根据工程重要性、地质条件、设计要求和工程施工情况进行单桩静荷载试验或可靠的动力试验。

2）对于设计等级为甲、乙级的建筑桩基和地质条件复杂或成桩质量可靠性较低的桩基工程，应采用有效方法检测成桩的完整性，检测数量应根据现行行业标准《建筑基桩检测技术规范》JGJ 106 的有关规定执行。

3）对下列情况之一的桩基工程，应采用静载试验对单桩竖向抗压承载力进行检测：

①施工前未进行单桩静载试验的设计等级为甲、乙级的建筑桩基；

②施工前未进行单桩静载试验，且有下列情况之一的，设计等级为丙级的建筑桩基：地质条件复杂；桩的施工质量可靠性低；单桩竖向抗压承载力的可靠性低，且桩数多。

4）对下列情况之一的桩基工程，可采用高应变动测法检测单桩竖向抗压承载力：

①施工前已进行单桩静载试验设计等级为甲级的建筑桩基；

②属于上条规定范围外的设计等级为丙级的建筑桩基；

③作为设计等级为甲、乙级的建筑桩基静载试验的辅助检测。

（33）工程验收：

1）当桩顶设计标高与施工场地标高相近时，桩基工程应在成桩完毕后进行验收；当桩顶设计标高低于施工场地标高时，应在开挖至设计标高后进行验收。

2）桩基验收时应提交下列资料：

①岩土工程勘察报告、桩基施工图、图纸会审纪要、设计变更单和材料代用通知单等；

②经审定的施工组织设计、施工方案和执行中的变更情况；

③桩位测量放线图，包括工程桩位线复核签证单；

④成桩质量检测报告；

⑤单桩竖向抗压承载力检测报告；

⑥基坑挖至设计标高的桩基竣工平面图和桩顶标高图。

3）工程质量验收的程序和组织应按现行国家标准《建筑工程施工质量验收统一标准》GB 50300 的相关规定执行。

4）当工程验收的主控项目 100% 符合要求、一般项目不低于 80% 符合要求时，应判定该工程合格。当主控项目或一般项目不满足上述要求时，应按现行国家标准《建筑工程施工质量验收统一标准》GB 50300 的相关规定处理。

6.2.4.3　大直径扩底灌注桩

A　基本构造

大直径扩底灌注桩构造应符合下列要求：

（1）扩大端直径与桩身直径之比（D/d）不宜大于 3.0。

（2）扩大端的矢高（h_e）宜取 0.30 ~ 0.35 倍桩的扩大端直径，基岩面倾斜较大时，桩的底面可做成台阶状。

（3）扩底端侧面的斜率（b/h_a），对于砂土不宜大于 1/4；对于粉土和黏性土不宜大于 1/3；对于卵石层、风化岩不宜大于 1/2。

（4）桩端进入持力层深度，对于粉土、砂土、全风化、强风化软质岩等，可取扩大段斜边高度（h_a），且不小于桩身直径（d）；对于卵石、碎石土、强风化硬质岩等，可取 0.5 倍扩大段斜边高度，且不小于 0.5m。同时，桩端进入持力层的深度不宜大于持力层厚度的 0.3 倍。

桩身构造配筋要求：

（1）桩身正截面配筋率的最小配筋率不应小于 0.3% 。

（2）箍筋直径不应小于 8mm，间距宜为 200 ~ 300mm。宜用螺旋箍筋或焊接环状箍筋。

（3）扩大变截面以上，纵向受力钢筋应沿等直径段通长配筋。

（4）除抗拔桩外，桩端扩大部分可不配筋。

（5）主筋的混凝土保护层厚度，有地下水、无护壁时不应小于50mm，无地下水、有护壁时不应小于35mm。

当水下灌注混凝土时，混凝土强度等级不得低于C30；干法施工时，桩身混凝土强度等级不得低于C25；护壁混凝土的强度等级不低于桩身混凝土的强度等级。

B 承台与连系梁构造

大直径扩底桩桩基承台应满足受冲切、受剪切、受弯承载力和上部构造要求，并应符合下列要求：

（1）大直径扩底桩宜采用正方形或矩形现浇承台，承台高度不宜小于500mm；且应大于连系梁的高度5mm；承台底面的边长应大于或等于桩身直径加400mm。

（2）其他部分应符合现行国家标准《建筑地基基础设计规范》GB 50007、《混凝土结构设计规范》GB 50010、《建筑桩基技术规范》JGJ 94的要求。

C 大直径扩底桩的施工

施工前应具备下列资料：

（1）建筑场地岩土工程详细勘察报告。

（2）桩基工程施工图设计文件及图纸会审纪要。

（3）建筑场地和邻近区域地面建筑物及地下管线，地下构筑物等调查资料。

（4）主要施工机械及其配套设备的技术性能资料。

（5）桩基工程的施工组织设计或专项施工方案。

（6）水泥、砂、石、钢筋等原材料的质量检验报告。

（7）设计荷载、施工工艺的试验资料。

成孔施工工艺选择应符合下列要求：

（1）在地下水位以下成孔时宜采用泥浆护壁工艺。

（2）在黏性土、粉土、砂土、碎石土及风化岩层中，可采用旋挖成孔工艺。

（3）在地下水位以上或降水后可采用干作业钻、挖成孔工艺。

（4）在地下水位较高，有承压水的砂土层、厚度较大的流塑淤泥和淤泥质土层中不宜选用人工挖孔施工工艺。

（5）成孔设备就位后，应保持平整、稳固，在成孔过程中不得发生倾斜和偏移；在成孔钻具上应设置控制深度的标尺，并应在施工中进行观测和记录。

（6）桩端进入持力层的实际深度应由工程勘察人员、监理工程师、设计和施工技术人员共同确认。

灌注桩成孔施工的允许误差应符合表6-17的规定。

表6-17 灌注桩成孔施工的允许误差表

成 孔 方 法		桩径偏差/mm	垂直度允许偏差/%	桩位允许偏差/mm
钻、挖孔扩底桩		±50	±1.0	≤d/4 且不大于100
人工挖孔扩底桩	现浇混凝土护壁	±50	±0.5	
	长钢套管护壁	±20	±1.0	

注：桩径允许偏差的负值是指个别断面。

钢筋笼制作应符合下列要求：

（1）钢筋的材质、数量、尺寸应符合设计要求。

（2）制作允许偏差应符合表 6-18 要求。

表 6-18　钢筋笼制允许偏差表

项　目	允许偏差/mm	项　目	允许偏差/mm
主筋间距	±10	钢筋笼直径	±10
箍筋间距	±20	钢筋笼长度	±100

（3）分段制作的钢筋笼，宜采用焊接或机械连接接头，并应符合国家现行标准《混凝土结构工程施工质量验收规范》GB 50204、《钢筋机械连接技术规程》JGJ 107、《钢筋焊接及验收规程》JGJ 18 的有关规定。

（4）加劲箍筋宜设在主筋外侧，当施工工艺有特殊要求时也可置于内侧。

（5）灌注混凝土的导管接头处外径应比钢筋笼的内径小 100mm 以上。

（6）搬运和吊装钢筋笼时，应防止变形；安放时应对准孔位，自由落下避免碰撞孔壁，就位后应立即固定。

桩体混凝土浇筑的注意事项：

（1）桩体混凝土粗骨料可选用卵石或碎石，其骨料粒径不得大于 50mm，且不宜大于主筋最小净距的 1/3。

（2）大直径扩底桩在大批量施工前，宜先进行成桩试验施工。

（3）应防止钢筋笼在灌注混凝土时上浮或下沉，应将钢筋笼固定在孔口上，宜将部分纵向钢筋伸到孔底。

D　泥浆护壁成孔大直径扩底灌注桩

采用泥浆护壁成孔工艺施工时，除能自行造浆的黏性土层外，均应制备泥浆。泥浆制备应选用高塑性黏土或膨润土。泥浆应根据施工机械、施工工艺及穿过土层的情况进行配合比设计。

一台钻机应有一套泥浆循环系统，每套泥浆循环系统应设置用于配制和储存优质泥浆及清孔换浆的储浆池，其容量不应小于桩孔的容积；应设置用于钻进（含扩底钻进）泥浆的循环池，其容量不宜小于桩孔容积的 1/2，应设置沉淀储渣池，其容量不宜小于 20m³；尚应设置相应的循环沟槽。泥浆循环系统中池、沟、槽均应用砖砌成，施工完毕应拆除砖块后用土回填夯实。

泥浆护壁施工应符合下列要求：

（1）施工期间护筒内的混浆面应高出地下水位 1.0m 以上，在受水位涨落影响时，泥浆面应高出最高水位 1.5m 以上。

（2）成孔时孔内泥浆液面应保持稳定，且不宜低于硬地面 30cm。

（3）在容易产生泥浆渗漏的土层中应采取保证孔壁稳定的措施。

（4）开孔时宜用密度为 1.2g/cm³ 的泥浆；在黏性土层、粉土层中钻进时，泥浆密度宜控制在 1.3g/cm³ 以下。

废弃的浆渣应进行集中处理不得污染环境。正、反循环钻孔扩底灌注桩、水下混凝土灌注、干作业成孔大直径扩底灌注桩的各种施工方法以及后注浆均可参照浇筑桩施工。

6.3 转炉基础施工

6.3.1 转炉基础概况

炼钢转炉由于设备重且体积大，设计一般采用 C30 钢筋混凝土整体式筏板基础，同时，下部一般采用桩基；其长度、宽度、厚度尺寸较大。如马钢新区 300t 转炉基础，长、宽、高尺寸分别为 92m×44m×3m，混凝土浇筑量达到 10000m³ 以上；宝钢湛江炼钢 350t 转炉基础，长、宽、高尺寸分别为 62.6m×19.5m×3m，混凝土浇筑量达到 2600m³ 以上。

6.3.2 大体积混凝土定义

根据《大体积混凝土施工规范》GB 50496 "混凝土结构物实体最小几何尺寸不小于 1m 的大体量混凝土，或预计会因混凝土中胶凝材料水化引起的温度变化和收缩而导致有害裂缝产生的混凝土。"的规定，转炉基础施工属于大体积混凝土。

大体积混凝土由于水化热产生的升温较高、降温幅度大、速度快，在混凝土内部产生较大的温度和收缩应力，导致混凝土产生裂缝，因此，大体积混凝土施工前应进行计算分析，采取措施控制温度裂缝。

6.3.3 大体积混凝土温控指标

大体积混凝土工程施工前，应对施工阶段大体积混凝土上浇筑体的温度、温度应力及收缩应力进行计算，并确定施工阶段大体积混凝土浇筑体的温升峰值、里表温差及降温速率的控制指标，其温控指标应符合下列要求：

（1）混凝土浇筑体在入模温度基础上的温升值不宜大于 50℃。

（2）混凝土浇筑体的里表温度差（不含混凝土收缩的当量温度）不宜大于 25℃。

（3）混凝土浇筑体的降温速率不宜大于 2.0℃/d。

6.3.4 大体积混凝土控制裂缝措施

（1）利用混凝土后期强度，如 60 天或 90 天的强度替代 28 天标准强度，减少水泥用量。

（2）大体积混凝土施工选用中、低热硅酸盐水泥或低热矿渣硅酸盐水泥，其水泥 3 天的水化热不宜大于 240kJ/kg，7 天的水化热不宜大于 270kJ/kg。

（3）在配合比中掺入一定比例的粉煤灰、高效减水剂或缓凝剂等，减少水泥用量。

（4）采用拌和水掺冰降低水温度，对砂石骨料采取遮阳防晒或凉水冷却；散装水泥提前储备，避免新出厂水泥温度过高等措施，降低混凝土的出机温度。

（5）合理安排施工工序，进行薄层浇捣，混凝土均匀上升，便于散热。

（6）大体积基础混凝土施工，可在基础内埋设冷却水管，满足温控指标。

（7）超长大体积混凝土施工，应采用留置变形缝、后浇带或跳仓法施工。

6.3.5 大体积混凝土施工方案

大体积混凝土施工前应编制施工组织设计或施工技术方案，施工组织设计应包括下列主要内容：

（1）大体积混凝土浇筑体温度应力和收缩应力的计算。

（2）施工阶段主要抗裂构造措施和温控指标的确定。

（3）原材料优选、配合比设计、制备与运输计划。

（4）混凝土主要施工设备和现场总平面布置。

（5）温控监测设备和测试布置图。

（6）混凝土浇筑顺序和施工进度计划。

（7）混凝土保温和保湿养护方法，其中保温覆盖层的厚度可根据温控指标的要求计算。

（8）主要应急保障措施。

（9）特殊部位和特殊气候条件下的施工措施。

6.3.6　配合比设计

大体积混凝土配合比的设计除应符合工程设计所规定的强度等级、耐久性、抗渗性、体积稳定性外，尚应符合大体积混凝土施工工艺特性的要求，并应符合合理使用材料、降低混凝土绝热温升值的要求。

6.3.6.1　水泥的选择

（1）所用水泥应符合现行国家标准《通用硅酸盐水泥》GB 175 的有关规定，当采用其他品种水泥时，其性能指标必须符合国家现行有关标准的规定。

（2）应选用中、低热硅酸盐水泥或低热矿渣硅酸盐水泥，大体积混凝土施工所用水泥其 3 天的水化热不宜大于 240kJ/kg，7 天的水化热不宜大于 270kJ/kg。

（3）当混凝土有抗渗指标要求时，所用水泥的铝酸三钙含量不宜大于 8%。

（4）所用水泥在搅拌站的入机温度不宜大于 60℃。

（5）水泥进场时应对水泥品种、强度等级、包装或散装仓号、出厂日期等进行检查，并应对其强度、安定性、凝结时间、水化热等性能指标及其他必要的性能指标进行复检。

6.3.6.2　砂、石骨料的选择

除应符合《普通混凝土用砂、石质量及检验方法标准》JGJ 52 的有关规定外，尚应符合下列要求：

（1）细骨料宜采用中砂，其细度模数宜大于 2.3，并应连续级配，含泥量不应大于 3%。

（2）粗骨料宜选用粒径 5~31.5mm，并连续级配，含泥量不应大于 1%。

（3）采用非碱性的粗骨料。

（4）当采用非泵送施工时，粗骨料的粒径可适当增大。

6.3.6.3　粉煤灰和粒化高炉矿渣粉选择

质量应符合《用于水泥和混凝土中的粉煤灰》GB 1596 和《用于水泥和混凝土中的粒化高炉矿渣粉》GB/T 18046 的规定。

6.3.6.4　外加剂的选择

应符合《混凝土外加剂》GB 8076、《混凝土外加剂应用技术规范》GB 50119 和有关环境保护标准的规定外，尚应符合下列要求：

（1）外加剂的品种、掺量应根据工程所用胶凝材料经试验确定。

（2）应提供外加剂对硬化混凝土收缩等性能的影响。

（3）耐久性要求较高或寒冷地区的大体积混凝土，宜采用引气剂或引气减水剂。

6.3.6.5 拌和用水

拌和用水应符合《混凝土用水标准》JGJ 63 的规定。

6.3.6.6 配合比设计

配合比设计，除应满足《普通混凝土配合比设计规程》JGJ 55 的规定外，尚应符合下列要求：

（1）采用 60 天或 90 天强度作指标时，应将其作为配合比的设计依据。

（2）所配制的混凝土拌和物，到浇筑工作面的坍落度不宜大于 160mm。

（3）拌和用水量不宜大于 $175kg/m^3$。

（4）粉煤灰掺量不宜超过胶凝材料的 40%；矿渣粉的掺量不宜超过胶凝材料的 50%；粉煤灰和矿渣粉掺和料的总量不宜超过胶凝材料用量的 50%。

（5）水胶比不宜大于 0.5。

（6）砂率宜为 35%～42%。

（7）在混凝土制备前，应进行常规配合比试验，并应进行水化热、泌水率、可泵性等对大体积混凝土控制裂缝所需的技术参数的试验；必要时，其配合比设计应通过试泵送。

（8）在确定配合比时，应根据混凝土的绝热温升、温控施工方案的要求等，提出混凝土制备时粗细骨料和拌和用水及入模温度控制的技术措施。

6.3.7 施工技术准备

（1）施工前应进行技术会审，编制施工方案并经监理批准，方案中应提出施工阶段的综合性抗裂措施，制定关键部位的施工作业指导书。

（2）模板支撑、钢筋施工方案已编制并经监理批准，方案中应明确模板加固、钢筋连接方法，同时，对施工人员进行技术、安全交底。

（3）施工设备应进行全面的检修和试运转，其性能和数量应满足连续浇筑的要求。

（4）混凝土测温监控设备应按规定配置和布置，标定调试应正常，保温用材料应备齐，并派专人负责测温作业管理。

（5）施工前，对工人应进行培训，并应逐级进行技术交底，建立严格的岗位责任制和交接班制度。

6.3.8 其他施工准备

（1）明确大体积混凝土浇筑的组织机构，包括技术、质量、安全、物资、后勤、搅拌站联络、测温人员等，并明确责任。

（2）现场施工道路要满足混凝土罐车、泵车的运输要求，保持畅通。

（3）现场施工环境应符合计算书中设定的天气状况并在混凝土浇筑养护期间无大的改变。

（4）相关材料到位并复检合格，满足施工要求。

6.3.9　主要施工方法

6.3.9.1　工艺流程

测量放线→土方开挖→垫层混凝土施工→桩头处理→基础底层钢筋绑扎→螺栓固定架及基础上层钢筋固定架施工→基础上层钢筋、插筋安装→基础侧面钢筋安装→基础外侧模板安装→螺栓安装及测温探头布设→"分层法"浇灌混凝土→混凝土测温控制及养护→混凝土验收。

6.3.9.2　测量放线

（1）根据业主交付的测量控制点，建立炼钢厂房测量控制网。

（2）根据测量控制网，对转炉基础施放中心线和高程控制点，并在基础附近设置中心、高程控制点。

6.3.9.3　施工方法

土方开挖、混凝土垫层、基础脚手架、钢筋、螺栓安装见本书6.5节厂房柱基础、其他设备基础施工。

6.3.9.4　桩头处理

（1）土方开挖后，及时对所打桩进行桩位复测，以检查桩位是否符合设计及规范要求，并提出桩施工中间交接竣工资料。

（2）桩头标高与设计标高偏差在 $-50 \sim +100$ mm 之间，根据规范要求不对桩头进行处理，超过上述偏差范围，需按设计要求对桩头进行处理。

（3）桩头破除采用混凝土切割机，切割至设计标高 $-50 \sim +100$ mm 之间。截桩后及时采用桩孔锚板覆盖桩身洞口，并及时清理垫层面上混凝土碎渣，以保证垫层面清洁。

（4）如桩顶标高不够高，则按设计要求进行接桩处理。

6.3.9.5　模板工程

（1）模板应进行强度、刚度和稳定性验算，同时进行保温结构设计。

（2）模板和支架系统在安装、使用和拆除过程中，必须采取防倾覆的临时固定措施。

（3）基础模板一般采用20mm厚胶合板做面板，50mm×100mm、100mm×100mm方木做背楞。

（4）模板加固采用 ϕ12mm 对拉螺栓，两头焊于基础同一根水平钢筋上，另一端利用双螺帽紧固，模板加固对拉螺杆的横向、竖向间距通过计算确定。

（5）后浇带或跳仓法留置的竖向施工缝，宜用钢板网、铁丝网或小板条拼接支模，也可用快易收口网进行支挡；后浇带的垂直支架系统宜与其他部位分开。

（6）大体积混凝土的拆模时间，应满足国家现行有关标准对混凝土的强度要求，混凝土浇筑体表面与大气温差不应大于20℃；当模板作为保温养护措施的一部分时，其拆模时间应根据规范规定的温控要求确定。

（7）大体积混凝土拆模后，应采取预防寒流袭击、突然降温和剧烈干燥等措施。

（8）模板其他施工要求见本书6.5节厂房柱基础、其他设备基础施工。

6.3.9.6　测温探头布设

（1）大体积混凝土浇筑体内监测点的布置，应真实地反映混凝土浇注体内的最高温升、里表温度、降温速率及环境温度，可按下列方式布置：

1）监测点的布置范围应以所选混凝土浇筑体平面图对称轴线的半条轴线为测试区，在测试区内监测点按平面分层布置。

2）在测试区内，监测点的位置与数量可根据混凝土浇筑内温度场的分布情况及温控的要求确定。

3）在每条测试轴线上，监测点位不宜少于4处，应根据结构的几何尺寸布置。

4）沿混凝土浇筑体厚度方向，必须布置外表、底面和中心温度测点，其余测点宜按测点间距不大于600mm布置。

5）保温养护效果及环境温度监测点数量应根据具体需要确定。

6）混凝土浇筑体的外表温度，应为混凝土外表以内50mm处的温度。

7）混凝土浇筑体底面的温度，宜为混凝土浇筑体底面上50mm处的温度。

（2）测温元件的选择应符合下列要求：

1）测温元件的测温误差不应大于0.3℃（25℃环境下）。

2）测试范围为－30～150℃。

3）绝缘电阻应大于500MΩ。

（3）测试元件安装前，必须在水下1m处经过浸泡24h不损坏。

（4）测试原件导线沿固定架引出，并通过固定架固定牢固。

（5）测试元件接头安装位置应准确，固定牢固，并应与结构钢筋及固定架金属体绝热。

（6）测试元件的引出线宜集中布置，并加以保护。

（7）测试元件周围应加以保护，混凝土浇筑过程中，下料时不得直接冲击测试测温元件及其引出线；振捣时，振捣器不得触及测试元件及引出线。

6.3.9.7 混凝土制备与运输

（1）混凝土的制备量与运输能力应满足混凝土浇筑工艺的要求，大体积混凝土的供应能力应满足混凝土连续施工的需要，不宜低于单位时间所需量的1.2倍，并选择具有资质的预拌混凝土生产单位。

（2）预拌混凝土质量应符合《预拌混凝土》GB/T 14902的规定，并应满足施工工艺对坍落度损失、入模坍落度、入模温度、初凝时间等的技术要求。

（3）多厂家制备预拌混凝土的工程，应符合原材料、配合比、材料计量等级相同，质量检验水平和制备工艺基本相同的要求。

（4）搅拌运输车的数量应满足混凝土浇筑的工艺要求。

（5）搅拌运输过程中需要补充外加剂或调整拌和物质量时，宜符合下列规定：

运输过程中出现离析或使用外加剂进行调整时，搅拌运输车应进行快速搅拌，搅拌时间不应小于120s；运输过程中严禁向拌和物中加水。

（6）混凝土泵的实际平均输出量计算：

$$Q_1 = Q_{max} \times \alpha_1 \times \eta \tag{6-6}$$

式中　Q_1——每台混凝土泵的实际平均输出量，m^3/h；

　　　Q_{max}——每台混凝土泵的最大输出量，m^3/h；

　　　α_1——配管条件系数，可取0.8～0.9；

　　　　η ——作业效率，根据混凝土搅拌车向混凝土泵供料的间断时间、拆装混凝土输
　　　　　　出管和布料停歇时间等情况可取 0.5 ~ 0.7。

　　（7）当混凝土泵连续作业时，每台混凝土泵所需配备的混凝土搅拌运输车台数，按下
式计算：

$$N = Q_1/V \times (T_t + L/S_0) \tag{6-7}$$

式中　　N ——混凝土搅拌运输车台数，台；
　　　　Q_1 ——每台混凝土泵的实际平均输出量，m^3/h；
　　　　V ——每台混凝土搅拌运输车的容量，m^3；
　　　　T_t ——每台混凝土搅拌运输车总计停歇时间，h；
　　　　L ——混凝土搅拌运输车往返距离，km；
　　　　S_0 ——混凝土搅拌运输车平均行车速度，km/h。

6.3.9.8　混凝土浇筑

　　（1）大体积混凝土的施工应采取整体分层连续浇筑或推移式连续浇筑施工，如图 6-4
所示。

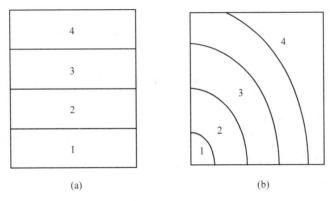

　　　　　　　　　　　（a）　　　　　　　　　　　　　　　　（b）

图 6-4　大体积混凝土浇筑示意图
（a）整体分层连续浇筑施工；（b）推移式连续浇筑施工
1 ~ 4—浇筑顺序

　　（2）混凝土浇筑厚度应根据所用振捣器的作用深度及混凝土的和易性确定，整体连续
浇筑时宜为 300 ~ 500mm。

　　（3）整体分层连续浇筑或推移式连续浇筑，应缩短间歇时间，并应在前层混凝土初凝
之前将次层混凝土浇筑完毕。层间最长的间歇时间不应大于混凝土的初凝时间。混凝土的
初凝时间应通过试验确定。当层间间歇时间超过混凝土的初凝时间时，层面应按施工缝
处理。

　　（4）混凝土浇筑从低处开始，沿长边方向自一端向另一端进行，当混凝土供应量有保
证时，也可多点同时浇筑。

　　（5）混凝土用机械振捣，在混凝土浇筑坡度的前后布置两道振动器，第一道布置在混
凝土卸料点，主要解决上部混凝土的振实；因转炉基础底板底层钢筋较密，第二道布置在
混凝土坡脚处，确保下部混凝土的密实，随着混凝土浇筑工作向前推进，振动器也相应跟
上。振捣棒移动间距为 50cm，振捣插入下层混凝土 5cm，每处的振捣时间 20s，以混凝
土不下沉，均匀泛浆，无气泡冒出为准，混凝土浇筑采取二次振捣工艺。

（6）在大体积混凝土浇筑过程中，应及时清除混凝土表面的泌水，混凝土表面的泌水处理采用潜水泵抽排。

（7）大体积混凝土浇筑面应及时进行二次抹压处理，即凝土浇至顶面后 4～5h，将混凝土表面进行找平，并在混凝土初凝前用木抹子打磨压实。

6.3.9.9 混凝土养护

（1）大体积混凝土应进行保温保湿养护，在每次混凝土浇筑完毕后，除应按普通混凝土进行常规养护外，尚应及时按温控技术措施的要求进行保温养护，并应符合下列要求：

1）应专人负责保温养护工作，并应按规范的有关规定操作，同时，做好测试记录。

2）保湿养护的持续时间不得少于 14 天，并应经常检查塑料薄膜或养护剂涂层的完整情况，保持混凝土表面湿润。

3）保温覆盖层的拆除应分层逐步进行，当混凝土的表面温度与环境最大温差小于20℃时，可全部拆除。

（2）在混凝土浇筑完毕初凝前，应立即进行喷雾养护工作。

（3）塑料薄膜、麻袋、阻燃保温等，可作为保温材料覆盖混凝土和模板，必要时，可搭设挡风保温棚或遮阳降温棚。在保温养护中，应对混凝土浇筑体的里表温度和降差速率进行现场监测，当实测结果不满足温控指标的要求时，应及时调整保温养护措施。

6.3.9.10 温控施工的现场监测

（1）大体积混凝土浇筑里表温差、降温速率及环境温度的测试，在混凝土浇筑后，每昼夜不应少于 4 次；入模温度的测量，每台班不少于 2 次。

（2）测试过程中，应及时描绘出各点的温度变化曲线和断面的温度分布曲线。

（3）发现温控数值异常应及时报警，并应采取相应的措施。

6.3.9.11 混凝土试块留设

混凝土按规范要求每200m³留设一组标养抗压试块，一组同养抗压试块，增设 3 天、7 天、14 天龄期同养混凝土试块，用于检测混凝土强度的增长。

标养抗压试块在温度为（20±2）℃的标准养护室内进行养护。同养抗压试块放在基础边，并与基础同条件养护。

6.3.9.12 特殊气候条件下的施工

（1）体积混凝土施工遇炎热、冬期、大风或雨雪天气时，必须采取保证混凝土浇注质量的技术措施。

（2）炎热天气浇筑混凝土时，宜采用遮盖、洒水、拌冰等降低混凝土材料温度的措施，混凝土入模温度宜控制在30℃以下。混凝土浇注后，应及时进行保湿保温养护；条件许可时，应避开高温时浇筑混凝土。

（3）冬期浇筑混凝土时，宜采用热水拌和、加热骨料等提高混凝土原材料温度的措施，混凝土入模温度不宜低于5℃。混凝土浇筑后，应及时进行保温保湿养护。

（4）大风天气浇筑混凝土时，在作业面应采取挡风措施，并应增加混凝土表面的抹压次数，应及时覆盖塑料薄膜和保温材料。

（5）雨雪天不宜露天浇筑混凝土，当需施工时，应采取确保混凝土质量的措施。浇筑过程中突遇大雨或大雪天气时，应及时在结构合理部位留置施工缝，并应尽快中止混凝土浇筑；对已浇筑还未硬化的混凝土应立即进行覆盖，严禁雨水直接冲刷新浇筑的混凝土。

6.3.10 转炉基础跳仓法施工

6.3.10.1 跳仓法施工概念

在转炉基础大体积混凝土施工过程中，在平面上对基础进行合理地分块，采用"分块跳仓"法浇筑混凝土，控制混凝土浇筑块体因水泥水化热引起的温升、混凝土浇筑块体的内外温差和降温速度，从而有效地控制大体积混凝土施工时，因水泥水化热引起的温升而产生的有害裂缝，克服了转炉基础混凝土一般采用"整体浇筑法"施工时，对混凝土有害裂缝难以控制的技术难题。

6.3.10.2 施工流程

（1）跳仓法施工流程与整体式施工流程相同。

（2）跳仓的最大分块尺寸不宜大于40m，跳仓间隔施工的时间不宜小于7天，跳仓接缝处应按施工缝的要求设置和处理。

6.3.11 转炉基础内埋冷却水管法施工

转炉基础内埋冷却水管法概念：

（1）通过计算，当大体积混凝土内部的温控指标不能满足规范要求且通过保温养护措施不能解决时，一般采用在基础内埋设循环水管，循环水管的出、入口均设置在基础外部，待基础混凝土浇筑后，从外部管子入口注入凉水、同时从出口流出热水，从而达到降低混凝土内部因水化热引起的温度升高。

（2）基础内所埋冷却水管的大小、方式应经计算确定。

（3）冷却水管的埋设时间与螺栓固定架相同，其他工艺流程与整体式施工流程相同。

6.3.12 主要施工机具

主要施工工具有：潜水泵、钢筋加工机具、钢筋连接机具、电焊机、木工加工机具、测量设备、混凝土振捣机具、混凝土运输设备、混凝土运输设备等。

6.3.13 主要工种

主要工种有：木工、钢筋工、混凝土工、瓦工、电焊工、电工、测量工等。

6.4 深基坑工程施工

6.4.1 深基坑工程概述

根据炼钢工程的工艺要求，一般炼钢工程主要深基坑有铁水倒罐坑、副原料地下料仓及通廊、铁合金地下料仓及通廊、RH顶升坑基础、地下水管廊、转运站等，均为钢筋混凝土结构。

其中，铁水倒罐坑设计深度一般约－14m，副原料地下料仓及通廊设计深度一般约－12m，铁合金地下料仓及通廊设计深度一般为－10m，地下水管廊设计深度一般为－8m，RH顶升坑基础设计深度一般为－8m，转运站设计深度一般为－10m。

深基坑工程在施工前，首先要选择保证人身安全的支护方案。目前，深基坑支护的主要方法有：土方放坡、土钉支护、水泥搅拌桩支护、钢板桩支护、桩基支护、地下连续墙支护、SMW工法支护等，每一种支护方法所适应的深度、地质条件等均不一样，施工费用更是相差甚远。因此，根据施工现场实际情况，科学、合理地选择深基坑支护方案尤为重要。

6.4.2 深基坑支护方案选择

深基坑工程施工方案选择需要考虑的主要因素有基坑深度、基坑地质情况、地下水情况、施工顺序等。

6.4.2.1 基坑深度

基坑深度是支护方案选择需要考虑的主要指标，不同深度的基坑所采取的支护方法不一样，施工费用也不一样。

6.4.2.2 基坑地质情况

基坑的地质情况也是支护方案选择需要考虑的主要指标，当地质条件较好时，可以采取简单的支护方法甚至放坡的形式施工，否则，采取桩基等复杂的支护方案。基坑的地质情况主要考虑的指标有地基岩土的构成、密度、压缩模量、重度、内聚力、内摩擦角、渗透系数等。

6.4.2.3 地下水情况

深基坑施工一般需要降低地下水位至基坑底部以下，以便确保施工人员施工。因此，基坑及其附近的地下水状况也是支护方案选择需要考虑的主要指标，当地下水位在基坑底部以上，必须采取降水措施，降水方案一般根据岩土构成、渗透系数等综合考虑，降水方法有基坑集水坑降水、轻型井点降水、管井降水等。

6.4.2.4 施工顺序

炼钢工程施工顺序对基坑支护方案的选择也是非常重要，当炼钢工程工期紧，土建、钢结构安装等工序均要施工时，为了不影响其他工序的施工，基坑支护通常选择不影响周围工序施工的"闭口"施工方法。当炼钢工程工期不紧，基坑支护可以按先深后浅的"开口"施工方法。

综合以上深基坑支护的主要因素，炼钢工程深基坑支护方法的选择为：铁水倒罐坑一般采用桩基、地下连续墙、SMW工法支护等；副原料地下料仓及通廊一般采用土方放坡、土钉、水泥搅拌桩、钢板桩、桩基支护等；铁合金地下料仓及通廊一般采用土方放坡、土钉、水泥搅拌桩、钢板桩支护等；地下水管廊一般采用土方放坡、土钉、水泥搅拌桩、钢板桩支护等；RH顶升坑基础一般采用水泥搅拌桩、钢板桩、桩基支护等，转运站一般采用土方放坡、土钉、水泥搅拌桩、钢板桩、桩基支护等；以上支护方法一般情况下伴有降水。

6.4.3 案例1：铁水倒罐站施工

6.4.3.1 工程概况

宝钢广东湛江钢铁基地项目炼钢主厂房铁水脱硫跨厂房内设有两个铁水倒罐坑，分别为位于 14～15 轴线间的 1 号倒罐坑和位于 12～13 轴线间的 2 号倒罐坑。每个铁水倒罐坑净尺寸为 19m×76m，深 13.8m，坑侧壁厚约 1.2m，底板厚 2.2m，底板外挑 2.8m。基坑侧壁及底板采用防水钢筋混凝土结构，抗渗等级 S8。

该项目自然地面为 ▽ -0.500m，±0.000 相当于绝对标高 9.80m，开挖深度为 13.3m。

6.4.3.2　地质条件

拟建铁水倒罐坑基坑深度范围内地层有黏性素填土（地层代号①2-1）、黏土（地层代号⑩1-1）及含黏性土中粗砂（地层代号⑩1-3），含黏性土中粗砂（地层代号⑩1-3）层分布于深度 14.10～9.50m 之间，且贯通分布于整个基坑范围内。场地土层分布情况及各层土基坑支护有关设计参数建议采用表 6-19 数据。

表 6-19　场地土层分布情况及各层土基坑支护有关设计参数

代号	岩土名称	密度/状态	压缩模量/MPa	承载力特征值/kPa	天然重度/kN·m⁻³	饱和重度/kN·m⁻³	抗剪强度建议值		渗透系数/m·d⁻¹	静止侧压力系数
							内摩擦角/(°)	内聚力/kPa		
①2-1	黏性素填土	松散～稍密	3.5	75	17.8	18.4	7	10	0.37	0.45
⑩1-1	黏土	可塑	6.0	160	17.7	17.8	11	30	相对隔水层	0.48
⑩1-2	含黏性土中粗砂	稍密	10.0	170	18	18.4	25	5	9.00	0.32
⑩1-3	含黏性土中粗砂	中密	13.0	220	18.5	18.8	26	5	9.00	0.3
⑩2-1	黏土	可塑～硬塑	10.0	210	17.5		12	64		
⑩2-2	含黏性土中粗砂	中密	14.5	230	18.5		29	5		

拟建场地内地下水有上部滞水、承压水和基岩裂隙水三种类型。上部滞水受大气降水补给，勘察期间测得上部滞水稳定水位埋深为 0.60～3.60m，标高 2.44～7.13m；承压水水头标高为 5.70～6.35m。

6.4.3.3　周边环境

铁水倒罐站倒罐坑基坑工程（图 6-5），其周边环境非常开阔，但四周是厂房柱基础桩和脱硫轨道基础桩，1 号基坑北侧距 13 轴 4 个柱基承台桩 2.7m，南侧 12 轴柱承台桩 3 个位于基坑中，其基坑底标高与坑底标高相同 -13.3m，东侧 12 轴柱基承台桩 1 个距离基坑 700mm；2 号基坑南侧距 14 轴 4 个柱基承台桩 1050mm，北侧 15 轴柱基承台桩 3 个位于基坑中，其基坑底标高与坑底标高相同 -13.3m，东侧 15 轴柱基承台桩 1 个距离基坑 700mm。基坑外厂房柱基础待铁水倒罐坑结构施工完成后施工，基坑内厂房柱基础与铁水倒罐坑结构同步施工。

6.4.3.4　铁水倒罐站基坑支护方案设计

根据现场实际情况结合场地工程地质条件及周围环境，本基坑采用排桩（灌注桩）加锚索支护，排桩之间采用双重管高压旋喷做止水帷幕（图 6-6）。

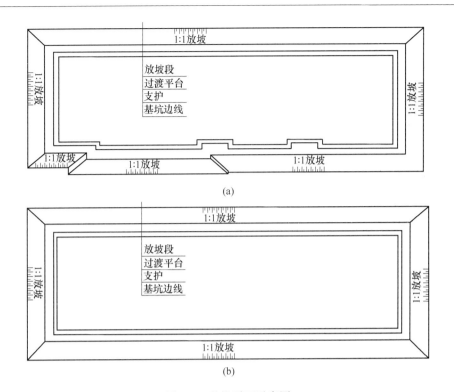

图 6-5 基坑平面示意图

(a) 1 号铁水倒罐坑；(b) 2 号铁水倒罐坑

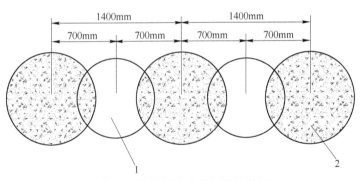

图 6-6 灌注桩与止水帷幕示意图

1—三重管旋喷桩；2—灌注桩

（1）沿基坑周围布设 φ1000 钻孔灌注桩，桩间距 1.4m。

（2）在灌注桩施工后及时进行止水帷幕作业，即用 D1200 三重管高压旋喷桩咬合施工。

（3）灌注桩及旋喷桩施工结束，按设计图纸进行第一层土方开挖施工至灌注桩桩顶位置，采用 1:1 放坡至 ▽ -4.5m，边坡进行喷锚支护。

（4）第一层土方开挖至 ▽ -4.5m 时，进行第一道锚索埋设施工，锚索间距 2.0m。

（5）第一道锚索埋设完成后，进行桩顶梁 1000mm × 600mm 施工，在锚索位置埋设 D60PVC 管，间距 2m。在施工冠梁之前按设计要求进行布设锚索施工。

（6）冠梁形成后，钻孔灌注桩达到设计强度 75%，旋喷桩施工结束时就可以进行第一道锚索张拉及注浆施工。

（7）第一道锚索施工同时可以进行基坑上部土方开挖，沿基坑周围向基坑壁放坡开挖至 −9.5m，给腰梁施工创造工作面，中间预留岛状土方，以平衡基坑内外土压力。此时进行上部分挂网喷射桩间混凝土。

（8）腰梁施工前布设第二道锚索，在腰梁上预埋 D60PVC 管，间距 1.6m，腰梁施工完成后进行第二道锚索后续施工，间距 1.6m。

（9）第二道锚索施工完成，即可以基坑土方施工至基坑底标高，此时进行剩余部分挂网喷射桩间混凝土。

以上支护方案需要有资质的设计院设计，并经外部专家评审通过后才能实施。

6.4.3.5　钻孔灌注支护桩施工

A　桩位测量

依据设计桩位平面布置图及建立的现场测量控制网，并测放桩位。

B　埋设护筒

根据桩径大小，按桩位点进行人工挖孔，下放钢护筒，护筒内径大于桩径 100mm，其上部宜开设溢浆口，并高出地面 0.3m，埋深 1.5m 左右，用仪器监测护筒的埋设，护筒中心与桩中心偏差小于 5cm，护筒周围用黏土回填，并夯实，在护筒上用十字交叉法定出桩位中心点。

C　钻机安装

必须准、平、稳、牢，使天轮、滑车、转盘中心、桩中心在一条铅垂线上，钻机对位安装偏差严格控制在 5cm 以内，钻机机座必须稳固，以确保钻进过程中不发生倾斜或位移，用仪器复核定位后方可开钻。

D　泥浆

泥浆有保护孔壁和排渣的作用，根据不同的地质条件，制备泥浆的方法也不同，根据本现场条件可主要利用黏性土进行自然造浆，辅以优质黏土进行人工造浆。对于新拌制的泥浆其质量指标要求：密度 $1.1 \sim 1.25 g/cm^3$。

泥浆循环系统应根据施工场地合理布置，泥浆从泥浆池捞出后应及时外运至指定地方，做到现场文明施工。

E　钻探成孔

钻孔过程中应做好记录，特别是进入持力层后应加密取样检查，经监理工程师验收后方可终孔，确保桩端进入持力层深度满足设计要求。

F　清孔

分两次清孔，第一次清孔是终孔时停止进尺，让钻具慢速空转 $10 \sim 15min$，置换泥浆，同时可结合泵吸反循环清除孔底沉渣。第二次清孔是在灌注混凝土之前，采用目前国内市场上最先进的厚壁插入花键连接式导管清孔，在安装每节导管之前，应检查其密封圈是否完好，涂止水黄油，确保导管封水性能。按孔深配置导管长度，导管下口距孔底不超过 0.5m，导管安装完毕应下放至孔底，检查其到位情况。此次清孔使孔底 500mm 内泥浆密度小于 $1.25 g/cm^3$，因为是围护桩，要求孔底沉渣不大于 300mm，验收后在 30min 内应开始浇混凝土。

G　钢筋笼的制作与安装

钢筋笼制作之前，首先由技术员依照设计图，对制作人员进行详细文字交底。钢筋笼制作及安装人员必须持证上岗。

钢筋笼制作按规范和设计图要求进行控制，制作偏差：主筋间距 ±10mm，箍筋间距 ±20mm；笼径 ±10mm；笼长 ±50mm。

在大批量钢筋笼加工之前，要制作出钢筋笼样板，经各方检验人员验收认可后，方可大量制作。

钢筋笼存放、吊安时要采取切实可行的措施，防止钢筋笼扭曲变形和污染。

为了保证钢筋笼的保护层厚度大于等于50mm，钢筋笼焊接完后，要在箍筋外加装垫块，垫块用1:2水泥砂浆制作成 ϕ50mm 圆柱体。每6m左右设一圈，每圈垫块不少于3个。

钢筋笼吊安入孔时，应对准钻孔中心，缓慢下放，吊放过程中不允许左右旋转，若遇阻应停止下放，查明原因进行处理，严禁高起猛落，碰撞和强行下压；钢筋笼连接一般采用搭接焊，主筋搭接位置应错开不小于500mm。

H　混凝土灌注

（1）工程使用商品混凝土 C30，采用水下导管顶托法灌注。

（2）水下混凝土要有较好的和易性，坍落度控制在 18~22cm，按规范要求现场留置试块，送标养室标养，达28天养护龄期及时送检。

（3）隔水塞采用耐压塑料球或者隔水性能较好的铁板栓，浇混凝土前放在导管内泥浆面上。

（4）首批混凝土量必须保证导管底口埋入混凝土面 1.5m 以上。

（5）浇注混凝土应连续进行。开灌前作好现场准备及机具检修，防止产生故障。导管随浇注混凝土面上升，逐节提升、拆卸后保持混凝土面埋导管 2m 左右，灌注过程中混凝土面埋管深度不大于6m，且导管下口不可提出混凝土面，宜在混凝土面下 2m 以上。整桩混凝土浇注时间控制在第一盘混凝土初凝时间内。

（6）控制最后一斗的混凝土灌量，为保证设计要求的桩顶混凝土的质量，实际灌注高度应高出设计桩顶标高不少于 0.5m。

（7）在浇灌施工过程中可能发生导管挂笼或导管埋深过大而导致钢筋笼上浮现象，为确保桩基质量，必须保证钢筋笼不上浮，通常可采取以下措施：

1）严格控制成孔垂直度在1%范围内；

2）钢筋笼应防止翘曲变形，下入孔内后可用吊筋将其悬垂于孔中；

3）钢筋笼连接处钢筋不可向内弯曲，以免挂住导管；

4）导管埋入混凝土面下 2~3m；

5）经常检查导管接头，防止挂笼。

6.4.3.6　高压旋喷桩施工

采用高压旋喷桩作为灌注桩间的止水帷幕，高压旋喷桩采用三重管施工工艺，桩径 ϕ1200mm，咬合施工，间距 1400mm（布于两根支护桩之间），设计有效桩长 15m，制浆材料采用 32.5R 复合硅酸盐水泥，水灰比为 0.8~1.0，水泥应过筛，无结块、无杂质，水泥用量 400kg/m，保证成桩质量和桩径。

A　工艺流程

高压旋喷桩施工流程图如图 6-7 所示。

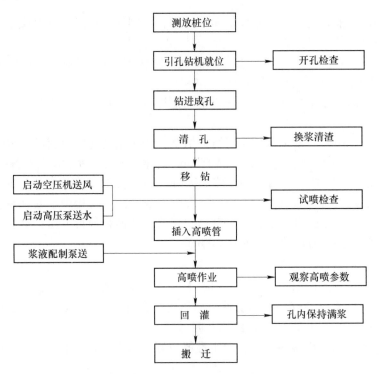

图 6-7　高压旋喷桩施工流程图

三重管旋喷注浆示意图如图 6-8 所示。

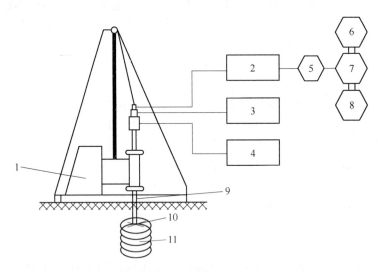

图 6-8　三重管旋喷注浆示意图

1—钻机；2—高压泥浆泵；3—空压机；4—高压清水泵；5—浆桶；6—水箱；
7—搅拌机；8—水泥仓；9—注浆管；10—喷头；11—旋喷固结体

B　施工工艺参数

旋喷桩施工设计技术参数见表 6-20。

表 6-20 旋喷桩施工设计技术参数表

项 目		技 术 参 数
压缩空气	气压/MPa	0.7
水	压力/MPa	30
	喷嘴直径/mm	2.0~2.8
水泥浆	压力/MPa	1.0
水灰比		0.8~1.0
提升速度/mm·min^{-1}		100~200
旋转速度/r·min^{-1}		15~20

C 施工准备

严格按照设计要求及有关规范进行技术交底,做好通水、通电及挖槽工作;检查机器运转情况并做好各易损件的筹备工作;按现场平面布置图选好地点挖泥浆池及铺水泥堆放台。

D 测量放样

根据测量桩位及时引桩,将主轴线控制点引至不受破坏的位置,且加以保护;采用钢尺拉线、插竹签定桩位的方式进行桩位点的测放,误差不大于±5mm。

E 钻机就位

钻机就位后,对桩机进行调平、对中,调整桩机的垂直度,保证钻杆应与桩位一致,偏差应在10mm以内,钻孔垂直度误差小于0.3%;钻孔前应调试空压机、泥浆泵,使设备运转正常;校验钻杆长度,并用红油漆在钻塔旁标注深度线,保证孔底标高满足设计深度。

F 引孔钻进

钻机施工前,应首先在地面进行试喷,在钻孔机械试运转正常后,开始引孔钻进。钻孔过程中要详细记录好钻杆节数,保证钻孔深度的准确。

G 拔出岩芯管、插入注浆管

引孔至设计深度后,拔出岩芯管,并换上喷射注浆管插入预定深度。在插管过程中,为防止泥沙堵塞喷嘴,要边射水边插管,水压不得超过1MPa,以免压力过高,将孔壁射穿,高压水喷嘴要用塑料布包裹,以防泥土进入管内。

H 旋喷提升

当喷射注浆管插入设计深度后,接通泥浆泵,然后由下向上旋喷,同时将泥浆清理排出。喷射时,先应达到预定的喷射压力、喷浆后再逐渐提升旋喷管,以防扭断旋喷管。为保证桩底端的质量,喷嘴下沉到设计深度时,在原位置旋转10s左右,待孔口冒浆正常后再旋喷提升。钻杆的旋转和提升应连续进行,不得中断,钻机发生故障,应停止提升钻杆和旋转,以防断桩,并立即检修排除故障,为提高桩底端质量,在桩底部1.0m范围内应适当增加钻杆旋喷时间。在旋喷提升过程中,可根据不同的土层,调整旋喷参数。

施工过程中应对附近地面、地下管线的标高进行监测,当标高的变化值大于±10mm时,应暂停施工,根据实际情况调整压力参数后,再行施工。

制作浆液时，水灰比要按设计严格控制，不得随意改变。在旋喷过程中，应防止泥浆沉淀，浓度降低。不得使用受潮或过期的水泥。浆液搅拌完毕后送至吸浆桶时，应有筛网进行过滤，过滤筛孔要小于喷嘴直径 1/2 为宜。

开始时，先送高压水，再送水泥浆和压缩空气，在一般情况下，压缩空气可晚送 30s。在桩底部边旋转边喷射 1min 后，再进行边旋转、边提升、边喷射。

喷射时，先应达到预定的喷射压力，喷浆量后再逐渐提升注浆管。中间发生故障时，应停止提升和旋喷，以防桩柱中断，同时立即进行检查，排除故障；如发现有浆液喷射不足，影响桩体的设计直径时，应进行复核。

旋喷过程中，冒浆量小于注浆量的 20% 为正常现象，若超过 20% 或完全不冒浆时，应查明原因，调整旋喷参数或改变喷嘴直径。对需要扩大加固范围或提高强度的工程可采取复喷措施，即先喷一遍清水，再喷一遍或两遍水泥浆。

钻杆旋转和提升必须连续不中断，拆卸接长钻杆或继续旋喷时要保持钻杆有 10 ~ 20cm 的搭接长度，避免出现断桩。

在旋喷过程中，如因机械出现故障中断旋喷，应重新钻至桩底设计标高后，重新旋喷。

喷到桩高后应迅速拔出浆管，用清水冲洗管路，防止凝固堵塞。

I　钻机移位

旋喷提升到设计桩顶标高时停止旋喷，提升钻头出孔口，清洗注浆泵及输送管道，然后将钻机移位。

J　质量要求

旋喷深度、直径、抗压强度和透水性应符合设计要求。

质量检验：旋喷桩施工完成 28d 后，通过钻心取样，检查工程的施工质量。

6.4.3.7　锚索施工

锚杆采用钻孔机成孔内设钢绞线。施工前必须准确查明锚索施工范围内地下厂房工程桩位布置及深度。

锚索施工工艺及流程如图 6-9 所示。

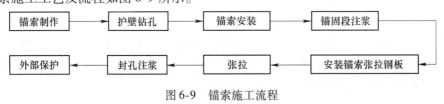

图 6-9　锚索施工流程

A　钻孔

钻孔是锚索施工中控制工期的关键工序。为确保钻孔效率和保证钻孔质量，采用潜孔冲击式钻机套管护壁成孔工艺。钻机钻井时，按锚索设计长度将钻孔所需钻杆摆放整齐，钻杆用完，孔深也恰好到位。钻孔深度要超出锚索设计长度 0.5m 左右。钻孔结束，逐根拔出钻杆和钻具，将冲击器清洗好备用。用一根聚乙烯管复核孔深，并以高压风吹孔，待孔内粉尘吹干净，且孔深不少于锚索设计长度时，拔出聚乙烯管，塞好孔口。

B　锚索制作

锚索在钻孔的同时于现场进行编制，内锚固段采用波纹形状，张拉段采用直线形状。

钢绞线下料长度为锚索设计长度、锚头高度、千斤顶长度、工具锚和工作锚的厚度以及张拉操作余量的总和。正常情况下，钢绞线截断余量取 50mm。将截好的钢绞线平顺地放在作业台架上，量出内锚固段和锚索设计长度，分别作出标记；在内锚固段的范围内穿对中隔离支架，间距 60～150cm，两对中支架之间扎紧固环一道；张拉段每米也扎一道紧固环，并用塑料管穿套，内涂黄油；最后，在锚索端头套上导向帽。

C　锚索安装

向锚索孔装索前，要核对锚索编号是否与孔号一致，确认无误后，再以高压风清孔一次，即可着手安装锚索。安装下倾锚索比较简单，安装上倾和水平锚索时要注意以下 4 点：

（1）检查定位止浆环和限浆环的位置，损坏的，按技术要求更换。

（2）检查排气管的位置和畅通情况。

（3）锚索送入孔内，当定位止浆环到达孔口时，停止推送，安装注浆管和单向阀门。

（4）锚索到位后，再检查一遍排气管是否畅通，若不畅通，拔出锚索，排除故障后重新送索。

D　锚固法注浆

锚固法注浆采用排气注浆法施工。本工程为下倾的孔，注浆管插至孔底，砂浆由孔底注入，空气由锚索孔排出；对于下倾锚索注浆，采用砂浆位置指示器控制注浆位置。锚索孔注浆采用注浆机，注浆压力保持在 0.3～0.6MPa。

E　安设锚索张拉钢板

沿锚索垂直面安设 300mm×300mm×20mm 的钢板，钢板中心孔与锚索中心保持一致。

F　锚索张拉

张拉锚索前需对张拉设备进行标定。标定时，将千斤顶、油管、压力表和高压油泵联好，在压力机上用千斤顶主动出力的方法反复试验三次，取平均值，绘出千斤顶出力（kN）和压力表指示的压强（MPa）曲线，作为锚索张拉时的依据。因国产压力表初始起动压强不完全相同，所以，标定曲线上必须注明标定时的压力表号，使用中不得调换。压力表损坏或拆装千斤顶后，要重新标定。若锚索是由少数钢绞线组成，可采用整体分级张拉的程序，每级稳定时间 2～3min；若锚索是由多根钢绞线组成，组装长度不会完全相同，为了提高锚索各钢绞线受力的均匀度，采用先单根张拉，3 天后再整体补偿张拉的程序。

G　二次注浆

补偿张拉后，立即进行封孔二次注浆。对于下倾锚索，注浆管从预留孔插入，直至管口进到锚固段顶面约 50cm。

H　外部保护

封孔二次注浆后，从锚具量起留 50mm 钢绞线，其余的部分截去，在其外部包覆厚度不小于 50mm 水泥砂浆保护层。

锚索抗拔力的基本试验和验收试验要求：

（1）基本试验。

同条件下的极限抗拔承载力试验的锚杆数量不应少于 3 根，锚杆极限抗拔承载力试验宜采用多循环加载法。

（2）验收试验。

试验数量应为锚索总数的 5%，且不少于最初施作的 3 根，最大检验荷载为锚索设计轴向拉力的 1.2 倍，且不超过锚筋 $A \times f_{ptk}$ 的 0.8 倍。

检测试验应在锚固段注浆固结体强度达到 15MPa 或达到设计强度的 75% 后进行。

检测锚杆应采用随机抽样的方法选取。

6.4.3.8　挂钢筋网

每排锚索施工完毕后，沿着灌注桩方向绑扎钢筋网片（$\phi6.5mm@300mm \times 300mm$），网片向坡顶以上延伸 1m。

6.4.3.9　喷射混凝土面层

喷射混凝土厚度为 60mm。喷射细石混凝土强度为 C20。混凝土喷射完毕后，在面板上打孔，作为泄水孔，排除上部土层积水。

6.4.3.10　排水施工

为了防止大量的降水对边坡的影响，分别在槽边及基槽上四周设置排水沟及集水井。排水沟，尺寸为 30cm×30cm，形成 3‰ 坡度，保证雨水自流，并且每隔 30m 设置一个集水井，用潜水泵抽水。

6.4.3.11　土方施工

1 号、2 号铁水倒罐坑同时同步对称开挖，土方开挖分为三层。第一层为灌注桩及旋喷桩施工完成后，基坑土方开挖至标高 -5.10m；第二层为冠梁及第一道锚索施工完成后，沿基坑壁方向放坡开挖至标高 -9.796m，中间预留岛状土堆，进行腰梁施工和第二道锚索施工；第三层土方开挖至基底并预留 200mm 厚土层，由人工配合进行清底。

A　挖土次序

一层土方开挖→冠梁、第一道锚索施工→养护→张拉→二层土方开挖→腰梁、第二道锚索→养护→张拉→三层土方开挖至坑底。

B　一层挖土施工

一层挖土采用坑内分两层挖土的方式，用两台挖机接力进行挖运，挖至冠梁的底标高 ▽ -5.1m，在西侧端头留出运土车道。如图 6-10 所示。

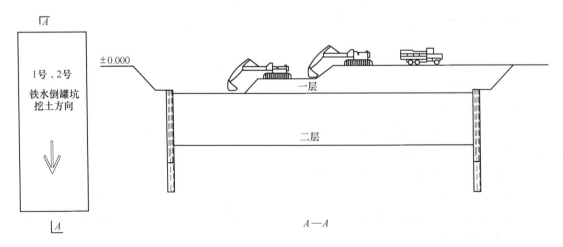

图 6-10　一层挖土示意图

C 第二层挖土施工

第二层挖土采用一台挖机在坑内配合作业，一台长臂挖机在坑外开挖，顶部一台挖机装车运土。挖土至腰梁的底标高，中间留岛状土。紧随挖土，腰梁、锚索流水作业施工。如图 6-11 所示。

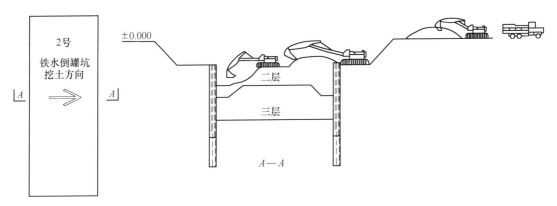

图 6-11 二层挖土示意图

D 第三层挖土施工

第三层挖土的施工，采用一台小挖机在坑内配合作业，一台长臂挖机坑外开挖，顶部一台挖机装车运土。机械挖土到基坑底时，预留 200mm 厚的土用人工清理。如图 6-12 所示。

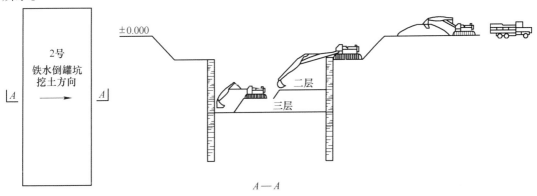

图 6-12 三层挖土示意图

E 土方开挖施工要点

土方开挖过程中，严禁挖掘机械碰撞冠梁、腰梁、支护桩、锚索和面层等支护构件，同时挖掘机械和运输车辆不得在没有任何保障措施的情况下在支护构件上停放或行走。

挖掘机站在基坑边缘进行挖土时，挖掘机下面必须铺设路基钢板，使基坑边土体和支护桩受到均匀荷载。

凡开挖的土方应随挖随运走，严禁堆积基坑顶周边上，基坑边缘堆置土方、建筑材料及运输车辆距基坑边缘距离不小于 5m。

合理安排开挖顺序使基坑坡面暴露时间最短，基坑开挖完成后应及时浇注垫层封闭基坑，减少地基土暴露时间。

6.4.3.12　基坑监测

A　监测内容

基坑监测包括基坑坡顶位移沉降、支护桩桩身深层水平位移（测斜）、锚索拉力、地下水位等项目。

基坑监测应委托有资质的独立第三方，同时施工单位应在基坑坡顶设点进行位移和沉降的日常观测。

监测方在施工前应编制基坑监测方案，经建设、监理、设计及施工方确认后实施。

B　监测频率

施工前按规定进行初测，建立初读数；基坑开挖支护期间，每次开挖时必须在当日内观测 1~2 次，非开挖期间视基坑变形发展趋势可每 1~3 天观测一次；土方开挖施工期间，一般每 3~5 天观测一次，若基坑变形趋势呈收敛状态则可减少观测频率至每 7~10 天观测一次；底板施工完成后，一般每 7~10 天观测一次，若基坑变形稳定则可进一步减少观测频率至每 15~30 天观测一次；基坑回填一半时停止观测。当遇连续强降雨天气、坡顶荷载发生较大改变和监测结果出现异常等不利情况时应加密观测。

C　报警值及控制值

基坑坡顶沉降控制值为 40mm，基坑坡顶位移控制值 40mm，锚索拉力控制值为设计承载力，边坡测斜控制值为 40mm，地下水位观测控制值为 4.0m，上述检测项目的报警值取控制值的 80%。

发现下列现象之一时，应立即停止施工、启动应急预案并告知设计方和有关部门，等设计人员及有关部门查明原因，制定解决方案并实施、确保基坑安全后方可继续施工：

（1）开挖期间支护结构监测数据累计超过报警值或地下结构施工期间水平位移速率超过 5mm/d。

（2）基坑顶部地表面出现连续裂缝或较宽的非连续裂缝。

（3）开挖期间邻近道路、建筑物和管线不均匀沉降超过有关规范要求或开裂。

（4）基坑边坡出现局部坍塌或其他异常现象。

（5）其他可能严重影响基坑和邻近建筑物安全的征兆。

D　监测成果处理及反馈

观测数据包括：观测基准点和观测点的位置、编号、观测日期、本次观测值和累积观测值。

观测数据应编制成表格或绘制成曲线，每次监测完成后于次日提交当次监测报告，报告需对基坑变形的发展趋势作出评价。

监测记录和监测报告均应由监测、记录、校核人员签字和监测单位盖章。

当观测数据达到报警值及其异常情况时必须立即通报监理、设计和施工单位。

监测单位应在基坑监测工作完成后提交完整的监测总结报告。

6.4.3.13　主要仪器设备

水准仪、全站仪、混凝土喷射机、空压机、旋挖钻机、高压旋喷钻机、高压注浆泵、潜水泵、反铲挖掘机、长臂挖土机、运输车等。

6.4.3.14 施工进度计划

结合现场实际工作量情况，计划总体施工时间为125天，其中：灌注桩及旋喷桩施工35天；第一层土方开挖、冠梁及第一道锚索施工20天；第二层土方开挖10天，腰梁施工10天，第二道锚索施工10天；开挖至底标高、封垫层15天。

6.4.4 案例2：RH顶升坑、水管廊施工

6.4.4.1 工程概况

宝钢广东湛江钢铁基地项目炼钢主厂房车间内北区水管廊长约160m，钢筋混凝土结构，断面尺寸为4.7m×5.0m，底板厚0.6m，墙壁厚0.4m，基础埋设深度为-7.6m。

RH顶升坑基础平面尺寸为6.4m×6.4m，钢筋混凝土结构，底板厚1.2m，墙壁厚1.2m，基础埋设深度-8.2m。

6.4.4.2 地质条件

根据地质报告，基底有淤泥质土层。

6.4.4.3 周边环境

周边有主厂房柱基础和其他设备基础。

6.4.4.4 支护方案设计

根据施工现场地质条件和周边环境，不宜采用大开挖方式施工。工程拟采用拉森钢板桩进行基坑支护。拉森钢板桩具有施工处理深度大、施工时对相邻构筑物影响小、能克服环境困难、施工速度快等优点。

水管廊支护设计如图6-13所示。

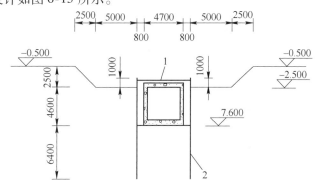

图6-13 水管廊钢板桩支护示意图
1—钢支撑；2—拉森Ⅳ型钢板桩

水管廊基础施工放坡开挖至▽-3.0m，基坑采用12m钢板桩进行支护，基坑支护深度4.6m。

RH顶升坑支护设计如图6-14所示。

RH顶升坑施工放坡开挖至▽-4.5m，基坑采用12m钢板桩进行支护，基坑支护深度3.7m。

6.4.4.5 工艺流程

测量放线→施工围檩支架（导向架）→钢板桩施工→挖土及焊接支撑系统→支护内结构施工→基坑回填→拔除钢板桩。

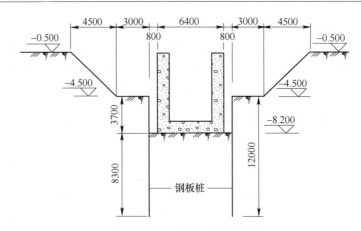

图 6-14　RH 顶升钢板桩支护图

6.4.4.6　测量放线

（1）根据支护结构设计图纸放线定位，同时做好测量控制网和水准基点。

（2）基坑开挖及主体结构施工期间应在钢板桩上设置沉降及水平位移观测点，保证基坑安全。

6.4.4.7　施工围檩支架（导向架）

为保证钢板桩沉桩的垂直度，在钢板桩打入时应施工围檩支架，围檩支架由围檩及围檩桩组成。

围檩支架可双面设置，打桩要求较低时也可单面设置。

一般下层围檩可设在离地面约 500mm 处，双面围檩之间的净距应比插入板桩宽度放大 8 ~ 10mm。围檩支架一般采用 H 型钢、工字钢、槽钢等，围檩桩的入土深度一般为 6 ~ 8m，间距 2 ~ 3m，根据围檩截面大小而定，围檩与围檩桩之间用连接板焊接，如图 6-15 所示。

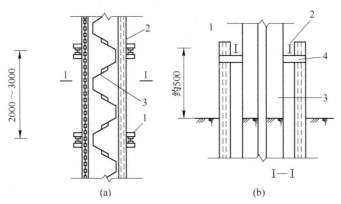

图 6-15　打桩围檩支架

（a）平面布置；（b）剖面

1—围檩桩；2—围檩；3—钢板桩；4—连接板

6.4.4.8　钢板桩施工

打拔钢板桩选用高频液压振动锤（DZ90）。

A 打桩流水段的划分

打桩流水段的划分与桩的封闭合拢有关，流水段长度大，合拢点就少，相对积累误差大，轴线位移相应也大；流水段长度小，则合拢点多，积累误差小，但封闭合拢点增加。一般情况下，应采用后一种方法。

B 钢板桩打设

钢板桩打设时，为防止锁口中心线平面位移，可在打桩行进方向的钢板桩锁口处设卡板，阻止板桩位移。同时在围檩上预先算出每块板桩的位置，以便随时检查校正。开始打设的一、两块钢板桩的位置和方向应确保精确，以便起到样板导向作用，每打入 1m 应测量一次，打至预定深度后应立即用钢筋或钢板与围檩支架焊接固定。

C 钢板桩的转角和封闭合拢

由于板桩墙的设计长度有时不是钢板桩标准宽度的整数倍，或板桩墙的轴线较复杂，或钢板桩打入时的倾斜且锁口部有空隙，这些都会给板桩墙的最终封闭合拢带来困难，往往要采用导形板桩、轴线修整等方法来解决。

导形板桩法：在板桩墙转角处为实现封闭合拢，往往要采用特殊形式的转角桩——导形板桩，它是将钢板桩从背面中线处切开，再根据选定的断面进行组合而成。由于加工质量难以保证，打入和拔出也较困难，所以应尽量避免采用。

轴线修整法：通过对板桩墙闭合轴线设计长度和位置的调整，实现封闭合拢的方法。封闭合拢处最好选在短边的角部。

沿长边方向打至离转角桩约尚有 8 块钢板桩时暂时停止，量出至转角桩的总长度和增加的长度；在短边方向也照上述办法进行；根据长、短两边水平方向增加的长度和转角桩的尺寸，将短边方向的围檩与围檩桩分开，用千斤顶向外顶出，进行轴线外移，经核对无误后再将围檩和围檩桩重新焊接固定；在长边方向的围檩内插桩，继续打设，插打到转角桩后，再转过来接着沿短边方向插打两块钢板桩；根据修正后的轴线沿短边方向继续向前插打，最后一块封闭合拢的钢板桩，设在短边方向从端部算起的第三块板桩的位置处。

D 钢板桩的拔除

拔桩顺序：对于封闭式钢板桩墙，拔桩的开始点离开桩角 5 根以上，必要时还可间隔拔除。拔桩顺序一般与打桩顺序相反。

拔桩时应注意事项：拔桩时，可先用振动锤将板桩锁口振活以减小土的阻力，然后边振边拔。对较难拔出的板桩可先用柴油锤将桩振打入土 100~300mm，再与振动锤交替振打、振拔。有时，为及时回填拔桩后的土孔，在把板桩拔至此基础底板略高时（如 500mm）暂停引拔，用振动锤振动几分钟，尽量让土孔填实一部分。起重机应随振动锤的起动而逐渐加荷，起吊力一般略小于减振器弹簧的压缩极限。

对引拔阻力较大的钢板桩，采用间歇振动的方法，每次振动 15min，振动锤连续工作不超过 1.5h。

E 桩孔处理

钢板桩拔除后留下的土孔应及时回填处理，特别是周围有建筑物、构筑物或地下管线的场合，尤其应注意及时回填，否则往往会引起周围土体位移及沉降，并由此造成邻近建筑物等的破坏。

6.4.4.9　支撑安装

根据基坑支护设计图纸，安装相关支护支撑。如图 6-16 所示。

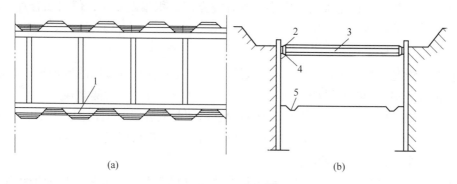

图 6-16　支护支撑示意图

（a）平面图；（b）剖面图

1—拉森桩；2—H 型钢围檩；3—钢管支撑；4—端头板；5—排水沟

水管廊基坑采用 $\phi406$ 钢管，具有支撑刚度大，单根支撑的承载力大，支撑间距较大的特点，经计算水管廊支撑间距设为 8m。

6.4.4.10　钢板桩止水措施

施打钢板桩整个过程必须做好定位导向，严格控制双向垂直度，使桩与桩之间有良好的咬合，保证钢板桩墙面垂直，且紧贴围檩周边，这是止水防渗的关键；对于锁口不密而产生漏水现象时，采用富纤维棉絮进行塞缝；对桩缝较宽的可采取麻丝掺黄油塞缝止水，还可以采取用粉煤灰、锯木沫、膨胀水泥于围堰外沿桩面顺水流方向撒放的综合处理方法，达到止水的目的。

6.4.4.11　水管廊土方开挖施工

钢板桩施工完后土方开挖施工是十分重要的一个环节，直接影响到支护系统的稳固，因此必须有可靠的开挖方案，否则可能导致支护失败。通常情况下支撑系统安装与土方开挖配合进行。如图 6-17 所示。

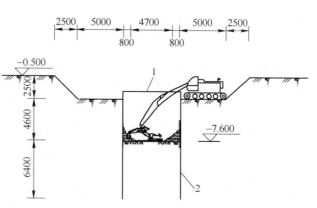

图 6-17　钢板桩支护土方开挖示意图

1—钢支撑；2—拉森Ⅳ型钢板桩

（1）土方开挖采取坑外挖土的方式。

（2）土方开挖应分层分区连续施工，并对称开挖，土方开挖至钢板桩设计支撑标高时，进行支撑施工。支撑一般设置在钢板桩墙顶以下 0.5m 处，根据设计位置在钢板桩内壁上焊支撑托架，然后吊装支撑并固定。

（3）基坑周边 12m（约一倍桩长）范围内严禁堆载。

（4）在距基底标高 200mm 时，采取人工修土至设计标高的方式。在机械施工无法作业的部位和在修整边坡坡度时，均应配备人工进行挖土。

（5）测量人员在挖土施工过程中及时配合做好水平控制桩，防止超挖。

（6）在基坑边上设置排水沟，防止地面水流入；并在基坑内设排水沟，配抽水泵。

（7）挖土机的工作范围内，不得有人进行其他工作，多台机械开挖，挖土间距应大于10m，挖土要自上而下，逐层进行。

6.4.4.12　基坑监测

A　基坑监测项目

基坑监测项目包括支护结构的水平位移、基坑顶沉降观测。

B　监测点的位置及数量

在基坑顶部沿基坑长度方向每 30m 设置沉降观测点；在钢板桩顶端沿围檩长度方向每30m 设置位移观测点；基坑底部回弹及隆起观测视现场情况确定。

C　监测控制指标

支护桩顶水平位移累计不大于 30mm，位移速率不大于 3mm/d。基坑顶部沉降总量不大于 30mm。

D　监测要求

在支护结构施工前测定初始值。施工中加强对测试点及测试设备的保护，防止损坏；保证测试基准点的可靠性及测试设备的完好，以确保测试数据的准确性。应及时向设计人员提供监测数据及最终测试评价成果，以便进行分析及采取相应的防范措施。

E　监测周期

从基坑土方开挖至基坑回填土。在支护施工时，每 2 天观测 1 次，当日变化量或累计变化量超警戒值时，监测频率适当加密，每天观测 1 次。监测数据有异常或突变，变化速率偏大等，适当加密监测频率，直至跟踪监测。在地下结构施工阶段，各监测项目观测频率为 2~3 次/周，支撑拆除阶段 1 次/天。

6.4.4.13　主要施工机械

主要施工机械有：挖掘机、履带式打桩机、履带吊、振动锤、气割设备、经纬仪、水准仪、自卸汽车等。

6.5　厂房柱基础、其他设备基础施工

由于炼钢厂房面积较大，柱基础及设备基础数量较多，炼钢车间主厂房柱基础一般为钢筋混凝土独立基础，厂房内设备基础一般为钢筋混凝土块式基础，主要有转炉基础、RH 炉基础、LF 钢包精炼炉基础等。

设备基础通过直埋螺栓、预埋套筒等方式和设备相连接，柱基础通过直埋螺栓、杯口方式和钢柱连接。

由于炼钢车间为重型厂房，柱基础、设备基础下部一般均设有桩，相关基础埋深除工艺要求外，一般在 -5m 左右，因此，本节仅叙述浅基础施工，相关深基坑工程施工见本书 6.4 节深基坑工程施工。

6.5.1 施工顺序

根据施工工期，将整个施工区域划分为若干区段，坚持"先深后浅"的原则，安排各区段厂房基础及大型设备基础的施工。

深基坑工程根据工期、地质以及施工方式对周围环境的影响，选择不同的支护方式。

6.5.2 主要施工方法

6.5.2.1 工艺流程

测量放线→降水施工→支护施工→土方开挖→混凝土垫层施工→基础施工→土方回填。

6.5.2.2 测量放线

（1）根据业主交付的测量控制点，建立炼钢厂房测量控制网。

（2）根据测量控制网，对所施工基础施放中心线和高程控制点，并在基础附近设置中心、高程控制点。

6.5.2.3 降水施工

（1）根据地下水埋深、基础深度、周围环境选择不同的降水方案。

（2）降水方案要将地下水降至基坑底部以下500mm，确保基坑干燥。

（3）基坑降水方式有集水坑降水、轻型井点降水、管井降水等。其中，集水坑降水是在基坑底部设置排水沟、集水坑，用水泵抽水的方式，用在基坑较浅的基础施工；轻型井点降水是在基坑附近设置井点管，采用真空降低地下水的方式，一般用在基坑深度6m左右、水量较丰富的基础施工；管井降水是在基坑附近设置管井，用水泵抽水降低地下水的方式，一般用在深基坑、水量丰富的基础施工。

6.5.2.4 支护施工

根据地质情况、基础深度、周围环境选择不同的支护方案，具体见本书6.4节深基坑工程施工。

6.5.2.5 土方开挖

（1）根据基坑深度、地质情况、周围环境、支护方式编制土方开挖施工方案。

根据住建部建质〔2009〕87号《危险性较大的分部分项工程安全管理办法》文件规定，土方开挖深度超过3m的，应编制安全专项施工方案；土方开挖深度超过5m的，安全专项施工方案需要5名外部专家评审，以上方案报监理批准后严格实施。

施工前，应将安全专项施工方案对施工人员进行技术、安全交底。

（2）测量员根据土方开挖安全专项方案确定的土方坡度放线。

（3）土方开挖一般采用挖土机挖土，自卸汽车运土。挖土机挖土时，严格按方案确定的土方开挖分层、分区、行走路线等挖土顺序开挖，严禁超挖和不按顺序开挖。

（4）挖土机在土方开挖时，严禁碰撞工程桩。

（5）土方开挖过程中，测量员应经常对土方开挖的深度、基础的轴线复测，当土方挖至基础底部时，一般采用人工挖土、挖土机配合，防止超挖。

（6）土方开挖时应严格按安全专项施工方案确定的地点堆土，严格按方案确定的边坡开挖。

（7）土方挖至基础底部时，应及时对所开挖的基坑进行质量验收，同时，与勘察、设计、建设单位、监理一起对基坑的地质情况验收并签字、盖单位公章并及时办理隐蔽验收。

6.5.2.6 混凝土垫层施工

（1）基坑质量验收、地基验槽、基坑隐蔽验收完成后，及时浇筑混凝土垫层。

（2）混凝土垫层施工前，测量根据施工图纸，对混凝土垫层的轴线，标准放线，并填写放线记录。

（3）施工员根据测量所测设的轴线、标高，支设垫层模板。

（4）监理验收后，浇筑垫层混凝土，并按要求养护。

6.5.2.7 基础脚手架施工

（1）当基础较高、施工人员操作有困难时，需要搭设双外排操作脚手架，当结构需要支撑时，需要搭设承重脚手架。

（2）脚手架搭设前，需要编制施工方案并报监理批准后实施。符合住建部建质〔2009〕87 号文件规定的脚手架工程，需要编制安全专项施工方案并按程序批准后实施。批准后的脚手架施工方案对操作人员进行技术、安全交底。脚手架施工方案应确定脚手架的横距、纵距、步距、钢管直径、壁厚、搭设范围、构造要求、连墙件等，并附有计算书。

（3）操作人员严格按方案的要求搭设脚手架。

（4）脚手架搭设完成后，需经有关人员验收合格后方可使用。

6.5.2.8 基础钢筋施工

（1）钢筋施工前，测量员在基础垫层上测设轴线、标高，经复核后报监理验收。

（2）施工员根据轴线、标高，对基础放线。

（3）技术员应在钢筋工程施工前，编制钢筋工程施工方案，在方案中，规定钢筋的连接方式等，并报监理批准。同时，将施工方案对施工人员交底。

（4）进场的钢筋应具有出厂证明书和复检报告，合格并报监理批准后才能使用。

（5）钢筋加工一般在施工现场临时加工场地内集中加工，加工后的钢筋编码后运到施工点就位绑扎。

（6）基础钢筋绑扎时，为保证钢筋位置的准确，水平和竖向钢筋应先放线或采用梯子筋控制钢筋间距。

（7）下层钢筋保护层采用垫块控制，上层钢筋保护层当基础底板厚度超过 500mm 时，采用 50mm×5mm 角钢固定，当基础底板厚度不大于 500mm 时，采用钢筋马凳或垫块固定。

（8）钢筋连接一般直径 $\phi20\text{mm}$ 以下钢筋采用绑扎搭接，直径 $\phi20\text{mm}$ 以上钢筋采用直螺纹连接。

钢筋直螺纹、焊接连接在施工前应进行焊接工艺试验，合格后大面积推广施工。

钢筋焊接接头、直螺纹连接接头在施工过程中应全数检查，直螺纹接头应有扭矩施工记录。

相关接头应根据相关规范要求，每 300 个接头取 3 根钢筋送有资质的试验室做拉伸试验，试验不合格时，应双倍取样试验，不合格时，该焊工所焊接接头不合格。

（9）钢筋工程施工完毕后，应经监理验收，验收的主要项目有钢筋原材料合格证、复检证、钢筋加工检验批、钢筋安装检验批，验收合格后，办理隐蔽验收记录。

6.5.2.9　基础模板施工

（1）技术员应在模板工程施工前，需要编制施工方案并报监理批准后实施，符合住建部建质［2009］87 号文件规定的模板工程，需要编制安全专项施工方案并按程序批准后实施。

模板工程施工方案应确定模板的种类、支撑方式、加固方式、施工缝的位置、施工缝的处理、预埋件的安装方式、吊模板的处理等，并附有计算书。

批准后的模板施工方案对操作人员进行技术、安全交底。

（2）厂房柱基础模板一般采用 18mm 厚胶合板，$\phi48mm \times 3.6mm$ 钢管支撑，$100mm \times 50mm$ 方木背楞，$\phi12mm$ 对拉螺栓加固；其钢管支撑间距、方木背楞间距、对拉螺栓间距根据计算确定。

当混凝土侧压力较大的设备基础模板，经过计算一般采用厚 20mm 胶合板，模板背楞采用 8 号槽钢，加固采用 $\phi16mm$ 对拉螺栓杆。

需要吊模的模板安装一般采用角钢焊接模板支撑架的方式。

（3）$\pm0.000m$ 以下的结构模板加固时，对拉螺栓一般采用在螺杆中间焊钢板止水板的做法防水，同时在螺杆两端设置塑料垫块，拆模后将塑料垫块凿出并切断对拉螺栓杆，刷防锈漆、防水涂料，用水泥砂浆将混凝土表面修平，保证混凝土外观质量。

$\pm0.000m$ 以上的结构模板加固时，对拉螺栓一般在螺杆两端设置塑料垫块，拆模后将塑料垫块凿出并切断对拉螺栓杆，刷防锈漆、防水涂料，用水泥砂浆将混凝土表面修平，保证混凝土外观质量。

（4）施工缝位置。一般柱子基础不设施工缝，当柱子采用杯口基础时，其芯模采用在基础钢筋上焊模板支撑架的方式支撑芯模，支撑架一般采用角钢。

地下有防水要求的箱型基础，如管廊等，其水平施工缝一般设置在基础底板以上 $300 \sim 500mm$ 处，并设置钢板止水带，以上墙壁和顶板一起浇筑混凝土。垂直施工缝长度根据设计确定，施工缝处一般采用橡胶止水带。

（5）模板安装完成后，报监理验收，验收的主要内容有：模板的轴线、标高、垂直度、平整度、加固的安全性等，验收合格后才能进行下一步施工。

6.5.2.10　地脚螺栓安装

炼钢厂房柱子基础与钢结构的连接方式有地脚螺栓连接或插入杯口内，当采用地脚螺栓连接时，需要在柱子基础浇筑混凝土前，将地脚螺栓安装好；设备基础与设备之间的连接一般也采用地脚螺栓连接。

（1）螺栓安装采用小型钢结构固定架方法进行施工，钢结构固定架为独立体系与钢筋支撑及加固对拉螺栓杆相分离。

（2）基础螺栓固定架安装前，在垫层混凝土施工时，根据固定架立杆位置在垫层混凝土面预埋 $150mm \times 150mm$ 的预埋件。固定架安装时，固定架立杆与其焊接。

（3）钢结构固定架根据固定架高度、承受载荷不同，采用不同材料，固定架的形式、连接等在施工方案中明确并通过计算确定。

柱基础螺栓固定架立杆一般采用10号槽钢，水平杆及剪刀撑采用6.3号槽钢及∠50×5角钢（具体要计算），具体形式如图6-18所示。

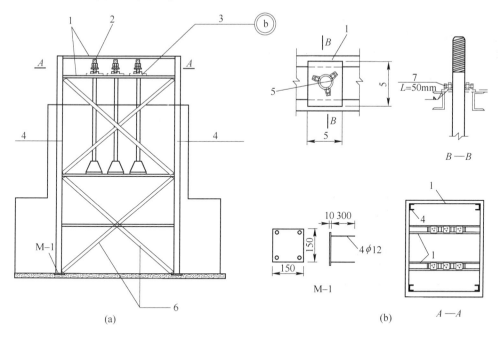

图6-18 柱基础螺栓固定架示意图

（a）柱基础预埋螺栓固定图；（b）螺栓微调详图

1—槽钢6.3；2—预埋螺栓；3—螺栓微调；4—槽钢10；

5—螺栓直径+20mm；6—∠50×5角钢；7—M12螺栓

转炉上部支座螺栓固定架主杆采用12号槽钢，水平杆及剪刀撑采用8号槽钢及∠75×5角钢，如图6-19所示。

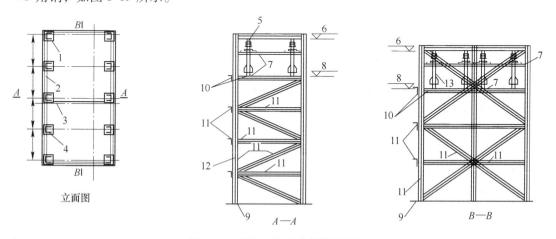

图6-19 转炉上部支座螺栓固定架

1—预埋铁件200×200×8；2—角钢∠50×5；3—转炉中心线；4，12—匚12槽钢；5，13—螺栓；6—螺栓顶标高；
7—匚6.3槽钢；8—螺栓底标高；9—预埋铁件；10—匚8槽钢；11—角钢∠75×5

一般高度不高、安装螺栓直径较小的螺栓固定架可采用∠50×5角钢作为固定架材料。

（4）螺栓安装中心的控制是通过经纬仪将螺栓中心线投测在螺栓固定架上，再由螺栓固定架上的螺栓中心微调板调节螺栓安装中心。

（5）螺栓标高的控制是通过测量仪器将螺栓底标高施测于螺栓固定架立杆上，并按螺栓底标高安装焊接固定架水平杆，螺栓安装时，将螺栓放置于水平杆上，校正中心、标高及垂直度后，将螺栓底座与固定架水平杆焊接，如图 6-20 所示。

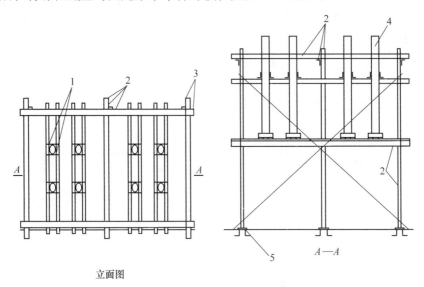

立面图

图 6-20　基础预埋套筒螺栓示意图

1—φ12 限位钢筋；2—角钢∠50；3—钢筋缀条；4—预埋套筒螺栓；5—预埋铁件

6.5.2.11　基础预埋套筒

（1）连接方式。在设备基础中预埋套筒，在预埋套筒中放入螺栓，然后通过螺栓与设备连接，同时，在套筒中灌细石混凝土或灌浆料。

（2）套筒应在加工厂制作而成，运至现场安装。

（3）套筒安装方法同螺栓，其独立的固定架体系应经过计算确定。

6.5.2.12　RH 炉液压升降机轨座安装

RH 炉液压升降机采用精加工轨座预埋在混凝土基础中，轨道安装时与轨座不允许垫斜铁。因此四条轨座安装精度要求特别高，其平面尺寸误差为 ±1mm；平面对角线误差为 ±1.5mm；单条轨座的垂直度误差为 ±1mm。相对于土建专业安装精度高。

（1）液压升降坑混凝土分底板与坑壁两次施工，在底板面以上 300mm 处留设施工缝，并按防水混凝土要求设置钢板止水带。

（2）在底板混凝土面预埋 300mm × 200mm × 8mm 的预埋件，用以与固定架立杆焊接。

（3）安装轨座固定架立杆采用 20 号槽钢，水平杆及剪刀撑采用 12 号槽钢及 ∠75 × 5 角钢焊接牢固。对角线 12 号槽钢支撑中部设置 4 根 12 号槽钢立杆，以增加刚度。

（4）轨座的平面位置在液压升降坑底板上精确放线定位。

（5）在 20 号槽钢固定架立杆上下部位各设一个 12 号槽钢微调螺栓座，每个微调座上设 2 个脚手架用调节螺杆，用于精调轨座的垂直度。当垂直度调整到设计要求后，用角钢或 12 号槽钢将轨座与 20 号槽钢固定架立杆焊接牢固。

（6）在液压升降坑侧壁混凝土浇筑过程中，应用测量仪器跟踪观测检查固定架顶部中心线位置的变化，及时发现问题，便于及时处理，确保轨座安装质量。如图 6-21 所示。

6.5.2.13 混凝土施工

（1）现场一般全部采用商品混凝土，泵送、机捣。

（2）转炉基础混凝土见本书 6.3 节转炉基础施工部分。

（3）混凝土浇筑前，应对模板工程进行验收，验收项目主要为：模板中心、标高、垂直度、平整度、加固体系的安全等，同时，对地脚螺栓或套筒中心线、标高、地脚螺栓长度等。同时，发会签单给水、电、管等专业会签。

（4）验收合格监理签字后，项目部下发混凝土浇筑令。

（5）混凝土浇筑前，应对泵车的站位、罐车的行走路线、泵车的臂长、泵车的角度、道路的承载力等策划并交底，确保顺利浇筑。

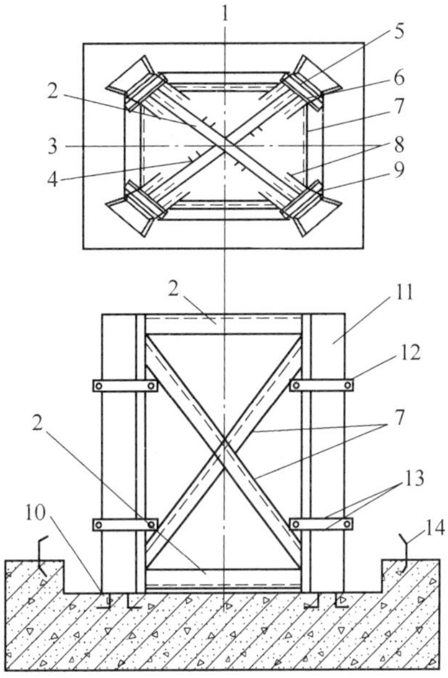

（6）混凝土浇筑前，应将所浇筑混凝土的标号、要求等提前给商品混凝土搅拌站，商品混凝土搅拌站提前试配合格后再大批量浇筑混凝土。

图 6-21 RH 炉液压升降机轨座安装固定架示意图

1，3—中心线；2—□12 号水平及剪刀撑；
4—□12 立杆撑；5—轨座；6，11—□20 固定架立杆；
7—角钢∠75×5 水平及剪刀撑；
8—微调螺栓（上、下各 2 个）；
9—□12 微调螺栓座；10—预埋铁件 300×200；
12—□12 微调螺丝栓；13—焊接连接；
14—止水板

（7）送到现场的混凝土，应检查坍落度、和易性等，同时，按要求留置标准养护混凝土试块、同条件养护混凝土试块、同条件养护拆模试块、抗渗试块等，试块数量应符合规范要求。标准养护混凝土试块、抗渗试块拆模后送到养生室养护，其他试块放在浇筑地点与基础混凝土同条件养护。以上应做好坍落度检查记录、试块台账。

（8）混凝土浇筑过程中，必须保证每个基础的混凝土对称浇筑、在初凝之前连续施工，不允许出现施工缝。

台阶式独立基础混凝土按台阶分层一次浇筑完毕，不允许留设施工缝，每层混凝土要一次性卸料充足，顺序是先边角后中间，务使混凝土充满模板。

柱基础混凝土根据施工图计算确定几个柱基作为一组，循环施工；浇筑采用流水作业方式，按顺序先浇一排柱基第一阶混凝土，再回转依次浇第二阶混凝土，这样对已浇好的第一阶将有一个下沉的时间，但必须保证每个柱基混凝土在初凝之前连续施工。

带杯口基础混凝土浇筑时，为保证杯口底标高的正确性，先将杯口底混凝土振实并稍停片刻，再浇筑振捣杯口四周的混凝土，振动时间尽可能缩短。浇筑杯口底以上混凝土时，在杯口两侧对称浇筑，以免杯口芯模挤向一侧或由于混凝土泛起而使芯模上升。

（9）柱基础及大型设备基础混凝土浇筑过程中，应采用经纬仪跟踪观察螺栓、套筒中心，若螺栓、套筒中心位移时，应及时调整混凝土浇筑方法及调整螺栓中心。

（10）现浇柱下基础时，要注意连接钢筋的位置，防止移位和倾斜，发现偏差时及时纠正。

（11）浇筑大型设备基础时，为了避免泵管的振动影响底板钢筋的位置，泵管需架立专用马凳，混凝土浇筑完毕拔出。

（12）混凝土在浇筑过程中，采用机械振捣，要振捣密实，不得漏振，振捣棒须插入下层内 $50\sim100mm$，使层间不形成施工缝，结合紧密成为一体。

对于浇筑完毕的部位，在混凝土初凝前增加二次振捣，从而减少了混凝土在浇灌过程中由于混凝土自身沉实产生的沉缩裂缝。

（13）混凝土浇筑时，同时应经常观察模板、支架、钢筋、预埋件和预留孔洞的情况，当发现有变形、位移时，应立即停止浇筑，并修整完好。

（14）在混凝土初凝前进行表面抹平，在混凝土终凝之前再进行二次抹压，从而减少混凝土出现的表面风干裂缝。

（15）混凝土养护时间为普通混凝土不少于 7 天，有抗渗要求的混凝土不少于 14 天；混凝土养护可采用覆盖塑料薄膜、覆盖保湿材料洒水养护；冬天施工的混凝土以及大体积混凝土的养护需要计算。

（16）以上混凝土施工需要填写混凝土浇筑记录。

6.5.2.14　基坑土方回填

（1）基础已按设计要求完成，并经相关部门验收合格，基础、地下构筑物及地下防水层、保护层等已检查验收合格并办理好隐蔽验收手续，且具备回填作业面时，应及时进行回填。

（2）回填前，应将回填料送至有资质的实验室进行试验，确定回填压实时的含水量-干密度曲线图。

（3）应根据工程特点、填料种类、设计压实系数、现场压实设备及最佳含水量等，在施工现场做压实试验段，并做压实度检测。以便确定每层填土虚铺厚度、压实厚度、压实设备、压实遍数、含水率等。

（4）回填前，清除基坑内的积水、杂物，并根据填土厚度画线标识，同时检测回填土的含水量。

（5）回填时应对称分层填土，否则易造成基础位移甚至断裂。

（6）回填设备与试验段设备相同，一般大面积回填采用压路机，在压路机碾压之前，先用推土机推平，再用压路机振压。当回填工作面较小、不能采用压路机时一般采用蛙式打夯机夯实，先对填土初步平整，依次打夯，一夯压半夯，夯夯相连，均匀分布，不留间歇，其分层厚度、压实遍数等经试验确定。基底标高变化部位应先夯实深的部位，再与浅的部位一起夯填。

（7）每层压实后，应按规范规定的检测频率进行压实度检测。

6.6　炼钢主控楼施工

6.6.1　工程概况

炼钢主控楼是转炉炼钢自动化控制的重要场所，一般一座主控楼管控 1～2 台转炉，其电气安装、调试工作量大，工期施工较长，交工早。

炼钢主控楼一般位于主厂房内，长度、宽度较大，如宝钢湛江主控楼长约80m，宽约18m，3~4层钢筋混凝土框架结构，装饰装修要求高。

6.6.2 施工部署

由于炼钢主控楼的重要性以及施工工期较长，一般安排先施工。

6.6.2.1 垂直运输安排

当炼钢主控楼的垂直运输设备在时间上不影响炼钢主厂房钢结构安装时，炼钢主控楼的垂直运输一般采用塔吊和龙门井架。塔吊主要解决结构施工阶段的钢管、模板、钢筋等大型施工材料的垂直运输；龙门井架主要解决装饰装修阶段的水泥、砂子、门窗、砖等小型施工材料的垂直运输。

当炼钢主控楼的垂直运输设备在时间上影响炼钢主厂房钢结构安装时，炼钢主控楼的垂直运输一般采用汽车吊和龙门井架。汽车吊主要解决结构施工阶段的钢管、模板、钢筋等大型施工材料的垂直运输；龙门井架主要解决装饰装修阶段的水泥、砂子、门窗、砖等小型施工材料的垂直运输。

混凝土一般采用商品混凝土，垂直运输采用泵送。

6.6.2.2 脚手架

由于炼钢主控楼为多层框架结构，结构不高，外脚手架一般采用双排扣件式脚手架，主要解决结构施工、装饰装修施工阶段的人员操作。

当工期紧，双外排脚手架影响主控楼水电安装时，主控楼外墙抹灰结束后立即拆除双外排扣件式钢管脚手架，其外墙的涂料、真石漆等工程施工采用从屋顶悬挂吊篮的施工方法。

结构楼板施工的支撑架一般采用扣件式钢管脚手架，按施工方案计算的间距搭设。

6.6.3 施工准备

6.6.3.1 技术准备工作

熟悉图纸，组织图纸自审，参加图纸会审，及时解决设计与施工之间存在的问题。

组织编制施工方案，主控楼施工的施工方案一般有：

主控楼施工组织设计、桩基施工方案、土方开挖回填施工方案、混凝土施工方案、模板施工方案、脚手架施工方案、防水施工方案、砌筑施工方案、装饰装修施工方案、保温节能施工方案、临时用电施工方案、塔吊安拆施工方案、人货电梯安拆施工方案、水电安装施工方案、电气调试施工方案、沉降观测方案等。

以上施工方案编制、审核、批准齐全，符合住建部建质〔2009〕87号文件规定的安全专项方案按该文件论证、批准。

同时，以上施工方案对管理人员实行技术交底，参加交底的人员、被交底人签字。

按分项工程编制技术、安全交底，并对操作人员实行技术、安全交底，参加交底的人员、被交底人签字。

根据业主给出的测量控制点，建立炼钢工程测量控制网，报监理批准。

6.6.3.2　资源准备

（1）确定主控楼项目管理人员，主要包括技术、质量、安全、施工、材料等管理人员，并建立质量、安全文明施工、绿色施工管理体系、明确职责。

（2）按施工进度计划组织操作人员进场。

（3）按施工进度计划组织设备、机具进场。

（4）按进度计划编制材料需求计划并组织进场。

6.6.4　主要施工方法

6.6.4.1　施工流程

桩基施工→土方开挖→桩基验收→基础施工→土方回填→外排脚手架搭设→每层钢筋、模板、混凝土施工→砌筑、二次结构施工→装饰装修工程施工→电气安装、调试→竣工验收。

6.6.4.2　桩基工程施工

（1）按设计的桩型编制施工方案，方案主要包括工程概况、施工顺序、施工方法、设备、人员、材料、进度计划、质量要求、安全文明施工要求、绿色施工要求等。该方案报监理批准后实施。

（2）施工前对相关操作人员进行技术交底，参加交底的人员、被交底人签字。

（3）桩基工程的进度计划应符合主控楼施工组织设计中的进度计划。

（4）桩基工程施工完毕后应对桩基工程的质量进行检测，一般包括静载、低应变、高应变检测，合格后才能验收。

（5）其他要求见本书6.1节地基处理相关内容。

6.6.4.3　土方开挖

（1）土方开挖前应根据地质报告、周围环境选择支护、开挖方案，按照住建部建质〔2009〕87号文件规定，超过3m的基坑支护、土方开挖工程需要编制安全专项方案，超过5m的基坑支护、土方开挖工程需要5名专家论证通过并经监理批准后才能实施。

安全专项方案主要内容包括：工程概况、地质工程概况、支护设计及其计算、施工顺序、施工方法、设备、人员、材料、进度计划、质量要求、安全文明施工要求、绿色施工要求等。

（2）按照批准的基坑支护、土方开挖方案施工，其施工顺序应严格按照方案进行。

（3）施工过程中，一般由有资质的第三方按照支护方案编制基坑支护、土方开挖期间确保人员安全的监测方案，并按时监测，分析数据，当发现监测数据达到报警值时，施工单位应立即停止施工，组织设计、施工、业主单位到现场分析原因以及采取的措施，并组织相关专家论证通过后实施。

（4）土方开挖到设计标高后，组织设计、勘探、业主、监理等到现场对地质土、桩基施工质量进行验收，并办理隐蔽验收记录，签字盖章后方可进行下一道工序施工。

6.6.4.4　土建工程施工

（1）采取双外排脚手架，土方回填时，一定要注意双外排脚手架下部土方的回填质量，否则，将造成双外排脚手架在施工中沉降、甚至倒塌。

（2）围护结构一般均采用加气块，因此，为防止抹灰后裂缝的产生，一般采取在加气块上铺钢丝网，面层抹灰加网格布等防止开裂的措施。

（3）双外排脚手架在外墙抹灰完成后即可拆除，也可以在外墙涂料或真石漆完成后拆除，主要考虑工期能否满足要求。当工期较紧时，主控楼室外需要施工水电，双外排脚手架影响室外水电施工时，双外排脚手架需要拆除。当双外排脚手架在外墙抹灰后拆除，外墙涂料或真石漆采用在屋面挂吊篮的方式施工。

（4）塔吊在结构施工完成后即可拆除，装饰装修阶段的施工材料主要采用龙门井架运输。龙门井架最迟在结构施工完成后安装。

（5）结构施工阶段，模板一般采用 18mm 厚胶合板，100mm×100mm 方木、ϕ48mm×3.6mm 扣件钢管背楞，对拉螺栓加固。

（6）由于主控楼装饰装修档次较高，因此，装饰装修需要二次设计。二次设计应在施工前设计好，避免在结构施工后处理。

（7）装饰装修工程施工前，地砖、墙砖等饰面工程一定要做好策划，做到砖缝一致、对称。

（8）吊顶工程施工前，吊顶的分块应对称、均匀，灯具、烟感器、消防喷淋、通风口等布置应均匀、对称。

6.6.4.5 其他施工

其他施工参考本书厂房柱基础、其他设备基础施工部分。

6.6.5 主要工种

主要工种有：木工、钢筋工、混凝土工、瓦工、架工、电工、测量工、管道工等。

6.6.6 主要设备

主要设备有：塔吊或汽车吊、支护设备、桩基设备、土方开挖回填设备、龙门井架、混凝土搅拌设备、混凝土运输设备、混凝土泵送设备、混凝土振捣设备、砂浆搅拌设备、电气安装设备、电气调试设备、管道安装设备等。

6.7 水处理工程施工

6.7.1 水处理工程概况

水处理工程一般包括净循环水处理、浊循环水处理系统，其作用主要是整个炼钢生产的给水、浊水处理。

水处理系统一般布置在炼钢主厂房外，项目多，土建、管道安装工程量大，且交工要求先于主体工程。

6.7.1.1 净循环水处理系统

净循环水处理系统包括净循环电气室、事故水池及纯水池、柴油泵房及加药间、净循环冷却塔。

（1）电气室一般为单层钢筋混凝土框架结构，高度约 6m，平面尺寸一般为 100m×20m，填充墙为加气混凝土实心砖。

（2）柴油泵房、加药间为一层混凝土框架结构，平面尺寸一般为 $45m \times 15m$，高度约为 $8m$，屋面为钢筋混凝土屋面。

（3）事故水池、纯水池一般为 $6m$ 高构筑物，事故水池平面尺寸为 $15m \times 12m$、纯水池平面尺寸为 $5m \times 15m$，事故水池、纯水池底板、池壁、顶板均为钢筋混凝土结构。

（4）净循环冷却塔为现浇钢筋混凝土半地下式水池、地上三层框架结构，平面尺寸一般为 $100m \times 20m$，框架总高度约为 $20m$，$15m$ 以上为 6 个高 $5m$、直径 $10m$ 的混凝土风筒，水池为防水混凝土。

6.7.1.2　浊循环水处理系统

浊循环水处理系统包括浊循环污泥脱水机房及加药间、浊循环冷却塔、浊循环斜板沉淀池、浊循环粗粒子分离器、浊循环辐流式沉淀池 5 个单体工程：

（1）浊循环污泥脱水机房为一半为两层钢筋混凝土框架结构，平面尺寸为 $30m \times 15m$，高约为 $18m$；另一半为三层钢筋混凝土框架结构，平面尺寸为 $21m \times 23m$，高约为 $13m$。

（2）浊循环冷却塔为现浇钢筋混凝土半地下式水池、地上三层框架结构，平面尺寸一般为 $70m \times 15m$，总高度为 $15m$，$15m$ 以上为 6 个高 $5m$、直径 $10m$ 的混凝土风筒。

（3）浊循环斜板沉淀池为现浇钢筋混凝土结构，平面尺寸一般为 $42m \times 21m$，高为约 $9m$；2/3 轴线为三层框架结构，1/3 轴线一层为框架结构、二层为钢筋混凝土水池。

（4）浊循环辐流式沉淀池由两个内直径为 $35m$ 的圆形水池组成，水池中心有顶标高为 $5.0m$、直径 $1.3m$ 的中心柱，水池顶标高为 $4.5m$，池壁悬挑出一定宽度与池壁形成水槽，两个圆形水池下由地坑相连，地坑底标高 $-5m$，地坑、水池地板、水池壁为防水混凝土。

（5）浊循环粗粒子分离器为二层钢筋混凝土框架结构，高为 $12m$，平面尺寸约为 $11m \times 12m$。

6.7.2　施工部署

6.7.2.1　一般要求

（1）由于炼钢水处理的重要性以及施工工期较长、项目多，一般安排先施工。

（2）按区域划分施工单元，总的施工顺序为"先深，后浅，先结构，后装饰，先土建，后安装"的原则。

因此，一般先施工净循环水处理系统净循环冷却塔、浊循环水处理系统浊循环辐流式沉淀池的地坑、浊循环水处理系统的浊循环冷却塔。其他工程项目按轻重缓急、周边环境施工。

（3）水处理工程施工除土建外，水电、通风、热力等配合工种较多，因此，水处理施工工期各工种应协调相互一致。

6.7.2.2　垂直运输安排

（1）净循环水处理系统净循环冷却塔，由于其长、宽、高尺寸较大，垂直运输一般采用塔吊和龙门井架。塔吊主要解决结构施工阶段的钢管、模板、钢筋等大型施工材料的垂直运输；龙门井架主要解决装饰装修阶段的水泥、砂子、门窗、砖等小型施工材料的垂直运输。

（2）浊循环水处理系统的浊循环冷却塔，由于其长、宽、高尺寸较大，垂直运输一般采用塔吊和龙门井架。塔吊主要解决结构施工阶段的钢管、模板、钢筋等大型施工材料的垂直运输；龙门井架主要解决装饰装修阶段的水泥、砂子、门窗、砖等小型施工材料的垂直运输。

（3）其他工程由于长、宽、高较小，垂直运输一般采用汽车吊和龙门井架，其中，汽车吊主要解决结构施工阶段的钢管、模板、钢筋等大型施工材料的垂直运输；龙门井架主要解决装饰装修阶段的水泥、砂子、门窗、砖等小型施工材料的垂直运输。

（4）混凝土一般采用商品混凝土，垂直运输采用泵送。

6.7.2.3　脚手架

（1）由于净循环水处理系统、浊循环水处理系统多为多层框架结构或构筑物，结构不高，外脚手架一般采用双排扣件式脚手架，主要解决结构施工、装饰装修施工阶段的人员操作。

（2）结构楼板施工的支撑架一般采用扣件式钢管脚手架，按施工方案计算的间距搭设。

6.7.3　施工准备

6.7.3.1　技术准备工作

（1）熟悉图纸，组织图纸自审，参加图纸会审，及时解决设计与施工之间存在的问题。

（2）组织编制施工方案，按单位工程编制施工组织设计和施工方案，一般需要编制的施工组织设计、施工方案有：

单位工程施工组织设计、桩基施工方案、土方开挖回填施工方案、混凝土施工方案、模板施工方案、脚手架施工方案、防水施工方案、砌筑施工方案、装饰装修施工方案、保温节能施工方案、临时用电施工方案、塔吊安拆施工方案、龙门井架安拆施工方案、水电安装施工方案、设备及管道安装方案、电气调试施工方案、沉降观测方案等。

以上施工方案编制、审核、批准手续需齐全，并符合住建部建质［2009］87号文件规定的安全专项方案论证、批准规定。

同时，以上施工方案对管理人员实行技术交底，参加交底的人员、被交底人签字。

（3）由于水处理系统防水混凝土较多，因此，施工前，技术人员要参与商品混凝土搅拌站的防水混凝土的试验，并提出相关技术要求，确保防水混凝土满足技术要求。

（4）按分项工程编制技术、安全交底，并对操作人员实行技术、安全交底，参加交底的人员、被交底人签字。

（5）根据业主给出的测量控制点，建立水处理系统工程测量控制网，报监理批准。

6.7.3.2　资源准备

（1）确定水处理项目管理人员，主要包括技术、质量、安全、施工、材料等管理人员，并建立质量、安全文明施工、绿色施工管理体系、明确职责。

（2）按施工进度计划组织操作人员进场。

（3）按施工进度计划组织设备、机具进场。

（4）按进度计划编制材料需求计划并组织进场。

6.7.4　主要施工方法

6.7.4.1　施工流程

桩基施工→土方开挖→桩基验收→基础施工→土方回填→外排脚手架搭设→每层钢筋、模板、混凝土施工→砌筑、二次结构施工→装饰装修工程施工→电气安装、调试→竣工验收。

6.7.4.2　主要施工方法

（1）按设计的桩型编制施工方案，方案主要包括工程概况、施工顺序、施工方法、设备、人员、材料、进度计划、质量要求、安全文明施工要求、绿色施工要求等。

该方案报监理批准后实施，施工前对相关操作人员进行技术交底，参加交底的人员、被交底人签字。

桩基工程施工完毕后应对桩基工程的质量进行检测，一般包括静载、低应变、高应变检测，合格后才能验收。

（2）当采用天然地基承载的工程，土方开挖至基础底部标高时，应请勘探、设计、业主、监理一起参加基坑验槽，主要查勘基础底部的土质能否满足设计承载力要求。当土质满足设计承载力要求时，参加验槽的勘探、设计、业主、监理、施工五方责任主体在验槽记录上签字并盖单位公章；当土质不满足设计承载力要求时，设计应根据现场情况采取措施。

（3）浊循环水处理系统浊循环辅流式沉淀池的地坑由于埋深较深，应根据地质状况、周围环境选择合适的基坑支护或开挖方案并先行施工。

当基坑采用基坑支护时，基坑支护设计方案一般由有资质的第三方设计单位设计，并按住建部建质［2009］87号文件规定，该设计方案需要5名专家评审，通过后才能实施。

施工单位根据设计的基坑支护方案，编制基坑支护、土方开挖施工安全专项方案，并按住建部建质［2009］87号文件规定，该基坑支护、土方开挖施工安全专项方案需要5名专家评审，通过后才能实施。

（4）浊循环水处理系统浊循环辅流式沉淀池的地坑设计一般为地下钢筋混凝土箱型结构且为防水混凝土，结构施工时，一般先施工底板及底板以上300mm高的墙壁，再施工剩余墙壁和顶板。

水平施工缝留设在底板及底板以上300mm高的墙壁处，并设置钢板止水带，垂直施工缝按设计要求设置，一般采用橡胶止水带。

当净循环水池、浊循环水池池壁较长时，应设置竖向后浇带以防池壁开裂，竖向后浇带采用止水钢板防水，竖向后浇带为变形后浇带。

防水混凝土施工时，其模板加固的对拉螺栓采取在对拉螺栓中间加焊钢板止水环，对拉螺栓割除后刷防锈漆、防水涂料并抹防水砂浆。防水混凝土中预埋的穿墙管道，均在管道中间焊接止水钢板防水。

防水混凝土外侧一般采用刷防水涂料或贴防水卷材防水。

（5）浊循环水处理系统浊循环辅流式沉淀池的地坑施工完回填土方时，应对称分层回填、夯实，否则，极易造成钢筋混凝土箱型结构的断裂。同时，由于地坑上部局部有浊循环辅流式沉淀池，回填质量应保证浊循环辅流式沉淀池地板不沉降。

（6）水池的水平施工缝一般留设在水池底板以上 300mm 处，并采用钢板止水带，其他做法同第（4）条。

（7）圆形水池一般根据采用宽度较窄的胶合板拼接成圆形支模，模板的宽度根据水池直径确定。竖向加固背楞采用 50mm×100mm 方木，水平加固采用钢筋围成圆弧形，对拉螺栓加固。

（8）防水混凝土浇筑时，一定要对称、分层下料，分层厚度不大于 500mm，并振捣密实，除施工缝外，其他不允许留设施工缝。防水混凝土浇筑完成后，采取覆盖透水材料浇水的养护措施，否则，容易造成混凝土的裂缝。

（9）目前，围护结构一般均采用加气块，因此，为防止抹灰后裂缝的产生，一般采取在加气块上铺钢丝网，面层抹灰加网格布等防止开裂的措施。

（10）塔吊在结构施工完成后即可拆除，装饰装修阶段的施工材料主要采用龙门井架运输。龙门井架最迟在结构施工完成后安装。外墙装饰装修采用双外排脚手架。

（11）结构施工阶段，模板一般采用 18mm 厚胶合板，50mm×100mm 方木、ϕ48mm×3.6mm 扣件钢管背楞，对拉螺栓加固。

（12）其他施工参考本书厂房柱基础、其他设备基础施工部分。

6.7.5 主要工种

主要工种有：木工、钢筋工、混凝土工、瓦工、架工、电工、测量工、管道工等。

6.7.6 主要设备

主要设备有：塔吊或汽车吊、支护设备、桩基设备、土方开挖回填设备、龙门井架、混凝土搅拌设备、混凝土运输设备、混凝土泵送设备、混凝土振捣设备、砂浆搅拌设备、电气安装设备、电气调试设备、管道安装设备等。

7 钢结构制作工程

7.1 概述

炼钢连铸主厂房一般划分为炼钢区和连铸区、废钢区、修罐区，由单层排架与多层框架组成的全钢结构厂房。炼钢连铸主厂房通常包括修罐间、脱硫间、加料跨、转炉跨、钢水精炼跨、钢水接受跨、灌注跨、切割跨、过渡跨、设备维修跨、去毛刺跨、精整跨、废钢间等。

7.1.1 钢结构简介

炼钢、连铸钢结构制作工程主要为厂房钢结构、工艺钢结构、高层框架钢结构。其中厂房钢结构包括钢柱、钢屋梁（架）、钢托梁（架）、吊车梁及支撑、天沟和围护结构；高层框架通常称为塔楼钢结构，为炼钢、连铸系统最重要的重成部分，包括钢柱、框架梁、平台梁及支撑等；其中，钢柱较特殊，截面大、吨位重、多层、超高。工艺钢结构包括钢料仓、OG 烟道系统以及除尘系统的管道、除尘放散塔、烟囱、通廊支架、密封罩及单轨吊等，其中高位料仓体积和自重较大，制作须加以重点关注。钢柱、钢屋梁（架）、钢托梁（架）、框架梁、焊接实腹平台梁及受力较大关键部位支撑材质通常为 Q345B，吊车梁为 Q345C，其他天沟、支撑及围护系统和工艺钢结构常用 Q235，随着各种高强钢的应用越来越广泛，主体钢结构如钢柱、钢梁、吊车梁等也越来越多的采用 Q390、Q420 等材质，天沟、屋面栏杆及室外构件也有采用不锈钢或耐候钢。

厂房钢柱通常为变阶式柱，下柱为格构式，上柱为工字形截面。下柱结构形式多样，包括有双肢 H 型、双肢钢管型、一肢 H 型加一支钢板或槽钢型。部分钢柱质量可达 100t，高度超过 50m。废钢区、修罐区钢柱除采用格构柱外也有采用焊接实腹 H 型钢柱。

高层框架分为下部框架、中部框架和顶部刚架。框架柱高度依据实际情况分段。框架通常采用焊接实腹式工字形组合柱、箱形柱及十字柱；顶部刚架钢柱通常为单肢焊接实腹式 H 型钢柱。框架柱截面和自重较大，箱形柱内隔板通常设可过人的方孔，钢柱钢板厚度超过 100mm，质量单根柱可达 200t。

山墙柱通常采用单肢焊接实腹式 H 型钢或轧制 H 型钢，零星平台平台柱通常采用轧制 H 型钢。

屋面梁、托架梁、框架梁、大型平台梁通常采用焊接实腹式 H 型钢；屋架、托架常采用桁架式，也有采用桁架与实腹式 H 型钢相结合的结构形式，桁架式屋架、托架上、下弦杆可采用热轧 H 型钢、T 型钢或双肢角钢、双肢槽钢组成，立杆通常为 H 型或工字型钢，斜腹杆为 T 型钢或双肢角钢。屋托梁质量大于 30t 时，其截面高度通常超过 3m；高层框架高位料仓平台主梁截面超过 3m 时，其质量一般大于 35t。

吊车梁采用实腹式焊接 H 型截面梁，也有采用端部变截面实腹式 H 型钢梁，吊车梁与柱采用铰接连接，吊车梁的重量依据天车起重量，单件质量可达 80t，截面 3.6m 以上，翼缘板厚度较大时辅助梁也采用等截面实腹式 H 钢梁，辅助梁与柱连接采用铰接连接；辅助桁架为桁架式钢结构，辅助桁架与柱采用铰接连接；辅助梁、桁架的质量可达 20t，按柱距长度可达 27m。吊车梁与辅助梁、桁架及安全检修走道构成水平制动结构。

工艺平台平台梁、电梯井井架、管道支架、设备支架、通廊选用轧制 H 型钢或工字型钢、槽钢。平台板、制动板、单轨吊走道板、踏步板采用 5mm 或 6mm 花纹钢板。小型工艺平台、井架、支架、通廊整体或分片出厂。

厂房柱间支撑通常为桁架式，主杆通常采用 T 型钢或槽钢，高层框架柱间支撑有轧制 H 型钢、厚壁钢管、厚壁方管等，采用 H 型钢时与框架柱、框架梁连接的牛腿通常带弧形翼缘板。屋面垂直和水平支撑通常采用角钢加工。

工艺钢结构单件最重为高位料仓，体积可达 200m³，质量超过 40t，通常分段、分片出厂。高位料仓、小料仓外围加筋较多，焊接易变形；OG 烟道系统、除尘系统的管道、除尘放散塔、烟囱均需卷管焊接，分段出厂，直径从 600～5000mm，局部有变径。管道通常由弯头、天圆地方、三通、变径管组成；密封罩指转炉密封罩（狗窝），与挡渣墙一样由薄板及密集的加筋组成，焊接易变形。单轨吊通常采用工字钢加工而成，局部加工成弧形。钢梯、旋梯梯梁采用槽钢或钢板，栏杆依据图集分为 1.05m 和 1.2m 两种。

围护结构由屋面、墙面檩条、拉条、撑杆构成。檩条有 Z 型、C 型和高频焊 H 型钢；拉条通常采用 φ12mm 圆钢；撑杆采用 φ32×2.5 的焊管；彩瓦作为天窗、屋面、墙面围护常见单瓦或夹心瓦，主要是通过定型设备压制作而成。

炼钢连铸屋面天沟较为特殊，通常采用两侧为焊接 H 型钢梁，中间靠下用薄钢板连接，上部用 L50×5 角钢作撑杆。有时考虑挂瓦需要还在天沟靠檐口侧焊接 L50×5 角钢架。普通天沟通常采用薄板折弯成槽，也有用 2.5mm 或 3mm 不锈钢折弯而成。

天窗断面通常为弧形，采用角钢或方管加工，现在制作的很少，通常采购成品天窗，并委托厂家安装。

地轨梁采用焊接实腹 H 型钢梁，翼缘板与腹板厚度均在 25mm 左右，截面高、宽在 300mm 左右，下翼缘埋于地下并浇注混凝土，用于 RH、LATS 平台及倒罐站等部位。

7.1.2 制作工艺

炼钢、连铸建筑钢结构制作工艺包括零部件加工、组装、焊接、涂装等工序（见图 7-1）。钢柱制作主要为比较复杂的格构式钢柱制作和箱型钢柱、十字柱制作，格构式钢柱也可分钢管格构柱、空腹 H 型双肢格构柱和实腹 H 型双肢格构柱（组合型），除钢管格构柱下柱为钢管制成，其他格构柱制作点重点均为焊接实腹式 H 型钢。吊车梁和屋面梁、框架梁及大型平台梁制作工艺基本相同。钢屋架、通廊、支架、柱间支撑制作工艺主要为桁架式制作工艺，檩条、拉条、撑杆、屋面支撑及单轨吊等只需下料、钻孔或套丝、简单的接料就能完成。料仓、平台板、走道板、天沟、密封罩主要是平板加工，加筋较多。钢梯、栏杆、爬梯、旋梯通常按图集制作，适当的调整长度、斜度。OG 烟气系统、除尘放散塔、烟囱制作主要为卷板制作。

7.1.2.1 空腹 H 型双肢格构柱制作工艺流程

空腹 H 型双肢格构柱制作工艺流程如图 7-2 所示。

7.1.2.2　实腹 H 型双肢格构柱制作工艺流程

实腹 H 型双肢格构柱制作工艺流程如图 7-3 所示。

7.1.2.3　钢管格构柱制作工艺流程

钢管格构柱制作工艺流程如图 7-4 所示。

7.1.2.4　箱形钢柱制作工艺

箱形钢柱制作工艺如图 7-5 所示。

7.1.2.5　十字柱制作工艺

十字柱制作工艺如图 7-6 所示。

7.1.2.6　卷焊管柱制作工艺

卷焊管柱制作工艺如图 7-7 所示。

7.1.2.7　焊接 H 钢梁制作工艺

焊接 H 钢梁制作工艺如图 7-8 所示。

7.1.2.8　钢屋架制作工艺

钢屋架制作工艺如图 7-9 所示。

7.1.2.9　烟囱、管道制作工艺

烟囱、管道制作工艺如图 7-10 所示。

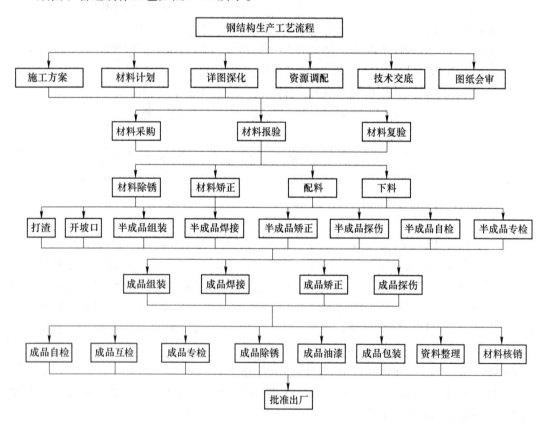

图 7-1　钢结构生产工艺流程

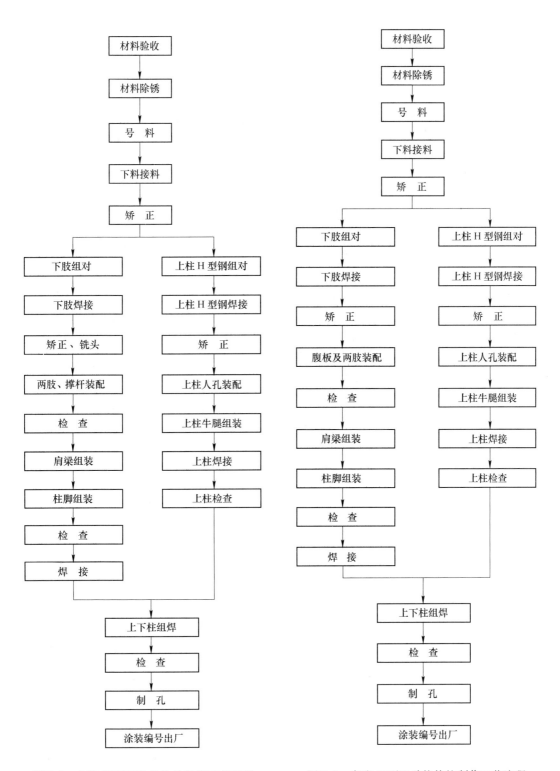

图 7-2 空腹 H 型双肢格构柱制作工艺流程 　　图 7-3 实腹 H 型双肢格构柱制作工艺流程

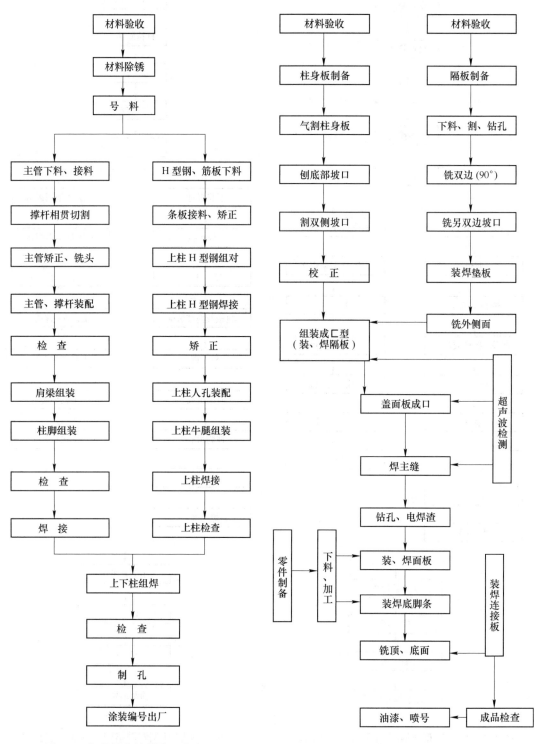

图 7-4　钢管格构柱制作工艺流程　　　　　　图 7-5　箱形钢柱制作工艺

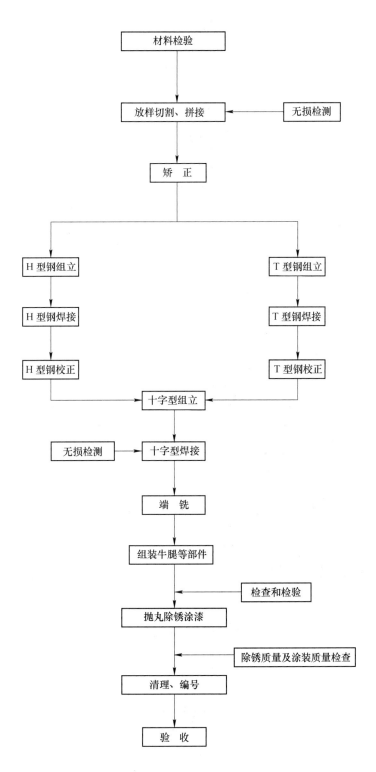

图 7-6 十字柱制作工艺

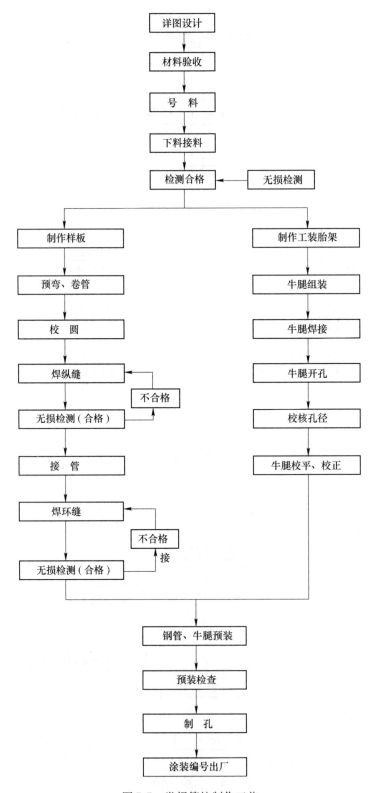

图 7-7　卷焊管柱制作工艺

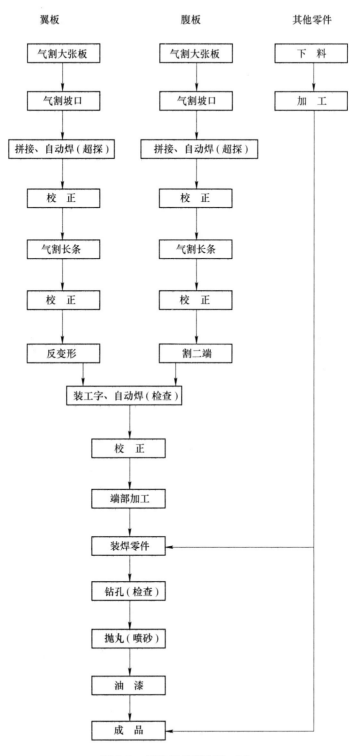

图 7-8 焊接 H 钢梁制作工艺

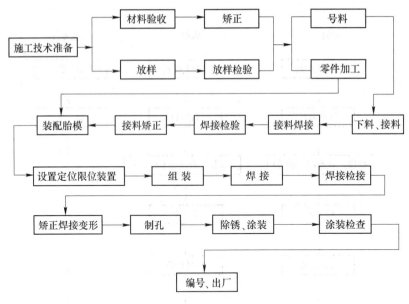

图 7-9 钢屋架制作工艺

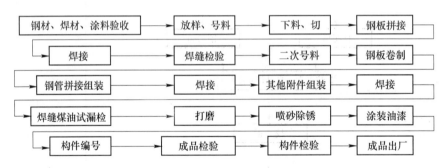

图 7-10 烟囱、管道制作工艺

7.1.3 施工技术准备

　　施工准备阶段技术准备工作内容包括图纸自审、会审、技术交底、材料计划编制及焊接工艺评定。工程技术人员应对图纸按布置图、剖面图逐页仔细审核，对涉及的标注、数量、节点错误或不清晰的地方应书面编制图纸自审并提交设计确认；通读图纸后对图纸中构件结构形式、焊缝要求、材料性质、加工方法及拟用的施工设备要心有预案，参考合同工期编制钢结构制作施工方案和技术交底，并向参与的管理、质量、安全、一线施工人员进行交底；完整项目只有设计图无制作图时要进行详图深化，零星项目不需详图深化时应绘制编号图和编制构件清单发货前交安装单位；经营人员应根据图纸和图纸自审编制材料预算，技术人员应对主要构件"三块板"、大直径螺旋焊钢管、无缝管及檩条用 C 型钢、Z 型钢和格栅等进行定尺寸，编制采购计划并报送采购部门提前锁定材料；进料应有序，材料管理符合规范和公司制度，质检人员要参与材料验收并查验合格证、质保书，对表面有缺陷的进场材料要及时联系材料商处理或予以拒收，油漆、一、二级焊缝用焊材及规范、设计有要求的钢材应进行复检；焊前应对人员资格、焊接设备进行确认，查验、制定焊接工艺评定或制定免除焊接工艺评定；特殊结构或工艺提前制作组装胎架。

7.1.4 炼钢、连铸钢结构加工资源配置

钢结构加工人员按工种划分主要有切割工、电焊工、铆工、电工、起重机司机、司索工、信号指挥工、油漆工、普工。其中焊工、电工、起重机司机、司索工、信号指挥工均需持证上岗，电焊工需持操作证和焊位证，普工主要为辅助人员。

炼钢、连铸钢结构制作主要机械设备、器具见表 7-1，数量、型号规格视具体项目而定。

表 7-1　钢结构制作设备配置表

序号	名　称	序号	名　称	序号	名　称
一	起重设备	四	焊接设备	6	摇臂钻
1	龙门吊	1	硅整流焊机	七	检测设备
2	桥式起重机	2	交流焊机	1	无损检测仪
3	单轨吊	3	气体保护焊机	2	射线探伤仪
4	叉　车	4	空气压缩机	3	漆膜检测仪
5	汽车吊	5	埋弧自动焊机	4	红外测温仪
6	履带吊	6	龙门焊机	5	钢卷尺
二	切割设备	7	电渣焊机	6	直　尺
1	割　炬	8	打渣机	7	角　尺
2	半自动切割机	9	管道自动焊转胎	8	角度尺
3	多头直条切割机	10	烘干箱	9	焊缝检测尺
4	数控平面切割机	11	保温筒	10	塞　尺
5	仿形切割机	12	热处理机	11	水准仪
6	相贯线切割机	13	管壁自动焊机	八	端头加工工具
7	管口坡口机	14	栓钉焊机	1	车　床
8	等离子切割机	15	亚弧焊机	2	铣　床
9	锯　床	五	除锈、涂装设备	3	刨　床
10	剪板机	1	抛丸机	九	表面加工工具
11	型材切割机	2	喷砂机	1	砂轮磨光机
12	H型钢切割机	3	砂　罐	2	内磨机
三	组装矫正设备	4	空气压缩机	十	压型钢板加工
1	H型钢组立机	六	制孔设备	1	压瓦机
2	H型钢矫正机	1	平面数控钻	十一	螺纹加工
3	手拉葫芦	2	卧式数控钻	1	螺纹加工机床
4	千斤顶	3	磁力钻	十二	平板、卷板设备
5	液压顶	4	空心钻	1	平板机
6	自制工装工具	5	激光打孔机	2	卷板机

7.2　建筑钢结构制作

7.2.1　钢结构零部件切割工程

钢结构零部件切割包括零件、部件下料，零件包括主构件上的加筋板、隔板、底板、顶板、撑杆、吊耳等，部件为构件的主体部件，如钢柱、钢梁的焊接 H 型钢、钢管柱的钢管及烟囱、管道、料仓壁板等，也包括一些小型构件，如檩条、拉条、支撑等部件即构件。

7.2.1.1　手工切割下料

200mm×200mm 以下的不规则板材筋板、直径 100mm 以下管材、直径 20mm 以上圆钢、厚壁方管下料可用割炬切割；200mm×200mm 以上的板材或 3 条以下条板选用半自动切割机切割；板厚≤6mm 的规则板材零件切割数量较多时可选用剪板机剪切；直径 20mm 以下的圆钢、方钢、薄壁方管和直径 100mm 以下的钢管适用型材切割机（砂轮切割机）切割；不锈钢切割一般用等离子切割机。

7.2.1.2　板材零件

板材零件特别是外观不规则的板材零件下料，选用平面数控切割机下料，可直接通过钢结构详图深化软件的套料程序或设备自带的下料程序，通过 CAD 排版直接电脑控制下料，切割面光滑平整。平面数控切割机有气割、等离子切割和激光切割。如图 7-11 所示。

图 7-11　半自动切割机与平面数控切割机下料

7.2.1.3　焊接实腹 H 型钢"三块板"、箱形柱"四块板"

焊接实腹 H 型钢"三块板"、箱形柱"四块板"通常采用多头直条切割机下料。下料前经过排版，排版时要注意每两条板间预留 3～5mm 切割量。箱形柱"四块板"排版时要注意腹板宽度方向每边减去 6～8mm，以作焊接间隙。条板开坡口通常用单头或双头半自动切割机。焊接 H 钢端头二次切割用 H 型钢切割机切割。如图 7-12 所示。

7.2.1.4　直径 100mm 以上 600mm 以下的成品管材

直径 100mm 以上 600mm 以下的成品管材特别是撑杆为相贯口的零部件选用相贯线切割机下料。直径 600mm 以上的成品管、卷焊管开坡口可采用管口坡口机。

料仓、平台板、烟囱、放散塔、卷焊管等均用半自动切割机下料并开坡口。

图 7-12　相贯线切割机和 H 型钢切割机切割

下料前，应对材料炉批号进行移植，零、部件下料后应对切割面进行打磨，割纹深度不大于 0.3mm，局部深度不超过 1mm，表面光洁无杂质。

7.2.1.5　边缘加工

（1）边缘加工可用刨床、车床、铣床加工，H 形、箱形、十字形构件端部加工常用立面铣铣头。要进行端面铣的部件，必须经矫正，其垂直度、平整度均需符合要求。铣床胎架应经常核查平整度。

（2）以有端板的一端为基准，进行端面铣削，并将预留 3~5mm 加工余量作为端面的铣削量。铣削干净，端面四周的铣削宽度应一致，并保证符合图纸要求。在铣削面上涂刷不影响焊接质量的水剂防锈漆。

（3）部分超厚件或对坡口表面要求高的部件应用车床、刨床、锯床或铣床加工，两铣削面应保证平行，根据具体情况选用。

7.2.2　钢结构制作工程

7.2.2.1　焊接 H 型钢制作

（1）焊接 H 型钢组装时，可采用组装平台组装或 H 型钢组立机组装。

（2）当采用 H 型钢组立机组焊时操作人员利用行车依次将拟组装的 H 型钢下翼缘板、腹板、上翼缘板放入 H 型钢组立机锁定、点焊固定，快捷方便。

（3）采用组装平台组装时，不受截面尺寸影响，特别适用于大型吊车梁、平台梁及焊接实腹 H 型钢组装。如图 7-13 所示。

1）组装前，检查组装平台。组装平台一般由工作平台、腹板可调支撑、胎模、翼缘板可调支撑，组装平台用于腹板支撑面应用水准仪调平，腹板可调支撑及翼缘板支撑面组装一次校平一次。

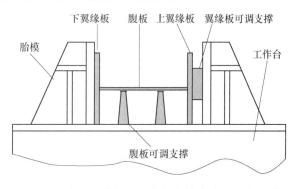

图 7-13　大型吊车梁、平台梁焊接实腹 H 型钢组装

2）组装前，翼缘板、腹板应进行了校平，倒运过程中应注意防止二次损伤变形，腹板应注意表面平整度不大于 3mm，翼缘板除平整度不大于 3mm 外还应注意侧弯也不应超过 3mm。

3）组装时，将腹板置于组装平台腹板可调支撑上，适当调整至控制尺寸。

4）翼缘板组装前应在翼缘板上将腹板控制线用灰线弹出，在控制线上焊定位板，利用行车将翼缘板起吊至组装平台上腹板一侧，调整组装平台两侧翼缘板可调支撑将翼缘板贴住腹板，通过定位板进行定位，松开行车吊钩，翼缘板另一侧用相同方法定位，完成后检测腹板与翼缘板控制线重合度，适当调整至符合图纸要求，调翼缘板与腹板并点焊固定。

5）定位焊尺寸不大于设计尺寸的 2/3，不小于 4mm，但不宜大于 8mm，长度 20 ~ 50mm，间隔在 300 ~ 500mm；正反两侧均需点焊固定，并经检查合格之后方可吊运。

（4）焊接 H 型钢也有采用立式组装，组装前在翼缘板上用灰线弹出腹板控制线，翼缘板铺在找平的平台板上用行车吊住腹板置于翼缘板上所弹的控制线上，敲击腹板调整尺寸直至符合规范要求，调整一个点，点焊一个点，速度较慢，一侧先组成 T 型钢后再组装另一侧。

（5）H 型钢组装完成后，移入焊接胎架进行焊接，T 形缝焊接前应在两端设置引弧板，T 形缝焊接采用埋弧自动焊机或龙门焊机焊接。T 形缝一、二级焊缝焊接应在一侧用气体保护焊或埋弧自动焊焊接一至两层焊缝后在反面进行气刨清根，打渣清理后再用埋弧自动焊或龙门焊机进行逐层焊接直至完成。

（6）T 形缝焊接过程中要注意控制焊接参数，特别是一、二级焊缝焊接，气刨清根容易造成热量集中，造成 H 型钢弯曲。厚板焊接应多层多道焊接，多翻身，避免焊接变形。

（7）H 型钢焊接完，用 H 型钢矫正机进行矫正，焊正过程中对 H 型钢垂直度、翼缘板不平度等进行检查，各尺寸控制应在 2mm 范围内，对于 H 型钢侧向弯曲应用三角形法采用火焰矫正，火焰矫正加热温度范围为 700 ~ 800℃，火焰矫正时，不允许在 300 ~ 500℃时锤击，严禁采用浇水急速降温方式。经检测合格后进行外观处理，包括焊瘤、焊疤打磨平整。

（8）焊缝焊接完成 24h 后进行，一、二级焊缝应进行无损检测，发现问题应及时返修，返修次数工厂应严格控制不超过两次。

H 型钢矫正如图 7-14 所示。组装的 T 型钢如图 7-15 所示。埋弧自动焊焊接如图 7-16 所示。龙门焊机焊接如图 7-17 所示。

7.2.2.2　格构柱制作

格构柱制作示意图如图 7-18 和图 7-19 所示。

格构柱上柱装配，上柱型钢完成后根据图纸再次核实尺寸，确定无误后以与肩梁连接的一端为尺寸控制基准，弹出人孔控制线、上柱筋板、顶板、顶部牛腿控制线，用半自动切割机和仿形切割机加工人孔槽，与肩梁相连处一端翼缘开槽以备肩梁腹板插入。人孔板弧形板用液压顶或卷板机压制，组焊后经尺寸检查和无损检测合格后嵌入人孔槽，点焊固定。筋板、顶板和顶部牛腿也按图纸在已弹出的控制线上定位固定。屋面托梁或托架不采用牛腿与上柱连接而直接与上柱腹板连接时，连接点至柱顶的所有焊接在腹板上的加筋件、配件和柱顶板都不能焊接，只能点焊留至现场焊接。上柱人孔、筋板、牛腿装配及焊接完成后应进行尺寸检查和外观处理。

图 7-14　H 型钢矫正

图 7-15　组装的 T 型钢

图 7-16　埋弧自动焊焊接

图 7-17　龙门焊机焊接

(a)

(b)

(c)

图 7-18　格构柱制作示意图（一）

（a）空腹 H 型双肢格构柱；（b）实腹 H 型钢双肢格构柱；（c）钢管格构柱

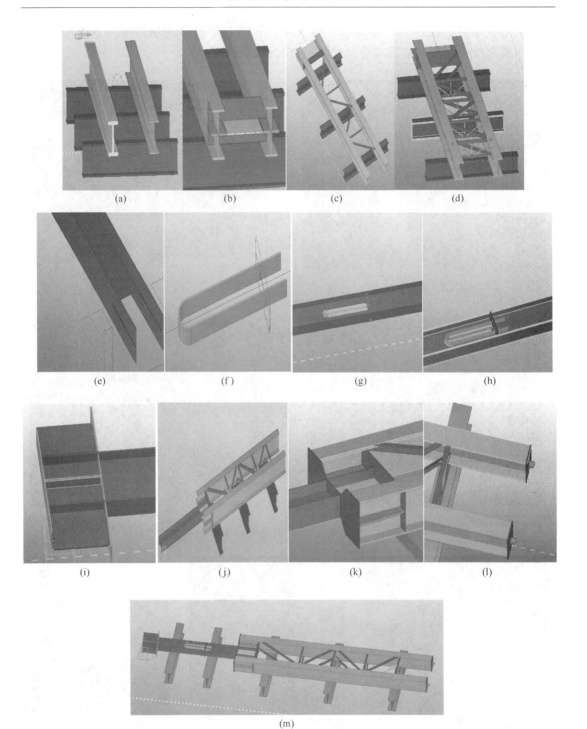

图 7-19　格构柱制作示意图（二）

（a）下肢摆放；（b）肩梁组装；（c）上翼缘撑杆组装；（d）撑杆组焊完成；（e）上柱下端开槽；

（f）人孔护板加工；（g）人孔开槽示意；（h）人孔护板装配；（i）柱顶装配；（j）上、下柱组装；

（k）肩梁处成形示意；（l）柱底装配；（m）空腹 H 型格构柱装配完成

空腹 H 型钢格构柱下肢装配前,将用作格构柱下肢的 H 型钢与肩梁顶板连接端用立面铣铣平。组装时,两根下肢 H 型钢在组装胎架上以与肩梁连接的一端作为控制基准找平、找齐。在胎架上将两根下肢 H 型钢固定,以与肩梁相连接的一端作控制基准往柱脚端分别划出肩梁下翼缘板、腹板、撑杆控制线,部分撑杆不便于组装时可待钢柱整体焊接翻身时再组装。肩梁组装,在下肢 H 型钢腹板上焊装定位板,将肩梁腹板置于定位板上调整与控制线重合,点焊就位后组装肩梁下翼缘板和上翼缘板,肩梁腹板穿过下肢 H 型钢腹板。撑杆、筋板装配严格按图纸在 H 型钢已划出的定位线上定位固定。下肢肩梁、撑杆、筋板单面焊接完成后翻身前应进行单面外观处理,整体焊接完成进行尺寸检查,尺寸检查以肩梁为控制端控制下肢总长,将多余部分用 H 型钢切割机割除。柱底板组装前在底板上画出 H 型钢控制线并点焊不少于两处的定位板,用行车配合组装,最后焊接剪力件并进行外观打磨,检查无误后可进行上、下柱装配。

上、下柱经质检合格后方可进行装配,装配在组装平台上进行,以行车吊起上柱让肩梁慢慢穿过上柱翼缘板槽口,点焊固定。

实腹式 H 型钢格构柱下肢装配前,将用作格构柱下肢的 H 型钢与肩梁顶板连接端用立面铣铣平。组装时,在工装平台上装配支撑,用于支撑两肢间大腹板。在两肢腹板上分别弹出连接大腹板控制线,以其中一肢先与大腹板组装点焊固定,用千斤顶和手拉葫芦将另一肢与大腹板顶紧。大腹板与两肢组装完成后,在大腹板上划出筋板控制线并进行装配。肩梁组装、柱底板组装及各工序过程控制、检查与空腹式 H 型钢格构柱相似。

钢管格构柱下肢组装前,在主管长度方向上弹出 1 条中心控制线及两条撑管外径控制线,在中心控制线上划出各撑管中心控制点和相贯点控制线,将撑管按图进行装配。装配过程中,检查撑管控制线及相贯点控制线,如撑管在输入相贯线切割机时编程无误,则装配过程中撑管与主管、撑管与撑管之间连接处应紧密相连,无明显的误差。肩梁、柱底板装配及各工序检查与空腹 H 型格构柱相似,但钢管格构柱肩梁下翼缘板开圆孔,主管穿过肩梁下翼缘板。主管与肩梁相连接处常开十字槽口,在肩梁腹板上焊接筋板形成十字插入主管十字槽口。主管肩梁端如需刨平顶紧,先组焊肩梁与主管、撑管,对钢管肩梁端进行整体铣平,主管、肩梁板下料时预留 5mm 加工余量,中柱设走道时,在走道处设横梁,横梁与两肢钢管连接处加设环板,环板通常分两片下料。当两肢间距超过 2m 时,环板与横梁翼缘也可分别下料。环板下料用仿形切割机或平面数控切割机。组装前先将横梁组焊并检查,组装时制作专用组装胎架固定主管,将横梁斜移至主管上划出的横梁控制线上,最后组装主管外侧另一片圆环板,再整体焊接完成。

格构柱整体装配完成后,柱顶牛腿腹板钻孔,钻孔使用磁力钻或空心钻,筋板、底板孔应在组装前进行钻孔。

大型格构柱分段,分段应设置在人孔与肩梁之间,距肩梁 1m 左右,接口可为 Z 形、匚形,翼缘板与腹板应错开 200mm。分段应在格构柱组焊并检查结束后用 H 型钢切割机切割。经打磨处理并检验合格后交下道工序。

7.2.2.3　箱形柱制作

A　下料

（1）翼板、腹板用数控或多头直条切割机下料，翼板宽度加余量 4mm（切割缝），腹板宽度每边应减去 6～10mm 的焊接间隙，长度均加余量 30～50mm。翼板，腹板只允许板材长度方向拼接。翼板，腹板坡口角度误差不超过 ±5°。坡口表面应打磨光洁。

（2）隔板允许误差为 1mm；电渣焊隔板上的两侧垫板（成形）应铣削，保证误差小于 1mm。

（3）箱形件腹板焊接垫板宜用 6～10mm 扁钢，宽 40mm。采用厚垫板清根时不须打底直接在衬板上清根。衬板组装前打磨光洁。

B　组装

（1）隔板和垫板组装前接触面应先打磨光洁，组装紧密焊牢，防止电渣焊漏渣；如采用隔板两侧加垫板方法两侧必须经铣削加工，铣削余量为每边 2～3mm，另两侧可开单面或双面坡口；隔板也可一侧加垫板作电渣焊，另三面开坡口焊接，但另三面必须是先组装，加垫板一侧翼缘板最后组装。如图 7-20 所示。

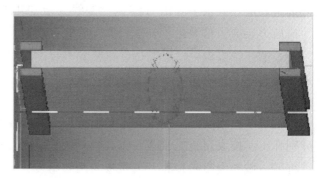

图 7-20　内隔板示意图

（2）下翼缘板和内隔板组装时，组装平台应找平，在下翼缘板上划出隔板定位线并依次组装，定位线 50～100mm 范围内表面无杂质、油污等；腹板与隔板组装前组装垫板，垫板与腹板接触面应打磨光洁，垫板与腹板组装用卡具卡紧，每 200～300mm 点焊定位，坡口一侧定位焊间隔 500mm。组装示意图如图 7-21 所示。

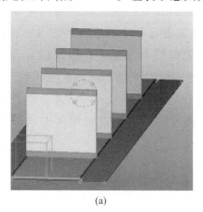
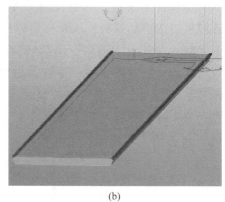

(a)　　　　　　　　　　　　　　　　(b)

图 7-21　组装示意图

（a）下翼缘板和内隔板组装；（b）腹板与衬板示意图

（3）腹板组装：腹板组装应在专用胎具上进行，组装胎架两侧立柱带左右活动丝杆，确保组装面无焊瘤、焊疤、油污等杂质；组装时，以吊车将一侧腹板先吊至组装面，用活动丝杆轻顶腹板至与隔板接触，找平找正，另一侧腹板用同样的方法就位，同步将两侧活动丝杆对称顶紧腹板并点焊固定，形成 U 形槽。U 形槽件检查时，已组装的翼缘板与腹板及主焊缝垫板应在同一平面内（采用钢丝拉测），以保证成型板与翼板之间间隙小于 0.5mm，并将内隔板的位置引至腹板外侧，以便在翼缘板上定位钻孔。

（4）上翼缘板组装：上翼缘板组装前，内隔板和两侧腹板必须焊接完，并检查验收合格。箱形件主板组装过程如图 7-22 所示。

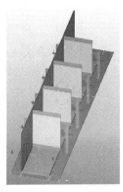

图 7-22　箱形件主板组装过程示意图

（5）电渣焊专用孔加工，将内隔板位置线引至翼缘板，采用磁力钻、空心钻或摇臂钻加工。连接板制孔，采用数控钻床加工。

C　焊接方法与变形控制

a　隔板与两侧腹板焊接

隔板和两侧腹板焊接采用 CO_2 气体保护焊，焊缝等级达到图纸要求。如需熔透时，隔板厚度不超过 25mm 时，宜开单面坡口，以便清根焊接。焊接宜小电流多层多道焊接，以免造成腹板变形不平。

b　隔板和上、下翼缘板的焊接

箱形件密封后，采用熔嘴电渣焊焊接。焊丝、熔嘴根据构件规格、材质选择，熔嘴长度为焊缝长度 + 150～200mm。

熔嘴电渣焊焊接示意图如图 7-23 所示。

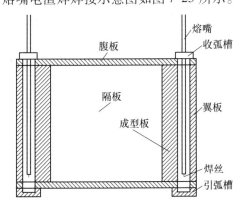

图 7-23　熔嘴电渣焊焊接示意图

钻孔（上、下）要求在电渣焊缝的正中位置，孔径为 $\phi20mm$；焊剂、熔嘴均应烘干，熔嘴烘干要求 150℃ ×1h，焊剂需烘干要求 250℃ ×2h。熔嘴要求夹持紧，熔嘴尽可能在焊缝中心；在起弧底板处施加焊剂，一般为 120～200g，以使渣池深度达到 40～50mm。

注意事项：在焊接过程中，应根据熔池情况补充少量焊剂；随时观察熔嘴是否在焊缝中心，随时进行调整，以免熔嘴与侧壁短路，造成断弧；随时观察侧板的红热状态，如有异常，随时进行规范参数的调整；电渣焊焊接过程中不允许停电，电渣焊机须采取单独开关控制。

c　四条主焊缝焊接

箱形件四条主焊缝焊接通常采用埋弧自动焊或龙门焊焊接。焊接过程应多层多道施焊，严格按工艺要求设置焊接参数，并有专人进行记录，以控制焊接变形。焊接时不能一次成形，焊接两至三层应翻身焊接对称面焊缝。箱形件焊接完成 24 小时后进行无损检测，不合格时及时返修。

龙门焊及埋弧焊机焊接如图 7-24 所示。

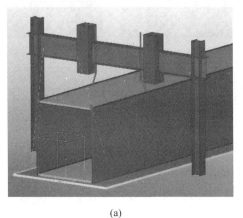 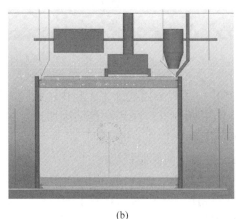

(a)　　　　　　　　　　　　　　　(b)

图 7-24　龙门焊及埋弧焊机焊接示意图
（a）龙门焊焊接；（b）埋弧焊机焊接

D　箱形件焊接变形矫正

（1）箱形件应从组对，焊接工艺上保证其旁弯、扭曲和其他变形在允许范围之内，否则矫正比较困难。

（2）箱形件矫正以火焰矫正为主，机械矫正为辅。一般情况下是火焰、机械共同矫正。先矫正扭曲后矫正弯曲。

箱形件焊接变形矫正如图 7-25 所示。

E　柱梁筋板、牛腿、底板组装

（1）箱形件组焊完成后与柱顶板组装通常需刨平顶紧，用铣床铣头，铣头余量 3～5mm。

（2）以柱底板一端为基准，在离端面 1m 处，对柱各面画十字中心线，使相对两面一致，相邻两面垂直，并作中心标记。在一面翼板标上方向 N，作柱子基准方向（可用油漆喷涂）。

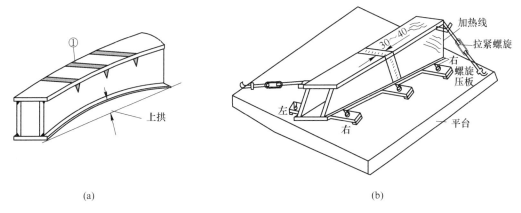

图 7-25 箱形件焊接变形矫正
(a) 矫正弯曲; (b) 矫正扭曲

(3) 从基准段开始, 依据设计图纸尺寸在基准翼板面上画线, 确定梁腹板的连接板、耳板、牛腿和底板 (底柱) 的位置, 然后点焊各件。特别要注意, 梁连接板与柱梁中心线的位置关系 (偏位 1/2 腹板厚度)。

(4) 牛腿可在与箱形件整体组焊完成后钻孔。已钻孔的牛腿、筋板, 组装时应以距柱底板端第一个孔作牛腿和筋板控制线。

(5) 装配应在经检查合格的拼装平台上进行, 并准备好必要的工装夹具, 以确保装配质量。使用工装夹具时要防止损伤母材, 注意留出焊接收缩量, 使得拼装焊接后的产品形状和尺寸达到图纸的要求。组装前应对连接处及两侧各 30～50mm 范围内的铁锈、油污、毛刺等清除干净。与箱形柱连接的牛腿, 如有与箱形柱盖板、腹板不垂直时, 组装要特别注意, 必须利用样板组对以保证角度符合图纸要求。

7.2.2.4 十字柱制作

(1) 十字柱由一根 H 型钢和两根 T 型钢组成。H 型钢剖成 T 型钢时注意先在腹板上弹出切割线, 使用半自动切割机切割, 在 H 型钢两端及每隔 1000mm 预留 100mm 不切割, 冷却后再切割预留部分, 以防止 T 型钢变形。

(2) 十字柱组装。将 H 型钢置于组装平台板上找平并弹出 T 型钢腹板边缘控制线, 如 T 型钢与 H 型钢有加筋板, 则以加筋板为定位板, 筋板与十字柱腹板一侧应开 20mm 的应力孔, 将 T 型钢定位, 并用卡具卡紧点焊固定, 翻身将刚固定的 T 型钢翼缘板平放置于组装平台板上, 用同样的方法将对称方向的 T 型钢固定。剖成 T 型钢的 H 型钢如有接料焊缝, 则组成十字柱时焊缝应调转方向。

(3) 十字柱本体组装完成后应对十字中心主焊缝先焊完成, 再焊接筋板焊缝, 如果十字中心主焊缝要求熔透焊, 则必须先组焊 T 型钢再装筋板, 组装 T 型钢时另设定位板和支撑, 完成后再去除。大型十字柱十字中心焊缝可用专用胎架配合改装的埋弧焊机或龙门焊机焊接。组焊完成后检查尺寸和焊缝是否符合要求, 符合要求则进入下道工序, 不合格时采取措施达到合格。

(4) 十字柱与底板连接通常要求刨平顶紧, 十字柱应在组焊成十字形后用立面铣进行铣平, 牛腿、筋板、顶板以铣平端作为控制端画线定位并装配。整柱组装完成后, 复核尺寸合格后再进行焊接。已钻孔的牛腿腹板与柱组装时，应以靠下翼缘第一排螺栓孔作定位孔。牛腿腹板、柱上其他筋板、配件须与柱组装完成后再钻孔，采用空心钻或磁力钻。筋板、连接板组装前采用平面数控钻钻孔。

7.2.2.5 焊接 H 型钢柱制作

（1）焊接 H 型钢装配直接用已焊接好的焊接实腹 H 型钢以一端为控制端按图纸尺寸划出牛腿、底板、筋板、顶板控制线，用 H 型钢切割机对端头进行切割，底板端如须刨平顶紧，则进行铣头，铣头余量 4mm，底板组装后用 0.3mm 的塞尺塞缝检查顶紧面不少于 75%。

（2）带孔筋板装配时，定位应以第一个孔的中心作为控制线。牛腿腹板、翼缘板在组装前钻孔采用空心钻加工。在柱上装配时，定位应以靠下翼缘侧第一排孔中心作为控制线。

（3）底板、筋板、顶板应在组焊前钻孔。

7.2.2.6 卷焊钢管柱制作

A 卷焊管制作

a 板端压头

板端压头也称为预弯，采用油压机或卷板机配压头板进行压制。四辊卷板机不需要压头。

板端压头制作如图 7-26 所示。

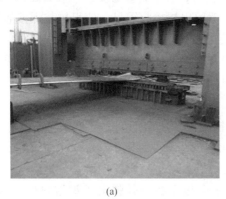 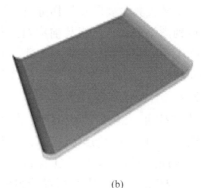

（a）　　　　　　　　　　　　　　　　（b）

图 7-26　板端压头制作
（a）压机压头；（b）压头成型示意图

b 卷管

卷管前应用白铁皮制作 1:1 卡板，卡板弧度与钢管内径相同，卷管采用数控卷板机进行卷板，卷制过程应经常测量，以确保卷管质量。

卷管示意图如图 7-27 所示。

c 纵缝焊接

卷管完成后，对纵缝进行焊接，焊接时焊缝端部应加引弧板，引弧板尺寸 80mm×80mm，与焊缝相连一端开槽，引弧焊缝长度不得少于 50mm。焊接完成后应进行无损检测，焊缝等级按图纸要求。

（a） （b）

图 7-27 卷管示意图

（a）三辊卷管示意图；（b）卷管、测量

纵缝焊接如图 7-28 所示。

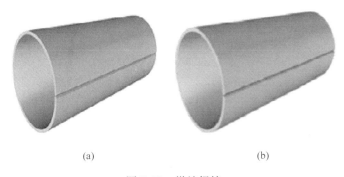

（a） （b）

图 7-28 纵缝焊接

（a）卷管成型；（b）纵缝焊接成型

d 检测

钢管纵缝焊后应进行管口圆度检测，周长偏差不得大于 5mm，直径不得大于 $D/1000$（D 为直径），检测点不少于 8 点。

钢管圆度检测示意图如图 7-29 所示。

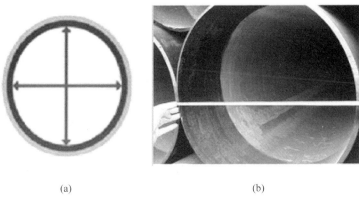

（a） （b）

图 7-29 钢管圆度检测示意图

（a）检测示意图；（b）圆度检测

e　校圆

经检测，尺寸不符合要求时应进行校圆，校圆使用卷板机进行。校圆后钢管可进入接长工序。

钢管校圆示意图如图 7-30 所示。

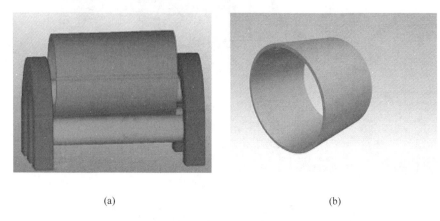

(a)　　　　　　　　　　　　　　　　　　(b)

图 7-30　钢管校圆示意图

（a）卷板校圆；（b）卷制成型

f　接长

卷焊管短节长度根据材料和卷板机宽度确定，如能定尺且卷板机宽度足够宽时应优选定尺。短节接长前应对接口开坡口，卷焊管开坡口可使用管口坡口机或用半自动切割机配合焊接转胎开，V 形坡口一般为 60°。短节接长选用 H 型钢作为接长胎架。卷焊管环缝焊接采用埋弧自动焊机或管道自动焊机配合焊接转胎进行。短管接长上、下两节纵缝应错开200mm 以上。

卷焊管焊接完成后应按图纸要求的焊缝等级进行检测，检测前清除焊缝两侧 50mm 范围内杂质、油污等，检测合格后进行牛腿环板、筋板组装，检测不合格应返修处理至合格。

牛腿环板应分等份下料，与牛腿相连的环板应整体下料，环板可使用仿形切割机、地规或软轨道配合半自动切割机下料。

B　卷焊管柱组装

在卷焊管上按 0°、90°、180°、270°四个方位弹出通长方向角线，在方向角线上划出牛腿、筋板、柱顶板控制线。牛腿腹板钻孔在组装前采用平面数控钻，组成牛腿后采用磁力钻或空心钻钻孔。

组装完成后对外观进行处理，外观检测合格后交除锈、涂装。

7.2.2.7　吊车梁、屋面梁、屋托梁及焊接实腹 H 型平台梁制作

吊车梁、屋面梁、屋托梁及焊接实腹 H 型钢平台梁组焊、检查同焊接实腹 H 型钢梁。

吊车梁、屋面梁及焊接 H 型钢平台梁两端腹板常有变径部分，组装时应先拼接变径腹板，变径处翼缘板应作圆弧过渡采用火焰对过渡处进行加热，再用胎具、千斤顶等加工成

图纸所需弧度。除变径段不便于埋弧自动焊接可采用气体保护焊外，T形缝都应用埋弧自动焊焊接。

翼缘板圆弧过渡处理如图7-31所示。

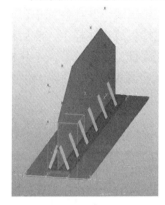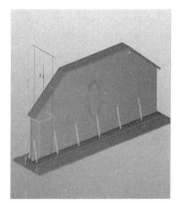

图7-31 翼缘板圆弧过渡处理

上、下翼板接料时，在跨度的 $1/3L \sim 1/4L$ 的范围内接缝，腹板和翼板接缝应错开200mm以上。腹板允许有一道纵向接缝，翼板不允许有纵向接缝。腹板纵向接料板宽大于300mm，尽量避免出现十字缝。翼缘板接料长度大于2倍板宽且不小于1m。

腹板下料应考虑起拱要求，当设计要求起拱时，应按图纸要求起拱，设计无要求时应根据规范要求，起拱值应比设计值大 $3 \sim 5$mm。吊车梁、屋面（托）梁及大型焊接实腹H型钢平台梁不允许下挠。

7.2.2.8 轧制型钢（管）结构制作

轧制型钢（管）原材料应除锈并涂底漆。钢屋架、钢托架、工艺平台平台梁、电梯井井架、管道支架、设备支架、通廊、桁架、单轨吊、檩条等选用轧制H型钢或工字形钢、槽钢、角钢、C型钢、Z型钢、高频焊H型钢、厚钢管、厚方管。

H型钢、工字钢、槽钢、C型钢、Z型钢接料翼缘板直接，腹板45°斜接，H型钢、工字钢翼缘板开剖口等强焊接。用于大型通廊、桁架主弦杆的型钢接料按规范还需加加强板。单轨吊腹板不能加筋，采用等强焊接，翼缘板必需加加强板。截面500mm以上的H型钢可采用与焊接H型钢一样的接料形式，上、下翼缘与腹板两两错开200mm。双肢角钢用于大型通廊、桁架接料应按规范加加强角钢和加强填板。角钢接料两个方向45°斜接。小型型钢接料长度不小于600mm。接料后焊缝应打磨平整，翼缘板厚度8mm以上的应进行无损检测，检测合格后交组装工序，检测不合格应及时返修。

单根型钢构件筋板装配在组装平台进行，在型钢上画出筋板定位线，按图纸要求进行组装，组焊完后打磨处理并报检。C型钢、Z型钢加工过程应严防变形。框架平台柱间支撑采用厚方管或圆管时，厚方管、厚圆管接料应在管内壁加衬板焊接，外壁开V形坡口，并保证焊缝质量。

采用H型钢作主弦杆的钢托架、钢屋架、通廊、桁架、整体工艺平台组装在组装胎架上进行，采用1:1放实样，用水准仪对组装平台找平，在平台上弹出上、下弦杆、撑杆控制线，再根据图纸依次组装点焊定位。断面为多边形的桁架应先组左右或上下两榀桁架，另两侧经放样预装后散走或整体焊接出厂。通廊、桁架、小型平台、走道桁架应与平台板或走道板组焊成整体出厂。大型通廊组装时应根据制作场地、运输情况考虑分段或分片出厂。

双角钢作主弦杆的钢屋架、钢托架、通廊、桁架组装在装配平台上进行。在装配平台上放出桁架的实样，所放实样包括下弦及腹杆的中心轴线、外形轮廓线，并在装配平台上按照所放实样，设置上、下弦和腹杆等的定位角钢。将垫板和连接板放在实样上，然后将上、下弦角钢按照所放轮廓线叠放在连接板上，点焊牢固。装配腹杆，对正位置。半片桁架装配完后，再加焊牢固（对大跨度桁架还需进行加固处理，或分段制作），翻转180°作为胎模使用，组装其余部分。

屋架装配示意图见图7-32。

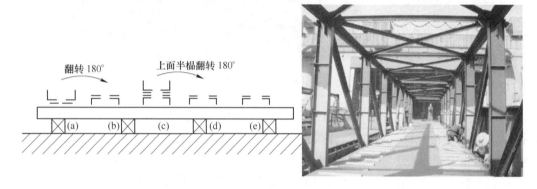

图 7-32　屋架装配示意图

轧制型钢接料和筋板等焊接采用气体保护焊焊接，焊接完成后交打磨处理。

组焊完成后对主桁架上的孔进行钻孔，钻孔采用磁力钻或空心钻，孔心定位应以桁架中心线为控制线定位。制孔完成后经外观处理和检验合格后交下道工序。

7.2.2.9　钢梯、栏杆、爬梯、平台板、走道板制作

钢梯、栏杆、爬梯、平台板、走道板原材料应先除锈并涂底漆。钢梯、栏杆、爬梯中钢管、方钢和方管下料采用型材切割机下料，钢管、方管接料用磨光机磨出坡口拼接，并保证错口量符合规范要求。平台板、走道板一般采用扁豆形花纹板，下料采用半自动切割机下料，底部加筋一般选用成品扁钢。

钢梯组装均要在组装平台上按1:1放地样，在钢梯梯梁划出踏步板、踏步格栅控制线，按图纸装配；当踏步与梯梁采用螺栓连接时，应复核踏步两端带孔板孔尺寸，按实际孔距在梯梁上画线钻孔。平台板、走道板组装前有焊缝造成变形的应进行平整，平整后在平台板上弹出筋板控制线进行装配。组焊完成后划出孔控制线进行钻孔，钻孔采用磁力钻或空心钻，高强螺栓孔可用模板与主体构件套钻方式钻孔，高强螺栓孔周边30mm范围内扁豆形应打磨与板持平。栏杆、爬梯组装在组装平台上按1:1放样，依图纸按序组装；栏杆组装可按长度、高度将立杆和横杆在平台上用挡板制作卡槽，相同形式直接放置立杆、横杆点焊固定即可。

钢梯、栏杆、爬梯、平台板、走道板焊接采用气体保护焊焊接。平台板、走道板加筋焊接采用间断焊，间断距离按图纸要求；栏杆焊接应注意收弧。

焊接完成后进行打磨，并报检，检查合格后交下道工序。

7.2.2.10　天沟制作

（1）天沟分折弯型天沟和焊接型天沟，炼钢、连铸主厂房常用焊接型天沟，即两侧为H型钢，两H型钢中间用钢板焊接而成。

（2）折弯型天沟下料用半自动切割机下料，下料长度根据折弯机的长度确定，接料可在折弯成型后拼接，纵向方向一般不接料。折弯成型后组装加筋板或撑杆、封板，并焊接成型。

（3）焊接型天沟两侧焊接H型钢可按焊接实腹H型钢梁工艺制作，在H型钢腹板上弹出天沟底板控制线，通常带有坡度，并根据坡度、高度在组装平台上焊接支撑天沟底板的支撑，利用卡具、千斤顶等工具进行天沟底板组装。天沟底板组装应采用倒装法，即天沟底板有加筋的一侧朝上组装，这样可以先组装天沟上口撑杆和避免天沟多次翻身。天沟底板组装完成后先用气体保护焊将拟装筋板一侧的天沟底板与H型钢腹板焊接成型，再组装筋板，天沟底板加筋、H型钢外侧加筋组装按图纸放线依次组装。

（4）天沟焊接顺序应先H型钢加筋板，再焊天沟底板加筋，最后焊接天沟底板另一侧主焊缝。焊接顺序采用跳焊法，隔一道加筋焊一道。

（5）天沟焊接完成经打磨处理和检验合格后交下道工序。

7.2.2.11　管道、烟囱制作

（1）管道、烟囱按卷焊管工艺制作。烟囱为变径管时，下料应采用半自动切割机配合软轨道或地轨切割并开坡口。烟囱加强圈、底座板应分等份下料。

（2）烟囱、管道加强圈一般选用板材、型钢，当采用H型钢且翼缘板卷制成弧形、采用大角钢肢尖方向卷制弧形、槽钢小面卷制弧形时可联系设计改为板焊接。烟囱、管道直径小且采用型钢作加筋和不便于加工时，联系设计更改为板加筋。烟囱底座组装应在烟囱壁上划出方位角控制线，依据方位角控制线画出底板加筋板控制线并组装焊接。烟囱、管道制作时常加临时支撑，临时支撑直径2m以下用"十"字撑，2m以上用"米"字撑。焊接完成后交打磨处理，检验合格交下道工序。

（3）烟囱、管道应根据制作、运输、安装条件进行分段。

烟囱、管道临时支撑如图7-33所示。

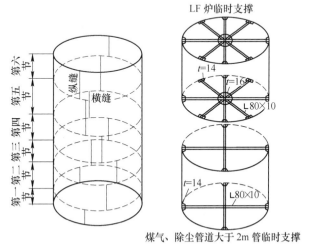

图 7-33　烟囱、管道临时支撑

7.2.2.12　高位料仓制作

平台料仓上口为四边形，下部为锥体。大型高位料仓上口尺寸可达到5500mm以上，垂直高度4000mm。上、下分两段制作和出厂，上部单重可达40t，分片出厂。平台料仓除第一段允许整体出厂外，其余均分片出厂。

平台料仓排版图如图7-34所示。

A　排版、下料

（1）大型料仓壁板接料应根据运输和安装情况确定，确定后点焊固定，预装后再割开分段出厂。

（2）料仓壁板下料采用半自动切割机下料和开坡口，加筋等用割炬下料，切割后应对端部、坡口进行打磨处理。

B　组装

平台料仓按排版图所示分段下料、拼接，每个面原则上只允许出现一道纵缝（对接缝），上下两段纵缝错开 500mm 以上，严禁出现"十"缝。上、下两段，每段四面

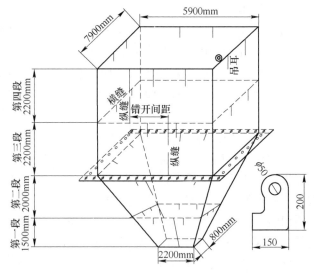

图 7-34　平台料仓排版图

在制作厂进行简单的预装，在每片板距上边缘 200mm 处设两个吊耳。吊耳采用 16mm 厚板，规格 150mm×200mm，如图 7-34 所示。平台料仓制作按第一段至第四段从下至上制作安装，制作厂制作时分片拼装、焊接成形，再焊接加筋角钢、板等。

大型料仓壁板上的加筋应根据分段要求接长，料仓筋板应在料仓壁板组焊完成后进行组装并焊接。料仓加筋根据图纸要求决定是否间断焊。

料仓壁板接料焊缝采有埋弧自动焊接料，开 V 形坡口，料仓加筋焊接用气体保护焊焊接。壁板接料焊缝应按图纸要求焊缝等级进行无损检测。检测合格后进行下道工序。

7.2.2.13　压型钢板制作

炼钢连铸厂房屋面和墙面通常采用 0.6mm、0.8mm 压型板，波高一般为 10～200mm 不等。当设支架时，其高厚比宜控制在 200 以内。通长屋面板坡度为 2%～5%，则挠度不超过 $i/300$（i 为计算跨长）。压型钢板用作工业厂房屋面板、墙板时，在一般无保温要求的情况下，每平方米用钢量约 5～11 公斤。有保温要求时，可用矿棉板、玻璃棉、泡沫塑料等作绝热材料。

炼钢、连铸车间主厂房屋面、墙面彩瓦一般为现场用压型钢板压制，压型钢板的型号根据图纸确定，无特殊要求时通常用定型压瓦机压制。

压制的彩瓦设专用场地堆放，堆放时不宜过高，倒运过程中要注意保护。

7.2.3　炼钢、连铸钢结构焊接工程

炼钢、连铸工程钢结构形式多样，厂房钢柱、吊车梁、钢屋梁、钢托梁、高层框架梁及大型焊接 H 型钢平台梁焊缝质量要求高，对接焊缝通常按一级进行无损检测，吊车梁上翼缘 T 形缝、钢柱牛腿上、下 600mm 范围内要求二级焊缝。料仓壁板、烟囱、烟气管道等也须进行无损检测。

炼钢、连铸主体钢结构钢柱、钢梁及卷焊管、料仓、烟囱接料焊缝采用埋弧自动焊焊接，焊接实腹 H 型钢 T 形缝采用埋弧自动焊或龙门焊机焊接，卷烟管环缝采用埋弧自动焊

或管壁自动焊机配合焊接转胎焊接。角焊缝、异形件用气体保护焊焊接，定位焊用交流或直流焊机焊接，不锈钢用氩弧焊机焊接。

焊接工艺要求如下：

焊接应符合《钢结构焊接规范》、《钢结构工程施工质量验收规范》。针对不同类型、不同材质、不同板厚的焊缝，依照合格的焊接工艺评定编制《焊接工艺卡》，并对焊工进行交底。焊工须经培训并取得合格证后方可上岗施焊，严禁无证操作。

焊条、焊剂等材料使用前应按规定进行烘干，焊条经烘干后放在保温筒内随用随取，并做好焊接材料的烘干记录。焊接前应编制焊接工艺评定或免除焊接工艺评定和一、二级焊缝焊接工艺指导书。

施焊前，应熟悉施工图纸及工艺要求，并对装配质量和焊缝区域的处理情况进行检查。如不符合要求，应待修整合格后方可进行施焊。焊完后及时清除金属飞溅，并在焊缝附近打上焊工钢印代号。

多层焊接应连续施焊，并在每层焊完后及时清理焊渣，如有缺陷用碳弧气刨清除彻底，并用磨光机将渗碳层打磨干净后重焊。板厚≥25mm时焊接前应预热。

焊缝出现裂纹，焊工不得擅自处理，应上报技术质量部门查清原因，并定出处理方案方可处理，同一部位的返修次数不得超过两次。

严禁在焊缝以外的母材上打火引弧，对接、T形接头施焊应在其两端设置的引（熄）弧板上起（落）弧，引弧板尺寸不小于50mm×80mm，引弧长度不小于50mm。

所有要求熔透的焊缝正面焊后，反面用碳弧气刨清根，打磨清除渗碳层后再施焊。

焊接过程中应严控焊接工艺参数，新工艺、新材料使用前应试焊并记录参数变化，一、二级焊缝也应记录焊接参数。

所有焊缝焊后要及时清理飞溅、熔渣等，有缺陷及时修补。除特殊要求外，焊缝以图纸要求为准。

钢结构焊接如图7-35所示。

图7-35 钢结构焊接

7.2.4 钢结构涂装工程

涂装半成品经专职检查员检查合格并填写自检表，交成品车间进行除锈、油漆。涂漆前必须认真仔细地清除锈蚀，主体构件除锈等级通常要求达到 Sa2.5 级。

钢结构在进行涂装前，将构件表面的毛刺、铁锈、氧化皮、油污及附着物彻底清除干净，除镀锌构件外，制作前钢结构表面均应采用喷砂、抛丸等方法彻底除锈，不得用手工除锈代替，除锈完成后 4h 内刷底漆（时间可根据制作地温湿度适当调整）。型材、小钢管等应进行原材料除锈并涂一遍底漆。

防腐涂层通常由底漆、中间漆及面漆组成，涂料应与除锈等级相匹配，不同型号的油漆使用前应咨询生产厂家有关油漆参数。

7.2.4.1　钢结构涂装要求

钢结构涂装要求，可根据具体情况来确定：

（1）涂装时环境温度和相对湿度应符合涂料产品说明书的要求，当产品说明书无要求时，环境温度宜在 5~38℃之间，相对湿度不应大于 85%，构件表面存有露水不得涂装。涂装后 4h 内不得淋雨。

（2）下列部位不允许涂装。钢构件出厂前不需要涂漆部分包括：型钢混凝土中的钢构件；箱形柱内的密封区；地脚螺栓和底板；工地焊接部位及两侧 100mm 且要满足超声波探伤要求的范围。高强螺栓摩擦面及周边 100mm 范围内。但工地焊接部位及两侧应进行不影响焊接的防锈处理。

（3）涂装应均匀无明显起皱、流挂、附着应良好。待前一涂层干燥后，方可涂下一道涂层，并认真做好施工记录。

（4）涂装完毕后，应在构件上标注原构件号，大型构件应标明重量。钢柱用喷漆将标高 ±1.000m 及钢柱中心等标识。

（5）除锈后应办理隐蔽工程签证，监理同意后才能刷漆。

（6）涂装以喷涂为主，手工刷涂为辅。除锈后一般在 4h 之内刷上底漆。

（7）对已做过防锈底漆，但有损坏、返锈、剥落等的部位及未做过防锈底漆的零配件，应做补漆处理。修补漆型号应与原油漆一致。

（8）涂装施工单位应对整个涂装过程做好施工记录，油漆供应商派遣有资质的技术服务工程师提供技术服务。钢结构构件的防火及防腐涂料应按相关规范要求定期检查，满足结构设计使用年限的要求。

7.2.4.2　成品保护措施

（1）施工人员要认真遵守构件堆场成品保护制度。

（2）不允许利用成品钢结构承载其他荷载。

（3）构件堆放要整齐。

（4）构件要科学地码放在指定地点，防止倒塌碰撞破坏，要轻拿轻放。

（5）堆场各种成品集中码放，设有垫托，并有排水措施。

（6）构件码放时应大件、重件放底层，其他轻件、小件放上面，但层数不能过多，不能将底层构件压弯为宜。

（7）构件倒运及装车钢丝绳拴在构件的临时吊耳上，以保护构件油漆不被钢丝绳擦伤。

（8）堆放构件及运输时，构件下面必须用草绳或方木垫好，以确保构件运输安全及构件油漆的保护。

8 炼钢厂房钢结构安装

8.1 概述

8.1.1 炼钢厂房钢结构安装总体部署

炼钢主厂房钢结构安装是整个炼钢工程的关键，尤其是转炉跨安装。炼钢厂房安装包括厂房和高层框架。

高层框架安装，按安装顺序分为顺装、逆装和逆顺结合法。本书以顺装法介绍为主：

(1) 顺装法：吊装过程总体按照由低到高的顺序，从低层安装钢构件形成空间几何不变体系，直至安装完成。在每一层中，按照柱→主梁→支撑→次梁→小梁平台板。

(2) 逆装法：吊装过程按照由低到高的顺序，安装柱→柱间支撑→主梁；再从高到低的顺序，安装平台次梁→小梁→平台板（或浇筑平台混凝土），最终完成各层结构安装。

(3) 逆顺结合法：吊装过程按照由低到高的顺序，安装柱→柱间支撑→主梁，至钢平台层时，安装平台构件，按顺装法安装至顶层；同时，按逆装法，从钢平台层往下安装次梁→钢承板→浇筑平台混凝土，直到第一层。

钢结构安装以转炉跨为重点，转炉跨两侧的其他各跨单层厂房，随转炉跨结构同步安装，形成三条施工主线。突出的重点是高层框架施工，在合理分区、分段的原则下，充分利用大型吊车的优势，发挥其起重量大、起重高度高、回转半径大、作业面广等诸多优势，再辅以两台主吊，形成两区齐头并进全面展开的态势。行车、汽化冷却烟道、料仓等大而重的设备穿插分层适时就位，使部分行车尽早投入使用，为下部的转炉等设备安装创造条件。

在施工段划分时，要根据图纸设计情况，配套安装柱间支撑，以保证结构的整体稳定性。柱和吊车梁安装可以不受区段划分影响，按正常作业程序安装。屋盖系统特别是高层刚架系统构件在制作时，一定要按照划分的作业段组织钢结构配套生产。安装自下而上、自前而后、有序安排，梯级推进。每一施工段安装时，要求完成主要构件包含屋面彩板、大型设备的临时就位。

炼钢主厂房钢结构安装的主要思路：中间开花，两端推进；分段分层，设备同步；两翼跟进，及时封闭。

以下以某炼钢厂建设为例，介绍吊装机械布置，如图 8-1 所示。

加料跨布置 350t 履带吊和 250t 履带吊，其中 250t 履带吊主要负责加料跨、转炉跨、精炼跨低侧钢构的吊装；350t 履带吊主要负责加料跨和转炉高跨及氧枪阀门站平台、屋顶除尘管道（或通风井）高侧钢构、炉顶检修行车等吊装半径内钢结构件、设备吊装。

精炼跨布置 1 台 4000t·m 塔吊和 1 台 250t 履带吊，主要负责转炉跨、精炼跨安装，同时兼顾钢水接受跨和转炉设备吊装。

钢水接受跨布置 150t 履带吊，主要负责钢水接收跨钢构吊装。

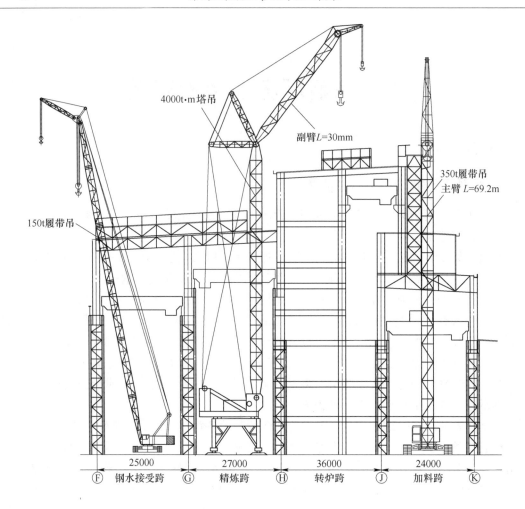

图 8-1　炼钢主厂房吊装立面示意图

　　上列吊装设备可在结构开吊前进场投用，在炼钢区形成四条主作业线。上述主吊均配 50t 或 25t 汽车吊作为辅吊。

　　在钢结构安装的同时，与结构安装同步进行设备及管道安装。如炼钢车间内的行车和转炉的汽化冷却系统设备。炼钢一次、二次除尘系统在屋面上的阀门及管道需与屋面系统构件安装同步进行。还应完成炼钢主厂房外转运站至地下料仓的皮带通廊安装。

　　炼钢主厂房吊装平面示意图见图 8-2。

8.1.2　炼钢厂房钢结构安装的一般顺序

8.1.2.1　钢结构厂房安装作业顺序

　　按照分区分段作业特点，厂房安装按如下顺序：柱基础复测→柱基础钢垫板找平→下节柱安装找正→下节柱柱间支撑→上节柱安装→吊车梁安装→辅助桁架安装→托架梁安装→屋面系统安装→天窗系统安装→吊车梁找正固定、制动板与水平支撑安装→吊车梁轨道安装→屋面彩板铺设、墙面彩板铺设。

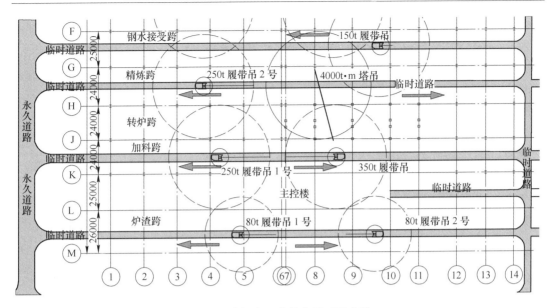

图 8-2 炼钢主厂房吊装平面示意图

分区分段安装中，关键在于控制整跨厂房的吊车梁安装的中心线和标高误差，分段对吊车梁定位时，每段端部第一根吊车梁应先临时固定好，待下一段吊车梁就位找正时再一起固定，分段施工的轨道也应留一个接口待下段轨道焊接时一起焊接。

8.1.2.2 转炉跨框架和平台施工顺序

转炉跨按照分区分段的要求逐序施工。第一步：下节柱安装、找正→下柱横、纵向柱间支撑安装→下部两层钢平台安装。第二步按照分段的要求，按如下顺序施工：第三层钢平台或上柱安装、找正→上柱横、纵向柱间支撑安装→上部各层钢平台安装（同步就位设备）→高位料仓安装→高位料仓以上柱、梁、平台安装→高跨两侧墙结构安装→屋面系统、天窗系统、屋顶除尘管道结构（或通风井结构）安装→与加料跨同步进行顶部和侧面彩板铺设。各层平台的施工应使柱间支撑和柱间主梁安装连接符合技术要求后，根据设备安装要求，安装平台次梁和铺设平台板，对需留置待设备就位后的构件应妥善放置于该层平台上，对所留构件产生的孔洞应及时临时封堵。各层平台安装时，钢梯和栏杆安装要同步。各层平台间的工艺操作平台原则上待设备安装后施工。

8.2 炼钢厂房结构

8.2.1 钢柱系统安装

8.2.1.1 施工准备

基础复测：按照厂区基准点对基础的定位轴线、基础面标高、螺栓顶标高、螺栓位移进行复测，超过允许偏差的要调整到允许偏差范围内。在厂房钢柱基础上打上红油标记，标明中心和标高数据。柱基中心线测量、放线，应在土建基础全部出地面的条件下进行；根据工地上测绘网，一次性测出钢柱基础轴线、列线中心，并标上油标，每根钢柱安装标高投放到地脚螺栓的顶面上并做标记;测量工作由项目部工程技术部协调一致,以保证基础施工,钢结构制作和安装中数据传递准确,相互误差得以修正。

高跨钢柱垫板设置的原则是两地脚螺栓间设置一组垫板,柱脚两侧各设一组垫板。考虑到垫板的使用是便于调整钢柱的偏差,钢柱载荷主要由二次灌浆层承受,所以平垫板采用240mm×140mm 尺寸,斜垫板规格为 200mm×100mm。垫板采用座浆法设置,座浆材料使用细石混凝土,垫板座浆形式如图 8-3 所示,待垫板调整完成后,倒入搅拌好的混凝土至平垫板厚度 1/2 处。

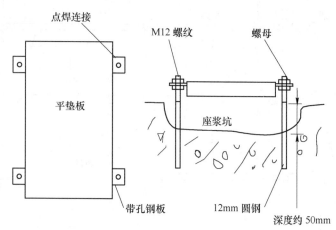

图 8-3　钢柱座浆垫板示意图

座浆垫板设置完成后,盖上草袋养护,待座浆块初凝后拆去座浆模盒,为便于拆下,模盒截面宜成梯形,内表面使用前刷油。座浆时应将座浆坑内的灰尘、碎屑吹扫干净并洒水浸润,待水分基本蒸发后再进行下道工序。

钢柱进场后检查钢柱的尺寸偏差,并与基础偏差核对,超差部分须采取措施纠正。测量钢柱吊车梁牛腿面至柱底板的尺寸,记录偏差数据,并根据吊车梁牛腿面放出 ▽ + 1.0m 的标高线,作为钢柱标高的测量点。

中心线放线,在柱脚底板上、柱身 ▽ + 1.2m 处和距吊车梁牛腿下 0.300m 处分别放出柱中心线,并用红三角标记。

杯口式基础在安装钢柱前,按照实际检测的钢柱尺寸偏差,修正杯口底部找平层的标高,待找平层达到设计混凝土强度后安装钢柱。

钢柱吊装准备如图 8-4 所示。

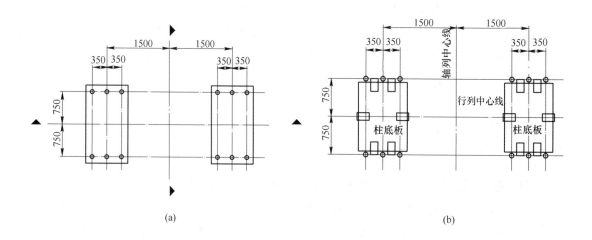

(a)　　　　　　　　　　　　　　(b)

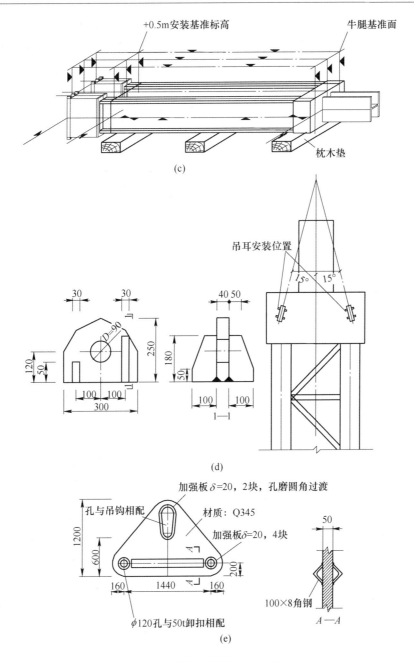

图 8-4 钢柱吊装准备示意图

（a）柱基复测示意图；（b）垫铁设置示意图；（c）钢柱验收与测量示意图；
（d）钢柱吊耳示意图；（e）钢柱吊装横梁示意图

8.2.1.2 厂房柱安装

厂房柱共有两种，单层厂房柱为格构式阶形柱，高层框柱为实腹柱或箱形柱。根据运输情况厂房柱分段制作、运输，工地拼装。柱与基础承台刚性连接，除高跨钢柱采用地脚螺栓连接外，其他厂房钢柱均采用杯口式基础。厂房设有柱间支撑。大部分采用双片支撑。柱间支撑选用 H 型钢或其他截面热轧型钢。支撑与柱采用高强螺栓、焊接混合连接。

　　钢柱安装选用350t、250t履带吊，采取旋转法利用设置的4个吊耳进行吊装，起吊前设置钢爬梯和柱拼接用临时操作平台。钢柱采用两点（或四点）旋转法吊装，如图8-5所示。

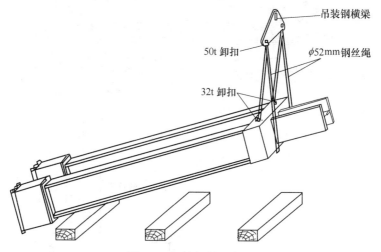

图 8-5　钢柱起吊示意图

　　钢柱找正标高在杯底用座浆控制；轴线用千斤顶控制；垂直度用两台经纬仪找正；钢柱固定采用铁楔、揽风绳，钢柱测量，如图8-6所示。

8.2.1.3　柱找正

（1）柱找正内容包含平面位置、标高及垂直度。

（2）底部平面位置采用千斤顶、套环和托座进行。

（3）垂直度找正在钢柱吊装就位时采用起重机的起重臂回转进行初步找正，临时固定后，利用千斤顶、套环和托座进行。

（4）柱找正使用三台经纬仪进行，一个小面和一个大面方向的经纬仪为主找，另一个小面方向的经纬仪进行监控，以防止柱身扭曲。

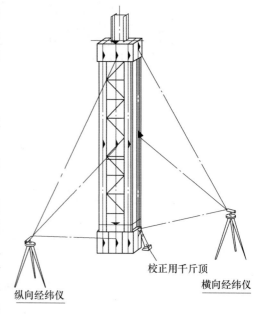

图 8-6　钢柱测量示意图

（5）标高找正利用设置在柱脚下的斜垫板进行。

（6）上柱对接找正时，找正基准线以柱脚处的红三角为基准。

8.2.1.4　固定

（1）找正完毕后，高跨钢柱及时紧固地脚螺栓，点焊垫铁。紧固地脚螺栓时，还应利用布置在小面方向的经纬仪进行监控。杯口式基础及时安排灌浆固定，并在灌浆期间监控钢柱状态，防止出现偏差。

（2）高跨钢柱的柱底灌浆在结构形成空间稳定结构体系后进行（即安装屋盖结构或

框架梁及支撑），灌浆前对柱垂直度进行复测。

8.2.1.5 柱间支撑安装

（1）带有柱间支撑的钢柱找正结束，固定可靠后，及时安装柱间支撑。

（2）柱间支撑安装时检查柱距与构件尺寸是否吻合，禁止强行安装。

（3）柱间支撑就位后，及时找正焊接固定。

8.2.1.6 柱对接

（1）根据运输条件确定厂房柱分段出厂，分段位置根据钢柱详图及运输条件设定具体分段点。其中，上柱在制造厂焊接好永久直爬梯。

（2）柱对接在接口位置翼缘上设置数组拼接板，每条焊缝的位置线相互错开 200mm 以上。

（3）坡口采用 K 形，全熔透焊缝，焊缝质量等级 Ⅱ 级。

（4）上下钢柱拼接时，上柱与下柱间以拼接板定位。焊缝处留 2mm 间隙。柱顶挂设缆风绳，用手拉葫芦调节上柱纵横向的垂直度，经纬仪检测最终垂直度时，上柱顶应处于自由状态，以保证检测数据真实有效。

（5）上下钢柱对接焊接时，应由两名焊工同时对称施焊，先翼缘再腹板，最后施焊翼缘与腹板的预留立缝。

8.2.2 吊车梁系统安装

吊车梁系统由吊车梁、辅助桁架、制动板、水平支撑、垂直支撑、钢轨组成。吊车梁采用实腹式焊接 H 型钢。吊车梁上翼缘与上柱采用连接板连接。吊车梁上翼缘与制动板采用扭剪型高强度螺栓连接。参见图 8-7 吊车梁系统安装示意图。

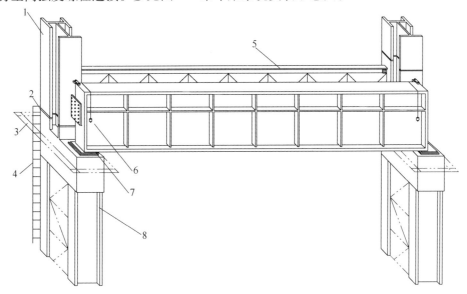

图 8-7　吊车梁系统安装示意图

1—上钢柱；2—上、下钢柱接缝；3—63×6 角钢施工操作平台；

4—40×4 角钢登高作业爬梯；5—辅助桁架及水平支撑；6—用吊线锤检验行车梁垂直度；

7—与支座顶紧后再和牛腿用 M20 螺栓固定（有柱间支撑处无此节点）；8—下钢柱

8.2.2.1 施工准备

（1）安装前，首先检查吊车梁两端的截面高度尺寸误差。

（2）复核柱的牛腿面的标高。

（3）确定调整垫板的厚度。

（4）在上翼顶面作出梁中心标记。

（5）利用通线法将轴线放至吊车梁顶面柱身上。

8.2.2.2 吊车梁安装

（1）吊车梁的安装应从柱间支撑位置处开始进行，根据具体的位置及标高，分别使用350t、250t、150t 履带吊吊装就位，如图 8-8 所示。

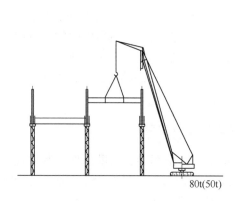

图 8-8 吊车梁吊装示意图

（2）根据设计的结构特点，吊车梁系统可以分为吊车梁本体和制动系统分件吊装或地面拼装组合吊装。高跨吊车梁系统宜在地面按区间组装成整体吊装，减少主吊的作业时间。

（3）重型吊车梁安装宜采用设置吊耳，四点吊装，吊耳设置在吊车梁加劲板上，距吊车梁中心两侧 3~4m。就位后临时固定。较小的吊车梁可采取捆绑式吊装。制动桁架（梁）两点吊装。

（4）制动板及垂直、水平支撑在制动桁架和吊车梁找正完毕后进行安装。

（5）制动板安装利用一钩吊法铺设，由倒链、撬棍就位安装。制动板与吊车梁采用高强螺栓连接，制动板与制动桁架（梁）采用焊接，每块制动板与吊车梁的高强螺栓紧固要从中间向两端紧固。

（6）在人孔处制动板与钢柱连接的高强螺栓应自上向下穿，尾部朝上。

（7）吊车梁安装时宜布置一台经纬仪监控钢柱小面方向的垂直度情况。

8.2.2.3 吊车梁安装找正

（1）吊车梁安装时进行初找正，并作临时固定，终找正应在屋面系统结构安装完毕后进行。先用通线法将轴线放至吊车梁顶面柱身上，用红三角表示。

（2）吊车梁找正内容为：平面位移、垂直度、相邻两梁中心错位和顶面高差等内容。

（3）吊车梁的找正工作与制动桁架（梁）同步进行；同一根柱上两侧等标高吊车梁应同步进行。

（4）找正用机具可用千斤顶、倒链及反力架配合进行。

（5）双侧高强螺栓连接时，找正主要检查对角线尺寸和两侧的平行度。

（6）施工中严禁下翼缘及腹板开孔、动火切割及焊接卡具。

8.2.3　屋面系统安装

屋架分为两种：一种为实腹式焊接 H 形，另一种为格构型。檩条采用高频焊接 H 型钢。在厂房的两端以及中间对应于柱间支撑处布置屋面横向水平支撑。在屋檐、高低跨交接处，以及出屋面的构筑物等部位布置屋面纵向水平支撑。横向布置天窗，加料跨转炉上方的屋面上布置有除尘管道（或竖风井）。屋面两端布置有单轨吊及检修走道。

8.2.3.1　施工准备

（1）对柱的垂直度和柱距及跨距复测检查。

（2）一跨内构件数量、型号检查清点。

（3）托架（或托架梁）、屋架（或屋面梁）的长度检查记录。

（4）安装单元内累积误差的消除分配。

8.2.3.2　安装

（1）屋面系统安装采用逐间分件综合吊装法安装。

（2）托架（或托架梁）、屋架（或屋面梁）采用两点吊装法吊装就位。如图 8-9 和图 8-10 所示。

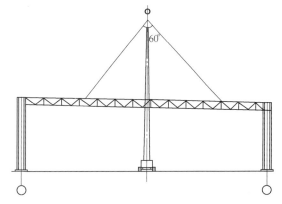

图 8-9　屋架吊装示意图

图 8-10　屋面梁吊装

屋架（或屋面梁）分段制作进入现场。检查几何尺寸后，拼装成整榀，并按规定要求摆放，以防止发生永久性变形。

屋架安装时应测量中心位移、跨距、垂直度、起拱度和侧向挠度值，第一榀与第二榀的垂直度找正，用经纬仪进行，以后每隔3~5榀用经纬仪校验，其余用钢尺检查跨度和铅垂找正，以确保后续屋盖安装正常；注意避免多榀屋面梁垂直度向一个方向倾斜的情况。屋架与钢柱连接采用先拴后焊。

大跨度屋架吊装前应用加固杆在两侧对其进行加固，防止屋架安装过程中发生扭转变形。

（3）布置在屋架（或屋面梁）上的厂房照明电缆桥架应在屋架（或屋面梁）吊装前安装好。

（4）天窗系统安装采取地面组装扩大法吊装。一个组合单元内应形成相应的稳定体系，否则应采取临时加固措施。吊点设置根据拼装单元设置，一般不少于6点，并根据屋面坡度，采用倒链配合调整，如图8-11所示。

（5）天沟安装采用四点安装，在不影响吊车工作性能的情况下（不卡杆），一次性安装若干个，形成空间通道。天沟安装时，注意排水方向，防止安反。

（6）屋面支撑及檩条采取一钩多件法安装。

（7）悬挂单轨吊检修平台采用扩大拼装措施，随屋盖安装同步进行。布置在屋面的各种支架及悬挂在屋面下的吊架也应随屋面系统同步安装。

（8）高跨刚架的柱、吊车梁及高跨墙皮系统的安装，必须随加料跨、钢水接受跨的屋面结构安装同步进行。

8.2.3.3　找正

（1）托架（或托架梁）的找正主要控制项目垂直度和侧向弯曲。

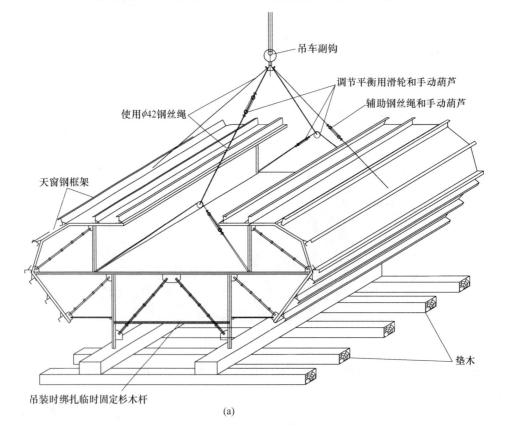

(a)

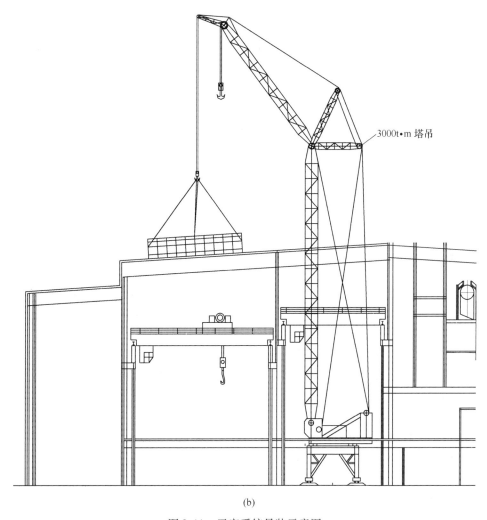

(b)

图 8-11　天窗系统吊装示意图

（a）天窗框架整体组装、起吊示意图；（b）天窗框架整体吊装示意图

（2）屋架（或屋面梁）找正主控项目为跨距、垂直度、侧向弯曲。第一、第二榀屋面梁找正用经纬仪进行，垂直度用铅锤进行，以后每跨距检查用钢尺进行。一般 5 跨检查后，再用经纬仪找正一次。

（3）天窗架的跨距检查，单片垂直度、侧弯检查、平台对角线检查在地面组装时进行，整体吊装安装后，还需对垂直度进行一次复查。

（4）天沟的找正采用通线法检查，控制外边在一条直线上，标高找正确保排水高度。

（5）檩条的找正采用通线法检查，控制标高在同一平面和相同的坡度上。当采用 C 型钢时，找正方法为调整安装螺栓孔，侧弯找正借助于拉条螺栓调整，当采用 H 型钢或高频焊 H 型钢时，找正采用斜垫块进行。

8.2.4　墙皮系统安装

墙面围护系统由抗风桁架、墙架柱、墙梁、檩条等组成。墙架柱采用焊接箱形柱或实腹式焊接 H 型钢，墙面檩条采用高耐候冷弯薄壁 C 型钢。

8.2.4.1　安装

（1）高层刚架墙皮柱安装随着低跨屋盖系统安装同步进行，低跨墙皮柱的安装待屋盖系统安装后利用 50t 吊车。

（2）墙皮檩条安装，高层刚架的墙皮檩条待低跨屋面板安装完毕后进行，低跨墙皮檩条可随墙皮柱安装同步进行。

（3）抗风桁架采用四点吊装和主结构同步进行。

（4）上屋面钢梯应随墙皮柱同步安装。

8.2.4.2　找正

（1）墙皮柱的垂直度找正可利用经纬仪进行，跨距校正用钢尺进行，由于墙皮柱属长细构件，侧向刚度较小，因此，在安装墙皮檩条时还需进行二次校正。

（2）檩条的校正均利用设置的拉杆和压杆进行檩距、侧弯及挠度调整。

8.2.5　通风井安装

（1）通风井制作时为散件出厂，分段在地面组装成整体，利用 350t 履带吊进行整体安装。吊点设置在距顶面 1/3 高度处。八点吊装，下部采用钢丝绳加调整倒链进行加固，控制上部的对角线尺寸，阻止变形产生。

（2）拼装时四角主支点支撑面用水准仪进行抄平。

（3）通风井在组装时要重点控制对角线，误差值控制在 10mm 以内。

（4）充分利用吊车的起重能力，尽可能将构件全部拼装完，减少高空作业。布置在通风井内部的气动百叶阀也应同步组装。

（5）八个吊点设置：四个转角处为主吊点，四侧面中部设辅助吊点，用手拉葫芦进行调节。参见图 8-12 天窗系统吊装示意图。

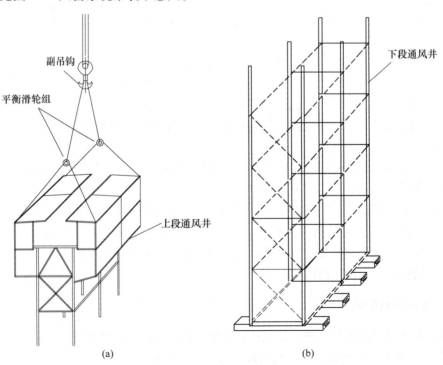

(a)　　　　　　　　　　　　　　　(b)

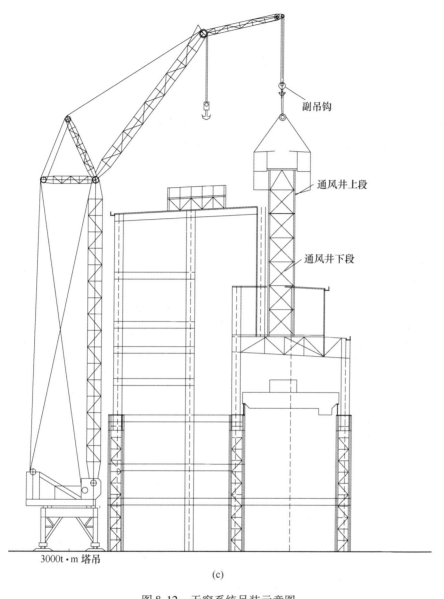

（c）

图 8-12　天窗系统吊装示意图

（a）通风井上段地面组合及整体起吊示意图；（b）通风井下段地面组合示意图；

（c）通风井整体吊装示意图

8.3　炼钢高层框架

8.3.1　框架柱安装

8.3.1.1　框架柱吊装准备

（1）检查螺栓位置、标高及伸出长度。

（2）清理螺纹。

（3）基础表面找平。

（4）基础面中心标记鲜明。

（5）垫板准备充足。

（6）柱外形尺寸复查，注意与大梁连接的牛腿面标高。

（7）柱四面基准中心和标高标记鲜明。

（8）柱上绑扎好高空用临时爬梯、操作平台。

此外，还要在基础上弹出建筑物的纵、横定位轴线和框架柱的吊装准线，作为框架柱就位、校正的依据。框架柱的吊装准线要与基础面上所弹的吊装准线位置相对应。上下柱接口参见图 8-13。

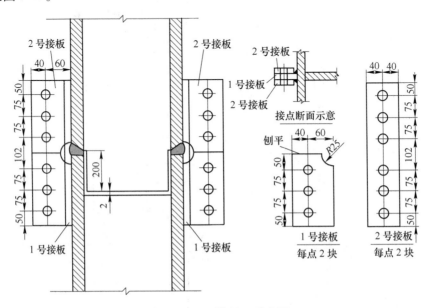

图 8-13　上下柱接口示意图

8.3.1.2　框架第一节柱的吊装

框架柱一般使用塔吊或履带吊进行吊装。临时施工平台和临时爬梯在吊装前安装就位。在基础上标出十字中心线，将其跟柱四边的中心线于基础中心线重合后进行安装。安装时，在检查了地脚螺栓的同时，将下部垫圈插至底座中间，应注意不可损伤螺栓的螺纹（可在螺栓外设保护套）。

吊装就位后，戴上螺帽（暂不拧紧），先利用千斤顶对其基座进行微调，使基座中心线与基础中心线重合。

在安装时，需对框架第一节柱各边和对角的尺寸进行测量控制，调整到公差允许范围，才能进行地脚螺栓的最终紧固。

其余柱采用类似的施工方法进行安装。

8.3.1.3　框架第二节柱安装方法

第二节柱安装前，在地面安装好操作平台和临时梯子。

框架柱对接利用起吊钢丝绳上配置倒链调整其对接角度。将第一节和第二节框架柱的差位线（组对基准线）标记对准安装，柱子之间采用临时组合夹具，用螺栓将其固定。对接夹具在框架柱对接焊缝焊接完毕后切除。

在第二节柱安装时，必须对柱各边尺寸、对角线、柱倾斜角度、各大梁间长度和标高等尺寸进行测量控制，调整到允许偏差范围内，方可进行定位焊接。

上部框架柱的安装均按照上述工艺执行。

8.3.1.4 框架柱的找正

框架柱找正包括平面位置、垂直度和标高的找正。标高的找正，要在与混凝土柱基或柱顶找平时同时进行。平面位置的校正，要在对位时进行。垂直度的校正，则要在框架柱临时固定后进行。框架柱垂直度的校正可利用揽风绳校正法和敲打楔块等两种方法结合进行。

8.3.2 框架梁安装

框架梁进场后，应对其水平度、对角线差等主要控制尺寸进行复查。在地面梁接头处安装焊接用操作平台，并在大梁顶面安装临时防护栏杆。

（1）大梁吊装时利用吊绳上倒链调整使其水平。

（2）大梁长度与框架柱牛腿的间距调节余量很小，所以在框架柱安装时必须将其柱间距尺寸控制好。

（3）经纬仪置于炉中心测量大梁的中心偏移及大梁中间次梁结合部位的尺寸。

8.3.3 高层刚架扩大拼装法安装

高层刚架扩大拼装法示意图见图8-14。

图 8-14 高层刚架扩大拼装法示意图

8.3.3.1 扩大拼装法施工方法

（1）高层框架梁与刚架柱采取刚性连接。其中，腹板采用高强螺栓连接；上下翼缘板采用焊接连接，单边V形坡口加垫板焊。构件在出厂前，要求按《钢结构工程质量验收规范》，选择一列具有代表性的排架进行预拼装，以检查构件制作质量和螺栓孔的精度。

（2）主梁安装采用两点捆绑吊装法，排架采取地面组装，扩大拼装法安装，充分发挥塔吊的优越性能。

（3）平台柱就位后，在顶面1/3处设置1~2组缆风绳进行临时固定，找正。

（4）悬挂在屋面结构下的平台宜采取在地面组装成整体吊装。

（5）次梁安装采用一钩多吊法。为快速摘钩，可采用一些临时措施，如在底部设置托座或顶面设置立筋搁置板等。找正固定完毕后，撤除临时连接件。

（6）平台板安装利用吊车就位，采用倒链和卷扬机进行铺设。

（7）刚架的垂直支撑和水平支撑与刚架同步安装。

（8）排架、刚架柱找正：在安装前对支撑面标高进行复测检查，确定垫板厚度，垂直度的找正采用两台经纬仪。

（9）刚性连接的节点遵循先拴后焊的原则。

（10）▽25.5m平台以上从框架支撑处开始安装，在形成稳定体系后再向两侧进行安装。

8.3.3.2　扩大拼装法施工要点

（1）地面设置拼装马凳（需找平），组装重点控制组合面水平度和组合构件的组合外形尺寸，如图8-15所示。

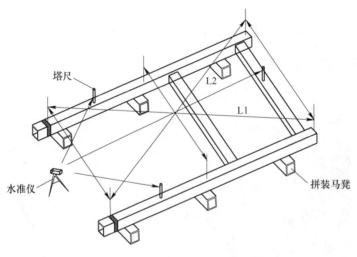

图8-15　组装示意图

（2）框架梁柱整片安装时需注意组合件的质量和吊机站位情况确定组装成片的构件数量。同时注意安装顺序，避免出现卡杆现象。

（3）整片的构件落位时要在柱脚部位增设加强板和防倒支撑。同时要增加缆风绳的数量。

（4）采用吊装参数在吊车额定起重量范围内可按照二段组合吊装。

8.3.4　平台安装

（1）高层刚架的平台随主体结构安装进行推进。

（2）其他平台可在屋盖结构完成后用小型吊车和卷扬机进行安装。

（3）走道桁架和厂房结构安装同步进行。

工艺平台的安装要与设备专业安装紧密结合，在上层工艺平台安装之前，需用主吊机将一些大型设备临时放置到下部工艺平台的安装位置附近，之后才开始上部工艺平台的安装。工艺平台设备安装位置的支撑梁的定位应准确。

8.3.5 电梯井架及楼梯间的安装

为方便施工人员上下各层工艺平台，各层平台间的楼梯与平台同步安装。

根据设计图纸，将电梯井架划分吊装段，在拼装台上进行吊装段的组装，组装时主要控制井架柱的水平度、井架内侧的对角线和净空尺寸。地面组装完毕，利用主吊机进行各吊装段的安装，每吊一段后及时安装与塔架连接件，并控制好电梯井架的垂直度。

8.4 工艺钢结构

炼钢工艺钢结构主要为框架型结构，以钢柱、梁、支撑、平台为主。一般以顺装法进行安装。如图 8-16 所示。

8.4.1 安装前准备

安装前要做好施工用料、吊装机具等各项准备工作，另外还要落实好安装配套件的加工制作，构件制作质量应符合规范要求。构件进场后，按图纸和明细核对构件数量，按质量要求进行验收。

根据钢结构单件最大质量及安装高度确定吊车的型号，同时应考虑吊装工作半径。安装一般选用 50t 汽车吊（或履带吊），配置一台 25t 汽车吊作为辅助，特殊情况可选用 100t 汽车吊安装。

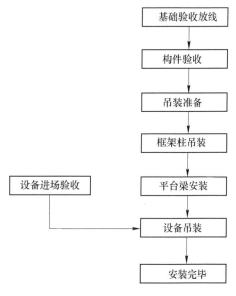

图 8-16 施工工艺流程示意图

钢柱基础必须由土建按图纸要求提供中心线、轴线标记、水平标高点。利用水准仪测出各个安装点的统一标高误差值，并依据轴线放出每个安装位置的十字中心线。复测每个柱基，放出 ▽ ±0.00 的标记。根据设计标高在杯口基础内部设置平垫板，规格为 120mm × 120mm，厚度根据实际情况调整。

8.4.2 刚架柱安装

刚架柱安装可以采用单件安装，或成片安装。

单件安装见图 8-17。采用单机旋转直立，单机转杆就位的方法。刚架柱中心和标高控制以承受梁的牛腿肩梁处的中心点和标高为测量控制基准，以确保梁的安装精度。

刚架柱与基础连接螺栓连接和杯口两种形式。

刚架柱与基础连接连接方式为螺栓连接，安装前采用平垫板座浆法进行标高找正。

刚架柱的校正。刚架柱就位后进行初校。架设经纬仪校正中心、垂直度，确认在误差范围内，记录数据，固定牢固。

　　刚架柱安装结束后，安装柱间支撑，再从柱间支撑跨间开始吊装梁，在标高、轴线调整好后安装次梁、平台板，用安装螺栓或焊接固定。

　　刚架柱成片安装在地面组对刚架柱、梁成片，如图 8-18 所示。根据图示的刚架柱编号逐一对号入座，特别注意刚架柱上连接节点的方向。

　　先安装第一片，吊装第二、三片时，梁与梁之间以手拉葫芦锁紧；在梁柱安装节点处，刚架柱侧设置角钢牛腿，定位梁的安装标高；每片刚架柱吊装后，设缆风绳拉紧。

　　在刚架柱和杯口间，打入事前准备好的斜

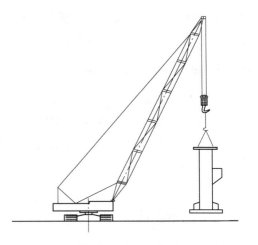

图 8-17　单件安装施工工艺流程示意图

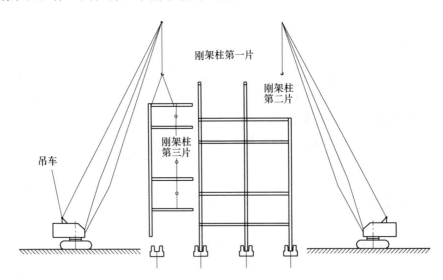

图 8-18　刚架柱成片安装示意图

楔调整柱脚处的平面位置符合要求；使用缆风绳调整柱头位置，保证刚架柱的垂直度偏差符合要求。刚架柱找正合格后联系土建单位，进行一次灌浆，灌至斜楔底部处。

　　刚架柱就位后，及时安装各连接梁和支撑件，形成稳定的空间结构。支撑件连接螺栓要紧固，防止松动而发生事故。连接稳固后撤去斜楔及缆风绳，再次复核刚架柱的各项偏差尺寸，无误后灌浆至基础杯口。

　　各层平台安装。平台安装应与设备、管道安装穿插进行。首先安装低层平台梁，形成稳定的钢结构框架。待设备、管道安装就位后，再安装上部平台。

　　各层平台中能够在地面组对成框架形式的，在地面组成整体吊装，减少高空作业和吊车使用台班。各层平台的梯子、平台板、栏杆等随平台进度安装，以便施工人员的上下行走和作业安全。

　　平台安装时，禁止将平台梁强行塞入刚架柱之间，或采取拉紧刚架柱的方式施工，以免对刚架柱的垂直度造成不利影响。

8.4.3　漏斗安装

8.4.3.1　漏斗拼装

场地平整夯实后搭设临时平台（铺钢板或路基箱）→用水准仪进行精确找平，按照图纸尺寸放样做胎→漏斗分成锥体段、下部直段、环梁段和上部直段四段进行拼装→漏斗构件根据现场拼装要求按编号有序进场，进行分段的拼装→复查漏斗各段的拼装尺寸是否符合图纸要求，确认无误后进行焊接→焊缝打磨检测，涂装。

漏斗分段示意图见图8-19。

8.4.3.2　漏斗安装

安装前要对施工现场实际勘察，地基要坚实、平整，必要时可铺设路基箱；100t 汽车吊位于安装框架的一侧进行漏斗的分段吊装。漏斗的环梁段、下部直段和锥体段采用倒装法进行安装，上部直段

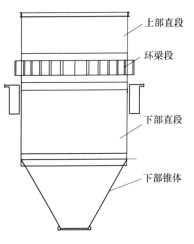

图 8-19　漏斗分段示意图

采用吊机吊装，借助手拉葫芦一起安装。环梁段整体制作，分三块出厂。首先将分块环梁段放在框架的下面，用汽车吊吊装就位，在原位置上进行拼装并焊接；然后将漏斗的环梁段进行精确找正后，用吊机将下部直段吊起，与漏斗的环梁段找正固定焊接。再用吊机将下部锥体吊起，与漏斗的下部直段找正固定焊接。最后用吊机将上部直段吊起，从框架侧面借助手拉葫芦一起就位安装，与环梁段找正固定焊接。如图8-20 所示。

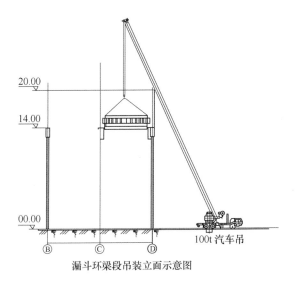

漏斗环梁段吊装立面示意图

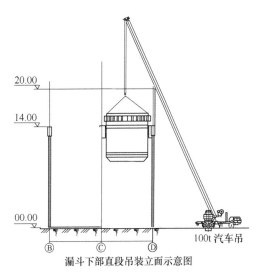

漏斗下部直段吊装立面示意图

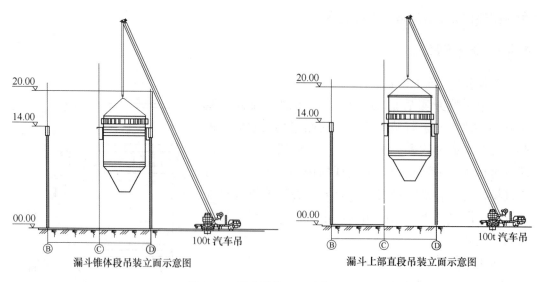

漏斗锥体段吊装立面示意图　　　　漏斗上部直段吊装立面示意图

图 8-20　漏斗吊装立面示意图

8.5　高强螺栓安装

8.5.1　概述

　　主厂房柱与柱间支撑、制动板与吊车梁、制动板与柱、柱与屋面梁、柱与托架梁、屋面梁与托架梁、平台梁与平台柱、平台梁与平台梁等连接均采用高强螺栓连接，性能等级 10.9S 级。构件接头形式见图 8-21。

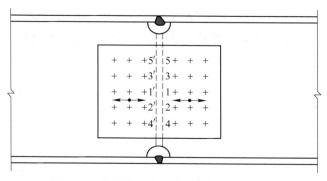

图 8-21　构件接头基本形式及螺栓紧固顺序

8.5.2　高强螺栓连接副的储运和保管

　　（1）高强螺栓连接副（以下简称高强螺栓）的形式、规格及技术条件应符合要求和现行国家标准规定，生产厂应出具质量证明书。

　　（2）螺栓存放应防潮、防雨、防粉尘，并按规格和类型分类堆放、室内存放，堆放高度不宜超过四层。

　　（3）螺栓应轻拿轻放、防止撞击，损坏包装和损坏螺纹。

　　（4）螺栓应在使用时，方可打开包装箱，并按当天使用的数量领取。使用剩余的螺栓应当天回收，并按批号和规格保管。

（5）螺栓的发放和回收应作记录。

8.5.3 高强螺栓安装对构件要求

（1）高强螺栓安装对构件的孔径、孔距应符合设计要求，其制作允许偏差应符合规范规定。

（2）螺栓摩擦面应平整、干燥，表面不得有氧化皮、毛刺、焊疤、油漆和油污等。

（3）高强螺栓连接处的钢板要求平直，接触面紧密贴合，因翘曲变形需要校正时，不应使接触面受到损伤。

（4）经处理后的高强螺栓连接摩擦面，应采取保护措施，防止沾染脏物和油污，严禁在高强螺栓连接处摩擦面上作任何标记。

8.5.4 高强螺栓及摩擦面要求

采用扭剪型高强螺栓（10.9S）其螺栓及其配套的螺母、垫圈的性能规格应符合GB/T 3632—1995、GB/T 3633—1995、GB/T 1230—1991 的规定。连接处构件接触面采用喷砂处理，摩擦系数要求应符合设计要求。一般 Q345 钢之间摩擦系数不得小于 0.50，Q235 钢与 Q345 钢间的摩擦系数不得小于 0.45，摩擦面不得涂油漆。

8.5.5 高强螺栓连接的现场试验

（1）运到工地的扭剪型高强螺栓连接副应及时检验。试验结果应符合《钢结构高强度螺栓连接技术规程》JGJ 82 规定，合格后方准使用。

（2）摩擦面抗滑移系数应按下列规定进行检验。

抗滑系数检验应以钢结构制造批为单位，由制造厂和安装单位分别进行，每批三组，以单项工程每 2000t 为一制造批，不足 2000t 者视作一批。

抗滑移系数检验用的试件由制造厂加工，试件与所代表的构件应为同一材质、同一摩擦面处理工艺、同批制作、使用同一性能级、同一直径的高强螺栓连接副，并在相同条件下同时发运。

抗滑移系数检验的最小值必须等于或大于设计规定值。当不符合上述规定时，构件摩擦面应重新处理。

（3）扭剪型高强度螺栓连接副的紧固力复验应符合下列规定：

1）在同一批高强螺栓连接副中随机抽样 8 套。逐颗在轴力计上使用专用终拧扳手紧固；直至将螺栓梅花卡头拧掉，记录螺栓紧固力值。

2）计算螺栓紧固力平均值和变异系数，应符合规范规定。

8.5.6 高强螺栓安装工艺要求

（1）不得用高强螺栓兼做临时螺栓，以防损伤引起扭矩变化。

（2）螺母应能自由旋入螺杆，凡螺栓、螺母不能配套，丝扣损伤，不得使用。

（3）使用时不得有泥土、灰尘、油腻等污染，尤其应严防螺母阴螺纹内进入杂物，如有生锈或被脏物污染，使用前用汽油或其他方法清洗干净。

（4）安装时高强螺栓长度要适宜，应按下式计算：

$$L = L_1 + \Delta L \tag{8-1}$$

式中　L_1——连接板层总厚度；

　　ΔL——附加长度。

（5）对经喷砂处理的摩擦面在安装前，一定要用电动钢丝刷清除浮锈和污染物。打磨方向与高强螺栓受力面方向垂直。

（6）喷砂处理的摩擦面遇水或受潮易生锈，处理后应防雨、防潮，并尽快安装螺栓。

（7）对因板厚公差，制造偏差或安装偏差等产生的接触面间隙应按规定进行处理。

（8）高强螺栓连接安装时，在每个节点上，应穿入临时螺栓和过冲。由安装时可能承担的荷载计算确定，并不得少于安装总数 1/3；不得少于两个临时螺栓；过冲穿入数量不宜多于临时螺栓的 30%。

（9）高强螺栓安装应在结构构件中心位置调整后进行，其穿入方向应以施工方便为准，并力求一致，钢柱人孔两侧高强螺栓安装时，应将梅花头向下。高强螺栓连接副组装时螺母带圆台面的一侧应朝向有倒角一侧，不得装反。

（10）板间螺栓孔错位以螺栓能自由穿入为可，严禁强行将螺栓打入。如个别栓孔错位，不能自由穿入时，该孔应用铰刀进行修整，修整后孔的最大直径应小于 1.2 倍螺栓直径。打入过冲时，不允许栓孔出现变形。

（11）修孔时为防止铁屑落入板叠缝中，铰孔前应将四周螺栓全部拧紧，使板贴紧后再进行，严禁气割扩孔。

（12）安装高强度螺栓时，构件的摩擦面应保持干燥，不得在雨中作业。

（13）节点中螺栓较多时，拧紧螺栓至少分两次进行，并注意施拧顺序，以使螺栓受力均匀。一般情况下，应从节点中刚度大的部位向不受约束的边缘进行。大面积的节点中，应从中央沿杆件向外进行，吊车梁上翼缘与制动板连接，制动板与辅助桁架连接应从中间向两端进行。

（14）扭剪型高强螺栓的拧紧应分为初拧、终拧。对大型节点应分为初拧、复拧、终拧，复拧扭矩等于初拧扭矩。初拧或复拧后的高强螺栓应用颜色在螺母上涂上标记，然后用专用扳手进行终拧，直至拧掉螺栓尾部梅花头，对于个别不能用专用扳手进行终拧的扭剪型高强螺栓可按大六角高强螺栓规定方法进行终拧。

（15）高强螺栓的初拧、复拧、终拧应在同一天完成。

（16）当采用节点是焊接和高强螺栓并用，无设计要求时，按先拴后焊的原则施工。

8.5.7　高强螺栓检查验收

（1）扭剪型高强螺栓终拧检查，以目测尾部梅花头拧断为合格。

（2）对不能用专用扳手拧紧的扭剪型高强螺栓，应按大六角头高强螺栓检查方法办理。

（3）经检查合格后的高强螺栓连接处，应按设计要求涂漆防锈。

8.5.8　注意事项

（1）长期停用或新领的手持式电动工具在使用前应进行检查，并应测绝缘。通电前应做好保护接地或保护接零。

（2）手持式电动工具应加装单独的电源开关和保护，严禁1台开关接2台及2台以上电动设备。

（3）手持式电动工具当采用插座连接时，其插头、插座应无损伤，无裂纹，且绝缘良好。

（4）手持式电动工具，应加装灵敏度高的漏电保护器。

（5）手持式电动工具的电源线，必须采用铜芯多股橡套软电缆或聚氯乙烯绝缘，聚氯乙烯护套软电缆，电缆应避开热源，且不得拖拉在地上。

（6）当需要移动时，不得手提电源线或转动部分。

（7）使用完毕后，必须在电源侧将电源断开。

（8）机具转动时，不得撒手。

8.6　安装焊接施工

8.6.1　焊接形式及材质概况

8.6.1.1　焊接形式

（1）上下柱现场拼装接口的翼缘和腹板均为对接焊缝，焊缝等级为二级。

（2）梁与柱安装接口的上下翼缘为对接焊缝，焊缝等级为二级。

（3）平台柱梁安装接口的上下翼缘为对接焊缝，焊缝等级为二级。

（4）爬梯、平台板、栏杆等次要构件为角焊缝，焊缝等级为三级。

8.6.1.2　材质

（1）厂房及高层框架的主要构件，如钢柱、吊车梁、框架梁、焊接实腹H型平台梁、屋面梁等，一般采用Q345、Q390及Q420。

（2）次要构件一般选用Q235。

8.6.2　焊前准备

（1）焊工经考试合格并取得合格证。

（2）焊工了解施工图纸中的焊缝形式、焊缝等级，学习焊接作业设计及焊接工艺指导书。

（3）焊条应符合国标《非合金钢及细晶粒钢焊条》GB 5117和《热强钢焊条》GB 5118，并有出厂质量证明书。

（4）施焊前焊工应复查构件接头质量和焊区的处理情况，如不符合要求，应在修整合格后方能施焊。

（5）选用低氢型碱性焊条，应特别注意防潮。焊条应在干燥通风良好的室内仓库中存放，并按种类牌号、批号、规格、入库时间等分类堆放，每垛应有明确标志，不得混放，并不得沾染尘土、油污。焊条使用前必须在250～350℃温度下焙烘1～2h，然后放入保温筒随用随取，当天剩余的焊条应放入保温箱内贮存，不得露天过夜存放。烘干焊条时不应将焊条突然放进高温炉内，或从高温炉内突然取出冷却。

（6）施焊电源网路电压波动值应在±5%范围内，超过时应增设专用变压器或稳压装置。

8.6.3　焊接材料选择

（1）Q235B 焊接选用 E4315、E4316。

（2）Q345B 焊接选用 E5015、E5016。

（3）Q345B 与 Q235B 之间焊接选用 E4315、E4316。

8.6.4　焊接方法、主要焊接工艺及焊接顺序

8.6.4.1　主要焊接工艺

上下柱接口焊接。接口为对接焊缝，焊缝等级为二级。I 形柱翼缘施焊时两端加引弧板。

上下柱接口主要为横焊，在进行焊接时要选用小直径焊条，小电流焊接，多层多道，短弧操作。横焊工艺参数见表 8-1。

表 8-1　横焊工艺参数

焊缝横截面形式	第一层焊缝		第二层焊缝		封底焊缝	
	焊条直径 /mm	焊接电流 /A	焊条直径 /mm	焊接电流 /A	焊条直径 /mm	焊接电流 /A
	3.2	90～120	4	140～160	3.2	90～120
	4	140～160			4	120～160
	3.2	90～120	4	140～160	—	—
	4	140～160			—	—

柱对接接口坡口形式及多层多道焊分布情况见图 8-22。

焊件较厚时，采用短弧直线运条或小斜圆圈运条法焊接，焊接速度要稍快些，熔池不能太大。

V 形或 K 形坡口对接焊采用多层多道焊，根部较窄处采用单道焊，焊条角度随坡口形式和焊道位置改变。

屋面梁、框架梁接口的焊接。上下翼缘为对接平焊缝均采用开口向上的单边 V 形坡口，单面垫板焊。单面垫板焊的关键是焊好打底焊道。其他层次焊道同一般焊接。施焊前在两边加引弧板。

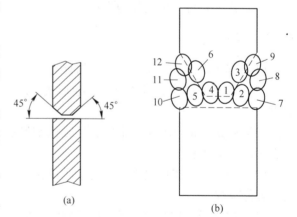

图 8-22　K 形柱对接接头及焊道分布情况
（a）接头坡口；（b）焊道分布
1～12—焊接顺序

8.6.4.2　吊车梁辅助桁架

上翼缘 T 形截面的上平面为单边 V 形坡口对接焊缝，焊缝等级二级。单面焊接，背面

清根封底。对接焊接工艺参数见表 8-2。

表 8-2　对接焊接工艺参数

焊缝横断面形式	第一层焊缝		第二层焊缝		第三层焊缝	
	焊条直径/mm	焊接电流/A	焊条直径/mm	焊接电流/A	焊条直径/mm	焊接电流/A
4	160～200		4	160～210	4	180～210
			5	220～280	5	220～260

引弧板材质和坡口形式应与被焊工件相同。长度≥60mm，宽度≥50mm，焊缝引出长度≥25mm。

8.6.4.3　H 型柱接口焊接顺序

上下柱接口焊接顺序：先翼缘再腹板，最后施焊翼缘与腹板的预留立缝。由两名水平相当的焊工同时以同样的设备同样的电流同样的焊接速度同样的焊接工艺对称施焊，尽可能减小焊接变形，参见图 8-23。

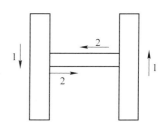

图 8-23　上下柱接口焊接顺序
1,2—焊接顺序

8.6.5　焊接检查

（1）电焊工应将熔渣及飞溅清除干净，自行检查焊缝外观，发现缺陷及时修补。

（2）焊缝外形尺寸应符合设计要求及工艺规定，焊缝与母材应圆滑过渡，高低差小于 2mm。

（3）焊缝及热影响区不得有可见的裂纹、夹渣、气孔、焊缝咬边深度≤0.5mm。

（4）碳素钢结构应在焊缝冷却到环境温度，低合金钢结构应在焊接完成 24 小时以后进行焊缝外观及内部质量的检验，无损检验应在外观检验合格后进行。二级对接焊缝应进行 20% 无损探伤。

（5）对接焊缝外形尺寸允许偏差见表 8-3。

表 8-3　对接焊缝外形尺寸允许偏差

项次	项　目	示　意　图		允许偏差/mm	
				二级	三级
1	焊缝余高 C		$b<20$	1.5±1.0	2.0±1.5
			$b≥20$	2.0±1.5	+1.5 2.0 -2.0
2	焊缝错边		d	$d<0.1t$ 且不大于 3.0	$d<0.15t$ 且不大于 3.0

8.7 围护系统安装

8.7.1 概述

按设计图纸做出排版图，按排版图复核下料制作尺寸，安装时，宜先安装屋面板，后安装墙面板，最后安装包角等。

8.7.2 屋面板制作安装

8.7.2.1 工艺流程

图纸配板→尺寸复核→下料→加工、运输、堆放及加工质量要求→测量放线→垂直运输→支架安装→屋面板铺设→屋面板咬口→封头板等安装→泛水、包边安装→屋面清理。

8.7.2.2 屋面板操作要点

A 图纸配板

施工前要提前做好屋面板排版布置图。排版设计方案原则：保证彩钢板顺坡度方向与檩条垂直，铺设起始线与泛水收边方向平行、尺寸吻合；有包角的，起始线位置必须满足与建筑物外立面吻合；屋面板搭接长度图纸有要求的按图纸要求，图纸无要求的搭接长度不小于400mm；泛水、包边压制长度原则上不小于4000mm，搭接长度不小于120mm。

B 尺寸复核、下料

根据配板布置图进行现场尺寸复核，确保无误后进行下料。每跨屋面板长度确定必须以实测值为准，避免出现长度方向搭接（特殊情况如图纸有要求的除外）不够，屋面板尺寸复核的重点是长度。泛水、包边尺寸复核的重点是截面形状，包边、泛水尺寸严格按图纸要求下料。

C 加工、运输、堆放及加工质量要求

（1）屋面板加工、堆放。加工压制金属板的原材料应有生产厂的质量证明书。如有质量疑义，原则上由供方按有关规定抽样检验，检验结果应符合标准规定。原材料进现场为卷板，应符合表8-4要求。

表8-4 卷板尺寸的允许偏差

项 目	允 许 偏 差		备 注
	钢卷板	铝卷板	
镰刀弯	25	75	量测标距为10m
波浪高度	8	15	波峰与水平面的竖向距离

压型钢板压制成型后，应对其几何尺寸进行抽样检验，检验的数量每卷抽检不应少于三块。压型钢板的几何尺寸可按图8-24所示方法测量。量具的精度应可靠。

（2）加工压型钢板质量要求：压型钢板和泛水板包角成型后，其基板不得有裂纹。涂层压型钢板和钢泛水板钢包角板的漆膜应无裂纹、剥落和露出金属基板等缺陷。

压型钢板长度允许正负偏差不应大于7mm。横向剪切的偏差不应大于5mm，如图8-25所示。

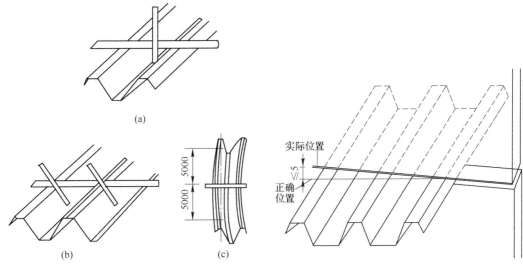

图 8-24 压型板的几何尺寸测量
（a）测量波高；（b）测量波距；（c）测量侧向弯曲

图 8-25 压型钢板的横向剪切

压型金属板截面尺寸的允许偏差不应超过表 8-5 的限值。

表 8-5 截面尺寸的允许偏差

截面高度 /mm	材 质	允许偏差/mm			备 注
		覆盖宽度	波距	波高	
≤70	压型钢板	+8 −2	±2	±1.5	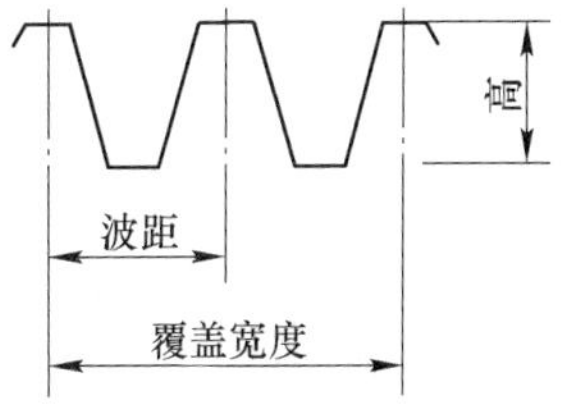
	压型铝板	+10 −2		±2	
>70	压型钢板	+5 −2		±2	
	压型铝板	+7 −2			

泛水板包角板几何尺寸的允许偏差不应超过表 8-6 的限值。

表 8-6 泛水板包角板几何尺寸的允许偏差

下料长度/mm	下料宽度/mm	弯折面宽度/mm	弯折面夹角/（°）
±5	±2	±2	2

注：表中的允许偏差适用于弯板机成型的产品。用其他方法成型的产品也可参照执行。

屋面板运输。根据现场实测长度压制成型，原则上压制场地随安装点移动，就近压制。装卸无外包装的压型钢板应用吊具起吊，严禁用钢丝绳直接起吊。

用车辆运输无外包装的压型钢板时，应在车辆上设置衬有草垫、麻袋或橡胶的枕木，其间距不得大于 3m。长尺寸压型钢板应在车上设置刚性支撑台架，如图 8-26 所示。

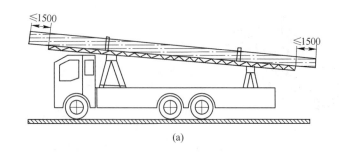

(a)

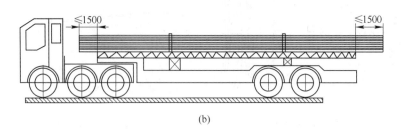

(b)

图 8-26　压型钢板车辆运输

(a) 卡车运输；(b) 拖车运输

屋面板堆放。压型钢板压制成型堆放时，按板的长度和质量，按 10～20 块为一捆进行打包待装，且应设置标签，标明压型板的材质、板型、板厚、板长（板号）、数量、净重和生产日期。压型钢板出厂必须有产品合格证明书（由压制单位提供）。压型钢板应按材质、板型分开堆放，且堆放顺序与施工安装顺序相配合。

严禁在已压好的压型钢板上堆放重物，且必须堆放在衬有草垫、麻袋或橡胶的架空枕木上（架空枕木保持 5% 的倾斜坡度）。应堆放在不妨碍交通、不被高空重物撞击的安全地带，且应采取避雨措施。

D　安装测量放线

根据配板布置图进行现场放线，按安装顺序每隔 2700mm（4 组连接支架）用灰线或墨线弹出垂直屋面檩条的支架安装控制线。认真校核主体结构偏差，确认该偏差对屋面板的安装无影响；对偏差不满足安装要求处，视偏差轻重程度事先进行处理。现场放线应以屋脊、轴线、梁和檩条的中心线为基准线，并以此基准线为参照线，在檩条横向标出固定支架长度的定位线（余数对称放在山墙处的檩条端部），在纵向标出固定支架的焊接线（见图 8-27），支架形式按 01J925-1 标准采用。平行于檩条方向布置的连接支架中心线（连体支架长度方向）必须与屋面梁或屋面檩条中心线重合。

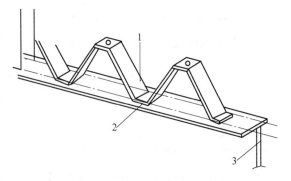

图 8-27　固定支架的焊接示意图

1—固定支架；2—焊缝；3—檩条

檩条上的固定支架在纵横两个方向均应成行成列，各在一条直线上，每个连体支架与檩条均应双面对称焊接（特殊部位单体支架焊接采用"〔"形三面围焊），连体支架与连体支架两两焊接，并应清除焊渣和补刷底、中、面三遍油漆（油漆型号及色卡号与屋面檩条保持一致）。

E 垂直运输

屋面板选用机械进行垂直运输。根据建筑物的高度及屋面板的重量选用吊机。吊机可以选用现场同跨内屋面梁或天沟安装所使用的吊机。

垂直运输板材时，采用加扁担（吊杆）方式将屋面板吊上屋面（见图 8-28）。应注意确保所有的彩钢板正面朝上，且所有的搭接边（母肋）应朝向安装开始的方向。

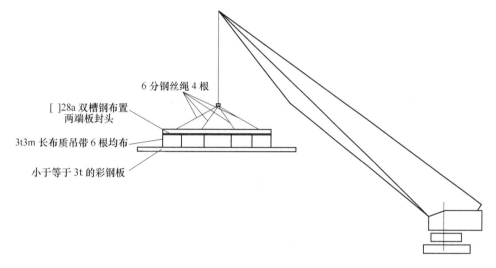

6 分钢丝绳 4 根

〔 〕28a 双槽钢布置
两端板封头

3t3m 长布质吊带 6 根均布

小于等于 3t 的彩钢板

图 8-28 垂直吊装示意图

运上屋面的压型钢板应分散地堆放于屋面梁处，并用棕绳将其牢固地固定在屋面梁上。为防止屋面板堆放在屋面梁上发生侧滑、风吹掀落等不安全现象，屋面板堆放时必须用麻绳或棕绳固定两个点在梁上，并打包成捆。当天吊上屋面的屋面板应当天完成铺板，未完成的打包固定。

F 支架安装

一般采用焊接方法将支架焊在檩条上。

支架进场前应根据檩条预留伸缩空间在厂家冲孔成型，现场安装时必须严格按照建筑物定位轴线及设计标高进行调整，固定时按预弹中心线进行安装，以保证彩钢板屋面平整、坡面顺直。焊接好的支架应做好防腐处理。每根屋面檩条均需安装支架。所有支架必须进行横、纵向放线，要求横平、竖直，平行于屋面梁（檩条）的支架必须在横向方向位于屋面（梁）檩条中心线上。

G 屋面板铺设

其工艺流程如下：

固定第一排支架→固定第一张屋面板→安装下一排固定支架及彩钢板→检查彩钢板公母肋是否正确扣合→按以上程序铺设后续屋面彩钢板。

沿逆主导风向按序铺设屋面板，屋面板与支架连接示意图见图 8-29。安装时必须将屋面板压入中支架，压入时听到清晰的"咔嗒"声说明已咬口啮合；边支架必须与屋面板咬牢。安装屋面板时禁止将压型钢板在屋面拖、拽，以防损伤油漆层。屋面板安装结束时应对损伤的油漆层进行补刷。

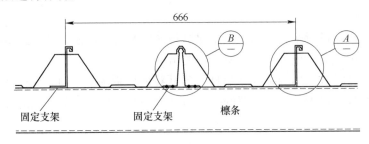

图 8-29　固定支架与屋面板连接示意图

安装时随时检查屋面板边沿在天沟处成一条直线，以及上下安装位置控制线。如果是后一块完整的彩钢板与遮檐板或女儿墙之间的距离大于半块彩钢板的宽度时，可以沿纵向切割彩钢板，保留完整的中心肋，并将彩钢板与一整列暗扣座完全啮合；如果最后一块彩钢板与遮檐板或女儿墙之间的距离小于半块彩钢板的宽度时，可以用泛水板覆盖这段空隙。

为防止雨水及潮气对彩钢板的侵蚀，在屋面檐口安装封头板，形成填充带，有利于阻止雨水、灰尘及昆虫等进入彩钢板肋条空间内。为防止屋面雨水倒流进屋脊，在屋脊处安装堵头板及挡水板。

为防止大风，可在屋脊部位压型钢板的波谷用自攻螺丝将屋面板与檩条相连接，也可在檐口部位压型钢板波峰用自攻螺丝将屋面板与檩条相连接，并在螺丝上打玻璃胶后加盖防水帽。

屋面板咬口：安装完的屋面板必须当天将其咬口，咬口必须保证均匀。过程中尽量减少操作对油漆层的损害。宜采用专用咬口机进行咬口。主要采用手动咬口机。屋面板剪切须用专用剪刀进行剪切，严禁用火割。

为保证施工安全，在屋面的屋脊和檐口预设通长安全辅助钢丝绳（与主结构的固定点间距不超过 12m），在辅助安全钢丝绳间增设可移动的安全钢丝绳，屋面板没有固定前，屋面作业人员将安全带拴在该钢丝绳上。

H　泛水、包边安装

彩钢板屋面与立面墙体及突出屋面结构等交接处，均应做泛水处理。山墙、天沟等泛水、包边搭接图纸有要求的严格按图纸要求进行搭接。逆水流方向安装泛水、包边。泛水板与女儿墙压顶做顺水搭接，两板间应设置通长密封剂密封处理；螺栓拧紧后，搭接处采用带防水密封胶垫的自攻螺丝固定在支撑构件上，搭接示意图见图 8-30。

搭接部位内侧应安装防水密封条，外侧应打建筑耐候胶或中性玻璃胶。固定用的抽芯铆钉间距不大于 150mm。

I　屋面清理

屋面安装结束后应及时清理残留的垃圾、边角料。

J　出屋面构件

首先按设计位置、尺寸在彩钢板上进行取孔，将配套底盘固定在彩钢板上，底盘中心

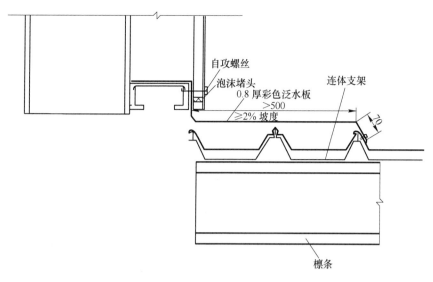

山墙高低跨

图 8-30　山墙等泛水示意图

点应与穿屋面构件重合,底盘应将开孔处完全盖住,然后将出屋面构件安装,最后从屋脊处引通长泛水板至构件下口。所有接缝处用建筑耐候胶封严。

所有抽芯铆钉采用防水型,直径不小于 $\phi 5mm$,须用高强度铝合金铆定,提供合格证,且须报验。

K　屋面、墙皮变形缝处理

屋面、墙皮有变形缝的位置在缝两侧先铺屋面板,缝两侧屋面板用相同型号的折弯板盖住,再用直径 $\phi 5mm$ 的防水铆钉采用双排上、下错位布置方式进行固定,铆钉同排间距 50mm,如图 8-31 所示。

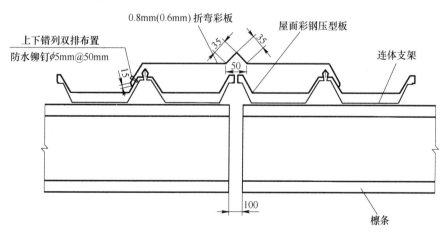

图 8-31　屋面变形缝处理

(墙皮变形缝参照屋面变形缝处理)

屋面、墙皮彩钢板泛水、包边等节点按设计图或标准图处理。

8.7.3 墙面板制作安装

8.7.3.1 工艺流程

图纸配板→尺寸复核→下料→加工、运输、堆放及加工质量要求→测量放线→垂直运输→墙面板铺设→封头板等安装→泛水、包边安装→墙面清理。

墙面板制作安装工艺流程与屋面板相近。可参照屋面板制作安装流程。

8.7.3.2 墙面板安装要点

（1）墙面板运输：按排版图要求将压型钢板水平运输到安装地面，然后作业人员通过滑轮用棕绳采用两点法将压型板提升到安装位置。

（2）墙板安装是在高空，作业人员应做好安全保护措施，下面以型号规格为820型，板厚为0.6mm的墙面压型板为例介绍安装。针对墙面施工长度较长特点，一般采用单片人工拉起的方法，用固定卡头卡在天沟上口的檩条上，然后用螺丝紧固，再把滑轮挂在吊鼻上，用$\phi16$的麻绳作拉绳，人工拉起。在每块彩板上端中间部打孔，孔到顶端距离8cm，并用$\phi6$钢筋弯成小于45°挂钩挂住上移。为了安全拉起时再用$\phi16$麻绳从瓦长的1/3处捆扎作为稳住线用人控制，以防起风时飘摆造成伤瓦和伤人。

（3）在压型板长的3/4处边部打孔增加辅助拉线，上面工作人员系好安全带用力提升与主拉线同步上拉，从而减轻了主线承重，克服了侧面上瓦出现的折断现象又确保了安全。

（4）待压型板拉到位置后，先用自攻丝从底部临时固定待瓦入位后松钩微调，最后固定，固定完毕去掉侧面的保护绳。

（5）在墙皮外边倒挂爬梯（用$\phi16$圆钢做成），上端挂在天沟上底部两支点着地，操作工把安全带系在梯撑上。在龙门梯内每道作业向前滑动龙门梯进行，这样既确保操作的安全性又确保固定彩板的灵活性。

（6）墙板安装注意其导风向按逆主导风向铺设，反搭设长度为150mm，接槎顺直，无孔洞现象，坚固件要牢靠，按图纸要求竖向一般不留搭接缝。

（7）安装墙板时，用一块3mm的木片放在泛水上，待样板固定后再抽去，这样可以使墙板安装美观。每5块板都及时用垂线进行一次测量，以防墙板出现倾斜和下口发生变形。

（8）墙皮转角处施工，主要转角施工面的最后一块板（转角处板）吊笼悬挂位置及施工人员站位要注意采取4人同时施工，即铺最后一块板时与其他墙皮板一样先起吊，施工面转角另一面墙放吊笼，施工人员对吊起的板进行防护，防止板掀起伤人、伤瓦，板吊至固定位置后，施工人员放棕绳持防坠器对板进行固定，再用包角板包角。为保证作业人员的安全，从上端的第二根檩条向下引放棕绳，作业人员将简易防坠器固定在棕绳上。

（9）泛水、包边安装：包括内容为：屋脊板、包角板、墙面连接件（用通长爬梯）。其用$\phi5 \times 10$抽芯铆钉与压型钢板连接。铆钉间距按图纸要求。包角、屋脊瓦搭接处打建筑密封胶。

（10）清理板面：安装前在地面应清理其表面污垢，安装后应及时检查并清理，保证交工时板面清洁。

8.7.3.3 墙面板安装步骤

（1）用 $\phi16mm$ 圆钢制作 600×600 方形吊笼，吊笼长度不大于 $10m$。

制作吊笼的钢材禁止使用脆性较大的，如螺纹钢，在安装过程中要经常检查各焊接点，防止断裂。

（2）在横墙（沿天沟方向）屋面檩条、墙皮檩条或屋面梁和系杆上设置活动的防坠安全绳，通长伸入吊笼，下端进行固定；在天沟上用 2t 布质吊带悬挂滑轮。山墙铺板，安全绳也是设置在山墙的檐口屋面梁、系杆或墙皮檩条上，滑轮固定在屋面檩条上，如图 8-32 所示。

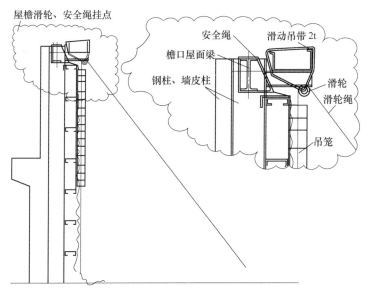

图 8-32 墙面板安装

（3）将制作好的吊笼挂于墙皮檩条上，吊笼挂点与彩钢瓦最上端高差不超过 $300mm$。将安全绳从吊笼内垂放到地面。

（4）挂墙板时，施工人员进入吊笼内，一根安全带挂钩挂于安全绳的防坠器上，另一根安全绳挂于墙皮檩条上。吊笼内限定 2～4 人同时作业，如图 8-33 所示。

（5）挂墙板准备：地面施工人员在要挂的彩钢瓦上端打上两个孔。吊装时，地面人员将滑轮绳从彩钢瓦上的穿绳孔内穿过，并用绳将彩钢瓦绑个十字对瓦进行固定，如图 8-34 所示。

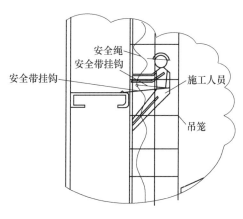

图 8-33 墙面板安装

（6）吊墙板：地面施工人员通过滑轮拉绳将瓦吊起，为防止因风将瓦掀起和吊装过程中瓦碰撞，施工人员在拉滑轮拉绳过程同时要控制彩钢瓦上的辅助拉绳，如图 8-35 所示。

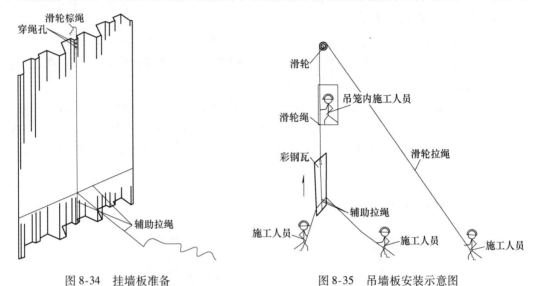

图 8-34　挂墙板准备　　　　　　　　　图 8-35　吊墙板安装示意图

（7）固定墙板：墙皮瓦吊至一定位置后，地面人员已不便控制，吊笼内施工人员对瓦进行防护，瓦至固定位置后，用自攻螺丝对瓦进行固定，如图 8-36 所示。

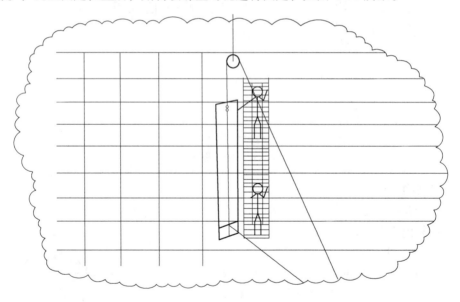

图 8-36　固定墙板

9 炼钢机械设备安装

机械设备安装是炼钢建设工程的重要组成部分，对整个工程的质量、工期以及建成后的生产起着至关重要的作用。

炼钢机械设备包含起重设备、上料系统设备、铁水预处理设备、转炉及电炉本体设备、汽化及 OG 系统设备、顶枪系统设备、除尘系统设备、钢水精炼系统设备、地面附属设备、板坯方坯圆坯系统设备等。

9.1 桥式起重机安装施工技术

9.1.1 概况

桥式起重机广泛应用于工矿企业、港口码头、车站仓库、建筑工地、海洋开发、宇宙航行等各个工业部门，在我国现代化进程中和各个工业部门机械化水平、劳动生产率的提高中，必将发挥更大作用。

桥式起重机分为普通桥式起重机、简易梁桥式起重机、冶金专用桥式起重机。普通桥式起重机一般由起重小车、桥架运行机构、桥架金属结构组成。起重小车又由起升机构、小车运行机构和小车架三部分组成。简易梁桥式起重机又称为梁式起重机，其结构组成与普通桥式起重机类似，起重量、跨度和工作速度均较小。冶金专用桥式起重机在钢铁生产过程中可参与特定的工艺操作，其基本结构与普通桥式起重机相似，但在起重小车上还装有特殊的工作机构或装置。这种起重机的工作特点是使用频繁、条件恶劣，工作级别较高。

冶金行业中桥式起重机是生产厂区运输物料的主要设备，尤其是在炼钢系统中，桥式起重机的规格、型号更多，目前国内炼钢厂大型冶金桥式起重设备起重量已达到 520/100t，总体重量达 670t，单件重量达 100t，但从其使用类型划分不外乎双梁和四梁两种类型，如图 9-1 和图 9-2 所示。

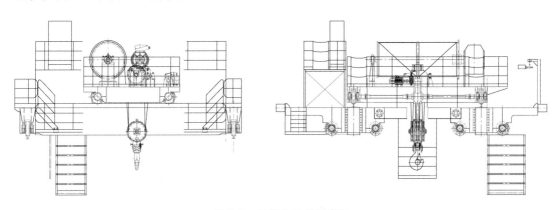

图 9-1　双梁起重机示意图

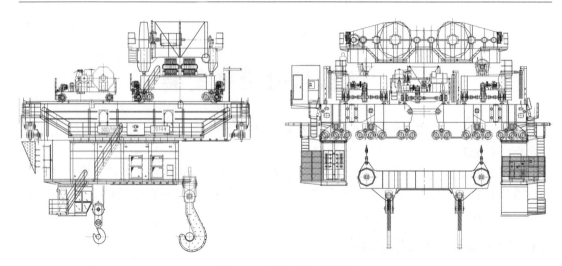

图 9-2　四梁起重机示意图

在新建、改扩建工程中，可以分为厂房钢结构封闭前与厂房钢结构封闭后安装两种安装方法，现以某钢厂新建、扩建中安装的铸造桥式起重机为例，主要介绍双梁和四梁，厂房封闭前与封闭后起重机的安装方法。

9.1.2　安装程序

安装流程如图 9-3 所示。

9.1.3　主要施工方法

双梁桥式起重机与四梁桥式起重机，主要区别在于缺少两根副梁，由于缺少副梁，起重吨位一般不大，起重机构造也比较简单，所以双梁桥式起重机安装就比四梁桥式起重机的安装简单，通常双梁桥式起重机与四梁桥式起重机在准备阶段，轨道测量放线，主、副梁组装方面都是相同的，主要不同在于吊装方法。

9.1.3.1　施工准备阶段

A　准备阶段的一般要求

（1）设备进场道路、设备组装场地等应平整，满足进场及组对要求；施工用电、工机具齐全完备，组装用支撑架制作完毕。

（2）施工人员进入施工现场前，

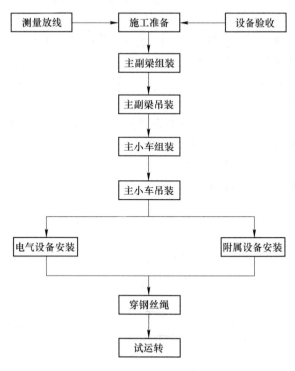

图 9-3　桥式起重机安装流程图

应认真熟悉施工图纸，编制详细的施工方案、施工作业技术交底卡和安全技术措施，并向施工人员进行交底，同时下达自检记录。

B　设备开箱检验的一般要求

（1）设备的开箱检验应在业主、制造厂代表、设备管理人员全部到场的情况下进行，凡装箱的设备，按照装箱单逐件检查设备、材料及附件，其型号、规格和数量均应符合工程设计和随机技术文件的要求，并应有相应的质量证明文件，同时检验外观质量，裸装的设备也必须进行外观检查，填写开箱检验记录，并经相关方代表签字。

（2）设备按安装顺序进场，否则影响吊装，一般起重机设备进场顺序如下：大车平衡臂→主梁（包括平台、隔热板）→端梁→副梁及隔热板→副小车→主小车→驾驶室、高压室。

（3）桥式起重机属特种设备，制造与安装都要经过技术监督部门检验，所开箱的技术文件，必须有整机的"合格证"，制造厂家所在地的技术监督部门检验合格证，桥式起重机的吊钩，钢丝绳合格证也必须具有，否则安装后无法通过特种设备的检验。

9.1.3.2　轨道测量与放线的要求

（1）安装中涉及的经纬仪、水准仪、钢尺、百分表等计量器具必须在有效的校验期内。

（2）在吊装前应复测轨道，轨道偏差应符合下列规定：

1）轨道中心线与起重机梁中心线的位置偏差，不应大于起重机腹板厚度的一半，且不应大于 10mm。

2）轨道中心线与安装基准线的位置水平偏差，不应大于 5mm。

3）轨道顶面标高与其设计标高的位置偏差，不应大于 10mm。

4）同一截面内两平行轨道标高的相对差，不应大于 10mm。

5）轨道长度方向上，平面内的弯曲，每 2m 检测长度上的偏差不应大于 1mm；在立面上的弯曲，每 2m 检测长度上的偏差不应大于 2mm。

6）起重机轨道跨距的测量应符合 GB 50278—2010 中 3.0.6 的规定。

（3）轨道的跨距测量一般上午 8：00 左右，比较适宜，因此时外界温差变化不大，实测时要考虑钢卷尺计量修正值 △1，钢卷尺修正值 △2，温度修正值 △3，参见 GB 50278—2010，附录 A。

（4）轨道测量完成之后，在轨面上用经纬仪放出相互垂直的基准线，即轨道中心线与轮距中心线，并做出标记，以方便端梁的连接。

9.1.3.3　主、副梁组装一般要求

（1）为了减少高空作业，尽可能地在满足吊装载荷的情况下，所有零部件在地面组装完成之后再进行吊装。

（2）组对场地要平整，能够满足组装要求，支撑架上面应放置道木，防止损坏主、副梁的下表面。

（3）图 9-4 所示为组配必须按照一定的顺序：底部隔热板→侧面隔热板→下部

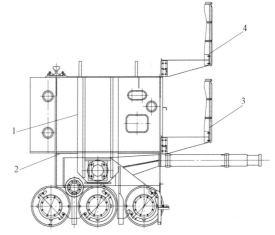

图 9-4　装配顺序
1—侧面隔热板；2—底部隔热板；
3—下部平台；4—上部平台

平台→上部平台→栏杆梯子。

（4）大车主传动万向轴应提前与减速机相连。

（5）主、副梁全部组装以后必须测量跨距，具体参见 GB 50278—2010，附录 A。

（6）主、副梁与大车平衡架的装配，如图 9-5 所示，大车的平衡架多达 16 件，通过轴销连接，先将平衡臂临时固定在轨道上，轴销事先固定在主梁上，待吊装到位后穿轴销。通常情况下穿轴销比较困难，首先主梁要吊平稳，然后用重约 75kg 圆钢撞击。

在扩建、改建工程中主、副梁的组装可以利用厂房内已有行车，完成相应部件的组装。

9.1.3.4　主（副）梁、小车吊装

桥式起重机主副梁及主小车的安装分为厂房结构封闭前和厂房封闭后两种

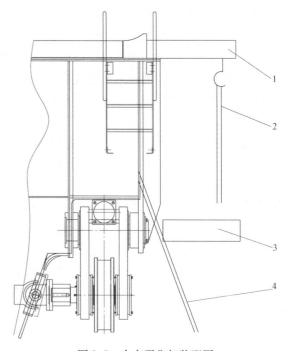

图 9-5　大车平衡架装配图
1—扁担梁；2—10t 手拉葫芦；3—销轴；4—临时支撑架

安装方法，厂房结构封闭前的主副梁及主小车安装关键是要求吊装机械起重性能满足吊装要求即可，相对安装较简易；厂房封闭后的安装受生产及场地等多方面不利因素影响，增加了整个吊装难度系数，在厂房钢结构封闭后无论双梁和四梁桥式起重机最难吊装的是主小车，因为主小车比较宽、面积比较大、一般距离屋架下弦很近，由于大型汽车吊基本上为锁杆型，更增加了吊装难度。

A　厂房内双梁桥式起重机的吊装

一般对于厂房内双梁桥式起重机两根主梁在拼装过程中，端梁通常在地面已经安装在主梁上面，并设置"滑移装置"保证端梁安装标高，减少与轨道之间的摩擦，所以小车的吊装就可以采用主梁"合拢法"进行吊装。

主梁"合拢法"吊装小车，又可以根据吊装机械的站位分为"对称站位法"和"同侧站位法"两种。

图 9-6 所示为起重机械"对称站位法"，主要适应于：地面障碍物少，两列轴线之间跨度较大，可以满足吊车站位和小车摆放的情况。起重机械"对称站位法"另外一种情况是在同一跨之间由于地面障碍物比较多无法满足吊车的站位，吊车必须站位于另外一跨，利用行车梁上表面空间，伸杆至另外一跨进行主小车吊装。

图 9-7 所示为起重机械"同侧站位法"，主要适用于厂房高度比较低，小车距离屋架下弦距离比较近，同一跨之间吊车无法站位，小车重量比较轻的情况。

对于由于现场条件限制，无法采用两台汽车吊完成小车吊装的通常可以采用在靠近屋

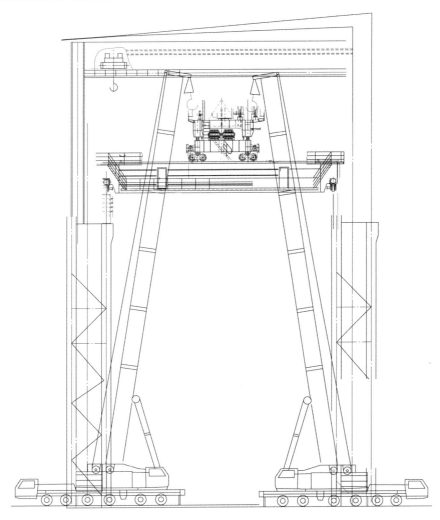

图9-6 起重机械"对称站位法"示意图

架下弦设置一套滑轮组与1台汽车吊抬吊完成小车的吊装或利用厂房内靠近最末端的电动葫芦与汽车吊抬吊完成吊装。

B 厂房内四梁桥式起重机的吊装

大型桥式起重机基本上都是四梁结构形式,根据梁的连接形式不同又可以分为以下两种结构形式,第一种:图9-8所示为两根副梁与端梁是一个整体结构(又称"井子梁")需要在地面进行整体拼装,然后进行整体吊装,这种结构形式"井子梁"拼装完成之后体积比较大、重量重,吊点中心距离副梁边沿距离比较远;第二种:图9-9所示为主、副梁都为单片梁,可以单独进行吊装。

四梁结构的桥式起重机,由于主小车体积比较大,运输成为问题,基本上都是解体部件,需要现场组装;由于受厂房高度和起重量的限制,小车主体框架在地面进行组装,其余设备都在高空进行安装,主小车组装检验可以参照GB 50278—2010中有关参数。

厂房钢结构封闭后四梁结构的桥式起重机主小车的吊装方法基本和双梁结构形式桥式起重机厂房内的吊装方法相同,都采用主梁"合拢法"进行吊装。

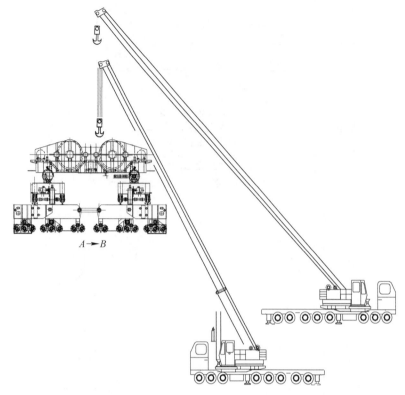

图 9-7 起重机械"同侧站位法"示意图

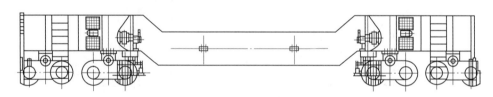

图 9-8 第一种结构形式

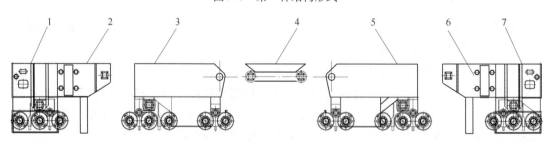

图 9-9 第二种结构形式

1—主梁 A；2—端梁 1；3—副梁 A；4，6—端梁 2；5—副梁 B；7—主梁 B

厂房钢结构封闭后的施工方法同样也适用于厂房钢结构封闭前。

9.1.3.5 附属设备安装

A 驾驶室、高压室安装

驾驶室、高压室的安装采用对称抬吊的方法，首先分别将驾驶室、高压室放置于 20

号工字钢制作的专用工具上，然后采用 1 台汽车吊与检修电动葫芦共同抬吊完成或者利用两台 3t 卷扬机，对称吊装。

B 穿钢丝绳

钢丝绳穿法采用引绳法安装，必须注意以下事项：

（1）钢丝绳分左、右旋，卷筒上的绳槽也分左、右旋要相对应。

（2）每根绳的长度是定尺的，但有余量，每根绳的实际长度，以吊钩到上极限，绳缠满卷筒绳槽为准，不得多出。

（3）放绳时要用转盘破劲，以免钢丝绳扭结、裂嘴、弯折。

（4）绳头要绑扎牢以防松散，卷筒上绳头压板必须压牢。

（5）钢绳穿好以后，板钩两端高、低差不大于 10mm。

9.1.4 试运转

9.1.4.1 检查电气系统

检查所有设备、接线、元件设备是否正确，各种开关的动作灵活性及可靠性，各驱动电机接线是否正确。

9.1.4.2 无负荷试车

无载荷，接通电源，开动各机构使其运转，检查起升、行走极限限位是否工作正常，大小车运行准确性、灵活性；检查各机构运行情况，注意小车电缆导电装置，电缆卷筒，吊钩的提升动作是否协调等。

9.1.4.3 静负荷试车

起重机应停在厂房柱子处，小车停在主梁跨中位置，无冲击的提起额定起重量为 1.25 倍的载荷距离地面 100～200mm 左右，悬停 10min，卸去负荷，应无失稳现象；卸载后，起重机的金属结构应无裂纹、焊缝开裂、油漆起皱、连接松动和影响起重机性能和安全的损伤，主梁无永久性变形。起重机小车卸载后，检测起重机主梁的实有上拱度和静刚度，实有上拱度必须符合 GB 50278—2010，表 9.3.1；静刚度必须符合随机技术文件规定，检测应符合 GB 50278—2010，9.3.2 的规定。

9.1.4.4 动负荷试车

提起 1.1 倍额定负荷，同时开动两个机构做反向运转，按该机构工作级别相对应的接电持续率应有间歇时间，并按操作规范进行控制。按工作循环次序，试验时间至少应延续 1h。各机构的动作应灵敏、平稳、可靠、安全并保护连锁装置和限位开关。

试运转完毕，检查全车的结构，应无异常现象出现，在试运转过程中做好记录，试运转结束后请有关方确认无误后，办理试车合格证及起重机使用许可证。

9.2 炼钢设备安装施工技术

炼钢是将高炉供应的铁水经脱硫、脱磷、脱碳、合金化及过程中的升温，冶炼出合格的钢水供应给连铸，生产出成品或半成品的工艺过程。

炼钢设备包括转炉本体、电炉本体、上投料设备、铁水预处理设备、汽化 OG 设备、氧副枪设备、除尘设备、LF 精炼、RH 真空精炼和地面辅助设备等。

9.2.1 转炉本体安装

9.2.1.1 设备概述

转炉炼钢是将金属原料（铁水、废钢、铁合金）、非金属原料（石灰、白云石、萤石、铁矿石、石灰石、焦炭、氧化铁皮、石墨籽等）、气体（氧、氮、氩），不借助外加能源，依靠铁液体自身物理热和铁液组分间化学反应产生热量而在转炉中完成炼钢过程；转炉炼钢按其氧气吹入部位的不同，有氧气顶吹转炉炼钢法、氧气底吹转炉炼钢法、氧气侧吹转炉炼钢法和"顶""底"复合吹炼钢法。

如图 9-10 所示，转炉本体设备由炉口、炉壳（炉帽、炉身、炉底组成，其中炉底又分固定式和活动式两种）、炉衬、托圈、轴承座及底座、倾动装置（电动机、一次减速机、二次减速机、扭力杆装置）、润滑装置等组成。倾动装置按其结构的不同分为落地式、半悬挂式和全悬挂式等。全悬挂式结构更先进、传动性能更优越，多用于大型转炉，也是目前国内最为常用的一种倾动装置。

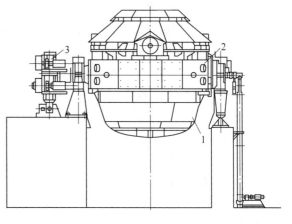
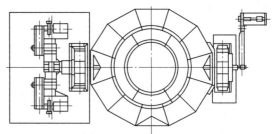

图 9-10　转炉示意图
1—炉体；2—托圈装置；3—倾动装置

9.2.1.2 转炉本体设备安装方式

转炉本体设备具有外形尺寸大、单台设备重、安装位置难以用跨内行车直接吊装等特点，目前主要施工方法有"台车法"、"滑移法"、"组合法"、"主厂房吊装前就位法"等；其中"组合法"与其他几种方法比较具有运用广泛、安装高效、质量控制有效、安全可靠等优点。

台车法安装转炉本体设备的工艺原理是：将炉下一台或两台钢包车（视转炉大小而定）作为转炉设备移动台车；台车上设置设备支撑体系，由刚性立柱、柱间撑、爬梯、平台栏杆、液压千斤顶等组成；设备就位后整体由台车移动牵引装置缓慢牵引至安装工位。设备支撑体系的设置尺寸、选用形式和材质均需根据现场实际情况结合设计图纸进行详细的计算和设计。

滑移法安装主要是在加料跨炉前钢平台上，敷设两条专门制作的钢梁滑道，再通过滑道上增设滑板，逐步将组装的托圈和轴承座、炉壳及倾动装置吊至滑板上完成整体装配；随着液压千斤顶和手拉葫芦的综合作用力缓慢滑移至安装位置，最后整体顶起抽出滑板就位的安装过程。滑道、滑道支柱、千斤顶顶起支撑装置均需根据安装实际情况进行验证、核算，确保安全。

组合法安装是以上两种方法的集成、升华和创新。主要在炼钢加料跨通过跨内主行车完成转炉设备的地面组装、逐步吊至台车支架，同时轴承底座与垫梁间增设滚杠，最后由卷扬牵引至安装位置。在整个安装过程中垫梁主要承担驱动侧传动装置载荷，分担整个支撑系统的平衡稳定。这种方法确保了移动过程中的平衡和稳定，既安全又节省了安装时间。值得注意的是，很多炼钢转炉炉前（安装垫梁）钢柱设计位置和组合法安装的垫梁钢柱并不在同一位置，在炉前钢柱基础施工前针对垫梁钢柱基础需与设计单位沟通协调，将台车法安装的垫梁与设计的炉前平台的主梁位置保持一致。

主厂房吊装前就位法主要是在炼钢车间主厂房钢结构吊装过程中，通过大型起重机械设备直接将转炉本体设备安装就位，此方法适合小型转炉设备的安装。

转炉托圈与炉壳的连接主要有两点支撑悬挂、奥钢联等连接方式。

两点支撑悬挂即在托圈上耳轴位置对称设置支撑底座，通过销轴连接固定。倾动装置由 4 台 150kW 交流变频电机驱动，电机与一级齿轮箱、大齿轮箱合成整体，悬挂在耳轴上，大齿轮箱下方设置弹性活塞型的防倾翻力矩平衡装置，以平衡传动扭力，并起缓冲作用。

奥钢联连接方式：即在托圈上对称三点设置悬挂装置固定，每个固定点设上、下关节轴承，连接座分别焊接在下部炉体和托圈下方，在两耳轴的托圈下方设两组水平制动装置，主要承受转炉冶炼过程中水平方向的载荷。倾动机构采用 4 点啮合全悬挂柔性传动装置，用扭力杆来平衡传动机构的扭矩。

在目前的转炉安装中，台车法和组合法应用较为广泛，下面重点介绍台车法和组合法安装转炉的方法。

9.2.1.3 转炉本体基本安装方法

A 基础验收复测、基准点安设

（1）基础验收。会同土建施工单位结合中间交接资料和设计图纸对设备基础的外形尺寸、标高，预埋地脚螺栓外观质量、标高、间距及垂直度进行复测。

（2）中心线复测。与土建施工单位一起，对基础的纵向、横向和标高进行定位复测。根据施工图纸，以厂房柱基础轴线中心线为基准线测设转炉设备安装中心线，并埋设中心标板。以测量控制网的基准标高为基准点埋设永久基准点，定期对基础进行沉降观测。

中心线测量采用直径为 $\phi 0.5mm$ 或 $\phi 0.75mm$ 的钢丝，钢丝安装在固定架上，固定架必须安装在已有的稳定结构上，标高板需设在基础边缘易于观测处。以测量控制网的基准标高为基准点埋设永久基准点，并建立定期基础沉降观测记录台账。图 9-11 所示为固定架和中心标板的形式及构造。

（3）基础外形尺寸检查。检查基础施工质量中间交接资料。并复查设备基础表面及预埋地脚螺栓的螺纹和螺母是否防护完好，设备基础尺寸进行偏差和水平度、铅垂度应符合规范要求。

（4）垫板安设（采用座浆法设置垫板）。垫板的数量、大小及安装位置需按设备厂家给定的技术文件进行配置。技术文件无规定时，每个地脚螺栓旁边至少有一组垫板，垫板安装可采用螺栓调节加流动灌浆的方法进行安装。安装垫板前，基础表面浮浆必须铲除，用水冲或压缩空气吹除基础上的杂物。图 9-12 所示为螺栓调节垫板的

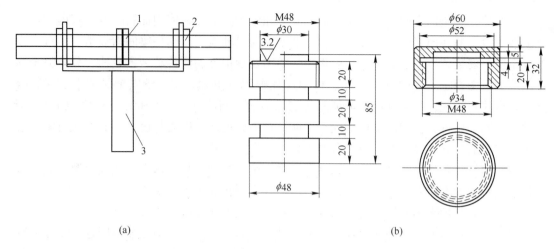

图 9-11　固定架、中心标板示意图

（a）固定架示意图；（b）中心标板示意图

1—调节螺栓；2—紧固螺栓组；3—固定架

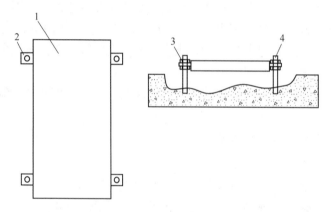

图 9-12　螺栓调节垫板示意图

1—平垫板；2—带孔钢板与平垫板点焊；3—上下调节螺母；4—膨胀螺栓

设置示意图。

B　轴承座底座与扭力杆底座安装

a　轴承座底座安装找正

轴承座的找正如图 9-13 所示。

（1）轴承座底座就位前，必须对设备相关几何尺寸进行复核验收，认真清除底座上、下表面上的毛刺、油污等杂物，画出底座安装中心线并打上洋冲眼；选定好放置水平仪具体的找正位置，并用记号笔标注清楚以便复查验收。

（2）根据轴承座底座的重量，选用相应的汽车吊将轴承座底座吊装就位。

（3）根据测量投放的转炉中心线，设置找正中心线架，用拉钢丝吊线坠方法检验安装中心，钢丝直径根据长度情况选用 0.5~0.75mm，用 N3 精密水准仪测量底座安装标高。

（4）固定端轴承座底座初找完毕后，以轴承座底座上水平面的十字中心线为精找正基准，测量中心线、标高及水平度的偏差，调整合格后拧紧地脚螺栓，再对轴承座复测偏差数据并记录。轴承座底座找正时要注意检查轴承座与底座的间隙，并将此数据计入标高偏差中，轴承座与底座间的圆柱键在安装时凹槽朝上放置。

（5）游动端轴承座的底座一般为铰接底座，安装时先找正铰接底板，底板固定后安装轴承座底座并采取临时支撑调整措施，调整底座使轴承座中分面水平符合要求后，按照中分面处的加工面调整轴承座的标高、中心，使其符合规范要求。

（6）游动端轴承座底座采取的临时支撑在转炉托圈、炉壳就位时必须拆除。当转炉托圈、炉壳、轴承座调整就位，整体下降，轴承座与底座的间隙在 5mm 以下时，穿入连接螺栓，再拆除临时固定措施。不可让临时支撑承受转炉重量。

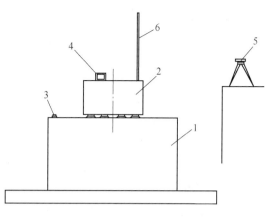

图 9-13　轴承座找正示意图
1—转炉基础；2—轴承座；3—基准点；
4—水平仪；5—水准仪；6—钢板尺

b　轴承座底座安装技术要求

（1）移动、固定端轴承座，纵、横向中心极限偏差 ±1mm。

（2）两轴承座的中心距 L_1、L_2 极限偏差 ±1mm，对角线 L_3、L_4 偏差 <4mm。

（3）轴承座轴线的标高极限偏差 ±5mm，两轴承座高、低差 <1mm。

（4）轴承座的纵横向水平度公差为 ≤0.1/1000，其倾斜方向炉壳一侧宜偏低；横向水平度为 ≤0.1/1000。

（5）轴承座的安装及验收项目，如图 9-14 所示。

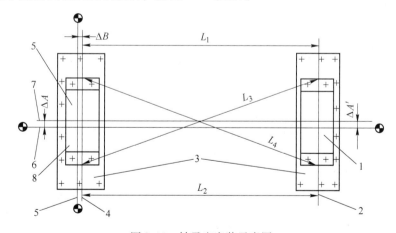

图 9-14　轴承座安装示意图
1—移动端轴承座；2—移动端轴承座横向中心线；3—轴承支座；4—固定端轴承座横向中心线；
5—横向基准线；6—纵向基准线；7—轴承座纵向中心线；8—固定端轴承座

c　扭力杆底座安装

底座安装前必须认真清除底座上表面上的毛刺，划出底座安装中心线并打上洋冲眼；划出放置水平仪具体测量位置。根据测量投放的标板中心，设置中心线架，用拉钢丝吊线坠方法检验安装中心，用 N3 精密水平仪测量底座安装标高和水平度。扭力杆装置的二次灌浆，待转炉移动到位以后，将切向键装配好，扭力杆装置与传动机构连接后进行，以便调整安装标高。

C　托圈与轴承座安装

（1）转炉托圈与耳轴一般为整体进场。超大型转炉的托圈与耳轴分段运至现场，由设备制造厂在现场进行装配。托圈吊装前一般应装配好耳轴上的轴承和轴承座。托圈进场后应仔细检查耳轴表面有无损伤，轴承装配前必须清洗干净耳轴表面、轴承座内表面及轴承。

（2）轴承在开箱时，必须确认箱号、型号与图纸吻合。轴承拆装时标记清楚以免丢失，装配时仔细核对标记。注意零件装配时的方向。

（3）组装前应认真按照装配图清点，装配的零配件是否齐全、有无损伤；轴承及耳轴清洗干净后，用内、外径千分尺复测轴承内径和轴颈的外径，并将轴承内侧的环件，事先放置到轴颈上。

（4）轴承安装采用电加热油浴法，用钢板制作圆形油槽用电加热轴承，油温应控制在 100℃ 以内，加热时间约 2h，待温度均衡传递到轴承时，再用样棒内卡钳核对轴承内径，当轴承达到可装配尺寸时，吊出油池迅速擦干净轴承上的加热用油，并使用铜棒或木块等快速装配；装配过程中选用合适的润滑剂有利于装配效率。轴承热装工作时效性强且不可重复，多人多专业协同作业，所以在轴承安装前就位的压盖、挡环等部件的顺序、位置、数量、方向必须确认无误。温度计算公式为：

$$T = I/Kd + t_0 \tag{9-1}$$

式中　T——加热温度；

　　　I——实测过盈量；

　　　K——加热材料的膨胀系数，$℃^{-1}$；

　　　d——加热材料的直径；

　　　t_0——室温。

（5）因轴承的质量较大，为便于吊装宜制作专用吊具，如图 9-15 所示（具体尺寸按照实际设备确定）。

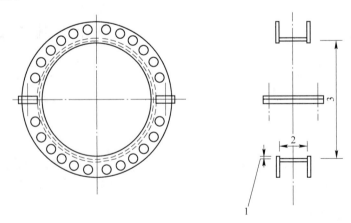

图 9-15　轴承加热示意图

1—该尺寸约等于轴承外套厚度；2—该尺寸略大于轴承宽度；3—该尺寸应略大于轴承外径

（6）热装配结束后，进行轴承座装配工作，分别吊装轴承座上下部件就位，并连接对穿螺栓，期间严格按照设计图纸要求对各密封面涂密封填料。

D　台架制作安装

无论是台车法还是组合法的安装，主要是借鉴布置在加料跨的钢包车和车体上的支撑台架进行就位，所不同的是台架大小的选择；台车法一般只需承担炉壳、托圈的重量即可，倾动机构二次安装，组合法是在加料跨内将炉壳、托圈、倾动机构全部组装成整体后移动就位，对支撑台架的刚度和结构稳定性要求较高，一般支撑台架的结构如图9-16所示。

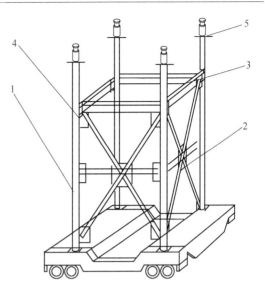

图9-16　支撑台架示意图
1—主体立柱；2—柱间支撑；3—上横梁系统；
4—连接板；5—液压千斤顶及保险装置

9.2.1.4　台车法转炉安装方法

A　台车法安装工艺流程

台车法安装由于对转炉炉体的自身重量要求较轻，主要应用于中小型转炉的安装，安装工艺如图9-17所示。

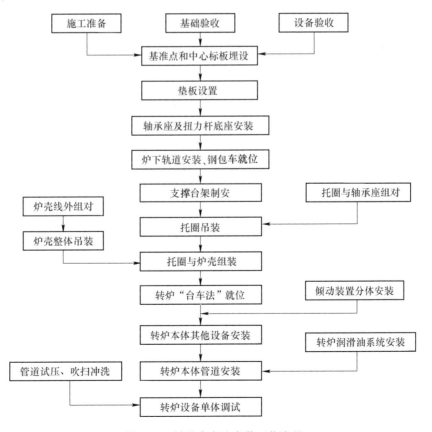

图9-17　转炉台车法安装工艺流程

B　炉壳吊装

在奥钢联三点悬挂结构的转炉系统中，炉体的吊装先是炉帽的吊装，将炉帽吊装至图9-16 所示的上横梁系统的平台上，炉帽呈倒扣状态，如图9-18 所示。

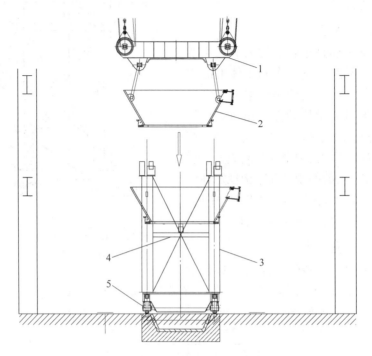

图 9-18　炉帽吊装示意图
1—桥式起重机；2—炉帽；3—专用支架；4—中间平台；5—台车

C　轴承座与托圈吊装

托圈与轴承座组装后，用加料跨行车主钩作为主吊，副钩作为防倾翻之用，稳住托圈；在吊装之前，应按照上下顺序保证托圈组合体的方向，吊装如图9-19 所示。

轴承与托圈吊放的位置：应以轴承座安装纵向中心线为准；在支撑台架上、地面轨道上放出纵、横向中线，并作出移动标志。

D　中、下炉壳组对与托圈组装

以上炉帽、托圈组合体吊装完毕后开始吊装中、下炉壳，在线外将中下炉壳翻身后吊装，炉壳外圆与托圈内圆组装的间隙按照技术文件的要求控制好；吊装如图9-20 所示。

吊装就位后在线外将炉帽与上下炉壳连接成整体。

E　倾动机构分体安装

利用转炉跨行车将倾动机构部件在制造厂的指导下安装就位。

9.2.1.5　组合法转炉安装

组合法就是充分利用线外场地广、起重吊装能力大的优势将转炉所有部件全部在线外吊装组装，整体移动到位的方法。现以某工程超大型转炉安装为例进行阐述。

组合法安装工艺流程如图9-21 所示。

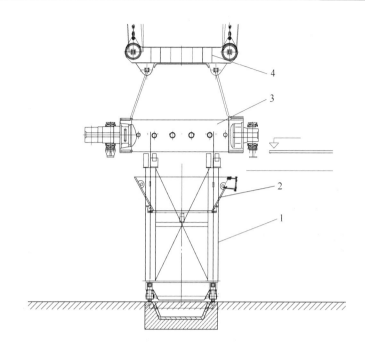

图 9-19 托圈组合体吊装示意图

1—支撑台架；2—炉帽；3—托圈组合体；4—加料跨行车主钩

A 垫梁的设置

整体移动，包括倾动机构，对于超大型转炉来说重量达 900t 左右，为保证移动的安全可靠，在转炉轴承座的中心线上分别设置两条垫梁，以承载分担台架的受力，垫梁一般如图 9-22 所示制作。

B 炉底吊装

炉底直接利用加料跨行车大钩吊装就位，炉底吊耳设置在炉底内部，缓慢放置在制作好的台架上，在放置台架之前炉底对称设置 4 台 32t 液压千斤顶作调节使用。如图 9-23 所示。

炉底就位之前，在转炉炉底标示中心线与台架上的标示中心线应重合，以保证后续转炉炉底与炉身组对时对中准确无误。

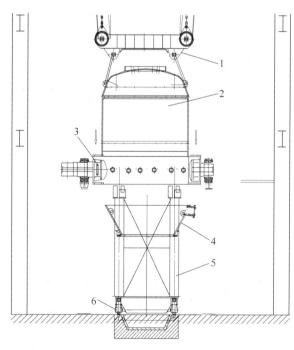

图 9-20 中下炉壳吊装示意图

1—桥式起重机；2—炉身；3—托圈组合体；
4—炉帽；5—专用台架；6—台车

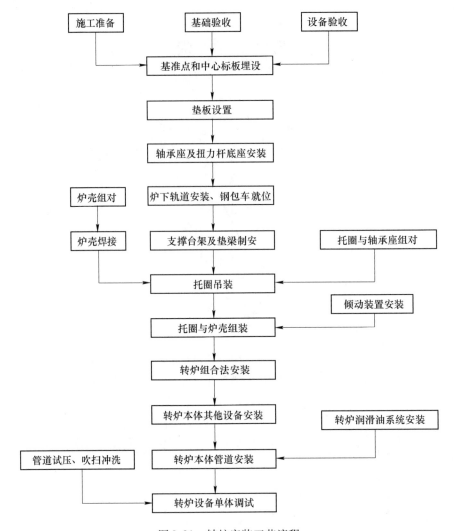

图 9-21　转炉安装工艺流程

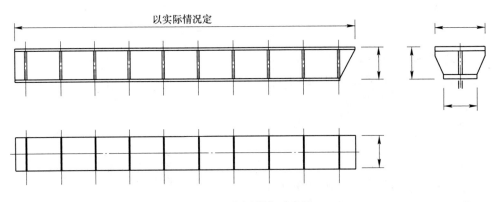

图 9-22　垫梁制作示意图

C　轴承座与托圈组合体吊装

托圈与轴承座组装后用加料跨行车主钩的横梁直接吊装，每侧 4 根 8 股钢索，缠绕在

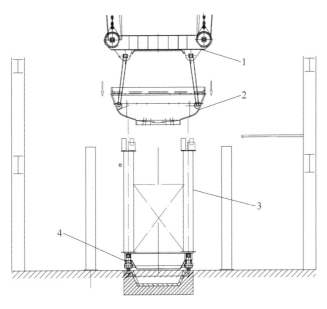

图 9-23 炉底吊装示意图

1—桥式起重机；2—炉底；3—专用台架；4—台车

耳轴的根部，用 100t 卸扣锁牢；为防托圈倾翻，用该行车副钩稳住托圈。

由于托圈重量大、在托圈就位前要做好托圈一次性就位准备，必须在托圈、转炉移动台架上标示出转炉中心线，以确保后续托圈就位后无需重新移动调整托圈；具体吊装示意图如图 9-24 所示。

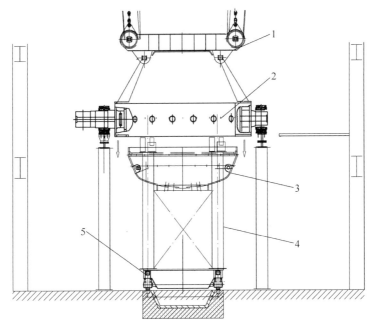

图 9-24 托圈组合体吊装示意图

1—桥式起重机；2—托圈组合体；3—炉底；4—专用台架；5—台车

D　炉身吊装

在托圈就位完毕后，开始吊装炉身，吊装方法同炉底吊装，如图 9-25 所示。

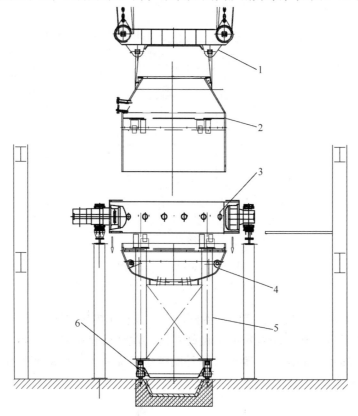

图 9-25　炉身吊装示意图
1—桥式起重机；2—炉身；3—托圈组合体；4—炉底；5—专用支架；6—台车

E　炉底与炉身的组合、定位

台车上方的平台，在制作时，控制好中间平台的高度，保证炉底吊装就位后与炉身的间距控制在 100mm 以内，炉底下方设置 4 台千斤顶，炉身与炉底根据前期要求在圆周上设置 8 块定位板，以保证炉底与炉身的快速定位。如图 9-26 所示。

F　倾动机构吊装

传动机构为全悬挂 4 点啮合柔性传动，从目前集成化角度考虑，制造厂一般为整体进场，避免现场的组装，在清洗倾动机构孔内杂物后并测量轴、孔的配合间隙后开始吊装，为保证吊运过程的平衡，在主钩的另一侧加挂相同重量的板坯进行吊装。如图 9-27 所示。

9.2.1.6　炉壳组装、焊接

转炉炉壳一般分上、下两部分进场，超大型转炉分为炉帽、炉身和炉底三部分进场。炉帽为截圆锥形或球缺截圆锥形，炉身一般为圆柱形。炉底有球形和截锥形两种。炉壳材质为 16MnR 等。

炉壳的焊接方法、焊条型号的选择、焊机选型、焊接能量接入、坡口形式、热处理等必须符合设计图纸、标准规范及焊接工艺评定中的相关要求。

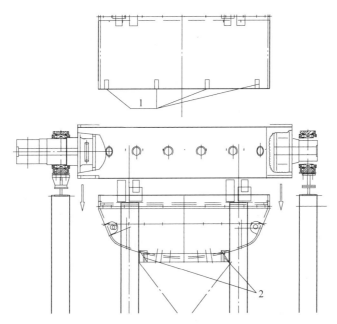

图 9-26　炉底、炉身定位示意图

1—定位板；2—千斤顶

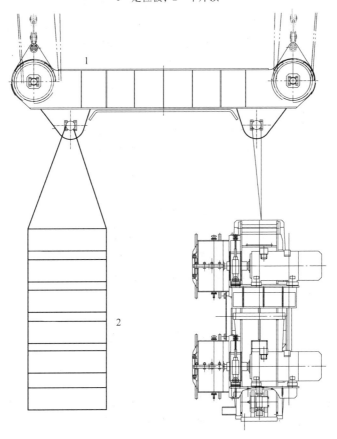

图 9-27　倾动机构吊装示意图

1—行车；2—板坯

炉壳组对及定位焊接的施工步骤如下：

设备到场后，检查上下炉壳的尺寸偏差应符合图纸要求，径向错边应不大于 3mm，上下炉壳组对时的间隙应不大于 3mm。

焊工正式施焊前，应试焊合格。试焊焊缝的材质、位置、坡口形式应与正式焊缝相同。试焊焊缝的检验应与正式焊缝相同。

如图 9-28 所示，使用挡板、千斤顶等措施和工具进行炉壳组对，按照出厂时的定位标记和定位措施，找正调整上下炉壳的组对偏差符合设计要求。组对的坡口间隙应在 0 ~ 3mm 间，径向错边量小于 3mm，坡口角度应符合要求。

初步检测组对尺寸、偏差均符合要求后，为减少炉壳的焊接变形，以 $\delta = 30mm$ 厚，长宽为 800mm × 400mm 的 16Mn 定位钢板对上下炉壳进行临时焊接固定，并在

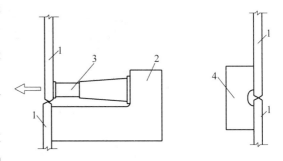

图 9-28　炉壳找正示意图
1—炉壳；2—"7"型板；3—千斤顶；4—定位板

炉壳焊缝处留出施焊空间，炉壳接口内外等距设置 8 块钢板共计 16 块。

定位焊前要对组装质量进行检查并作出详细记录，不符合图纸、规范要求，应拒绝定位焊接并及时向组对人员和专检人员反馈意见。定位焊应采用正式焊接材料和焊接工艺，并应由合格焊工施焊。定位焊缝的长度和间距，应能保证焊缝在正式焊接过程中不致开裂。对定位焊焊缝进行检查，如有裂纹、未熔合、焊瘤、气孔、夹渣等缺陷，必须采用气刨或砂轮等办法铲除定位焊肉并重新进行定位焊。气刨时应注意夹碳和夹渣缺陷的清理。

炉壳的组装还应符合下列要求：

炉壳的直径偏差应符合设计要求，且最大与最小直径之差不得大于炉壳设计直径的 3/1000。炉壳高度的极限偏差为设计高度的 ±3/1000。炉口平面对炉壳轴线的垂直度公差为 1/1000。

炉壳组对后，检查上下炉壳组对的间距尺寸，以 4 处导向支座处为准，检查炉壳上的腰线尺寸并复核导向支座距离三点悬挂处（加工面处）的高度偏差，确保炉壳组对、焊接后，与托圈装配时 4 个导向支座与托圈上的挡块不会产生大的偏差。

炉壳焊接工艺及施工步骤如下：

编制炉壳焊接作业设计，包括焊前预热、焊接保温、焊缝后热等内容。

焊缝坡口尺寸示意图，如图 9-29 所示。

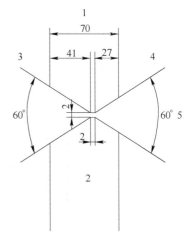

图 9-29　炉壳 X 形坡口示意图
1—上炉壳；2—下炉壳；3—炉壳内侧；
4—炉壳外侧；5—清根区域

焊接坡口应保持平整，不得有裂纹、分层、夹渣等缺陷，特别是 T 形焊缝区域焊缝，必须保证焊缝坡口的质量。

焊接参数见表 9-1。

表 9-1 转炉炉壳焊接参数

焊接材料		焊接工艺参数			
型　号	规格/mm	I/A	U/V	V/cm·min⁻¹	层　次
E5015	φ4	160 ~ 190	24 ~ 26	6 ~ 10	第一、二层
	φ5	200 ~ 240	24 ~ 28	6 ~ 10	其他层

碳弧气刨采用反接法，碳棒为 φ8mm，气刨电流为 450 ~ 500A。

焊接工艺流程：焊接工艺流程如图 9-30 所示。

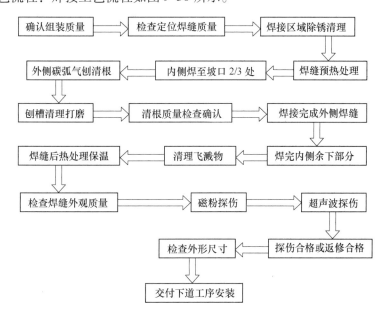

图 9-30　焊接工艺流程图

　　焊缝的施焊应由 12 名焊工均匀布置，同时施焊且焊接速度基本保持一致。焊接统一按照顺时针方向进行，并采取必要的防风措施，施工过程中为便于控制温度采取电加热方式。正式焊接开始后，中途不得停顿，采取连班作业，交接班时必须有技术人员参与并交待清楚。

　　当施焊完毕后，在焊缝没有完全冷却的情况下，焊接完成后半日内通电进行加热升温，以去除焊缝中残留的氢、减小氢致裂纹的倾向。后热温度不低于 200℃，保温 2h。电加热器布置如图 9-31 所示。

　　当施焊完毕后应按设计及规范要求进行探伤检测，其结果必须满足相关要求。

9.2.1.7　托圈和炉壳就位

　　如图 9-32 所示，移动过程中若发生偏差，可根据垫梁上的间距刻度或地面轨道上的刻度确定偏差方向通过调整滚杠或是牵引装置的锚固点以及两侧轴承座方向的牵引装置调整。

9.2.1.8　炉体托圈连接装置

　　炉壳托圈连接装置是转炉本体系统中的关键设备之一；主要起固定炉壳于托圈上、炉壳全方位负荷均匀传递至托圈，以及炉壳和托圈在热膨胀发生径向与轴向相对位移时不使位移受到限制。连接装置主要形式有：法兰螺栓连接式、三点球铰悬挂式、斜面卡板把持

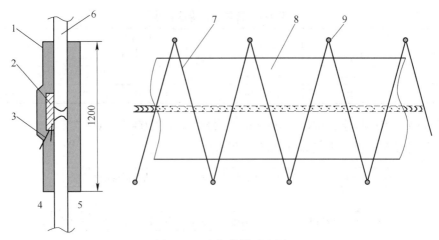

图 9-31　电加热器示意图

1—保温棉；2—加热器；3—电热偶；4—炉壳内侧；5—炉壳外侧；

6—炉壳；7—固定铁丝；8—保温棉；9—固定圆钢

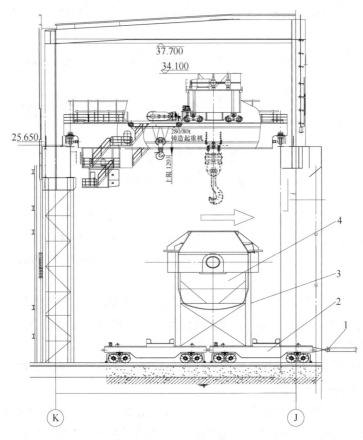

图 9-32　台车法安装示意图

1—卷扬机；2—钢包车；3—支撑；4—转炉本体

器式，目前国内大中型转炉多选用悬挂装置作为炉壳托圈的连接装置；其中运用较为广泛的有奥钢联 CON-LINK 悬挂装置和两点悬挂销键连接装置，此两种分别成功运用于国内

300t 转炉和 350t 转炉。

（1）待炉壳与托圈安装定位后，现场实测上炉壳平板与托圈挡座之间的尺寸，留出研磨余量后加工调整垫板，并研磨保证垫板两侧面和耳轴上方平板与挡座无间隙，接触面不小于 70%。检查无误后将垫板与挡座焊上。

（2）炉壳与托圈间的三个球铰轴装配时，在支撑螺栓与球面副之间加满二硫化钼极压锂基脂，球面垫和球面座间同样涂抹二硫化钼极压锂基脂润滑，保证相对运动灵活。现场研磨垫片调整螺母开槽位置，对位装入并拧紧固定螺栓。上部炉壳与托圈的所有连接工作完成后，用转炉高跨桥式起重机配合加料跨吊装钢水起重机进行翻转托圈与炉壳（用小钩挂钢丝绳打保险）。以上述步骤装入下炉壳与托圈间的支撑垫板，并保证接触面不小于 70%。

9.2.1.9　切向键装配

（1）切向键开箱后正式安装前先用红丹粉检查各接触面、卡尺及内径千分尺等检测键体和键槽尺寸，确定研磨过程中的加工余量。若切向键加工精度较为粗糙在征得相关单位认同后再进行更高精度的加工处理，减少安装时间提高装配质量。

（2）切向键一般分大齿轮侧键（定位键），耳轴侧键（装入键），安装时不能混淆。切向键安装前必须经过研磨，用红丹粉检查接触面符合设计文件的要求；无规定时其接触面积不小于 80%。切向键装配最佳位置在托圈耳轴下方。

（3）切向键的安装一般采用游锤撞激法和液氮冷装法。

（4）切向键装入后，将减速机调整到水平位置。然后安装扭力杆支座，使扭力杆本体水平误差保持在 0.1mm/m 以内。同时连接扭力杆与减速机的定位销等其他部件。

9.2.1.10　转炉本体配管

（1）转炉本体管道按照介质种类分为：气体、水、润滑管道。

（2）转炉冷却水管主要接至炉口水冷法兰和挡渣板水冷。待相应设备安装后进行管路装配，系统连接后以作强度试验和严密性试验。

（3）转炉底吹管道从底吹阀门站接至游动端旋转接头后，经过托圈内配管和炉体配管接至炉底透气砖。托圈内配管在制造厂预装并试压合格后拆散，现场待转炉就位后再进行二次装配。待透气砖安装后，首先焊接透气砖固定用法兰，再连接管路，管路全部完成后作强度试验和严密性试验。最后进行隔热处理并安装炉底底吹罩。

（4）转炉润滑配管分为倾动装置润滑配管和轴承座润滑配管。

（5）事故倾动用氮气配管现场安装时，按照便于操作、检修的原则施工。

9.2.2　电炉本体安装

现代化大型炼钢厂基本设置都有电炉，随着科学技术的进步和发展，电炉炼钢技术在我国发展很快，相应地对电炉设备安装也提出了很高的要求。

电炉本体设备主要包括：摇架轨座、摇架，上、下部炉壳，电极旋转提升装置，电极，炉盖、炉盖旋转提升装置等设备。

9.2.2.1　电炉本体设备安装顺序

电炉本体设备安装顺序如图 9-33 所示。

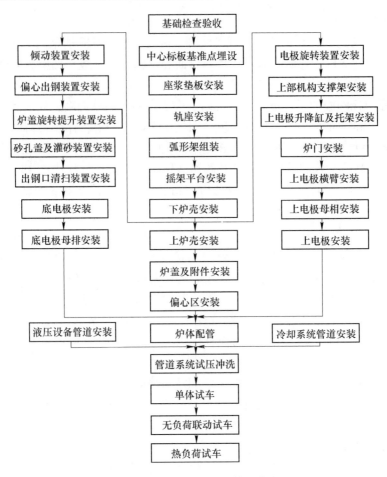

图 9-33　电炉本体设备安装工艺流程

9.2.2.2　基础验收

A　基础的检查和地脚螺栓的模拟检查

对预埋地脚螺栓要检查跟部中心位置、不垂直度和顶部标高，对预留螺栓孔要检查预留孔中心位置、孔不垂直度和孔的深度，对活动式地脚螺栓的预埋钢管及带槽锚板的基础，除检查钢管中心位置、钢管不垂直度以外，还应检查锚板方向和几何尺寸（也可以采用地脚螺栓模拟检查的方法进行检查），如达不到要求应进行处理，以满足安装要求。

B　基准线和基准点的设置

设备安装的基准线和基准点的设置，一般是在厂房和设备基础施工工序完成的情况下进行的，其设置依据应是土建工序交接文件中的测量网点。

基准线和基准点的设置过程一般由设备安装技术人员提出测量通知任务单，专职测量人员使用满足安装精度的仪器测量设定。

设定的原则，应满足安装及检修的需要，且有利于长期保持，不被损坏。在基准线和基准点设置时，还应绘制布置图，对中心标板和基准点加以编号，并将测量结果相应记录在布置图中，用作施工过程中使用和作为交工资料的一部分在竣工后移交建设单位存入档案。

C　座浆垫板的选择和设置

（1）垫板总承力面积的计算为：

$$A = C \times (Q_1 + Q_2)/R \tag{9-2}$$

式中　A——垫板总承力面积；

　　　C——安全系数，可采用 1.5~3，采用座浆法放置垫板或采用无收缩混凝土进行二次灌浆时，取小值；

　　　Q_1——采用普通混凝土二次灌浆时为设备及承载物的重量，采用无收缩混凝土二次灌浆时为设备重量；

　　　Q_2——地脚螺栓紧固力；

　　　R——基础混凝土的抗压强度。

（2）垫板的设置。在每个地脚螺栓的旁边应设置有两组垫板组，垫板组应尽量靠近地脚螺栓和设备主要受力部位，座浆平垫板的纵向和横向水平度要达到 0.1mm/m 以内。

9.2.2.3　轨座及稳定器安装

首先，对摇架轨座垫板进行研磨，并采用座浆法施工，座浆前要先作试块检验，合格后方可施工，施工时应按程序施工且外观整齐，并做好养生工作以确保座浆质量。在垫板的强度达到要求后可进行设备的安装工作，轨座用行车进行吊装。

轨座的调整应先从电极侧开始，非电极侧轨座的调整应以电极侧轨座为基准，轨座的调整、检查方法如图 9-34 所示，验收标准见表 9-2。轨座经调整后暂不进行二次灌浆，待摇架安装完且进行动作试验后，再进行二次灌浆。

图 9-34　轨座安装调整检查

表 9-2　轨座安装技术要求

序号	项　目	项目允许偏差/mm	检测方法
1	电极立柱侧轨座： 纵向中心线 $\triangle A$ 横向中心线 $\triangle B$	±1 ±1	钢丝线、钢尺 钢丝线、钢尺
2	非电极立柱侧轨座 横向中心线 $\triangle B'$	±1	钢丝线、钢尺
3	两轨座中心距 L	0 −2	钢卷尺、公斤秤
4	两轨座的纵向中心线平行度	0.3/1000	钢卷尺、公斤秤
5	标　高	±1	精密水准仪、标尺
6	同一横截面上两轨座高低差	1	精密水准仪、标尺
7	水平度	0.2/1000	框式水平仪

注：1. 非电极立柱侧轨座横向的中心线偏差应与电极侧偏差方向一致。

　　2. 两轨座在同一横截面上高低差不得大于 1mm，且电极立柱侧轨座宜偏高（考虑其荷重大）。

在轨座找正完毕，进行联合检查确认无误后，方可进行稳定器的安装。支撑摇架稳定器安装后要求处于垂直状态，安装时稳定器应按编号对号入座，等摇架就位后应注意稳定器的顶平面与摇架之间保持一定的间隙。摇臂组装、安装如图9-35所示。

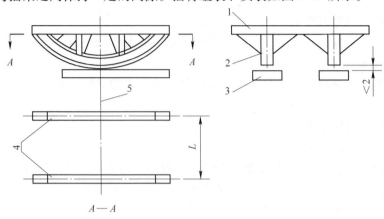

图 9-35　摇架组装、安装示意图

1—框架平台；2—扇形轮；3—轨座；4—扇形轮纵向中心线；5—扇形轮横向中心线

9.2.2.4　摇架安装

摇架一般应在制造厂加工完毕，如几何尺寸较大，运输受限制，则以半成品的加工形态运抵现场。安装时应先对摇架进行组装，在检查各项安装精度达到规范要求后，将摇架整体吊装到位，在吊车的配合下，做倾动试验，以检查扇形轮与轨座的工作情况及各部分间隙，同时要检查出钢和出渣的角度，在检查过程中，可对非电极侧轨座进行调整，在调整完毕后，将摇架调整并临时固定到"零"位，此时炉盖提升旋转装置的支撑面应处于水平状态。

调整至水平状态后，摇架倾动平台四角必须焊接临时支撑固定（采用 HW300×300 型钢），防止随着炉壳等设备安装后重量增加发生倾动，造成设备及人身安全事故。

9.2.2.5　倾动装置安装

安装时先将液压缸底座就位。找正，然后进行液压缸的吊装，安装调整完毕后的倾动液压缸，将其调整并临时固定到"零"位。

倾动液压缸底座、锁紧定位装置安装误差分别见表9-3和表9-4。

表 9-3　倾动液压缸底座的极限偏差和检验方法

项次	检验项目		极限偏差/mm	检验方法
2	底座标高		±1.5	用水准仪或平尺、尺量检查
3	底座水平度	纵向	0.5/1000	用水平仪检查
		横向	0.2/1000	

表 9-4　倾动锁紧定位装置安装的极限偏差及检验方法

项次	检验项目		极限偏差/mm	检验方法
1	中心线	纵向	±2	挂线用尺量检查
		横向	±2	
2	标高		±2	用水准仪或平尺、尺量检查
	两位置高度差		0.5	
3	水平度		0.2/1000	用水平仪检查

9.2.2.6 炉壳安装

A 下炉壳安装

在下炉壳安装之前，必须先将偏心出钢装置安装完毕，为了不影响下炉壳安装，安装好的偏心出钢装置可将转臂转到出钢位置。考虑到施工中的安全因素，在安装下炉壳之前，还应将摇架周围的平台安装完。为了减少高空作业以利安全，炉壳吊装前可将小炉底与下炉壳组装在一起，方法是：先将下炉壳用临时支架垫起，再用专用吊具将小炉底与下炉壳底面相连，最后用吊车将下炉壳组装件吊装就位，并且按照炉轨座纵横向中心线为基准校正定位后，将下炉壳周围四点固定。

B 上炉壳安装

上炉壳由上炉体和水冷壁组成，吊装前，在地面上将水冷壁组安装到炉壳内，在整体进行水压试验之后，进行整体吊装，为防止变形，应利用专用吊具对水冷壁组进行吊装。上炉壳吊装后，可将水冷炉盖吊装就位，但暂不作调整。待炉盖支撑臂安装后，按提升点再做调整，其调整基准应以电炉轨座中心为准，最后将上下炉壳连接成一体。

9.2.2.7 电极旋转装置安装

电极旋转装置由固定底座、轴承、旋转装置和液压马达组成，该装置的用途是负责上电极部分的旋转和上电极托架的升降，其动作由液压缸来实现。

安装时先吊装固定底座，按照精度要求找平找正并经检查确认后安装轴承及外齿圈，再吊装旋转装置，最后安装液压马达。

9.2.2.8 炉盖旋转提升装置安装

炉盖提升旋转装置主要由立柱、轴承、旋转分配器、提升臂、提升液压缸、液压马达组成，炉盖的旋转是通过液压马达和齿轮传动来实现，而炉盖的提升是由液压缸来完成的。循环冷却水是通过装在立柱里面的旋转分配器进入提升臂内，再由软管接入水冷炉盖。液压油也是通过分配器和布置在提升臂上的液压配管进入液压缸。炉盖旋转提升装置的安装顺序依次为立柱、轴承、旋转分配器、中间段立柱、提升臂、提升液压缸、液压马达。炉盖调整好后，最后与提升液压缸相连。另炉盖上面设置的加料斗装置的气动系统应在中间配管施工前安装完。其安装允许误差见表9-5。

表9-5 炉盖旋转提升装置安装的极限偏差及检验方法

项次	检验项目		极限偏差/mm	检验方法
1	液压缸底座中心线	纵向	±2.0	挂线用尺量
		横向	±2.0	
2	液压缸底座的标高		±2.0	用水准仪或用平尺、尺量检查
3	液压缸底座的铅垂度		0.1/1000	用水平仪检查
4	托架轨面水平度		0.2/1000	用水平仪检查
5	托架定位锥轴的铅垂度		0.2/1000	用水平仪检查
6	摇架处于"零"位时，支撑架的铅垂度		1/1000	用水平仪检查
7	液压缸的缸体轴线与链轮的轮宽中心线		±0.5	拉线用尺量检查

9.2.2.9　炉门安装

上下炉壳安装完毕后，即可安装炉门，炉门是用电机传动的机构，主要由电动机、链子、链轮轴、水冷门等组成，其主要功能为出渣，另外取样及氧枪也是通过此门进行工作。

9.2.2.10　电极及电极升降装置安装

A　底电极安装

底电极安装在小炉底下底面，为保证安装质量，首先应进行组装，组装时需要注意的是各绝缘密封件的安装，要轻拿轻放防止损坏，并保证其正确性。底电极在吊装之前须做水压试验。吊装电极要在吊车吊钩上挂一倒链，用来在吊车起升不易控制力量及速度时，采用倒链在小距离内将底电极起升到位，吊装过程中应防止损坏绝缘垫。

B　上电极及升降装置安装

上电极及升降装置主要由上部结构支撑架、托架、升降缸、导向柱及导轮机构、电极横臂、石墨电极等组成。首先吊装支撑架，支撑架安装后要测量上平面水平度，如超差，可调整支撑架底面接口，接下来将托架升降缸及导向柱等组装后一起吊装。最后吊装电极横臂，安装时要注意其接口的两层绝缘和连接螺栓的绝缘垫，严格按图施工，不要弄错，其连接螺栓最后要用液压螺母紧固，电极导向柱的垂直度调整方法为松开导轮的轴端盖，拧其偏心轴，用塞尺检查导轮与导轨之间的间隙。石墨电极一般在试车前安装上，安装前先将电极在电极接长站上接好（丝扣连接），吊装和接长时使用专用吊具，吊装电极时特别注意不要碰撞，否则电极易受外力而断裂，电极的夹紧是用液压电极把持器来实现。

电极升降、夹紧机构安装误差及验收标准见表9-6。

表9-6　电极升降、夹紧机构安装的极限偏差及检验方法

项次		检 验 项 目	极限偏差/mm	检验方法
1	升降机构	主柱的垂直度	0.3/1000	挂线用尺量、耳机检测
		导轮与主柱导轨面的两侧 接触总间隙 $a_1 + a_2$	≤1.0	用塞尺检查
2	夹紧机构	电极夹持头中心 （D 为电极分布圆直径）	±3/1000D	挂线用尺量检查
		夹紧液压缸与推拉杆的同轴度	1.0	拉线用尺量检查

注：表中的检验项目应在摇架处于"零"位时进行检查。

9.2.3　铁水预处理设备安装

铁水预处理设备主要由扒渣机、搅拌桨升降及旋转装置、搅拌桨更换台车、振动给料机、脱硫测温装置、吹气赶渣装置、称量漏斗、石灰萤石储料仓、渣罐台车、倾翻台车等组成。

来自高炉的铁水罐由炼钢车间加料跨的铸造起重机吊放在铁水罐倾翻车上，铁水罐倾翻车开到机械搅拌法处理位，测温取样后倾翻铁水罐进行前扒渣操作，尽可能除去高炉渣后，铁水罐复位，外筑耐火材料的搅拌器，由搅拌器升降装置夹持探入铁水罐，在溜槽添加脱硫剂的同时，搅拌器旋转装置驱动搅拌器快速旋转开始搅拌铁水，使铁水产生漩涡，

脱硫剂和铁水中的硫在不断搅拌中发生脱硫反应。搅拌结束后,再进行扒渣处理。然后再次测温取样。经过搅拌脱硫处理后的合格铁水用铁水罐倾翻车运到转炉加料跨,然后用铸造起重机吊运,将铁水兑入转炉。

9.2.3.1 铁水预处理设备布置及安装流程

铁水预处理设备安装流程如图9-36所示。

铁水预处理设备立面布置图如图9-37所示。

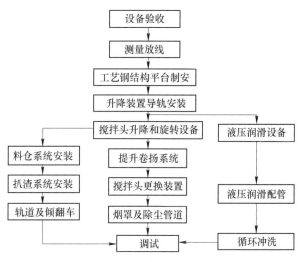

图9-36 铁水预处理设备安装流程图

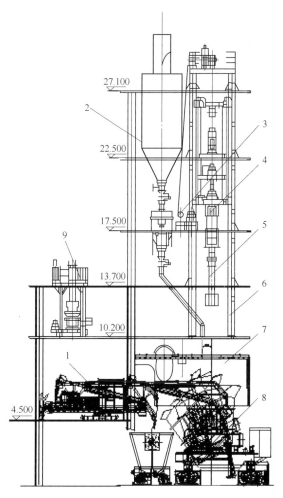

图9-37 铁水预处理横立面图

1—扒渣机;2—加料系统;3—搅拌升降卷扬;4—搅拌装置;5—搅拌头;

6—升降轨道;7—烟罩;8—倾翻台车;9—搅拌维修车

9.2.3.2　搅拌桨升降及旋转装置安装

（1）测量放线：搅拌装置纵向中心线应以地面脱硫台车轨道中心为基准，横向中心线以施工图为准，并设置中心标板和标高基准点。

（2）地面组对升降装置三根下部导轨，注意检查组对后的两导轨水平间距尺寸，检查尺寸无误后吊装、定位焊接固定。安装三根上部导轨，检查、确认其垂直度。

利用脱硫跨行车或汽车吊吊装旋转提升装置就位，调整、固定好旋转提升装置后，安装最后一根导轨（吊装、靠紧旋转提升装置升降轮、固定）搅拌头待倾翻台车调试运行后，利用倾翻台车及倒链安装。

（3）搅拌桨升降及旋转装置安装验收要求见表 9-7。

表 9-7　搅拌桨升降及旋转装置安装技术要求

序号	项	目	允许偏差/mm	检验方法
1		纵向中心线	10.0	尺量
2		横向中心线	10.0	尺量
3		标 高	±5.0	尺量
4	框架	柱 距	±3.0	尺量
5		垂直度	1.50/1000	水平仪
7		柱顶高低差	2.0	尺量
8		对角线之差	3.0	尺量
9		导轨面对搅拌中心距离	±1.5	挂线尺量
10		导轨垂直度	1.00/1000，且≤全长5.0	水平仪
11	搅拌桨钢架导轨	导轨接口错位	0.5	水准仪
12		夹紧液压缸中心线	1.0	尺量或经纬仪
13		夹紧液压缸水平度	0.5/1000	尺量或经纬仪

9.2.3.3　扒渣机安装

在脱硫工艺钢结构安装到扒渣机相应标高平台时，将扒渣机吊装就位、找正固定，扒渣机安装验收要求见表 9-8。

表 9-8　扒渣机安装技术要求

序号	项 目	允许偏差/mm	检验方法
1	机架纵向中心线	2.0	挂线尺量
2	机架横向中心线	2.0	水平仪
3	机架标高	±3	水准仪
4	汽缸活塞杆水平度	0.2/1000	尺量或经纬仪

9.2.3.4　上料系统安装

在工艺钢结构安装过程中，穿插用行车吊装各层平台处的投料设备：

（1）测量放线，定好料仓中心线，先吊装伸缩溜管；然后按从下向上安装料仓、溜管。

（2）安装电机振动给料器和称量料斗。

（3）安装铝渣料仓、石灰萤石料仓和溜槽。安装技术要求：安装标高允许偏差
±10mm；安装中心允许偏差±5mm。

9.2.3.5　倾翻台车及台车轨道安装

铁水罐倾翻车，整车运抵现场，但倾翻装置在制造厂技术人员现场指导下进行组装；
安装技术要求见表9-9。

铁水罐倾翻车轨道安装宜采用螺母调整法安装，这样较容易控制安装标高和轨道的纵
向水平度，如图9-38所示；安装技术要求见表9-10。

表9-9　铁水罐倾翻车安装技术要求

项　　目		允许偏差/mm	检验方法
跨度纵向中心线		±2	尺量
车轮对角线纵向水平度		5.0	尺量
同一侧梁下车轮同位差标高		2.0	挂线尺量
电缆拖带滚筒	中心线	5.0	挂线尺量
	水平度	0.5/1000	水平仪

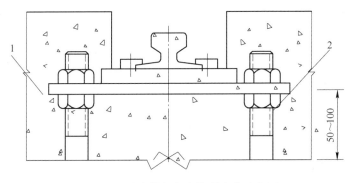

图9-38　铁水罐倾翻车轨道安装示意图

1—二次灌浆层；2—调平螺母

表9-10　铁水罐倾翻车轨道安装技术要求

序号	项　　目	允许偏差/mm	检验方法
1	纵向中心线	2.0	挂线尺量
2	纵向水平度	1.0/1000	水平仪
3	标　高	±2	水准仪
4	轨　距	+2.0，0	尺量
5	同一截面两轨道高低差	1.0	水准仪
6	接头错位	0.5	尺量
7	接头间隙	+1.0，0	塞尺

采用此方法安装的轨道必须用灌浆料灌浆，灌浆时基础表面必须清扫干净，灌浆料必
须捣实。

9.2.4　上料加料系统设备安装

9.2.4.1　上料加料系统设备组成和内容

炼钢上料加料系统主要由辅原料上料加料和铁合金上料加料两部分组成。一般辅原料上料和铁合金上料设置地下料仓，经汽车运输至地下各个料仓贮存，由输送皮带机运送至转炉高位料仓（有的也会设置中位料仓）、称量漏斗内。生产需要时通过系统控制料仓口的振动给料器、气动插板阀（或密封阀）及三通分料器经加料溜管进行自动散料。

炼钢上料系统设备主要包含：各类料仓、称量漏斗、插板阀（或密封阀）、输送皮带机、氮封装置、卸料小车、三通分料器、下料溜管（含旋转溜管）等。上料加料系统设备中除地下料仓可以变动安装外，其余设备均根据钢结构安装进度穿插进行；如上料皮带机是在上料通廊吊装时利用大型移动吊车将设备散件吊装至通廊内，各类料仓则在转炉跨平台梁结构安装完成后采用大型吊车吊装就位（工期允许的情况下也可在高跨行车安装完成后从氧枪检修口吊装就位）。

9.2.4.2　料仓、漏斗及溜管安装

A　安装顺序

安装工艺流程如图9-39所示。

B　吊装和安装方法

a　吊装

地下料仓的吊装一般选用汽车吊进行，根据料仓的外形尺寸和重量选择相应的汽车吊进行吊装就位。高位料仓和称量漏斗的吊装一般是在厂房钢平台安装完成，利用安装钢结构的吊车或在高跨行车安装完后用该行车从氧枪吊装口进行吊装至安装平台，再根据现场安装位置在相邻钢结构上设置吊点用卷扬和滑轮组吊装至安装位置。插板阀、振动给料、三通分料器及下料溜管均是在料仓或漏斗安装固定后用卷扬牵引，再用手拉葫芦就位安装。

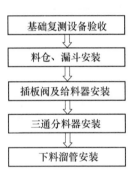

图9-39　料仓、料斗及溜管安装工艺流程

b　安装方法

基准点、基准线测设。安装前用经纬仪根据建筑结构或钢结构定位轴线进行测设放线，确定料仓和漏斗的纵横向中心并做好标记；用水准仪对安装标高基准点进行复测，并确定最终安装基准。依据测设的基准点和基准线将高位料仓和称量漏斗吊装就位；根据测设的基准线和基准点结合图纸对料仓和称量漏斗进行找正；称量漏斗安装时应注意称重传感器的高度和位置。安装找正完成后按照图纸要求焊接固定。料仓和漏斗设计带有衬板的，可根据现场选用吊装工具的实际情况分为吊装前地面安装和安装完成后内部安装。插板阀和振动给料器的安装在对应的高位料仓或称量漏斗安装固定后按图纸要求进行安装。三通分料器和下料溜管为避免安装后影响各层平台设备就位或安装，一般在最后按图纸进行安装固定焊接；当安装与相邻设备相碰时，可根据实际情况征得相关单位允许的情况下方可修改。

加料系统设备安装允许偏差见表9-11。

表9-11 加料系统安装允许偏差和检验方法

序号	检测项目	允许偏差/mm	检验方法
1	称量漏斗、高位料仓纵横向中心	10	挂线尺量
2	称量漏斗、高位料仓标高	±10	水准仪
3	称量漏斗传感器支撑面高低差	1	水准仪
4	振动给料器纵横向中心	5	尺量
5	振动给料器标高	±5	水准仪和钢尺检查
6	阀门对下料口中心线	5	尺量
7	阀门标高	±10	水准仪和钢尺检查
8	阀门轴水平度	1/1000	水平仪检查

9.2.4.3 输送皮带机、电动葫芦安装

A 安装顺序

输送皮带机及安装工艺流程如图9-40所示。

B 吊装和安装方法

上料加料系统中输送皮带机和电动葫芦较多,一般可分为三部分:第一部分是地下料仓建筑结构内;第二部分是上料通廊(含转运站)钢结构内;第三部分是炼钢平台钢结构上。

a 皮带机、电动葫芦吊装

第一部分在地下料仓安装前利用小型汽车吊吊装至地下建筑结构内;第二部分可将皮带机设备放置在钢结构通廊或转运站上,通过吊装通廊或转运站一并吊装;第三部分一般是利用高跨行车吊装至平台上,再根据安装位置在上层

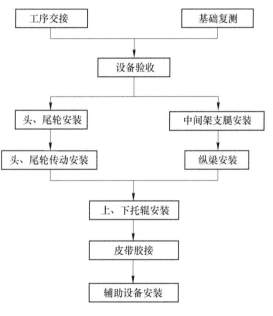

图9-40 输送皮带机安装工艺流程

平台框架梁设置吊点用电动卷扬配合卷扬就位;卸料小车在皮带机及轨道安装找正完成后利用卷扬配合滑轮就位;电动葫芦的安装可根据现场实际选择和轨道梁一起或单独吊装,一起吊装时需做好葫芦的固定,分开吊装时将葫芦吊装至安装平台再用卷扬配合滑轮安装就位。

b 皮带机安装方法

(1)基准点、基准线测设。安装前用经纬仪对建筑结构皮带机的安装部分进行测设放线,确定皮带机输送中心、头尾轮纵横向中心及传动部分的中心线并做好标记;用水准仪对皮带机机架基础进行复测。对于通廊上料皮带机的测量放线由于机头、机尾、传动装置所安装的位置不在同一高度,应注意其横向中心线保持平行,纵向中心线必须保证在一条水平投影线上。如图9-41所示,为保证短皮带或往复式皮带的安装精度,在整条皮带机上通过线架设置安装中心线。

（2）安装。安装过程中对于需要移动较大较重设备一般用电动葫芦移动，没有电动葫芦的设置吊点用卷扬加滑轮组移动。按照图纸和测设好的基准线和基准点先安装皮带机的头尾机架；固定好后再安装中间支架支腿并临时固定，用测量仪器在支腿上测出中间支架的安装位置并做好标记。皮带机机架全部安装完成后测量标高、水平度、中心和直线度均符合要求后再对机架进行最终的焊接固定。中间架安装时，应注意预留伸缩缝，此处不进行铆焊固定。

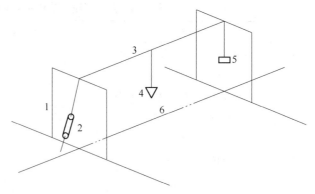

图 9-41　机架中心找正钢线设置

1—线架；2—松紧螺栓；3—钢丝；4—线坠；

5—重锤；6—设备中心线

机架安装完成后安装头部滚筒，找正固定；对于双驱动滚筒安装时还应找正两滚筒轴线的平行度。以安装好的头部滚筒为基准安装皮带机传动部分和尾部滚筒，有卸料小车的皮带机再根据图纸要求安装机架上的托辊和卸料小车轨道；最后吊装卸料小车就位。

联轴器找正，驱动装置中联轴器的找正尤为重要。如图 9-42 所示，通常通过设置百分表对联轴器的端面、径向找正。

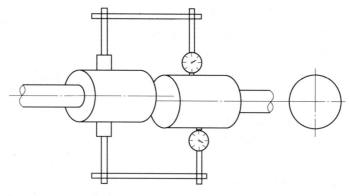

图 9-42　联轴器找正示意图

皮带机的安装验收标准见表 9-12。

表 9-12　皮带机安装允许偏差和检验方法

序号	检 测 项 目	允许偏差/mm	检验方法
1	头尾架纵横向中心线	≤3	挂线尺量
2	25m 长度范围内中间架直线度	≤5	经纬仪检查
3	中间架纵梁对应标高差	≤2/1000	水准仪和钢尺检查
4	中间架支腿垂直度偏差	≤2/1000	吊线坠钢尺检查
5	中间架纵梁相对应标高差	≤2/1000	水准仪和钢尺检查
6	纵梁上固定托辊孔中心对角线长度差	≤3	尺量

序号	检 测 项 目	允许偏差/mm	检验方法
7	机架横截面两对角线长度差	≤对角线平均长度的3/1000	尺量
8	中间架的间距偏差	±1.5	尺量
9	中间架的高低差	≤间距的2/1000	水准仪和钢尺检查
10	中间架接头上下、左右偏差	≤1	钢板尺检查
11	滚筒横向中心与皮带机纵向中心垂直度	≤2/1000	挂线尺量
12	滚筒轴线水平度	≤1/1000	水平仪和平尺检查
13	滚筒横向中心对皮带机中心偏移	≤2	挂线尺量
14	双驱动滚筒轴线平行度	≤2/1000	挂线尺量
15	联轴器安装后其轴头的径向跳动	≤0.02	百分表检查
16	卸料小车轨道中心对皮带机纵向中心线偏移	≤3	挂线尺量
17	轨道水平度	1/1500，且全长≤10	水平仪和平尺检查
18	同一截面内轨道高低差	≤2	水准仪和钢尺检查
19	轨距偏差	±2	钢卷尺检查
20	轨道接头错位	≤1	钢板尺检查
21	轨道接头间隙	0～1	钢板尺检查

C 皮带机胶接

a 皮带机热硫化胶接

将热硫化胶接器放置在接头处；先将胶带展开，在胶接前用卡具夹牢进行预拉伸，然后按照热硫化胶接器的外形尺寸，将接头部位的纤维层和橡胶层切成对称阶梯状，必须按胶带中心线为基准切割，切割时不得损伤下层的纤维层和橡胶层；胶带宽度：500～1000mm，阶梯长度 S 大于或等于250mm。

皮带机的硫化交接示意图如图9-43所示，接头剖割尺寸要求见表9-13。

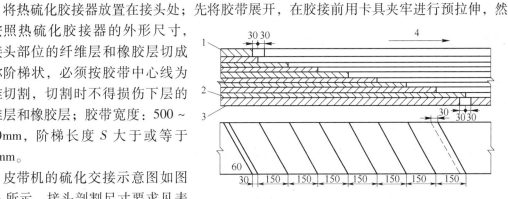

图9-43 皮带机硫化胶接示意图
1—上盖胶；2—纤维层；3—下盖胶；4—皮带机运行方向

表9-13 胶带接头的剖割尺寸要求 （mm）

带宽 B	≤500	500～1000	1000～1600
阶梯长度 S	≥200	≥250	≥300

用钢丝砂轮刷将接头处纤维层和胶层打磨打毛并清理干净；接着涂胶浆，用二甲苯作为接头表面的清洗剂和胶浆稀释剂，待清洗晾干后涂刷胶浆，待第一层胶晾干后再涂刷第

二层胶浆；待第二层胶晾干后，再敷设芯胶和胶带机上下工作面的工作胶；保证胶带接头中心线必须与胶带中心线重合，允许偏差≤1mm。在热硫化胶接器上下表面垫一层废报纸或撒一层滑石粉，将胶接器合上。最后用液压泵加压到 1.5 ~ 2.5MPa，使电加热器压紧，通电加热至 (144.7 ±2)℃保温让其自然冷却到室温。待胶带接头冷却到常温后，方可松开胶接器，拉紧胶带。

保温时间可按下式计算：

输送带总厚度小于或等于25mm时：

$$T = 1.4 \times (14 + 0.7i + 1.6A) \tag{9-3}$$

输送带总厚度大于25mm时：

$$T = 1.4 \times (17 + 0.7i + 2A) \tag{9-4}$$

式中　T——保温时间，min；

　　　i——纤维层数；

　　　A——上、下胶总厚度，cm。

b　钢绳芯橡胶输送带的热硫化胶接

选择在水平、宽敞的地点进行热硫化胶接；将胶带划出中心线，按照胶接器的角度用砂轮切割机断开；按照图纸规定的接头长度，采用一级搭接法或二级搭接法将橡胶层中的所有的钢芯逐根剥出。沿着钢芯长度方向割去橡胶层，剥出钢芯头，用剥皮钳拉出钢芯；用剥皮刀将钢芯上多余的橡胶削去，注意不要损坏钢芯；用钢丝砂轮机打毛钢芯上的橡胶和接头处的橡胶层；用二甲苯逐根清洗，清洗所有的钢芯并均匀涂刷两遍浆胶，待第一遍浆胶风干后再涂刷第二遍浆胶。在胶接处放置胶接器下平板，往胶接器平板上撒一层滑石粉，并垫上废报纸，然后在交接器上平铺下覆盖胶，用二甲苯清洗下覆盖胶后将两端接头钢芯相互交叉平铺在下覆盖胶上，用断线钳将各钢芯割至相应的长度；最后铺清洗后的上覆盖胶，注意胶带接头中心线必须与胶带中心线重合，允许偏差≤1mm；在上下接头处各铺一条50mm覆盖胶，并在接头两侧镶入芯胶，放置挡铁，在上覆盖胶扎排气孔；为防止粘接，在上覆盖胶上撒一层滑石粉并垫上废报纸后合上胶接器。其余步骤与胶带热硫化胶接方法相同。

D　辅助设备安装

（1）跑偏开关的安装应根据制造厂提供的说明书进行。

（2）安装垂直拉紧装置时，可在上部两个改向滚筒间用钢板遮盖，以防物料撒落在拉紧滚筒时，损伤皮带，各拉紧装置的配重应保持平衡，配重在一开始时可加几块，初次只装2/3的量，待试运转动作后，如发生打滑现象再酌情增加。

（3）清扫器安装

弹簧清扫器安装。应按总图规定位置进行焊接，焊接时应保证压簧工作行程在20mm以上，并使清扫下来的物料能落入头部漏斗内。各种物料的易清扫性能不同，应视具体情况调整压簧的松紧，改变刮板对输送带的压力，达到既能清扫粘着物又不引起阻力太大的程度。弹簧清扫器的安装如图 9-44 所示，清扫器的安装尺寸见表9-14。

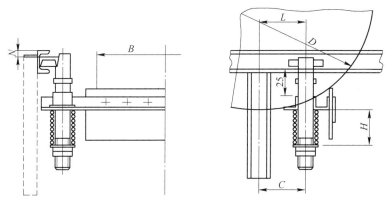

图 9-44 弹簧清扫器安装示意图

表 9-14 弹簧清扫器安装参考尺寸 （mm）

B	D	L	H	N	C
500	500	130		40	75
650	500			25	
800	500	130	72	25	75
	630	180			120
	800	230			170
1000	630	180	90	35	120
	800	230		80	170
1200	630	180		25	20
	800	230		75	170
	1000	280		85	220
	1250	400		120	350
1400	350	230		75	170

注：表中字母含义见图 9-44。

空段清扫器安装。空段清扫器用来清扫粘在输送带非承载面上的黏着物，防止物料卡在尾部滚筒和拉紧滚筒里，在现场一般将它焊在这两个滚筒的前方的中间架上。接触要平衡，各处销钉要穿好，上部的调紧螺栓不能固定焊死。空段清扫器的安装如图 9-45所示。

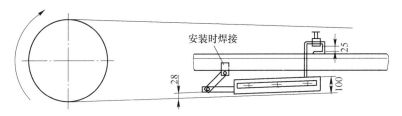

安装时焊接

图 9-45 空段清扫器安装示意图

逆止器安装。带式逆止器安装位置，以滚筒顺时针转时不反转为原则，限制器安装后，右端与角钢直角弯曲，工作包角不应小于70°。带式逆止器的安装如图9-46所示，带式逆止器安装尺寸要求见表9-15。

滚柱逆止器安装时应将其侧盖拆下，取出滚柱及压簧，仔细调整星轮与外套之间的间隙，使其间隙差小于0.15mm，调整好后拧紧逆止器外套的紧固螺栓。并暂时不把滚柱及压簧装入，当逆止器安装后，不应影响减速机正常运转，用手转动减速机的高速轴，应能自由转动一周。星轮与两侧端盖之间的间隙应保持一致。滚柱式逆止器安装如图9-47所示。

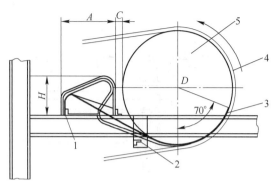

图9-46　带式逆止器安装示意图
1—限制器；2—止退器；3—逆止器；
4—输送机；5—传动滚筒

表 9-15　带式逆止器安装尺寸要求　　　　　　　　（mm）

带宽 B	500 ~ 650	800	1000 ~ 1400
间距 C	33	45	100

注：表中字母含义如图9-46所示。

9.2.5　除尘系统设备安装

9.2.5.1　炼钢除尘分类和组成内容

炼钢除尘系统有转炉一次除尘、二次除尘、三次除尘、精炼除尘、连铸火焰清理除尘、上料加料除尘、渣处理除尘、钢包热修除尘、中间罐热修除尘等一系列除尘；一般新建炼钢厂中的上料加料、渣处理、钢包热修、中间罐热修等除尘一般都包含在二次除尘和三次除尘系统内，对于一些技改或改造工程，由于生产加大已有除尘满足不了生产需要可能另设除尘系统。

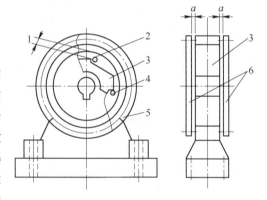

图9-47　滚柱式逆止器安装示意图
1—星轮外套间隙；2—压簧；3—星轮；
4—滚柱；5—外套；6—端盖

一次除尘是对转炉吹炼过程中产生的大量烟气进行处理达到回收条件后经外部管道输送至煤气柜储存，不符合回收条件的经外部管道通过钢烟囱燃烧放散的一个过程。一次除尘又分为湿法除尘和干法除尘两种，湿法除尘系统主要包含：烟气处理系统设备（传统OG系统设备：喉口文氏管、90°弯头脱水器、重力脱水器、湿旋脱水器、水封箱等；改进型OG系统设备：洗涤塔、弯头脱水器等；LT干法除尘系统设备：蒸发冷却器、香蕉弯头等；塔文系统设备：喷淋塔、环缝式二文、脱水器、水封箱等）、车间内外除尘管道、风机、消声器、液压润滑设备、三通切换阀、旁通阀、电除尘、水封逆止器及水封、钢烟囱及点火器。

二次除尘是对一次除尘烟气处理的加强和补充，通过设置在炉前上方的吸风罩将大量烟尘吸入除尘管道内再通过除尘器对烟尘进行净化，达到国家排放标准后从烟囱排放至大气层。二次除尘系统主要包含：炉前吸风罩、车间内外除尘管道、除尘器、消声器、除尘风机、烟囱。

三次除尘是为了减少转炉加料过程中对车间内的空气污染，利用设置在加料跨吸尘罩和竖向排风烟道将烟尘吸入除尘管道内，经除尘器净化后，达到国家排放标准后从烟尘排放至大气层。三次除尘系统主要包含：加料跨吸尘罩和竖向排风烟道、车间内外除尘管道、除尘器、消声器、除尘风机、烟囱。

9.2.5.2 一次除尘系统安装

目前转炉一次除尘主要由两种技术，湿法（OG 法）和干法（LT 法）除尘。OG 除尘主要采用双极文丘里湿法来捕集转炉烟气中的粉尘；LT 除尘主要干式电除尘器捕集转炉烟气里的粉尘，我国现有的转炉煤气净化与回收系统，多数采用传统的湿法除尘技术（OG 法）。1994 年，我国宝钢二炼钢最先引进 LT 法回收技术，近年来各大钢铁企业转炉炼钢系统均先后采用该技术。

A 湿法（OG 法）一次除尘安装

a 湿法（OG 法）除尘的构成

图 9-48 所示为湿法（OG 法）除尘，一般由汽化烟道系统、除尘器、90°弯头脱水器、文丘里流量计、三通切换阀、回转水封阀、放散烟囱等设备组成。

b 吊装

一次除尘设备吊装分车间内和车间外。车间内的设备主要是烟气处理设备，车间外的包含除尘管道、除尘器、风机、烟囱等基本与二次、三次除尘相同，不同之处在于一次除尘不是单纯的净化排放，主要是承担煤气的回收，对于达不到回收条件的才进行燃烧放散。烟气处理设备的吊装除技改工程外均是根据钢结构的安装进度用钢结构炼钢厂房吊装用主吊机吊

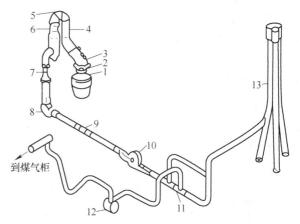

图 9-48 湿法（OG 法）除尘工艺原理图
1—转炉；2—裙罩；3—斜烟道；4—垂直烟道；
5—转角烟道；6—饱和器；7—RSE（除尘器）；
8—90°弯头脱水器；9—文丘里流量计；
10—IDF；11—三通切换阀；
12—回转水封阀；13—放散烟囱

装就位；由于该部分设备较大，安装过程中一般都是分段进场、分段吊装。技改工程中该部分设备吊装需用多台卷扬和多套滑轮组设置吊点（吊点位置需核算承载力，一般由钢结构设计单位核算）、高跨起重机吊装就位。外部设备除烟囱吊装与二次、三次除尘略有不同外，其他基本相同；一次除尘烟囱一般为钢烟囱，吊装前需根据钢烟囱相关数据进行地面的分段组对、逐段吊装就位。

c 安装

烟气处理设备是在烟道末段找正完成后进行；吊装前在安装位置的钢结构平台梁上，对平台梁的标高进行复测并测绘出纵横向中心线；对于高差较多的尽量调整相关梁，对于

调整不了的则增设垫板，保证其就位后的标高误差在允许范围内。第一台设备最终的纵横向中心线则必须按照末段烟道的出口中心找正确定，完成后逐次安装找正后续设备。三管烟囱除底座段分别吊装就位，其余段均在地面组对好后整体吊装。

汽化烟道净化设备安装允许偏差见表 9-16。

表 9-16　烟气净化设备安装允许偏差和检验方法

序号	检测项目	允许偏差/mm	检验方法
1	纵横向中心线	±10	挂线、尺量
2	标　高	±10	水准仪
3	铅垂度	1/1000	吊线、尺量

钢烟囱分为单管烟囱和三管烟囱，由于三管烟囱施工难度大，本节重点阐述三管烟囱的安装。三管放散烟囱在地面组对时，利用钢横梁垫出各段的斜度；首先进行单管烟囱的组对，各接口暂不焊接，只作找正卡具，用螺栓或角钢等连接，但必须考虑在单管烟囱组装吊装时有足够的强度。其中卡具每个接口不少于 8 个，用 L80 ×80 ×8 制作。在单管烟囱组对时，应按照制造单位组对的中心标记进行组对；单根放散管的接口、定位焊缝长度 100mm 左右，厚度 8 ~ 10mm，间距 300 ~ 400mm，应确保焊缝在正式焊接过程中不开裂。焊接过程中应保证起弧和收弧处的质量，收弧时应将弧坑填满，多层焊接的接头应错开。在三管放散烟囱组装好后，拆除接口组装用卡具、连接角钢前，应在其端面侧 400 ~ 500mm 处增设临时 H400 的支撑架，以免发生变形或意外事故。组对时，每段接口断面等边三角形中心尺寸与其相连接口断面等边三角形中心尺寸应基本相对，误差应控制在 ±5mm 范围内。三管烟囱安装垂直度，上口与 ±0.00m 中心吊线垂直度应≤30mm，合格后方能进行接口的焊接。上部垂直段的螺旋爬梯可考虑在地面组对安装，以减少在高空安装焊接工作量。对接口处的平台可新增临时栏杆和爬梯。高强螺栓连接时必须进行螺栓连接摩擦面的抗滑移系数试验和复验，若现场必须进行处理，应单独进行摩擦面的抗滑移系数试验，且结果应符合设计要求。高强螺栓连接副的施拧顺序和初拧、复拧扭矩应符合设计要求和国家现行行业标准。单根放散管组对，对接采用 V 形坡口焊接，管内电焊盖面焊接；高空安装焊缝采用单边 V 形坡口管口内壁对齐，用扁钢 50 ×5 贴紧下段管道焊口处间断焊（100 焊缝 200 间隙）固定。外侧单边焊接。各大段吊装完毕后，再安装旋转爬梯。根据点火装置设备的状况，点火器与三管烟囱的连接采用法兰连接形式并加筋板。

B　干法（LT 法）一次除尘安装

a　干法（LT法）除尘的构成

如图 9-49 为干法（LT 法）除尘系统一般由蒸发冷气器、静电除尘器、ID 风机系统、切换站系统、煤气冷却气系统构成。

b　安装

干法除尘的构成相对湿法除尘来说相对简单，吊装蒸发冷气器、静电除尘器、切换站系统、煤气系统大件随炼钢主厂房钢结构同步吊装，小件随高跨行车配合卷扬机进行吊装。吊装后，根据已测设的中心线及标高基准点，对其进行找中心、找标高，并保证找正精度满足设备、设计及安装规范要求。

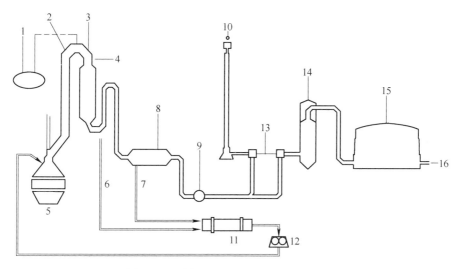

图 9-49 干法（LT 法）除尘工艺原理图

1—蒸汽；2—汽化冷却；3—蒸发冷却器；4—水；5—转炉；6—粗粉尘；7—细粉尘；
8—电除尘；9—风机；10—烟囱；11—热压设备；12—二次除尘系统；13—切换站；
14—煤气冷却器；15—煤气柜；16—煤气管网

9.2.5.3 二次除尘系统安装

A 吊装

二次除尘设备吊装分为车间内和车间外。总体来说车间内除尘设备吊装一般都在转炉本体设备、炉前炉后平台结构、车间内起重机安装完成后进行。炉前吸尘罩在炉前门安装前用加料跨起重机配合卷扬机滑轮组吊装就位，特殊情况下也可在炉前平台完成后，将汽车吊运至平台上，再用汽车吊吊装；吸尘罩连接的车间内除尘管道一般都是在平台上直接制作后安装；特殊情况下可在现场制作，最后再用卷扬机滑轮组吊装就位。车间外除尘管道一般在厂房钢结构安装完成后，根据安装厂房钢结构时的主吊机吊装机械能力和安装位置，在地面组对好后吊装就位，除尘器至烟囱段除尘管道在设备安装完成后用汽车吊装就位；吊装时吊点一般设置吊耳，特殊情况下可选用吊装带。除尘器设备安装一般选用汽车吊吊装；安装时先将除尘器下部钢结构框架安装完毕，再安装灰斗及上部结构，最后再安装刮板机等辅助设备。由于烟囱高度较高，一般是制作好后进行现场组对分段吊装。

B 安装

a 炉前吸风罩及管道安装

安装前安装位置的牛腿应该已经完成，吊装吸风罩前进行复测，符合设计规范要求后直接吊装，吸风罩找正结束后直接焊接固定。车间内外除尘管道安装前先将管道支吊架及管托架固定，注意滑动支架必须加固牢靠。除尘管道制作的每段长度一般都需安装单位提供相关的分段长度要求，减少现场组对焊接时间和占用场地；管道组对长度应根据现场的实际情况及吊车能力综合考虑。除尘管道地面组对时先测量管道的外径，计算出误差值，保证接口错变量。焊接时焊缝成形不得低于母材，且不得有其他焊接缺陷。管道内的临时支撑在组对焊接完成后才能拆除。管道组对、安装后，及时清除各种临时支撑件，并打磨清理焊疤、焊渣和飞溅物。阀门安装时，不得强力对口，不得有偏斜现象，并要注意设备箭头方向与图纸规定的气体流向一致，不得装反。法兰接口平面必须平整，安装时法兰间的密封填料按照图纸要求选用，螺栓紧固时要对称紧固。除尘管道安装完毕后，必须清除管道内部的所有垃圾等物，并打扫干净。除尘管道安装允许偏差见表9-17。

表 9-17　除尘管道安装允许偏差和检验方法

序号	检测项目	允许偏差/mm	检验方法
1	相邻管道错口	<0.2 管壁厚	钢尺检查
2	相邻纵横向焊缝相互错开	>100	尺量
3	相邻横向焊缝间距	>300	尺量
4	管道托架与支架的标高和中心线	±10	水准仪、直尺和经纬仪、尺量
5	支架垂直度	1/1000	线坠、钢尺
6	管道纵横向中心线	±20	经纬仪、尺量
7	管道标高	±20	尺量
8	除尘罩中心线和标高	±20	尺量

　　b　脉冲除尘器安装

　　施工工艺流程如图9-50所示。

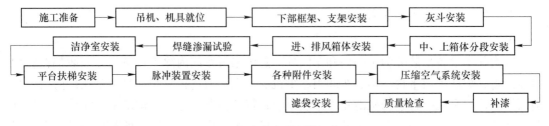

图 9-50　脉冲除尘器安装工艺流程

　　（1）下部框架安装。下部框架为钢立柱、支撑件、横梁、钢平台组成。按构件图对工厂制造的构件进行测量验收，如有质量问题及时会同有关部门协调处理。安装前对基础面的浮浆进行敲铲，设置垫板，用以调整钢柱，待下部框架全部安装结束后，将底板与预埋钢板焊牢，根据图纸的编号逐一对号入座，特别注意钢柱的方向，钢架在平台上拼装成门架式吊装。单榀钢架吊到位后找准中心位置，上部以揽风绳及手拉葫芦配合调整。利用经纬仪进行垂直度调整。钢柱与横梁拼装先安装螺栓，经质量检验无误后再焊接。钢柱就位后，即安装各连接梁和支撑件，支撑件安装先螺栓连接后焊接，螺栓要紧固防止松动而发生质量事故。以上内容施工完毕，经质量检验确认无误后进行连续焊接。

　　（2）灰斗安装。灰斗若分节运到现场后，在现场进行倒组装；灰斗拼装根据图纸编号配对组装，先用螺栓固定然后焊接，采用连续焊缝；焊接要牢固、焊后清除表面焊渣，焊缝表面要保持平整，不得漏气。灰斗坐落于横梁上，要求位置正确，接触严密。灰斗四角的支座与立柱柱顶的连接采用螺栓连接，支座底板及柱顶板上有椭圆孔，以便温度变化引起的涨缩，此处不得固定焊接。灰斗定位后经复测符合设计规范要求后，进行焊接施工。灰斗、导流板与横梁要求密封，焊缝不得漏焊。

　　（3）滤袋箱体安装。滤袋箱体安装内容主要是龙骨及钢板组成的多间滤袋室、洁净室、进排风通道等。安装时由下而上根据图纸规定的顺序进行。箱体连接采用螺栓和焊接形式，与灰斗连接先用螺栓定位，然后点焊固定，经检查后，所有焊缝连续焊接，以保证各室的密封性。局部必不可少的安装间隙，安装校正后，必须给予补封。壁板的安装、箱体封闭板与屋面板的安装，应保证壁板的平整，焊接时周边连续焊接，不得间断，不能漏气，确保各室的密封性。各连接点要严格按图施工，保证垂直；壁板要求紧贴龙骨，表面平整。进出排风道的标高严格按图纸施工，先底板后盖板。底板安装注意与灰仓连接口的中心尺寸。风道支撑件也应及时安装，并注意支撑件的气流方向；洁净室除顶部检修门暂时不安装外，其余的构件按图纸及编号顺序安装。滤袋室箱体的焊缝施工完毕，必须进行煤油渗漏试验，如有渗漏点应及时处理。

（4）滤袋安装。布袋为纤维外套，内置钢丝龙骨，上口固定在花孔板，以垂直状态悬挂在滤袋室中。滤袋的安装应遵照安装说明书进行，要特别注意防潮湿、防火。安装前严格检查袋笼的质量，确保袋笼无脱焊、虚焊、漏焊、焊疤、毛刺等缺陷。滤袋接缝处有无断丝、穿孔、裂缝或其他缺陷，滤袋在完好无损情况下才允许安装。安装滤袋要保证其垂直。滤袋安装时，要轻拿轻放。不要用力弯曲布袋安装部的卡箍，防止在安装时碰坏、划伤、破漏等。安装布袋时，为防止损伤纤维外套，在孔板上必须做好保护套。布袋定位卡箍安装必须服帖，与孔板定位牢靠，防止松动。

（5）平台、栏杆、扶梯安装。平台支架安装时注意确保标高尺寸及支架水平度，支架与钢柱焊接牢固，钢平台如有变形，应进行校正后吊装，平台与支架固定牢靠，各连接点焊接要求必须满足设计要求。扶梯、栏杆安装确保外观的质量要求，栏杆各连接点焊接后打磨光滑。平台、扶梯安装应及时，下部钢柱安装结束即安装平台及扶梯，确保行走方便，以利安全施工。

（6）附件安装。附件主要包括各种阀门、人孔、检修门、脉冲清灰装置等。附件为成套组件供货，各附件的安装位置、标高必须达到设计要求。各种密封填料严密，防止漏风、漏灰。并注意标示气流方向及阀柄位置。严格检查各阀板处和阀体连接处的严密性，不得漏气。

（7）圆盘提升阀。与阀门相连接的法兰先定位后再焊接，所有阀门连接的法兰及管道间连接的法兰应在现场调整完毕后焊接。检查连接件的质量情况，如有不平整、歪斜必须处理达到质量要求后方能安装附件。法兰连接时，应保持同轴、平行，螺栓应同规格同方向连接，对称交替紧固螺栓，不得依次单独紧固，螺栓外露长度不小于 2 倍螺距。

（8）脉冲装置安装。注意喷嘴中心应与布袋中心一致，保证喷嘴管中心的标高尺寸必须符合图纸要求。支架安装牢固，确保喷嘴管不松动。差压管系统安装管线要横平竖直，并防止管道堵塞。压缩空气管道安装；不锈钢管道对接采用氩弧焊焊接，注意钢管的横平竖直，管道支架安装应符合规范要求。阀门及管道连接件，必须具有制造厂的质量证明书、检验质保书，并符合设计要求。阀门必须按规范要求进行强度、气密性试验。施工中应尽量保持设备内清洁。在施工完毕后，需用人工入内进行清洁，必须达到规范要求。连接法兰安装填料时，注意填料的材质应符合图纸要求。

除尘器安装允许偏差见表 9-18。

表 9-18　除尘器安装允许偏差和检验方法

序号	检 测 项 目	允许偏差/mm	检 验 方 法
1	柱子纵横向中心线	±3	挂线尺量
2	柱子底板标高	±3	水准仪、直尺
3	柱子垂直度	1/1000	经纬仪、钢尺
4	第一层横梁标高	±5	尺量
5	第一层横梁中心距	1/1000	尺量
6	第一层横梁对角线之差	1/1000	尺量
7	灰斗中心线	±5	挂线尺量
8	进出口法兰纵横向中心线	±20	挂线尺量
9	灰斗高度	±10	尺量
10	灰斗上下口几何尺寸	±5	尺量
11	进出口法兰几何尺寸	±5	尺量
12	进出口法兰端面铅垂度	2/1000	线坠、钢尺

c　除尘风机安装

除尘风机安装工艺流程如图 9-51 所示。

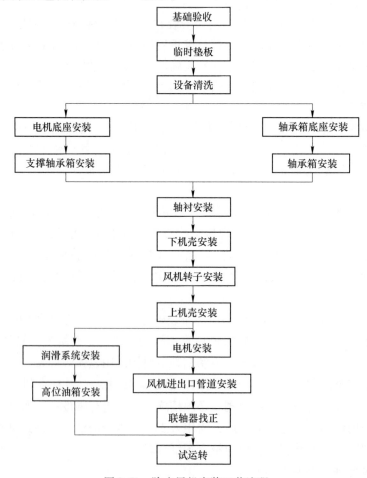

图 9-51　除尘风机安装工艺流程

（1）基础验收与测量。设置中心标板、基准点和中心线架。根据土建单位交付的技术文件及在基础上留下的中心线标记，按照施工图并依据有关建筑物的轴线，复查中心线；基础标高，根据基准标高点进行实测风机叶轮轴轴向中线，轴承座中心线，电动机中心线，然后检查预留孔的位置。风机基础中心线及标高复测示意图如图 9-52 所示。

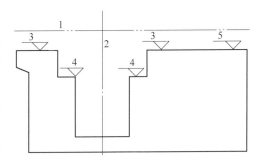

图 9-52　风机基础测量图
1—风机轴线；2—风机中心线；
3—轴承底座标高；4—风机机壳底座标高；
5—减速机、点击底座标高

（2）垫铁的设置。垫板必须采用经过机加工的钢制平垫铁和斜垫铁，斜垫铁两块为一对，斜度应该相等，成对研磨配合，垫铁之间接触面用 0.05 塞尺检查应达 65% 以上。垫板设置在地脚螺栓附近，当两地脚螺栓距离大于 1000mm 时，在底座立筋下增加一组垫铁，用于设备的调平、找正。

（3）主轴承座安装。引风机的下轴承箱与底座为整体结构，安装前在两轴承座两侧各打上中心标志，然后分别吊装就位，两轴承中心距必须符合设备图纸要求，必要时根据转轴的实际中心距和热膨胀位移确定安装尺寸，轴承座按照标高应注意保证从动侧的轴承标高不得低于主动侧。利用框式水平仪（0.02/1000）在轴承座结合面找平轴承箱。必须把轴瓦调整到一个倾斜角度，使得其底面不与壳体侧接触（脱开距离是 1/4 轴瓦）。利用塞尺检查。

（4）转子安装。转子吊装之前，要清理轴承座内表面污物，并套装进气锥。利用扁担吊具和尼龙索吊装转轴，两端设置手拉葫芦，慢慢地将转轴放置在轴承瓦里，注意吊装不得损伤轴和轴瓦。转子的水平度以两端扬起为准。轴瓦与轴之间的间隙要求：顶间隙为 0.35～0.5mm，侧间隙为 0.175～0.25mm。测量轴瓦间隙的方法：在轴上等距离分开 3 或 4 个点进行测量，用 1～2mm 的铅丝分别放在轴颈上，在轴承座中分面上放置 0.5 铜片和铅丝，然后盖上轴承上盖，禁固螺栓，再打开并取出铅丝，用 0～25mm 外径千分尺测量压扁铅丝的厚度，取两端测量值的平均值，看是否达到上述要求为止。

（5）机壳安装。下机壳在吊装转轴之前应先就位，当转轴的水平度与瓦的间隙调整完毕后，就可以安装并调整下机壳，下机壳的水平度应控制在 0.1/1000 范围内，调整机壳进风口径向和轴向的间隙，应注意保留其热膨胀方向，下机壳安装完毕后，在接合面上涂密封膏，将上盖扣好，装入定位销，均匀拧紧螺栓，所涂密封膏的厚度 0.20～0.30mm，宽度为 10～15mm。

（6）电动机安装。当风机的轴承、转轴和机壳安装完毕后，就要以转轴为基准，来进行电动机测量和调整工作。径向位移和端面允许偏差≤0.05mm，端面间隙 ±0.1mm。两轴对中找正前应考虑的因素：联轴节的轴向距离尺寸必须考虑电机磁力线的窜动量，可参考轴颈处指示；联轴节本身偏差的影响，找正前，对联轴节各部进行外观检查，应光滑无毛刺、裂纹等缺陷，按设备厂家规定对联轴节进行圆跳动和端面跳动进行复测。联轴器对中：参照随机文件或规范要求，用带磁性表座两块百分表固定在电机联轴器上，在 4 个位置上分别测量径向、端面误差，直至达到文件规定要求为止。

（7）机组二次灌浆。联轴器对中找正工作完成后，整个机械设备安装工作基本完成，最后就是设备底座的二次灌浆工作，必须注意的是进行二次灌浆工作之前，一定要对垫板之间进行点焊牢固。

风机安装技术要求见表 9-19。

表 9-19　风机安装技术要求和检验方法

序号	项　目		极限偏差或公差 /mm	检验方法
1	座浆垫板组	上平面标高	±0.5	用水准仪检查
		上平面水平度	0.1/1000	用水平仪检查
		垫板与垫板、设备底座面之间局部间隙	≤0.05	用塞尺检查
2	台板	纵、横中心线	±1	拉钢丝线用钢板尺检查
		标高	±0.5	用水准仪检查
		水平度	0.1/1000	用水平仪检查
3	轴承座	纵、横向中心线	±0.5	拉钢丝线用钢板尺检查
		传动侧轴承坐标高	±0.5	用水准仪检查
		轴承座横向水平度	0.05/1000	用水平仪检查
		传动侧轴承座纵向水平度	0.05/1000	用水平仪检查
		转子推力盘与推力轴承座面或轴肩与轴承座上的垂直加工面的平行度	0.1/1000	用内径千分尺检查
4	下机壳	下机壳纵向中心线对轴承座纵向中心的偏移	≤0.3	拉钢丝线用内径千分尺检查
		水平中分面横向水平度	0.1/1000	用水平仪和尺检查
		下机壳与台板之间接触严密，用0.05mm塞尺不得插入		用塞尺检查
5	油封间隙用符合设备技术文件的规定			
6	推力径向滑动轴承应符合设备技术文件的规定			
7	转子各部位的端面和径向跳动量	轴颈径向跳动	≤0.02	用百分表检查
		气封径向跳动	≤0.04	
		转子本体径向跳动	≤0.04	
		转子本体端面跳动	≤0.02	
		推力盘径向跳动	≤0.02	
		推力盘端面跳动	≤0.02	
8	座底上导向键与机体导向键槽之间间隙	纵向键、立向键与键槽的两侧间隙总和	0.04~0.08 并应均匀	用塞尺检查

d　附属设备安装

阀门安装前要检查阀板开和全关的位置是否调好，并涂防锈油，清洗阀门的密封面及内腔，不允许有污垢附着。安装时，阀门的手动操作开关要面对操作平台，露天敷设阀门上的电机要设防雨罩。阀门的安装方向必须正确，与风管或管件的法兰连接应保证严密、牢固。消声器的安装方向必须正确，与风管或管件的法兰连接应保证严密、牢固。当空调系统为恒温，要求较高时，消声器外壳与风管同样作保温处理。消声器安装就位后应加强管理，采取防护措施，严禁其他支架、吊架固定在消声器法兰及支架、吊架上。消声器在安装时应设支架，使风管不承受其重量。刮板机在除尘灰斗等上部结构安装完成后进行；安装前先将刮板机纵横向中心线在平台上测量放出标识，再根据图纸标高要求逐个安装支腿焊接固定箱体，最后安装刮板及附件。附属设备安装允许偏差和检验方法见表9-20。

表 9-20　附属设备安装允许偏差和检验方法

序号	检 测 项 目	允许偏差/mm	检 验 方 法
1	刮板机纵横向中心线	±3	挂线尺量
2	上下刮板轨道槽间距	±1	尺量
3	左右刮板轨道槽间距	±1	尺量
4	轨道槽接头处高低差	<0.5	钢尺量
5	头尾链轮横向中心线应重合	<1	挂线尺量
6	头尾链轮轴心中心线平行度	0.3/1000	挂线尺量
7	头尾链轮轴向水平度	0.2/1000	水平仪
8	头尾链轮标高	±2	水准仪、直尺
9	消声器中心线	±3	挂线尺量
10	消声器标高	±3	水准仪、钢直尺
11	消声器纵横向水平度	2/1000	水平仪

e　烟囱安装

烟囱安装流程如图9-53所示。

烟囱安装。组对前先将制作好的组对台架安装就位并测量找平。组对时根据制作时预拼装留下的样冲眼进行组装，复测两段烟囱的同心度，确认符合要求后分层焊接接口处。底座段安装时用两台经纬仪分别布置在烟囱的纵横向轴线进行测量；并用水准仪对烟囱的标高进行观测，测点一般选在筒体四周相同位置间距的三个点（呈三角形）；找正结束后紧固螺栓、点焊垫铁进行灌浆。上段吊装时亦按此方法找正，焊缝接口应对称同一顺序分层焊接、法兰接口的应对称均匀的紧固连接螺栓。附属结构中的平台、栏杆、梯子、清灰口及进风口等不同情况选择不同的吊装机具。

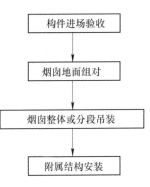

图 9-53　烟囱安装流程

9.2.5.4　三次除尘系统安装

三次除尘与二次除尘不同的主要是对烟气或烟尘的收集方式不同，处理经过和方式基本相同。三次除尘吸尘罩安装在炉前平台的屋面梁下方，呈倒漏斗形；安装时一般都在炉前平台安装完成后进行。由于安装位置限制，一般都选用汽车吊或卷扬滑轮组进行单片安装焊接固定。也可以在安装完炉前屋面梁未封闭前在地面整体组装完成后用履带吊整体吊装就位。竖向排风烟道也称气楼，一般在钢结构厂房吊装时用履带吊安装就位。其余车间内外除尘管道、除尘器、风机及烟囱等均与二次除尘基本相同，在此不再赘述。

9.2.6　吹氧装置、副枪装置设备安装

9.2.6.1　吹氧装置安装

吹氧装置是氧气顶吹转炉的关键工艺设备之一，主要由氧枪（吹氧管）、氧枪升降装置、换枪装置三部分组成，如图 9-54 和图 9-55 所示为目前国内使用的两种典型形式。吹氧管设有两个，一个工作，另一个备用。

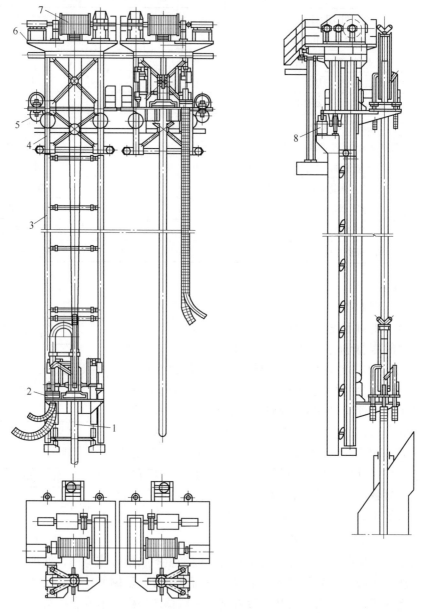

图 9-54　某厂转炉双卷扬型吹氧装置

1—吹氧管；2—升降小车；3—固定导轨；4—活动导轨；5—横移小车传动装置；

6—横移小车；7—升降卷扬；8—锁定装置

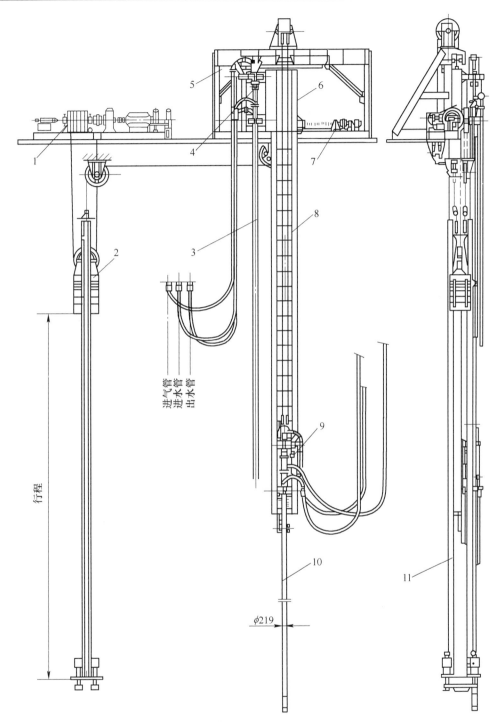

图 9-55　某厂 120t 转炉单卷扬型吹氧装置

1—升降卷扬装置；2—平衡重锤；3—备用氧枪；4—备用升降小车；5—横移小车座架；6—横移小车；
7—横移传动装置；8—固定导轨；9—升降小车；10—工作氧枪；11—平衡重锤卷扬

氧枪升降装置：氧枪升降装置包括升降传动装置、升降小车、升降导轨等；升降小车
抱住氧枪在导轨上升降，完成升降氧枪的工艺操作；氧枪升降传动采用起重卷扬机来升降

氧枪。按有无重锤分为重锤提升式和无重锤提升式。借重锤带动的氧枪，工作氧枪和备用氧枪共用一套卷扬装置。按卷扬配置数量又可分为单升降和双升降传动装置。

A　氧枪升降导轨安装

（1）氧枪导轨分为固定导轨和移动导轨。移动导轨与横移台车装配成一体吊装，与固定导轨间留有 10mm 的间隙。氧枪升降固定导轨的支腿焊接固定在两根钢结构箱形柱上，吊装氧枪导轨前沿箱形柱搭设脚手架，并且避开导轨安装位置，脚手架顶部留出导轨吊装空间。

（2）按照预先投射在钢结构上的转炉中心线和标高线，设置氧枪找正用线架和钢丝线。

（3）氧枪升降固定导轨通常分为三段，按照由低向高的顺序安装氧枪导轨。吊装前在平台上，预组装三段导轨检查其自由状态下的直线度、扭曲和对口错边量，各项偏差均应符合设计图纸和规范要求。

（4）固定导轨和支腿组装后进行吊装工作，在吊装导轨就位时采取临时固定措施。导轨下端落实在支撑上，上端以手拉葫芦和钢丝绳稳定，防止导轨偏斜后倾覆，导轨上下端用花篮螺栓调整其位置偏差和垂直度。待对称的两段导轨均已调整结束，检查其轨距（考虑焊接收缩量，轨距应适当减小 1mm 左右，但轨距绝对不允许过大的负偏差）符合要求后，定位焊接牢固。

（5）全部的固定导轨安装定位结束后，复测各项偏差无误后，进行固定导轨的安装焊接。焊接时采取措施减小焊接变形和焊接应力，防止导轨因焊接原因形成超差。焊接时应安排焊工成对进行作业，并在焊接过程中检查导轨的变形情况，及时采取纠正措施。

（6）移动导轨随横移台车吊装后，检查移动导轨和固定导轨间隙和错边偏差，根据实际情况调整移动导轨。考虑到钢结构和因设备载荷引起的变形，将会造成移动导轨的下沉，所以安装时两导轨的间隙偏差控制在 0 ~ +1mm。在单试、联试和热试期间，应组织人员定期检查两导轨的间隙尺寸变化，防止因为两导轨相碰引起横移台车行走障碍。

B　氧枪横移台车轨道安装

（1）氧枪横移台车轨道共有 3 根，其中一根承重水平轨道，两根侧面导向轨道，均安装在氧枪平台钢结构梁上。在安装钢结构时，应尽量减小钢梁的安装偏差，确保轨道安装精度。

（2）横移台车轨道的安装应符合以下要求：

1）轨道的纵向中心线偏差为 1mm，顶面标高偏差为 ±1mm，纵向水平度偏差 ≤0.5/1000。

2）轨道顶面至上、下导轨纵向中心线之间的垂直距离 A1、A2 偏差为 ±2mm，轨道纵向中心线至上、下导轨轨道面之间水平距离 B1、B2 偏差为 ±1mm。

横移台车与移动导轨在地面用行车组装。整个台车按侧面朝外摆放（用枕木垫放平稳）。拧紧各紧固件，按图 9-56 所示检查移动导轨上部车架的垂直度及上、下侧导辊、支撑轮的水平和垂直距离，横移台车采用整体吊装法，吊装利用转炉高跨行车。起重设备在松钩前，一定要确认上、下侧导辊、支撑轮及其他紧固件已拧紧，备帽、锁紧栓等均已安装好。

C 横移台车调整及定位

（1）当横移台车处于氧枪工作位时，检查氧枪升降固定导轨与台车上的移动导轨间隙和错位偏差，还应检查移动导轨的倾斜度，其倾斜方向应与固定导轨一致。

（2）横移台车的定位装置安装，应以固定导轨与移动导轨的错位尺寸为准。两台台车连接时，用调整垫片组调节两台车移动导轨的中心距符合设计图纸要求。

D 氧枪升降小车安装

（1）按照图纸标高和中心，安装位于固定导轨下方的升降小车缓冲器和停放座。当氧枪升降横移装置的各电机单试完成后，进行升降小车安装和穿钢丝绳等工作。

（2）将两横移台车分开使横移台车均在修炉位时，用转炉高跨行车吊起装配完成的升降小车，从固定导轨上端开口处放入导轨内，并将其落到停放座上。

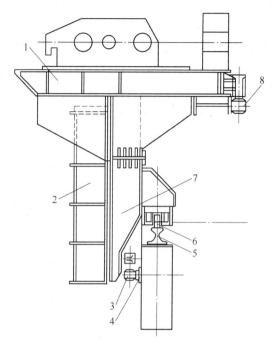

图 9-56 横移台车轨道及台车安装示意图
1—上部车架；2—横移导轨；3—下侧托轮；4—下导轨；
5—轨道；6—支撑轮；7—下部车架；8—上侧导轮

（3）将横移台车移到工作位，将固定轨道与活动轨道对准。用转炉高跨行车提升氧枪升降小车至最高位。按照设备说明书所示的穿绳方法，正确穿好钢丝绳，穿绳可用细绳导引，穿绳时要将钢丝绳张力传感器安装好。穿绳过程中应保证钢丝绳不产生扭曲、绞劲现象，并且小车处于最高位时，钢丝绳应缠满卷筒绳槽。

（4）钢丝绳穿入后，检查两根钢丝绳的张力平衡情况，调节绳头固定端的丝杆，使两根钢丝绳受力基本平衡。在调试期间应经常检查钢丝绳的受力，并及时调整，尤其是载荷发生变化和运转一段时间后必须进行调整。

9.2.6.2 副枪系统设备安装

转炉副枪是相对于主枪（吹氧管）而言，它是设置在吹氧管旁的另一根水冷枪管。转炉副枪有操作副枪和测试副枪两种。

根据冶炼工艺要求，操作副枪向炉内喷吹石灰粉、附加燃料或精炼用的气体，以达到去磷，提高废钢比，改善和提高钢的性能和质量。测试副枪又称为传感枪，它用于检测转炉熔池温度、定碳、氧及液面位置并进行取样。采用测试副枪可有效地提高吹炼终点命中率，而且也改善了劳动条件。目前副枪已成为实现转炉炼钢过程自动化的重要工具。

按测头的供给方式，测试副枪可以分为"上给头"和"下给头"两种。测头从贮存装置由枪体上部压入，经枪膛被推送到枪头工作时的位置，这种给头方式称为"上给头"。测头借机械手等装置从下部插在副枪头上的给头方式称为"下给头"。由于给头方式的不同，两种副枪装置的结构组成也有很大差别。目前国内转炉副枪测头给头装置是采用上给头方式，但下给头方式由于测头回收方便，特别是在采用测温、定碳、取样复合测头，或单能取样测头的情况下，与上给头相比具有明显优越性。此外，下给头方式虽然设备较复杂，对高温多尘环境适应性较差等缺点，但对探头外形尺寸要求不严，贮头箱所储备探头数量较多，因此，这种给头方式的使用日益广泛。

下接头副枪装置及组成：转炉副枪装置的示意图如图 9-57 所示。由图知，该副枪装

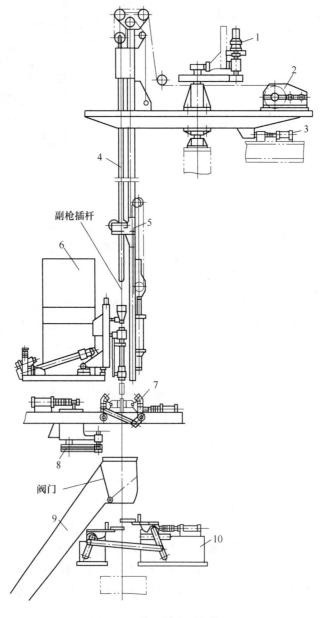

图 9-57　某厂转炉副枪装置

1—副枪旋转机构；2—副枪升降机构；3—锁定装置；4—副枪；5—活动升降小车；
6—装头系统；7—拔头机构；8—切头机构；9—溜槽；10—清渣装置

置是由旋转机构 1、升降机构 2、锁定装置 3、副枪 4、活动升降小车 5、装头系统 6，拔头机构 7、切头机构 8、溜槽 9、清渣装置 10 以及枪体矫直装置等组成。

副枪 4 由管体及探头两部分组成。该管体结构与吹氧管体相似，探头上装有检测元件。副枪 4 由副枪升降机构 2 带动升降。升降机构与吹氧管升降机构类似，活动升降小车 5 为副枪提供一附加支点，以此减少管体振动。副枪旋转机构由电动机经摆线针轮减速器、小齿轮驱动扇形大齿圈使旋转台架转动，从而使副枪转开。平时转炉吹炼时，副枪旋转机构不工作，锁定装置 3 制动旋转台架定位。

A　副枪旋转底座安装

依据转炉中心线在钢结构平台上放出副枪旋转底座的中心线，并应确保上下底座的同心度。

将副枪旋转底座板安装在上层平台梁上，此前应检查底座调整顶丝的外露长度，使其具备前后调整的余量。

用转炉高跨行车将底座吊装至平台上，按照中心线和标高点，找正定位副枪旋转底座。

B　副枪旋转导向装置安装

在安装平台上利用转炉高跨行车，组对副枪旋转导向框架、副枪升降导轨、副枪小车、顶部平台。使其具备与底座连接的条件。

使用高跨行车与卷扬机滑轮组共同抬吊副枪升降导向框架，并在空中翻身后，摘去滑轮组用高跨行车吊装框架与底座连接固定。

完善平台及栏杆等附属设备。检查副枪升降小车与转炉中心线的尺寸偏差，并根据偏差进行调整，调整结束后进行最终固定。

吊装副枪驱动装置就位后，使用百分表、铁水平找正传动机构，包括事故驱动装置的安装。

C　副枪系统其他设备安装

在安装平台上安装副枪探头处理装置，包括探头储存箱、探头竖起及装拆机构和探头溜管等。探头处理装置以副枪旋转至探头处理位时的副枪中心线为准进行精调，初找正时以图纸尺寸和标高定位，探头处理装置的定位应保证副枪枪体在装拆探头时无摇晃和弯曲。探头溜管在探头竖起装置的下方，将使用过的探头送到下层平台上的探头收集箱，安装时注意保证探头落下时的顺滑即可。

副枪密封门安装在汽化冷却烟道的副枪口上，安装时应保证开闭灵活、密封良好。刮渣器安装在密封门上方，安装时依据副枪中心线定位，应保证刮渣器在闭合时与副枪枪体的间隙基本均匀，副枪升降时刮渣器不应刮蹭枪体。

9.2.6.3　氧副枪系统附属管道安装

（1）氧枪附属的软管使用转炉高跨行车吊装，先连接阀门站端的软管法兰，再与氧枪连接。未连接前，保持软管两端的封闭良好，以保证管内的清洁。氧气软管安装前应检查脱脂合格证，并检查管内脱脂情况。

（2）氧枪横移台车上的电缆拖链安装时，拖链内的软管应无扭曲和局部空瘪。各管道接口部位应使用设计要求的密封材料并且密封良好。

（3）副枪软管安装时应注意检查副枪旋转时，软管与周围平台、副枪旋转导向框架等是否有卡阻、摩擦现象，如有不合适之处及时修改。

（4）氧副枪事故驱动的氮气配管安装时注意严格保持管路的密封，并注意在试压、送气之前，调整控制阀箱内的安全阀和减压阀的压力。

（5）氧副枪的水冷部位应以 1.5 倍的工作压力进行水压试验，与氧副枪连接的软管（氧气、冷却水）均应以 1.25 倍工作压力进行试压，试压持续 10min，不得泄漏。

（6）在确保管路试压、冲洗、吹扫合格后才允许与设备接通，配管时需要与设备连接的管路，在试压、冲洗、吹扫前必须予以拆卸、封堵或短接。

9.2.6.4 氧副枪系统设备安装的允许偏差

氧副枪系统设备安装允许偏差见表9-21。

表9-21 氧副枪系统设备安装允许偏差

设备名称	偏差项目	允许偏差/mm
氧枪升降小车固定导轨	纵横向中心线	±1
	铅垂度	0.5/1000，全高3
	接头错位	0.5
氧枪升降小车	上下夹持器的同轴度	0.5
	下极限时纵横向中心线	±3
	导轮与导轨的间隙偏差	0 ~ +0.5
	安全装置与导轨间隙	按照设备技术文件要求
氧枪横移装置	轨道纵向中心线	±1
	轨面标高	±1
	轨道纵向水平度	0.5/1000
	轨道至导轨的水平距离	±1
	轨道至导轨的垂直距离	±2
	移动与固定导轨的间隙	0 ~ +1
	移动与固定导轨的错位	0.5
	移动导轨铅垂度	0.5/1000
副枪回转装置	纵横向中心线	±1
	标 高	±2
	铅垂度（上下底座）	0.1/1000
	升降小车导轨铅垂度	0.5/1000，全高3
探头处理装置	纵横向中心线	±1
	标 高	±1
	水平度或铅垂度	0.1/1000
氮封装置	纵横向中心线	±5
密封门	纵横向中心线	±5

9.2.7 转炉汽化系统设备安装

9.2.7.1 设备概述

转炉汽化冷却系统是转炉烟气处理的重要设施，可将转炉排出的 1700 ~ 2300℃ 的高温烟气降至 800 ~ 1000℃ 后，再经烟气系统净化后回收利用和达标废气的排放。在转炉烟气降温的同时利用汽化冷却系统产生的饱和蒸汽进行余热回收利用。

　　汽化冷却装置主要由汽化冷却烟道、烟道非金属补偿器、汽包及循环水管道、高低压循环水泵、锅炉给水泵、除氧器及水箱、定期排污扩容器、排气消声器、加药装置、蓄热器等设备及汽水系统工艺管道组成。汽化冷却烟道本体按烟气流动方向分为活动烟罩、炉口固定段、可移动段、固定段、末段。

　　汽化冷却系统分为高压系统和低压系统两部分，裙罩部分为低压循环系统，除氧水箱作为其锅筒；移动烟道和汽包联结组成为高压强制循环系统，固定段及末段烟道与汽包联结成为高压自然循环系统。

　　转炉汽化冷却系统外形图如图9-58所示。

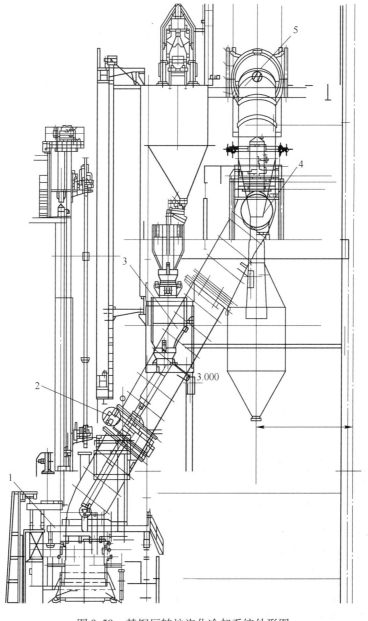

图9-58　某钢厂转炉汽化冷却系统外形图

1—移动烟道；2—非金属膨胀节；3—中间段烟道（直段）；4—转角烟道；5—末端烟道

9.2.7.2　设备安装工艺流程

汽化系统安装工艺流程如图 9-59 所示。

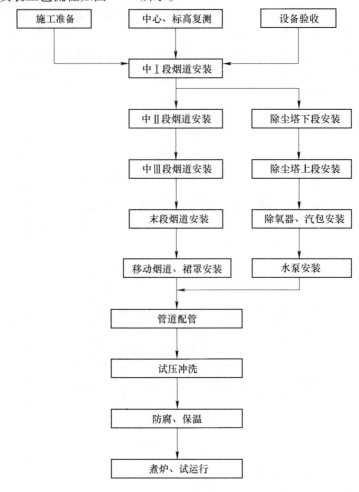

图 9-59　汽化系统安装工艺流程

9.2.7.3　主要设备安装方法

A　设备吊装

汽化冷却系统的设备一般都是超长、超重且位于整个转炉跨高层平台间，吊装难度较大。新建工程设备的吊装基本上遵循平台结构与设备逐层穿插进行吊装的原则；吊装机械采用布置在炼钢厂房钢结构吊装用主要起重机械进行吊装，如大型履带吊、大型塔吊等。技改或大修工程的设备吊装顺序正好与新建工程的吊装顺序相反，需采用逆装"梁工法"进行就位。现就新建工程汽化冷却设备的吊装进行阐述。

a　固定段及末段烟道吊装

考虑到固定烟道和末段烟道吊装重量和回转半径因素，一般均选用布置在精炼跨内的钢结构厂房吊装机械进行，同时利用钢结构厂房的辅助吊装机械配合溜尾吊装、保护烟道。固定段烟道一般由直段、拐角、转角段三节组成，分节进场；其中直段最长吊装难度最大。直段烟道吊装至安装平台上层时（以尾部为基准），吊钩停止回钩并锁死，连接预先设置好的卷扬滑轮组至直段烟道下端（或在加料跨配置一台辅助吊车抬吊）；吊钩和滑轮组配合回落烟道直至倾斜位置，安装烟道支撑或其他临时支撑及吊索，固定完成后，摘除吊钩。直段烟道的吊装也可在拐角烟道吊装就位后完成，但必须事先将直段烟道吊装至钢平台后再用抬吊就位。直段烟道安装及吊装如图 9-60 所示。

拐角烟道的吊装基本与直段烟道相同，如图 9-61 所示拐角烟道安装示意图。转角烟道和末段烟道可根据实际情况选择单独吊装和地面组装后整体吊装，如图 9-62 所示转角烟道、末端烟道安装示意图。值得注意的，烟道就位后支撑架、吊架或临时支撑及吊索必须稳固安全可靠，也要预留找正余量。

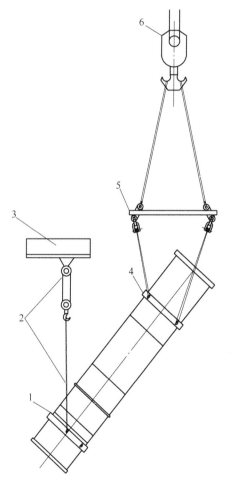

图 9-60　直段烟道安装示意图
1—烟道下吊挂圈；2—临时吊挂装置；
3—平台梁；4—烟道上吊挂圈；
5—吊装专用工具；6—塔吊

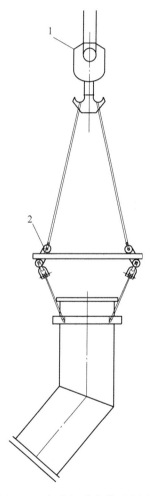

图 9-61　拐角烟道安装示意图
1—烟道吊挂圈；2—塔吊

b　活动烟罩、移动段及台车吊装

活动烟罩、炉口段烟道、移动段烟道、移动台车质量较轻、外形尺寸相对较小，吊装较为简易。如图 9-63 所示为移动烟道安装示意图。

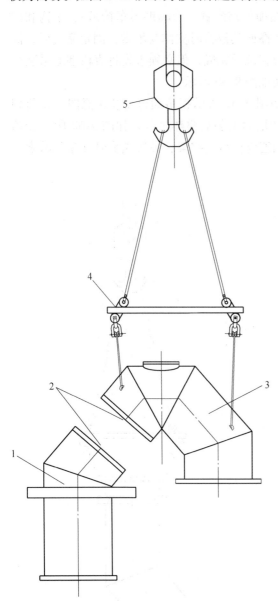 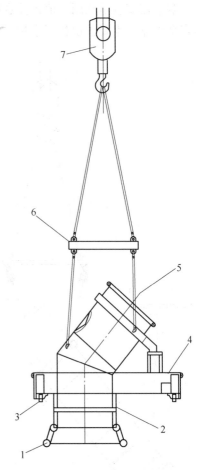

图 9-62　转角烟道、末端烟道安装示意图

1—转角吊道挂圈；2—对接法兰；3—末端烟道；

4—吊装工具；5—塔吊

图 9-63　移动烟道安装示意图

1—裙罩；2—提升装置；3—移动台车车轮；

4—移动台车；5—移动烟道；

6—专用吊车装置；7—高跨行车

　　活动烟罩可分为转炉本体安装后和安装前吊装；安装后是指在转炉可以倾动运转时，通过加料跨桥式起重机将活动烟罩吊装至转炉上（一般转炉加料时的倾斜状态），再由转炉倾动至吹炼位后用倒链或卷扬提升至安装位置。安装前的吊装是指运用加料跨履带吊直接吊装就位后先悬吊起，或通过钢包车运送至炉下后提升就位的方法。

　　炉口段和移动段烟道以及移动台车，一般在钢结构满足安装要求后利用转炉高跨桥式起重机吊装；当高跨桥式起重机额定起重量小于设备时，选择加料跨或精炼跨主吊起重设备提前吊装就位。

c 汽包、除氧器吊装

汽包和除氧器的吊装主要根据平台钢结构的安装进度而定，吊装多选用精炼跨主吊车进行。吊装前需注意固定支座和滑动支座的方向；当支座和设备分开进场时提前吊装找正好底座后再吊装设备就位；最后安装其他相关附件。

B 设备找正

（1）移动段烟道找正。移动段烟道找正以找正氧枪口为准；以转炉中心线、标高为基准用经纬仪、水准仪分别投放到各层钢平台框架梁、平台梁上和炉下基础面上。用水准仪、经纬仪（或设置钢线用尺检查中心偏差）检测氧枪口标高、中心，根据测量数据用倒链、千斤顶边调整边检查；完成该项工作后用水平仪检查氧枪口水平度（若有偏差应用倒链、千斤顶调整，符合要求后再检查氧枪口纵横向中心及标高是否发生偏差）；氧枪口找正结束后，从氧枪口挂设线坠检查氧枪口中心是否与转炉纵横向中心对中，若与转炉中心有偏差则应再次找正。找正结束后焊接固定托座与固定支架，固定结束后检查安装数据是否偏差，符合要求后通知相关单位检查验收。

（2）直段烟道找正。找正前应复测移动段安装数据有无变化。根据移动段烟道与直段烟道对接口定位线（该线若不是钢印则由现场设备厂家技术人员指导配合安装人员画出）定位接口方向，用水准仪检查该段烟道上口法兰标高，挂设磁力线坠对照平台上投放的纵横向中心线用尺检查中心线偏差；根据测得数据通过倒链、千斤顶调节烟道。调整完成复测数据，符合规范后，检查与移动段接口位置距离是否符合设计图纸要求。最后固定滑动支座连接两段烟道。

（3）拐角段烟道找正。根据两段烟道连接法兰口定位线定位拐角段烟道安装方向。用水准仪检测烟道标高，挂设磁力线坠于法兰口，用尺对照各层平台纵横向中心线检测烟道中心偏差，用尺或塞尺检查两段连接法兰口平行度及同心度，用水准仪检测该段烟道上口法兰的水平度；参照测得数据用倒链、千斤顶调整烟道。完成后复测数据，安装支座。拆除直段烟道临时支撑。

（4）转角段及末段烟道找正。根据中直段与拐角段法兰口定位线定位烟道方向。用水准仪检测烟道标高，挂设磁力线坠用尺对照平台纵横向中心线检测烟道中心偏差，用尺或塞尺检查两段连接法兰口平行度及同心度；根据测得数据用倒链调整烟道。完成后用尺检测末段烟道纵横向中心，水准仪检测标高及法兰口水平度（与入口水封连接法兰口），用尺或塞尺检查转角段与末段烟道的法兰口平行度、同心度；若有偏差则根据偏差数据用倒链调整末段烟道，调整前固定好转角段烟道临时支撑松掉两段烟道临时连接螺栓。两段烟道完成找正工作后连接安装螺栓，调整吊挂装置。

（5）炉口固定段烟道找正以转炉中心为准，用水准仪检测上联箱标高，挂设线坠用尺检测中心线偏差，用水平仪调整水平度。找正结束后焊接固定支撑梁和吊钩。

（6）活动烟罩找正前应将活动烟罩提升机构找正结束。通过倒链升降烟罩将烟罩调整到安装位置的中心、标高及水平度，完成后与提升装置链条连接；连接后检查烟罩标高、中心、水平度是否符合设计要求，此时的微调可通过链条上的螺旋扣调节。

（7）汽包除氧器找正。根据设计图纸尺寸用尺检查底座纵横向中心线及两底座间距，用水准仪检测底座面标高及水平度;调整时用千斤顶在底座底部加设垫板调整。设备就位后(就位时注意滑动支座的方向)挂设钢线或将设备本体进行纵横向分中,挂设磁力线坠,参照平台上纵横向中心线检查汽包纵横向中心的偏差,用水准仪检测设备标高及设备的纵向水平度;完成找正后紧固固定端螺栓或焊接。

9.2.8 钢水精炼系统设备安装

9.2.8.1 概述

钢水精炼也称为钢水二次精炼,将转炉中初炼的钢水移到钢包中进行精炼的过程。通过二次精炼后,能够对钢水成分和温度进行精确控制,能够充分去除初炼钢水的有害杂质及元素(如氧、氢、碳、硫和磷等),是对初炼钢水冶炼环节的必要补充和最终控制手段,大大提高了钢水的纯洁度和质量。

随着科学技术的发展,对炼钢的生产率、钢的成本、钢的纯洁度和使用性能,都提出了愈来愈高的要求。传统的炼钢设备及工艺不能满足要求。20世纪60年代,在世界范围内,传统的炼钢方法发生了根本的变化,由原来单一设备初炼及精炼的一步炼钢法,变成由传统炼钢设备初炼,再经过炉外精炼的二步炼钢法。根据对初炼钢水有害杂质和元素去除方式的不同,现在发展比较成熟和应用范围较广的钢水精炼方法主要有:RH(循环真空脱气精炼)炉冶炼方法,LF(钢包精炼)炉冶炼方法,VD(钢包真空精炼)炉及VOD(真空吹氧脱碳)炉冶炼方法。

(1)RH炉冶炼方法是50年代初,由于高真空、大抽气量蒸汽喷射泵的问世,钢液真空处理技术得以发展,德国蒂森的鲁尔公司(Ruhrstahl)和海尔斯公司(Heraeus)合作研发了真空(RH)法,解决了钢中难以解决的脱氢、脱氧等问题,是精炼工艺技术的一次大的突破。

(2)LF炉冶炼方法是日本大同特种钢公司于1971年开发的,具有电弧加热,去除夹杂、脱硫、吹氩搅拌等功能,开始主要建于电弧炉炼钢车间,用于冶炼高级优质钢,其后逐步应用于转炉冶炼车间。

(3)VD炉及VOD炉冶炼方法主要部分在电炉特殊钢厂,对钢水进行脱碳、脱氢、脱氧处理,一般用于生产不锈钢。

9.2.8.2 RH炉设备安装

RH炉设备主要包括钢包车及液压顶升系统、RH处理站、真空系统、顶枪系统、合金加料系统、喂丝机、破渣测温取样、预热枪、浸渍管维修台车等设备。安装时以钢包液压顶升系统、处理站系统、合金加料系统及真空系统为主线,且大多数设备穿越多层钢结构平台,设备安装时应与工艺钢结构平台同步进行。

如图9-64所示为双工位RH炉设备平面及立面布置图。

A 设备安装基准线测设

根据RH炉工作原理,应保证钢包液压顶升系统中心、处理位真空槽台车中心、热弯管中心及顶枪中心保持同心。由于钢包液压顶升系统位于地下顶升坑中,一般情况下优先于其他设备施工,所以可以以验收合格的液压顶升系统的中心作为整个RH炉安装的基准中心。

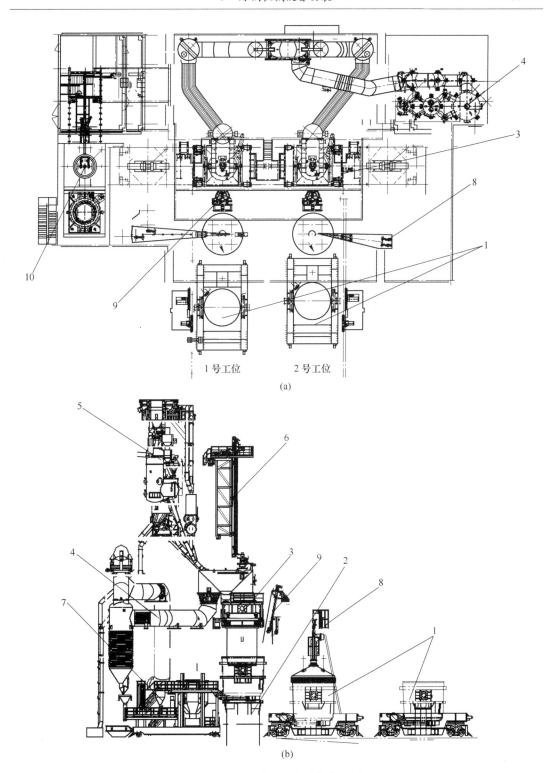

(a)

(b)

图 9-64 双工位 RH 炉设备布置图

（a）设备平面布置图；（b）设备立面布置图

1—钢包车；2—钢包液压顶升系统；3—RH 处理站；4—真空系统；5—合金加料系统；

6—顶枪系统；7—浸渍管维修台车；8—喂丝机；9—破渣取样枪；10—预热枪

B　钢包液压顶升系统安装

钢包液压顶升系统由导轨及预埋件、液压缸底座、顶升液压缸、顶升框架组成，钢包液压顶升系统设备安装示意图如图9-65所示。

设备的安装顺序如图9-66所示。

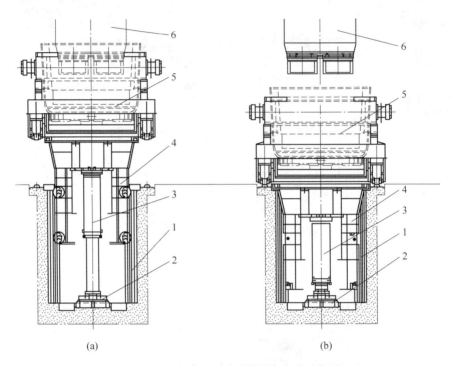

(a)　　　　　　　　　　　　(b)

图9-65　钢包液压顶升系统设备安装示意图
（a）工作（顶升）状态；（b）非工作状态
1—导轨及预埋件；2—液压缸底座；3—顶升液压缸；4—顶升框架；
5—钢包车；6—处理设备中的真空槽

a　吊装设备选择

钢包液压顶升系统一般与厂房钢结构安装穿插进行，因此设备的吊装可以采用钢结构施工时所用的履带式起重机或塔式起重机进行吊装，也可以选用已建好的该区域桥式起重机，可一次性将设备吊装到安装位置，以减小吊装难度。

b　基准点、基准线的测设

根据厂房的轴线及安装图纸确定出顶升系统的横纵中心线，便可确定顶升系统的中心。

c　埋设导轨预埋件

导轨预埋件的埋设应在顶升坑混凝土浇筑时进行，导轨预埋件埋设时应保证其对角线的中心与顶升框架中心基准重合，保证相对导轨预埋件翼缘板的平行度，导轨预埋件调整好后，应使用钢结构进行加固，防止土建混凝土浇筑时出现埋件跑偏现象。

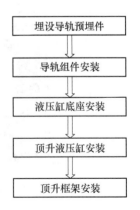

图9-66　钢包液压顶升系统设备安装顺序

d 导轨组件安装

导轨是钢包液压顶升系统的关键部分，其安装质量直接影响顶升框架运行状态。导轨组件由四根钢轨组成，构成一个正方形，导轨组件及其埋件安装图如图9-67所示。

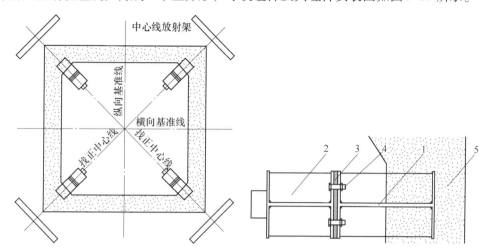

图9-67 导轨及其埋件安装图

1—导轨预埋件；2—导轨组件；3—调整垫；4—安装螺栓；5—混凝土结构

根据已放测的横、纵基准线，在制作的中线放射架上放射出正交的斜45°找正中心线，并在交点处放置一个线锥，然后以此为基准点对导轨的垂直度、相对导轨之间的平行度、导轨到中心的距离及导轨的标高进行找正。

e 液压缸底座及顶升液压缸安装

液压缸底座是安装液压缸的重要基准，安装时应根据导轨组件的中心基准对其进行中心、标高及水平度的调整。

液压缸底座安装验收合格，灌浆结束后方可安装顶升液压缸，其与底座通过高强螺栓连接，吊装设备卸载前需使用临时加固措施，以保证顶升液压缸的垂直度。

f 顶升框架的安装

顶升框架通过螺杆与带内丝的顶升液压缸连接，在保证各螺杆紧固和受力均匀之后，可将设置在液压缸上的临时加固措施撤除。如图9-68所示，在4个顶升框架的支腿上各设置一个25t的千斤顶，与顶升框架上平面上放置的塔尺和水准仪配合，调整顶升框架的水平度达到安装要求后，调节顶升框架导轮的偏心轮，使导轮与导轨之间的间隙符合要求。

钢包液压顶升系统安装极限偏差、公差和检验方法详见表9-22。

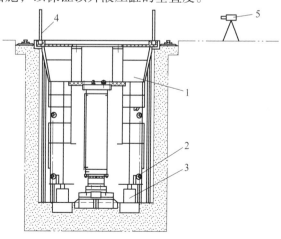

图9-68 顶升框架导轮

1—顶升框架；2—导轮；3—千斤顶；4—塔尺；5—水准仪

表 9-22　　钢包液压顶升系统安装的极限偏差、公差和检验方法

项次	项　　目	极限偏差（公差）/mm	检验方法
1	导轨到中心距离	0～0.2	千分尺量
2	导轨垂直度（全长）	0.2	挂线、千分尺量
3	导轨标高	±2.0	水准仪
4	导轨高低差	1.0	水准仪
5	液压缸底座横向中心线	1.0	挂线尺量
6	液压缸底座纵向中心线	1.0	挂线尺量
7	液压缸底座标高	2.0	水准仪
8	液压缸底座水平度	0.10mm/m	水平仪
9	顶升框架导轮与导轨的间隙	0.50	塞尺

C　真空系统设备安装

真空系统的安装质量，对该装置能否顺利试车及正常运行关系重大，对冶炼效果、效率也将有一定的影响。由于精炼炉是在真空压力较低（即真空度较高）状态下运行，对设备和管道的密封性要求很高，因此更应当高度重视系统的安装工作，保证安装质量。

真空系统设备主要包括：C1、C2、C3 冷凝器，第一级增压泵 E1，第二级增压泵 E2，第三级增压泵 E3，喷射泵 E4、E4a、E5、E5a，热井罐及 C1、C2、C3 排水水管组成，真空系统设备安装示意图如图 9-69 所示。

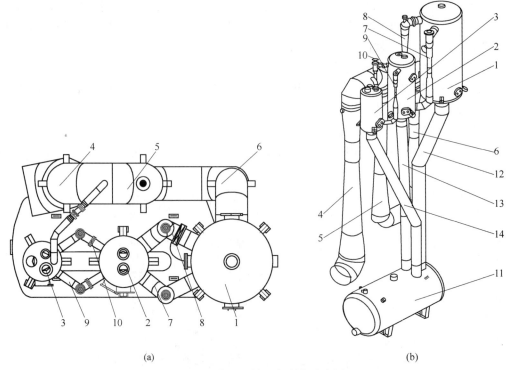

图 9-69　真空系统设备安装示意图

（a）设备平面布置图；（b）设备三维布置图

1—C1 冷凝器；2—C2 冷凝器；3—C3 冷凝器；4—第一级增压泵 E1；5—第二级增压泵 E2；
6—第三级增压泵 E3；7—喷射泵 E4；8—喷射泵 E4a；9—喷射泵 E5；10—喷射泵 E5a；
11—热井罐；12—C1 排水管；13—C2 排水管；14—C3 排水管

a　安装顺序

真空系统设备的安装顺序如图 9-70 所示，由于三级增压泵及排水管长度较长，穿越平台较多，应与钢结构安装进行策划，影响真空系统安装的平台小次梁暂不安装，用塔吊将真空系统设备从厂房顶部一次吊装就位后，再安装平台小次梁。

b　安装前准备工作

安装前应清扫基础及各层平台，检查真空泵系统各部件落位各层平台梁上标高及有关安装尺寸是否符合设计要求；清点和检查到货的设备和阀门；根据现场情况确定吊装方案、准备好吊具及安装措施用料。

```
┌─────────────┐
│  热井罐安装  │
└─────────────┘
       ↓
┌─────────────┐
│ 三级增压泵安装 │
└─────────────┘
       ↓
┌─────────────┐
│ 三台冷凝器安装 │
└─────────────┘
       ↓
┌─────────────┐
│ 二级喷射泵安装 │
└─────────────┘
       ↓
┌─────────────┐
│ 三根排水管安装 │
└─────────────┘
```

图 9-70　真空系统设备安装顺序

c　安装要领

整个系统与真空相关的焊接需采用氩弧焊打底，再进行电焊盖面。

对于连接法兰处的安装应仔细认真。管路法兰和垫片安装时，垫片的内圆直径应等于或略大于法兰内径；安装垫片前应检查两个法兰面是否平行吻合，歪斜不正的应予修正，不应强行夹紧；密封面和垫片平滑光洁，一对法兰间不得用两个垫片，螺栓紧固应对称操作，施力均匀，不得偏斜，并保证垫片内径不得阻碍管路的气流通道。

真空系统中的阀门应具有良好的真空密封性能，为了避免阀门在安装时被管道中的杂物划伤（尤其是垂直安装的阀门）而影响密封性能，应在管道安装焊接时，要特别注意管道内的洁净，因此，阀门在安装前应进行认真清理和检查。

D　处理站系统设备安装

如图 9-71 所示，双工位处理站系统设备主要由真空槽台车、热弯管、水冷管、气体

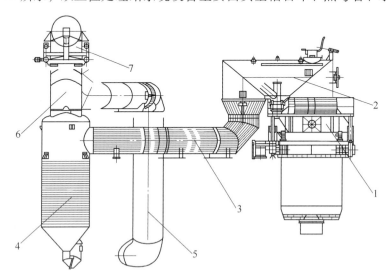

图 9-71　处理站系统设备安装示意图

1—真空槽台车；2—热弯管；3—水冷管；4—气体冷气除尘器；

5—主抽气管道；6—连接管；7—移动弯管

冷却除尘器、主抽气管道、连接管及移动弯管组成。处理站起着纽带作用，将各个系统有机地联系在一起，最终实现钢水真空循环脱气冶炼的功能；真空槽底部的两个浸渍管与顶升的钢包形成冶炼空间，主抽气管道与真空系统的第一级增压泵 E1 连接实现抽真空功能，热弯管与升降顶枪连接以保证钢水冶炼中所需的充足氧气，真空槽与合金加料系统的下料溜管连接实现加料功能，移动弯管与中间的主抽气管道、两侧的连接管相连，通过移动弯管的移动来切换实现钢水冶炼的工位。

　　a　安装顺序

由于气体冷气除尘器与其他设备的接口较多，故先行安装，其他设备的安装可视设备到货情况而进行。

　　b　安装要点

（1）控制槽台车轨道的中心偏差、标高、水平度。

（2）控制热弯管四个油缸标高的相对差，以保证热弯管顶升和下降时的平稳性。

（3）控制水冷弯管上法兰的水平度，真空槽法兰的水平度，控制它们的相对标高差，以保证热弯管下压时，两处密封垫的压缩量均匀一致，提高处理站系统设备的严密性。

（4）控制移动弯管下主抽气法兰、两个连接管的法兰的水平度和相对标高，控制移动弯管轨道的水平度。

（5）保证管道对接焊缝的焊接质量，减少泄漏率，以保证整个真空系统的严密性。

处理站系统设备安装的极限偏差、公差和检验方法详见表9-23。

表9-23　处理站系统设备安装的极限偏差、公差和检验方法

项次	项　目	极限偏差（公差）/mm	检验方法
1	轨道中心线	2.0	挂线尺量
2	轨道水平度	1.0/1000	水准仪
3	轨道标高	2.0	水准仪
4	轨道轨距	+2.00	水准仪
5	同一截面轨道高低差	1.0	水准仪
6	轨道接头错位	0.5	尺量
7	轨道接头间隙	+1.00	塞尺
8	槽台车（移动弯管）跨距	±2.0	尺量
9	车轮对角线	5.0	尺量
10	大法兰中心线	2	挂线尺量
11	大法兰标高	±3.0	水准仪
12	大法兰水平度	0.5/1000	水平仪

注：大法兰包括：真空槽、水冷弯管及连接管等大法兰。

　　E　顶枪系统安装

顶枪通过热弯管上方通道进入真空槽，能够向真空槽内喷吹氧气、粉末、氮气和焦炉煤气等介质，实现吹氧脱碳、加铝吹氧升温和喷吹煤气对真空槽体和对钢液加热等功能。顶枪系统由顶枪本体、横移台车、升降装置、密封通道、横移钢轨、支撑滑轨及介质软管

组成。

安装顺序如图 9-72 所示。

a 安装要点

钢结构安装时应控制轨道梁的中心偏差、标高和水平度等。

控制轨道的中心偏差、标高、水平度等，轨道与钢结构焊接时应采取相应措施，减少钢轨的变形，保证水平度。

顶枪系统设备安装示意图如图 9-73 所示。

b 顶枪的调整

先通过增减支撑滑轮处的调整垫片，可以调节横移台车本体的垂直度，再通过增减升降装置与横移台车的调整垫可以调节升降装置的垂直度，同时保证顶枪中心与真空槽同心。

介质软管到现场后应对管口进行封堵，保证软管的清洁度，氧气软管法兰密封垫应使用聚四氟乙烯垫片，法兰螺栓应对称紧固，并保证受力均匀。

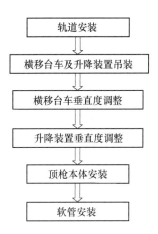

图 9-72 顶枪系统设备
安装顺序

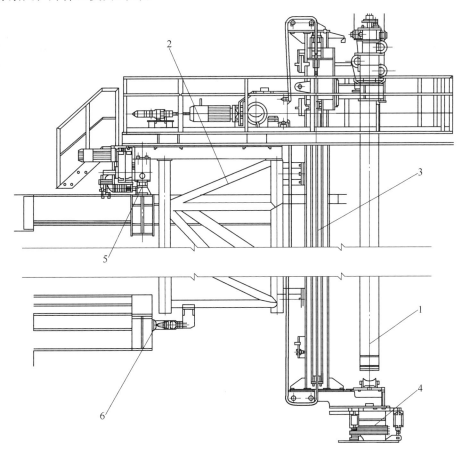

图 9-73 顶枪系统设备安装示意图

1—顶枪本体；2—横移台车；3—升降装置；4—密封通道；5—横移轨道；6—支撑滑轨

F　合金加料系统设备安装

合金加料系统设备根据加料环境的不同可以分为真空加料设备和非真空加料设备。非真空加料设备与常见的加料设备一样，主要有皮带机、振动给料器、管式振动给料机、旋转给料机、称量料斗、下料溜管等；真空加料设备是碳铝直接加料斗、废铁直接加料斗、硅钢直接加料斗、真空锁等通过一套靠法兰连接的下料溜管系统，连接至真空槽的下料口，组成了一套密闭的下料系统，通过这套密闭的下料系统，可以在不破坏真空的情况下，向真空槽内加入冶炼不同钢种所需的各种合金原料。

如图 9-74 所示，加料系统设备均为单体设备，安装比较简单。

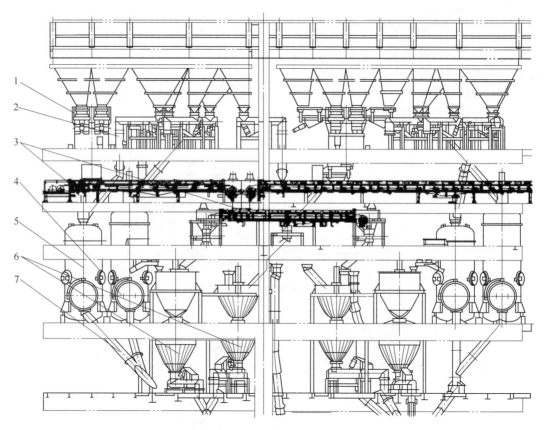

图 9-74　加料系统立面布置图

1—振动给料机；2—管式振动给料器；3—皮带机；4—硅铁直接加料斗；

5—废钢直接加料斗；6—真空锁；7—下料溜管

G　真空加料设备安装时注意事项

（1）应根据密封槽选用合适的 O 形密封圈，密封圈的压缩量为 40% 左右。

（2）设备安装前的法兰连接面必须清洁、干净，所有密封均应按照图纸和文件中要求安装。法兰螺栓拧紧过程中，必须逐渐同步拧紧，不允许将一侧拧紧后再拧紧另一侧。

（3）真空下料斗中与密封相关的锥阀安装时，应保证锥阀密封圈的完好性，并拉杠垂直，以保证锥阀密封的严密接触。

（4）下料溜管折点安装时，应让角度尽量大使其过渡圆滑，减少物料对下料溜管的磨损，延长下料溜管使用寿命。

（5）管式制动给料机安装时，应让进料口高于出料口，其管体的倾斜度为5%左右。

（6）为保证称量的准确，称量料斗本体不应与工艺平台有接触，三个称量元件在一个水平面上。

9.2.8.3　LF炉设备安装

LF炉是指钢包精炼炉，其主要是使用钢包车将钢液运输至冶炼位，通过电极对钢液进行夹杂、脱硫、吹氩搅拌等，其主要包括本体设备和上料系统设备，由于上料设备均为常规设备，在此不作赘述。

如图9-75所示，某双工位LF炉，其本体设备主要包括旋转炉臂及电极提升机构、炉盖提升与炉盖机构、钢包车、喂丝机、顶吹氩枪、测温取样等设备。

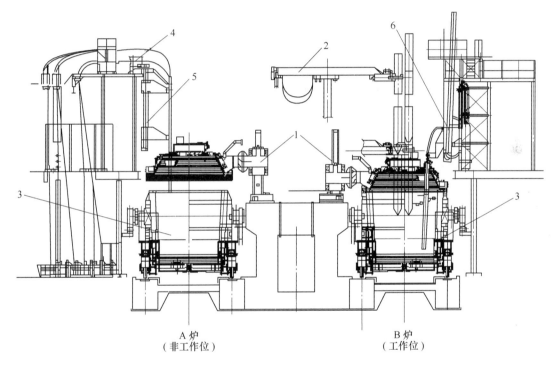

图9-75　双工位LF炉本体设备示意图

1—炉盖提升与炉盖；2—旋转炉臂及电极提升；3—钢包车；4—喂丝机；5—测温取样装置；6—顶吹氩枪

A　炉盖提升与炉盖安装

炉盖提升与炉盖机构主要包括炉盖立柱、导轮、提升液压缸、提升臂、炉盖和防护罩等组成，如图9-76所示，其中炉盖立柱是该系统设备的安装基准，所以立柱的安装质量尤为重要。

安装顺序如图9-77所示。

a　炉盖立柱及提升液压缸安装

炉盖立柱安装时应控制横纵向中心线、标高和垂直度，然后对地脚螺栓进行对称紧固。

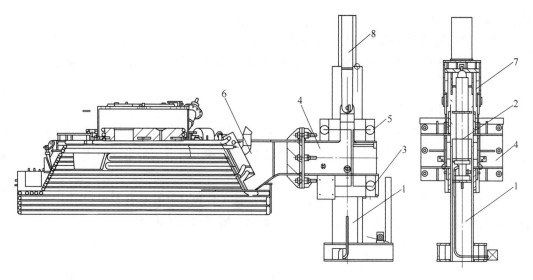

图 9-76　炉盖提升与炉盖安装示意图

1—炉盖立柱；2—提升液压缸；3—下部导轮；4—提升臂；5—上导轮；

6—炉盖；7—提升臂与液压缸的连接框架；8—保护罩

提升液压缸安装时应保证垂直度，且其与立柱之间的间隙均匀。

　　b　导轮及提升臂的安装

　　下部导轮在水平状态下使用临时支撑与立柱底座固定，并保证其与立柱之间的间隙均匀，然后调整四个导轮压实立柱，再安装和找正提升臂和上部导轮，最后焊接上下导轮与提升臂之间的角焊缝。

　　c　提升臂与液压缸的连接框架安装

　　拆除下部导轮与立柱底座之间的临时支撑，将提升臂提高到适当位置，安装连接框架。

　　d　炉盖的安装

　　炉盖与提升臂之间通过螺栓、绝缘套筒、绝缘板及调整垫连接，通过调整垫来保证其横纵向中心线。

　　炉盖提升与炉盖安装极限偏差、公差和检验方法详见表 9-24。

　　B　旋转炉臂与电极提升装置安装

　　如图 9-78 所示，旋转炉臂与电极提升装置主要由旋转炉臂、立柱支撑、导轮、电极立柱、限位装置构成。

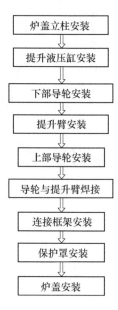

图 9-77　炉盖提升与
炉盖系统安装顺序

表 9-24　炉盖提升与炉盖安装的极限偏差、公差和检验方法

项次	项　　目	极限偏差（公差）/mm	检验方法
1	立柱横向中心线	5.0	挂线尺量
2	立柱纵向中心线	5.0	挂线尺量
3	立柱标高	±5.0	水准仪
4	立柱垂直度	1.0/1000	挂线尺量

项次	项 目	极限偏差（公差）/mm	检验方法
5	提升臂水平度	1.0/1000	水平仪
6	炉盖横向中心线	2.0	挂线尺量
7	炉盖纵向中心线	2.0	挂线尺量
8	炉盖高低差	2D/1000	水准仪
9	液压缸水平度	1.0/1000	水平仪

注：D为炉盖直径。

a 安装顺序

如图9-79所示为旋转炉臂与电极提升机构安装顺序。

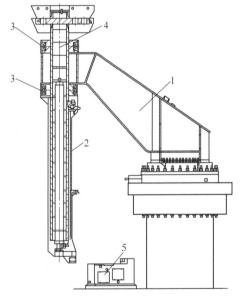

图9-78 旋转炉臂与电极提升机构安装示意图
1—旋转炉臂；2—电极立柱；3—导轮；
4—立柱支撑；5—限位装置

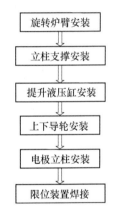

图9-79 旋转炉臂与电极
提升机构安装顺序

b 安装控制内容

旋转炉臂的横纵向中心线及水平度。

立柱支撑、上下导轮与旋转炉臂上预留孔之间的同心度，立柱支撑及提升液压缸的垂直度。

在保证导轮与旋转炉臂预留孔的同心度的情况下，方可焊接导轮与旋转炉臂之间的角焊缝。

旋转限位装置主要是保证角度偏差和水平度。

c 旋转炉臂与电极提升机构安装

极限偏差、公差和检验方法详见表9-25。

表 9-25　旋转炉臂与电极提升机构安装的极限偏差、公差和检验方法

项次	项　目	极限偏差（公差）/mm	检验方法
1	旋转炉臂横向中心线	2.0	挂线尺量
2	旋转炉臂纵向中心线	2.0	挂线尺量
3	旋转炉臂标高	±5.0	水准仪
4	立柱支撑垂直度	1.0/1000	挂线尺量
5	导轮与电极立柱间隙	≤1.0	塞尺
6	三根电极立柱的距离	±1.0	挂线尺量

C　其他设备安装

（1）喂丝机系统主要由喂丝机、进口导辊装置、出口导辊装置、提升装置及地面丝卷存放装置及护栏组成。各机构之间安装平滑过渡，以保证合金丝能够平稳输送，不出现断丝现象，另外提升装置的出口中心需与炉盖的进丝口中心重合。

（2）测温取样装置和顶吹氩枪，均属于单体总装设备，设备到货后，直接安装即可，安装时注意取样枪和氩枪分别与炉盖上对应进口重合即可。

（3）钢包车的安装可参照 RH 炉的相关内容。

9.2.8.4　VD 炉及 VOD 炉设备安装

VD 炉及 VOD 炉都是在真空状态下对钢水的二次精炼，两者在设备布置及炼钢原理基本一致，主要区别在于 VOD 炉增加了底吹氧气；对于双工位的精炼炉一般由真空罐、真空罐盖、真空罐盖车、喂丝机、移动弯管、真空泵系统组成，与 RH 炉相比就是真空处理区域的设备不同，本章主要对真空罐、真空罐盖及罐盖升降装置、真空罐盖车的安装进行叙述。

A　真空罐的安装

（1）安装前应对基础进行复测，对真空罐支撑座的预埋螺栓的中心线进行复核。

（2）真空罐是由钢板拼焊而成的圆柱形桶型结构，真空罐组对时应保证罐体的同心度、错边量及同一平面的高低差，焊缝质量应符合《现场设备、工业管道焊接工程施工及验收规范》GB 50236 焊接质量分类标准中Ⅲ级的规定。

（3）真空罐的安装应保证横纵向中心线、标高及水平度，其安装极限偏差、公差和检验方法详见表 9-26。

表 9-26　真空罐安装的极限偏差、公差和检验方法

项次	项　目	极限偏差（公差）/mm	检验方法
1	横向中心线	2.0	挂线尺量
2	纵向中心线	2.0	挂线尺量
3	标　高	±2.0	水准仪
4	水平度	0.5/1000	水平仪

B　真空罐盖及罐盖升降装置

真空罐盖是由封头、法兰、罐盖升降吊耳、升降链、液压缸及配合工艺要求的人工观察孔、工业电视摄像孔组成，其安装时应保证与真空罐的同心度、水平度及标高等，其安装极限偏差、公差和检验方法详见表9-27。

表 9-27　真空罐盖安装的极限偏差、公差和检验方法

项次	项　目	极限偏差（公差）/mm	检验方法
1	罐盖横向中心线	2.0	挂线尺量
2	罐盖纵向中心线	2.0	挂线尺量
3	罐盖下缘高低差	$D/1000$	水准仪
4	罐盖升降链条垂直度	1.0	挂线尺量
5	升降液压缸水平度	0.5/1000	水平仪
6	升降液压缸轴线与链轮轮宽中心线重合度	1.0	尺量

注：D 为炉盖直径。

C　真空罐盖车安装

真空罐盖车用来吊挂和运输真空罐盖及盖上设备，其安装可参照 RH 炉钢包车。

9.2.8.5　LATS 精炼炉安装

LATS 法又称为钢包合金化处理站，作为在常见的 RH 和 LF 等精炼工艺之外的一种经济、高效的精炼工艺，对大多数的炼钢系统而言具有广泛的适应性。以浸入式浸渍罩为技术特征的 LATS 法钢水精炼工艺具有投资少、操作方便、处理迅速等一系列技术和经济优势。LATS 法已经具备 RH 和 LF 等精炼设备中常用的升温、合金微调、底吹氩等作业手段。特别是在 RH 和 LF 炉停机检修或在同时冶炼品种钢时，LATS 已经完全具备单机接浇的能力，能为生产组织带来很多便利。其主要设备有浸渍罩本体及其提升装置，合金喂料管及其提升装置，测温取样及破渣装置，钢包底吹氩系统，氧枪装置，钢液面检测装置，合金料仓和称量系统等。

A　安装顺序

如图 9-80 所示为 LATS 精炼炉安装顺序。

B　浸渍罩提升装置安装

浸渍罩系统是 LATS 精炼炉系统的关键设备，LATS 喂料管与浸渍罩中心必须重合，安装浸渍罩提升框架导轨和喂料管导轨时注意垂直度和水平度要求。该设备安装利用精炼跨行车直接吊装就位。

C　氧枪装置

氧枪和氩枪由氧枪/氩枪本体、升降小车、氧枪提升机构和带导轨的框架等部分组成，为整体设备。在工艺平台安装完成后直接利用行车安装固定，枪体安装需保证枪体的垂直及中心。

9.2.9　炼钢附属设备施工技术

炼钢附属设备包括扒渣机、炉前电动门、挡渣车（机构）、测温取样设备、钢包和钢包烘烤器等。由于钢包及钢包烘烤器施工有一定的技术含量，下面对此重点阐述。

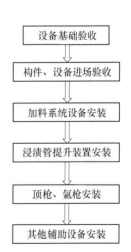

图 9-80　LATS 精炼炉
安装顺序

9.2.9.1　钢包施工技术

钢包担负着载运钢水和进行炉外精炼的双重任务。而钢包的使用寿命主要取决于钢包耐材砌筑的好坏：

（1）新钢包在砌筑前需要准备好的材料：接缝料、打结料、石棉板、T-3砖、水口座砖、透气座砖、包底和包壁的铝镁刚玉砖、渣线镁碳砖等。

（2）砌筑前在包底底部贴一层石棉板，暂时把水口砖放置在水口孔的位置。透气座砖放置在透气孔的位置上。

（3）使用打结料在石棉板上打结厚度为65mm的永久层，等待永久层自然晾干或者小火烘干。

（4）拿掉水口砖，把水口座砖固定好，在永久层上沿水口座砖和透气座砖人字形砌筑T-3砖，要求泥浆饱满，砖缝不超过2mm。

（5）包底与包壁结合部用打结料填充实在，包底要求平整。

（6）在包壁上用泥浆涂抹均匀后，贴上石棉板。然后环形砌筑T-3砖（永久层），要求竖砌。

（7）在包壁永久层上用泥浆均匀抹平，然后环形砌筑铝镁刚玉砖，4～5块加1块调整砖，大约砌7～8层。渣线部位砌筑镁碳砖，大约砌3～4层。要求工作层整体弧度紧贴永久层。砖面平整，泥浆饱满，砖缝不超过2mm。

（8）包底沿透气座砖和水口座砖部位采用人字形砌法。包底与包壁之间的空隙用打结料填满，夯实，形成斜坡，不能形成直角。

（9）钢包烘烤时间：新砌钢包24h。大修钢包（工作层全砌）12h，小修钢包（换渣线）4h。

（10）钢包烘烤完毕自然冷却8h后安装水口砖和透气芯砖。接钢水前烘烤2h。

9.2.9.2　钢包烘烤器施工技术

钢包在新砌后和盛装钢水前一般都需要烘烤，用来烘烤钢包的装置就称为钢包烘烤器，又称为烤包。钢包烘烤器有在线烘烤器和离线烘烤器两大类，离线烘烤器有立式烘烤器和卧式烘烤器两种，另外还有专门烘烤中间包的中间包烘烤器。

钢（铁）包烘烤是炼钢生产工序中的重要环节之一。主要用于新砌、冷修、干燥、周转以及在线快速升温的各种钢（铁）水罐的烘烤。烘烤装置的性能对出钢温度、炼钢作业率、炉龄等都有很大的影响。钢包烘烤介于炼钢和连铸两个主要生产工序之间，钢包烘烤温度的高低对协调整体生产有重要作用，对连铸生产的意义更加重大。

从炼钢工序到连铸工序的钢水运转中钢水的热能损失很大，其中钢包蓄热损失约占钢水热能损失的一半左右，如果不采用钢包烘烤方法，补偿钢水的热能损失，保证钢水浇注时的温度，势必要提高钢水的出钢温度，但这会带来一系列的问题。首先要提高出钢温度，就要增加冶炼时间，增加原材料消耗，提高吨钢成本；其次，使炉衬侵蚀速度加快，降低了炉龄。因此，提高钢包的烘烤温度，对降低出钢温度，提高炉体的寿命，增加钢产量，降低原材料消耗，降低吨钢成本，保证连铸的顺行都具有重要的意义。

A　机械部分

烘烤装置主要由机架、转动机构、钢包盖、助燃空气加热系统、气体旋转连接机构、风机、卷扬机、燃烧配送及电控系统所组成。动力机构是连接在机架底部的卷扬机带动摇臂进行倾翻。并且这些机构都设在远离烘烤的高温区域，以确保设备的安全正常工作。烘烤装置机座是安装在基础上的钢结构机架，在其上方安装有既可带动包盖旋转，又能将燃气和助燃空气进行输送的固定和旋转连接的空心转轴，在空心转轴前方装置有与承重臂连接的包盖，在空心转轴的后方装有旋转曲柄。烘烤作业时吊挂在悬臂前端的密封包盖呈水平状，设在包盖中心的燃烧器与被烤钢包中心线垂直调整，燃烧系统实施烘烤作业完毕后，启动卷扬机，带动分气轴旋转使悬臂连同包盖竖向上旋转摆至85°。

    B   燃烧部分

燃烧所需的燃烧介质由主混合煤气管路送入空心转轴，经转轴由臂上混合煤气管路送入燃烧器进行燃烧。

燃烧所需的空气由离心通风机提供，经由主空气管路送入空心转轴的另一端，再由臂上空气管路送入燃烧器进行燃烧。原理是燃气与助燃空气经各自的仓室反方向旋转，经多级半预混，在喷出后继续混合燃烧，增加燃气与助燃空气之间的接触面积，且将燃气也进行了预热，既能达到最佳掺混，燃气充分燃烧，又能提高火焰强度和喷射速度。而且燃烧器喷口处气流速度很高，将燃烧的高温气流射向包底，在烘烤过程中钢包底部温度高于钢包上部温度，使得包内温差不大于50℃。高速的气流还能相对地冷却喷口，使燃烧器的使用寿命提高。

9.3　连铸设备安装施工技术

把高温钢水连续不断地浇铸成具有一定断面形状和一定尺寸规格铸坯的生产工艺过程称为连续铸钢。完成这一过程所需的设备称为连铸成套设备。浇钢设备、连铸机本体设备、切割区域设备、引锭杆收集及输送设备的机电液一体化构成了连续铸钢核心部位设备，习惯上称为连铸机。

9.3.1　连铸机分类

按结晶器的运动方式，连铸机可分为固定式（即振动式）和移动式两类，前者是现在生产上常用的以水冷、底部敞口的铜质结晶器为特征的"常规"连铸机，后者是轮式、轮带式等结晶器随铸坯一起运动的连铸机。

按连铸机结构的外形可分为立式连铸机、立弯式连铸机、弧形连铸机、水平连铸机。

按铸坯断面的形状和大小可分为方坯连铸机、板坯连铸机、圆坯连铸机、异形坯连铸机、方、板坯兼用连铸机、薄板坯连铸机。

矩形断面的长边与宽边之比小于3的称为方坯连铸机；断面尺寸不大于150mm×150mm的称为小方坯；大于150mm×150mm的称为大方坯。板坯连铸机其铸坯断面为长方形，其宽厚比一般在3以上。铸坯断面为圆形的称为圆坯连铸机，直径小于350mm为小圆坯，350～500mm为大圆坯，大于500mm为超大截面圆坯。浇注异形断面的称为异形坯连铸机。在一台铸机上，既能浇板坯、也能浇方坯称为方、板坯兼用连铸机。铸坯厚度为40～80mm的薄板坯料的称为薄板坯连铸机。

上述圆坯连铸机与方坯连铸机构造基本相同，安装方法类似，下面我们重点以弧形高效板坯连铸机和方坯连铸机为例,介绍连铸机安装技术,如图 9-81 和图 9-82 所示。

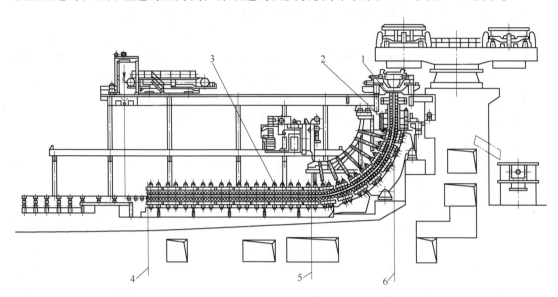

图 9-81　板坯连铸机示意图

1—结晶器;2—结晶器振动装置;3—铸坯导向装置;4—最终夹送辊;5—最终矫直点;6—外弧线

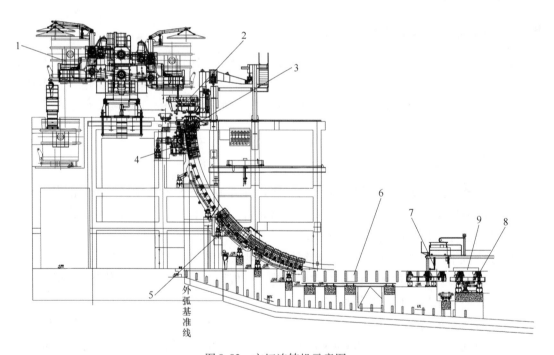

图 9-82　方坯连铸机示意图

1—钢包;2—中间包;3—结晶器及振动装置;4—电子搅拌器;5—二冷区支导装置;

6—拉矫机;7—切割装置;8—辊道;9—坯料

9.3.2　基准线和基准点的设置

安装前首先根据设计、安装以及将来对设备进行检修的需要,依据厂区控制网,结合本区设备布置图，设置纵、横基准线和永久性基准点，绘制出永久中心标板和永久基准点布置图，在图中标明永久中心标板和永久基准点的编号及设置位置。铸流立体空间内应多留设辅助基准点，用来满足调整不同位置的设备需要，基准点及中心标板的设置应充分考虑生产维修，尽量能够从二冷室密闭的窗孔贯穿。基准线和基准点的施工测量应符合《工程测量规范》GB 50026 的规定。永久性中心标板和基准点可采用铜、不锈钢材料制造。

9.3.2.1 基准线的设置

基准线设置以下几条，其他的辅助中心线由此测设，如图 9-83 所示。

设置纵向基准线两条，横向基准线四条，它们分别为：

（1）纵向基准线 Ix，设于冷却室外，与连铸机中心线平行。该线靠近传动装置一侧，距连铸机中心线的距离，可根据车间地形及测量条件需要选定，线上应有下述三个位置的标志：表示铸机外弧起始点的标准；表示铸机外弧切点的标志；表示铸机末端，输送辊道首辊轴线的标志。

（2）纵向基准线 IIx，即根据铸机流数设定的一条或多条铸机铸流设备中心线。

（3）横向基准线 Iy，即连铸机切点辊的轴线，该线上应有连铸机铸流设备纵向中心线位置的标志。

（4）横向基准线 IIy，即铸流外弧面与铅垂面的相切线，与横向基准线 Iy 平行，基水平距离等于铸流半径 R。

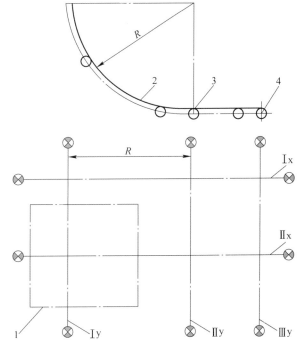

图 9-83 弧形连铸机基准线示意图
Ix，IIx—纵向基准线；Iy，IIy，IIIy—横向基准线；
1—冷却室；2—铸流外弧；
3—拉矫机切点辊；4—输送辊道起点

（5）横向基准线 IIIy，输送辊道起始辊的轴线，根据安装需要，还可增设几条横向基准线，并用经纬仪复查，是否与纵向基准线直角正交，为确保基准线的精确性，每条基准线的中心标板应埋设在同块基础上。

（6）钢包回转台纵、横向中心线。

9.3.2.2 基准点设置

（1）振动装置、正切线附近（振动装置及结晶器找正用）。
（2）基础框架底座、正切线附近（扇形段基础框架底座找正用）。
（3）钢包回转台附近（回转台及平台上设备找正用）。

9.3.3 浇铸设备安装技术

9.3.3.1 浇铸设备简介
连铸机浇铸设备包括钢包回转台、中间罐、中间罐车塞棒机构等。

9.3.3.2　钢包回转台安装

钢包回转台是连铸机的关键设备之一，起着连接上下两道生产工艺的重要作用。其设在连铸机浇铸位置上方用于运载钢包过跨和支撑钢包进行浇铸的设备。由底座、回转臂、驱动装置、回转支撑、事故驱动控制系统、液压润滑系统和锚固件6部分组成。钢包回转台可分为单臂式和蝶形两种。而单臂钢包回转台由底座、立柱、上转臂、上转臂驱动装置、下转臂、下转臂驱动装置组成。蝶形钢包回转台由底座、升降液压缸、回转架、钢包支座、回转臂、平行连杆、驱动装置、防护板组成。钢包回转台如图9-84所示。

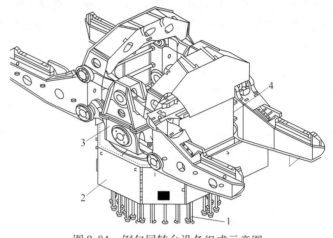

图9-84　钢包回转台设备组成示意图
1—地脚螺柱；2—底座；3—回转体；4—提升臂

A　钢包回转台安装工艺

钢包回转台安装工艺流程如图9-85所示。

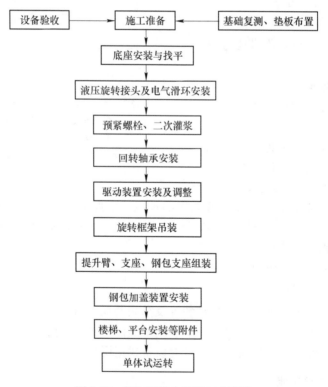

图9-85　钢包回转台安装工艺流程

B　锚固件安装

大包回转台基础设计有基础钢框架和加固钢梁，埋设入钢筋混凝土中，以承受混凝土基础较大的载荷并保证钢包回转台地脚螺栓能准确安装就位。基础钢框架由上、下法兰、螺栓套筒和拉筋组成，四根加固钢梁为钢结构制作的 H 型钢。加固钢梁是基础框架法兰及大包回转台的安装基础，它的安装精度直接影响到地脚螺栓及大包回转台的安装质量。因此，基础框架及加固钢梁的安装是一项与土建配合要求非常高的工作。基础框架及加固钢梁示意如图 9-86 所示。

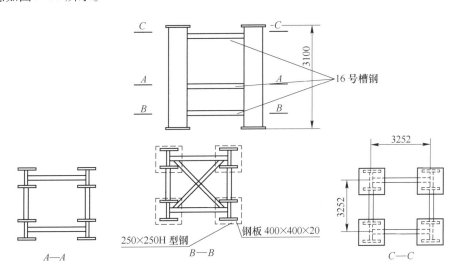

图 9-86　加固钢梁示意图

将基础钢框架吊装至已安装好的固定架上，基础加固示意如图 9-87 所示。

下部法兰的安装精度直接影响到大包回转台的安装质量，因此应严格控制下部法兰的中心线，便于安装时调整；将大包回转台的安装纵、横中心线、设计标高，用经纬仪和水准仪投放到已固定好的加固钢梁上，采用临时垫板在下法兰下进行调整其标高和水平度，再在临时垫板上移动下法兰，使基准线中心线与法兰中心线对齐；安装精度

图 9-87　基础框架加固示意图

为：位置偏差：±1.0mm；标高偏差：±1.0mm；水平度：0.05/1000。

C　大包回转台底座安装与找平

根据工厂发货状态，底座与传动装置连成整体，首先利用浇筑跨行车将底座吊运至大包回转台的连铸机中心线靠中间罐轨道中间区域，下部用道木垫至大包回转台基础水平高度，道木上方铺设两块 40mm 钢板，两块钢板之间涂抹润滑油脂或滚杠，在钢水接受跨北面设置一套滑轮组，利用行车滑移整个底座，当底座处于浇注跨和接受跨分界的行列线正下方之后，如图 9-88 所示，利用事先设置的扁担梁，采用浇注跨行车与接受跨行车共同抬吊底座至安装位置。底座吊装时，注意底座上驱动装置安装位的方向。

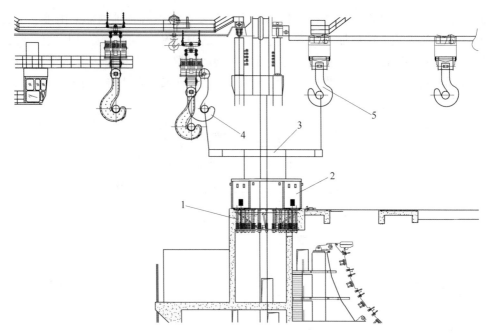

图 9-88　钢包回转台底座吊装示意图

1—大包回转台基础；2—大包回转台底座；3—扁担梁；
4—钢水接收跨起重机；5—浇注跨起重机

　　钢包回转台底座安装按规范要求：中心线 ±1.5mm，标高 ±1mm，水平度 0.05/1000mm。底座安装时，必须使其上的 S 点（制造厂预组装精准点）垂直于铸流方向的回转体中心线上。钢包回转台底座找正好，利用液压扳手分两次进行地脚螺栓紧固，并用记号笔做好标记，以防遗漏。第一次按设计值得 70%，然后待上部部件设备就位后，再按设计值最终紧固，紧固按交替、对称施拧方式进行。

　　D　回转体安装

　　回转体吊装如图 9-89 所示，回转体吊装是大包回转台安装中最重、最难的部件，也可以将下连杆先组装在回转体上一起同时吊装；吊装方法与底座吊装方法基本相同，但吊装的空间相对狭窄。吊装时派专人指挥，在回转体回钩时动作要缓慢以免碰坏回转轴承。

　　回转体安装技术要求及注意事项：

　　（1）中心线 ±1mm，标高 ±1mm，水平度 0.05/1000mm。

　　（2）回转体安装紧固使用双头高强螺栓，拧紧扭力值按设计要求，采用扭力扳手应对称、逐级拧紧。安装时同时要保证回转体与底座标示点重合。底座内应安排人员监控，以防旋转接头和电气滑环及其支架受压。

　　（3）吊装旋转框架，首先准备 2 条 M42×400mm 长的螺栓作为导向定位用，就位后、紧固螺栓件，安装防护罩。

　　E　"提升臂 + 支架"整体安装

　　"提升臂 + 支架"整体设备卸车后，采用浇注跨行车吊至钢包操作平台的安装位置附近，用 8 个挡块（每只腿 4 个）与一块 2000×8000×40 钢板将其焊接成一个整体，在设

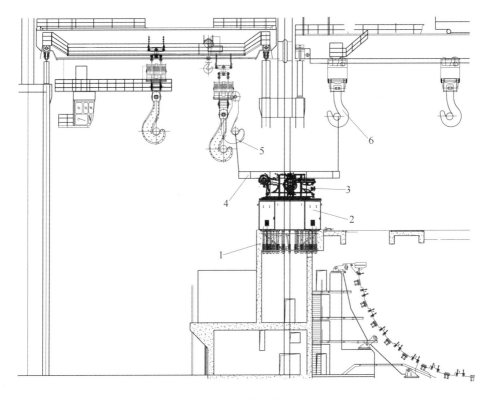

图 9-89 回转体吊装示意图

1—大包回转台基础；2—大包回转台底座；3—回转体；4—扁担梁；

5—钢水接收跨起重机；6—浇铸跨起重机

备至浇注跨和接受跨分界的行列线区域的混凝土平台上放置 200×200×1500 道木 40 根，其上再放置 150×1850×11000 钢坯两块，形成"提升臂 + 支架"移动通道后，将"提升臂 + 支架"整体吊于 150×1850×11000 钢坯上，与钢板接触面上涂上黄干油，用接受跨行车副钩和 5t 卷扬机作牵引力，将设备滑移至行列线中心位置。

接受跨行车主小车向连铸中心线移动至极限位置，浇注跨行车主钩行走至极限位置，利用扁担梁，如图 9-90 所示，接受跨行车与浇筑跨行车同时起钩，当起升高度超过回转体上表面后，两车向设备就位方向同时缓慢移动，到达中心后缓慢落位。

9.3.3.3 中间罐、中间罐车塞棒机构

中间罐车由车架主体、升降机构、横移微调装置、称重装置、管路和电缆拖链等组成，结构形式有门形和半门形两种。

车体安装前，对轨道的安装精度进行检查确认，轨道安装精度要求见表 9-28，中间罐车先组装成整体，再利用该跨行车整体吊装，中间罐车组装精度要求见表 9-29，待本体就位后将升降装置安装到中间罐车车架上，并找正。称量压头安装前，车体上的焊接工作应全面结束。拖链安装前，应检查确认拖链的结构精度，拖链上的液压软管、氩气管、压缩空气管及电缆按设计的位置组装好，两边分别与操作平台、中间罐车的端子箱固定连接。

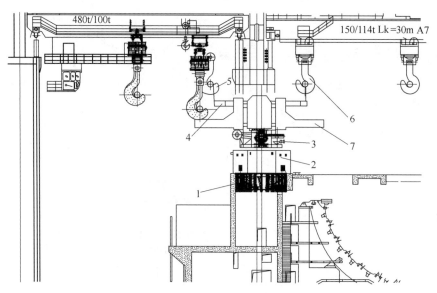

图 9-90　双车扁担整体吊装提升臂、支架

1—大包回转台基础；2—大包回转台底座；3—回转体；4—扁担梁；

5—钢水接受跨起重机；6—浇注跨起重机；7—提升臂

表 9-28　中间罐车轨道安装技术要求

序号	项　目	允许偏差/mm	检验方法
1	纵向中心线	2.0	挂线尺量
2	纵向水平度	1.0/1000	水平仪
3	标　高	±2	水准仪
4	轨　距	+2.0, 0	尺量
5	同一截面两轨道高低差	1.0	水准仪
6	接头错位	0.5	尺量
7	接头间隙	+1.0, 0	塞尺

表 9-29　中间罐车安装技术要求

项　目		允许偏差/mm	检验方法
跨度纵向中心线		±2	尺量
车轮对角线纵向水平度		5.0	尺量
同一侧梁下车轮同位差标高		2.0	挂线尺量
电缆拖带滚筒	中心线	5.0	挂线尺量
	水平度	0.5/1000	水平仪

9.3.4　连续铸钢设备安装技术

9.3.4.1　板坯连续铸钢设备

包括从结晶器到引锭杆脱开装置的所有设备，由结晶器、直弧及弧形段、矫直段、水平段、扇形段更换导轨组成。结晶器为直板结晶器，并带有宽度调节。扇形段由底座、铸坯导向架（底座框架）组成，底座安装于混凝土基础上，而导向架则固定在底座上，扇形段有垂直段、弧形段、矫直段、水平段组成，扇形段基础框架由上、中、水平三个底座框架组成，上底座框架和中底座框架为弧形框架，水平底座框架安装在水平基础上，其安装难度大，精度要求高，安装质量直接影响板坯的生产质量。

A 安装流程

铸钢设备安装工艺流程如图9-91所示。

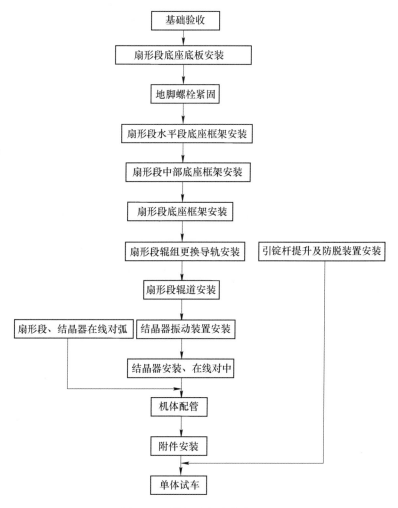

图9-91 铸钢设备安装流程图

B 扇形段底座及框架安装

安装扇形段底座框架前必须将地脚螺栓预留孔内杂物清干净，然后吊装扇形段底部底板、中部底板、顶部底板，初步找正后安装连杆一、连杆二及弧形扇形段底座框架，矫直扇形段底座框架，水平弧形扇形段底座框架一、水平弧形扇形段底座框架二。使用铸坯导向段安装工具来模拟扇形段的安装与吊出，对各弧形扇形段底座框架可通过调整垫片组及斜垫铁来调整其位置，确认各基准坐标点和坐标位置符合铸坯导向段安装图中的要求后，对地脚螺栓进行一次灌浆。为保证地脚螺栓处于底座孔的中心位置，必须在地脚螺栓与底座孔的四周接触处塞垫片，如图9-92所示。

待一次灌浆后混凝土达到设计强度后再抽出垫片，依据基准点及连铸机纵向中心线、铸流外弧线、矫直线和最终辊中心线为基准线，对扇形段支座、底座框架二次精找正。固定支座关系到弧形段整个辊列的安装精度，因此，必须采用高精度的经纬仪和水准仪配合内径千分尺，用"电声法"测量，认真找正，然后再依据固定支座找正活动支座、安装扇形段基础框架。

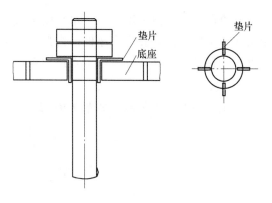

图 9-92　地脚螺栓定位示意图

扇形段框架底座安装按照从下往上的顺序进行。

严格按照图纸及规范精确检测控制，测控过程应考虑温度变化的影响，必须按照计算值进行补偿。水平底座框架安装。以连铸机纵向中心线和最终矫直中心线为基准进行安装。在扇形段结合面上和基准销上用精密水准仪测量标高，用平尺、量块和方水平检测水平度，用经纬仪测量中心线，以达到精度要求。

安装中部底座框架。首先安装固定支座和活动支座，经找正、找平达到精度后，将中部基础框架吊装就位，再用精密水准仪测量基准销标高达到要求。

安装上部底座框架。首先安装固定支座，用精密水准仪和经纬仪找正、找平，达到要求后，将上部底座框架吊装就位，检查与中部底座框架相配合是否达到要求，可在基准销上测量检查，如图 9-93 所示。上部、中部和水平基础框架初步找平找正后，拧紧地脚螺

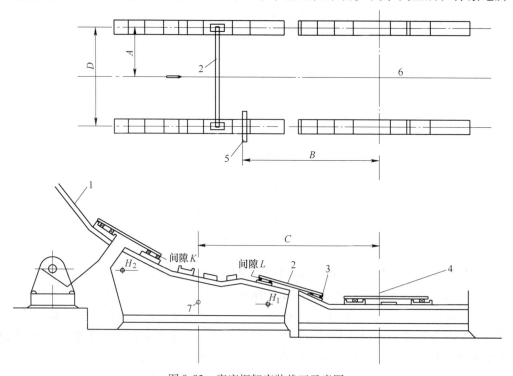

图 9-93　底座框架安装找正示意图

1—支撑框架；2—平尺；3—量块；4—矫直机中心线；5—基准棒；6—连铸机中心线；7—基准孔

栓；底座框架全部安装完毕达到精度要求后，可进行二次灌浆。

上线安装前先安装扇形段更换导轨及导向段驱动装置，导轨的定位可使用铸坯导向段安装工具。

安装时可利用浇注跨行车进行吊装，如图9-94所示为底座框架吊装示意图。

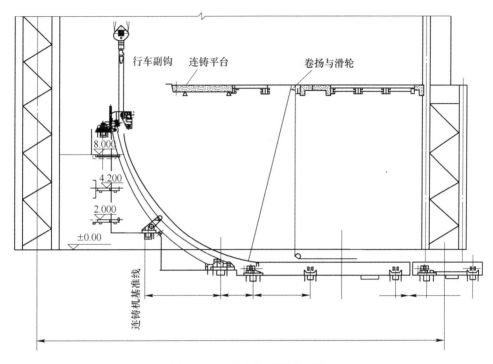

图9-94　底座框架吊装示意图

C　扇形段底座框架支座安装调整

弯曲段扇形段底座框架及安装是扇形段安装调整重点部位，框架底座在铸流方向位置尺寸安装调整，依据后缘线为安装调整基准，同一底座左右两侧的销轴中心位置偏差和中心线平行度以铸流中心线为基准。扇形段底座安装时，其高程检测必须配备精密水准仪和千分杆，中心测量主要采用挂设钢线，用电声法测量，调整时必须考虑钢线直径。

（1）底座销轴中心标高，其最大允许偏差值为±0.2mm。

（2）铸流方向底座销轴的中心偏差，其最大允许偏差值为±0.2mm；水平段扇形段框架的中心线检测以框架内侧加工面为基准点。

（3）同一标高底座两侧销轴水平度，其最大允许偏差为0.1mm。

（4）同一侧不同高度底座销轴中心线与铸流中心线的平行度，其最大公差为0.2mm。

（5）底座两侧销轴中心与铸流中心线的位置偏差，其最大允许偏差为±0.5mm。

（6）扇形段框架同一截面上扇形段安装结合面加工面水平度，其最大公差为0.1mm。

二次冷却装置安装技术要求见表9-30。

注意事项：在扇形段底座和框架安装、调整过程中，必须对扇形段框架上各段扇形段与框架的侧面和底面接触、支撑面进行全面检查、调整，如果扇形段和其支撑框架的各个支撑面安装间隙不能满足公差要求，就会导致扇形段外辊列超差，影响连铸坯表面质量。

表 9-30　二次冷却装置安装技术要求

项　目		允许偏差/mm	检测方法
底座	纵向中心线	1.0	挂线尺量
	横向中心线	1.0	挂线尺量
	标　高	±0.5	水准仪
	水平度	0.2/1000	水平仪
板坯二次冷却装置	扇形段支撑　框架支座纵向中心线	0.5	内径千分尺
	框架支座横向中心线	0.5，且两底座相对差≤0.2	
	标　高	±0.5	水准仪
	两支座底高低差	0.2	水准仪
	扇形段传动装置　纵向中心线	1.0	挂线尺量
	横向中心线	1.0	挂线尺量
	标　高	±1.0	水准仪
	水平度	0.1/1000	水平仪
	扇形段和过渡段　对　弧	0.25	对弧样板、塞尺

D　扇形段更换导轨安装

更换导轨主要对扇形段吊装就位起导向作用，其安装精度直接决定扇形段的安装精度。扇形段就位时，通过浇注平台的吊装孔，使用专用吊具，用起重机将扇形段安装就位。

先在地面按照连铸机立面布置图如图 9-95 所示，分别预组装成 A、B、C 三大榍，按照 A→B→C 顺序吊装，依次连接为整体，为防止倾倒要用揽风绳稳固。

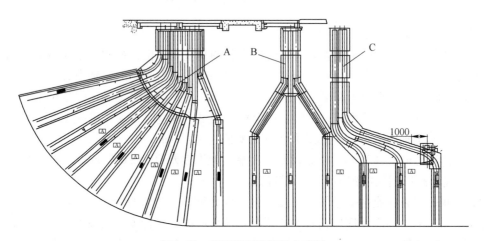

图 9-95　扇形段更换导轨立面图

为了便于安装调整，导向装置首先按照扇形段与矫直段分两路展开，一路从浇注段到水平段、一路从矫直段至垂直段的顺序调整。更换导轨安装就位，通过调整导板下的调整垫片，严格控制同一扇形段两侧导轨的"平行度"形状公差和两侧导轨中心相对铸流中心线的位置偏差，精调主要通过增减耐磨板内的调整垫片控制扇形段吊具导向轮与耐磨板之间的间隙，全部安装结束以后，用导轨检测工具逐根检查；主要安装技术要求见表9-31。

表9-31　扇形段更换导轨安装技术要求

项　目		允许偏差/mm	检验方法
构架	纵向中心线	3.0	挂线尺量
	横向中心线	3.0	挂线尺量
	标　高	±3.0	水准仪
	垂直度	<3.0	吊线尺量
更换导轨	横向中心线与扇形段导轮中心线	1.0	挂线尺量
	标　高	±3.0	水准仪
	两导轨上、中、下三对称点轨距	±2.0	尺量
	轨道接头错位	<1.0	尺量、塞尺

E　扇形段安装

扇形段吊装前，更换导轨必须安装结束，扇形段上面的连铸操作平台保持开口状态。

扇形段离线对中、检查、试漏和辊缝调整完毕后才能正式安装，离线对中及测试工艺流程，如图9-96所示。

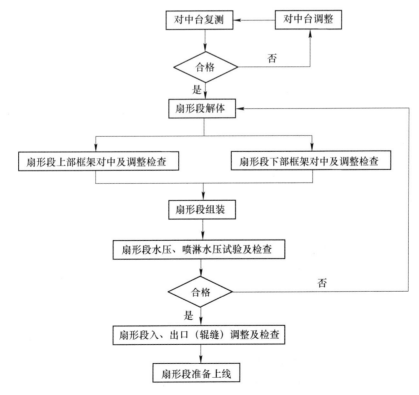

图9-96　离线对中及测试工艺流程

清除扇形段与基础框架的结合面上的油污及其他杂物。

首先安装水平段，再吊装弧形段。

拉矫机主要作用是对铸钢坯实现连续牵拉及矫直，保证铸坯生产连续进行，也保证了铸锭的平直度。具体技术要求见表 9-32。

表 9-32　拉矫机安装技术要求

项　目		允许偏差/mm	检验方法
板坯拉矫机	底　座	纵向中心线	0.5	挂线尺量
		横向中心线	0.5	挂线尺量
		标　高	±0.2	水准仪或内径千分尺
		水平度	0.1/1000	水平仪
	切点辊和各下辊	横向中心线	0.5	挂线尺量
		标　高	±0.5	水准仪
		水平度	0.15/1000	水平仪
	切点辊和各下辊	弧形段对弧偏差水平段高低差	0.5	对弧样板平尺、塞尺
	引坯导向挡板	纵向中心线	2.0	挂线尺量
	传动装置	纵向中心线	1.5	挂线尺量
		横向中心线	1.5	挂线尺量
		标　高	±0.5	水准仪
		水平度	0.1/1000	水平仪

F　扇形段内外弧调整

安装现场使内弧直接压紧在外弧上（即调到最小开口度 160°），然后仅对入口辊、出口辊处的辊间距作重新校对，如不符合要求，调整各扇形段外弧上的垫片组，以保证各扇形段内外弧之间辊间距符合要求。

每个扇形段只需测入口辊、出口辊处的辊间距，每对辊只需测三点（即三分节辊每个辊身上测一点，两边测量点距外侧轴承座 100mm，中间测量点位于辊子中心），如图 9-97 所示。

在线外弧检测示意图见图 9-98。

G　结晶器及振动装置安装

（1）结晶器由制造厂成套供货，现场不再组装，但对结晶器宽面张开夹紧装置的夹紧力图纸和安装说明书要求设置。

结晶器振动装置由液压装置与结构振动支架两部分组成，工作时可按工艺要求进行设定频率和振幅的振动；振动台用板簧悬挂以及液压振动。结晶器最基本的部件是紧凑型结晶器和振动系统。振动系统放置在基础框架上，振动系统包括两个振动发生器，每个发生器内部安置 4 套板簧。每个振动系统中在板簧中间装有振动液压缸。

结晶器配有结晶器盖，其安装在结晶器顶端。结晶器盖保护结晶器，同时也是用来添加保护渣的平台。

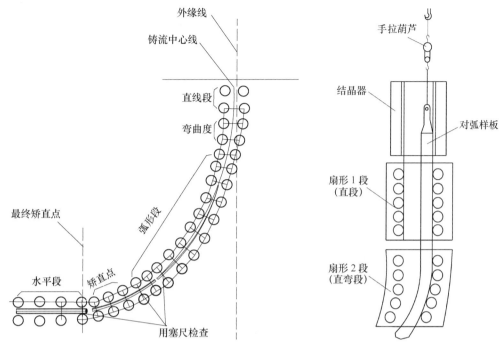

图 9-97 扇形段在线外弧检查示意图　　　图 9-98 结晶器、扇形 1 段、
　　　　　　　　　　　　　　　　　　　　　　　　　扇形 2 段对弧示意图

振动装置的底座以铸机纵向中心线和外弧线为基准进行安装。用精密经纬仪和水准仪进行找正找平。

（2）液压振动装置安装在其底座上，以定位销定位。

结晶器安装在 1 号扇形段上方的振动台架上，以定位块定位。安装结晶器时，先将其吊到振动台架上方，将对中仪放到结晶器内并卡紧，然后缓慢放下结晶器，通过对中仪，使结晶器与扇形 1 段对中。

（3）结晶器本体及机架在整体就位前与扇形段一样必须在结晶器组装对中台架上进行预装、检测、试验并满足技术文件的要求。该部分除机械设备本身外还涉及液压（调宽）、仪表测控、电磁振动、冷却水、干油润滑系统。结晶器组装对中台架必须先期安装完成，保证结晶器组装需要。

（4）结晶器和振动装置安装技术要求见表 9-33。

表 9-33 结晶器和振动装置安装技术要求

项　目		允许偏差/mm	检验方法
板坯	振动台架	纵向中心线	1.0	挂线尺量
		横向中心线	0.5	挂线尺量
		标高	±0.5	水准仪或内径千分尺
		水平度	0.2/1000	水平仪
	振动传动装置	中心线	1.5	挂线尺量
		标高	±1.0	水准仪
		水平度	0.10/1000	水平仪

续表 9-33

项　　目		允许偏差/mm	检验方法
板坯	结晶器	纵向中心线	1.0	挂线尺量
		横向中心线	0.5	挂线尺量
		与过渡段对弧	≤0.3	对弧样板、塞尺

H　扇形段在线对中

在结晶器、直弯段在线调整完成后，进行在线对中。对中时扇形段辊缝需打开到最大位置，使用样规缓缓吊入扇形段内，按图纸要求对驱动侧和非驱动侧样本和辊面的间隙分别测量，然后根据检查结果调整基础框架定位基座处的垫板组直至合格，其目的是使从结晶器开始到最终矫直点为止，辊子的排列符合设计上要求的连续弧线，最终矫直点后为水平线。

a　在线对中

直弯段与弧形段"1"对中，弧线样规插入后，以矫正开始点来校对中弧形样规的设定高度。

弧形样规和直弯规二根在操作平台上用小销轴连接在一起，用行车吊起从结晶器内轻缓地插入直弯段内，当插入到一定位置后，改用手拉葫芦吊住样规。

旋转弧形样规上附带的偏心销使弧形样规上下移动，当调整到弧形样规和直弯段的辊面完全接触后，弧形样规的高度位置就确定了。

当弧形样规定位后，用塞尺检查各辊面与弧形样规之间的间隙，并进行找正，找正的方法是增减框架和扇形段之间的垫片，使辊面与样规完全接触。

b　矫直段与相邻扇形段对中

矫直段与相邻扇形段对中包括矫直段与水平段对中和矫直段与弧形段的对中，对中采用该区间专用样规。

c　水平段对中

以最终矫直点的标高为基准，用平尺和方水平测量从矫直辊后辊子的水平度。

保持平尺的水平状态，用塞尺检查各辊面与平尺之间的间隙，并进行找正，找正的方法是增减框架和扇形段之间的垫片，使辊面与平尺完全接触。

d　弧形段在线对中

以已找正的弧形段"1"和矫直段为基准，使用这一区间的专用样规，逐段测定各扇形段辊子和样规间的间隙进行找正，使这一区间的铸造弧线平滑过渡。

扇形段对中用各种成套样规是连铸机扇形段对中的专用工具，在现场使用过程中，轻吊轻放，不可与其他杂物混放，必须单独保管，平放时支点适当，防止变形和损伤。不用时存放在保管室内。

开始使用样规前，先和母规进行校验，确认无误方可使用。在使用过程中如有疑问，必须立即与母规进行校验。

9.3.4.2　方坯连铸机安装技术

A　方坯连续铸钢设备

圆坯连铸机与方坯连铸机，构造除结晶器因铸件需要不同外，其余方坯和圆坯连铸机设备结构及工作原理基本相同,设备施工控制要点一样,下面以方坯的铸钢设备安装作为代表,介绍方坯连铸机安装技术要点。铸钢设备主要包括:结晶器及振动台、扇形段、拉矫机。

B 安装程序

弧形连铸机安装工艺流程如图9-99所示。

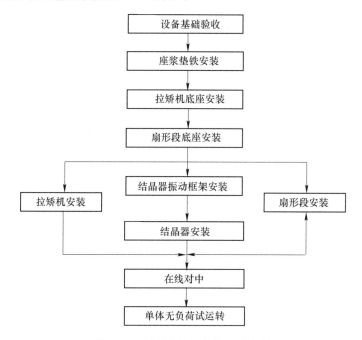

图9-99 弧形连铸机安装工艺流程

C 二次冷却装置安装

二冷段由支承导向部件、喷水冷却装置及底座等部分组成,二冷段安装如图9-100所示。

a 安装注意事项

(1)以外弧基准线和浇注中心线为基准,找准铸流中心线。

(2)根据标高确定底座的相应位置,安装完毕实测二冷导向辊的标高,通过校弧来调整。

b 安装顺序

(1)根据铸流中心线,确定二次冷却装置底座标高,并将底座就位,检验二冷导向辊与外弧线之间的距离,是否在同等的水平线上和轴线上。

(2)待振动、结晶器安装完毕后用对弧样板对弧,可通过调整底座的垫片组确保对弧精度。

(3)根据铸流中心线,确定二次冷却喷淋装置支撑架位置(或以对弧样板引锭杆为基准),安装固定板和喷淋管配水板,并根据浇注断面安装二冷喷淋管,使内外弧喷嘴对铸坯距离符合要求。

(4)安装精度符合规范要求,将测量记录填入自检表中。

c 底座安装技术要求

（1）纵、横向中心线极限偏差 ±0.5mm。

（2）纵、横向标高极限偏差 ±0.5mm。

（3）纵、横向水平度极限偏差 0.20/1000。

下弧形段与拉矫机的切点辊的对弧公差为 0.5mm，对弧应用专用弧形样板检查。二冷段的中支撑销与销孔之间应按设备技术文件的规定预留热膨胀间隙。

弧形轨道的纵向中心线极限偏差为 ±1.5mm，同一断面两轨面的高低差不得大于 2mm，接头错位不得大于 1mm。

更换小车的滑道与扇形段框架的滑道，在每扇形段更换位置的接头错位不大于 2mm。

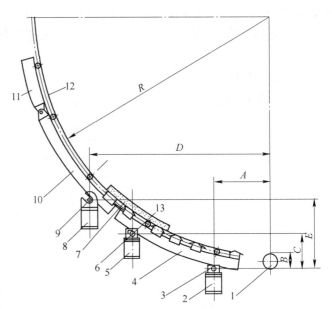

图 9-100　二次冷却装置安装示意图
1—拉矫机切点辊；2，5，8—底座；3，6，9—支撑座；
4—下弧形段；7—弧形样板；10—中弧形段；11—上弧形段；
12—铸流外弧；13—中支撑销

D 拉矫机安装

（1）安装前根据图纸尺寸，将半径变化的切点辊道的中心使用全站仪放设，同时将每个水平辊道的中心线投射到基础两侧。

（2）将拉矫机底座就位后，先使用钢线和水准仪进行底座粗找正，找正位置为各个拉矫机底座的支点中心。对倾斜的支座通过计算得出支点坐标数值，使用全站仪标出支点的中心位置，使用钢线找正整个底座。

（3）利用全站仪依次测量各个支座的中心坐标，精调底座的坐标位置。使用精密水准仪测量底座的标高。底座找正完毕后安装拉矫机和辊道，使用对弧样板对辊道进行在线对中，安装技术要求见表 9-34。

表 9-34　拉矫机安装技术要求

序号	项　目	安装允许偏差/mm	检验方法
1	底座纵向中心线	0.5	挂线尺量
2	底座横向中心线	0.5	挂线尺量
3	底座标高	±0.5	水准仪
4	底座水平度	0.1/1000	水平仪
5	切点辊及下辊纵向中心线	0.5	挂线尺量
6	切点辊及下辊横向中心线	0.5	挂线尺量
7	切点辊及下辊标高	±0.5	水准仪
8	对弧偏差	0.5	样板、塞尺

E 结晶器和振动装置安装

由中间罐水口流出的液态钢水注入结晶器，在间接强制冷却条件下迅速结晶凝固形成外部具有一定厚度的凝壳，而内部是液态铸坯。结晶器安装在振动框架上，经引锭，在结晶器凝固的同时不断地振动，在相对运动中实现连续浇注，因此，其安装十分重要。

a 安装顺序

振动台架安装找正→结晶器安装找正。

b 安装技术要求

（1）结晶器纵、横向中心线极限偏差 ±0.5mm。

（2）结晶器标高偏差 ±0.5mm。

（3）振动装置及台架纵、横向中心偏差 ±0.5mm。

（4）振动装置及台架标高偏差 ±0.5mm。

（5）振动装置及台架水平度 0.1/1000。

结晶器与足辊的对弧公差，△1≤0.2mm，与二冷段上弧段的对弧，公差△2≤0.3mm。对弧应使用专用弧形样板以结晶器的外弧面为基准进行检查，如图 9-101 所示。

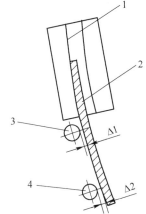

图 9-101 结晶器对弧
检查示意图

1—结晶器外弧面；2—弧形样板；
3—足辊；4—二冷段上弧段辊子

9.3.5 出坯设备安装技术

9.3.5.1 板坯出坯设备

板坯连铸机的出坯系统紧接在连铸机主机的扇形段后侧，从切割前轨道至连铸机输出最后一组轨道为止，包括火焰切割机、输出辊道、升降挡板、横移辊道、移钢推钢设备、垛板机、火焰清理设备、打号机、毛刺机等。

A 出坯区设备安装工艺流程

出坯区设备安装工艺流程如图 9-102 所示。

B 输出辊道安装

输出辊道安装的跨度大，对测量控制工作有较高的要求，因为标高的错误可能导致板坯无法正常输送到相应的位置，中心的偏差可能导致板坯"跑偏"，进而损坏有关设备，甚至造成人员伤亡等重大生产事故。同时由于辊道在生产中的连接性较强，这就要求在安装过程中要对辊道进行纵向、横向、平行度、标高的全面测控，以确保各组辊道在生产中有条不紊地衔接运转，所以，安装前科学、合理、精确地放置控制网显得非常重要。

（1）在输出区设置 4 条中心线，分别为切前第

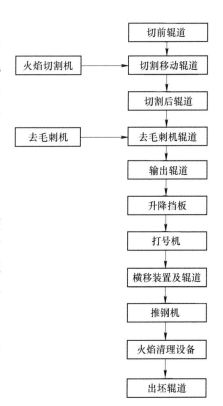

图 9-102 出坯区设备安装工艺流程

一个辊道、火切机、最后一个辊道中心线及铸流中心线等；标高点设置在切前轨道、横移右侧，形成纵、横及立体作业空间。

（2）为保证安装精度，在安装过程中做到先标高、水平后中心的原则，最后调整辊道中心与铸流中心的重合度，其中，在轨道标高找正过程中选择先粗后精的原则。

（3）用水准仪对座浆垫板的标高进行测量，要求基本控制在 −1mm 以内；在辊道安装就位后用水准仪测量辊道两端的标高，通过增减垫板来调整标高差在 ±1mm 范围内；第二次精调是通过调整辊道与基座的调整垫片来保证所有辊道面标高控制在 ±0.5mm 范围内，同一个辊道的水平度在 0.15/1000，通过粗精两次调整保证辊道在同一水平范围内。

（4）辊道进场后对辊道的中心进行分中，通过测量控制网布设的铸流中心线，引出铸流的中心线，前后挂设拉紧钢线；检查钢线线坠的落点是否与辊道刻度中心保持一致；在测量横向中心线时，根据布设的切前辊道等横向中心线返出每个辊道的模拟横向中心线，在辊道本体的相同位置两侧制作摇摆臂，保证其两侧间距离符合图纸要求即可，最后用内径千分尺测量两辊间的距离，测其两点，保证之间间距符合要求。

C　火焰切割机安装

板坯自动火焰切割机是双枪水冷式机电一体化产品，为板坯连铸机的后部主要设备，用于把矫直的铸坯切割成所需的定尺长度。工作时由铸坯带动火焰切割机同步运行，两台割枪小车作横向运动，配有两把水冷式重型割枪在板坯上方相对移动来完成切割。两枪相遇距离以及割枪至铸坯上平面的最佳高度均可调节。配置光电编码器的切割车是由位置判断装置和铸坯长度测量装置共同完成自动切割。

该设备基础框架主要由立柱、导轨梁、导轨、检修平台组成，如图 9-103 所示。

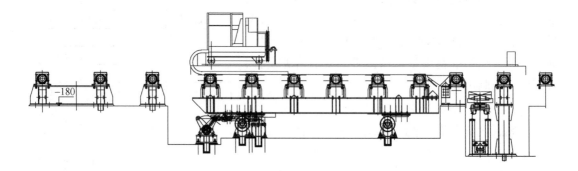

图 9-103　火焰切割机工艺布置图

火切机配有两只割枪。正常切割状态下两只割枪在自动模式下共同工作，还有两只副枪执行取样任务。当有一支枪出现故障时，另一支割枪单独完成切割。

火焰切割机主要是由火焰切割机支架和火焰切割机两部分组成，火焰切割机支架是在切割下辊道安装找正之后，再安装、找正的。

火焰切割机支架安装就位后，设备找正是按火焰切割机支架上的轨道来看标高及水平度，同时要看两轨道的平行度，防止火焰切割机安装就位后运行卡轨。

D　去毛刺机安装

去毛刺机是炼钢生产线上一种用于铲除钢坯气割边口上的钢渣的专用设备，钢坯在浇注成形后，均要按一定长度分段切割开来，然后进入传送辊道，由于切割时切口边上粘连有一条不规则的钢渣（简称钢坯毛刺），这种钢的气化物硬度较大，轧钢时可能不规则地嵌入钢板中，导致有相当长的一段钢板的表面质量不符合轧钢要求。

去毛刺机由机架、气动去毛刺横梁、液压摆臂驱动设备、毛刺废物接收设备、电气系统设备及位置检测开关等组成。

a 安装前的准备

（1）检查补偿辊辊面漆是否去除。

（2）在电动机轴上装备联轴器。

（3）安装电动机底座和制动器座。

（4）检查基础垫板。

b 安装方案

（1）拉设钢线，在毛刺机纵横向中心线上拉设钢线。

（2）用水平仪测量毛刺机的水平度和标高，且在辊面的整体长度上测量其水平度。

（3）用摇摆架测量去毛刺辊与机组中心线的垂直度。

E 切前、切割下辊道安装

切前轨道包括独立驱动的带旋转接头的单体辊，辊道安装了自调心辊子轴承，辊道由齿轮马达驱动，有焊接结构的保护罩。

辊道的横向中心线要以每组辊道的第一个辊道为基准进行定位，辊道的轴向中心线应以连铸机中心线相垂直，辊道的水平度及平行度偏差方向，不要往同一方向偏，以免由于累计误差造成板坯跑偏。辊道的找正方法用摇臂方法进行，在辊道的表面找水平度。

F 切尾和试样移出系统

切尾和试样移出系统用来快速和安全输送铸坯头尾和试样。包括卷筒驱动装置、张紧装置、小车装配、摆臂装置、轨道装置、导向装置、切头切尾筐等。每台铸机都配有移出系统，该系统为输送车位于火切窜动辊之后，移出系统的输送车通过连杆相连，由卷扬带动，当试样切割送入小车后，卷扬将小车拉出辊道，试样推出装置将铸坯切头切尾放入收集槽中。开浇前，小车必须回位，收集篮位于辊道边，试样推出装置在两个方向上由液压驱动。带吊环的收集篮在推出装置的一边。

一套取样移出装置包括：取样移出车、牵引卷扬驱动、支撑网板、试样推出装置、轨道系统、液压缸、收集槽等。

9.3.5.2 方坯出坯设备

出坯区设备主要包括运输辊道、横移车、打号机等。

A 运输辊道安装

a 运输辊道安装工艺流程

运输辊道安装工艺流程如图9-104所示。

b 安装方法

辊道安装的技术要求应按设计要求和施工及验收规范的有关条款的规定。辊道的辊子轴线对纵向中心线的垂直度至关重要，它对坯料正常运行不跑偏起关键作用。一般采用摇杆找正和测量相邻两辊道平行度的方法检测。如果连续的辊子数量较多，可以每隔一定数

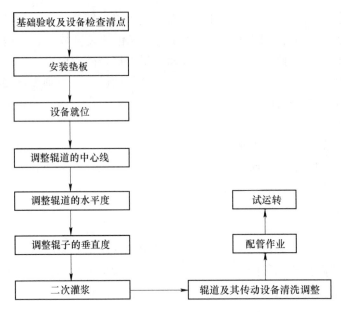

图 9-104　运输辊道安装工艺流程

量辊子用摇杆检测一个辊子，其余辊子用测量平行度的方法检测，这样既可以加快找正速度，又可以减少积累误差。辊子轴线对机组中心线的垂直公差，一般应控制在 0.15mm/m，相邻两辊偏斜方向应相反，平行度公差可控制在 0.15mm/m。

　　运输辊道的安装，标高极限偏差为 ±0.5mm，标高和水平度的检测，要视结构形式选定合理的检测表面，以辊道底座平面、轴承镗孔或滚动轴承外圈为基准，单独传动辊道也可以以辊面为基准。

　　B　横移车安装

　　a　安装顺序

　　（1）确定传动装置及拉链装置底座的相对位置及标高。

　　（2）安装传动装置及拉链装置底座。

　　（3）确定立柱的相对位置。

　　（4）安装立柱及冷床梁。

　　（5）安装轨道及拉爪小车。

　　b　技术要求

　　辊道安装技术要求见表 9-35。

表 9-35　辊道安装技术要求

序号	项　目	安装允许偏差/mm	检验方法
1	轨道纵向中心线	2.0	挂线尺量
2	轨道标高	±2.0	水准仪
2	轨道轨距	2.0	挂线尺量
3	轨道同截面两轨高低差	1.0	水准仪
4	横移车上辊道标高	±0.5	水准仪
5	横移车上辊道水平度	0.15/1000	水平仪

C 打号机安装

首先安装找正打号机支架，然后就位打号机。打号机的安装偏差见表9-36。

表 9-36 打号机安装技术要求

序号	项 目	安装允许偏差/mm	检验方法
1	纵向中心线	1.5	挂线尺量
2	横向中心线	1.5	挂线尺量
3	标 高	±1	水准仪
4	水平度	0.3/1000	水平仪

9.3.6 离线设备安装技术

9.3.6.1 离线设备简介

连铸离线设备主要包括中包离线烘烤设备、结晶器离线对中、中间罐离线维修、扇形段离线清洗、翻转、对中等；主要对连铸机在线设备辅助检测，确保在线设备的功能稳定。

9.3.6.2 结晶器对中台安装

结晶器对中台由传动装置、旋转框架、下部夹持器及对中样板组成。安装时主要检测旋转框架的水平度，具体安装偏差见表9-37。

表 9-37 结晶器对中台安装技术要求

序号	项 目	允许偏差/mm	检验方法
1	纵向中心线	2.0	挂线、尺量检查
2	横向中心线	2.0	挂线、尺量检查
3	标 高	±3.0	水准仪
4	水平度	0.15/1000	水平仪

（1）垫板设置，采用座浆法施工，垫板施工时控制其标高误差在 -0.1~0mm 范围内，纵横向水平度控制在 0.02% 范围内。

（2）对中台柱的中心找正，在对中台铸流方向一侧和另一侧中心上拉设 0.5mm 钢丝线，分别测量柱中心到钢丝线的距离。

（3）对中台支座面标高的找正，在对中台附近架设水准仪，用塔尺在支座基准面上观测支座面的高程（必须控制在规范范围内），如有偏差，可调整支座面下的调整垫片，再以基准面标高为基准，在支座基准面框架上立塔尺，观测支座基准面和高程，并记录调整。

（4）框架垂直度，在框架一侧挂设线坠，用内径千分尺测量上下框架面到线坠的距离，需控制在 0.03% 之内。

（5）对中台支座面的水平找正，在对中台支座面上放置精密水准仪，检查单个支座的横向、纵向水平偏差，其偏差的的方向应相对或相反，同时在铸流方向一侧和另一侧的水平支座面上分别放置一根平尺，用精密水准仪检查两侧的两个支座面的纵横水平偏差，其值小于 0.05%。

结晶器对中台安装示意如图 9-105 所示。

9.3.6.3　扇形段对中台安装

扇形段离线对中台是检查单台扇形段辊子组的相对尺寸偏差，其对中安装质量的好坏是决定离线对中的关键，也同样决定扇形段在线对中精度。

扇形段对中台安装示意如图 9-106 所示。

垫板设置，采用座浆法施工，垫板施工时控制其标高误差在 -0.1~0mm 范围内，纵横向水平度控制在 0.02% 范围内。

对中台柱的中心找正，在对中台铸流方向一侧和另一侧中心上拉设 0.5mm 钢丝线，分别测量柱中心到钢丝线的距离。

对中台支座面的标高找正，在对中台附近架设水准仪，用塔尺在支座基准面上测 4 个高程高差，均应要求达到设计标高。

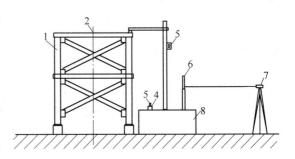

图 9-105　结晶器对中台安装示意图
1—对中台框架；2—中心线；3—线锤；4—平尺；
5—框式水平尺；6—塔尺；7—水准仪；
8—对中台支座；9—内径千分尺

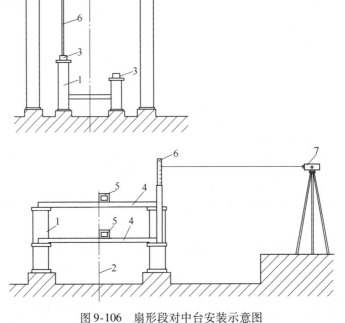

图 9-106　扇形段对中台安装示意图
1—对中台框架；2—中心线；3—支座；4—平尺；5—框式水平尺；6—塔尺；7—水准仪

扇形段对中台与结晶器对中台安装方法相同。

9.4 液压润滑系统安装技术

炼钢的液压主要集中在铁水预处理倾翻液压、转炉事故液压、LF 精炼炉的提升液压、RH 真空精炼的顶升液压、连铸机的钢包回转升降、结晶器振动台、弧形段定尺调整等液压系统。

在整个炼钢设备的液压系统中，除板坯连铸的液压系统施工难度大、技术要求高以外，其他设备的液压系统相对较简单。下面就板坯连铸机系统的液压施工过程进行重点阐述。板坯连铸液压系统内包含主泵站、伺服系统、液压缸、阀台等，管道型号为 $\phi12 \times 2$、$\phi30 \times 5$、$\phi114 \times 17$ 等不锈钢无缝钢管，材质为 0Gr18Ni9，管道规格多达 16 种，总液压管线（不同规格）约 2 万多米。设计压力 20MPa，液压油清洗清洁度达到 NAS7 级。

由于润滑系统施工程序与液压系统类似，本章中不作具体阐述。

9.4.1 液压系统施工工艺流程

液压系统施工工艺流程如图 9-107 所示。

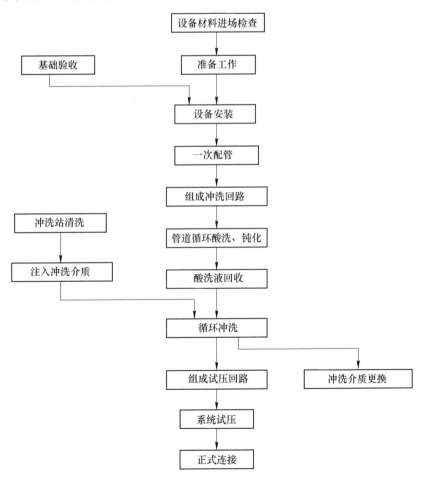

图 9-107 液压系统施工工艺流程

9.4.2　液压设备安装

9.4.2.1　设备及元件安装前的检查及液压设备安装基本要求

（1）设备及元件必须具有制造厂的合格证明书。

（2）对具有制造厂合格证明书的设备及元件还应按下列要求进行外观检查：

1）型号、规格必须与设计相符。

2）整体构造应完整无缺，外露零件应无损坏。

3）所有外露的油、气口必须封闭。

（3）对油箱、冷却器、截止阀和闸阀的检查尚应符合下列规定：

1）涂漆油箱的漆层必须完好，漆层或防锈剂涂层应无返锈现象。

2）油箱的焊缝经外观检查有损伤迹象时，应用煤油对焊缝作渗漏检查。

9.4.2.2　设备及元件安装

A　泵的安装

（1）离心式泵轴向水平度公差为 0.1/1000，水平安装的容积式泵轴向水平度公差为 0.5/1000。

（2）泵的纵、横向中心线极限偏差均为 ±10mm。

（3）标高极限偏差为 ±10mm。

（4）泵与电机的联轴器装配应符合有关规范的要求，对制造厂装配的联轴器也进行检查，如不符合规定，必须重新调整。

B　油箱、滤油器、冷却器的安装

（1）油箱、滤油器和冷却器的水平度公差或铅垂度公差为 1.5/1000。

（2）纵、横向中心线极限偏差均为 ±10mm。

（3）标高极限偏差为 ±10mm。

（4）油箱、滤油器和冷却器的各连接油、气口在安装过程中不得无故敞开。

C　液压元件安装

（1）控制阀应安装在便于操作、调整和维修的位置上，并应有牢固的支撑。

（2）滑阀式换向阀安装后应使滑阀轴线在水平位置上。

（3）伺服阀和比例阀必须在整个系统管道冲洗完毕后安装。

（4）压力继电器应安装在无震动的位置上。

（5）安装液压缸时应使其中心线与负载中心线一致，避免液压缸承受过大的偏心负荷。

（6）安装脚架固定式液压缸前，应对脚架安装底板表面进行检查和清理，不得使液压缸安装后变形。安装长行程、工作环境变化大的脚架固定式液压缸时，有长孔一侧的地脚螺栓不应拧得过紧。

（7）安装阀架时，其水平度公差或铅垂度公差为 1.5/1000。

（8）安装蓄能器时，其铅垂度公差为 1/1000，蓄能器安装后必须牢固固定。

9.4.3　液压管道安装

9.4.3.1　配管作业实施前的现场技术确认

（1）依据布管平面图及设备图确认安装好的泵站和阀台的设备、型号、规格和位置是否正确。

（2）依据液压系统图确定每个执行机构（油缸、油马达）的管接头的序号。即依据系统图中控制阀组的管接头编号，编定每一个油缸的管接头序号，使其相互对应。

（3）以上两步工作确认完毕后，便可依据布管图和现场的实际情况，确定每排管组的每根管道的排列顺序走向，支架形式、位置和排气阀的设置数量和位置。

9.4.3.2　质量标准

液压系统安装技术要求见表9-38。

表9-38　液压系统安装偏差要求

序号	检查项目		安装偏差要求/mm	备注
1	油箱	纵横向中心线	10	
2		标　高	±10	
3		水平度	1.5/1000	
4	阀台	纵横向中心线	10	
5		标　高	±10	
6		水平度	1.5/1000	
7	管道安装	水平管平直度	2.0/1000，且≤30	
8		立管垂直度	3.0/1000，且≤20	
9		坐标位置	15.0	
10		标　高	±15	
11		相邻管子外壁（管件）距离	≥10	
12		同排管子法兰、活接头错开距离	≥100	
13		穿墙管加套、接头位置与墙面距离	≥800	
14		管道法兰对接平行度	1.5d/1000	

注：d为法兰直径。

9.4.3.3　支架设置

（1）管道支架安装前应先确定作为基准的支架，以基准支架来确定各支架的高度、水平及位置，以保证同一类管组的支架支撑面在同一个平面上。

（2）支架设置应便于管道定位、装拆，应按图纸中的布置图安装。

（3）支架之间距离取决于管子的外径，因此要严格按照施工图纸中的标注设置。

9.4.3.4　管道加工

管道的加工宜采用机械方法进行，以减少对管道的污染：

（1）切断：使用锯床，管刀或人工锯切，不允许采用火焰切割。

（2）弯曲：管直径 DN≤40 可用液压弯管机冷弯曲，大直径的管子可用冲压弯头，弯曲部位不得出现折皱和较大的椭圆变形。

（3）坡口：使用坡口机或锉刀坡口，不得使用角向磨光机开坡口，以免使磨料溅入管口。

（4）管子坡口时，要特别注意去掉加工毛刺，并将管口金属屑清理干净，以保证焊缝质量，见表 9-39。

表 9-39　管道坡口切割要求

序号	壁厚 T	坡口	坡口形式	间隙 C/mm	钝边 P/mm	坡口 α/(°)
1	3~6	I 形		0~2.5		
2	3~9	V 形		0~2.0	0~2.0	65~75

（5）不锈钢管管道加工：

1）不锈钢管的切断宜采用锯割（用钢锯）、砂轮磨割、等离子切割等方法进行。

2）不锈钢管不允许用氧-乙炔焰切割。因为用氧-乙炔焰切割过程形成一种难熔的氧化铬，其熔点高于管材的熔点，很难切断。

3）不锈钢管道的坡口应用电动坡口机、手动坡口器等机械进行加工。

4）不锈钢管道具有韧性大、高温力学性能高、切削黏性强和加工硬化趋势强等不利因素，切削时速度一般只能采用碳素钢的 40%~60%，切削刀具应用高速钢或硬质合金钢制作。

5）不锈钢管与碳钢制品接触处应按设计要求衬垫不含氯离子橡胶、塑料、红柏纸等，使不锈钢管道避免受到腐蚀。

9.4.3.5　管道安装

A　敷管顺序

（1）先敷设重要的管道、大口径管道。

（2）高处配管组列应从最上处的一根管道向下敷设。

（3）低处配管组列应从最下处的一根管道向上敷设。

（4）平行配管组列应从最里面的一根管道向外敷设。

B　管道组装要求

（1）尽可能水平或垂直排列，避免交叉。

（2）弯曲角度优先采用 90°、60°、45°、30°。

（3）管子间距要满足连接和扳手空间要求（外壁间距不小于 100mm），如图 9-108 所示。

（4）同排管子的连接件错开（不小于 100mm）。如图 9-108（b）所示。

（5）穿墙管的连接件尽可能远离墙壁（必须满足操作空间）。

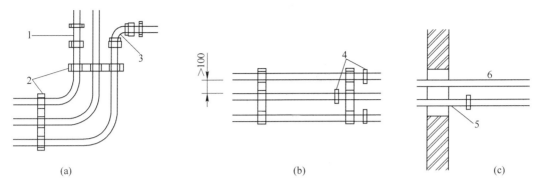

图 9-108　配管要求示意图

（a）弯管安装示意图；（b）接头安装间距示意图；（c）穿墙管道安装示意图

1—接头；2—拐角；3—弯头接头处；4—接头应错开；

5—穿墙处连接件应有足够操作空间；6—蒸汽管道

（6）蒸汽管要远离液压管或者装在液压管上方，如图 9-108（c）所示。

（7）管子必须用管夹固定，不许直接焊在支架和设备上。

（8）管子对中要准确，强力对口往往会造成漏油。

C　管道安装注意事项

管道安装还应注意以下几点：

（1）随时清除管内杂质，封闭管口，防止灰尘漏入。

（2）排气塞装在管子的相对高点和靠近油缸处。

（3）双缸同步回路的管道，尽可能对称敷设。

（4）泵和马达的泄漏管要高于泵和马达。

（5）支架间距要符合施工图纸要求，当图纸无明确规定时，应按表 9-40 要求进行。同时要求靠近元件进出口，弯管曲率起点和软管接头附近应设支架。管道支架要固定牢靠，不得在电缆桥架支架上焊接管道支架。调试过程中，如有振动，就必须视情况增加或修改管道支架。

表 9-40　管道支架间距要求　　　　　　　　　　　　（mm）

管子外径	~10	10~25	25~50	50~80	>80
支架间距	500~1000	1000~1500	1500~2000	2000~3000	3000~5000

9.4.4　管道焊接

液压管道的焊接均采用氩弧焊或氩弧焊打底手工电弧焊盖面焊接，焊接二次线必须用专用卡具接在焊接处，以免损坏阀台电气元件。

9.4.4.1　焊条、焊丝的选用

应按照母材的化学成分、力学性能、焊接接头的抗裂性、焊前预热、焊后热处理及施工条件，参照表 9-41 和表 9-42 选用焊条、焊丝。

表 9-41 同种钢焊接选用的焊接材料

钢 号	手工电弧焊焊条		氩弧焊丝
	型 号	对应旧型号	型 号
Q235-A、FQ235-A、10、20	E4303	J422	H08Mn2SiA
20R、20g	E4316	J426	H08Mn2SiA
	E4315	J427	H08Mn2SiA
16Mn	E5003	J502	
16MnR	E5016	J506	H10Mn2
16MnRC	E5015	J507	
0Cr18Ni9Ti	E0-19-10Nb16	A132	H0Cr20Ni10
	E0-19-10Nb15	A137	

表 9-42 异种钢焊接选用的焊接材料

钢 号	手工电弧焊焊条		氩弧焊丝
	型 号	对应旧型号	型 号
Q235 + 16Mn	E4303	J422	H08Mn2SiA
20、20R + 16MnR、16MnRC	E4315	J427	H08Mn2SiA
	E5015	J507	H08Mn2SiA
Q235 + 15CrMo	E4315	J422	H08Mn2SiA
Q235 + 15CrMo			
16Mn + 15CrMo	E5015	J507	
Q235 + 0Cr18Ni9Ti	E1-23-13-16	A302	
	E1-23-13-Mo2-16	A312	

9.4.4.2 焊接要求

（1）焊工必须持有施焊部位的有效合格证书。

（2）根据母材选择焊接材料，并进行焊接前处理。

（3）焊口内外表面进行焊接前处理（清除 20mm 范围内的油、水、漆、锈等）。

（4）管道对口要齐，Ⅱ级焊缝要求的管口错边≤10% 的管子壁厚且不大于 1mm；Ⅲ、Ⅳ级焊缝要求的管口错边≤20% 的管子壁厚且不大于 2mm。

（5）定位焊缝的长度、高度和间距，应保证焊缝在正式焊接时不至于开裂，点焊应根据管径确定定位焊的数量，最少不应少于 3 处。

（6）定位点焊后，检查若发现焊肉有裂纹等缺陷，应及时处理。

（7）能够转动焊接时，应尽量减少仰焊，以提高焊接速度，保证焊接质量。

（8）严禁在坡口之外的母材表面上引弧和试验电流（应使用引弧板），防止电弧擦伤母材，组对管材的卡具应与母材相同，拆除后应将焊疤打磨至母材表面齐平。

（9）施焊时应保证起弧和收弧处的质量，收弧时应将弧坑填满；多层焊的层间接头错开。

（10）多道焊缝时每道焊缝均应焊透，且不得有裂纹、夹渣、气孔、砂眼等缺陷。焊缝表面成型良好。

（11）不锈钢管一般不宜直接与碳素钢管件焊接，当设计要求焊接时，必须采用异种钢焊条或不锈钢焊条。

（12）不锈钢管的焊接要求基本与碳素钢管相同。所不同的有以下几点：

1）焊工使用木锤子和不锈钢刷子，这样可以防止不锈钢发生晶间腐蚀。

2）焊接前应使用不锈钢刷及丙酮或酒精、香蕉水对管子对口端头的坡口面及内外壁30mm 以内的脏物、油渍仔细清除。清除后应在 2h 内施焊，以免再次沾污。坡口面上的毛刺应用锉刀或砂布清除干净。

3）焊前应在距焊口两侧 4~5mm 外，涂一道宽 100mm 的石灰浆保护层，待石灰浆自然干燥后再施焊，也可以用石棉橡胶板或其他防飞溅物进行遮盖。

4）焊接时，不允许在焊口外的基本金属上引弧和熄弧。停火或更换焊条时，应在弧坑前方约 20~25mm 处引弧，然后再将电弧返回弧坑，同时注意每次焊接应在盖住上一段焊缝 10~15mm 处开始。

5）不锈钢管道的焊接焊条应与母材相同。焊条使用前应在 150~250℃ 温度下烘干1h，使焊条保持干燥。

6）氩弧焊时，氩气的纯度要求达到 99.9% 以上；氩气瓶立式放置，输气带尽量短；管内必须通保护气体，正式焊接前必须在引弧板上施焊，确认无气孔后再正式焊接。

7）不锈钢管同一焊缝返修不能超过两次。

8）不锈钢管道安装完毕后，应进行水压试验及冲洗，所用的水中含氯离子不能超过25×10^{-6}。

9.4.4.3 X 射线检查与返工

（1）按设计图纸要求的压力等级确定管道射线检查抽检量的百分比。

（2）外观检查合格后再进行射线检查。

（3）按比例检查不合格者，应加倍抽查该焊工的焊缝，如达不到规定要求合格者，则需全检。

9.4.5 管道酸洗和冲洗

9.4.5.1 管道酸洗

A 循环酸洗设施部件

（1）酸洗泵：酸洗泵的流量和扬程必须满足工程需要。酸洗泵为不锈钢离心泵或 AFB型不锈钢耐酸泵。

（2）耐酸阀门：隔膜阀、不锈钢截止阀或闸阀。

（3）酸洗槽：不锈钢板加工制作而成。

（4）压力集流管：连接并同时酸洗多根液压润滑管道酸洗回路，同时通过调节压力集流管上的阀门开度，实现每根酸洗回路的管道酸洗程度近似一致。

（5）耐酸软管：一般选用 $P_N = 1.0MPa$ 的夹布耐酸胶管（图 9-109）。

（6）压力表：耐酸碱腐蚀，量程为 0~1.6MPa。

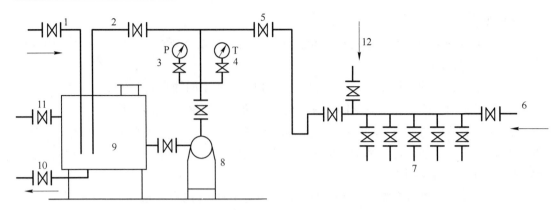

图 9-109　在线循环酸洗示意图

1—酸洗回油管；2—回酸管；3—压力表；4—温度表；5—耐酸阀门；6—接油冲洗装置；
7—压力集流管；8—酸洗泵；9—酸洗槽；10—排污管；11—水源；12—压缩空气

（7）温度计：耐酸碱腐蚀，带金属保护外壳的温度计，量程为 0～100℃。

B　管道酸洗工艺流程

回路组成→吹刷→试漏→脱脂→水冲洗→酸洗→中和→钝化→水冲洗→干燥→准备油冲洗

C　管道酸洗一般规定

（1）管道酸洗应在管道配制完毕且已具备冲洗条件后进行。

（2）酸洗、油冲洗临时配管采用氩弧焊打底，电弧焊盖面以保证其清洁度与焊接质量。

（3）酸洗前必须将与管道相连的设备（正式泵站、阀台、执行机构）分开，管路上所有怕酸蚀的部分应涂上油脂加以保护。

（4）一个酸洗回路的长度控制在 100～200m，管径 DN≥80 时，应在高点设排气阀，低处设排液阀，以保证每个部位均能充分酸洗到，并且残液易于排放干净。

（5）所有的主集油管管道的支管必须安装一个截止（隔离）阀，使远离冲洗装置的每一组管道均能按照顺序得到冲洗。

（6）酸洗液应处理合格，符合工业废水排放标准后（如 pH = 6.5～9.0）才能排入指定地点或下水道，避免造成环境污染。

（7）酸洗液的浓度和各成分的比例应根据管道的锈蚀程度和酸洗用水的水质确定。

（8）管道酸洗用水必须洁净；酸洗后管路干燥若用压缩空气吹扫，则所用压缩空气必须干燥，洁净。

（9）管道酸洗应根据锈蚀程度、酸洗浓度和温度，掌握好酸洗时间，不得造成过酸洗。

（10）管道酸洗复位后，应马上进行循环油冲洗。

D　质量标准

管道内壁呈现金属本色，锈蚀、氧化皮、油污全部除尽，管道内壁清洁度为 B0 级（相当于 St3 级），无过酸洗现象（内壁发毛），钝化成膜良好，无返浮锈现象。

E　判定方法

采用抽检法：选择管路中管径较大，理论上流速较低并易拆卸的部位进行检查，若抽检部位合格，则整个管道酸洗质量合格，酸洗后管内壁应无附着异物。

9.4.5.2 管道循环油冲洗

循环油冲洗分两次完成：一次冲洗仅对现场安装管道进行，液压设备和元件不得参加，用临时冲洗泵进行；一次冲洗合格后，接入液压设备和元件（伺服阀、比例阀、执行机构除外）进行二次冲洗，用系统正式泵进行。

A 油冲洗设施（泵站）原理

原理如图9-110所示。

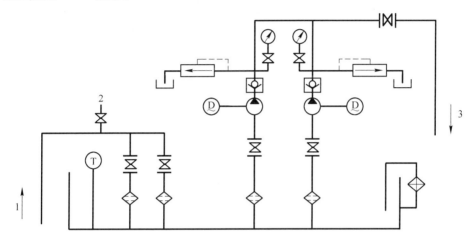

图 9-110 油冲洗泵站原理图
1—冲洗回油；2—取样口；3—冲洗（压力）油

油冲洗设施（泵站）部件：

（1）油泵（冲洗泵）：冲洗泵的流量要使管路所有参与冲洗的管道均能达到紊流状态。

（2）油箱：选择6~8mm的不锈钢板加工制作，两侧或顶部设置清扫人孔，容积为冲洗总流量的3~5倍。

（3）电加热器：冲洗泵站需按油箱容积的规格设置有相应的电加热器。

（4）过滤器：滤芯5u、3u。

B 冲洗回路的设置

考虑到一次性无法对所有的管线进行冲洗，特对整个系统设置几条冲洗路由，用临时管道及阀门将其隔离，做到冲洗一条、检验一条、验收一条的方式进行。

回路一：从主液压站至大包回转台、中包区域的所有管道，从主液压站至各阀台进口之主管道。

回路二：一流部分各阀台出口至用户点之间中间管道。

C 油冲洗施工技术要求

a 冲洗过程的控制

（1）油路的确认：循环回路组成连接无误，循环管路上的阀门是否均全部打开，一切确认无误。

（2）泵起动：在泵起动之前，先用人工转动泵确认无异常，泵的润滑部位需加油的均加油后，先对泵进行点动，再次确认泵的运转方向是否正确，运转有无异常，确认无误后，即可启动泵，进行油路的冲洗。

（3）经过 2~4h 低压泵运转（压力 2~3MPa，油温控制在 30~60℃内）再升压进行油冲洗直至达到油的污染等级为终止。油冲洗必须昼夜连续进行，不间断冲洗，直至达到设计要求。

b　冲洗油的取样检查

冲洗油事先要抽样化验，清洁度超标或变质的油禁止使用，油冲洗时温度控制在 40~60℃，冲洗过滤器必须要装在回路的端部，且在辅助冲洗油箱的前面，冲洗过程中要经常观察过滤器的污染情况，一经达到限制污染程度应立即更换或清洗滤芯。液压油的取样必须在辅助冲洗的回油管上，在具有紊流特征的点上取样，这个取样点，无论如何都要在系统过滤器之前。

D　油冲洗标准

系统油循环冲洗后的清洁度要求需达到图纸设计要求。

9.4.6　管道试压

管道安装完毕，无损检验合格后，各系统分别进行压力试验。

压力试验应符合下列规定：

（1）压力试验应以工作介质为试验介质。

（2）压力试验完毕，不得在管道上进行修补。

压力试验前应具备下列条件：

（1）试验范围内的安装工程除涂漆、绝热外，已按设计图纸全部完成，安装质量符合有关规定。

（2）焊缝及其他待检部位尚未涂漆和绝热。

（3）试验用压力表已经校验，并在周检期内，其精度不得低于 1.5~2 倍，压力表不得少于两块。

（4）待试管道与无关系统已用盲板或采取其他措施隔开。

（5）待试管道上的安全阀、流量板及仪表元件等已经拆下或加以隔离。

压力试验应遵守下列规定：

（1）试验前，应排尽空气。

（2）试验时，环境温度不宜低于 5℃，当环境温度低于 5℃时，应采取防冻措施。

（3）试验应缓慢升压，待达到试验压力后，稳压 10min，再将试验压力降至设计压力，停压 30min，以压力不降、无渗漏为合格。

（4）试验结束后，应及时拆除盲板、膨胀节限位设施，排尽积液。排液时应防止形成负压，并不得随地排放。

（5）当试验过程中发现泄漏时，不得带压处理。消除缺陷后，应重新试验。

10 炼钢工艺管道安装

10.1 炼钢（连铸）工艺管道概述

炼钢（连铸）工艺管道主要包括给排水管道、氧、氮、氩管道、蒸汽管道、压缩空气管道、汽化冷却循环水管道等，考虑到北方天气原因，部分炼钢（连铸）车间另外增设采暖管。

10.1.1 炼钢（连铸）给排水管道

炼钢（连铸）工程给排水管道主要是为设备输送冷却循环水以及提供厂区生活水、生产消防水和排水。根据给排水管道的不同用途，管道材质可分为螺旋焊管、焊接钢管、镀锌钢管、不锈钢管、孔网钢带复合管、碳钢衬不锈钢和 PPR、HDPE 等类别，一般采用电弧焊、丝扣、卡箍及电熔、热熔、承插等连接方式。炼钢（连铸）给排水工程中的主体——循环水，一般由炼钢（连铸）循环水泵房经水管廊或架空、埋地管道输出至厂区各用户点。炼钢（连铸）工程给排水管道具体形式，如图 10-1 所示。

图 10-1　炼钢（连铸）工程给排水管道

10.1.2 炼钢（连铸）氧、氮、氩管道

炼钢（连铸）工程氧、氮、氩管道中，氧气是顶吹转炉炼钢的主要氧化剂，经氧枪插入炉膛中吹炼铁水，将铁水等炉料中硅、锰、碳氧化掉。氩气是转炉炼钢复吹和钢包吹氩精炼工艺的主要气源。氮气则是转炉氮封、溅渣护炉和复吹工艺的主要气源。这些工艺所需气源压力足、干燥、无油，因此，氧、氮、氩管道一般采用无缝钢管氩弧焊焊接且焊接前需经酸洗脱脂，保证管道清洁安全可靠。炼钢（连铸）工程中的氧、氮、氩管道一般自能源厂经架空管架及车间内行列线输送至各用户点。炼钢（连铸）工程氧、氮、氩管道，如图 10-2 所示。

图 10-2　炼钢（连铸）工程氧、氮、氩管道

10.1.3　炼钢（连铸）压缩空气及蒸汽管道

炼钢（连铸）工程中压缩空气主要作为气动仪表、设备气源。蒸汽则是转炉炼钢的副产物。炼钢运行过程中，转炉余热锅炉烟道热量使汽化冷却循环水产生蒸汽，这些蒸汽自汽包经管道回收输送至蓄热器，回收的中低压蒸汽可并入厂区蒸汽外网用于发电、采暖或生活用汽。炼钢（连铸）压缩空气及蒸汽管道，如图 10-3 所示。

图 10-3　炼钢（连铸）压缩空气及蒸汽管道

10.1.4　炼钢汽化冷却循环水管道

转炉炼钢过程中，汽化冷却系统是转炉吹炼过程中最为紧密的辅助系统。汽化冷却的主要工艺目的是降低转炉煤气的温度以及回收煤气中的物理热。汽化冷却循环水可分为强制循环和自然循环，其中强制循环过程又可分为高压强制循环和低压强制循环。汽化冷却水管道中的介质是汽水混合物，温度为 150～230℃，一般管内压力达到 1.3～4.0MPa。汽化循环水管道采用氩弧焊打底，手工电弧焊盖面焊接方式，管道材质一般采用 20g 锅炉钢，自各段烟道与汽包之间形成局部循环。炼钢（连铸）汽化冷却循环水

管道如图 10-4 所示。

图 10-4 炼钢（连铸）汽化冷却循环水管道

10.2 炼钢（连铸）工艺管道安装通用要求

炼钢（连铸）工艺管道含给排水管道、蒸汽锅炉管道、GC2、GC3 压力管道、一般工业金属管道等，其施工均应执行相应的技术标准和法律法规。除特殊要求外，管道用材主要为碳素钢，管道连接主要方式为焊接。各类介质管道大致通用点包括以下几点。

10.2.1 管道安装总体原则

10.2.1.1 工艺顺序

先施工主干管后施工支管，先大直径后小直径，地沟多层布置的管道先施工下层后施工上层，综合考虑，统一布置。为保证试车需要，各介质管道系统在施工阶段需根据总网络计划合理安排施工时间段。

10.2.1.2 管道安装的允许偏差

管道安装的允许偏差见表 10-1。

表 10-1 管道安装允许偏差

项　　目			允许偏差/mm
坐标	架空及地沟	室　外	25
		室　内	15
	埋　地		60
标高	室　外		±20
	室　内		±15
	埋　地		±25
水平管道平直度		DN≤100	$2L‰$最大 50
		DN>100	$3L‰$最大 80
立管铅垂度			$5L‰$最大 30
成排管道间距			15

10.2.2　管道组成件的验收

管道组成件主要包括管子、管件、法兰、垫片、紧固件、阀门以及膨胀接头、挠性接头、耐压软管、疏水器、过滤器和分离器等。

10.2.2.1　一般规定

（1）管道组成件的各种产品，必须具有制造厂的质量证明书，其质量保证项目必须符合现行国家标准或行业标准的规定。

（2）管道组成件在安装前应进行外观检查，其质量应符合有关技术标准的规定，并按设计文件的要求核对其材质、规格、型号，不合格者不得使用。

10.2.2.2　管子检验

（1）各种钢管应按现行国家标准或行业标准分批进行验收。

（2）钢管的质量证明书上应注明以下项目：供方名称或印记；需方名称；发货日期；合同号；产品标准号；钢的牌号；炉罐号、批号、交货状态、质量（或根数）和件数；品种名称、规格及质量等级；产品标准中所规定的各项检验结果（包括参考性指标）；技术监督部门印记。

10.2.2.3　阀门检验

阀门安装前必须按规定进行壳体压力试验和密封试验，壳体压力试验的试验压力为阀门公称压力的 1.5 倍，密封试验的试验压力为阀门的公称压力或 1.25 倍的工作压力，试验介质一般用洁净水，对试验介质有特殊要求的阀门，必须采用设计文件规定的介质。

10.2.2.4　其他管道组成件检验

A　管件验收

管件（弯头、三通、异径管、管帽等）、法兰、垫片、补偿器等管道组成件，安装前应对其尺寸和材质进行复查。尺寸偏差必须符合国家现行标准的规定，材质必须符合设计文件的要求。

B　法兰检验

（1）法兰密封面应平整光洁，不得有毛刺及径向沟槽。

（2）凸凹式密封面法兰应能自然嵌合，凸面的高度不得低于凹槽的深度。

10.2.3　支吊架制作与安装

（1）管道支吊架的形式、材质、加工尺寸及精度应符合设计文件的规定。支吊架现场制作应符合设计文件的规定。

（2）管道支吊架的组装尺寸与焊接方式应符合设计文件的规定。制作后应对焊缝进行目视检查，焊接变形应予矫正。所有螺纹连接均应按设计要求予以锁紧。

（3）不得在钢屋架、钢立柱和设备上任意焊接支吊架。

（4）管道安装时，应及时进行支、吊架的固定和调整工作。支、吊架位置应正确，管子和支撑面接触应良好。

（5）支吊架的焊接应由合格焊工施焊，并不得有漏焊、欠焊或焊接裂纹等缺陷。管道与支架焊接时，管道不得有咬边、烧穿等现象。

10.2.4　管口组对以及管口一般焊接

（1）管道对接焊口组对应做到内壁齐平，内壁错边量不得超过壁厚的10%，且不大于2mm。

（2）当存在间隙大、错口、不同心等缺陷时，不得强力对口，也不得用加热伸长管子或加扁铁、多层垫等方法连接管道。

（3）管子、管件组对时，应按有关规定对坡口内外侧进行清理，清理合格后应及时进行施焊。管子对接焊缝组对时，内壁应齐平，内壁错边量不宜超过壁厚的10%，且不应大于2mm。对口时应在距接口中心200mm处测平直度，公称直径小于100mm时，允许偏差为1mm；公称直径大于等于100mm时，允许偏差为2mm，全长允许偏差为10mm。管子、管件组对示意如图10-5所示。

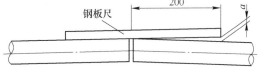

图10-5　管子、管件组对示意图

10.3　炼钢（连铸）工艺管道专项要求

10.3.1　给排水管道

10.3.1.1　给排水管道划分

炼钢（连铸）系统各给排水管道划分见表10-2。

表10-2　炼钢（连铸）系统各给排水管道划分表

介　质	区　域	介　质	区　域
转炉中压净环给水管道	地下管廊	LF事故水管道	地下管廊
LF炉净环给水管道	地下管廊	连铸结晶器软水供水管道	地下管廊
RH炉顶枪净环给水管道	地下管廊	连铸结晶器软水回水管道	地下管廊
RH炉净环给水管道	地下管廊	连铸闭路设备净环供水管道	地下管廊
净环回水总管	地下管廊	连铸闭路设备净环回水管道	地下管廊
氧枪及副枪净环给水管道	地下管廊	连铸二冷及设备开路供水管道	地下管廊
氧枪及副枪净环回水管道	地下管廊	连铸设备闭路事故水管道	地下管廊
转炉低压净环给水管道	地下管廊	连铸结晶器事故水软水管道	地下管廊
转炉低压净环回水管道	地下管廊	生活水给水管道	地下管廊
转炉汽化冷却软水管道	地下管廊	生产、消防给水管道	地下管廊
RH炉浊环给水管道	地下管廊	有压生产排水管道	地下管廊
RH炉浊环回水管道	地下管廊	软水事故水补水管道	地下管廊
RH事故水管道	地下管廊	净环水事故水补水管道	地下管廊

考虑到生产要求以及厂区面积等因素，目前炼钢（连铸）系统给排水管道主管主要敷设在炼钢公辅地下管廊内部。

10.3.1.2　给排水管道安装工艺

给排水管道按分布位置不同分为埋地管道和架空管道。不同类型的给排水管道一般都需要遵循给排水管道安装基本工序，如图 10-6 所示。

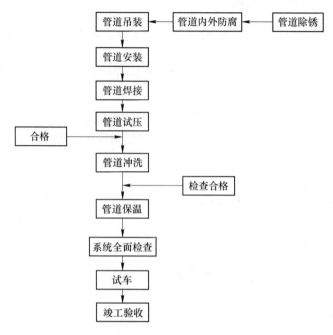

图 10-6　给排水管道施工流程

对于埋地管道和架空管道而言，具体流程如下：

（1）埋地管道施工工艺流程，如图 10-7 所示。

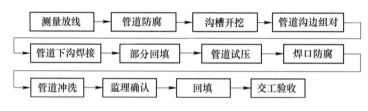

图 10-7　埋地管道施工工艺流程

（2）架空管道施工工艺流程，如图 10-8 所示。

10.3.1.3　给排水管道的除锈、防腐

（1）管道在安装前进行除锈防腐，但应留出焊缝部位。

（2）管道表面处理：管道表面处理及防腐按设计及规范要求执行，钢管除锈主要集中以人工喷砂除锈方式进行，量少情况下采用磨光机方式进行除锈，除锈等级应符合设计规定且不低于 St2 级标准，一般情况应达到管道表面光洁并露出金属光泽，并得到工程监理或业主的认可。

（3）现场管道除锈合格后立即涂刷底漆，涂漆方法以人工涂刷为主。

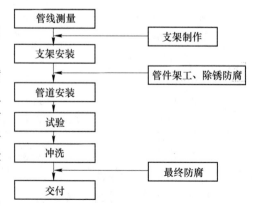

图 10-8　架空管道施工工艺流程

（4）埋地钢管的防腐应在安装前按设计要求做好，一般采用环氧煤沥青漆作防腐涂料，做一底两布两面，焊缝部位未经试压合格不得防腐，在运输和安装时应防止损坏防腐层。

（5）涂料种类、颜色、涂刷遍数，应符合设计文件要求：

1）涂刷和喷涂油漆，一般要求环境温度不低于5℃，相对湿度不大于85%。防止由于温度过低，会使油漆黏度增大，不易涂刷均匀。最后一遍油漆应在安装完成后再涂刷。

2）防腐所用的油漆应有产品合格证。

3）使用各种油漆前应先了解所用漆类的性质，必要时应加强通风，戴好防护用品。

（6）涂漆的质量应达到涂层均匀、颜色一致、漆膜附着力牢固、无剥落、皱纹、气泡、针孔等缺陷。漆涂层厚度应符合设计文件规定。

10.3.1.4 给排水管道管口的焊接

（1）点焊：应根据管径确定定位焊的数量，最少不应少于3处。

（2）定位点焊后，检查若发现焊肉有裂纹等缺陷，应及时处理。

（3）能够转动焊接时，应尽量减少仰焊，以提高焊接速度，保证焊接质量。

（4）用电焊进行多层焊时，焊缝内堆焊的各层，其引弧和熄弧的地方彼此不应重合。焊缝的第一层应呈凹面，并保证根部焊透，中间各层要把两焊接管的边缘全部结合好，最后一层应把焊缝全部填满，并保证焊缝和母材平缓过渡。

（5）管子焊接应符合《现场设备、工业管道焊接工程施工规范》（GB 50236—2011）中有关规定，管子焊接时，应按规定开坡口，坡口角度按该管道焊接工艺指导书的要求执行。一般为V形坡口。坡口要求见表10-3（必须保证钝边和间隙，钝边可以防止焊穿，合适的间隙能保证焊缝根部能焊透）。

表 10-3　管子、管件组对坡口要求

序号	坡口名称	坡口类型	焊条电弧焊坡口尺寸/mm			备注
1	I形坡口		单面焊	s	≥1.5~2	>2~3	
				c	0 +0.5	0 +1.0	
			双面焊	s	≥3~3.5	≥3.6~6	
				c	0 +1.0	0 +1.5 -0.1	
2	V形坡口		s	≥3~9	≥9~26	
			α	70°+5°	60°+5°	
			c	1±1	2 +1 -2	
			p	1±1	2 +1 -2	

当用气割加工坡口时，不应在低于允许焊接的环境温度下进行，否则，应采取措施，防止坡口淬硬或产生裂纹。

（6）每道焊缝均应焊透，且不得有裂纹、夹渣、气孔、砂眼等缺陷。焊缝表面成形良好。

10.3.1.5 管道连接

炼钢（连铸）给排水管道的连接方式除了焊接，还包括法兰连接、螺纹连接、沟槽连接。

A　法兰连接

法兰连接分为平焊法兰对接、对焊法兰对接，如图 10-9 所示。

采用法兰连接时，具体按以下步骤进行：

（1）观测检查法兰的密封面及密封垫片，是否有影响密封性能的缺陷存在。

（2）密封面与管子中心线垂直，其偏差不得大于法兰盘外径的 0.5%，并不得超过 2mm。

（3）插入法兰内的管子端部至法兰密封面应为管壁厚度的 1.3～1.5 倍。

（4）保持法兰连接同轴，螺栓孔中心偏差一般不超过孔径的 5%，并保证螺栓能自由穿入。

（5）使用相同规格的螺栓，安装方向应一致，紧固螺栓时应对称，紧固好的螺栓应与螺母相平，最长不得大于丝扣，并做防腐处理。

（6）与法兰连接两侧相邻的第一至第二个焊口，待法兰螺栓紧固后方可施焊。

B　螺纹连接

除特殊规定外，一般冷水管道和排水系统管道在管径≤50mm 时采用螺纹连接方式。如图 10-10 所示。

图 10-9　钢管的法兰连接

图 10-10　钢管螺纹连接

螺纹连接的管道，必须具备以下要点：

（1）螺纹连接的管道，其螺纹应光滑、锥度应符合规范要求，无乱丝现象。

（2）螺纹连接密封材料一般采用聚四氟乙烯生料带。

C　沟槽连接

除特殊要求外，一般室内消防管道应采用沟槽连接方式。沟槽采用专用工具进行加工，应严格控制压槽深度。室内穿墙及穿楼板处应结合土建做好细部处理。钢管沟槽连接样式，如图 10-11 所示。

10.3.1.6　给排水管道系统压力试验

管道安装完毕后，应按设计规定进行

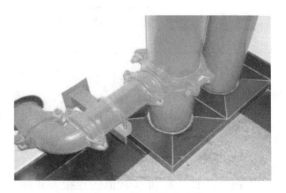

图 10-11　钢管沟槽连接

系统的强度及严密性试验，以检查管道系统及各连接部位的工程质量。

A　试压分段

为了在试压期间便于联络，对管口的检查以及出现问题及时处理，管道系统的试压应分段进行。管道水压实验的分段长度不得大于1000m，具体划分按现场情况而定。

B　试压前的检查

（1）管道试压前必须对管道安装各项要求进行检查，检查合格后方可进行压力试验。对于埋地管道，管沟土方暂不回填，以便试验过程中检查和试后修理。

（2）对管道、节点、接口、支墩等其他附属构筑物的外观进行认真检查。管件的支墩、锚固设施应已达设计强度；未设支墩及锚固设施的管件（如地下管道），应采取加固措施。对管道系统应用水准仪检查管道能否正常排气和放水。

（3）对排气管、试压后的排水设备及排水出路进行检查和落实。

（4）检查水源、试压设备、放水及测量设备是否准备妥当和齐全，工作状态是否良好，以保证试压系统的严密性。

C　试压装置

试压装置主要包括管道两端的进水管、排气管、加压泵、压力表、放水口、水箱和后背等，试验装置如图10-12所示。

a　压力表

当采用弹簧压力计时精度不应低于1.5级，最大量程宜为试验压力的1.5～2倍，表壳的公称直径不应小于150mm，使用前应校正。

b　加压装置

水泵、压力计应安装在试验段下游的端部与管道轴线相垂直的支管上。

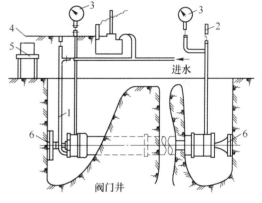

图10-12　试验装置示意图
1—进水管；2—排气管；3—压力表；
4—放水口；5—水箱；6—后背

c　试压堵板

水压试验时，管道两端要设堵板封口，堵板要有足够的强度，试压过程中，堵板本身不能变形，与管道接头处不能漏水。钢管的试压堵板与管道是刚性连接，但在管端要焊接加肋钢板，角钢或槽钢。

D　试验压力

管道水压试验，试验压力应符合表10-4的规定。

表10-4　管道水压试验压力选择标准

管材种类	工作压力 P	试验压力
钢　管	P	1.5P，且不小于0.4
铁及球墨铸铁管	≤0.5	2P
	>0.5	P+0.5
预应力、自应力钢盘混凝土管	≤0.6	1.5P
	>0.6	P+0.3
现浇或预制钢筋混凝土渠	≥0.1	1.5

E 试压方法

给水管道系统水压试验的内容有强度试验和严密性试验。试压前，试验段的管道应先充水浸泡。

a 管道充水

管道试压前 2~3 天，向试压管道内充水。水自管道低端注入。此时应打开排气阀排气，当充水至排出的水流中不带气泡，水流连续，即可关闭排气阀门，停止充水。水充满后为使管道内壁及接口材料充分吸水，宜在不大于工作压力条件下充分浸泡后再进行试压，浸泡时间应符合表 10-5 规定。

表 10-5 管道试压前浸泡时间选择

衬 里	管 材	管径/mm	浸泡时间/h
无水泥砂浆衬里	铸铁管、球墨铸铁管、钢管	—	不少于 24
有水泥砂浆衬里		—	不少于 48
—	预应力、自应力钢筋混凝土管及现浇或预制钢筋混凝土管渠	≤1000	不少于 48
—		>1000	不少于 72

b 强度试验

管道浸泡符合要求后，进行管道水压试验。试压分两步进行，第一步是升压，第二步按强度试验要求进行检查。

（1）升压。管道升压时，管道内的气体应排净，升压过程中，当发现弹簧压力计表针摆动、不稳且升压较慢时，应重新排气后再升压。升压时应分级升压，每次升压以 0.2MPa 为宜，每升一级应检查后背、支墩、管身及接口，当无异常现象时，再继续升压。

（2）强度试验。水压升至试验压力后，保持恒压 10min，经对接口、管身检查无破损及漏水现象，认为管道试验强度合格。

水压试验时的注意事项：

（1）试压时管内不应有空气，否则在试压管道发生漏水时，不易从压力表上反映出来。若管道水密性能尚好，气密性能较差时，如未排净空气，试压过程中容易导致表压下降。

（2）在试压管段起伏的顶点应设排气孔排气，灌水排气时，要使排出的水流中不带气泡，水流连续，速度不变，作为排气较彻底的标志。

（3）管端敞口，应事先用管堵或管帽堵严，并加临时支撑，不得用闸阀代替。

（4）管道中的固定支撑，试压时应达到设计强度。

（5）试压前应将管段内的闸阀打开。

（6）当管道内有压力时，严禁修整管道缺陷和紧固螺栓，检查管道时不得用手锤敲打管壁和接口。

（7）管道灌水后必须让其充分浸泡，才能保证管道试压的准确性。

（8）试压的堵头通常采用的是钢制塞头，帽头或法兰堵板。堵头的接口形式一般同管道的接口形式相同。承插刚性接口必须先用千斤顶把堵头撑稳在后背上，否则堵头接口容易漏水。对于大中型管道的试压堵头，采用柔性接口是保证试压顺利进行的较好措施。

（9）试压泵通常安装在管段的低端，试压系统的阀门都必须启闭灵活，严密性好。

（10）压力表应在管道每端装一支，靠表处用一阀门控制，接装表时应把支管内的空气排净，装表的支管应同灌水和升压设备分开，否则升压时压力表指针波动频繁易损坏压力表。各种压力试验经业主、监理和质量部门检查确认，做好试验记录。

10.3.1.7　管道系统冲洗

水系统管道在试压合格后，应进行冲洗，以使管道输送的介质符合工艺要求。冲洗方法应根据管道的清洁要求、工作介质及管道内表面的脏污程度确定，按各管道系统分别进行冲洗，一般应按主管、支管、排净管顺序进行。管道冲洗主要是对管道内的污物、杂物进行冲洗。

A　冲洗流速

冲洗水的流速一般不小于 1.5m/s，否则不易将管道内的杂物冲洗掉。冲洗时应连续冲洗，直至进出口水的透明度相一致时为合格。

B　冲洗时间

主要干管的冲洗，由于冲洗水量过大，管网降压严重，因此管道冲洗应避开用水高峰，安排在管网用水量较小、水压偏高的夜间进行，并在冲洗过程中严格控制水压变化。

C　注意事项

（1）冲洗前应拟定冲洗方案，事前通告有关的主要用水户。

（2）冲洗前应检查排水口、下水道或河道能否正常排泄冲洗的水量，冲洗水流是否会影响下水道的安全等。在冲洗过程中应派专人进行安全监护。

（3）管道冲洗一般在整个管线系统安装完毕连通后进行，管道冲洗合格后，排尽积水，拆除临时设施，恢复原状。

（4）管道冲洗合格，填写冲洗记录，并由工程监理或业主签字认可。

10.3.2　氧、氮、氩管道以及蒸汽管道、压缩空气管道

10.3.2.1　管道安装分布

炼钢（连铸）系统氧、氮、氩管道以及蒸汽管道、压缩空气管道所在区域见表10-6。

表 10-6　炼钢（连铸）系统氧、氮、氩管道以及蒸汽管道、压缩空气管道分布

管道名称（压力管道）	区　　域
氧气管道	公辅以及厂房各行列线内、氧枪阀站
低压氮气管道	公辅以及厂房各行列线内
中压氮气管道	公辅以及厂房各行列线内
氩气管道	公辅以及厂房各行列线内
蒸汽管道	公辅以及厂房各行列线内
压缩空气管道	公辅以及厂房各行列线内

炼钢（连铸）系统压力管道公辅区域为主管道所在位置，公辅区域压力管道主要为炼钢系统、炼铁系统供气，管道规格以及工程量一般比较大，在施工过程中需重点考虑。炼

钢厂房内压力管道主要布置在厂房行列线内，管道工程量最大的主要包括氧气管道、精制煤气管道，在每列行列线上都有敷设。氧气管道将氧气站氧气送入转炉系统核心区域氧枪阀站，再通过氧枪阀站输送到用气点，考虑氧气输送、工况的安全，氧气管道施工时必须小心谨慎，确保氧气管道施工质量。

10.3.2.2 管道安装工序

炼钢（连铸）系统氧、氮、氩以及蒸汽管道、压缩空气管道安装工艺流程如图10-13所示。

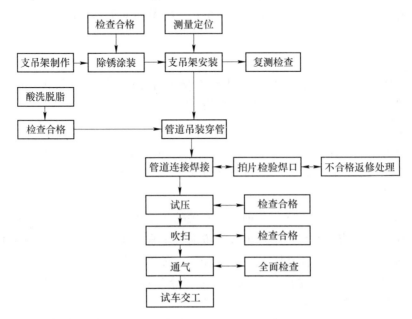

图 10-13 炼钢（连铸）系统氧、氮、氩以及蒸汽管道、压缩空气管道安装工艺流程

其中，蒸汽管道安装流程有别于其他四种介质管道，增加一步保温措施。考虑到一般项目实际需要，蒸汽管道的除锈一般采用手工或机械除锈，仪表压缩空气管道需要酸洗脱脂处理。

10.3.2.3 管道焊接

焊接是氧、氮、氩管道以及蒸汽管道、压缩空气管道安装过程中的关键工序，焊接质量的好坏直接关系到氧、氮、氩管道以及蒸汽管道、压缩空气管道使用运行的安全。管道焊接应严格按照由相对应管道焊接工艺评定编制的焊接作业指导书进行：

（1）焊工：焊工必须是按《特种设备焊接操作人员考核细则》（TSG Z6002—2010）规定通过考核并取得有效证件的合格焊工，且其只能从事资格证书允许范围内相应的焊接工作。

重点监察项目：焊工资格证书复印件和该焊工施焊的焊缝，看是否存在违规施焊。为保证焊工的焊接水平，安装单位应在工程开工前组织焊工进行试焊，试焊合格后方可进行正式作业。

（2）焊材：焊材质保资料应齐全，焊材应按规定进行烘干，焊丝需要打磨的必须进行打磨。焊材要有入库记录、烘干记录、领用记录。

重点监察项目：焊材入库记录、烘干记录、领用记录、质保资料等。

（3）焊接：焊接应按相应的焊接作业指导书进行。在焊接作业指导书规定的范围内，在保证焊透和熔合良好的条件下，采用小电流、短电弧、快焊速和多层多道焊工艺，并应控制层间温度。手工氩弧焊时应注意，风速达到2m/s以上时，需采取挡风措施方可施焊。接头形式、坡口形式与尺寸、焊层、焊道布置及顺序，如图10-14所示。

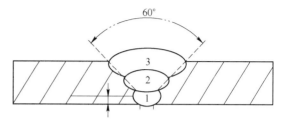

图 10-14 管道焊层、焊道布置图

（4）焊缝的主要缺陷有咬边、未焊透、焊瘤、气孔、裂纹和夹渣等。

（5）焊接检验。焊接检验主要包括焊前检查、焊接中间检查、焊后焊缝外观检查、焊后无损检测。

1）焊接前应检查施焊环境（包括温度、湿度、风力、晴雨等）、焊接工艺设备、焊材及焊件的干燥和清理，确认其符合规范和焊接作业指导书的规定。

2）焊接中间应重点检查焊接层数，其层次数及每层厚度应符合焊接作业指导书的规定。多层焊每层焊完后，应立即对层间进行清理，并进行外观检查，发现缺陷应消除后方可进行下一层的焊接。

3）在焊缝焊完后立即去除渣皮、飞溅物，清理干净焊缝表面，然后进行焊缝外观检查。采用肉眼或低倍放大镜检查，检查焊缝处焊肉的波纹粗细、厚薄均匀规整等，加强面的高度和遮盖宽度尺寸应合乎标准，焊缝处无纵横裂纹、气孔及夹渣；管子内外表面无残渣、弧坑和明显的焊瘤。管道焊缝外观质量不得低于《现场设备、工业管道焊接工程施工规范》（GB 50236—2011）中相关规定。

4）管道焊接完毕后，根据规范及设计要求进行焊缝无损检测。

10.3.2.4 管道试验及吹扫

A 管道试验

管道焊接检验合格后，在涂漆之前，应进行强度、严密性试验。根据《工业金属管道工程施工质量验收规范》（GB 50184—2011）及设计文件要求，管道强度试验压力为设计压力1.15倍，严密性试验压力为管道工作压力。

（1）气压试验应遵守下列规定：试验前，必须进行预试验，试验压力宜为0.3MPa；试验时，应逐步缓慢增加压力，当压力升至试验压力的50%时，如未发现异状或泄漏，继续按试验压力的10%逐级升压，每级稳压3min，直至试验压力。稳压10min，再将压力降至设计压力，以发泡剂检验不泄漏为合格。管道泄漏率见表10-7。

表 10-7 管道泄漏率

管道设计压力 /MPa	管道环境	试验时间 /h	每小时平均泄漏率 /%	备注
<0.1	室内外、地沟及无围护结构的车间	2	1	
≥0.1	室内及地沟	24	0.25	
	室外及无围护结构的车间	24	0.5	

当试验过程中发现泄漏时，不得带压处理，消除缺陷后，应重新进行试验，试验结束后应及时将盲板、临时管拆除。

（2）氧气管道泄漏率试验符合下列规定：在达到试验压力后持续 24h，平均每小时泄漏率对室内及地沟管道应不超过 0.25%，对室外管道应以不超过 0.5% 为合格。

B　管道吹扫

（1）根据《工业金属管道工程施工质量验收规范》（GB 50184—2011）及设计文件要求，管道强度试验及严密性试验合格后，管道需进行吹扫。管道吹扫前应将管道与设备连接处隔离，在管道上的调压阀、调节阀、过滤器等断开，采用钢短管连接。

（2）吹扫的顺序按主管、支管、疏排管依次进行，吹扫出的脏物不得进入已合格的管道。

（3）吹扫前应检验管道支、吊架的牢固程度，必要时应予以加固，特别是管道末端吹扫口处，管道支架必须进行加固后方可进行吹扫。

（4）吹扫时吹扫压力不得大于管道的设计压力，流速不宜小于 20m/s。

（5）吹扫时应用木槌敲打管子，在进行吹扫 20～30min 后，在排气口设置贴白布或涂白漆的木制靶板进行打靶检验，5min 内靶板上无铁锈、尘土、水分及其他杂物为合格。

（6）吹扫气体可采用干燥的氮气，由于氮气为无色无味的惰性气体，当周围环境氮气浓度过大时，会令人窒息，吹扫时应设置禁区，无关人员不得进入吹扫区域内。

（7）吹扫口应采取可靠的加固措施，吹扫口区域设警戒绳，非作业人员不得进入吹扫区域内。

（8）管道吹扫检测完毕后，施工方填写管道吹扫记录，业主方及监理方、施工方签字确认。

（9）蒸汽管道的吹扫易采用蒸汽吹洗，蒸汽吹洗应符合下列规定：

1）吹洗前应缓慢升温进行暖管。暖管速度不宜过快并应及时疏水。暖管时应检查管道热伸长、补偿器、管路附件及设备等工作情况，达到预定温度后，恒温 1h 后进行吹洗。

2）吹洗时必须划定安全区，设置标志，确保人员及设施的安全，其他无关人员严禁进入。

3）吹洗用蒸汽的流速不小于 30m/s。吹洗压力不应大于管道工作压力的 75%。

4）吹洗次数应为 2～3 次，每次的间隔时间宜为 20～30min。蒸汽管道吹洗采用蒸汽进行吹洗，吹洗的排汽管管口应朝上倾斜、排向高空处，防止烫伤并具有牢固的支承，以承受排汽的反作用力，排汽管的内径宜等于或大于被吹洗管的内径，长度应尽量短，以减少阻力。

10.3.3　转炉汽化冷却锅炉配管安装工艺

转炉简单来说就是可转动的炉体，是用于吹炼钢的冶金炉。转炉炉体用钢板制成，呈圆筒形，内衬耐火材料。吹炼时靠化学反应热加热，不需外加热源，是我国最普遍最重要的炼钢设备。下面对这两个系统进行简单的描述，从转炉炼钢工艺的顺序上来讲，首先应该介绍的是汽化冷却系统。

汽化冷却系统是我国炼钢工业中普遍采用的一项工艺，该系统利用了水的高比热容性质，汽化时吸收大量的热量，这些热量可以被储存起来加以利用，具体的工作原理如下：
转炉本体在吹炼时产生的热量，向上进入烟道，使得烟道壁冷却水排管内的循环水汽化，
通过循环管道上升至汽包。汽包又称为余热锅炉，实质上是一个汽水分离装置。蒸汽从汽
包上部进入外部蒸汽管网接至蓄热器，蓄热器则起到了一个平衡管网内蒸汽压力的作用：
当汽包蒸发量过大，造成外部蒸汽管网内蒸汽压力过高时，蓄热器将部分热能储存起来，
而在汽包蒸发量不足时，又释放蒸汽到管网中去。汽包内的液态循环水向下运动，有的是
主要利用自身重力经下降管由各固定烟道下部的进水联箱进入冷却壁，称为自然循环；有
的则利用高压泵组经下降管由移动烟道下部的联箱压入冷却壁，称为强制循环；这些吸热
汽化之后又汇至各冷却器上联箱经上升管回到汽包，这就构成了汽化高压循环系统。汽化
高压循环系统损失的水，由汽包给水泵组将经过除盐、除氧处理的纯水注入汽包进行
补充。

转炉的群罩以及氧枪口的冷却是通过汽化低压循环系统来实现的。该系统以除氧器为
锅筒，低压泵组从除氧器抽水送至用户（主要包括氧枪口、副氧枪口及群罩等），循环水
回到除氧器。除氧器由除盐水站经一支不锈钢管注入补水。低压循环系统为一般凝结设备
冷却水，属于普通给排水管道，故该循环系统不在此做进一步的介绍。

综上所述，转炉的汽化系统主要包括了高压循环系统和高压给水系统（以汽包为锅
筒）、低压循环系统和脱盐水补水系统（以除氧器为锅筒）、外网蒸汽系统和蓄热器。其
作用就是吸收转炉吹炼时释放的热量达到冷却烟道的目的，这些热量被以蒸汽的形式储存
起来加以利用。

炼钢系统管道安装重中之重就是转炉汽化冷却系统管道安装，其安装工艺流程，如图
10-15 所示。

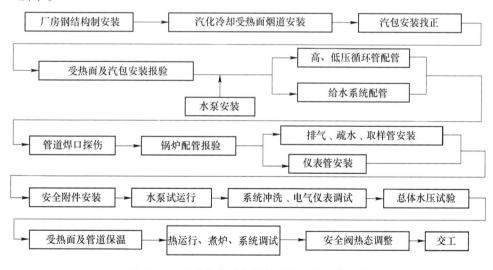

图 10-15　转炉汽化冷却锅炉配管安装工艺流程

10.3.3.1　材料检验要求、施工人员要求

转炉汽化管道材料受压元件所用的金属材料及焊接材料等应符合有关国家标准和行业
标准。材料制造单位必须保证材料质量，并提供质量证明书。管道材质、规格必须严格按
设计图纸要求进行验收，并按照 5% 的抽检比例进行金相检验。

10.3.3.2　主要过程控制点的确认

（1）主材验收。

（2）焊接质量。

（3）系统冲洗。

（4）压力试验。

（5）煮炉（热负荷）。

10.3.3.3　管道弹簧支吊架安装技术要求

安装前必须按图标明坐标位置与设备编号，弹簧支吊架在出厂前必须标明设备编号，对号入座以确保安装无误。弹簧吊架固定销应在管道系统安装结束，且严密性试验及保温层施工完成后方可拆除，固定销必须完整抽出。

10.3.3.4　转炉汽化管道焊接

焊接是转炉汽化管道安装过程中的一道关键工序，焊接质量的好坏直接关系到转炉汽化管道使用运行的安全。

（1）焊工：焊工必须是按《特种设备焊接操作人员考核细则》（TSG Z6002—2010）规定通过考核并取得有效证件的合格焊工，且其只能从事资格证书允许范围内相应的焊接工作。重点监察项目：焊工资格证书复印件和该焊工施焊的焊缝，看是否存在违规施焊。为保证焊工的焊接水平，安装单位应在工程开工前组织焊工进行试焊，试焊合格后方可进行正规作业。

（2）焊材：焊材质保资料应齐全，焊条应按规定进行烘干，焊丝需要打磨的必须进行打磨。焊材要有入库记录、烘干记录、领用记录。焊条、焊剂应放置于通风、干燥和室温不低于5℃的专设库房内，设专人保管，烘焙和发放，并应及时做好实测温度记录和焊条发放记录。烘焙温度和时间应严格按厂家说明书的规定进行。烘焙后的焊条应保存在100～150℃的恒温箱内，药皮应无脱落和明显的裂纹。现场使用的焊条应装入保温筒，焊条在保温筒内的时间不宜超过4h，超过后，应重新烘焙，重复烘焙次数不宜超过2次。焊丝使用前应清除铁锈和油污。主要监察项目：焊材入库记录、烘干记录、领用记录、质保资料等。

（3）焊接：焊接应按相应的焊接工艺指导书进行。一般工程主要焊接形式为氩弧焊打底，电焊盖面。DN100和DN100以下的管子采用全氩弧焊的焊接方式。手工氩弧焊在风速达到2m/s以上时，必须采取挡风措施方可施焊。

（4）焊缝的主要缺陷有咬边、未焊透、焊瘤、气孔、裂纹和夹渣等。为加强质量意识，预防焊缝重要缺陷的形成，以下列出主要缺陷的危害、形成原因和预防方法：

1）咬边：咬边减小了焊缝的有效面积，使焊缝强度下降，同时还易产生应力集中使焊缝产生裂纹，可能导致更严重的后果：焊件断裂。咬边产生的主要原因是焊接方法不当，或电流过大造成的。

预防咬边最关键的是选择合适的电流和焊条，避免电流过大；操作时电弧不要拉得太长；焊条角度要适当，焊条摆动速度要合理，靠近坡口边缘要慢一些，焊缝中间部位要快一些。一般操作手法准确，电流选用合适就可杜绝咬口缺陷。要教育焊工严格按焊接工艺进行操作，不能为图快而一味的选用大直径的焊条，该两层盖面的一定要焊两层而不能图省事只焊一层。管口焊接咬边如图10-16所示。

2）焊瘤：当焊缝出现焊穿时，焊缝局部形成穿孔，融化金属由于自重下坠形成焊瘤。焊穿和焊瘤会产生应力集中，降低焊缝强度，焊瘤会减小管道过流断面，增加介质流动阻力，降低系统运行的功效。

预防措施：选择合适的电流，不能随意增大电流，以免溶池温度过高造成焊穿，使金属溶液不能凝固而下漏形成焊瘤，管子对口应保持适当的间隙，坡口间隙过大也是焊瘤产生的主要原因。

3）气孔：气孔产生的主要原因是融化金属冷却过快，气体来不及逸出，或者焊接手法不对；电弧过长，空气易浸入溶池；电弧太短，阻碍气体外逸；焊条受潮、母材粘有锈、漆、油等污物加热后也会产生气孔。

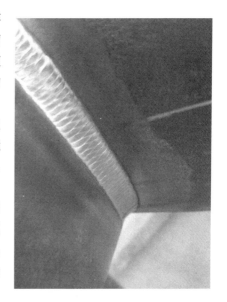

图 10-16　管口焊接咬边

预防措施：首先焊接时要选择适当的电流和操作手法，防止融化金属冷却过快，使溶池中的气体有时间逸出；另外焊接时应避免风吹雨淋；当周围环境温度较低时，应采取预热的方法，以适当延长熔化金属冷却的时间；母材应去除干净油、漆、铁锈等污物。管口焊接产生气孔，如图 10-17 所示。

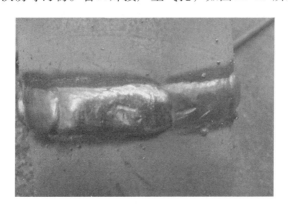

图 10-17　管口焊接产生气孔示意图

4）裂纹：裂纹是很危险的缺陷，除了降低焊接接头的强度外，在裂纹端部应力高度集中，能使裂纹继续扩展，使整个焊件破坏，产生的原因主要有：焊接材料中化学成分不当；焊缝过多，分布不合理；焊工技术不合格，如焊速过快时，熔化金属冷却得太快或施焊程序不当，阻碍了焊件的自由膨胀和收缩都可使焊缝产生裂纹；焊接接头对口间隙小、坡口角度小等致使填充金属少，也会使焊缝冷却过快，产生应力，致使焊缝产生裂纹；其他缺陷如咬边、气孔、未焊透、夹渣产生的应力也可使焊缝产生裂纹。

预防措施：焊缝布置应合理，在保证强度的前提下尽量减少焊缝；确定合理的施焊程序及合适的定位焊尺寸；熄弧时应填满弧坑，不要突然熄弧；焊接过程中，不要随意搬动或敲击焊件。管道裂纹示意如图 10-18 所示。

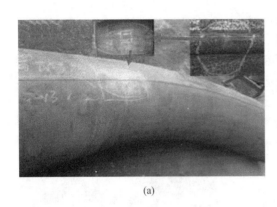
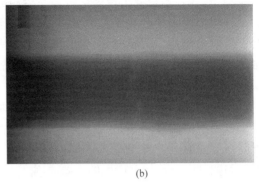

(a)　　　　　　　　　　　　　　　　　(b)

图 10-18　管道裂纹示意图
（a）管道探伤部位图；（b）射线探伤拍片图

5）夹渣：夹渣产生的主要原因有：焊件边缘及焊缝之间清理不干净；施焊过程中选用的电流过小使夹渣与铁液不易分离；熔化金属凝固太快，溶渣来不及浮出；手法不当，溶渣与铁液分离不清，阻碍了溶渣上浮；焊条及焊件化学成分不当，如溶池内含氧、氮、锰、硅等成分较多时则形成夹渣的机会就多。

预防措施：应将坡口及焊层间清理干净，将凹凸不平处铲平，然后继续施焊；应选择适当的电流，避免焊缝金属冷却过快，让溶渣充分上浮于溶池上表面；选择正确的手法，保持适当的弧长，使溶渣能上浮于溶池表面，防止溶渣含于铁液而引起夹渣；选择合适的焊条。

10.3.3.5　管道安装

管道安装应遵循先主管、后支管原则，根据现场实际情况先安装无阀门法兰的主管，所有管子在配管中不得强力、火焰校正对口，防止额外的应力，特别是在连接设备处，更不能对设备施加额外外力。管道在配管中应根据图纸要求设置好管道坡度（热水管道、汽水管道及蒸汽管道、疏水管道均有坡度要求）。管道在切割、打磨坡口中，应在管道中做一副挡渣板，以防止有飞渣和杂物进入管道中间，在现场的管道不论是在安装中或是摆放在地面，都应做到管口密封，防止有杂物进入，特别是在安装中，每天工作结束后把管口用干燥、干净的白布或塑料布包好。

10.3.3.6　管道附件安装

管道附件主要包括阀门、压力表、安全阀等，安装前阀门必须进行压力试验。压力表、安全阀等必须有校验过的合格证。管道附件的安装在管道安装过程中配合完成。

10.3.3.7　焊接检验

汽化系统管道每个焊口必须标明焊缝编号、坡口形式、焊接电流和电压、焊材规格型号、焊接方法、焊工代号和姓名、日期等。在完成后必须按规范比例进行无损检测。

10.3.3.8　水压试验

管道安装完成后必须进行水压试验，整个试验过程必须有当地质量技术监督局相关人员参与监督、鉴定。

10.3.3.9　管道系统冲洗

管道试压完成后，必须对管道进行冲洗，去除管道内杂质。冲洗应按各个系统单独进行冲洗，冲洗速度不宜小于 1.5m/s。

　　10.3.3.10　煮炉

　　煮炉在烘炉末期即可进行，添加药剂氢氧化钠、磷酸氢钠（碳酸钠），煮炉步骤以及药剂量按《锅炉安装工程施工及验收规范》（GB 50273—2009）中的要求实施。

10.3.4　转炉氧枪阀门站安装工艺

　　转炉管道安装另一项重要部位为氧枪阀门站管道安装。

　　氧枪阀门站管道系统主要分为外部管道和氧枪阀门站两部分，外部管道接自能源厂（氧气、氮气管道各一支）。进入氧枪阀门站后分为两组主管（一组工作、一组备用，这样可以在工作氧枪损毁时立即换上备用氧枪，不致造成冶炼中断）。每组配套氧气管道、氮气管道各一支，氧气用于吹炼，氮气用于吹炼结束后的排空。除气体管道以外，氧枪阀门站还配有冷却水管道。氧枪冷却水系统为普通冷却循环水管道，故在此不作进一步介绍。图 10-19 为氧枪阀门站安装图。

图 10-19　氧枪阀门站安装图

　　相对于氧气管道的安装，转炉氧枪阀门站管道的安装则需要更高的要求：

　　（1）氧气阀门站内管道、阀门及管件等，应无裂纹、鳞皮、夹渣等。接触氧气的表面必须彻底除去毛刺、焊瘤、焊渣、粘砂、铁锈和其他可燃物，保持内壁光滑清洁，管道的除锈应进行到出现本色为止。在安装过程中及安装后应采取有效措施，防止受到油脂污染，防止可燃物、锈屑、焊渣、砂土及其他杂物进入或遗留在管内，并应进行严格的检查。

　　（2）焊接碳素钢氧气管时，应采用氩弧焊打底电焊盖面的方式焊接，对氧气管道材质为 0Cr18Ni9 焊接方法采用氩电联焊，焊接选用的焊丝材质应与母材对应。管道的安装、焊接和施工、验收应遵守《工业金属管道工程施工规范》（GB 50235—2010）、《现场设备、工业管道焊接工程施工规范》（GB 50236—2011）的有关规定。氧气管道类别应上升一级。

　　（3）阀站内氧气管道、阀门等与氧气接触的一切部件，安装前、检修后必须进行严格的除锈、脱脂。阀门及仪表已在制造厂脱脂，并有可靠的密封包装及证明时，可不再脱脂。除锈可用喷砂、酸洗。脱脂可用无机非可燃清洗剂、有机溶剂、水基脱脂剂等。并应用紫外线检查法、樟脑检查法或溶剂分析法进行检查，直到合格为止。脱脂后的碳素钢氧气管道应立即进行钝化或充入干燥氮气封闭管口。进行水压试验的管道，则脱脂后管内壁必须进行钝化。

（4）氧气管道的连接，应采用焊接，但与设备、阀门连接处可采用法兰或螺纹连接。丝扣连接处，应采用一氧化铅、水玻璃或聚四氟乙烯薄膜作为填料，严禁用涂铅红的麻或棉丝，或其他含油脂的材料。

（5）阀站管道系统设置的调节阀、切断阀等阀组多，试压、吹扫时需制作临时短接代替拆卸下来的阀门。试压、吹扫验收合格后拆除短接，恢复阀门安装原状。

（6）氧气管道在安装、检修后或长期停用后再投入使用前，应将管内残留的水分、铁屑、杂物等用无油干燥空气或氮气吹扫干净，直至无铁锈、尘埃及其他杂物为止，吹扫速度应不小于 20m/s。严禁用氧气吹扫管道。

11 炼钢电气工程施工

11.1 炼钢电气安装工程

11.1.1 电气安装概述

11.1.1.1 电气安装工程分类

炼钢电气安装工程包括电气系统、自动化仪表系统、计算机控制系统以及弱电系统安装。

电气系统分为高低压送配电设备以及传动控制设备安装，主要安装工作有：接地装置安装、电气配管、照明安装、盘箱柜安装、电力变压器安装、封闭母线安装、电缆桥架制作安装、电缆敷设、电缆接配线等。

自动化仪表是指单独用于检测与控制的仪表设备与装置，主要安装工作有取源部件安装、仪表设备安装、仪表管道安装、仪表线路安装等。

计算机系统主要安装工作有控制柜安装、操作台安装以及接地系统安装等。

弱电系统安装工作有通信系统、工业电视以及火灾自动报警系统三部分。

11.1.1.2 炼钢电气安装主要工艺流程

炼钢电气安装关键工艺流程如图 11-1 所示。

11.1.1.3 炼钢电气安装新技术应用

炼钢电气工程施工，可采用中国十七冶集团公司研发的相关专利技术和工法，对于提高炼钢工程电气安装施工效率、节省工程施工成本、保证炼钢工程供电系统稳定性等方面大有裨益，典型专利、工法技术如下：

(1) 插拔式高压电缆头安装工法适用于炼钢车间各变电所插拔式高压电缆头制作、安装。

(2) 斜拉-悬索组合法电缆吊挂检修新技术适用于供料及上料系统各皮带通廊、皮带机的检修。

(3) 大型变压器滑移就位工法适用于炼钢车间大型变压器就位安装。

(4) 变频器柜内变压器就位方法适用于炼钢车间转炉变频柜内变压器就位安装。

(5) 室内重型电气柜吊装方法适用于炼钢车间电气室内大型电气柜的吊装。

(6) 电缆敷设装置、电缆放线的转角防护装置、电缆放线的棱角防护滑轮、电缆放线用嵌套式洞口防护装置、电缆管口护套装置、多面分层电缆紧固装置、悬臂式多规格电缆固定装置、环扣式电缆固定架适用于炼钢车间内电缆敷设、固定和保护。

(7) BIM 技术，管线综合应用，确保各专业管线与电缆桥架安装正确。

11.1.1.4 炼钢电气安装引用的主要技术标准、规范

《电气装置安装工程高压电器施工及验收规范》GB 50147

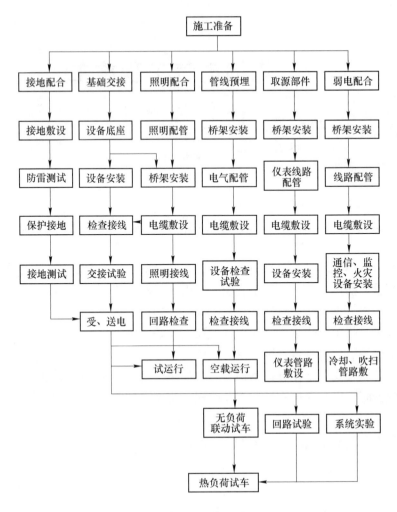

图 11-1　炼钢电气安装关键工艺流程

《电气装置安装工程电力变压器油浸电抗器互感器施工及验收规范》GB 50148

《电气装置安装工程电缆线路施工及验收规范》GB 50168

《电气装置安装工程接地装置施工及验收规范》GB 50169

《电气装置安装工程盘、柜及二次回路接线施工及验收规范》GB 50171

《电气装置安装工程低压电器施工及验收规范》GB 50254

《电气装置安装工程起重机电气装置施工及验收规范》GB 50256

《电气装置安装工程爆炸和火灾危险环境电气装置施工及验收规范》GB 50257

《建筑电气工程施工质量验收规范》GB 50303

《建筑工程施工质量验收统一标准》GB 50300

《冶金电气设备工程安装验收规范》GB 50397

《自动化仪表工程施工及质量验收规范》GB 50093

《通信管道工程施工及验收规范》GB 50374

《火灾自动报警系统施工及验收规范》GB 50166

11.1.2　炼钢电气安装技术

炼钢电气安装关键工序主要有接地系统安装、电气配管、电气盘箱柜安装、电力变压器安装、封闭母线安装、电缆桥架制作安装、电缆敷设、电气接配线等。

11.1.2.1　接地系统安装

炼钢电气安装工程中接地系统安装质量关系到人身及电气设备运行安全，工程实践证明，选择合适的接地系统至关重要。炼钢工程接地系统主要分四类：

（1）厂房防雷接地。

（2）电气设备和电气构件等的保护接地。

（3）电气系统工作接地。

（4）燃气、氧气等介质管道防静电接地。

一般情况，接地系统施工时，主厂房建筑物防雷接地、电气设备保护接地、介质管道防静电接地，均与桩基钢筋相连接地；电气系统工作接地一般单独设置。接地系统施工应严格按照设计图纸要求进行。

（1）接地系统安装施工流程如图 11-2 所示。

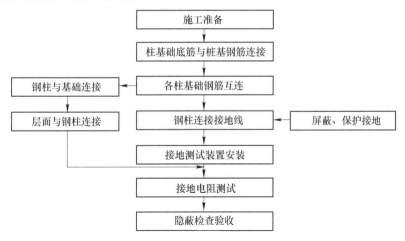

图 11-2　接地系统安装施工流程

（2）接地系统安装施工要点和技术要求：

1）基础施工前进行专业之间图纸会审。

2）炼钢工程主要采用金属屋面作为避雷接闪器，利用钢柱作为避雷引下线，利用基础和基础梁钢筋作为接地装置。

3）在桩基破桩头、柱基础、基础梁绑扎钢筋时，将桩基、柱基础、基础梁中用于组成接地网的主钢筋可靠地焊接在一起，对于无圈梁连接的独立柱，应按设计要求采用 $40mm \times 4mm$ 热镀锌扁钢将其连接成一个整体，热镀锌扁钢搭接长度应大于其宽度的 2 倍，需三面施焊，其焊接质量应符合规范要求。

4）如设计要求在基础垫层底筋中增加热镀锌扁钢构成接地网，则应在基础施工时，按设计要求增加基础接地施工，如图 11-3 所示。

5）燃气、氧气管道应按设计要求接地，且管道法兰连接处须作接地跨接。由室外进入厂房的工艺管道应在进入厂房处接地。

6）电气设备正常不带电金属外壳、电气设备的安装构件、电缆金属护层和屏蔽网、金属电缆桥架、金属电气导管等均应可靠接地。

7）电气设备的接地应以单独接地体与接地网相连，不得在一个接地引线上串接几个电气设备。

8）高压配电间，高、低压配电屏柜、静止补偿装置、设备和围栏等门的绞链处应采用软铜线连接，保证接地良好。

图 11-3　基础接地施工图

9）网络通信及电信对讲、工业电视、火灾报警等的弱电系统的接地，根据不同的系统要求，组成统一的或单独的接地系统。

10）隐蔽工程在回填前必须进行有效防腐，经专业监理验收，接地电阻测量合格后方可进行回填工作，同时做好隐蔽工程的记录，及时报验。

11.1.2.2　电气配管

电气配管施工质量与电线、电缆敷设密切相关，电气配管主要分为暗装敷设和明装敷设两类。

（1）钢管电线管暗装敷设施工流程如图 11-4 所示。

（2）钢管电线管暗装敷设施工要点和技术要求：

1）钢管电线管暗装敷设须与土建主体工程密切配合施工，并按照设计图纸要求在指定标高位置进行管路暗敷。

2）预埋配管应熟悉电气施工图、建筑和结构有关施工图，了解土建布局和建筑结构情况。配管要尽量减少转弯，沿最短路径，经综合考虑确定合理管路敷设部位和走向。

3）根据施工图结合现场实际，加工好各种管弯和盒箱。一般小管径钢管可采用手工弯管器冷弯，大管径钢管可采用液压弯管器冷弯或热煨弯，钢管弯曲处应无明显折皱，弯扁度不得大于管径的 10%，弯曲半径不得小于管外径的 6 倍。

4）暗配管采用套管连接时，套管长度不应小于管外径的 2.2 倍，焊口必须焊接牢固、严密，壁厚不大于 2mm 的钢管不得套管熔焊连接。

5）测定盒、箱位置应根据施工图要求，以土建标出的水平线为基准，确定盒、箱轴线位置，找平找正，标出盒、箱的实际安装位置。

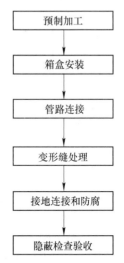

预制加工

↓

箱盒安装

↓

管路连接

↓

变形缝处理

↓

接地连接和防腐

↓

隐蔽检查验收

图 11-4　钢管电线管暗装敷设施工流程图

6）管路应做整体接地连接，穿过建筑物变形缝时应有接地补偿装置。钢管与钢管、钢管与盒（箱）采用丝扣连接时，为了使管路系统接地良好、可靠，应在管接头的两端及管与盒（箱）连接处作接地跨接，严禁将管接头与连接管焊死。

7）暗敷镀锌钢管的镀锌层脱落处、丝扣处均要刷防腐油漆。

8）暗配管安装完毕，隐蔽前要会同业主和监理对其进行全面的检查验收，办理好书面隐蔽检查验收记录，方可交付隐蔽。

9）暗配管隐蔽完成后要对其盒、箱位置和
管路的通畅进行复查，以防土建在隐蔽过程中对
其进行损坏或移动，影响后序施工进度和工程质
量。电气暗配管安装如图 11-5 所示。

（3）钢管电线管明装敷设施工流程如图
11-6 所示。

（4）钢管电线管明装敷设施工要点和技术
要求：

图 11-5　电气暗配管安装图

1）明配管路的施工方法，一般为配管沿墙
体、支架、吊架敷设，管路在敷设前应按设计图
纸或标准图要求，加工好各种支架、吊架。

2）支架、吊架制作一般采用角钢，小型槽钢与钢板加工制作，下料应用钢锯和切割
机切割，严禁用电、气焊切割（钢板除外），钻孔应用手电钻和台钻钻孔，严禁用电、气
焊吹孔。

3）明配钢管应在建筑物装饰面完成后进行测量定位。在配管前
应按设计图纸确定配电设备位置，各种箱、盒及用电设备位置，并
将箱、盒与建筑物固定牢固，然后根据明配管线应横平竖直的原则，
顺线路的水平方向和垂直方向进行定位，测量出支吊架的间距和固
定点的具体位置。

4）电缆钢管不宜平行敷设于热力设备和热力管道的上部，与热
力管道，热力设备之间的净距，平行时不应小于 1m，交叉时不应小
于 0.5m，当受条件限制时应采取隔热保护措施。

5）电缆钢管与其他管道（不包括可燃及易燃气体、液体管道）
的平行净距，不应小于 0.1m，当与水管同侧敷设时，宜敷设在水管
的上方。

6）钢管可采用手工和机械冷弯。明配管只有 1 个弯时，弯曲半
径应不小于管外径 4 倍，明配管有 2 个弯以上时，弯曲半径应不小
于管外径 6 倍，同时不应小于所穿入电缆的最小允许弯曲半径。

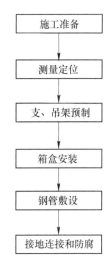

```
施工准备
　↓
测量定位
　↓
支、吊架预制
　↓
箱盒安装
　↓
钢管敷设
　↓
接地连接和防腐
```

图 11-6　钢管电线管
明装敷设施工流程图

7）管路超过下列长度，应加装接线盒，其位置便于穿线：无弯时 30m，有一个弯时
20m，有两个弯时 12m，有 3 个弯时 8m。当 PVC 管的直线长度超过 30m 时，宜加装伸缩
节，明配管在通过建筑物伸缩缝各沉降缝应采取补偿措施。

8）建筑物表面敷设明管，一般不采用支架，应用管卡和膨胀螺栓均匀固定在建筑物
表面上。

9）盒、箱开孔应整齐并与管径相吻合，要求一管一孔，不得开长孔，铁制盒、箱严
禁用电、气焊开孔，管与盒、箱要加锁紧螺母固定。

10）明配钢管应排列整齐，安装牢固，固定点间距均匀，钢管管卡间的最大距离应符
合表 11-1 的规定。电气明配管安装如图 11-7 所示。

表 11-1　管卡间最大距离

敷设方式	管的种类	管的直径/mm			
		15 ~ 20	25 ~ 32	40 ~ 50	65 以上
		管卡间最大距离/m			
支、吊架或	厚壁钢管	1.5	2.0	2.5	3.5
沿墙敷设	薄壁钢管	1.0	1.5	2.0	—

11.1.2.3　电气盘箱柜安装

在配电柜进入电气室前，要对电气室的建筑工程施工质量进行检查，其中包括地面、墙壁、楼板、屋顶是否施工完成，是否出现遗漏施工，电气室内壁抹灰是否完工，门窗安装是否完毕，是否有质量问题等，在满足盘柜进场安装要求后，方可将配电柜移入电气室。

（1）电气盘箱柜安装施工流程如图 11-8 所示。

图 11-7　电气明配管安装图

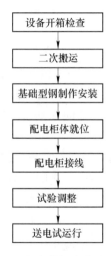

图 11-8　电气盘箱柜安装施工流程图

（2）电气盘箱柜安装施工要点和技术要求。设备开箱检查：设备和器材到达施工现场后，施工、监理和建设单位共同进行开箱验收检查，要求包装及密封应良好，制造厂的技术文件应齐全，型号、规格应符合设计要求，附件备件齐全；配电柜本体外观应无损伤及变形，油漆完整无损，配电柜内部电器装置及元件、绝缘瓷件齐全、无损伤及裂纹等缺陷。

配电柜二次搬运、吊装时，柜体上有吊环时，吊索应穿过吊环；无吊环时，吊索应挂在四角主要承力结构处，不得将吊索挂在设备部件上吊装。吊索长度应一致，以防受力不均，柜体变形或损坏部件。

1）安装基础型钢时，应用水平尺找正、找平，基础型钢顶部宜高出室内抹平地面10mm，基础型钢安装允许偏差应符合表 11-2 的规定。

2）配电柜的基础型钢应做良好的接地，一般用 40mm × 4mm 镀锌扁钢在基础型钢的两端分别与接地网进行焊接，焊接面为扁钢宽度的 2 倍。

表 11-2 基础型钢的安装允许偏差

项 目	允 许 偏 差	
	m/mm	mm/全长
不直度	1	5
水平度	1	5
不平行度	—	5

3）配电柜安装采用水平仪、水平尺和线锥找正，成列组合的各盘箱之间采用镀锌螺栓连接，盘、柜单独或成列安装时，其垂直度、水平偏差以及盘、柜面偏差和盘柜间接缝的允许偏差符合表 11-3 规定。

表 11-3 盘、柜安装的允许偏差

项 目		允许偏差/mm
垂直度（每米）		1.5
盘间接缝		2
盘间偏差	相邻两盘	1
	成列盘面	5

高、低压开关盘箱柜是供配电系统的关键设备之一，其产品质量、安装质量直接关系到供电系统的稳定，应严格按照技术要求进行安装、调试，图 11-9 是高压配电柜安装完成后的整体情形。

图 11-9 电气盘箱柜安装

11.1.2.4 电力变压器安装

电力变压器是电气安装工程中关键设备之一，其安装质量直接影响着变压器的运行效果与使用性能。

（1）变压器安装工艺流程如图 11-10 所示。

（2）变压器本体就位。在变压器室前利用枕木搭设吊装平台（平台高度与变压器室平面相平，其上应能放置变压器且四周留有余地），上置 6~8mm 钢板，将变压器基础型钢接长外引至室外平台并固定。搭建枕木平台的地面基础应平整密实，枕木吊装平台应牢固可靠。

选择吊车进行吊装时，根据变压器实际重量，选择合适吨位的吊车进行吊装，并核实吊车性能及有关曲线，吊杆长度，起吊角度及回转半径，以保证安全吊装。吊装变压器应使用箱体上的专用吊钩，利用吊车将变压器整体吊起放置在搭建的吊装平台上，同时确保变压器的高、低压侧安装方向应正确，并按要求迅速装上滚轮，待滚轮安装完毕，将 10t 手拉葫芦挂在变压器拉钩上，用手拉葫芦缓慢均匀用力，吊车钢丝绳动作应与葫芦协调一致。此时要密切注意后面两个轮子的位置，待变压器四个轮子完全落在轨道上后，用制动装置加以固定，方可将吊车钢丝绳卸去，然后利用手拉葫芦将变压器平稳、缓慢地牵引至

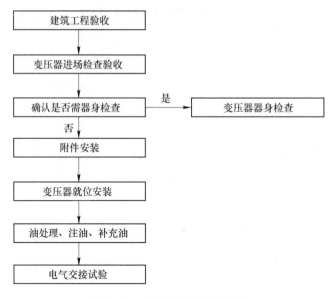

图 11-10 变压器安装工艺流程

变压器室内的安装位置就位。变压器本体吊装及就位示意图如图 11-11 所示。

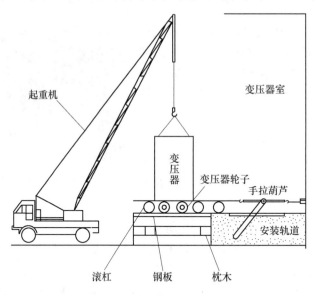

图 11-11 变压器本体吊装及就位示意图

（3）变压器附件安装及注油。

1）散热器安装。散热器安装前应检查密封性能，然后用合格的变压器油经净油机循环冲洗干净。在散热器上安装油泵，油流指示器时应注意油流指示器箭头的方向必须符合油流方向。散热器上无明显标志时，应注意放气塞向上。在散热器起吊和安装过程中，起吊速度要缓慢均匀，钓钩摆动角度应小而稳，不可让散热器与油箱或其他物件碰撞。螺丝紧固应先紧对角，然后再循环紧固两遍，保证受力均匀，一定要注意散热器密封圈不能移位。安装完毕后，与油箱相通的阀门均不得任意打开，阀门与法兰连接处密封良好。散热器安装如图 11-12 所示。

2）储油柜安装。储油柜安装前应清洗干净，检查胶囊是否完整无损，有无叠压现象。安装时，首先将支架装在变压器顶盖上，但固定螺栓不可太紧，然后将储油柜装到支架上，暂时不拧紧螺栓，再按下列顺序安装各管路及阀门（阀门装好后应处于闭合位置），调整各部分对应位置后再拧紧各个紧固螺栓。安装顺序为：气体继电器及连接管、排油管及阀门、滤

图 11-12　散热器安装

油管及闸门、储油柜油气分离室的排气管及阀门。待变压器注油工作全部结束后再将吸湿器装到气囊口上。

3）套管安装。运到现场的套管应尽快从包装箱中取出竖立在专用支架上，并擦拭干净，检查瓷套表面是否有裂缝、伤痕，充油套管油位是否正常，有无漏油。

4）绝缘测试。包括绝缘电阻、介损、绝缘油性能试验，试验合格后方能吊装。

5）吊装套管时，用 2 个吊钩同时起吊，吊钩 1 的绳索一端先固定在套管的法兰吊环上，然后在离套管出线端部裙边 3～4 片的地方固定，吊钩 2 的绳索固定在套管法兰的瓷件上。准备完后吊钩 1、2 同时缓慢上升，当套管上升到离地面约 1m 时，吊钩 1 继续缓慢上升，吊钩 2 则缓慢下降，整个过程应小心谨慎，防止碰坏、打碎瓷套。

6）温度计安装。温度计安装前，应进行校验，接点应动作正确。顶盖上的温度计座应注满变压器油，且密封良好，温度计的细金属软管不得有压扁或急扭。

7）压力释放阀安装。当变压器内部发生故障时，内部压力达到 0.05MPa 时，压力释放装置动作。现场应检查压力释放阀有否损伤，动作及信号是否正确，开关触点接触是否良好，安装完成后，检查有无漏油。

安装注意事项：压力释放阀出厂时已经过严格的实验和检查，各紧固件和结合缝隙均涂有固封胶，阀门的各零件不得自行拆动，以免影响阀门的密封和灵敏度，凡是拆动过的阀门必须重新实验，合格后方能使用。因此，现场不必进行校验（注意：送电前必须将压力释放阀顶端的"Z"形挡板拆除）。压力释放阀安装如图 11-13所示。

8）吸湿器安装。吸湿器安装要注意硅胶是否变色，底盖要油封，吸湿器安装如图 11-14 所示。

图 11-13　压力释放阀安装

9）油位计安装。油位计安装要注意密封良好，油表与气囊的连杆转动自如，无卡阻现象，油位计安装如图 11-15 所示。

10）气体继电器安装。气体继电器安装前一定要将重瓦斯挡板的绑线拆除，并注意油流方向，其安装如图 11-16 所示。

图 11-14　吸湿器安装

图 11-15　油位计安装

11）真空注油。绝缘油必须按照国标《电气装置安装工程电气设备交接试验标准》规定试验合格后，方可注入变压器油箱中，其技术要求如下：

①在确认变压器和有关管路系统的密封性能良好的情况下，才能进行抽真空，抽真空的管路接至变压器主导气联管端头的阀门上。

②变压器抽真空时必须严密监视油箱的弹性变形量，其值最大不超过壁厚的两倍。

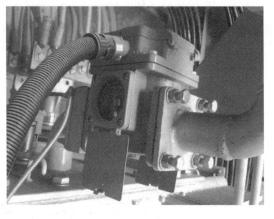

图 11-16　气体继电器安装

③以 6.7kPa/h 的速度抽真空，最初的 1h 内，当残压达到 0.02MPa 时无异常情况，则继续抽真空到 0.3kPa，保持 8h 后，开始向变压器油箱注油。为防止流油带电现象对变压器造成绝缘损坏，注油时以低于 100L/min 的速度将油经变压器下部油阀注入变压器，距箱顶约 200mm 时停止，并继续抽真空保持 4h。整个抽真空过程变压器外壳及高低压套管必须可靠接地且不宜在雨天或雾天进行。

④解除真空后，当油箱内的油样试验结果为 $U < 40kV$ 或含水量 $> 15 \times 10^{-6}$ 时，应进行热油处理。热油循环时，变压器出口油温（70 ± 5）℃，循环时间不少于 30h（通常使全油量循环 3~4 次），最后使油质达到 $U \geqslant 50kV$，含水量不大于 15×10^{-6}，90℃时介损小于 0.5%。

⑤真空注油结束后，从储油柜集气盒上的注放油联管向储油柜中加油，加油时将气体继电器两端的蝶阀打开，同时打开注放油联管端头的蝶阀上的放气塞，待所加油溢出后关闭蝶阀，油注至稍高于正常油面后，关闭蝶阀取下联管。油注满后静置 48h，然后打开套管、散热器、联管等上部的放气塞和储油柜中薄膜上的排气嘴进行排气，待油溢出后关闭塞子。

11.1.2.5　封闭母线安装

在炼钢工程中，低压配电柜与变压器之间常采用封闭母线连接。封闭母线一般由生产厂家按设计图进行成套供应，封闭母线应在电力变压器和低压配电柜安装完成后进行测量、制作并安装。

（1）封闭母线安装流程如图 11-17 所示。

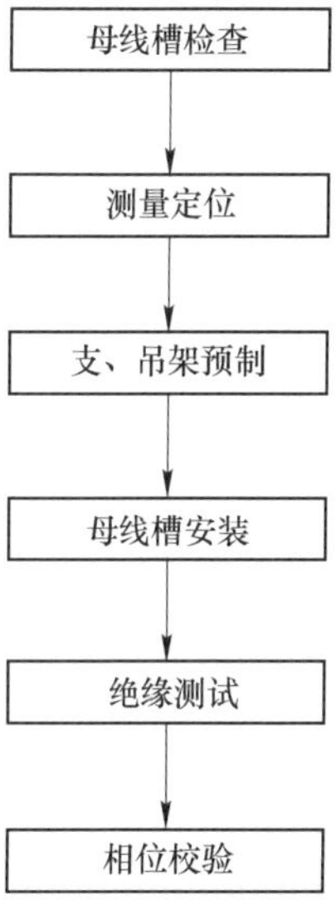

（2）母线检查：

1）设备开箱检查，应由施工单位、监理单位、建设单位和供货单位共同进行，并做好开箱检查记录。

2）根据装箱单检查设备及附件，其规格、数量、品种应符合设计要求。

3）检查设备及附件，分段标志应清晰齐全、外观无损伤变形，母线绝缘电阻大于 20MΩ。

（3）测量定位。

根据设计图纸和现场配电柜的安装位置及路由，现场定位母线安装位置和测量加工尺寸。

（4）支架制作和安装应按设计和产品技术文件的规定制作和安装。

1）支架制作安装。根据施工现场结构类型，支架应采用角钢或槽钢制作；应采用"一"型、"L"型、"T"型及"∏"型四种型式；支架的加工制作按选好的型号、测量好的尺寸制作，支架上钻孔应用台钻或手电钻钻孔，不得用气焊割孔。支架安装采用膨胀螺栓固定或焊接固定。

2）支架的安装相关技术要求：

①封闭母线的拐弯处、与箱（盘）连接处以及末端悬空处必须加支架。

②当密集型封闭母线直线敷设长度超过 40m 时应设置伸缩节，在母线跨越建筑物的伸缩缝或沉降缝处，宜采取适应建筑结构移动的措施。

③母线与母线间、母线与电气器具接线端的搭接面，应清洁并涂以电力复合脂。

封闭母线应按设计和产品技术文件规定组装，组装前逐段进行绝缘测试，每段安装完毕后再进行整体绝缘测试，绝缘电阻值不得小于 20MΩ；母线外壳连接，按设计选定的保护系统进行安装，接地跨接连接应牢固，防止松动，严禁焊接。

11.1.2.6　电缆桥架安装

电缆桥架主要分为槽式、托盘式和梯架式。槽式电缆桥架适用于敷设计算机电缆、通信电缆、热电偶电缆等弱电系统电缆；托盘式电缆桥架主要用于动力电缆的敷设，也适合于控制电缆的敷设；梯级式电缆桥架主要用于直径较大电缆的敷设，适合于高、低压动力电缆的敷设。

（1）电缆桥架安装流程如图 11-18 所示。

（2）施工准备：

1）熟悉图纸，利用 BIM 技术建立管线综合模型，对所有管线、桥架进行碰撞检查，与水暖、通风、空调各专业协调，确定电缆桥架

図 11-17　封闭母线安装流程图

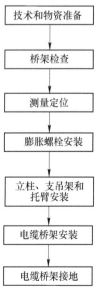

图 11-18　电缆桥架安装流程图

安装位置及走向，以保证各专业的管道均能安装就位，排列布置合理，符合设计及施工规范要求。

2）电缆桥架到货后，首先核对规格、型号等是否符合图纸及合同订货要求，外观是否良好，各类配件、附件是否齐全，是否出具出厂合格证、试验、检验报告等。

3）桥架内外应光滑平整，无毛刺，无损伤电缆绝缘的凸起和尖角，不应有扭曲、翘边等变形现象，螺栓、垫圈、弹簧垫等配件均为镀锌件。

（3）主要施工方法和技术要求：

1）根据设计图纸及管线深化设计结果，确定进出线、盘、箱、柜等电气设备的安装位置。

2）先进行测量定位，安装立柱、吊支架等，然后进行托臂安装，托臂与吊支件之间使用专用连接片固定，然后安装桥架本体。

3）水平桥架支、吊架、托臂的安装，如图11-19和图11-20所示。

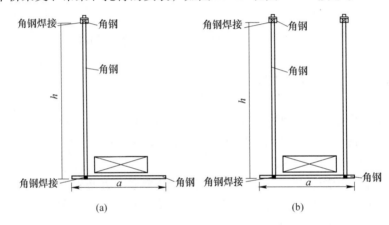

图 11-19　水平桥架支、吊架、托臂安装图（一）

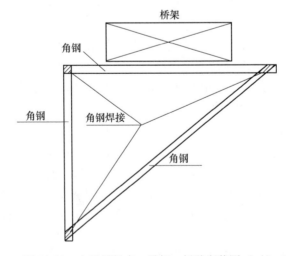

图 11-20　水平桥架支、吊架、托臂安装图（二）

4）电缆桥架直线段连接采用连接板，用平垫圈、弹簧垫圈、螺母紧固，接口缝隙严密平齐。

5）镀锌电缆桥架连接板的两端固定螺栓须有两个防松垫圈，确保桥架可靠接地，电缆桥架及其支架全长应有两处与接地（PE）干线相连接，电缆桥架安装如图 11-21 所示。

图 11-21　电缆桥架安装图

11.1.2.7　电缆敷设

炼钢工程电缆敷设量大，敷设作业面广，电缆主要沿电缆桥架敷设、电缆沿支架敷设、电缆穿管敷设三种方式。

（1）电缆敷设施工流程如图 11-22 所示。

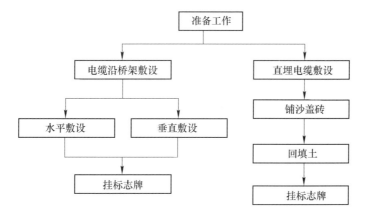

图 11-22　电缆敷设施工流程图

（2）电缆敷设前准备工作：

1）施工前应对电缆进行详细检查，规格、型号、截面、电压等级均应符合设计要求，外观无扭曲、坏损等现象。

2）电缆在敷设前应进行绝缘检测，绝缘测试合格后方可进行敷设。

3）敷设电缆机具的安装：采用机械敷设电缆时，应将机械放置在适当位置安装，并将钢丝绳和滑轮安装好，人力放电缆时将滚轮提前安装好。

（3）电缆的搬运及支架架设：

1）电缆在二次运输装卸过程中，不应使电缆及电缆盘受到损伤，严禁将电缆盘直接由车上推下。

2）电缆短距离搬运，一般采用滚动电缆轴的方法，滚动时应按照电缆轴上箭头指示方向滚动，如无箭头时，可按电缆缠绕方向滚动，切不可反缠绕方向滚运，以免电缆松弛。

3）电缆支架的架设地点应选好，以敷设方便为准。架设时，应注意电缆轴的转动方向，电缆引出端应在电缆轴的上方，电缆架设如图11-23 所示。

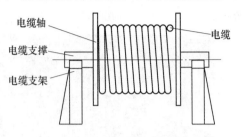

图 11-23　电缆架设示意图

（4）电缆敷设：

1）电缆敷设可用人力拉引或机械牵引，采用机械牵引可用电动卷扬机。电缆敷设时，应注意电缆弯曲半径应符合规范要求。电缆敷设人力牵引如图11-24 所示，机械牵引如图11-25 所示。

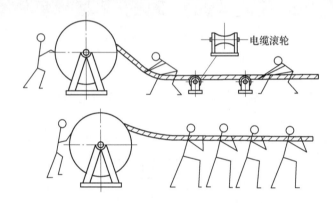

图 11-24　电缆人力牵引示意图

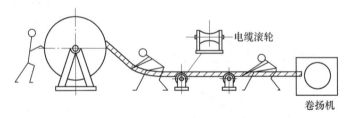

图 11-25　电缆机械牵引示意图

2）电缆的两端、中间接头、电缆井内、过管处、垂直位差处均应留有适当的余度。

3）电缆沿桥架敷设时，应单层敷设，排列整齐，不得有交叉，拐弯处应以最大截面电缆允许弯曲半径为准。电缆敷设时最小弯曲半径应满足表11-4 要求。

表 11-4　电缆最小弯曲半径

控　制　电　缆		$10D$
橡皮绝缘电缆	无铅包、钢铠护套	$10D$
	钢铠护套	$20D$
聚氯乙烯绝缘电力电缆		$10D$
交联聚氯乙烯绝缘电力电缆		$15D$

注：D 为电缆外径。

4）在下列地方应将电缆加以固定：水平敷设的电缆，在电缆首尾两端及转弯两侧设固定点，超过45°倾斜敷设的电缆，固定点不应大于2m。

5）电缆在保护管内敷设前应检查电缆保护管内无积水，且无杂物堵塞。穿电缆时，不得损伤保护层，穿入管中电缆的数量应符合设计要求。

6）电缆敷设时应挂标志牌，标志牌规格应一致，并有防腐性能，挂装应牢固，标志牌上应注明电缆编号、规格、型号、起止点及电压等级，电缆敷设如图11-26所示。

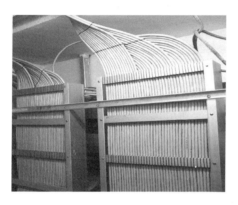

图11-26　电缆敷设与绑扎

11.1.2.8　电气接配线

（1）电气接配线施工流程如图11-27所示。

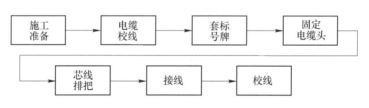

图11-27　电缆接配线施工流程图

（2）电气接配线施工要点和技术要求：

1）施工准备。以端子排接线图为标准，检查核对配电装置或盘、柜的端子排是否符合设计要求。

2）固定电缆头。按配线顺序把所有电缆头排列整齐，在电缆头以下100mm处用细绑线把所有电缆绑扎成一束。

3）对于铠装或芯线有接地要求的电缆，把所有接地线编成一束，按技术要求压接，固定在设定的接地点上。

4）电缆芯线的连接采用压接端子时，所用压接工具、端子及芯线之间的规格应互相对应，线芯应伸出端子压环1mm，如图11-28所示。电缆芯线的端部应标明回路编号，接线正确可靠，并确保压接紧密。

5）盘、柜内的电缆芯线，应有规律的按垂直或水平配置，不得任意歪斜或交叉连接，备用芯线应留有适当余度。

6）校线：将校线电缆配线从端子排上拆开，按电缆走向逐一将所有芯线重新校对一遍，准确无误后恢复到原连接位置上，并扣严线槽盖板。

（3）内电极铜罩式高压电缆冷缩中间接头施工要点。常规高压电缆冷缩中间接头制作，常采用压接中间套管进行高压电缆中间接头的制作，而利用内电极铜罩式冷缩高压中间接头制作方法进行中间接头制作，为高压电缆中间接头的制作提供了一种较为简易的高压电缆中间接头制作方法。

1）内电极铜罩式高压电缆冷缩中间接头安装工艺流程如图 11-29 所示。

2）电缆预处理。电缆开剥处理，如图 11-30 所示，切除电缆外半导电屏蔽层时，勿划伤主绝缘。半导电层环切口处需光滑、平整，不能有尖角或缺口。图中尺寸 A 如表 11-5 所示。

图 11-28　电缆芯线压接端子

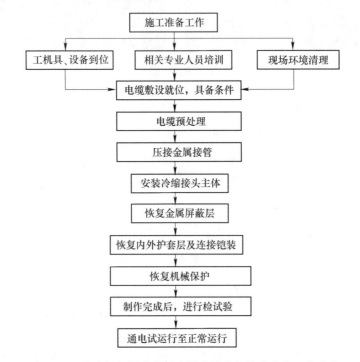

图 11-29　内电极铜罩式高压电缆冷缩中间接头安装工艺流程

表 11-5　电缆半导体剥离尺寸

序　号	导体截面/mm²	电缆剥离长度 A/mm
1	50 ~ 95	205
2	120 ~ 185	200
3	240 ~ 300	240
4	400 ~ 630	235

3）充分拉伸并半重叠绕包 13 号半导电胶带，从铜屏蔽带上 40mm 处开始至 10mm 处

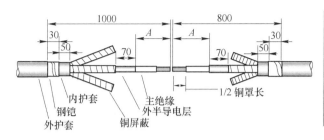
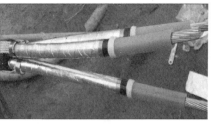

图 11-30　电缆开剥处理

的半导电层上一个来回。按 1/2 铜罩上的尺寸切除电缆主绝缘，并在主绝缘边缘上作 3mm ×45°的倒角，并打磨圆滑，如图 11-31 所示。

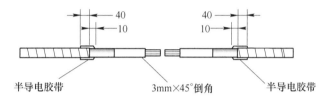

图 11-31　电缆半导电层的处理

压接金属接管：从开剥长度较长的一端电缆套入冷缩接头主体，拉绳端方向如图 11-32 所示，较短的一端套入铜屏蔽编制网套。

图 11-32　金属接管压接前的附件安装

4）装上接管，同时把铜罩上的裸铜线放入并压接到接管里，然后对称压接，将接管表面锉平打光，清洁干净。将两半铜罩紧密扣合，铜罩外边面与主绝缘齐平，如图 11-33 所示。在安装过程中，如果铜罩不易扣上，用扳手或钳子柄轻轻敲击使铜罩良好闭合，如果铜罩有松动，可在铜罩中间绕上两圈窄的 PVC 胶带，但是不能把铜罩全部覆盖住。

5）安装冷缩接头主体。确定冷缩基准点，测量两个绝缘口之间距离尺寸 B，然后按 1/2B 尺寸在铜罩上确定中心点，再在半导电层上离铜罩中心点距离 C 处用 PVC 胶带作明显标识，此处即为冷缩中间接头收缩的基准点，如图 11-34 所示，图中尺寸 C 按表 11-6 所示要求。

表 11-6　电缆半导体剥离尺寸

序　号	导体截面/mm²	电缆剥离长度 C/mm
1	50～95	245
2	120～185	240
3	240～300	280
4	400～630	275

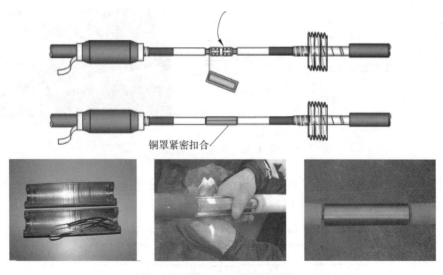

图 11-33　铜罩安装

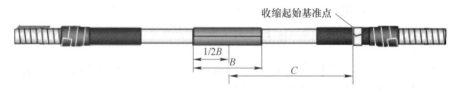

图 11-34　冷缩接头主体安装

6）用清洗剂按常规方法清理电缆主绝缘，切勿将半导体颗粒带到主绝缘表面，主绝缘表面越清洁、光滑，中间接头的电气性能越好。

7）用 P55 红色绝缘混合剂填充半导电层切断口处的台阶，然后把其余剂料全部均匀涂在主绝缘表面上，铜罩表面无需涂抹，如图 11-35 所示。

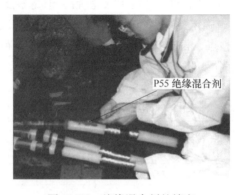

图 11-35　绝缘混合剂的填充

8）将冷缩接头对准收缩起始点，逆时针抽掉芯绳使接头收缩。收缩几圈后，如有偏差，尽快左右移动或转动接头以进行调整，保证安装到位，如图 11-36 所示。

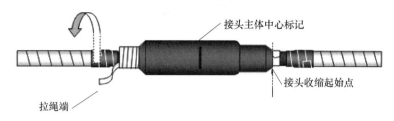

图 11-36　冷缩接头的收缩

9）恢复金属屏蔽层。在装好的接头主体外部将铜编织网套展开，用 PVC 胶带将铜网套绑扎在接头主体上，然后再用两只小恒力弹簧将铜网罩的两端固定在电缆铜屏蔽带上，确认弹簧位于电缆铜屏蔽层上，如图 11-37 所示。

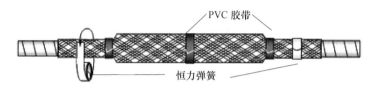

图 11-37　金属屏蔽层的制作

10）将铜网罩的两端修齐整，或反折到恒力弹簧里，半重叠绕包两层 PVC 胶带，将恒力弹簧及铜屏蔽网的毛边完全包裹住，按同样的方法完成另外两相的安装，如图 11-38 所示。

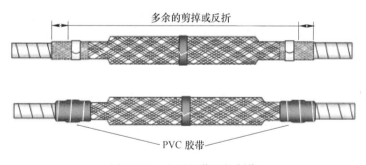

图 11-38　金属屏蔽层的制作

11）恢复内外护套层及连接铠装。用 PVC 胶带将三芯电缆捆绑在一起，将两侧露出的 50mm 的内护套打磨粗糙并清洁干净，然后从一端内护套上开始绕包 2228 号防水胶带至另一端护套上一个来回，绕包时要将胶带拉至原宽度的 3/4，半重叠绕包，完成后双手用力挤压胶带，使其紧贴附件，涂胶粘剂一面朝里，如图 11-39 所示。

12）安装铠装接地连接线。在编织线两端各 80mm 的范围内将编织线展开，打磨露出的铠装层，去除防锈漆和氧化层，用大恒力弹簧将编织线的一端固定在钢铠上，反折一下，继续用恒力弹簧固定，半重叠绕包两层 PVC 胶带将弹簧连同铠装一起完全覆盖住，不要包在 2228 号防水胶带上。编织线的另一端也照此步骤同样安装，如图 11-40 所示

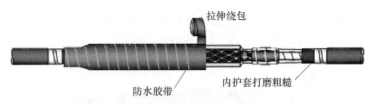

图 11-39　内外护套层及连接铠装的制作

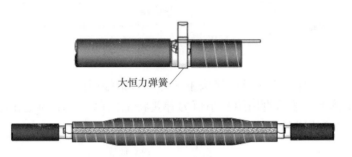

图 11-40　铠装电缆接地连接线的安装

（备注：非铠装电缆无需进行此项操作步骤）。

13）恢复电缆外护套。在电缆护套上，将开剥端口起 60mm 的范围内打磨粗糙并清洁干净，然后从一端护套上距离 60mm 处开始半重叠绕包 2228 号防水胶带至另一端护套上 60mm 处一个来回，涂胶粘剂一面朝里。绕包时要将胶带拉至原宽度的 3/4，半重叠绕包，完成后双手用力挤压胶带，使其紧贴附件，如图 11-41 所示。

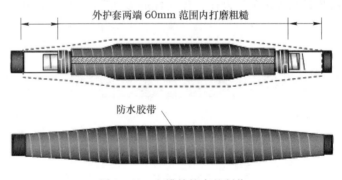

图 11-41　电缆外护套的制作

14）安装装甲带。装甲带包装开封后先用水完全浸泡 15s 以上，然后从一端电缆护套上防水带 60mm 处开始，半重叠绕包装甲带至对面另一端 60mm 防水带上，将整个接头外用装甲带完全绕包。为得到最佳效果，以上步骤完成后 30min 内不得移动电缆，如图 11-42 所示。

15）试验：在完成以上制作步骤之后，要对电缆进行绝缘电阻测试和直流耐压试验，试验合格后方可投入使用。

11.1.2.9　LF 精炼炉电气安装关键技术

A　精炼炉变压器安装

精炼炉变压器位于厂房精炼炉变压器室内，变压器体积大、重量重，运输、吊装具有

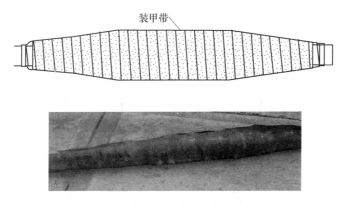

图 11-42　施工现场电缆头制作效果图

一定难度，其安装方法安装参照 11.1.2.4 节电力变压器安装进行。

　　B　短网和水冷电缆安装

　　（1）短网安装。核对变压器中心线与墙体距离、墙体留孔位置应符合设计和设备要求（误差应小于 5mm）。

　　（2）在墙体上画线确定不锈钢支架（避免铁磁体形成回路）安装固定穿心螺栓孔位置，并打穿心螺栓孔，孔间距误差不大于 5mm。

　　（3）按变压器出线端位置安装、调整、固定短网支架，支架在墙体上安装应牢固。

　　（4）连接短网铜导体与变压器低压侧出线端头，由于连接螺栓多，安装时应注意不可使变压器出线端受安装外力的作用。

　　（5）应注意在铜导体周围不应构成闭合导磁回路。

　　（6）水冷电缆应在短网安装合格后才进行安装。

　　（7）检查水冷电缆与 LF 炉电极电源接头的导电接触面，去除表面氧化膜，擦净后抹一层薄薄的导电膏，表面用洁净白纸覆盖（安装时去掉）。

　　（8）利用车间内行车配合手拉葫芦吊装水冷电缆，吊装用吊索采用聚合物软吊装带，以免损伤电缆表面护层，如图 11-43 所示。

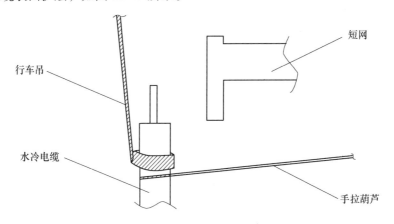

图 11-43　水冷电缆安装示意图

　　（9）将水冷电缆与短网、电极臂连接，安装如图 11-44 所示。

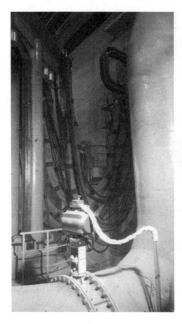

图 11-44　水冷电缆安装

（10）在精炼炉试生产一段时间后，须停电对短网、水冷电缆、固定支架等各处紧固螺栓重新紧固一次。

（11）精炼炉变压器室为高磁区域，要求土建施工（墙、顶、地面钢筋绑扎时）按设计做好特殊隔磁措施，并进行隐蔽工程检查验收。

11.1.3　自动化仪表安装

炼钢工程自动化仪表安装工作具有一定的特殊性，如技术要求高、与工艺联系密切、施工期短以及安全技术要求高等。

11.1.3.1　自动化仪表安装主要工艺流程

自动化仪表安装主要工艺流程如图 11-45 所示。

11.1.3.2　仪表安装程序

自动化仪表安装分为三个阶段，即施工准备阶段—施工阶段—试车交工阶段。

（1）施工准备阶段，包含以下几个方面：

1）安装资料准备。安装资料包括施工图、常用标准图、自控安装图册、《自动化仪表工程施工质量验收规范》GB 50131 和质量验评标准以及有关手册、施工技术要领等。

2）技术准备。包括施工组织设计的编制、施工方案的编制、图纸会审、技术交底、人员培训等。

3）物资准备。重点是施工材料和仪表加工件的准备。

4）施工工机具和标准仪器的准备。

（2）施工阶段，仪表安装施工一般随工艺管道施工进度进行，施工过程中主要工作有：

1）配合工艺安装取源部件。

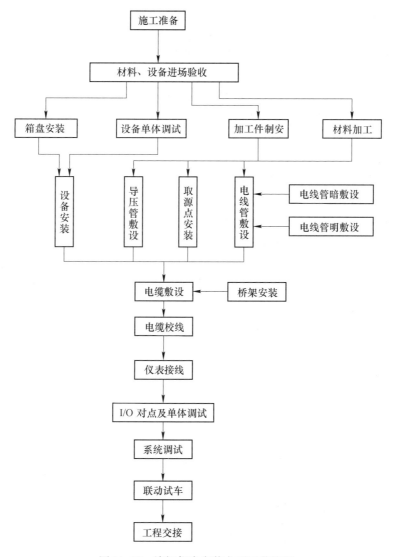

图 11-45　炼钢仪表安装主要工艺流程

2）仪表桥架、支架制作安装。

3）仪表盘、柜、箱、操作台安装。

4）仪表管线敷设。

5）仪表设备安装。

6）仪表管路吹扫、试压、试漏。

7）系统联调。

（3）试车、交工阶段，试车阶段是由单体试车、联动试车和负荷试车三个阶段组成，随着试车阶段的结束，仪表安装进入竣工验收阶段。

11.1.3.3　仪表安装技术要求

A　仪表设备安装技术要求

（1）仪表安装应按照设计图纸、仪表安装使用说明书的规定进行。当设计无特殊规定时，应符合《自动化仪表工程施工质量验收规范》GB 50131 要求。

（2）就地仪表的安装位置，应保证光线充足、操作和维修方便，不宜安装在振动、潮湿、易受机械损伤、有强磁场干扰、高温、温度变化剧烈及有腐蚀性气体的地方。

（3）直接安装在工艺管道的仪表，宜在工艺管道冲洗或者吹扫后，压力试验前安装，当必须与工艺管道同时安装时，需在工艺管道冲洗和吹扫时应将仪表拆下。仪表外壳上的箭头的指向应与被测介质的流向一致，固定时应使其受力均匀。该仪表安装完毕，应随同工艺系统一起进行压力试验。

（4）温度仪表：

1）在多粉尘的工艺管道上安装的测温元件，应采取防止磨损的保护措施。

2）热电偶或热电阻安装在易受被测介质强烈冲击的地方，以及当水平安装时其插入深度大于 1m 或被测温度大于 700℃时，应采取防弯曲措施。

3）表面温度计的示温面应与被测表面紧密接触，固定牢固。

4）压力式温度计的温包必须全部侵入被测介质中，毛细管的敷设应有保护措施，其弯曲半径不应小于 50mm，周围温度变化剧烈时应采取隔热措施。温度测量仪表的安装示意图如图 11-46 所示。

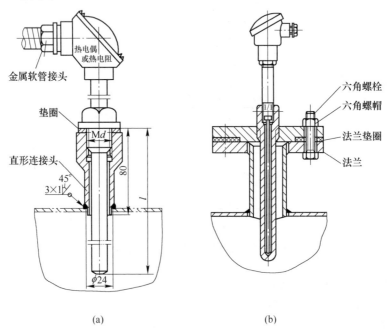

图 11-46　热电偶或热电阻温度测量仪表安装示意图
（a）螺纹式；（b）法兰式

（5）流量仪表：

1）差压计或差压变送器正、负压室与测量管路的连接必须正确。

2）转子流量计的安装应呈垂直状态，上游测直管段的长度不宜小于 5 倍工艺管道内径。

3）靶式流量计靶的中心，应在工艺管道的轴线上。

4）涡轮流量计的前置放大器与变送器间的距离不宜大于 3m。

5）电磁流量计的安装应符合下列规定：①流量计，被测介质及工艺管道三者之间应连接成等电位，并应接地。②在垂直的工艺管道边上安装时，被测介质的流向应自下而上，在水平和倾斜的工艺管道上安装时，两个测量电极不应在工艺管道的正上方和正下方位置。③周围有强磁场时，应采取防干扰措施。

孔板的安装应符合下列规定：①孔板安装前应进行外观检查，孔板的入口应无毛刺和圆角，并复检其加工尺寸。②孔板的锐边应迎着被测介质的流向。③环室上有"＋"号的一侧应在被测介质流向的上游侧，当有箭头标明流向时，箭头的指向应与被测介质的流向一致。流量测量仪表的安装示意图如图 11-47 所示。

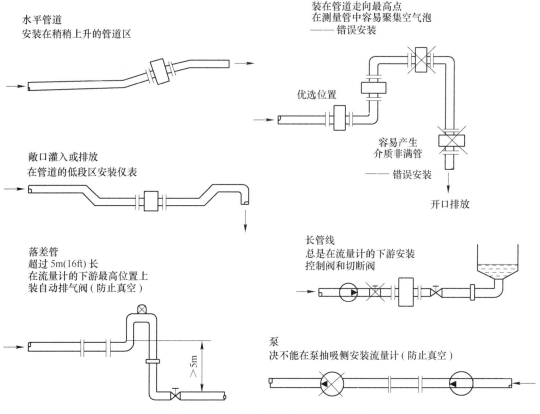

图 11-47　电磁流量计安装位置示意图

（6）压力仪表：

1）测量低压的压力表或变送器的安装高度，宜与取压点的高度一致。

2）就地安装的压力表不应固定在振动较大的工艺设备或管道上。

3）测量高压的压力表安装在操作岗位附近时，宜距地面 1.8m 以上，或在仪表正面加保护罩。

4）差压变送器安装时正、负压室与测量管路应正确连接。压力测量仪表安装示意图如图 11-48 所示。

（7）物位仪表：

1）用差压计或差压变送器测量液位时，仪表安装高度不应高于下部取压口。

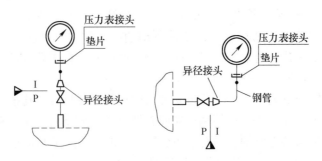

图 11-48　一般测量介质的压力表安装示意图

2）负荷传感器的安装应符合下列规定：①传感器的安装应呈垂直状态，各个传感器的受力应均匀。②当有冲击性负载时应有缓冲措施。

3）雷达物位计的安装必须符合下列要求：①法兰的指示标记应指向罐壁或罐的中心。②如使用导波管安装，法兰标记应指向开孔的一侧。③如使用旁通管安装，法兰标记应指向连通管的一侧。物位测量仪表的安装示意图如图 11-49 所示。

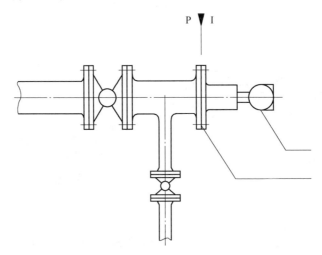

图 11-49　压力（法兰）式液位计安装示意图

B　仪表用电缆管路的敷设

（1）管路敷设应横平竖直，整齐美观，不应交叉。

（2）线路不应敷设在易受机械损伤的区域，当无法避免时，应采取保护措施。线路与绝热的工艺设备，管道绝热层表面之间的距离应大于 200mm，与其他工艺设备，管道表面之间的距离应大于 150mm。

（3）电缆（线）保护管敷设时，保护管不应有变形和裂缝，其内部应清洁，无毛刺，管口应光滑，无锐边。

（4）保护管的直线长度超过 30m 或者弯曲角度的总和超过 270°时，应在其中加装接线盒。

（5）保护管与检测元件或就地仪表之间，应用金属软管连接，室外应有防水弯。与就地仪表箱，接线盒等连接时应密封，并用锁紧螺母将钢管固定牢固。

C　仪表接地技术要求

（1）正常情况下不带电但有可能接触到危险电压的裸露金属部件，均应做保护接地，木质安全型仪表金属外壳当仪表使用说明书无接地规定时，不做保护接地，当规定接地时，应直接与其关联设备接地的接地极连接。

（2）保护接地可接到电气工程低压电气设备的保护接地网上连接且牢固可靠，不应串联接地。

（3）信号回路的接地点应在显示仪表侧，当采用接地型热电偶和检测部分已接地的仪表时，不应再在显示仪表侧接地。

（4）当有防干扰要求时，多芯电缆中的备用芯线应在一点接地。屏蔽电缆的备用芯线与电缆屏蔽层，应在同一侧接地。

盘、箱内的保护接地，信号回路接地，屏蔽接地和本质安全型仪表系统接地，应分别接到各自的接地母线上；接地母线、接地总干线、分干线之间应绝缘。

D　仪表用管路的敷设及压力试验技术要求

（1）测量管路在满足测量要求的条件下，应按最短路径敷设，测量管路沿水平敷设时，应根据不同的介质及测量要求，有 1:10 ~ 1:100 的坡度，其倾斜方向应保证能排除气体或冷凝汽。当不能满足要求时，应在管路的集气处安装排气装置。

（2）仪表安装中导压管的焊接，应与同介质的工艺管道同等要求。

（3）当管路与高温工艺设备、管道等连接时应采取补偿热膨胀的措施，对于测量差压用的正压管及负压管应敷设在环境温度相同的地方。

（4）仪表用管路固定时应符合以下要求：

1）管路应采用管卡固定。

2）管路支架的间距，应符合表 11-7 要求。

表 11-7　仪表管路支架布置要求　　　　　　　　　　　　（m）

名　　称	水　平　敷　设	垂　直　敷　设
钢　管	1 ~ 1.5	1.5 ~ 2
铜　管	0.5 ~ 0.7	0.7 ~ 1

仪表盘、箱内配管时，管路不设在妨碍操作和维修的位置；管路应集中成排敷设，做到整齐、美观、固定牢固；管路与线路及盘（箱）壁之间应保持一定的距离；管路与仪表连接时，不应使仪表承受机械应力。

（5）仪表管路进行压力试验过程中，若发现有泄漏现象时，应泄压后再修理，修理后需重新加压至合格。

E　取源部件的安装

（1）温度取源部件：

1）温度取源部件的安装位置应选在介质温度变化灵敏和具有代表性的地方，不宜选在阀门等阻力部件附近和介质流速成死角处以及振动较大的地方。

2）热电偶取源部件的安装位置，宜远离强磁场。

3）与工艺管理道垂直安装时，取源部件轴线应与工艺管道轴线垂直相交。

4）在工艺管边的拐角处安装时，宜逆着介质流向，取源部件轴线应与工艺管道轴线相重合。

5）与工艺管道倾斜安装时，宜逆着介质流向，取源部件轴线应与工艺管道轴线相交。

（2）压力取源部件：

1）压力取源部件的安装位置应选在介质流速稳定的地方。

2）压力取源部件与温度取源部件在同一管段上时，应安装在温度取源部件的上游侧。压力取压部件的端部不应超出工艺设备或管道的内壁，取压孔与取压部件均应无毛刺。

3）测量带有灰尘、固体颗粒或沉淀物等混浊介质的压力时，取源部件应倾斜向上安装。在水平工艺管道上宜顺流束，成锐角安装。

4）当测量温度高于60℃的液体、蒸气和可凝性气体的压力时，取源部件应带有环形或U型冷凝弯。

测量气体压力时，取压口在工艺管道的上半部；测量液体压力时，取压口在工艺管道的下半部与工艺管道的水平中心线成0°～45°夹角的范围内；测量蒸气压力时，取压口在工艺管道的上半部及下半部与工艺管道水平中心线成0°～45°度夹角的范围内，水平和倾斜工艺管道上的仪表压力取源部位如图11-50所示。

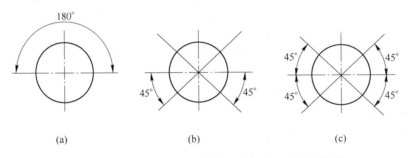

图 11-50　水平和倾斜工艺管道上的仪表压力取源部位
（a）气体介质；（b）液体介质；（c）蒸汽介质

（3）流量取源部件：

1）安装节流件所规定的最小直管段，其内表面应清洁，无凹坑。

2）在节流件的下游侧安装温度计时，温度计与节流件间的直管距离不应小于5倍工艺管道内径。

3）用均压环取压时，取压孔应在同一截面上均匀设置，且上、下游侧取压孔的数量必须相等。

（4）物位取源部件：

1）物位取源部件的安装位置，应选在物位变化灵敏，且不使检测元件受到物料冲击的地方。

2）补偿式平衡容器的安装，当固定平衡容器时，应有防止因工艺设备的热膨胀而被损坏的措施。

11.1.4　弱电系统安装

炼钢工程弱电系统包括通信系统、火灾报警系统和工业电视系统三部分。

11.1.4.1　施工流程

（1）电话通信系统施工流程如图 11-51 所示。

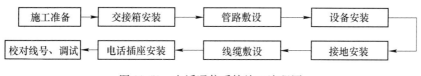

图 11-51　电话通信系统施工流程图

（2）火灾报警系统施工流程如图 11-52 所示。

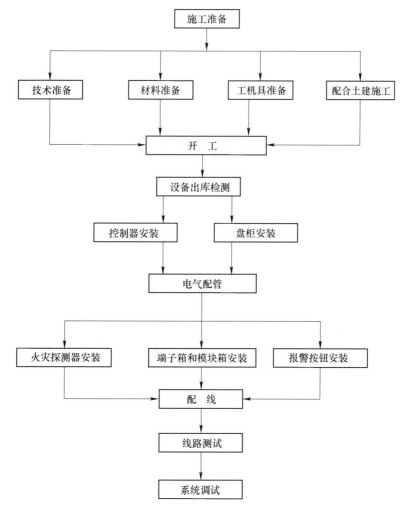

图 11-52　火灾报警系统施工流程图

（3）电视监控系统施工流程，如图 11-53 所示。

11.1.4.2　安装技术要求

A　电话通信系统安装

（1）按机柜平面布置图进行机柜定位，制作安装基础槽钢并将机柜安装在基础槽钢

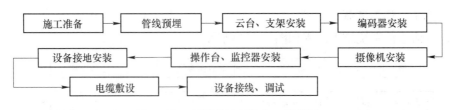

图 11-53　电视监控系统施工流程图

上，安装应牢固可靠。

（2）机柜上的各种零部件不得脱落或损坏，漆面如有脱落予以补漆，各种标志完整清晰。

（3）机柜前面应有 1.5m 的操作空间，机柜背面离墙距离应不小于 1m，以便于操作和检修。

（4）配线架的安装采用下出线方式时，配线架底部位置应与电缆进线孔相对应，各直列配线架垂直度偏差不大于 2mm，接线端子各标志应齐全。

（5）电话插座安装：待土建完成后，开始安装电话插座和组线箱，一般暗装插座距地面高度为 0.3m。

（6）电话通信系统安装如图 11-54 所示。

图 11-54　电话通信系统安装

B　工业电视系统安装

支架、云台的安装：检查云台转动是否平稳锁定云台转动的起点和终点；支架与建筑物、支架与云台均应牢固安装，所接电源线及控制线接出端应固定，且留有一定的余量，以不影响云台转动为宜，安装高度以满足防范要求为原则。

（1）摄像机安装：

1）安装前应对摄像机进行检测和调整，使摄像机处于正常工作状态。

2）摄像机应该牢固的安装在云台上。

3）摄像机转动过程尽可能避免逆光摄像。

4）室外摄像机若明显高于周围建筑物时，应加避雷措施。

（2）工业电视系统安装如图 11-55 所示。

C　火灾报警系统安装

（1）火灾探测器安装。

图 11-55　工业电视系统安装

1）探测器至墙壁、梁边的水平距离，不应小于 0.5m，探测器周围 0.5m 内，不应有遮挡物。探测器至空调送风口边的水平距离，不应小于 1.5m。

2）探测器宜水平安装，当必须倾斜安装时，倾斜角不应大于 45°。探测器的底座应固定牢靠，其导线连接必须可靠压接或焊接。

3）探测器的接线应按设计和厂家要求接线，但"＋"线应为红色，"－"线应为蓝色，其余线根据不同用途采用其他颜色区分，但同一工程中相同的导线颜色应一致。探测器在即将调试时方可安装，在安装前应该妥善保管，并应采取防尘、防潮、防腐蚀措施。

（2）端子箱和模块箱安装。应根据设计要求的安装标高用金属膨胀螺栓固定在墙壁上明装，且安装时应端正牢固，不得倾斜，模块箱内的模块按厂家和设计要求安装配线，合理布置，且安装应牢固端正，并有用途标志和线号。

（3）手动火灾报警按钮安装：

1）报警区内的每个防火分区应至少设置一只手动报警按钮，从一个防火分区内的任何位置到最近一个手动火灾报警按钮的步行距离不应大于 30m。手动火灾报警按钮应安装在明显和便于操作的墙上，距地高度 1.5m，安装牢固并不应倾斜。

2）手动火灾报警按钮外接线应留有 0.10m 的余量，且在端部应有明显标志。

（4）火灾报警系统安装如图 11-56 所示。

图 11-56　火灾报警系统安装

11.2　炼钢工程电气调试

11.2.1　炼钢工程电气调试概述

炼钢工程电气调试按系统主要包括转炉系统、电炉系统、精炼炉系统、连铸系统等。按电气调试项目划分主要包括供配电系统调试、电气传动及控制系统调试、自动化仪表调试及自动化控制系统（PLC）调试。

电气调试是专业技术要求很强的工种，调试工作质量直接决定电气设备投产后的工作效率、运行质量，决定电气自动化的实施程度，决定工厂产品的质量、产量及经济效益。

炼钢工程电气调试工作流程如图 11-57 所示。

11.2.2 电气调试施工准备

电气调试开工前的施工准备是炼钢工程调试施工程序的重要组成部分，做好施工准备工作，可以有效降低调试施工风险，保证调试工作成功率，提高企业综合经济效益。

电气调试的施工准备主要包括技术准备、资源准备、施工现场准备等。

11.2.2.1 技术准备

（1）组织相关技术人员熟悉和审查设计图纸，就设计图纸中发现的问题与设计和监理单位协商，进行设计图纸的修改。

（2）针对调试难点和施工进度的要求编制调试方案，进行技术交底和安全交底。

11.2.2.2 资源准备

电气调试专业施工资源的准备，是避免造成窝工及资源浪费，确保效益最大化的有力保证。电气调试专业施工资源的准备主要包括劳动力组织准备和物资准备。

（1）劳动力组织准备。劳动力组织应根据炼钢工程的特点及总体计划进行合理安排，实行动态管理。

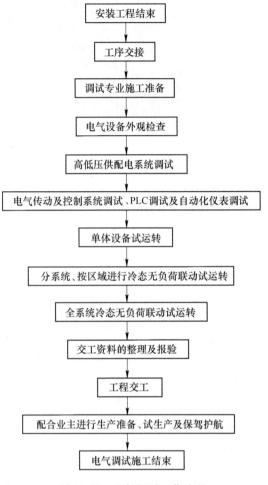

图 11-57　电气调试工作流程

（2）物资准备。炼钢工程中供配电系统调试常用仪器仪表见表 11-8，电气传动调试常用仪器仪表见表 11-9。

表 11-8　供配电系统调试常用仪器仪表

序号	仪器仪表名称	规格型号	数 量	备 注
1	回路电阻测试仪	HLDZ	1 台	
2	直流电阻测试仪	JYR	1 台	
3	全自动变比测量仪	JYT	1 台	
4	高压开关动特性测试仪	KJTC－Ⅲ	1 台	
5	全自动互感器综合测试仪	HDFT－Ⅱ	1 台	
6	继电保护测试仪	PW40	1 台	
7	开关试验电源	CT2300	1 台	

序号	仪器仪表名称	规格型号	数 量	备 注
8	电容电感测试仪	HTRG-H	1台	
9	直流高压发生器	ZGS	1台	
10	全自动抗干扰介损测试仪	HVMIB	1台	
11	轻型试验变压器	YD	1套	
12	串联谐振试验装置	HDSR-f265	1套	
13	核相仪	HX-85	1套	
14	高压绝缘电阻测试仪	3123A	2块	
15	低压绝缘电阻测试仪	3121	4块	
16	接地电阻测试仪	4102A	1台	
17	数字钳型六路相位伏安表	TC2002	1块	
18	钳型电流表	FLUKE317	2块	

表 11-9　电气传动调试常用仪器仪表

序号	仪器仪表名称	规格型号	数 量	备 注
1	万用表	FLUKE15B	6块	
2	相序表	8030	1块	
3	钳型电流表	FLUKE317	4块	
4	接地电阻测试仪	4102A	1台	
5	低压绝缘电阻测试仪	3121	4块	
6	转速表	DT207L	1块	
7	示波器	FLUKE	1块	
8	对讲机	KENWOOD	6对	

11.2.3　供配电系统调试

一般大型炼钢工程高压供配电系统主要分为：炼钢车间变电所、连铸车间变电所及炼钢辅助设施区域变电所。低压供配电系统一般按区域分为若干个动力控制中心（PCC），主要负责炼钢生产工艺设施、炼钢车间起重机、检修、照明及辅助生产设施的供电。

11.2.3.1　高压供配电系统调试

（1）高压供配电系统调试流程如图 11-58 所示。

（2）高压供配电系统调试内容及方法。

1）系统设备及安装质量的一般性检查：

①根据设计图纸，对所有安装完毕的电气设备的型号、规格、容量、数量、外观、安装位置、安装方式等逐一检查核对，及时发现问题。

②校对盘内及盘间连线，用蜂鸣器或发光指示的导通测试器具对电气设备或系统的一、二次配线进行导通检查。除确认接线回路正确外，还须对配线的截面、规格、连接状况进行复查。采用插接法连接的部位，应检查其接触的可靠性。

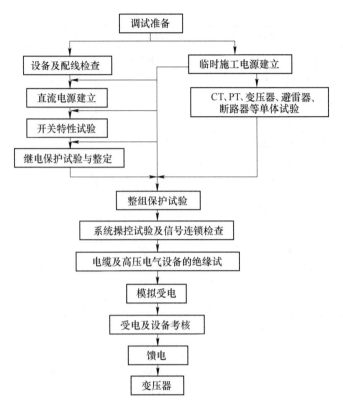

图 11-58　高压供配电系统调试流程

③为了保障变配电所调试过程中的人身及设备安全，必须在高压试验前先确认变配电所接地装置安装是否符合规定，测量接地装置的接地电阻值，应符合国标 GB50150 的规定。

2）临时调试电源的建立：

①应在变配电所内设立一个三级配电箱，采用 TN-S 系统供电，配电箱内应设漏电保护器，且漏电保护器的保护动作应可靠。

②直流电源屏临时进线电源可从三级配电箱内取电，进线电源电缆应采用三相四线制，该电源电压、相位（正相序）应正确。

③为了确保直流屏能够提供可靠的直流电源，首先应检查直流屏一、二次回路接线是否正确，并应测量其绝缘电阻。检查合格后，接通交流进线电源，检测充电模块输出电压、极性，并合上电池组开关，调整充电模块对蓄电池的充电电流。检测合母、控母及馈出开关的电压和极性。

3）单体试验。单体试验包括变压器、断路器、互感器、避雷器及电容器等高压电气设备的试验。根据其电压等级、设备容量、结构形式、接线方式等不同要求，按现行国家标准进行试验，确定设备性能是否符合要求。其一般常用试验项目及方法如下：

①绝缘电阻及吸收比的测量。

测量设备的绝缘电阻，是检查其绝缘状态最简便的辅助方法，在现场通常采用兆欧表来测量绝缘电阻。

试验前后或重复试验时，必须将被试品对地充分放电，放电时间至少需要 1～5min。

绝缘电阻测试分为加屏蔽环和不加屏蔽环两种测试方法，对重要的被试品（如发电机，变压器等），或试品表面泄漏电流较大时，为避免表面泄漏电流对测量结果的影响，必须加以屏蔽环（可用软裸导线在绝缘表面缠绕几圈，其部位应靠近被测量部分，但不得相碰），并用绝缘导线接于兆欧表的屏蔽端"G"上。

测量吸收比时，应分别读取 15s 和 60s 的绝缘电阻值。在整个测量过程中，兆欧表转速应尽可能保持恒定。

兆欧表测量绝缘电阻接线如图 11-59 和图 11-60 所示。

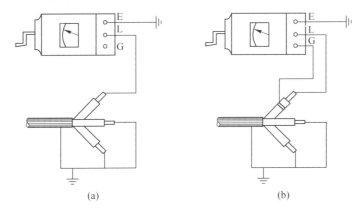

图 11-59　兆欧表测量绝缘电阻接线图
（a）不加屏蔽；（b）加屏蔽

(a)　　　　　　　　　　　　　　(b)

图 11-60　绝缘电阻测试图
（a）加屏蔽绝缘电阻测试；（b）屏蔽绝缘电阻测试

②泄漏电流试验。对于绝缘良好的绝缘物，其泄漏电流与外加直流电压应呈线性关系，但大量实验表明，泄漏电流与外加直流电压仅能在一定的电压范围内保持近似的线性关系，如图 11-61 中的 $0～U_A$ 部分；超过此范围后，电流的增长要比电压的增长快得多，$U_A～U_B$ 部分，曲线呈弯曲状；电压大于 U_B 后，电流将急剧增长，最后导致绝缘破坏，发生击穿。在实际试验中，所加的直流电压都小于 U_A，所以对良好的绝缘，其伏安特性应近似于直线。而当绝缘全部或局部有缺陷或者是受潮时，泄漏电流将急剧增加，其伏安特

性也就不再呈直线了。因此，直流泄漏电流试验可以更有效地检测出被试品绝缘受潮的情况和局部缺陷。

　　试验接线及设备仪器：通常用半波整流器获得直流高压。整流设备主要由升压变压器、整流元件和测量仪表组成，其中整流元件可采用高压硅堆，硅堆置于高压侧。根据微安表的位置，主要有如图 11-62 所示两种接线方式。

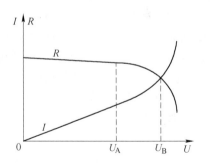

图 11-61　泄漏电流 I、绝缘电阻 R 与外加直流电压 U 的关系曲线

　　对于图 11-62（a）的接线，由于微安表处于低压侧，读表比较安全方便，但无法消除被试品表面的泄漏电流和高压引线的电晕电流所产生的测量误差，因此，现场试验多采用图 11-62（b）的接线方式。由于微安表处于高压侧，通过屏蔽线与试品的屏蔽环（湿度不大时，可以不设，而空置在试品侧）相连，避免了图 11-62（a）接线的测量误差。但由于微安表处于高压侧，则会给读数及切换量程带来不便，微安表的保护开关或常闭按钮的操作，需要通过绝缘线或绝缘棒进行。直流泄漏电流现场试验如图 11-63 所示。

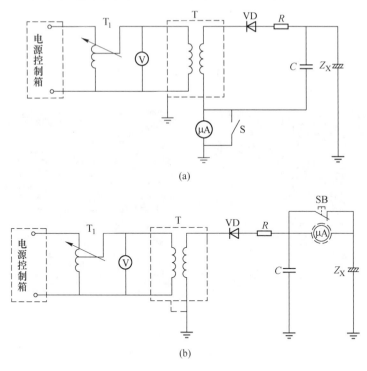

图 11-62　直流泄漏电流试验原理接线图
（a）微安表置低压侧；（b）微安表置高压侧

　　③交流耐压试验。鉴定电气设备设计的绝缘水平以及制造、安装、检修等工作中的质量，一般采用交流耐压和冲击试验两种方法；对于运至现场安装地点的电气设备大都采用交流耐压这种方法，而交流耐压一般分为交流工频耐压和交流变频串联谐振耐压两种方法。

交流工频耐压试验：

交流工频耐压试验在绝大多数情况下能有效地检测出电气设备绝缘的不良缺陷，尤其对发现局部性缺陷更为有效。一般规定耐压持续时间 1min。

交流工频耐压试验的基本接线。成套的试验设备大都采用 1 台试验变压器和 1 台调压器（在控制箱内）组成，少数采用两台及两台以上试验变压器串联。基本接线如图 11-64 所示。

球隙测压器一般对 10kV 及 10kV 以下的被试物可不接入，对电容量较大且电压较高（如

图 11-63　直流泄漏电流现场试验

35kV 及其以上）的被试物，需对应选择相当容量和电压的试验设备，高压侧应接入球隙测压器，以防操作不当产生过压危险。

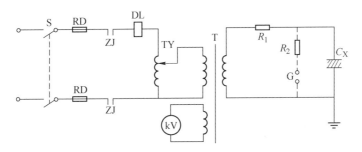

图 11-64　交流工频耐压试验接线

调压设备的选择：

通常采用的调压设备有自耦变压器、感应调压器和电阻器，对于大容量试验变压器的调压一般采用和试验变压器成套供应的感应调压器，对中小容量的试验变压器多采用自耦变压器，对被测物为极小电容电流（如油的击穿试验器）的情况，才采用金属电阻调压。

调压器的容量应与试验变压器匹配，但由于许多耐压试验是间断的而不是连续负载，可允许根据导线的发热条件来选择。

用自耦变压器调压时，按照下式进行计算：

$$S_0 = (0.75 \sim 1)S_T \tag{11-1}$$

式中　S_0——自耦变压器的容量；

　　　S_T——试验变压器的容量。

用金属电阻调压时，按照下式进行计算：

$$S_R \geqslant 0.5S_T \tag{11-2}$$

式中　S_R——金属电阻的容量。

试验变压器的选择：

试验前，如何选择好试验变压器甚为重要，如选择不当，不但达不到试验目的，而且在试验回路内发生谐振现象而损害设备，如选择的容量小于被试物所需的试验变压器的容量时就有可能发生这种情况。一般试验变压器的容量（S_T）应大于被试物的容量（S_X）

的 1.1 ~ 1.3 倍，可用如下公式表示：

$$S_X = \frac{U^2}{X_c} = \omega C_X U^2 = 314 C_X U^2 \tag{11-3}$$

$$I_T = 314 C_X U \tag{11-4}$$

式中　I_T——所需试验变压器的电流；

　　　C_X——试品的最大电容；

　　　U——试验电压。

如 C_X 通过仪表测得，则可按上式计算所需容量大小。

交流变频串联谐振耐压试验：

交流变频串联谐振耐压试验主要适用于大容量电气设备的交流耐压试验，是传统交流工频耐压试验的有效补充。有效解决了传统工频试验变压器体积过大、运输不便，以及在试验过程中若被试品发生闪络或击穿，短路电流极易烧伤被试品的难题。

交流变频串联谐振耐压试验的基本接线：

交流变频串联谐振耐压试验是通过调节变频电源输出电压的频率，经励磁变压器激发试验用电抗器的电感与被试品电容组成的 LC 串联回路，实现电压谐振，从而在被试品上获得高电压进行耐压试验的方法。基本接线如图 11-65 所示，交流变频串联谐振耐压现场试验如图 11-66 所示。

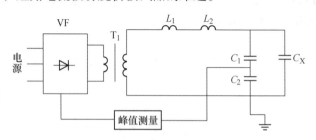

图 11-65　交流变频串联谐振耐压试验接线图
VF—变频控制器；L_1，L_2—高压电抗器；C_X—试品
T_1—励磁变压器；C_1，C_2—高压分压器

图 11-66　交流变频串联谐振耐压现场试验

电抗器的配置：

为了满足国家标准对部分电气设备交流耐压时试验电压的频率应在 35 ~ 65Hz 之间的要求，需对试验电抗器采用串并联或混联的方式，进行合理配置，可用下式计算所需试验电抗器的电感量：

$$f = \frac{1}{2\pi} \frac{1}{\sqrt{LC}} \tag{11-5}$$

式中　f——所需试验频率；

　　　C——试品的最大电容；

　　　L——试验电抗器的电感量。

④介质损耗的测量。

由于介质损失要在绝缘体内部产生热量，所以介质损失越大，在绝缘体内部产生的热量越多，最终在绝缘薄弱处形成击穿，故测量 tanδ 对于判断绝缘物的绝缘状况有着特别重要的意义。而且介损的测量时的试验电压不超过被试设备的额定工作电压，属于非破坏性试验。

测量方法：

介损角的测量方法，以往多为交流电桥法，其他还有低功率瓦特表法和 M 型介质试验器法等；目前国内全自动抗干扰变频介损测试仪，摆脱了传统的平衡电桥原理，采用微电流传感器，进行自动量程切换与数据处理，测量精度高，具有相当精细的分辨率。此外还具有抗强电场干扰的能力。

测量原理：

仪器结构如图 11-67 所示。

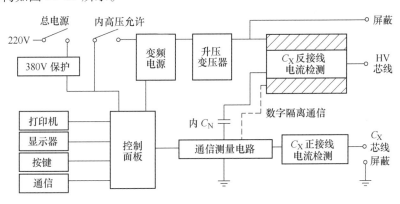

图 11-67　仪器结构图

启动测量后高压设定值送到变频电源，变频电源用 PID 算法将输出缓速调整到设定值，测量电路将实测高压送到变频电源，微调低压，实现准确高压输出。根据正/反接线设置，测量电路根据试验电流自动选择输入并切换量程，测量电路采用傅立叶变换滤掉干扰，分离出信号基波，对标准电流和试品电流进行矢量运算，幅值计算电容量，角差计算 tanδ。反复进行多次测量，经过排序选择一个中间结果。测量结束，测量电路发出降压指令变频电源缓速降压到 0V。

按被测试品是否接地分两种测量方式，即正接线测量方式和反接线测量方式。两种测量方式的原理如图 11-68 所示。

图 11-68（a）中为非接地试品，试品电流 I_{CX} 从试品末端进入采样电阻 R，得到全电流值，在图 11-68（b）中 C_X 为接地试品，机内 C_X 端直接接地，电流 I_{CX} 从试品高压端到机内采样电阻取得全电流值。

在高压电源的 10kV 侧，高压分两路，一路给机内标准电容 C_N，此电容介损非常小，可以认为介损为零，即为纯容性电流，此电流 I_{CN} 可作为容性电流基准。在 C_X 试品一侧，试品电流 I_{CX} 通过采样电阻 R 采入机内，此 I_{CX} 可分解成水平分量和垂直分量，通过计算水平分量与垂直分量的比值即可得到 tanδ 值，如图 11-69 所示。

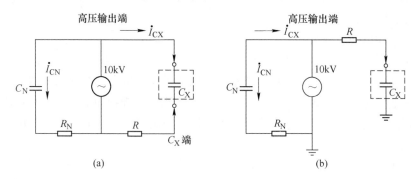

图 11-68　测量原理图
（a）正接线测量；（b）反接线测量

接线方法：

正接法：当被测试设备的低压测量端对地绝缘时，可以采用该接线法测量。

高压屏蔽线皮接被试设备高压端；将专用低压电缆从仪器面板上的 C_X 端引出，低压芯线接被试设备低压端 L；低压屏蔽线接被试设备屏蔽端 E（试品无屏蔽端则悬空）。

HV_X 及 C_X 的芯线与屏蔽线之间严禁短接，否则无法取样，无法测量。

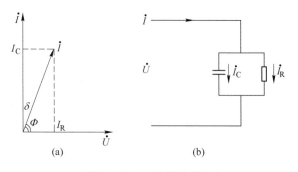

图 11-69　试品等效电路
（a）电流矢量法；（b）试品等效电路

反接法：高压屏蔽线接被试设备低压端；高压屏蔽线皮接被试设备屏蔽端 E。设备高压端则直接接地。

测量时应注意高压测试电缆 HV 插口的金属体带高电压，较为危险。

继电保护装置校验及整定：

试验用仪器、仪表准确度应根据被测量的误差等级进行选择。应符合表 11-10 的规定。

表 11-10　仪表准确度等级

误　　差	仪表准确度等级	数字仪表准确度
<0.5%	0.1 级	6 位半
≥0.5%～1.5%	0.2 级	5 位半
>1.5%～5%	0.5 级	4 位半
≥5%	1.0 级	4 位半

基本性能测试：

由于电磁式、整流型、晶体管型继电器已逐渐被微机型继电保护所取代，本文只介绍微机型继电保护的基本性能测试。如图 11-70 所示。

图 11-70   继电保护现场试验

动作特性测试主要检验产品动作值的整定范围、整定值的准确度及返回系数等。微机型继电保护动作值的整定方式主要采用菜单方式进行整定值整定。对于不同型号产品菜单结构和内容都不相同，对于整定值的整定方式也略有不同，但操作程序基本相同。

动作值整定：

动作值整定的准确度应按产品有无刻度整定值来确定。对于没有准确度要求的，可根据测量结果是否满足产品技术要求来确定是否合格。对于有准确度要求的，可根据测量结果计算出平均误差及一致性，并与产品技术要求进行比较，确定是否合格。

$$平均误差 = \frac{10\ 次测量平均值 - 整定值}{整定值} \times 100\% \qquad (11\text{-}6)$$

$$一致性 = \frac{10\ 次测量最大值 - 10\ 次测量最小值}{整定值} \times 100\% \qquad (11\text{-}7)$$

返回系数取 10 次测量返回平均值和 10 次测量动作平均值的比值。

时间参数整定：

时间特性测试主要检验产品动作时间、返回时间及时限特性等。

动作时间测试是测量从产品施加激励量开始，到继电器触点或装置出口继电器触点可靠动作为止，所经历的时间。

返回时间测试是测量从产品取消激励量开始，到继电器触点或装置出口继电器触点可靠返回为止，所经历的时间。

试验内容应在产品标准或技术要求中详细规定，不同的测试内容，对产品的动作时间和返回时间的要求可以不同。如产品标准或技术要求中没有规定时，一般产品动作时间是指产品动合触点的闭合时间，产品返回时间是指产品动断触点的闭合时间。

对于时间参数的准确度没有要求的，可根据测量结果是否满足产品技术要求来确定是否合格。对于有准确度要求的，可根据测量结果计算出平均误差、一致性与产品技术要求进行比较，确定是否合格。

平均误差取 10 次测量算数平均值减整定值；

一致性等于 10 次测量中最大值 - 10 次测量中最小值。

4）系统空操作及整组传动试验。以设计原理图为依据，进行通电操作试验。确认每个电气回路开关分/合闸动作、指示、联锁、报警等功能是否可靠动作，发讯准确。

系统空操作结束，每台开关柜都应按照定值进行整组传动试验。

在电流二次回路加入试验电流进行过流、速断等电流试验（二次侧连接片应断开，不得将电流加入电流互感器）。

电流试验时先做测量回路，再做保护回路（电流试验每相都需做）。

在本柜电压小母线下端加入试验电压做低电压等电压试验（不能将电压加到电压小母线上）。

在零序互感器处使用穿芯法加入试验电流进行零序电流等试验。

在变压器本体处与变压器柜进行联锁试验，检查变压器瓦斯、压力、温度保护是否动作可靠。

在电容器屏处与电容器柜进行联锁试验，检查电流、电压保护的可靠性。

单台高压柜整组试验结束后，进行进线及母联联锁试验。

5）低压模拟送电试验。高压设备受电前，按照系统单线图由进线侧通入 380V 交流三相电，对电压互感器二次电压进行测量，计算其变比，并对Ⅰ、Ⅱ段电压互感器的一次侧和二次侧分别进行核相，其结果应变比正确，相序检查无误，整个供电系统无短路和接地等故障。

（3）系统受电及试运行。检查变电所内的门窗是否完好，土建工作应完工，屋顶和地坪无渗漏、破裂等情况。进出道路畅通，无障碍和孔洞等不安全因素，如图 11-71 所示。准备好必要的测量仪表，消防器材。所有高压柜应铺设绝缘垫，准备好高压验电笔、核相棒、绝缘手套和绝缘靴。

图 11-71　配电室施工现场实物图

各项调试工作全部结束，所有待受、送电设备和线路均处于正常状态，各项调试记录经审查合格。

与受电相关的各地点之间应有必要的通讯设备，并保持畅通，并与上一级变电所联系好受电事项。

成立受电小组，统一协调受电具体事宜。

严格按照报批的受电方案进行系统受电及试运行，并做好监督工作。

受电后，对供配电系统中的电压、电流、相序进行确认，并记录。无异常后空载运行 24h。供配电系统中的设备，空载运行正常后，方可带负载运行。

11.2.3.2　低压供配电系统调试

A　一般性检查

检查设备中的元件和器件安装接线应牢固、正确、符合设计图纸及相应的标准要求。设备的铭牌及标志应正确、清晰、齐全。母牌和导线的规格、尺寸、颜色和相序应符合要求。检查所有机械操作零部件、联锁等运动部件应动作灵活、动作效果正确。

B　绝缘电阻试验

设备绝缘电阻测试，应在电路无电的状态下进行。绝缘电阻测量仪器的电压等级应按表 11-11 规定选取。对不能使用绝缘电阻测量仪器进行测量的元器件，测量前应将其短接或拆除。

表 11-11　绝缘电阻测量仪器的电压等级选择

设备额定电压 U_e/V	测量仪器电压等级/V
$U_e < 500$	500
$500 \leqslant U_e < 1000$	1000
$U_e \geqslant 1000$	2500

试验方法可参见高压供配电系统中，绝缘电阻的测试方法。其结果，所测得的绝缘电阻按标称电压至少为 $1000\Omega/V$，则认为试验合格，并出具相关试验报告。

C　保护装置校验及整定

根据产品说明书和设计单位提供的整定计算书，对保护装置逐一进行功能检验及整定，并出具相关试验报告。

D　受电及试运行

经综合检查和判断合格后，变压器低压侧可供电至低压供配电系统。受电后，对供配电系统中的电压、电流、相序进行确认，并记录。无异常后空载运行 24h。方可为低压系统调试提供电源。

11.2.4　交流电气传动及控制系统调试

在炼钢工程中电气传动控制系统，常采用一般交流传动控制系统和交流调速传动控制系统两大类。目前在炼钢电力拖动系统中，98% 以上是交流电动机，因此交流传动系统是目前的主流。随着电力电子技术的发展，现代交流传动泛指基于电力变换（变流）技术的调速传动系统，而变频传动调速系统又是其中的主要代表，并在工程中的得到了广泛的应用，如转炉的氧枪、倾动系统、加投料系统、连铸的矫直和输送辊道系统等。

11.2.4.1　一般交流传动系统的调试

A　常规检查

（1）检查设备中的元件和器件安装接线应牢固、正确、符合设计图纸及相应的标准要求。设备的铭牌及标志应正确、清晰、齐全。检查开关和接触器的容量是否与负载匹配。

（2）校对盘内及外部连线，确认绝缘电阻是否符合要求，接地是否可靠。

B　电动机及其他辅助设备单体试验

电动机及其他辅助设备单体试验应在主回路电缆未连接时完成。试验内容和方法可参照相关标准执行。

C　MCC 设备调试

（1）测量低压电器及二次回路的绝缘电阻，应符合要求。

（2）各种保护装置的整定，应按设计单位给出的整定值进行整定。

D　控制系统调试

在调试前应断开各系统主回路，按照原理图和工艺要求对系统控制回路、保护回路、联锁回路进行实际动作检验，检验结果应符合设计及工艺要求。

单体试车可参考 11.2.4.3 节和 11.2.4.4 节。

11.2.4.2　变频调速系统的调试

A　调试工作条件

会审变频调速系统的相关技术资料、技术文件、施工图纸，电气安装工作已经完成，并验收合格，符合施工验收规范。

B　送电前检查

（1）常规检查。检查设备中的元件和器件安装接线应牢固、正确、符合设计图纸及相应的标准要求。设备的铭牌及标志应正确、清晰、齐全。检查装置容量是否与负载匹配。校对盘内及外部连线，确认绝缘电阻是否符合要求，接地是否可靠。

（2）变频调速系统辅助设备试验：

1）变频调速电动机单体试验。本试验应在变频器通电前，主回路电缆未连接时完成。试验内容和方法可参照国标 GB 50150 内相关标准执行。

2）电缆试验。应按照国标 GB 50150 内相关内容，对不同电压等级、型号的动力电缆进行试验。

3）变压器试验。如大型变频调速系统设有专用变压器，可按照国标 GB 50150 内相关内容进行试验。

（3）变频调速装置的调试：

1）静态调试。在上述检查及试验合格后，按变频器调速系统调试方案的步骤送电至变频器。通电后检测三相电源是否缺相，其电压波动值应在允许范围内。

进行变频器带电后的调试、技术参数的设置及测试。将电动机脱离负载，根据现场设备所需的要求进行功能的设置。

2）空载运行。在变频器带电动机空载调试时，应注意以下内容：

①设置电动机的功率、极对数，确定变频器的工作电流。

②压/频（U/F）工作方式的选择包括选择最高工作频率、基本工作频率和转矩类型等项目。

③按照变频器使用说明书对电子热继电器的功能进行设置。

④将变频器设置为键盘操作模式，操作键盘上的运行键、停止键，观察电动机是否能正常启动和停止，而后进行空载运行检查。

检查进线和出线电压，试听电动机运转声音是否正常，按实际负载的要求更正电动机的接线相序。

改变运行频率并进行观察，注意检查电动机的温升情况及加减速是否平滑等。加速时间、减速时间的设置应满足对设备运行速度控制的要求，同时不应在正常加速、减速过程中出现变频器过电流、过电压等跳闸现象。不能满足升速要求时应考虑加大变频器容量，根据设备的减速要求选用制动单元。

各频率点有无异常振动、共振、声音不正常现象。如有共振，应使用变频器的跳频功能避开该频率点。

观察电动机因调制频率产生的振动、噪声是否在允许的范围内，如不合适，可更改调制频率。

测量输出电压和电流不平衡度，应符合相关规范要求。

3）负载试运行。电动机的带负载情况下的变频器的运行调试检查项目如下：

①手动操作运行键、停止键，观察电动机的运行、停止过程及显示装置是否有异常。

②按正常负载运行，测量各相输出电流是否在预定值之内。

③对于有转速反馈的闭环系统，要测量转速反馈是否有效。进行人为断开和接入转速反馈试验，观察对电动机电压、电流和转速的影响程度。

④检查电动机旋转的平稳性，观察负载运行到稳定温升（一般3h以上）时电动机和变频器的温度，如果温度过高，可从以下参数和因素进行调整：负载、频率、U/F曲线、外部通风冷却条件、变频器的调制频率等。

⑤记录电动机加减速的时间，不合适时应重新设置。

⑥测试各类保护的有效性，在允许范围内尽量多做一些非破坏性的各种保护的确认工作。

⑦按现场工艺要求进行试运行，适时监控，并做好记录，作为今后工况数据的对照依据。

在手动负载调试完成后，如果系统中有上位机，则将变频器的控制线直接与上位机控制线相连，并将变频器的操作模式改为端子控制。根据上位机系统的需要，进行系统调试。

11.2.4.3 单机空载试车

A 一般要求

单机空载试车应使用正式电源。单机空载试车应分别将每台电动机解除负载，空载启动试运行，大中型电机一般运行8h，小型电机运行2h。同时设值班人员将运行情况填入记录。在空载试车时，如有问题应及时处理或停机检查，正常后方可进行单机负载运行。

B 单机空载试车的步骤及方法

（1）启动前先检测电动机及线路的绝缘电阻是否合格，手动盘车应灵活无卡阻，控制回路空操作试验正常。有润滑系统的应先将油泵启动，使之运行正常，然后征得机械人员许可方可启动。必要时可将传动带、联轴器拆开，进行电动机的单试。

（2）合上启动柜的开关，先点动起车一次，观察启动电流的瞬时值、电机的转向、声音、振动是否正常，有无卡阻。正常后再正式空载启动。

（3）空载起车后，应观测启动电流、声音、振动及其他有无异常现象，并观察电动机的温升及轴承温度。当大中型电机间接启动时，还应测量启动时间和启动电流。当有些设备不能空载运行时，空载与负载的区别只在于调节装置的开与闭，这些都必须与机械人员取得一致性意见后，才能进行空载试车。

11.2.4.4　单机负载试车

单机负载试车的步骤、方法及要求与单机空载试车基本相同，但必须在与单机空载试车合格后，才允许单机负载试车。

负载试车根据工艺要求和负载情况分为重载、中载和轻载，因此要按工艺要求和负载情况重新测量启动时间和启动电流和运行电流。单机负载试车时主要监测三相电流是否平衡，一般不应大于 2/3 额定电流，同时要监测、轴承及机壳温升是否正常，并随时监听定子与转子的声音有无异常。当有重大异常现象时，应紧急停车并报告负责人，查明原因后方能重新启动。一般单机负载试车不超过 24h。

11.2.4.5　联动试车

联动试车就是按照生产工艺的程序及条件，进行系统运行，并生产出成品或半成品，实际上就是试生产。

A　联动试车的条件

（1）单机负载试车完毕，且将发现的缺陷和故障全部处理，必要时应在处理后再次进行单机负载试车，直至无任何故障。

（2）和系统配套的其他安装工程（如管道、给排水、通风、化验等）均应完毕且合格。

生产原料已运至现场且合格，具备生产条件；中间环节或半成品的转移已具备生产条件。

（3）生产工艺人员及技术管理人员已培训合格，并进入现场，生产管理体系已建立并运行。

（4）与系统配套的其他电气工程（如通信、自动化仪表、监控、照明、天车、PLC系统）均已单机试车合格，具备运行条件。

（5）单机试车时，解除的联锁已全部恢复，且操作合格，重新测量系统内所有电气设备的绝缘电阻，均应合格。

（6）经建设单位、施工单位、设计单位的技术人员联合对试运行现场、条件进行验收检查，不妥之处及时整改，直至验收合格。

（7）供电部门或厂变电站允许在请求的时间内试车，并做好充分的准备，提供足够的负荷。

B　联动试车的步骤及方法

成立联动试车指挥部，生产工艺人员上岗，检查设备情况；电气值班人员上岗，检查电气系统；操作人员上岗，做好运行前准备工作。

（1）所有工段准备工作完成，一切正常后，发出联动试车命令。这时应按系统启动的程序或联锁情况分别将电动机带动负载启动或空载启动，并满足最大的开车率，记录电气参数及运行情况。

（2）系统空载正常后，即可按生产工艺，进入生产状态。这时应满足最大的开车率，并按工艺要求正常启停设备，记录电气参数及运行情况。电气人员应注意观测各级供电回路的电流情况及电动机、电气设备的温升和振动情况，如有异常可先停车后汇报。

（3）运行正常后，征得建设单位同意，即可进行72h试运行，并由双方派人参与，负责处理各种事宜。

（4）72h试运行正常后，即可进行交接验收，转入常规工业生产。

11.2.5　自动化仪表调试

在炼钢过程中，对各种工艺参数进行检测、显示、记录和控制，是保证安全生产，提高产品质量和增强生产效率的基础。而自动化仪表是完成这些的必备条件，也是实现自动化生产的重要基础。

转炉炼钢自动化仪表系统包括炉前三脱系统、原料系统、汽化冷却、烟气净化系统、炉内复吹系统、炉后精炼真空脱气等系统的检测、显示和控制仪表。

11.2.5.1　单体调试的要求

（1）仪表校验环境应符合下列要求：

1）干净清洁，光线充足，通风良好，地面平坦。

2）温度维持在10~35℃之间，空气相对湿度不大于85%，无腐蚀性气体。

3）避开振动大、灰尘多、噪声大和有强磁场干扰的地方。

（2）仪表调校用电源应稳定，50Hz、220V交流电源和48V直流电源，电压波动不应超过额定值的+10%，24V直流电源不应超过+5%。

（3）仪表调校用气源应清洁、干燥，露点至少比最低环境温度低10℃，气源压力应稳定，波动不应超过额定值的+10%。

（4）调校用标准仪器、仪表应具备有效的鉴定合格证书，基本误差的绝对值不宜超过被校仪表基本误差绝对值的1/3。

（5）仪表调校人员应持有资格证书，调校前应熟悉仪表使用说明书。

（6）仪表校验前做好外观检查，铭牌及实物的型号、规格、材质、测量范围、刻度盘等应符合设计要求。无变形、损伤、零件丢失等缺陷，外形主要尺寸符合设计要求，附件齐全，合格证及检定证书齐全。

（7）校验合格的仪表，应做好合格标记，及时填写校验记录，要求数据真实、字迹清晰，校验人应签名并注明校验日期。

（8）经校验不合格的仪表，应按指定区域单独存放，或挂牌标识，并写好不合格记录，在未按评审意见处理并经复检合格之前，不得进入下一施工过程。

11.2.5.2　仪表的单体调试

（1）温度仪表校验。炼钢系统中温度仪表包括双金属温度计、热电阻和铁水测温仪，其中铁水测温仪在出厂时厂家已检定合格。现场只需对双金属温度计和热电阻进行校验。

1）双金属温度计校验。双金属温度计应作示值校验，校验不得少于两点，如两点中有一点不合格，则应作用4个刻度的试验。工艺有特别要求的温度计，应作4个刻度点的试验。

2）热电阻校验。热电阻应作导通检查，炼钢工程热电阻分度号均为Pt100。抽10%进行热电性能试验，其中应包括装置中的主要检测点和有特殊要求的检测点。热电性能如

不合格，应与建设单位协商处理。Pt100 热电阻允许误差：A 级：$+(0.15+0.002|t|)$。B 级：$(0.30+0.005|t|)$。

3）温度变送器校验用标准信号发生器，在温度变送器的输入端加入标准电阻信号值，通过零点调整和量程调整，使温度变送器的输出值及表头刻度指示值和输入信号一一对应，误差在允许范围之内。调校点应在全刻度范围内均匀选取，其数量不少于 5 点。

（2）压力仪表：

1）压力表在校验时用手压泵施加压力，与测量范围相适应的标准压力表进行比较，校验时轻敲仪表外壳时，指针偏移不得超过基本误差的一半，且显示值不得超过仪表的允许误差。

2）校验氧气压力表应有专用的校验设备和工具，严禁氧压力表与油接触。

3）校验真空压力表时，用真空泵产生真空度与测量范围相适应的标准真空表比较。

4）膜片密封压力仪表校验时，需用配对校准法兰及垫片连接压力源与检测元件，注意不要损坏膜片和毛细管。

（3）变送器校验。此校验包括 EJA 压力变送器、流量差压变送器的校验。

1）标准表电源。SDBT 或 SDBS 型配电器。注：4～20mA 直流信号。压力发生器：要求用气压源或压力泵，给负压表准备真空泵。标准电压表，标准电阻箱。

校准：连接仪表通电，预热仪表至少 5min。施加在变送器上的压力应为测量范围的 0%、25%、50%、75%、100%，计算误差（标准电流表读数及输入压力对应电流值两者间的差值）应按照压力从 0% 上升到 100%，然后从 100% 下降到 0% 来进行计算，并检查误差是否在要求的精度范围之内。如果是差压变送器，若量程为正向迁移，输入压力应在高压侧，低压侧向大气敞开；若量程为负向迁移，输入压力应在低压侧，高压侧向大气敞开。如果变送器输出模式设为 SQR，施加输入压力应为量程 0%、6.25%、25%、56.25%、100%。如果是测量真空度用的压力变送器，应用真空泵施加输入压力。

2）EJA 变送器的零点调整。EJA 变送器的零点调整有两种方法：一种方法：使用变送器的调零螺钉，在使用变送器壳体外侧的调零螺钉之前，确认参数"J20：EXTZERO-ADJ"显示为"ENABLE"。使用螺丝刀转动调零螺钉，顺时针转动，增加输出值，逆时针方向转动，减小输出值，调零分辨率为设定范围的 0.01%。另一种方法：使用 BT200 调零选择参数"J10ZEROADJ"，然后按压 ENTER 键两次，零点便自动调节到输出信号 0%（4mA DC），在按压 ENTER 之前，确认参数的设定值显示为"0%"。注意：变送器零点调整好后，要等至少 30s 后，才可关掉电源，否则，调整好的零点将恢复原值。

（4）流量仪表：

1）转子流量计按 0%、10%、50%、90%、100% 取点，用手动定位转子的方法校验指示值与输出信号值。

2）电磁流量计、质量流量计、齿轮流量计等流量仪表在出厂时参数已经设定好了，根据厂家提供的标定证书对各功能参数进行逐一核实。

（5）物位仪表：

1）浮筒液位仪表的校验：①浮筒液位仪表校验主要有灌液法和挂重法两种，一般采用灌液法，若被测介质不是水，则可以通过密度换算用水代校。②用清洁的塑料管或玻璃管与浮筒底部的排液孔连接好，向浮筒内依次加入 0%、10%、50%、90%、100%

液位的清洁水，通过玻璃管观察并测量实际液位高度，输出信号用标准电流表进行检查校验。

2）浮子式液位开关应通过移动侧面的出口活塞进行检查，在筒内加水，观察浮子动作和开关动作。开关动作值应准确，开关接触良好。

3）雷达物位计、超声波物位计等物位仪表校验：①根据产品说明书对仪表的各功能参数进行检查。②采用实物模拟的方式，核对量程0%、25%、50%、75%、100%时所输出的信号。

（6）执行机构：

1）调节阀到货后应根据铭牌检查阀门定位器的气源和调节阀所带附件，如手轮、增值器、继电器等需做操作检查。

2）调节阀气密性试验：将0.1MPa的仪表空气输入薄膜气室，切断气源后5min内，气室压力不下降为合格。

3）调节阀的行程试验：带阀门定位器的调节阀行程允许偏差为+1%。

4）事故切断阀和设计明确全行程时间的调节阀，必须进行全行程时间试验，在调节阀处于全开（或全关）状态下，操作电磁阀，使调节阀趋于全关（或全开），用秒表测定从电磁阀开始动作到走完全行程的时间，该时间不得超过设计规定值。

5）蝶阀应动作灵活，截止蝶阀应按规格书检查轴标识位置是否正确。

（7）称重仪表标定。炼钢原料系统称重仪表包括电子式料斗秤和电子皮带秤两种。

1）电子式料斗称标定。分为砝码标定和非砝码标定两种。砝码标定需要动用大量的人员进行搬抬。非砝码标定则不需要，现场标定以此为主。

①使用前将标准传感器和配套称重仪表在测力机上进行测定。

②在料斗电子秤传感器处加装门形框架。

③标准传感器放置料斗电子秤传感器加载板的上面，千斤顶安放在标准传感器和框架之间，调整三者位置，使千斤顶、标准传感器和料斗秤传感器三者的中心轴线重合。

④通过配套称重仪表，微调各千斤顶，使各点受到一点力且各点受力平衡。

⑤操作料斗电子秤称重仪表，使仪表显示为零。

⑥校准应加的重量，计算出各点平均应加的重量，依据配套称重仪表显示，同时均匀调节千斤顶加载。配套称重仪表显示所需重量，稳定后，应尽可能快地校准料斗秤称重仪表。

⑦校准完成后，千斤顶或加载，或卸载，比对配套称重仪表与料斗秤称重仪表在各挡位重量的值，计算出料斗秤的准确度。

2）电子皮带秤链码标定：

①计算出链码单位长度的重量。

②启动皮带秤以最大速度运行10min，然后进行校零。

③停止皮带运行将链码用绳子首尾端固定在皮带中央，启动皮带。

④待皮带跑完一圈后，输入链码的单位长度重量。

⑤以上的步骤重复三次，且连续两次标定精度符合要求，否则继续标定直到满足精度为止。

11.2.5.3　仪表回路调试

仪表回路调试的目的是确保回路接线正确，并且仪表的精度符合要求。仪表回路联校是从现场仪表加入模拟信号，观察 DCS、PLC 的指示精度是否符合要求，如果回路带有报警设定值，则同时检查报警动作是否正常。对于输出回路要从 DCS 或 PLC 手动输出信号至调节阀或切断阀，观察调节阀行程精度是否符合要求。调试前应按照施工图及规范规定的质量要求完成仪表安装工作，并按仪表回路图仔细检查盘内接线是否正确。

（1）单参数指示回路调试。根据回路图上的点名，在操作画面上将点细目调出来，如果回路带有报警点，则应首先将报警点设置在设计值上，然后在现场用标准仪表送入全量程的 0%、50%、100% 的三点模拟信号，观察画面显示，三点对应值应达到合格标准，若不合格分别检查并调整一次仪表的精度直至合格。当一次表输出信号上升或下降到设定值时，DCS 应发出报警，其报警精度不应超过规定值。

（2）单参数调节回路调试。输入回路的调试可参照单参数指示回路的调试方法进行。在调试输出回路时，可首先将调节器手/自动切换开关打到"手动"位置，然后从控制室手动输出信号至调节阀，其信号值为输出全行程的 0%、50%、100%，观察调节阀的行程是否符合精度要求。对于行程时间有特殊要求的调节阀，要按照调节阀仪表数据表中规定的时间检查阀的动作时间，如果动作时间超过规定要求，要检查气源压力是否够，气源管是否太细等因素。

（3）带连锁阀的单参数调节回路调试。对于连锁阀，可通过满足其动作条件，或使用强制功能，使其动作。在连锁阀带电的情况下，输入输出回路的联校可参考单参数调节回路调试方式进行。在调节回路联校完毕后，使连锁阀处于不满足状态，观察调节阀是否处于事故状态。

（4）开关量输入、输出回路及联锁回路调试：

1）开关量输入、输出回路联校时，在控制室通过手动开关、控制按钮或满足联锁条件，改变输出状态 ON/OFF，在现场观察输出状态变化，包括电磁阀，切断阀的动作状态，并在控制室观察输入状态变化，包括回讯、报警灯等。如设备不具备联动条件，可现场测试其接点状态变化，所有状态变化应符合设计动作要求。

2）对于没有输出回路，只有输入回路的开关量输入回路，在联校时将现场接点短路或断路，在控制室观察输入状态变化，其状态变化应符合设计要求。

3）联锁及停车回路调试时，应根据联锁回路图，逐一满足联锁开车条件，使系统各部状态与正常开车时间相同，然后根据联锁条件，在现场加实际信号使其达到联锁动作值，看联锁内容是否与联锁动作内容相符。

11.2.5.4　与电气相关的信号调试

认真核对图纸，确认信号的有源与无源，是否会发生信号冲突，以免破坏卡件。只有在确认无误后才能送电，进行调试工作。调试时，要与电气专业一起密切合作，根据控制室内给的输出信号看相关设备运行情况及返回的运行信号是否正确。如果不正确，可在电气的端子柜处用万用表的电压挡测量电压，以判断接点的通断状态是否正确。

11.2.6　基础自动化（PLC）调试

11.2.6.1　PLC 调试条件

PLC 调试需要准备的条件有：调试人员必须熟悉图纸与技术资料、生产工艺，掌握生产工艺流程和设备性能及控制原理，进行图纸会审；编写调试方案，进行调试技术交底。

（1）系统的接地电阻测试为保证 PLC 系统正常运行及设备的使用安全，应使用接地电阻测试仪测量系统的接地电阻，测试数据应符合设计和相关标准、规范的要求。

为保证调试质量与调试人员的人身安全，电气室及现场应保持整洁；湿度、温度符合设备的工作环境要求；试验用电源安全且电压稳定。

（2）调试用仪器仪表及调试材料的准备。

（3）调试工作与各个专业、各个工序之间有着密切的联系，做好统一调度、紧密配合，保证自动化系统调试顺利进行。

11.2.6.2　PLC 调试工作流程

PLC 调试流程如图 11-72 所示。

11.2.6.3　PLC 调试要点及方法

（1）施工前的准备。PLC 调试施工前，应与电气安装进行工序交接，对 PLC 应用软件、程序清单、程序框图、接口清单、内部标志分配表及用户使用说明书进行认真研读。自动化（PLC）施工现场如图 11-73 所示。

（2）常规性检查。常规检查要点如下：

1）确认已安装设备型号、规格、数量应正确，外观检查正常，按照原理图核对主机框架上所有控制模板的形式、数量，对设备运输过程中的临时固定措施予以解除。

2）检查运输过程中设备有无损伤，清除柜内防潮袋等异物，妥善保管专用钥匙。

3）检查电源与通信线路，所有敷设的电缆、电线接线正确，号码清晰，螺丝紧固。

4）检查机柜接地，接地线路符合设计要求，保护接地、工作接地、屏蔽接地、设备及电缆的绝缘正常。

5）UPS 电源正常工作。

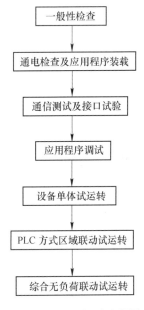

一般性检查
↓
通电检查及应用程序装载
↓
通信测试及接口试验
↓
应用程序调试
↓
设备单体试运转
↓
PLC 方式区域联动试运转
↓
综合无负荷联动试运转

图 11-72　PLC 调试流程图

图 11-73　基础自动化（PLC）施工现场实物图

（3）系统操作试验：

1）机柜通电进行电气联锁检查，确认柜内通风正常，确认欠电压等保护正常。

2）通电测量主机框架各类电源符合要求，而后停电，插入机柜架个控制模板。

3）再次通电，进行 PLC 应用程序装载与检查。

（4）系统组态：

1）根据设计单位提供的系统图，核对 PLC 硬件型号、规格、数量。

2）将各 I/O 站间通信电缆和以太网线按设计图纸放置到位，按照安装规范要求进行连接。

3）以上工作确认无误后运用组态软件进行系统组态。

（5）通信测试。通信测试要点及方法如下：

1）运用测试程序，对装置规定各种传输方式进行操作，确认其传输功能、优先顺序、出错重送、定时监视、有效信号衰减等指标符合规定。

2）通信测试后，对打印机、拷贝机、CRT 等外部设备进行检查并投入运行。

（6）接口试验。在确认配线正确、绝缘良好后，根据原理图分别进行电气、仪表系统模拟量、数字量的输入、输出试验，确认其接口设备地址、信号状态正确，精度符合设计要求。具体试验方法如下：

1）开关量 I/O 通道测试：

①DI 信号的测试改变源接点信号的状态（控制柜内或现场），通过组态画面监测其状态显示与实际是否一致。

②DO 信号的测试在计算机监控画面上改变 DO 状态，观察计算机监控画面与现场动作是否一致。

2）模拟量通道测试：

①AI 信号的测试从现场设备端子上加 4mA、12mA、20mA 电流信号或 ±5V、±10V 电压信号，在计算机监控画面上查看其对应的显示是否正确。

②AO 信号的测试在计算机监控画面上改变 AO 状态，观察计算机监控画面与现场输出值是否一致。

以上测试工作甲方应组织调试人员与乙方一起进行，做好调试记录并填写《I/O 通道测试记录表》，双方签字后有效，作为调试记录资料之一进行保存。

（7）系统试运转调试。调试要点及方法如下：

调试应按照先部分、后整体；先模拟、后实际；先检查分析，后修改完善的方法进行，使得被控设备满足设计与工艺要求。

整个机电设备的系统调整试运转，应先由液压、润滑系统的调试开始，并进行电机单体试运转；而后进行仪表控制装置程序调试、变频传动等设备调试及区域模拟联动程序调试和试运转。

1）系统设备的调试顺序由甲方调试负责人根据现场设备情况与乙方技术人员协商，确定调试流程，并由甲方确认工艺参数。

根据设计要求启动相应按钮，在计算机监控画面上确认设备及检测元件的动作状态应正常，设备运行顺序应符合工艺和设计要求；模拟各种故障，确认被控设备的动作、控制精度、各种物位指示、故障报警满足工艺和设计要求。

2）根据现场条件穿插完成 PLC 后备系统切换、UPS 电源切换、断电保护与记忆功能测试等功能确认。

11.2.7 弱电系统调试

11.2.7.1 弱电系统调试前的准备工作

（1）资料准备。应向资料管理人员详细了解工程系统配置情况（包含系统图，平面图，使用说明书，业主或施工方对工程的要求、要点等）。

（2）根据系统设计图纸检查系统安装是否符合设计要求。

（3）调试中应用到的表格及工具备件等，如万用表、接线工具及编码器、螺丝刀、尖嘴钳、斜口钳、终端电阻等。

（4）对系统进行自检及了解工程施工情况：

1）根据系统设计图纸检查系统安装是否符合设计要求。如果系统设计图纸有出入，应告知对方作相应处理。

2）对主机，机柜等设备逐个进行单机通电检查，正常后方可进行系统调试。如在单机检查时，发现设备不正常，应分析清楚原因并及时解决。

（5）检查系统线路，对错线、开路、短路、接地等进行处理。

（6）连接好交流供电电源，测量电压范围不应超出 220V + 10% ~ − 15%，接好备用蓄电池，做好开机调试的最后准备工作。

11.2.7.2 通信系统调试

（1）校对线号。利用对讲机电话校线准确后，开始接线，将预留在盒内的电话线留出适当长度，引出面板孔，用配套螺丝固定在面板上和端子排上，做好标记和记录。

（2）根据图纸编号对各分机逐一进行测试，通话清晰，编号需一一对应。

（3）自动交换机的双回路切换试验和充放电试验。

（4）对讲系统呼叫测试，及扩音系统扩音范围测试。

11.2.7.3 工业电视系统调试

（1）设备调试前的准备工作：

1）电源检测。接通控制台总电源开关，检测交流电源电压，检查稳压电源上电压表读数，合上分电源开关，检测各输出端电压，直流输出极性等，确认无误后，给每一路供电。

线路检查：检查各种接线是否正确，用 250V 兆欧表对控制电缆进行测量，线芯与线芯、线芯与绝缘电阻不应小于 0.5M；用 500V 兆欧表对电源电缆进行测量，线芯与线芯、线芯与绝缘电阻不应小于 0.5M。

2）接地电阻测量。监控系统中的金属软管、电缆桥架、金属线槽、配线钢管和各种设备的金属外壳均与地可靠连接，保证可靠的电气通路。系统接地电阻应小于 40Ω。

（2）云台的调试：

1）遥控云台，使其上下、左右转动到位，若转动过程中无噪声，无抖动现象、电机不发热，则视为正常。

2）在云台大幅度转动时，如遇以下情况应及时处理，摄像机、云台的尾线被拉紧，转动过程中有阻挡物，重点监视部位有逆光摄像情况。

（3）摄像机的调试：

1）闭合控制台、监视器电源开关，若设备指示灯亮，即可闭合摄像机电源，监视器屏幕上便会显示图像。

2）调节光圈及焦距，使图像清晰。

3）改变变焦镜头的焦距，并观察变焦过程中图像清晰度。

4）遥控云台，若摄像机静止和旋转过程中图像清晰度变化不大，则认为摄像机工作正常。

（4）系统调试：

1）系统调试在单机设备调试完后进行。

2）按图纸设计对每台摄像机编号。

3）用综合测试卡测量系统水平清晰度和灰度。

4）检查系统的联动性能。

5）检查系统的录像质量。

6）在现场情况允许，建设单位同意的情况下，改变灯光的位置和亮度，提高图像质量，在系统各项指标均达到设计要求后，若无异常，交付使用

11.2.7.4 火灾报警系统调试

（1）火灾自动报警系统调试，应在建筑内部装修和系统施工结束后进行。

（2）调试前施工人员应向调试人员提交竣工图、设计变更记录、施工记录（包括隐蔽工程验收记录），检验记录（包括绝缘电阻、接地电阻测试记录）、竣工报告。

（3）调试负责人必须由有资格的专业技术人员担任。一般由生产厂工程师或生产厂委托的经过训练的人员担任。其资格审查由公安消防监督机构负责。

（4）按设计要求查验，设备规格、型号、备品、备件等，按火灾自动报警系统施工及验收规范的要求检查系统的施工质量，对属于施工中出现的问题，应会同有关单位协商解决，并有文字记录。

（5）检测系统线路对地绝缘电阻和系统接地是否满足《火灾自动报警系统施工及验收规范》的要求，对地绝缘电阻不小于 $20M\Omega$，使用工作接地时地线对地电阻不能大于 4Ω，使用联合接地时地线对地电阻不能大于 1Ω。

（6）火灾报警系统应先分别对探测器、消防控制设备等逐个进行单机通电检查试验。单机检查试验合格，进行系统调试，报警控制器通电接入系统做火灾报警自检功能、消音、复位功能、故障报警功能、火灾优先功能、报警记忆功能、电源自动转换和备用电源的自动充电功能、备用电源的欠压和过压报警功能等功能检查。在通电检查中上述所有功能都必须符合条例《火灾报警控制器通用技术条件》GB 4717 的要求。

（7）按设计要求分别用主电源和备用电源供电，逐个逐项检查试验火灾报警系统的各种控制功能和联动功能，其控制功能和联动功能应正常。

（8）备用电源连续充放电三次应正常，主电源、备用电源转换应正常。

（9）系统控制功能调试后应用专用的加烟加温等试验器，应分别对各类探测器逐个试验，动作无误后可投入运行。

（10）对于其他报警设备也要逐个试验无误后投入运行。按系统调试程序进行系统功能自检。系统调试完全正常后，应连续无故障运行120h，写出调试开通报告，进行验收

工作。

11.2.7.5 调试后的工作

（1）系统调试完毕后，应对系统通电运行，运行 120h 无故障后，准备验收。系统调试工程师完成调试工作交付用户运行使用前，需整理系统有关资料交付用户和公司存档，供日后系统维护使用。

（2）作好交接及培训工作。

（3）调试后的工程在进入运行其间要不间断进行监视工作。

11.3 炼钢工程电气控制工艺简介

11.3.1 转炉系统

11.3.1.1 转炉系统主要设备单体调试

（1）转炉工艺系统主要有以下设备：

转炉本体；氧枪及氧枪升降横移装置（含刮渣器、氮封装置等）；转炉辅助设备（活动烟罩提升装置、烟道横移台车、炉前挡火门、炉后挡火门、主控室防护装置、出钢口滑板挡渣装置、转炉底吹系统、氧枪供氧供水阀门站）；炉后吹氩喂丝设备；炉下车辆钢包车、渣罐车、过跨车；铁水罐、钢水罐（铁水罐、钢水罐及烘烤器、滑动水口液压站）；上料及投料系统；汽化冷却系统。

（2）转炉倾动系统：

1）倾动设备。倾动主要由四台交流变频电动机；每座转炉设置一台稀油润滑站，配置在邻近倾动机靠近炉前的地方；制动器：倾动的制动器数量共有四个，每台电机配备一个 DC 220V 磁制动器；倾动角度旋转编码器：配备一台旋转编码器，测量倾动角度。

2）倾动主要调试事项。转炉控制对象为四台变频器，由传动装置驱动四台交流倾动电机，根据工艺四点驱动要求，四台电机应同步运行。为保证倾动安全运行和工艺要求，倾动操作必须与抱闸、仪控、倾动状态及其他设备的控制进行联锁。倾动由 PLC 控制，并通过网络通讯来完成。

①抱闸控制。在正常工况下，抱闸由 PLC 自动控制。在事故、检修工况下，手动操作抱闸。抱闸为失电抱闸控制方式。急停命令后，四台抱闸无条件同时关闭。为避免误动作，抱闸必须与装置进行互锁。

②润滑油系统故障时控制。在转炉处于冶炼过程中，润滑油系统故障并发出润滑油系统故障报警，转炉倾动的操作速度应减少到 0.2r/min，维持此炉钢冶炼完成。冶炼结束后，在故障没有排除的情况下，转炉禁止倾动。

③转炉倾动联锁及注意事项。转炉倾动外部联锁及条件，是转炉倾动的必要条件。主要有：

稀油站工作正常；

启动电机以设计转动程序进行 ±90°、±180°、±360° 转动，检查电机振动，一次减速机振动及运行声音，二次减速机声音及运行，扭力杆系统，抱闸情况，水系统是否漏水，连续运行多次以检查系统稳定性；

驱动转炉分别转动至 10°、30°、45°、60°、90° 时，打开抱闸检验炉子的全正力矩，砌炉后为全正力矩，砌炉前为负力矩，且砌炉后倾动角度不宜超过90°；

操作转炉过程中，按下紧急停车按钮，检查是否可靠；

倾动转炉，检查画面显示的转炉角度与实际是否一致，转炉零位、±45°是否准确；

将炉前主令离开零位，然后操作地点选择炉前，转炉应不动；

模拟氧枪在等待位以下，转炉不应倾动；

模拟烟罩离开上限，转炉不应倾动。

④转炉倾动操作方式及控制范围。主操作台手动操作方式、炉前摇炉室操作方式、炉后摇炉室操作方式。这三种操作方式进行互锁，且主操作台优先级最高。

转炉冶炼周期内，倾动过程有：兑铁水、加废钢过程、测温取样过程、出钢过程、倒渣过程。转炉冶炼工艺过程转动角度及速度控制范围要求见图11-74及表11-12。

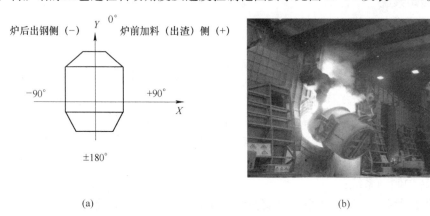

(a)　　　　　　　　　　　　　　　　　(b)

图 11-74　转炉本体转动示意图

(a) 转炉本体转动角度布置图；(b) 转炉本体转动实物图

表 11-12　倾动转动角度

序号	工艺操作过程	倾动角度	倾动速度	备　注
1	兑铁、加废钢	0°→+45° +45°→+55°	高 低	
2	摇　炉	+60°→-60°	高	
3	吹　炼	0°±3°	—	炉体垂直
4	人工测温取样	0°→+70° +70°→+80°	高 低	+70°时自动切换使用 副枪时停用
5	出　钢	0°→-70° -70°→-90° -90°→-100°	高 低 低	
6	出　渣	-100°→+120° +120°→+180°	高 低	
7	复　位	+180°→0°	高	
8	高速允许角度范围	+180°→-70° -150°→+90°	—	向出钢侧倾动 向出渣侧倾动

（3）氧枪系统。氧枪传动主要控制过程分为两种情况：吹炼，溅渣护炉。氧枪传动控

制过程分为自动控制过程和手动控制过程。根据工艺的要求，在转炉手动/自动控制过程中，氧枪需进行速度和定位控制。氧枪正常在待吹点。氧枪的速度与氧枪的位置有关。

1）氧枪的定位控制：

①H0：氧枪更换位。氧枪在此位时，工作位和等待位的氧枪横移车可交换位置，实现新旧氧枪的更换。

②H1：氧枪升降速度切换点。氧枪升降经过此点时，升降速度由高变低（下降时）或由低变高速（上升时）。

③H2：氧枪待吹位。转炉不吹氧时，氧枪在此处等待。

④H3：氧枪开闭氧位。氧枪升降到此位置时，氧气阀门站氧气管路上快速切断阀自动关闭（上升）或自动打开（下降）。

⑤H4：氧枪最低吹氧位（氧枪工艺下限）。氧枪下降到此点时，自动停止下降。防止吹氧喷头插入熔池。通常情况下，氧枪处于待吹位（H2）。当需要换枪时，首先提升到氧枪更换位（H0），进行横移台车的交换。而后新氧枪下降，氧枪停在待吹位，等待下枪吹氧的指令。

工作氧枪升降导轨上设有 4 个行程开关，从上至下分别为：设备安全上限位、工艺上限位（换枪位 H0）、氧枪待吹位（H2）、设备安全下限位。

2）抱闸控制。氧枪抱闸由 PLC 控制。抱闸供电为有后备电源的两路电源，电源切换自动完成。并采用失电抱闸控制方式。为避免误动作，抱闸必须与装置进行自动互锁。

3）氧枪横移小车。转炉氧枪传动设备采用双车双枪形式。每一座转炉配备两台横移小车，横移小车由行走装置驱动定距移动 3m，达到吹炼枪与备用枪的迅速更换。氧枪横移操作应与氧枪锁定、氧枪的实际高度进行互锁。锁定装置采用电液推杆式，其带有锁紧、松开两限位。

4）氧枪系统联锁及条件：

①氧枪在换枪打渣点以上，横移小车才能横移。

②横移小车到位锁定后，氧枪才能下降。

③锁定装置松开后，横移小车才能横移。

④刮渣器张开后，氧枪才能下降。

⑤转炉在垂直位置（允许偏差 ±3°），氧枪才能下降。

⑥转炉一次除尘风机运行后，氧枪才能进行吹炼作业。

⑦氧枪高压水阀打开后，氧枪冷却水入口压力 >0.5MPa、温度 <50℃，氧枪才能进行吹炼作业。

⑧自动吹炼下枪时，氧枪必须停止在待吹点。

5）氧枪试车步骤：

①启动左枪横移机构，向工作位移动，到工作位停车后，检查停车情况，如不符合原设计要求，进行调整直到符合图纸设计要求。

②检查活动导轨和固定导轨停车后是否符合图纸设计要求。

③调整好后进行往返试车十次，观察横移减速机及电机运行情况，电液推杆抱闸的工作情况，观察系统的稳定性。

④右枪横移机构依照左枪方法进行试车。

⑤点动左枪升降电机试验抱闸松紧程度，进行调整直到抱闸松紧合适。

⑥手动降枪至待吹点，观察减速机和卷筒工作情况，看升降小车动作情况，试验抱闸情况。

⑦手动提枪至最高位，观察减速机和卷筒工作情况，看升降小车动作情况，看抱闸松紧程度。

⑧右枪试车与左枪相同。

⑨检查显示枪位与实际枪位是否一直，吹炼位、等待位、换枪位是否准确。

⑩氧枪升降与刮渣器开合联锁。

（4）转炉本体辅助系统：

1）炉前挡火门。炉前挡火门设在转炉炉前平台上，双扇门对称结构，对开形式，交流电机驱动，沿轨道运行，用于转炉吹炼时炉前封闭。

一个冶炼周期内，在加铁水、废钢、转炉出渣及等待时大门处于打开状态，从转炉加完料氧枪下降开始到出钢结束期间为关闭状态。大门处于关闭状态时，观察炉口火焰或炉前取样，可以通过打开门上观察窗和取样窗完成。

大门走行碰接近开关，电动机断电，两扇大门同时开闭，也可单独控制走行。

两个火焰观察窗单独控制开闭。

大门走行时声光报警发出声响和光亮。

2）炉后挡火门。炉后挡火门安装在转炉炉后平台上。电机功率：1.5kW，电机数量：两个。大门走行控制和门上观察窗的开闭控制在就地操作箱上完成，大门行走遇接近开关后自动停止。

大门走行时声光报警发出声响和光亮。

3）烟罩升降设备。

①烟罩系统联锁条件：

烟罩升降与烟气净化炉口微差压系统联锁；

转炉不在垂直位的时候，烟罩不能下降；

烟罩处于工作上限位以下时，转炉不能倾动；

通过控制电机，设自动和手动两种控制方式。

②烟罩试运转必须符合下列规定：

减速机单独正反转30min，提升、下降烟罩5～10次。烟罩升降平稳，无卡阻，停位准确；

减速机单独正反转30min，横活动烟道5～10次；

各部位轴承温度：滑动轴承温升不超过35℃，且最高不超过70℃，滚动轴承不超过40℃，且最高温度不超过80℃；

烟罩升降时间大约为10s（从上限至下限或从下限至上限）。

4）转炉上料系统。转炉上料系统从工艺上可分为以下两个过程：熔剂到地下料仓的卸料过程和熔剂从地下料仓经上料皮带输送到高位料仓的过程。

①单体设备的控制：

卸料小车。卸料小车的电机由MCC控制，它的启动条件为：PLC有上料请求；MCC电源正常；

卸料小车不在指定的高位料仓处。

当卸料小车到达左、右极限位置后，由程序强制只可进行反方向的单向操作，同时在HMI上显示卸料小车的位置。

地下料仓的振动给料机之间的互锁：上料皮带在上料过程中只能运载一种熔剂，故地下料仓的振动给料机只能启动一个，即需要互锁。

地下料仓的振动给料机和出料皮带的联锁：逆向启动皮带机后，直到皮带机启动后才可启动地下料仓的振动给料机，当停止上料指令发出后，要先停下地下料仓的振动给料机，经过延时后，依次停止皮带机，以保证皮带上不留有物料。

皮带机。皮带机的电机由 MCC 控制，它的启动条件为：得到上料指令后；电子秤正常；卸料小车到位；电气设备正常；指定的高位料仓没有正在进行上料操作；操作人员没有发出停止命令。

当有皮带机发生故障时，应停止地下料仓的振动给料机以停止继续下料；能继续卸入高位料仓的物料，手动加入高位料仓，无法卸入高位料仓的物料在皮带机正常后，按当前的控制方式加入指定的高位料仓。当有皮带机发生事故时，通过紧停拉绳停止上料过程，停止地下料仓的振动给料机以停止继续下料。

②上料的顺序控制：

正常情况下，转炉上料系统按如下顺序进行控制：

选择控制方式；

获得库容补充指令；

自动工作方式：根据高位料仓料位检测产生上料请求信号；

半自动工作方式：操作人员通过 HMI 选定要求上料的高位料仓产生上料请求信号；

获得高位料仓编号；

获得地下料仓编号；

根据高位料仓的编号，对应得到地下料仓编号；

确认启起动条件；

逆向启动皮带机，逆向启动皮带机以保证不发生因后续皮带没启动而造成的堆料事故；

启动地下料仓振动给料器，置"上料进行中"标志；

启动料流量计算模块，联锁振动给料机的停止：皮带秤累积上料量达到上料所需量后，如没有仓位满指示则延时停止地下料仓振动给料器；

在自动工作方式下，检测是否有其他上料请求，若有则进行指定上料；若没有则按物理位置顺序将所有的料位低于高限的高位料仓加满。此时，上料皮带机不停机，以减少上料皮带机的运行次数。

（5）转炉投料系统。投料下料系统由高位料仓、称量斗、汇总斗及相应的振动给料器、气动插板阀、下料溜管组成。控制方式采用机旁操作和主控室 CRT 操作。

1）单体设备的控制：

①振动给料机传动控制。每台振动给料机由两台电机驱动，由变频器控制其速度快慢。为了减少下料惯量，称量准确，电振给料机采用变频器传动程序中运用提前量控制手段。变频器预设高低速两挡输出，根据称量斗的设定值和称重信号通过 PLC 输出给变频器

的高速、低速命令，调整变频器的输出，调整配料振动给料机振动速度——前期快振，接近设定值时转入慢振，从而实现准确称量。即电振给料机采用变频传动，其速度分为两挡：高速（100%额定转速）和低速（25%额定转速）。开始给料时电振给料机为高速，当接近给料设定值的90%时电振给料机自动转为低速，然后根据给料设定值与提前量的差来停止振动。

②熔剂旋转溜槽的传动控制。电机驱动，由MCC对其进行"往工作位"、"往待机位"双向可逆控制，"工作位"、"待机位"行程开关配合切断电源，使熔剂旋转溜槽停止。

2）投料的系统主要设备联锁：

高位料仓下的振动给料机的启动条件：

称量设定值合理；

振动给料机无电气故障；

高位料仓的料位无低限报警；

称量斗下翻板阀关闭；

称量斗电子秤输出信号无断路故障。

合用称量斗的高位料仓下的振动给料机之间的联锁：

锰矿高位料仓下的振动给料器启动时禁止焦炭高位料仓下的振动给料器的启动，而焦炭高位料仓下的振动给料器启动时禁止锰矿高位料仓下的振动给料器的启动；

轻烧镁球高位料仓下的振动给料器启动时禁止污泥球高位料仓下的振动给料器的启动，而污泥球高位料仓下的振动给料器启动时禁止轻烧镁球高位料仓下的振动给料器的启动。

称量斗下的翻板阀的开启条件：

称量过程结束；

翻板阀无电气故障；

汇总斗下的翻板阀关闭；

称量斗料非空信号（自动方式下有，手动方式无）。

（6）汽化冷却系统。汽化冷却系统的主要工艺目的是降低转炉煤气的温度，以便后续工艺对其进一步的处理，同时利用水的汽化回收转炉煤气中的物理热。此外，除与吹炼系统顺序协调动作外，汽化冷却系统的另一个主要控制目标是系统的安全和正常稳定的工况。当系统不安全或工况极不正常的时候，吹炼不能开始，或触发吹炼紧急停止事件。

汽化冷却系统的主要工艺系统有除尘器、汽包、蓄热器、外送蒸汽系统、软水共给系统、加药装置、给水泵组和循环泵组，该系统利用水的汽化回收转炉煤气中的物理热。汽化冷却系统是连续运转的，只是在冶炼周期的不同时间，其控制状态和设定值需要跟随变化，吹炼阶段，建立并维持汽包压力和水位的稳定。

汽化冷却系统主要电气设备有给水泵、循环水泵、软水泵、阀门等；电机的控制方式有软启动器、直接接触器控制、变频器控制。

1）给水泵的控制。给水泵泵组共三台水泵，一用两备或两用一备。

当正在工作的泵被识别为故障状态时，备用泵立即自动启动；当泵组出口母管压力低于低值时，备用泵立即自动启动直到泵组出口母管压力达到正常值。当备用泵数量为两台时，按泵的编号顺序自动启动。当备用泵数量为一台时，由操作人员登录工作泵的故障状态。

给水泵组在汽化冷却系统启动前应由操作人员远程手动操作进入正常工作状态。

2）循环水泵组控制。循环水泵一般采用接触器直接启动的方式控制。

①循环水泵组共三台水泵，母管制工作，一用两备或两用一备。

②循环水泵组在汽化冷却系统启动前应由操作人员远程手动操作进入正常工作状态。

当工作的泵被识别为故障状态时，备用泵立即自动启动；当泵组出口母管流量低于低一值时，备用泵立即自动启动直到泵组出口母管流量达到正常值。当备用泵数量为两台时，按泵的编号顺序作进入正常工作状态。

③当除氧水箱水位低于低二值时，自动停泵。

3）软水泵组控制。软水泵一般采用变频器调速的方式控制。

软水泵泵组共三台水泵，母管制工作，一用两备或两用一备；当正在工作的泵被识别或登录为故障状态时，备用泵立即自动启动；当泵组出口母管压力低于低一值时，备用泵立即自动启动直到泵组出口母管压力达到正常值。当备用泵数量为两台时，按泵的编号顺序自动启动。当备用泵数量为一台时，由操作人员登录工作泵的故障状态；

软水泵组在汽化冷却系统启动前应由操作人员远程手动操作进入正常工作状态；

当软水箱水位低于低二值时，自动停泵。

11.3.1.2　转炉系统联动试车

A　冷负荷联动试车的条件

转炉的冷负荷联动试车首先工艺单体设备本身要具备以下条件：

（1）转炉系统单体设备设备（含起重机）安装验收合格，试运转合格，冷负荷试车合格。

（2）汽化冷却烟道系统，干法除尘系统，转炉二次除尘系统，转炉上料、投料系统等及其控制调试系统完成，介质系统满足要求。

（3）转炉冷却水系统，氧枪冷却水系统、氧枪供氧系统的仪表阀门，控制按照电控调试要领调试完成。

（4）转炉系统及转炉与投料，烟气净化等设施之间设备联锁关系按照控制调试程序完成。

（5）转炉系统各设备的供电设备，自动化仪表按照电力，仪表专业的要求试运转合格。通讯系统，计算机系统调试合格。

（6）转炉底吹阀门站，钢包底吹氩阀门站电控仪控调试合格，介质供应正常。

（7）各种运输设备齐备，车间内外物流畅通。

B　冷负荷联动试车

（1）原料供应。由铸造桥式起重机吊起铁水称量车上（铁水倾翻车）的空铁水罐，运至转炉前方，用电磁起重机将配好的废钢装入废钢料槽。

（2）加料操作。在炉前操作室将转炉向前倾动到摇炉 +45° ~ +55°，32t +32t 吊车模拟将废钢加入转炉，然后由吊车吊运铁水罐模拟向转炉兑入铁水，转炉摇正后待命。

（3）转炉冶炼：

1）在转炉加料结束后，检查氧枪系统正常，在主控室里控制，氧枪下降的同时炉前挡火门关闭。

2）氧枪下降到开闭氧点时，转炉顶吹阀门站的氧气切断阀打开，（此时氧气总管总切断阀一定关闭），氧枪下降到设定高度时，活动烟罩下降。稍后活动烟罩提升，氧枪提升到开闭氧点时，顶吹氧气阀门关闭，氧枪提升到待吹位停止。此阶段主要对照下表及电力专业调试要领测试转炉倾动，转炉与氧枪的联锁，与活动烟罩的联锁，与加料系统，烟气净化系统的联锁关系是否正常。

3）钢包车开至炉下受钢位，在炉后操作台将转炉向炉后方向倾动，检查出钢时钢包车的就位情况，渣罐车开至炉前下方，倾动转炉查看渣罐受渣位置合理。

（4）吹氩喂丝操作。钢包车运送钢水罐至钢水接受跨吹氩喂丝位后，接通钢包底吹阀门站氩气管道至钢包底透气砖开始吹氩，测温取样取样装置装好探头，探入空钢包内，查看取样深度至满足要求。钢包车开至钢水接受跨用铸造桥式起重机吊起空钢包至 LF 炉钢包车上。

转炉工艺设备空负荷联动试车结束。

C　热负荷联动试车

（1）铁水预处理热负荷试车。

（2）转炉加铁水、废钢：

1）用天车从高炉铁水线上（或经过铁水预处理的铁水倾翻车上）吊运满罐铁水罐倒转炉前待命。

2）将废钢车开到轨道衡上，用电磁起重机将配好的废钢装入废钢料槽，确定热试方案中确认的加入量。然后用吊车将装好废钢的废钢料槽吊运至转炉炉前待命。

3）在炉前操作室将转炉向前倾动到炉 $+45° \sim +55°$，此时二次除尘风机开启到最大，由吊车将废钢加入转炉，铸造桥式起重机吊运铁水罐向转炉兑入铁水。加完废钢后，转炉摇炉数次（$+45° \sim -45°$，$-45° \sim +45°$），平整废钢。同时将转炉主控制权交给主控室，准备转炉吹炼。

（3）转炉冶炼：

1）在转炉头批加料结束后，检查氧枪系统正常，确保一次除尘风机系统正常，汽化烟道系统正常，炉顶加料系统正常。在主控室里控制，氧枪下降的同时炉前挡火门关闭。氧枪下降到开闭氧点时，转炉顶吹阀门站的氧气切断阀打开，此时一次除尘风机全速运转。

2）氧枪下降到设定高度时，活动烟罩下降，然后加料系统接着加料。

3）根据冶炼钢种进行摇炉取样，补吹等操作。

4）吹炼结束后活动烟罩提升，氧枪提升到开闭氧点时，顶吹氧气阀门关闭，同时一次风机低速运行。氧枪提升到待吹位停止，吹炼结束准备挡渣出钢。

（4）转炉出钢和出渣操作：

1）在炉后操作室钢包车开至炉下受钢位。

2）在炉后操作台将转炉向炉后方向倾动出钢，铁合金加料系统通过旋转溜槽将铁合金加入钢包中。

3）出钢口滑板挡渣机构工作，出钢结束，钢包车开至钢水接收跨。

4）炉后操作台此时将转炉摇正，调整炉渣成分，主控室氧枪下降吹氮溅渣护炉（炉役前期不溅渣）。

5）然后将渣罐车开至炉下，转炉向前倾动出渣，出渣结束后将转炉摇正。渣罐车开至炉渣跨，进行炉渣处理。

（5）钢水吹氩喂丝操作。钢包车运送钢水罐至钢水接受跨吹氩喂丝位后，根据主控室指令进行吹氩喂丝及测温取样操作。

1）接通钢包底吹阀门站氩气管道至钢包底透气砖开始吹氩，按设定时间吹氩。

2）同时喂丝机开始对钢水输送丝线。

3）控制测温取样枪对钢水进行测温取样。

4）试样送炉前快速分析室。

5）按工艺控制完成吹氩喂丝后，钢水成分、温度达到连铸后，钢包车开至钢水接收跨内，等待铸造桥式起重机吊起钢包至 LF 炉钢包车上，转炉联动试车结束。

转炉工艺设备热负荷联动试车结束。

11.3.2 电炉系统

11.3.2.1 电炉概述

A 电弧炉构造及工作原理

电弧炉熔炼是利用石墨电极与铁料（铁液）之间产生电弧所发生的热量来熔化铁料和铁液的。在电弧炉熔炼过程中，当铁料熔清后，进一步地提高温度及调整化学成分的冶炼操作是在熔渣覆盖铁液的条件下进行。电弧炉依照炉渣和炉衬耐火材料的性质而分为酸性和碱性两种。碱性电弧炉具有脱硫和脱磷的能力。

B 电炉炼钢的特点

（1）电炉以废钢为资源，增加了废钢铁料的消耗速度，减少了废钢铁料对于空间的占用和污染。

（2）电炉能够冶炼温度较高的钢种。在冶炼过程中，钢液的温度控制比较灵活，温度的控制比较精确，终点温度的偏差可以控制在5℃以内。能够冶炼含有难熔元素的高合金钢，这些钢种在转炉中可能无法生产。

（3）电炉炼钢的热源主要来自于电弧，温度高达 4000～6000℃，并直接作用于炉料，所以热效率较高，一般在 65% 以上。

（4）电炉炼钢不仅可去除钢中的有害气体与夹杂物，还可脱氧、去硫、合金化等，故能冶炼出高质量的特殊钢。

（5）电炉钢的成分易于调整与控制，能够熔炼成分复杂的钢种，如不锈耐酸、耐热钢及其他高温合金等。

（6）电炉炼钢可采用冷装或热装，不受炉料的限制，并可用较次的炉料熔炼出较好的高级优质钢或合金。电炉还能将高合金废料进行重熔或返回冶炼，从而可回收大量的贵重合金元素。

（7）适应性强，可连续生产，也可间断生产，就是经过长期停产后恢复也快。

（8）电炉生产的组织比较简单，生产系统的突发事故对于电炉的工艺冲击不明显。

11.3.2.2 电炉主要电气设备调试流程

炼钢电弧炉电气系统调试炼钢电弧炉的机电设备主要有电炉本体、短网、电炉变压器、高压开关设备、电极升降自动调节装置、装料设备、倾动机构和系统自动化控制设备。

A 高压供电系统

电炉变压器是电弧炉系统中的重要电气设备，为有效地输出电功率，满足各冶炼阶段炉况的工艺要求，电炉变压器常通过有载调压切换开关来保证变压器输出电压有较宽的带负荷调节范围。为减少冶炼过程中因操作短路而造成电网电压波动的影响，大中容量的电炉变压器常采用 35kV 及以上高电压供电和专用线路供电。

a 高压供电系统基本组成

高压供电系统由手车式隔离开关及电压互感器、高压真空断路器、电流互感器、氧化锌避雷器及阻容吸收保护装置等组成，构成高压进线柜、真空断路器柜、氧化锌避雷器及阻容保护柜。所用高压断路器为真空型，主要用来接通或断开主回路、切断由于电弧短路而造成的过电流。另外，高压系统也包括一面高压主回路计量保护柜，安装在主控室内。

高压供电系统向电弧炉提供 35kV 主电源，并可进行主回路短路保护，在高压回路设置过电压吸收装置，吸收操作过电压及浪涌电压，以保护变压器，氧化锌避雷器能够进行防雷击保护，进线隔离手车开关是为了便于调试及安全维护。

b 电炉变压器

（1）电炉变压器具有以下特点：

具有一定的过载能力，允许长期过载 20%；

具有足够的机械强度，保证能承受经常的工作短路的冲击；

具有恒功率和恒电流输出的能力，以满足炼钢时不同周期的需要，比较灵活；

二次引出线采用了低压导电水冷"U"型管式结构，从侧面引出，这样缩短了二次短网的长度，减小了短网的阻抗，从而损耗减小，增大了输入炉内的有功功率，提高了效率，达到节电的目的；

二次引线：y/d11 侧出线，内封三角形。多组并联布置，可使三相电流电感分布均匀。

（2）电炉变压器保护装置：

1）电源设备均配备有专用的继电保护装置。它能完成以下两方面的任务：

当发生故障时，它能自动的、迅速的、有选择性的将故障部分与电力系统的其他部分断开，以保证其他非故障部分的正常运行和防止故障设备的损坏。

当发生不正常运行状态时，它能向操作人员发出信号使其采取必要的措施或通过自动调节来改正，得不到调整时（即过一定时间后）切除故障设备。

2）在电弧炉线路上常用的保护装置有：过电流保护、瓦斯保护、油温保护等，一般还有联锁保护装置。

3）为防止人工误操作而发生的事故，电弧炉上一般还安装下述联锁保护装置。

隔离开关联锁装置：防止隔离开关带负荷操作。

换压联锁装置：保证无载调压是在变压器无负荷情况下进行。

炉体倾斜联锁装置：在供电时当炉体倾斜到一定位置，高压断路器跳闸，电炉变压器停电。

炉体倾斜、炉体移出及炉盖提升相互的联锁装置。防止炉盖上升时炉体倾动，或炉体倾动时提升炉盖；防止炉盖未提升时炉体移出，同时必须在高压断路器断开时，才允许炉盖提升。

（3）电炉变压器信号装置。信号装置的作用是指示电源设备的工作状态，操作人员根据指示信号进行操作，避免误操作。另外，当设备发生不正常运行状态时发出警告，通知操作人员采取措施及时处理。它包括：指示信号装置、预告信号装置。

c　电抗器

电抗器串联在变压器的高压侧，它可以接在线电路中，也可接在相电路中。这两种接法是等价的。其作用是使电路中感抗增加，以达到稳定电弧和限制短路电流值的目的。电弧炉炼钢在熔化期经常因为塌料而引起电流很大的波动，甚至发生短路，电弧也因电流的波动而不稳定。接入电抗器后，使短路电流不大于 2.5 ~ 3.5 倍的额定电流。在这个电流范围内，电极的自动调节装置能够保证提升电极降低负载，而不致跳闸停电，同时使电弧保持连续而稳定。

小炉子的电抗器是装在电炉变压器箱体内部的。大炉子则用单独的电抗器，更大的电炉（20t 以上）因为主电炉本身的电抗相当大，一般就不需要再另外加电抗器。

d　短网

从电炉变压器二次侧开始到电极为止的低压供电回路，称为短网。它包括片状铜排、软母线和铜瓦。根据电磁感应原理，流过短网的电流将在其周围产生强大的磁场，这个磁场又在导体中产生感应电动势，而感应电动势的方向和流经短网的交流电方向相反，阻碍原来的电流通过，这就是短网电抗。为了减少短网线路的感抗损耗，采取下列措施：

（1）缩短路径可降低短网的感抗值，因而将变压器靠近电炉布置。

（2）铜为冷导体材料，具有正的温度系数，温度越高电阻越大。因此保持布置场所的空气流畅以降低环境温度，选用宽厚比大的铜排以扩大短网的散热面。

（3）铜排之间的电动力容易引起短网变形，连接处的阻值变大发热，一般采用钢质垫块和石棉水泥夹紧铜排。短网与变压器和电极之间采用软连接，并保证连接处有足够的接触压力和接触面积。片状铜排用碳弧焊加工成整体。因此短网仅在两端有螺栓连接点。

（4）短网采用图 11-75 所示布置，进出线相互间隔，使相邻铜排的电流流向相反，抵消彼此产生的磁场，降低电抗。

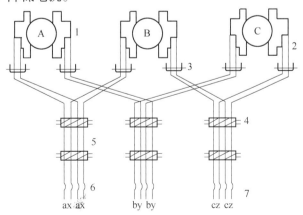

图 11-75　短网布置图

1—铜瓦；2—软母线；3—接触接板；4—石棉水泥夹板；

5—片状铜排；6—束状软铜带；7—变压器二次侧抽头

B 电极横臂及电极升降装置

a 电机升降装置基本组成

电极升降装置包括电极横臂和电极立柱装置两大部分，电极横臂由三套铜钢复合导电横臂、三套电极夹紧放松机构及三个电极夹头和三套电极喷淋、吹扫装置组成。

电极升降自动调节装置自动调节的作用是检测炉内阻抗（电极电压和电极电流之比）的变化，升降电极，调节电弧长度，使电炉在各冶炼时期的输入功率总保持和对应的功率设定值一致。电极升降装置按驱动形式可分为电动式和液压式两种。

b 液压式电极升降控制装置的调整事项

导电横臂对地绝缘电阻大于 $0.5M\Omega$（采用 500V 兆欧表）。

在额定电压或额定液压条件下，调整手动控制电极升降速度，使之满足要求。在无操作时，电极必须无潜动。

最大升降速度的调整。模拟电极触料时的短路电流和零电压，测量电极最大提升速度；模拟自动点弧时弧流为零、弧压额定的状态，测定电极最大下降速度。将它们调整为设计要求规定的速度。

电极升降过程的动态模拟调试。模拟电极触料短路后上升和自动点弧的全过程，调整电极升降的动态响应。

熔炼过程中的精调。实际试炼钢时，用记录仪记录弧压、弧流、功率信号，对记录结果进行分析，对控制系统作出相应的调整。

c 控制方式

系统共有两种控制模式，即自动模式和手动模式。

（1）自动控制模式。自动模式时在电极自动升降系统中，首先通过信号变换电路及输入模块采集系统将采集到的各相弧流、弧压；电炉变压器电压等级及其他相关的给定信号送入 PLC。根据 $U_{arc}/I_{arc} = R_{arc}$ 数学模型，实行电弧等效阻抗控制，即电极位置为最佳值的控制思想，经 PLC 控制器的 PID 运算处理，其输出信号通过 PLC 的 AO 模块驱动电极升降比例阀，对电极位置进行自动调节，在控制过程中，给定功率指令时刻保持运行功率为给定值，从而达到控制输入到炉内的功率为最佳值，满足冶炼工艺要求。

同样，PLC 通过网络获取计算机给定的各种设定，控制指令及参数，按照最佳功率曲线进行控制，完成冶炼过程自动化。同时，各种运行参数、数据、曲线可在监控计算机系统中进行显示。

（2）手动控制模式。即手动操作操作杆开关进行电极升降控制，在调试设备及生产紧急情况时进行手动升降电极。手动控制有两种，一种通过比例阀，另一种不通过比例阀而通过球阀实现事故手动。

C 液压站系统

（1）电炉液压系统由四个部分组成。驱动部分、执行部分、控制部分、辅助部分。

液压站一般由三台高压油泵、一台冷却水泵、一台水泵、一组电路控制阀台，两个高压储能罐及油路组成。

（2）控制要求。正常情况下，PLC 自动控制高压油泵（二开一备）将主油箱的工作油打入高压储能罐，高压卸荷及高压罐投入全部自动控制。当液压系统过压时，高压油泵卸荷；当液位低低时，此时，全部停泵，同时，电磁阀得电，打开高压储能罐，检查油路故障。

D 水冷控制系统

水冷系统包括短网的三相大截面水冷电缆、电机夹持器、导电横臂、炉体、炉门、水冷炉盖等。

水冷系统的驱动部分为冷循环水泵，它的作业是使冷却水循环并带走电弧各部分设备的热量，延长电炉设备的使用寿命。

水冷控制系统还设有事故报警装置，电炉各部分温度等值超过规定值时，则温度传感、压力传感部件的开关量闭合，并输入给 PLC 系统进行操作，使故障报警输出继电器动作，发出声光报警。

E 气动控制系统

气动控制系统主要为电极立柱气缸、炉门气缸、加料斗启闭气缸等部件提供压缩空气，其气源来自空压站。

F 电炉加料系统

（1）电炉加料流程分为：在冶炼炉中加合金料和在炼钢炉出钢前在炉后钢包中加入合金料。

两个流程的工艺设备基本相同，呈垂直型分布在车间内不同高度的平台上，如图 11-76 所示。

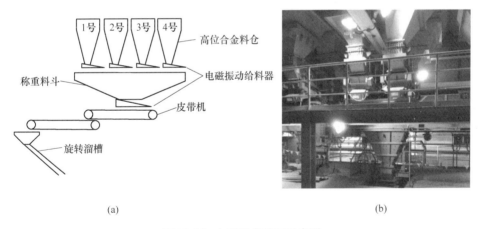

(a) (b)

图 11-76 加料设备施工示意图

（a）加料工艺设备图；（b）加料设备施工现场实物图

（2）加料系统的流程为：

1）不同合金料按顺序固定存放于各个高位料仓里，通过振动给料器的不断振动，将合金料释放到称量斗里。

2）称量斗底部安装了称重传感器，能够检测出合金料的质量。

3）称重结束后，称量斗下面的振动器振动将合金料释放到皮带机上，皮带机将合金料输送到旋转溜槽。

4）合金料经由旋转溜槽进入钢包。而旋转溜槽的方向决定加料的方向。振动给料器和称量斗是合金料自动加料系统的核心设备，它们直接影响加料的速度和精度。

11.3.2.3　电炉自动化系统控制

A　电炉自动化程序控制系统的主要功能

PLC 主要完成本体控制、高压停送电控制、变压器换压控制、液压站基本控制及炉体、变压器、液压站等处的温度、压力、油位等信号的采集及处理控制。

（1）炉体倾动、炉盖旋转控制炉体倾动控制是由炉前操作台上的操作开关左右摇动，分别给出左倾/右倾的信号到 DI 模块，经程序处理后，由 AO 模块分别给出 0~10V 或 0~-10V 信号到比例阀放大板，经比例阀放大板放大后，控制信号输送到比例阀，通过控制比例阀的动作控制炉体的倾动。炉盖旋转控制原理基本同炉体倾动一样，也是通过控制比例阀的动作控制炉盖的旋转。

（2）炉盖升降控制是由炉前操作台上的操作开关发出升、降不同的信号到 DI 模块，经程序处理后，由 DO 模块输出信号经中间继电器控制液压站阀台上炉盖升降电磁阀，由电磁阀不同的动作控制炉盖的升降，其余的炉体支撑锁定及电极卡头的控制原理同炉盖升降一样，他们的控制开关都在炉前操作台上。

（3）出钢车控制是由炉前操作台上的操作开关发出左/右行的信号到 DI 模块，经程序处理后，由 DO 模块输出信号经中间继电器控制出钢车电机接触器的吸合，从而控制钢包车的运行。

（4）高压停送电控制一般在主操作台有一钥匙旋钮输出停/送电信号给 PLC 的 DI 模块，经程序处理后，由 DO 模块输出经中间继电器控制高压开关柜动作，完成高压停送电。

（5）变压器换压控制在主操作台上有一个转换开关控制变压器换压操作的地点是在主控室还是在变压器室，另有两个按钮分别控制升压和降压操作，升压或降压操作按钮发出的开关量信号输入 DI 模块，经程序处理后，由 DO 模块输出开关量信号经中间继电器后控制变压器换压继电器动作，从而控制变压器升压或将压，由于变压器挡位不能循环操作，因此在程序中加上了换压操作中挡位不能小于最低压挡位不能大于最高压挡位的控制。

（6）液压站中高压罐、主液箱和漏夜箱的液位信号及压力信号输入到 DI 模块，经程序处理后，决定是否由 DO 模块输出信号，经中间继电器控制高压泵、回油泵、空压机接触器的启动。

信号检测及控制联锁是为了保证电炉系统安全运行而设置的，PLC 对许多信号进行了采集并参与了控制，包括：旋转锁定、打开限位，水平支撑支撑、打开限位。水平锁定、打开限位，变压器温度、轻瓦斯、重瓦斯信号、过流信号、断路器合闸、分闸信号等。当变压器温度过高或有轻瓦斯、重瓦斯信号、过流信号时，高压开关将分闸；只有高压开关分闸后，炉体本体才能动作。

（7）为保证电炉的安全运行，PLC 程序控制中除必须有可靠的联锁控制，还在主操作台、炉前操作台、炉后操作盘上各安有一个"紧急停电按钮"，他们之间并联使用，并且其控制独立于 PLC，当出现紧急情况时，按下此按钮即可使高压开关柜分闸，并处于自锁状态。

B　电炉系统热负荷调试

a　电炉热负荷流程

电炉主要完成将废钢冶炼成钢水，供给精炼炉。加料时，高压开关柜分闸，旋转锁定打开，炉盖提起，炉体旋出，天车加料，加完料，炉体旋回，旋转锁定，炉盖盖上，高压开关柜合闸，电极自动升降进行冶炼。出钢时，高压开关柜分闸，水平锁定打开，水平支撑打开，钢包车开到出钢位置，炉体后倾，出钢口打开，钢水流入钢包中，出完钢后由出钢车将钢包运到吊包位置，最后由天车将钢包运往精练炉冶炼。在冶炼工程中，随时可将水平锁定打开，操纵倾炉开关，炉体前倾出渣。

b　热调试注意事项

（1）水冷炉盖及其提升机构、旋转机构。炉盖反复提升、旋转3次，检查炉盖行程，保证工作行程；炉盖下沿应下降到下限位置时（即盖在炉体上时）旋转锁定插销应可靠地插入倾动平台相应的孔之中，炉盖提升至上限位置时，旋转锁定连杆插销，应可靠地提出倾动平台保证旋转动作，炉盖旋开角度≥70°；炉盖通水试验（水压1.0MPa）应无渗漏等异常现象；炉盖提升与下降、旋转时，炉盖进出水管（金属软管）应无扭折现象；炉盖提升与下降、旋转时，应保持基本水平，否则应调整连接位置或节流阀的开口大小。

（2）电极升降装置。电极提升速度调整、电极下降速度调整、电极夹紧装置调整应符合设计及设备具体要求参数。

（3）冷却水系统。打开冷却水系统总阀及各工作支路阀，检查各路总流量及压力并记录；炉体、炉门框冷却水在工作压力下连续工作24h，每隔1h检查记录流量及压力；水冷炉盖冷却水在工作压力下连续工作8h。

（4）炉体的倾动装置。倾动装置应保证出钢倾动角度18°，最大20°；出渣角度12°～15°及倾动速度出钢1°/s，出渣1°/s，出钢结束后的回倾速度：3°/s。

（5）模拟加热试验。即在炉体内置入废电极，主回路送电，并启动电极升降装置模拟起弧试验，应进行2次以上。

11.3.3　精炼系统

11.3.3.1　精炼炉功能及工艺

A　LF炉特点

LF炉（Ladlerefining Furnace）常称钢包精炼炉或钢包炉，是一种特殊的精炼容器，多采用埋弧精炼操作。其特点主要有：将初炼炉内熔炼的钢水送入钢包，再将电极插入钢包钢水上部炉渣内并产生电弧，加入合成渣，形成高碱度白渣，用氩气搅拌，进行所谓埋弧精炼。由于氩气搅拌加速了渣-钢之间的化学反应，用电弧加热进行温度补偿，可以保证较长的精炼时间，从而使钢中的氧、硫含量降低。

LF钢包精炼炉设备投资少，可显著提高车间产量。此法广泛应用于转炉炼钢车间，与转炉配合生产，可以在浇注（铸）前有效地均匀和调节钢水温度、成分，从而使得转炉炼钢厂可以较低的成本生产质量极高的钢材产品。

B　LF炉功能

LF钢包精炼炉能取代初炼炉进行还原操作，可对钢液实施升温、脱氧、脱硫、合金化，采用吹氩搅拌，使钢流成分温度均匀，质量（纯净度）提高，具体功能：

电弧加热升温，可降低转炉出钢温度、提高转炉作业率和降低转炉高温出钢温度；

精确控制钢水成分和温度（主要的合金仍在转炉出钢过程中加入钢包并将其成分控制在钢种要求的下限，钢包精炼炉再根据需要加入少量合金进行微调。少量易氧化的合金主要在钢包精炼炉添加调整）；

脱硫、脱氧、去气、去除夹杂（需要强调的是，为了取得较好的脱硫效果，在脱硫前必须先对钢水进行脱氧，使钢中氧含量降到较低水平）；

均匀钢水成分和温度；

改变夹杂物的形态；

作为转炉、连铸的缓冲设备，保证转炉、连铸匹配生产，实现多炉连浇。

C　LF 炉分类

按电极加热方式分：交流钢包炉和直流钢包炉。直流钢包炉包括单电极直流钢包炉、双电极直流钢包炉、三电极直流电弧电渣钢包炉。

11.3.3.2　LF 精炼炉主要设备组成

LF 炉主要由高、低压系统，钢包运输车，电极横臂及升降机构，电极旋转机构，水冷炉盖及升降机构，压缩空气系统，喂丝机及升降导管，氩气搅拌系统，测温取样装置，顶吹氩和喷粉装置，合金供料及加料系统，液压集中润滑系统，冷却水系统组成。LF 炉施工现场如图 11-77 所示。

图 11-77　LF 炉施工现场实物图

A　LF 炉变压器及短网

a　LF 炉变压器

LF 炉变压器是 LF 炉的主要设备。其作用是降低输入电压（100~400V），产生大电流（几千到几万安培）供给 LF 炉。LF 炉变压器负载电流的波动不很大。但是在提温期，LF 炉变压器经常处于冲击电流较大的尖峰负载。为此 LF 炉变压器与一般电力变压器相比较，具有以下特点：过载能力大；有较高的机械强度，经得住冲击电流和短路电流所引起的机械应力；二次侧电压可以调节；变压比大；二次侧电流大。

调压方式：13 级有载调压。变压器采用三相同步有载电动调压。变压器身采用目前最先进的调压结构，确保主变整体装配结构紧凑，杂散损失小、安全可靠、无故障。

冷却方式：变压器一般采用强油循环水冷，双重管式无故障强油循环水冷却器（2用1备），具有泄漏报警功能。

有载调压开关具备就地和远程调压功能，配有远程电压级显示仪表及专用信号线。调压开关箱的下端子应留有远程调压接口及正在调压信号显示接口。

b　短网

电路的短网是指变压器低压侧的引出线至电极这一段线路。这一段线路不长，约10～20m，但是导体的截面积大，电流大。它的电参数（电阻和电抗）对 LF 炉装置的工作有很大的影响，在很大程度上决定了 LF 炉的电效率、功率因数以及三相电功率的平衡。考虑到电磁场的影响，二次水冷铜管的固定支架及螺栓采用非导磁的奥氏体不锈钢制成，并用垫木绝缘。管式水冷补偿器用于避免电动力及热膨胀对固定件的影响。水冷电缆作为短网系统的重要组成部分，内部既要通水冷却，又要导电，而且还要运动，其结构有一定的特殊性。

当 LF 炉工作时，即使在变压器二次侧相电压和电弧电流相等的情况下，三相的电弧功率却是不相等。这种三相功率的不平衡，是由三相的阻抗不平衡引起的。一般短网三相导体是平面布置的，并且相间的距离是相等的。中间相的短网长度较其他两相短，且电感也比其他两相小，所以阻抗小。这样中间相的电弧功率通常总是超过其他两相的。其他两相也由于感抗不同而电弧功率不相同，两相中电弧功率大的一相称"增强相"，电弧功率小的一相称"减弱相"。增强相与减弱相电弧功率增强与减弱的数值是相等的，也就是有一部分功率从减弱相转移到增强相去了，这种现象称为"相间功率转移"。电流越大，三相电弧功率的不平衡现象越严重。

三相电弧功率不平衡对 LF 炉精炼是很不利的，会造成熔池受热不均，及局部炉墙损坏严重，降低包衬寿命，直接影响 LF 炉生产率。为了减轻三相功率不平衡的不良后果，应尽可能使短网导体对称布置，把短网由原来的平面布置改为等边三角形布置。

B　钢包运输车

钢包车是运送钢包的，将钢包送到 LF 炉的处理工位、吊装、喂丝位和加盖工位。在对钢包车调试时，注意以下几个方面：

（1）调速方式。运行速度采用变频方式调速。每台车都有两台变频电机，当一台电机故障时，另一台电机应能保证钢包车短时平稳运行。当变频器发生故障时，可以通过机旁操作箱上的旁路按钮，将旁路接通，此时钢包车通过接触器控制，只有一个恒定的速度。

（2）采用激光测距仪并设有6个行程开关（暂定），确定各工作位。所有电源线，控制线及氩气通过"软线软管"及滑线装置送到钢包车上。

（3）控制方式。可通过主操作台、机旁操作箱和 HMI 对钢包车进行操作。在画面上可以设定快/慢速参数。操作模式分手动、自动方式。

C　电极调节系统

a　电极升降系统调试

LF 炉输入的功率是随着电弧长度的变化而改变的。冶炼过程中，由于钢水沸腾等原因，电极与钢水之间的电弧长度不断地变化。为了保证按规定的电力制度供电，就必须保持稳定的电弧长度。

电极升降调节装置的作用就是保持电弧长度恒定不变，从而稳定电弧电流和电压，使输入的功率保持一定值。当电弧长度变化时：能迅速提升或下降电极，准确地控制电极的位置。所以，要求电极调节装置反应灵敏，升降电极速度快、稳定，可以避免电流电压过大的波动，但手动控制电极升降不能满足上述要求，因此一般都采用自动控制。现将几种自动调节装置分述如下：

（1）可控硅直流电动机自动调节器。可控硅直流电动机控制系统由电流和电压的测量回路、触发回路、可控硅整流回路，辅助控制回路及电动机和传动机构组成。

电弧电流和电压信号经电流和电压的测量回路，分别变换成直流电压后进行比较，它们差值的信号送入触发回路，然后按信号的正负极性和大小进行选择，输出一个脉冲信号给可控硅整流回路，可控硅回路按脉冲信号的极性和大小输出电压给直流电动机，直流电动机带动机械传动机构，使电极上、下移动，改变电弧的长度，维持电弧电流在某一规定值。电压信号大于电流信号时，电动机旋转方向使电极下降，电弧阻抗降低，电弧电流增加。当电流信号与电压信号相等时，电动机电压为零，电动机停止转动。电流信号大于电压信号时，则电动机反转，使电极升高直到新的平衡。电流信号和电压信号差值越大，电动机转速越快，使电极提升或下降的速度也就越快。

可控硅直流电动机调节系统具有灵敏度高、电极升降速度快、线路结构简单、无噪声、便于维护等优点。其缺点是可控硅过载能力小、受温度影响大、抗干扰能力小。

（2）可控硅电磁转差离合器式调节器。这种调节系统的工作原理与可控硅直流电动机式系统基本相同。所不同的是，在电机升降机构中，用一个鼠笼型交流电动机和一个转差离合器来代替原来的直流电动机。

这种调节系统与可控硅直流电动机系统相比，由于电动机与电极分开，不参加过渡过程，没有电动机启动和制动问题，离合器电枢转动惯量很小，故调节系统反应灵敏，电极提升速度快，因此可减少高压开关跳闸次数。

（3）电液随动阀—液压传动式调节器：

1）电液随动控制系统的工作原理。电弧电流偏差时，电气控制系统将测量比较环节传来的偏差信号放大后，输给驱动磁铁，驱动磁铁根据偏差信号使随动阀的阀芯向上或向下移动。由于阀芯的移动，控制着阀体的进液量和回液量，从而使液压缸内高压液体增加或减少，增加时，立柱向上提升电极，减少时，依靠电极和立柱的自重使电极下降。当电弧正常工作时，测量环节无信号输出，随动阀的阀芯处于中间位置，电极不动。

这种调节系统同时具有电气系统和液压系统的优点，比其他的电极自动调节系统具有更高的灵敏度，其升降速度更快，输出功率也大。对于大型 LF 炉来说，采用电液调节系统比其他任何调节系统都要好，因而获得越来越广泛的应用。

2）电液随动调节器调试事项。液压缸操作是靠电液比例阀实现自动调节，在停电状态下，依靠液压装置中的蓄能器使炉盖及电极提起。电极升降设有限位装置，用于联锁控制的信号。

每相电极安装一个拉线式位置传感器，跟踪液压缸的实际位置，作为调整的位置反馈。升降的自动控制是通过电极调整 PLC 来完成的。

b　电极旋转系统调试

电极旋转系统用于将电极横臂旋转至两个平行的加热工位之一，对其中一个钢包中的钢水进行加热精炼。

（1）通过采用比例调节阀（内置比例放大板）控制液压马达驱动带动旋转架整体旋转，从而带动其上的电极立柱及横臂转动到加热工位。通过限位和接近开关来确定位置。在启动与停止时减速运行，在旋转过程中可正常速度旋转，避免了惯性对横臂、电极的冲击。

（2）定位锁紧装置采用液压油缸控制，旋转到位后，由定位锁紧装置将旋转机构锁定，旋转前必须将定位锁紧装置打开。

（3）旋转机构与水冷炉盖联锁关系：由于横臂不与水冷炉盖同步旋转，炉盖为固定式，电极旋转前需整体提出炉盖。

（4）操作模式分为自动、手动。手动模式可以在机旁或主操作台根据摄像头和 HMI 上的信号进行操作，自动只能在 HMI 上操作。在自动模式下，首先发出电极全部提升信号，然后根据联锁关系，分步执行顺序控制。

D 炉盖及升降调节系统

水冷炉盖能够接收合金料、造渣料并导入钢包，设有观察、测温取样、合金加料、喂丝等孔。设有可调节抽气量的除尘接口，保持精炼时炉内微正压的还原性气氛。炉盖的升降机构主要是拆装炉盖和正常工作时提升和降下炉盖的作用。炉盖升降及盖门在调试过程中，应当注意以下事项：

（1）一般事故吹氩喷粉枪、合金加料的门是通过气缸控制的，喂线机的门和其余观察和操作的门是通过液压缸来控制开/关的。当工作门被打开时，一个空气开关阀自动打开，形成门帘，用来减少火焰、热气体损失同时避免操作人员受到伤害。炉盖上设有一进总水管，以供给炉盖上各支路的进水管，炉盖总进、回水管上各设一个安全阀，停水事故保护炉盖。炉盖上各支路的回水管装有热电阻，以检测炉盖上各支路的回水温度，同时各支路均设有压力和流量检测，以确保实际检测每个支路的实际水量的分布。每个门的实际位置均有接近开关来检测。提升和下降位置通过液压缸上的接近开关和压力开关来检测。

（2）工作门与炉盖的升降操作模式只有手动。手动可以在机旁或主操作台及 HMI 根据摄像头和 HMI 上的信号进行操作。合金加料、测温取样的门均与合金加料和测温取样有联锁关系，在合金加料、测温取样前，炉门必须处于完全打开状态。

炉盖提升和下降皆靠液压缸控制。炉盖的提升和下降与电极旋转、电极开始工作、钢包车的运行均有联锁关系。

（3）电极开始旋转时，原位置的炉盖必须处于最高位，即将到达的位置炉盖必须处于最低位。电极开始工作时，炉盖不能提升。钢包车允许到工作位的前提条件是炉盖不能位于最低位。

E 测温取样系统

测温取样装置包括了测温、取样两套枪。测温取样装置架在炉盖上方。两把枪共用一套枪架（结构件），枪体的运动采用机械链条传动。

（1）两套传动装置分别独立控制及运行，采用变频器调速，脉冲发生器监控及计量升降行程。

（2）枪架设工作及备用两种位置状态。在待机位时，枪架是不摆出的。当测温取样枪摆动选择开关切至摆出时，中心摆出使枪对准炉盖上的测温取样口。同时驱动气缸打开炉盖上的测温取样孔盖板。在测温取样枪的传动轴上，安装有绝对式旋轴编码器。能够准确计量升降行程和监控过程。

测温枪在接近钢水时，根据测温元件感知的温度突变，计算机确定出测温取样枪的升降行程，通过编码器计量行程达到对不同钢水液位高度测温取样枪自动满足插入深度，且稳定可靠。当测温或取样结束时，由 PLC 指令通过编码器计量行程返回到上极限。测温取样枪装置可以满足测量、取样的独立完成，也可以满足同时测温取样的要求。由于采用变频器，其升降速度可调。当不需要测温取样时，摆动选择开关切至摆回，枪架将摆回至待机位。此时枪架不影响炉盖提升，并可更换测温、取样头。自动测温取样枪上还设置有定氧探头及二次仪表。

（3）防止坠枪的措施：滑动小车到头机械限位。当自动测温取样装置出现故障或连铸机出现故障剩余钢水需要返回 LF 炉保温时，由操作人员将枪体从炉盖观察孔插入钢水中进行测温取样。

F　喂丝机及顶吹氩等辅助系统

a　喂丝机系统

喂丝机系统主要是控制金属线的加入量和喂丝速度，在喂丝机上装有显示喂入长度的计数器和速度控制器。采用变频控制，当喂丝机以一定的速度把金属线送入钢包内到预定长度时，喂丝机自动停止喂丝。

喂丝作业可采用自动控制或手动控制两种方式。装置一般可同时四线喂入，也可单线使用。依据钢种要求选择喂丝线种类；喂丝速度设定 3～5m/s（180～300m/min），喂入量按操作要点要求执行；不同品种丝线的喂丝间隔按操作要点要求执行。喂丝机 PLC 与 LF 炉的上位机留有通讯接口，画面显示及操作功能可在 LF 炉上的上位机控制及显示状态。

b　顶吹氩和喷粉枪

吹氩枪可以吹氩搅拌钢水。对于要求硫含量低的钢种，可以喷粉脱硫。

（1）控制要求。顶枪传动系统用于枪体的升降，速度由变频调节，顶枪升降通过旋转编码器进行定位，并设接近开关作为过极限保护。顶枪通过液压缸控制摆出、摆入。

（2）操作模式分为自动、手动。手动模式可以在机旁或主操作台、HMI 根据摄像头和 HMI 上的信号进行操作。

（3）顶枪系统还有工作位和停放位置指示。在停放位置，可以通过打开顶枪的夹持装置更换为喷粉枪，此时顶枪具有喷粉脱硫的功能。两支枪共用 1 套传动机构。

11.3.3.3　LF 炉的自动化控制

A　LF 炉主要区域的程序控制

a　电极调整 PLC 控制

采用一个独立的 PLC 可编程控制器组成电极升降自动调节系统，通过信号变换电路及输入模块采集系统各相电弧电压、电弧电流、变压器电压等级以及其他相关的给定信号，先将弧流、弧压进行运算处理，并将运算结果与给定值进行比较，将输出信号送至液压系统电极升降比例阀，实现电极位置自动调节，从而控制输入到炉内的功率，按照最佳功率曲线运行，满足冶炼工艺要求。在电极自动调节过程中，随时可以手动干预。

b　LF 炉本体 PLC 控制

LF 炉本体设备动作控制由独立的一套 PLC 来完成，通过输入模块采集各种限位开关动作信号、控制开关指令信号、接触器、继电器动作信号以及和各种温度压力流量信号，经 PLC 内部程序运算后，进行设备动作的控制和报警、联锁，由相应的输出模块分别对 LF 炉盖实行升降控制、电极夹持控制、钢包车控制、冷却水系统检测控制、液压系统控制、钢包吹氩搅拌控制、自动测温取样控制等。同时采集设备的故障信号，通过输出模块进行声光报警。

c　合金系统 PLC 控制

铁合金系统是用于向 LF 炉加入铁合金及渣料，以满足冶炼不同钢种的工艺需要。加料系统设有料仓、称量斗，称量斗共用一个水平皮带输送机将原料送至通往 LF 钢包精炼炉皮带机，通过皮带机进入精炼炉受料斗，当需要加料时，打开受料斗闸板阀即可向炉内加料。每个料仓都设有振动给料机和料位计，每个称量斗都设有振动给料机和称重装置。加料系统还设有事故卸料装置和防尘措施。加料系统由 PLC 控制，在 HMI 上显示工作流程及状态并进行操作，物料的加入量由过程机进行计算。合金上料系统 PLC 流程如图 11-78 所示。

B　联动试车

（1）LF 联动试车前的检查：

1）电极的检查与确认。三根电极要对中，与小炉盖间隙适合，升降时与小炉盖无碰撞摩擦。

检查电极长度，应满足供电要求；注意电极升到最高位时，电极底部不能低于炉盖下沿，以免钢包车开至加热位时与钢包上沿相撞，折断电极。

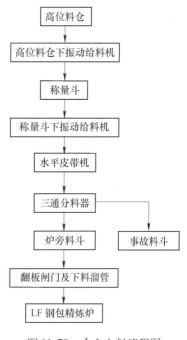

图 11-78　合金上料流程图

电极夹持器夹在电极安全位置，保持电极夹持器的清洁。

2）电气自动化及仪表系统。保证操作画面的各种操作动作准确可靠，各种监控信息准确无误。没有报警。

所有管线及设备所安装的仪器仪表和各种限位开关，都要处于正常的工作状态，满足工艺生产要求，并能准确地将信息传递到相应的计算机操作画面及操作盘面。

3）高压系统的检查与确认。高压系统均调试完毕，送电空载调试 24h。调试升、降压操作各档电压及挡位对应显示正确无误。

4）机械设备动作及联锁检查与确认。钢包车：钢包车启、停平稳，变频速度过渡平稳，抱闸正常，运行安全可靠；滑线工作正常；限位灯指示到位；钢包车所有动作要进行多次检测，满足上述要求。

①炉盖：炉盖升降动作平稳，上、下限位显示正常，行程 500mm，炉盖反复提升三次，炉盖行程、冷却水、水平度以及联锁等符合要求。炉盖烟道开启度开到最大挡位。上、下小包盖中心孔偏差≤5mm。

②电极导向系统：电极升降平稳，立柱轨面与导向滚轮接触良好，运行平稳。

③润滑良好，上、下限位显示正常，行程2800mm。电极夹紧与放松机构检查：电极与电极夹头之间接触良好，并应保证在电极升降时，电极不产生滑移。

三根电极分别升降或同升同降操作均无问题，在炉盖处于上、下限位置，以及电极在升降行程范围内时，电极与小包盖内孔的间隙应大于20mm（单边间隙）。

炉门、汇总料斗：炉门开启、关闭运行平稳、到位，开启、关闭要求无卡滞现象；汇总料斗阀开启、关闭到位，到位指示准确无误，开启、关闭要求无卡滞现象，联锁是否稳妥可靠。

喂丝机：喂丝机各项动作正常，实际喂丝速度与设定吻合；丝卷准备齐全，

停放位置适宜，穿丝正确。反复进行试喂丝、退丝等操作，保证设备运行正常可靠。喂丝机侧臂倾侧角度适当，导管能进入炉盖喂丝口。

④机械部分安全联锁保护：各联锁装置和限位开关应安全可靠，动作正确。

（2）LF炉联动试车工艺流程如图11-79所示。

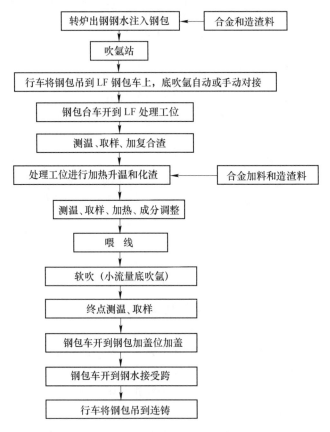

图11-79　LF炉联动试车工艺流程

12 季节性施工技术

12.1 季节性施工概述

12.1.1 季节性施工的概念

季节性施工：是指工程建设中按照季节的特点进行相应的建设，考虑到自然环境所具有的不利于施工的因素存在，应该采取措施来避开或者减弱其不利影响，从而保证工程质量、工程进度、工程费用、施工安全等各项均达到设计或者规范要求。

12.1.2 季节性施工内容

季节性施工因地而异，一般包括冬期施工、雨季施工、风沙气候施工、台风及汛期施工、高温季节施工。

12.2 冬期施工

12.2.1 冬期施工概念

12.2.1.1 冬期施工的定义

定义：工程在低温季（日平均气温连续 5 天低于 5℃ 或最低气温低于 -3℃）修建，需要采取防冻保暖措施。

12.2.1.2 冬期施工的时间

冬期施工的时间因地而异，每年也不尽相同。如在我国东北地区北部，一般有 5~6 个月冬期施工时间，大致在当年 10 月中旬到次年 4 月中旬。

12.2.2 冬期施工管理措施

12.2.2.1 成立领导小组

在冬期施工到来之前，成立以项目经理为首的领导小组，加强领导，落实责任。

12.2.2.2 编制冬期施工方案

工程技术人员应根据现场资源，编制冬期施工方案。冬期施工方案应经济、合理，尽量减少能源消耗，缩短工期，保证工程质量。

12.2.3 冬期施工主要技术措施

12.2.3.1 混凝土施工

A 掺加防冻剂

在混凝土中和砂浆中掺入防冻剂，其品牌和掺量须在经试验确定的前提下才能使用。

添加早强防冻剂，主要为缩短混凝土和砂浆的初凝时间，加快其强度的增长，以获得抗冻的性能。

B　加强混凝土的养护

根据工程施工气温条件，在混凝土浇注过程中，利用覆盖法、"搭棚子"法、蒸汽法或自设锅炉房对已浇注的混凝土进行蓄热养护。极其寒冷的地方需要采用电加热。

混凝土搅拌用水泥采用水化热高的普通水泥。

采用热水搅拌混凝土，分层浇筑厚大的整体混凝土结构时，已浇筑层的混凝土温度在未被上一层混凝土覆盖前不低于2℃。

混凝土要按照经试验配制好的掺加防冻剂的配合比配置，并严格控制水灰比。

垫层封盖前，应将基坑采用帆布等材料覆盖，防止冻胀地基变形和地基接触点上的混凝土冻结。

模板内的裂缝和孔洞要堵塞密实。

竖向结构的混凝土浇注时，应控制混凝土的下落高度，减少混凝土的热量损失。

12.2.3.2　土方工程

（1）冬期施工时必须周密计划，组织强有力的施工力量，进行连续不断的施工。

（2）土的防冻一般采用地面耕松耙平，覆盖防冻土和铺设保温材料等方法。

（3）土方开挖完毕，或完成了一段暂停一段时间时，应及时覆盖保温材料。

（4）在冬季挖土中，将不冻土堆在一起加以覆盖，防止冻结，做回填土用。

（5）回填前将基坑的冰雪和保温材料打扫干净，方可回填。

（6）用人工夯实时，每层土的厚度不得大于20cm，夯实厚度为10~15cm。

（7）为确保回填质量，可采用砂石、重矿渣或山皮石回填。

12.2.3.3　砌体工程

（1）砌体工程冬期采用外加剂法施工。

（2）砖块在砌筑前应清除表面油污、冰雪等，遭水浸后，冻结的砖石砌块不得使用，在0℃以下砌砖不得浇水。

（3）拌制砂浆所用的砂中不得含有直径大于1cm的冻结块和冰块。

（4）冬季砌筑砂浆的稠度，宜比常温下适当增加。

（5）砂浆的搅拌应在保温棚或采暖的房间内进行，环境温度不得低于5℃，砂浆要随运随用，不得积存和二次倒运。

（6）砌砖宜采用"三一砌砖法"。

（7）每天收工前，将垂直灰缝填满，上面不铺灰浆，同时用草袋等保温材料在砌体表面加以覆盖。

12.2.3.4　钢筋工程

（1）在0℃以下使用的钢筋，施工过程中要加强管理和检验。钢筋在运输过程中，要防止撞击、刻痕等缺陷。

（2）钢筋冷拉温度不得低于-20℃。

（3）当温度低于-20℃时，应严禁对低合金Ⅱ、Ⅲ级钢筋进行冷弯操作，否则钢筋容易发生脆断。

（4）0℃以下焊接，应尽量安排在室内进行，必须在室外焊接时，其环境温度不宜低于 –20℃，风力超过 3 级应有挡风措施。

（5）钢筋 0℃以下焊接，可采用闪光对焊、电弧焊和气压焊等焊接方法；雨、雪天或施焊现场风速超过 5.4m/s 焊接时，采取遮蔽措施，焊接后冷却的接头避免碰到冰雪。

（6）热轧钢筋 0℃以下闪光对焊，钢筋端面较平整时，采用预热闪光焊；端面不平整时，采用闪光—预热—闪光焊。

（7）钢筋 0℃以下焊接参数根据气温按常温参数调整。

（8）钢筋 0℃以下电弧焊，采取分层控温施焊。

12.2.3.5 冬期屋面保温及防水工程

（1）屋面防水施工选择无风晴朗天气进行。在迎风面宜设置活动挡风装置。

（2）屋面防水层采用卷材时，采用热熔法和冷粘法施工。热熔法施工温度不低于 –10℃，冷粘法施工温度不低于 –5℃。

（3）用沥青胶结的整体保温层和板状保温层应在温度不低于 –10℃的情况下施工，用水泥、石灰或乳化沥青胶结的整体保温层和板状保温层在气温不低于 5℃时施工。

（4）找平层为沥青砂浆时，基层应干燥平整，先满涂底子油 1~2 道，干燥后方可做找平层。

12.2.3.6 装饰工程

装饰工程的冬季施工有两种办法，即热作法和冷作法。热作法是利用房屋的永久性热源或设置临时热源来提高和保持环境的温度，使装饰工程在正温条件下进行。冷作法是在砂浆中掺入防冻剂，使砂浆在负温度条件下硬化。饰面、油漆、刷浆、裱糊、玻璃和室内抹灰均应采用热作法施工，室外大面积的抹灰也应采用热作法，室外零星抹灰采用冷作法施工。

A 热作法施工

（1）在进行室内抹灰前，应将门窗封好，门窗口的边缝及脚手眼、孔洞等应封堵。施工洞口、运料口及楼梯间等处封闭保温。在进行室外施工前，应尽量用外架子搭设暖棚。

（2）施工温度不宜低于 5℃，以地面以上 50cm 为准。

（3）需要抹灰的砌体，应提前保温预热，使墙面保持在 5℃以上，以便湿润墙面，不致结冰，使砂浆与墙面黏结牢固。

（4）用冻结法砌筑的砌体，应提前加热进行人工开冻，待砌体已经开冻并下沉完毕后，再进行抹灰。

（5）用临时热源加热时，应当随时检查抹灰层的湿度，如干燥过快发生裂纹，应当进行洒水湿润，使之与各层能很好地黏结，防止脱落。

（6）用热作法施工的室内抹灰工程，应在每个房间设置通风口或适当开放窗口，定期通风，排除湿空气。

（7）抹灰工程所用的砂浆，应在正温度下的室内或临时暖棚中制作。砂浆使用时的温度，应在 5℃以上。为了获得砂浆应有的温度，可采用热水搅拌。

（8）装饰工程完成后，在 7 天内室（棚）内温度仍不应低于 5℃。

B 冷作法施工

（1）冷作法施工所用的砂浆应在暖棚中制作。砂浆使用的温度，应在 5℃以上。

（2）砂浆中掺入 ESJ 等防冻剂。

（3）防冻剂应由专人配制和使用

（4）采用氯盐作防冻剂时，砂浆内应埋设的铁件均需涂刷防锈漆。

（5）抹灰基层表面如有冰霜雪时，可用与抹灰同浓度的防冻剂热水溶液冲刷，将表面杂物清除干净后再行抹灰。

（6）外墙的饰面板、饰面砖以及马赛克施工，不宜在冬季施工，若安排施工应采用暖棚法施工。釉面砖及外墙面砖在 2% 盐水浸泡 2h，在暖棚内晾干后方可使用。

12.2.3.7　钢结构、管道工程

（1）钢结构、管件加工制作及安装用的钢尺量具与混凝土结构施工使用的钢尺、量具为同一精度级别，混凝土结构和钢结构采取不同的温度膨胀系数差值调整。

（2）0℃ 以下钢结构及管道焊接用的焊条、焊丝，在满足设计强度要求的前提下，选择屈服强度较低，冲击韧性较好的低氢型焊条。重要结构采用高韧性超低氢型焊条。

（3）钢结构在 0℃ 以下放样时，切割铣刨的尺寸，应考虑负温度下钢材收缩的影响。

（4）0℃ 以下焊接中厚钢板、厚钢管的预热温度由试验确定，露天焊接时，搭设临时防护棚。

（5）当环境温度低于 0℃ 时，对于 Q235 系列钢材，板厚不大于 70mm 时，焊前预热温度为 50℃；当板厚大于 70mm 时，预热温度为 100℃，对于 Q345 系列钢材，板厚不大于 40mm 时，预热温度为 36℃；当板厚大于 40mm 时，预热温度为 100℃。钢管焊接时，应在焊缝始焊处 100mm 范围内预热到 15℃ 以上，并有防风措施。预热采用火焰加热或电热器加热。预热温度用电子点温计在焊道两侧 100mm 处测量。

（6）碳素结构钢工作地点温度低于 −16℃、低合金结构钢工作地点温度低于 −12℃ 时，不得进行冷矫正和冷弯曲。

（7）为了防止焊缝冷却速度过快造成质量下降，焊后采取保温措施，如用电加热、伴热、用石棉毯覆盖、火焰加热等措施。设计有后热要求时，焊接结束后应马上进行后热处理，后热温度 200~300℃，保温时间不少于 2h。

（8）油漆施工环境环境温度一般在 5~38℃ 之间，冬季施工时，根据试验结果，可适当添加催化剂。另外，涂装时间宜选择在中午 11：00 到下午 3：00 之间，不在早晚时间施工。

（9）雨雪天气或构件上有薄冰时不得进行涂刷工作。

（10）氧气瓶和乙炔气瓶减压器被冻住后，不允许用明火烤，可用热水解冻。

（11）运输、堆存钢结构时，采取防滑措施。绑扎、起吊构件用的钢索与构件直接接触时，加防滑隔垫。

（12）制作、安装用的吊耳，焊前要预热，焊后保温缓冷，用磁粉探伤检查表面质量。

（13）钢柱对接焊接宜采用电加热预热，梁和柱牛腿对接焊接，可采用火焰加热预热。

12.2.3.8　机械设备安装工程

（1）各种工艺介质管道或容器需要用水作为试压介质时，应安排在白天气温零度以上进行，试压工作应连续完成，完成后排尽管内的所有残水，以防冻裂管道和容器。

（2）液压润滑系统在循环酸洗和冲洗时，酸洗和冲洗装置的箱体应设有电加热装置，

酸洗溶液保持在 30~50℃，水和油溶液保持在 50~70℃。

（3）各种吊装、运输机械，冬期应加入防冻液，也可加入热循环水。晚间不施工时可将水箱水放掉，防止冷冻裂水箱及设备。

12.2.3.9　电气设备安装工程

敷设电缆时，如电缆存放地点在敷设前 24h 内的平均温度或敷设现场当时的温度，低于表 12-1 数值，则必须将电缆预热后敷设，6~10kV 及以下电缆加热的表面温度不得超过 35℃。

表 12-1　电缆最低敷设温度

电缆类型	电缆结构	最低允许敷设温度/℃
油浸纸绝缘	充油电缆	-10
电力电缆	不滴流油浸纸绝缘电缆	+10
	其他油纸电缆	0
橡皮绝缘电力电缆	橡皮或聚氯乙烯护套	-15
	裸铅包	-20
	铅包钢带铠装	-7
塑料绝缘电力电缆	—	0
控制电缆	耐寒护套	-20
	橡皮绝缘聚乙烯护套	-15
	聚氯乙烯绝缘聚氯乙烯护套	-10

避开低温：

（1）在密闭空间保持室温 5℃ 以上。

（2）现场采取通电加热措施。

变压器（互感器）器身检查时对环境的要求：

（1）周围空气温度不宜低于 0℃，器身温度不应低于周围空气温度，否则宜加热使其高于周围空气温度 10℃。

（2）器身检查时，应有防尘措施，雨雪雾天应在室内进行。

蓄电池存放在 5~40℃ 通风良好、干燥清洁的仓库内。

绝缘油处理，宜采用真空加热注油、过滤。

12.3　雨季施工

12.3.1　雨季施工概念

12.3.1.1　雨季施工定义

工程在雨季修建、需要采取防雨措施。

12.3.1.2　雨季时间

雨季时间因地而异，如在我国中东部地区一般指每年 6~10 月份为雨季，这期间的施工即为雨季施工。

12.3.2 雨季施工措施

12.3.2.1 管理措施

（1）在雨季到来之前，成立以项目经理为首的领导小组，加强领导，落实责任。

（2）雨季施工主要以预防为主，采用防雨措施及加强排水手段，确保雨季施工。

（3）科学组织施工，积极应对雨季施工面临的各种危险状况，提高抗风险能力、保障施工安全。

（4）加强对气象信息的收集，及时采取有效措施，提前防范。

（5）充分考虑雨季施工的特点，将不宜在雨季施工的工程提前或延后安排，遇到强风、大雨天气应停止施工。

12.3.2.2 技术措施

（1）在雨季到来之前，工程技术人员应根据工程进展情况、现场资源，编制雨季施工方案。

（2）制定防雨技术措施，确保雨季施工安全。

（3）做好防汛抢险救灾应急准备，在雨季施工时，对脚手架、仓库、防护棚、临时设施等采取有效的加强措施。应确保抢险救灾物资人员到位，发生险情立即启动应急预案。

12.3.2.3 雨季前检查

（1）雨季前应组织有关部门和人员对现场全面检查，保证雨季施工路通、电通、排水系统畅通及机电设备、生产生活设施等完好。道路边排水明沟经常疏通和维修，配备足够的抽水设备等应急材料。

（2）临时运输道路路基要碾压坚实，道路两边做好排水沟，保证通行。

（3）施工现场的道路、设施必须做到排水畅通，雨停水干。要防止地表水流入基坑。要根据实际情况采取措施，防止滑坡和坍方。

（4）对材料库定期检查，及时维修，四周排水良好，墙基坚固，不漏雨渗水，钢材等材料存放采取相应的防雨措施。

（5）严格按防汛要求设置连续、畅通的排水设施和应急物资，如水泵及相关的器材、塑料布、油毡等材料。

12.3.3 各分项工程雨季施工的主要技术措施

12.3.3.1 土方和基础工程

土方和基础工程受雨水影响较大，如不采取有关防范措施，将可能对施工安全工程质量产生严重影响。因此在雨季施工时应注意以下几点：

（1）雨季开挖基槽（坑）或管沟时，应注意边坡稳定。必要时可适当放缓边坡度或设置支撑。施工时应加强对边坡和支撑的检查控制；对于已开挖的基槽（坑）或管沟要设支撑；正在开挖的以放缓边坡为主；雨水影响较大时停止施工。

（2）防止边坡被雨水冲塌，可在边坡上涂抹15cm细石混凝土；也可用塑料布遮盖边坡。

（3）雨季施工的工作面不宜过大，应逐段、逐片的分期完成，雨量大时，应停止大面积的土方施工；基础挖到标高后，应及时验收并浇筑混凝土垫层；被雨水浸泡后的基础，应做必要的土方回填，恢复基础承载力。

（4）为防止基坑浸泡，开挖时要在基坑内作好排水沟、集水井，并采取必要的排水措施。

（5）对雨前回填的土方，应及时进行碾压并使其表面形成一定的坡度，以便雨水能自动排出。

（6）对于堆积在施工现场的土方，应在四周做好防止雨水冲刷的措施，如在周围放置条石以阻止土方被雨水冲刷至开挖好的基槽（坑）或管沟内。

12.3.3.2 模板工程

雨大时需特别注意模板脱模剂的涂刷，被冲刷掉的模板需重新涂刷，以保护模板。

12.3.3.3 钢筋工程

（1）钢筋堆放地点要坚实，周围做好排水工作，严禁钢筋堆放区积水、浸泡，防止泥土粘到钢筋上。

（2）下雨时不得进行钢筋焊接等工作，急需时应采取防雨措施或将施工作业移至室内进行；刚焊接的钢筋接头部位应防止雨淋，以免接头骤然冷却发生脆裂，影响建筑物的质量。

12.3.3.4 混凝土工程

（1）遇到大雨应停止浇筑混凝土，已浇筑的部位应加以覆盖。现浇混凝土应根据结构情况和性能，考虑多留置几道施工缝。

（2）被雨水冲刷过的混凝土施工缝，需剔除表面的浮浆、砂、石粒等，再次浇筑混凝土时，需用同配合比水泥砂浆，作接浆处理。

（3）混凝土浇捣时，必须注意天气变化情况，尽量避开雨天；若不得已必须浇注，应做好防雨措施，预备足够的活动防雨棚、塑料薄膜、油布等，以防止雨水冲刷刚浇筑的混凝土。

（4）混凝土浇筑方案中需说明施工时如遇大雨的应急措施。

12.3.3.5 脚手架

脚手架的安全直接影响到工人的生命安全与建筑物的安全，在雨季施工中，任何麻痹大意和疏忽都可能导致事故发生。因此，雨季施工脚手架应采取如下措施：

（1）加固脚手架基础。很多脚手架是直接立于土石基础之上，如遇大雨长时间浸泡就会沉陷，导致脚手架的支撑悬空或脚手架倾覆。为防止事故发生，可在脚手架底部加垫钢板或以条石为基础。

（2）适当添加与建筑物的连接杆件。这样可增加脚手架的整体抗倾覆的能力，增加稳固性。

（3）脚手架上的马道等供人通行的地方，应做好防滑与防跌落措施，及时更换表面光滑的踏板，在通道两边加装防护网等。

（4）经常检查脚手架连接处的连接件，如发现松动或位移要及时加固。

（5）雨季不宜在脚手架进行过多施工，工作面不能铺得过大，要控制脚手架上的人员、构件及其他建筑材料的数量，在脚手架上的动作不宜过于激烈。

（6）脚手架与现场施工电缆（线）的交接处应良好的绝缘介质隔离，并配以必要的漏电保护装置。

12.3.3.6　施工机械的防雨、防雷及防触电措施

（1）防雨。所有放置机械设备的棚子要搭设牢固，防止倒塌淋雨。机电设备要采取防雨、防淹措施，安装地点要求比周边高，四周排水较好。安装接地装置。移动电闸箱的漏电保护装置要灵敏、可靠。

（2）防雷击。夏季是雷电多发季节，在施工现场为防止雷电袭击造成事故，必须在钢管脚手架上安装避雷装置，避雷接地电阻不得大于 10Ω。

（3）防触电。施工现场用电必须符合三级配电两级保护，三级电箱作重复接地，电阻小于 10Ω；电线、电缆合理埋设，不得使用老化或破损的电缆；遇暴风雨天气，要安排专业电工现场值班检查，必要时立即拉闸断电，所有职工下班前必须将设备电源断开。

12.3.3.7　沉井和基坑支护雨季施工措施

沉井和基坑支护雨季施工期间，要做好预防工作，备足应急物资。

A　沉井

（1）沉井内外爬梯要防滑与防跌落措施，必要时设置安全绳。

（2）沉井在施工中，如遇大雨应停止施工，并加强井内排水。

（3）在雨天，应加大对沉井监测，并做好观测记录，如发现有自由下沉、位移、倾斜现象，立刻采取处理措施。

B　基坑支护

（1）施工期间，加强基坑支护桩的位移监测，并做好观测记录，如发现有变形、位移现象，立刻采取加固防范措施。

（2）基坑通道应做好防滑与防跌落措施，及时更换表面的光滑踏板，在通道两边加设防护网等。

（3）已开挖的基坑，要做好坑内和坑外排水，做到雨停水干，确保正常施工。

（4）基坑上部要做好安全防护措施。

12.4　风沙气候施工

12.4.1　风沙气候概述

风沙气候（现象）是指风挟带起大量沙尘，按一定路径移动扩散，造成空气浑浊、能见度显著降低的现象。

风沙形成的基本条件是：地表具有大量容易被风吹起的疏松沙土物质；地面风速超过浮尘扬沙的风速。风沙气象主要出现在干旱、半干旱地区，我国西部地区的春秋季节多发生。

根据风沙物质成分和强度，将风沙分为浮尘、扬沙和沙尘暴。浮尘和扬沙是指大量尘土或沙粒被风挟带，在空中浮游，造成空气浑浊，水平能见度不少于 1000m 的天气现象；沙尘暴是指大量尘土或沙粒被风挟带，在空中浮游，造成空气浑浊，水平能见度下降到 1000m 以下的天气现象。

12.4.2　风沙气候施工措施

12.4.2.1　管理措施

（1）项目部成立防风、防沙领导小组，由项目经理担任组长，统一领导防风、防沙工作，成员由各部门主要负责人组成，全面协助防风、防沙工作。

（2）根据天气预报，组织防风、防沙队伍，风沙来袭前，做好预防工作，降低损失。现场所有人员均有防风、防沙责任。

（3）临时支援抢险队伍由项目经理协调组织，如请求兄弟单位和其他组织协助。

（4）在所及范围内紧急调用各种防风、防沙物资、设备和抢险人员。

（5）当发生沙尘暴，有危及周边设施和人员安全的险情时，组织人员疏散、撤离。

（6）及时向上级报告防风、防沙情况。实行 24h 值班制度，确保信息畅通。

（7）按照事故处理办法和报告制度立即上报有关部门，组织保卫人员设立警戒区，维护现场秩序，做好现场的保护工作。

（8）沙尘暴过后，做好施工现场善后工作。

12.4.2.2　技术措施

（1）在风沙易发生地区施工时，项目经理部技术人员要提前编制应急预案，制定防风沙措施，准备防风沙物资。

（2）积极做好施工现场的防风、防沙工作，及时掌握工程动态，消除安全隐患，对重点部位、环节实行重点监控。

（3）施工现场要进行严格的检查、监控，安排专人负责，进行定期巡查。对现场的重点部位，做好防风、防沙准备。

（4）做好门窗密封工作，让风沙扬尘天气对室内的影响降到最低。对室内的重要设备进行防护，用帆布或者其他物品进行覆盖，重点是内部系统（电机、轴承）的保护，防治沙尘入侵带来设备的磨损与老化。

（5）高压、低压室内配电柜、控制柜要采取防沙措施，已经安装就位的应及时采取封堵措施，正在施工的要设立风沙隔离带，保证施工内的环境，达到规定标准。施工前后做好电子器件的清理工作，保证施工质量。开放式的就地仪表要给予覆盖或者封闭。重点是高端精密电子器件的保护，微小的粉尘伤害都会带来系统的故障，必须重点防护。

（6）对于室外施工的人员要配备相应的防风、防沙工具，如防沙眼镜等，现场搭建临时的防沙、放风帐篷，保证施工人员的职业健康。

（7）露天仓库内的重要设备要及时做好覆盖保护，以免设备在风沙天气受到侵害。

（8）清理潜在的隐患，对潜在的危险，尽快制定并实施隔离方案。

12.5　台风及汛期施工管理

12.5.1　台风及汛期概述

12.5.1.1　台风的概念

台风指形成于热带或副热带 26℃ 以上广阔海面上的热带气旋。世界气象组织定义：中心持续风速在 12～13 级（即每秒 32.7～41.4m）的热带气旋为台风（typhoon）或飓风

（hurricane）。北太平洋西部（赤道以北，国际日期线以西，东经100°以东）地区通常称其为台风，而北大西洋及东太平洋地区则普遍称之为飓风。每年的夏秋季节，我国毗邻的西北太平洋上会生成不少名为台风（typhoon）的猛烈风暴，有的消散于海上，有的则登上陆地，带来狂风暴雨，是自然灾害的一种。

过去我国习惯称形成于26℃以上热带洋面上的热带气旋（Tropical cyclones）为台风，按照其强度，分为6个等级：热带低压、热带风暴、强热带风暴、台风、强台风和超强台风。自1989年起，我国采用国际热带气旋名称和等级划分标准。

12.5.1.2　汛期概念

汛期是一个水利名词，是指河水在一年中有规律显著上涨的时期。"汛"就是水盛的样子，"汛期"就是河流水盛的时期，汛期不等于水灾，但是水灾一般都在汛期。

汛期大致划分如下：珠江：每年4～9月，长江：5～10月，淮河：6～9月，黄河：6～10月，海河：6～9月，辽河：6～9月，松花江：6～9月。汛期是指江河中由于流域内季节性降水、融冰、化雪，引起定时性水位上涨的时期。我国汛期主要是由于夏季暴雨和秋季连绵阴雨造成的。从全国来讲，汛期的起止时间不一样，主要由各地区的气候和降水情况决定。南方入汛时间较早，结束时间较晚；北方入汛时间较晚，结束时间较早。每年5～9月份，江淮流域降雨明显比其他月份多，习惯上把这一段时间称为汛期。汛期是一年中降水量最大时期，容易引起洪涝灾害，因此应做好防汛工作。

12.5.2　台风及汛期施工管理措施

（1）在台风、汛期到来之前，成立以项目经理为首的领导小组，加强领导，落实责任。

（2）防台风、水灾措施要以预防为主，做好充分准备，确保台风、水灾发生时，人员、设备、工程安全或尽量降低灾害损失。

（3）充分考虑汛期施工的特点，将不宜在汛期施工的工程提前或延后安排，遇到强风、大雨天气应停止施工。

（4）各单位主要负责人和各级管理人员应密切关注气象预报和建设管理部门发布的预警信息，在收到台风、暴雨天气信息后，立即传达到项目部，并启动企业及项目部两级应急预案，落实相关应急队伍、物资、设备。灾害性天气期间，企业和项目部必须安排人员24小时值班（值班人员2名以上），所有值班人员和应急救援人员手机应24小时开机，确保信息畅通。建筑工地发生突发事件后，要第一时间向工程属地政府和建设管理部门报告。

（5）台风、水灾过后，工程建设、施工、监理单位的相关管理人员要开展全面、细致的安全检查，做好有关设备、设施的检修、维护和调试工作，确保安全隐患彻底消除后，方可恢复施工。

12.5.3　台风及汛期施工技术措施

（1）立即暂停大型起重机械设备使用及有关的安装、拆除作业，重点检查设备基础、缆风绳以及主要金属结构的紧固连接情况，保证设备基础排水通畅。物料提升机吊篮、施工升降机轿厢、施工吊篮等机械必须降至地面，塔式起重机吊钩应收至最上端，吊臂应能360°自由回转。

（2）全面清理脚手架上的建筑材料、建筑垃圾以及架体外挂设的各类广告牌、宣传标语等附属物，必要时要临时卸除脚手架安全网，减少风荷载，确保整体稳定性。同时，要全面检查脚手架主节点部位的扣件螺栓、基础排水以及连墙措施，确保脚手架符合《建筑施工扣件式钢管脚手架安全技术规范》的要求。

（3）工程建设、施工、监理单位的现场负责人要全面检查办公室、职工宿舍、食堂等生活设施以及工地围墙、操作棚、外电防护架等临时设施的安全状况，防止发生倒塌、坍塌事件。职工生活设施经加固后仍不能确保安全的，或设施紧靠施工脚手架、新砌筑尚未与建筑结构作可靠联结的砌体、临时围墙、基坑边等危险区域，要撤离设施内的住宿人员。

（4）全面检查施工现场临时用电和职工生活用电，确保各类漏电、短路保护装置有效和线路绝缘。降雨期间，室外用电设备和配电箱要做好防雨措施，室外用电线路全部断电，做好现场高耸金属构件，空旷地区搭设的钢结构设施的防雷接地。

（5）钢结构工程构件间的连接节点必须紧固到位，在结构构件未形成稳定的空间结构体系前，应采取临时的抗倾覆措施。施工场地及周边影响范围内要设置警戒区域，防止无关人员随便进入。

（6）加强基坑工程的安全管理，充分认识持续降雨对基坑工程及其周边环境带来的危害，针对工程地质条件及周边环境的保护要求，进一步完善基坑工程安全专项施工方案，提高基坑支护结构的安全系数，保障周边建（构）筑物、地上（下）管线（包括电力、通信线路以及自来水、天然气、污水管道等）的安全。要加强降雨天气时基坑及周边环境的沉降变形监测频率（沉降变形监测的次数应不少于每天 1 次），监测报告及时上报当地安监站。要加强基坑及周边环境的安全巡视力度，撤离堆放在坑边的物资和设备，减轻坑边堆载。要加强坑底的排水，配备备用电源，确保排水畅通。

（7）台风、大雨天气停工期间，要加强作业人员的安全管理，安排好人员的正常生活。要严格实行建筑工地和作业区域的封闭管理，防止外来人员进入。施工现场尚未完成施工的部位，例如：打桩施工后形成的桩孔，尚未完成安装的钢结构构件，正在安装的机械设备、设施，建筑施工形成的临边洞口等，要采取临时固定、支撑、围护等安全措施，设置警戒标志，防止发生意外。

（8）厂房钢结构防风措施：

1）立柱与其他构件未形成框架前，在遭遇台风时应对措施如图 12-1 所示。在立柱上、中部位增设揽风绳，特别是在立柱弱轴面（大面）的双侧处。

2）针对杯口插入式的立柱柱脚：采用杯口基础内侧增设预埋件、增加斜楔的数量、加大斜楔规格的措施，在立柱调整固定之后将斜楔临时焊接；提高结构抗风能力。

3）吊车梁在制动板未安装时，应对措施如图 12-2 所示，在吊车梁横向双侧设置揽风绳；吊车梁两端与立柱利用临时连接件加固焊接。

4）屋面梁在檩条及支撑系统未安装时，应对措施：将部分屋面檩条（均布）及时与屋面梁连接，并紧固安装螺栓；屋面梁与立柱连接固定之后应尽快完成焊接作业，腹板采用高强螺栓连接形式的，在未完成全部连接作业前：上下翼缘临时点焊，点焊长度不小

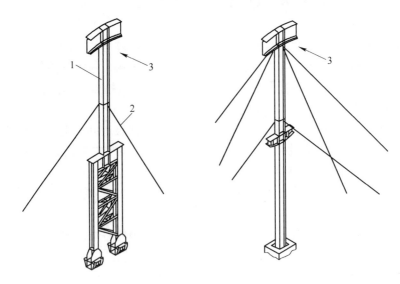

图 12-1　立柱防风措施示意图

1—立柱；2—缆风绳；3—风向

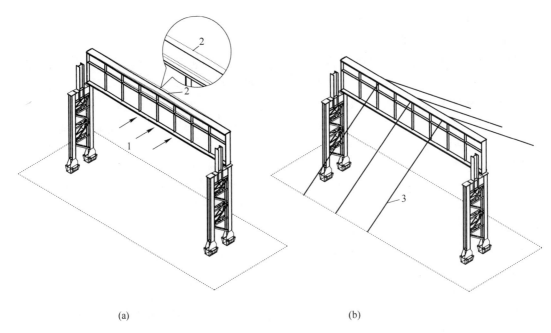

(a)　　　　　　　　　　　　　　　(b)

图 12-2　吊车梁防风措施示意图

（a）吊车梁受风状态示意图；（b）吊车梁防风措施示意图

1—风向；2—变形扭曲；3—缆风绳

于 50mm。

5）屋面天沟、墙皮 C 型檩条及屋面檩条安装后及时紧固安装螺栓。

6）未安装的彩板应与屋面结构利用 8mm 钢丝绳多道绑扎固定，间距为 2m。如遇台风应吊至地面并加保护措施。施工过程中应做到当天安装的彩板，当天必须固定。

12.6 高温季节施工管理

12.6.1 高温季节概述

12.6.1.1 高温天气及高温作业

气象学上，气温在35℃以上时称为高温天气。

根据国家有关规定，凡生产环境温度超过35℃以上或热辐射超过1.5cal/(cm²·min)，或气温在30℃以上，相对湿度80%以上的作业称为高温作业。

12.6.1.2 高温季节的时间

高温季节的时间因地而异，每年也不尽相同，有早有迟，一般认为如果连续几天最高温度均在35℃以上，即可认为进入高温季节。在我国中、东部广大地区，一般以每年7~9月份为高温季节。南方地区高温季节开始更早，结束也迟。

盛夏高温季节，施工现场环境温度高，工作条件相对恶劣，施工人员劳动强度大，易出现过度疲劳、中暑现象，为事故多发季节。

12.6.2 高温季节施工管理措施

（1）项目部应合理安排作息时间，不得为赶工期随意加班加点，要采取"做两头、歇中间"的作息时间或轮换作业的办法，避免高温日照曝晒、疲劳作业。

（2）气温在38℃以上应停止户外施工作业。

（3）项目经理部应关心施工人员的身体，防止施工过程中因高温天气引发工人中暑和各类生产安全事故，为施工一线人员定时发放绿豆汤、纯净水、西瓜、饮料、毛巾等防暑降温物品。

（4）要为职工提供足够的食品饮料和发放清凉油、仁丹、风油精等防暑降温药品。

（5）对职工进行防暑降温知识的宣传教育，使职工知道中暑症状。

（6）厨房应配有纱门、纱窗，严格做到生、熟食分开。同时要积极落实工地灭蚊子、灭苍蝇、灭老鼠、灭蟑螂等措施。每天应对餐具进行高温消毒，确保餐饮卫生，严防食物中毒事件的发生。各类生活垃圾要每天按时清运出场，确保职工饮食健康和有良好的休息环境。

（7）严禁在住宿房内使用电炉、煤炉、燃气灶；施工现场要加强对易燃易爆物品，如油漆涂料、氧气瓶等管理，严格执行消防制度及监护制度。现场必须配备足够的灭火器材，制定应急措施，消除火灾隐患。

（8）施工现场电焊时，在火花着落处要设有围板拦住防止扩散；氧气、乙炔瓶在使用过程中应严格遵守安全操作规程，禁止露天曝晒。

（9）要加强对重大危险源、特种设备等领域的安全监督，从严落实高温季节的日常管理措施。

12.6.3 高温季节防中暑注意事项

（1）凡患持久性高血压、贫血、肺气肿、肾脏病、心血管系统和中枢神经系统疾病者，一般不宜从事高温和高处作业工作。

（2）应避免独自一人在恶劣条件下作业。

（3）露天和高温作业者应多喝茶水、绿豆汤和含盐浓度 0.1%~0.3% 的清凉饮料，但切忌暴饮，每次最好不超过 300mL。

（4）加强个人防护，选穿浅色衣服并根据作业需要佩戴好各种防护用具，防止阳光曝晒。露天施工要避免阳光直射头部，避免皮肤直接吸收辐射热，带好舒适透气的安全帽，衣着宽松。

（5）贯彻执行《劳动法》，控制加班加点，切实做到劳逸结合；项目经理部应加强工人集体宿舍管理，保证工人休息好；职工食堂应准备大量的蔬菜、适当的水果及适量的动物蛋白质和脂肪，补充体能消耗。

12.6.4　中暑症状及应急措施

12.6.4.1　中暑的表现

（1）先兆中暑，其症状为：在高温环境中劳动一段时间后，出现大量流汗、口渴、身体感到无力，注意力不能集中，动作不协调等症状，一般情况下体温正常或略有升高，但不会超过 37.5℃。

（2）轻症中暑，其症状为：除有先兆中暑症状外，还可能出现头晕乏力，面色潮红，胸闷气短，皮肤灼热而干燥，体温上升到 38.5℃ 以上。此时如不及时救护，就会发生热晕厥或热虚脱。

（3）重症中暑，一般是因未及时和未适当处理出现的轻症中暑（病人），导致病情继续严重恶化，随之出现昏迷、痉挛或手脚抽搐。此时中暑病人皮肤往往干燥无汗，体温升至 40℃ 以上，若不赶紧急救，很可能危及生命安全。

12.6.4.2　应急措施

（1）对中暑先兆及轻症者：立即离开高温作业环境，到阴凉、安静、空气流通处休息，松解衣服，饮用清凉饮料（淡盐水或浓茶）。

（2）对重症或高热型者应采取如下措施：

1）迅速降温，置病人于凉爽通风处，解开衣服。

2）可在病人头部、两腋下、腹股沟区等处放置冰袋。

3）用冰水、冷水、酒精擦身或喷淋。最终使体温降至 38℃ 左右，并防止温度复升。

4）按摩四肢，防止血液淤滞。

5）热痉挛者除上述处理外，给予饮用含盐饮料，有条件的静滴 500~1000mL 生理盐水。

6）对病情严重的病人，要立即动用各种手段，尽快把病人送往医院。

12.6.5　高温季节用电注意事项

夏季到来，气温逐渐升高，温度变化大，雨天雷电频发，施工现场容易发生用电事故。

12.6.5.1　施工现场安全用电要求

（1）工程开工前，项目经理部要编制临时用电方案，经监理批准后实施。

（2）对施工用电中存在的线路老化、破皮、接头较多等安全隐患要及时整改，消除施工用电隐患。

（3）定期对临时用电进行检测，每个电气设备必须做到"一机一闸一漏一箱"的要求，线路标志要分明，线头引出要整洁，各电箱要有门有锁。使用中的电气设备应保持良好的工作状态。熔断器的熔体更换时，严禁用不符合原规格熔体或用铁丝、铜丝、铁钉等金属体代替。

（4）不得在用电设备旁堆放杂物，影响设备、通风、散热，容易造成安全隐患。

（5）遇到打雷天气，及时关闭用电设备，切断电源，以免造成设备损坏或造成安全事故。

（6）所有用电设备都要保持良好接地和相对固定的位置安装，不得随意拆卸，不得随意拉接电线和增加用电设备。电气设备和线路都要符合规定要求，并应定期检修。

（7）不符合安全规范或存在安全隐患的临时性用电线路和设备不得投入使用。

（8）加强日常巡视检查。对漏电保护器是否有效动作、熔体额定值和断路器整定值是否正确、接地引线和用电设备的 PE 线是否连接牢固，要定期检查和维护，保证接地电阻不大于 4Ω。

12.6.5.2 生活区安全用电要求

（1）职工宿舍内，不允许使用大功率电器取暖、烧水，更不能同时使用大功率电器，以防线路过载发生火灾。

（2）通常情况下，电器设备使用完毕，应及时切断电源，以免因电器长时间工作，造成温度过高而损坏或引起火灾。

（3）非安装、维护电工，其他人员不得擅自接引电源。

12.6.5.3 发生触电事故的应急措施

（1）触电急救的要点是动作迅速，救护得法，切不可惊慌失措，束手无策。要贯彻"迅速、就地、正确、坚持"的触电急救八字方针。发现有人触电，首先要尽快使触电者脱离电源，然后根据触电者的具体症状进行对症施救。

（2）脱离电源的基本方法：

1）将出事附近电源开关断开，插头拔掉，切断电源。必要时可用绝缘工具（如带有绝缘柄的电工钳、木柄斧头以及锄头）切断电源线。

2）用干燥的绝缘木棒、竹竿、布带等物将电源线从触电者身上剥离。救护人可戴上手套或在手上包缠干燥的衣服、围巾、帽子等绝缘物品拖拽触电者，使之脱离电源。

3）如果触电者由于痉挛手指紧握导线缠绕在身上，救护人可先用干燥的木板塞进触电者身下使其与地绝缘来隔断入地电流，然后再采取其他办法把电源切断。

4）如果触电者触及断落在地上的带电高压导线，且尚未确证线路无电之前，救护人员不可进入断线落地点 $8 \sim 10m$ 的范围内，以防止跨步电压触电。进入该范围的救护人员应穿上绝缘靴或双脚并拢跳跃地接近触电者。触电者脱离带电导线后，应迅速将其带至 $8 \sim 10m$ 以外立即开始触电急救。

（3）使触电者脱离电源时应注意的事项：

1）未采取绝缘措施前，救护人不得直接触及触电者的皮肤和潮湿的衣服。

2）严禁救护人直接用手推、拉和触摸触电者；救护人不得采用金属或其他绝缘性能差的物体（如潮湿木棒、布带等）作为救护工具。

3）在拉拽触电者脱离电源的过程中，救护人宜用单手操作，这样对救护人比较安全。

4）当触电者位于高位时，应采取措施预防触电者在脱离电源后坠地摔伤或摔死（二次伤害）。

5）夜间发生触电事故时，应考虑切断电源后的临时照明，以利救护。

（4）触电者未失去知觉的救护措施：应让触电者在比较干燥、通风暖和的地方静卧休息，并派人严密观察，同时请医生前来或送往医院诊治。

（5）触电者已失去知觉但尚有心跳和呼吸的抢救措施：应使其舒适地平卧着，解开衣服以利呼吸，保持四周空气流通，冬天应注意保暖，同时立即请医生前来或送往医院诊治。若发现触电者呼吸困难或心跳失常，应立即施行人工呼吸及胸外心脏按压。

（6）对"假死"者的急救措施：当判定触电者呼吸和心跳停止时，应立即按心肺复苏法就地抢救。方法如下：

1）通畅气道。第一，清除口中异物。让触电者仰面躺在平硬的地方，迅速解开其领扣、围巾、紧身衣和裤带。如发现触电者口内有食物、义齿、血块等异物，可将其身体及头部同时侧转，迅速用一只手指或两只手指交叉从口角处插入，从口中取出异物，操作中要注意防止将异物推到咽喉深处。第二，采用仰头抬颌法畅通气道。操作时，救护人用一只手放在触电者前额，另一只手的手指将其颌骨向上抬起，两手协同将头部推向后仰，舌根自然随之抬起、气道即可畅通。为使触电者头部后仰，可于其颈部下方垫适量厚度的物品，但严禁用枕头或其他物品垫在触电者头下。

2）进行口对口（鼻）人工呼吸或胸外心脏按压。

12.7　季节性施工应急救援管理

为保证季节性应急救援资源处于良好的备战状态，应急救援按预案有序进行，有效避免或降低人员伤亡和财产损失，项目经理部应加强应急救援管理工作。

12.7.1　应急救援管理工作原则

12.7.1.1　预防为主、常备不懈

宣传普及应急救援安全知识，提高全体员工的防护意识，加强日常检查，发现隐患及时采取有效措施整改。

12.7.1.2　依法管理、统一领导

根据国家、地方政府有关法规规定，逐级成立应急救援领导机构，统一领导应急救援工作。

12.7.1.3　快速反应、运转高效

建立预警和医疗救治快速反应机制，强化人力、物力、财力储备，增强应急处理能力。

12.7.2　事故应急预案相应措施

12.7.2.1　组织措施

（1）项目经理部成立季节性施工安全事故应急领导小组，项目经理是第一责任人。

（2）季节性施工安全事故应急领导小组，负责项目内季节性施工安全事故事故的应急处理。

12.7.2.2 培训和演练

（1）由企业编写季节性施工安全事故应急处理程序培训大纲，并负责指导、培训各项目部人员。

（2）由项目部结合项目具体情况，制定季节性施工安全事故应急处理程序和实施细则，并对项目工作人员进行培训。

（3）由项目部专职安全员负责组织项目部全体管理人员及项目施工人员，在项目开始初期进行一次季节性施工安全事故"应急响应程序"的模拟演练。

（4）演练结束后由项目部季节性施工安全事故应急领导小组，对"应急响应程序"的有效性进行评价，必要时对"应急响应程序"进行调整。

12.7.2.3 应急物资准备、维护及保养

（1）季节性施工应急物资包括简易担架、跌打损伤及治疗中暑冻伤的药品、包扎用的纱布及人工挖掘用的钢钎、铁锹、撬棍等。

（2）季节性施工应急物资的维护及保养由项目专职安全员负责，确定应急物资的有效性及完备状况，对失效的物品进行更换并登记造册，记录在案。

12.7.3 应急相应程序

（1）当发生季节性施工安全事故且有人员伤亡时，发现人应立即拨打急救电话"120"及事故应急领导小组成员的电话，并保护事故现场。

（2）由项目部季节性施工安全事故应急领导小组成员启动应急响应程序，通知所有小组成员赶赴事故现场，并立即上报上级有关部门。

（3）由小组组长负责现场指挥，组织人员确定被困人员的被困地点，统计被困人数。

（4）门卫在工地门口接应前来的急救车辆，并阻止无关人员进入现场。

（5）对已救出事故现场的受伤人员采取可行的急救措施（如包扎止血）进行现场急救；对重伤人员立即安排应急车辆转送至医院急救。

（6）在事故后派人保护事故现场，配合有关部门进行事故调查。

（7）清点人员及财产损失，并向上级部门汇报。

12.7.4 保障措施

12.7.4.1 组织机构保障

企业成立突发事件领导小组，要求专人专职，具体负责突发事件的日常预防与控制工作。

12.7.4.2 人力资源保障

配备专门技术人员。技术人员应具有应急处理知识、技能，有高度的工作责任感，熟悉突发事件的预防与控制知识，具有处理突发事件的能力。

12.7.4.3 财力和物资保障

公司安排必要的经费预算，为突发事件的防治工作提供合理而充足的资金保障和物资储备。

13 施工进度计划及控制

13.1 施工进度计划概述

13.1.1 概念

13.1.1.1 施工进度计划定义

施工进度计划是以施工总承包合同的约定为依据，结合项目实际情况而编制的建设工程综合性施工作业计划。

13.1.1.2 施工进度计划作用

用以明确建设工程项目中所包含的各单位工程、分部工程、分项工程的施工顺序、施工时间和相互之间的衔接关系，同时明确各时间段的形象进度及工作量计划。对于重要的单位工程及分部分项工程还需要编制相应的二级及三级施工进度计划。施工进度计划是施工组织管理的重要内容，是工程进度控制的直接依据，是安排各类施工资源的主要依据和控制性文件。

13.1.2 施工进度计划分类

13.1.2.1 按工程项目分类

项目施工进度按工程项目分类一般分为：单项工程、单位工程、分部、分项工程施工进度计划。

13.1.2.2 按工程时间分类

按施工持续时间长短分类一般分为：年度、季度、月度、旬或周施工进度计划。

13.1.2.3 按施工专业分类

对于炼钢工程，按施工专业分类可分为：土建、结构、设备、三电、管道等施工进度计划。

13.1.2.4 按图形分类

项目施工进度计划有多种表示方法，有横道图、网络图、速度图、线性图等，常用的表示方法有横道图和网络图两种。横道图表示方法的特点是：计划一般包括两个基本部分，即工程活动名称及其持续工作时间。网络图的特点是：能够明确表达各项工作之间的逻辑关系；通过网络计划时间参数的计算，可以找出关键线路和关键工作，也可以明确各项工作的机动时间；网络计划可以利用计算机进行计算、优化和调整。炼钢连铸工程工艺复杂、系统繁多、工程体量大、专业覆盖广的大型项目，一般采用网络图的方法表示。

13.2 炼钢工程施工进度网络计划编制

13.2.1 施工进度计划编制

施工进度计划是控制工程进度的指导性文件，各分项工程在进度计划的指导下，进行细化和调整，按主要节点的要求，制订出详细的施工进度计划。在编制炼钢连铸工程施工进度网络计划时，必须根据合同要求、实施的总体方案、施工资源的供应及保障情况、承建项目的地域性自然条件、工程资料条件等综合考虑，要求简明直观，能够直接表现各主要工序之间的时间关系、层级关系，有利于宏观理解及掌握，便于指导施工。

13.2.1.1　施工进度计划编制程序

施工进度计划编制程序如图 13-1 所示。

图 13-1　施工进度网络计划编制程序

13.2.1.2　划分施工项目

施工项目一般按分部、分项工程为单位或按工序进行划分，便于具体指导各专业实现分部、分项工程目标，便于统筹安排，缩短工期。

13.2.1.3　计算工作量

按施工图纸计算出工程量，并按定额分析出所需的劳动力、物资等，确定出各工种的配备、材料供应及施工方案。

13.2.1.4　施工进度计划编制基本要求

（1）以工程施工合同约定的开工、竣工日期为开始和终结日期。

（2）以业主确定的工程总进度（网络）计划为依据，符合其总体安排。

（3）根据工艺关系、起止时间、到图进度、设备到货时间、业主资金状况、自身配置施工资源的可能条件及其他施工条件（"四通一平"、气候）等多种因素进行综合平衡。

（4）按项目总进度计划、单位工程施工进度计划、分部分项工程作业进度计划 3 个层次，并按年、月、周（月计划、周计划采用横道图格式）时序逐一分解细化，上下衔接周密。项目总进度计划要标注关键路线，明确工程的重要控制节点。

（5）施工总进度计划、单位工程施工进度计划的编制应参照国家现行工期定额和实际可能条件；分部分项工程作业计划编制时应依据工程量清单，套用有关消耗定额。

（6）施工进度计划编制应符合《工程网络计划技术规程》JGJ/T 121 的有关规定。

（7）所有分包工程、外委协作项目都应纳入施工进度计划编制范围。

（8）施工总进度计划在确定前，项目经理部管理人员应充分讨论和论证，尽量做到切实可行。

13.2.2　关键线路设置

炼钢连铸工程的施工内容相互影响、相互穿插。在工序安排上必须理清先后顺序及主次关系，设置出明确的施工关键线路。以关键线路为依据，在主线的控制下，各工序围绕主线有序地展开，方能有条不紊地进行施工。

13.2.2.1　炼钢工程关键线路

炼钢工程一般以转炉跨的施工为主线，其关键线路一般设置为：地基处理→厂房柱基础及转炉设备基础施工→主厂房钢结构安装（汽化烟道、汽包、除氧器、料仓、转炉跨行车就位）→转炉、氧枪系统设备安装→电气、仪表、介质管道安装→单体设备调试、试车→系统联动试车。

13.2.2.2　连铸工程关键线路

连铸工程一般以连铸机设备安装调试施工为主线，其关键线路一般设置为：厂房柱基础及大包回转台基础施工→厂房钢结构安装（行车就位）→行车安装及调试→大包回转台及铸流设备安装→电气、仪表、介质管道安装→单体设备调试、试车→系统联动试车。

13.2.3　施工重要节点设置

在整个项目的施工过程中，通常会在关键线路上选取一些标志性的、承前启后的重要节点作为施工控制节点。设置重要节点的意义在于：既能验证整个施工网络安排是否合理，又能检验计划的施工进度是否在按照计划要求同步推进，同时还能检查整体网络计划是否会破网、是否需要优化或提前采取补救措施。

13.2.3.1　炼钢工程重要节点

（1）工程开工。

（2）炼钢主厂房钢结构吊装。

（3）炼钢加料跨首台行车安装。

（4）炼钢转炉设备安装。

（5）炼钢系统受电。

（6）炼钢系统通水。

（7）炼钢转炉系统单体试车。

（8）炼钢转炉系统无负荷联动试车。

（9）炼钢转炉系统热负荷试运行。

（10）工程竣工。

13.2.3.2　连铸工程重要节点

（1）工程开工。

（2）深基础开挖。

（3）连铸设备开始安装。

（4）主电室受电、电气设备单元调试。

（5）连铸车间能源介质通水、通气。

（6）连铸系统单体试车。

（7）连铸系统无负荷联动试车。

（8）连铸系统热负荷试运行。

（9）工程竣工。

根据各种规模的炼钢连铸工程项目的施工经验及对施工网络进度计划的对照分析，其关键路线及主要施工节点的设置基本相同。控制住重要节点即能控制整个施工项目的施工进度。

13.3　炼钢连铸工程施工进度网络计划控制

13.3.1　施工进度控制程序

施工进度网络计划控制程序如图 13-2 所示。

13.3.2　施工进度控制重点

施工进度控制的实质是施工资源配置的数量、质量及其组织方式满足施工进度要求的程度，并对出现的偏差进行及时调整和纠正，确保施工进度计划如期实现。施工进度控制的重点是：

（1）项目经理部应对业主提供的资金、图纸、施工环境（开工条件）、甲供材料、工程设备等资源满足施工进度的情况全面掌握。

（2）项目经理部应对自行采购的资源进行控制，确保资源及时到位，满足施工进度要求，及时处理实施过程中出现的问题。对分包工程各方的施工进度、资源配置情况随时掌握，加强监控。对于进度明显滞后者及时采取有效措施改进。

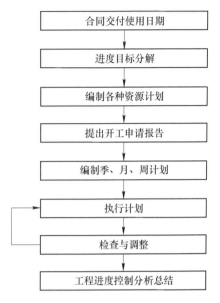

图 13-2　施工进度网络计划控制程序

（3）项目经理部应随时掌握工程现场施工动态，及时协调处理有关问题，重要问题要向企业请示报告。

（4）通过项目管理例会、工程专题会并结合综合项目管理系统，全面检查施工进度，分析进度控制中的重要问题，制定对策措施。

13.3.3　施工进度控制措施

（1）施工进度网络计划控制措施如图 13-3 所示。

（2）从施工进度网络计划中选定关键线路、重要节点，通过抓项目关键线路和重要节点，控制整个工程进度。

（3）在施工过程中，经常检查在关键线路上的重要节点的进展，不断调整、配合关键线路上的重要节点施工计划，来协调整个工程进度。

（4）影响工期的因素很多，如气候条件、交通运输、地质条件、施工组织、资源配给、构件制作等都在不同程度上影响着项目总工期。为了控制项目总工期，必须综合这些因素的影响，充分利用计划中的机动时间，节约人力和机械、合理利用时间和空间，通过管理来缩短工期。在施工工序上，把管理工作的重点集中在施工中出现的延期问题上，从而保证整个项目工期。

13.3.4　施工进度计划局部调整

13.3.4.1　施工进度计划的对比及纠偏

（1）施工过程中每周、每月进行进度检查，与计划进度对比，发现问题及时采取处

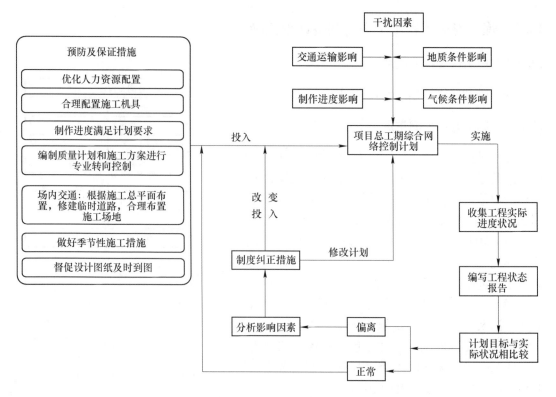

图 13-3 施工进度网络计划控制措施

理措施。

（2）采用计算机网络管理技术，配备计算机、打印机、复印机及项目管理软件，对施工网络计划进行优化及修改，充分发挥计算机网络在工程管理中的应用。

13.3.4.2 施工进度计划的调整

当发生下列情况时，原施工进度计划应调整，并按原规定程序进行审批：

（1）因施工合同约定的施工项目增加或减少。

（2）因生产工艺变化所引起的重大设计变更。

（3）因业主资金、物资及设备供应等原因，或应业主要求工期需要变更的。

（4）因不可抗力所导致的工期变更。

项目经理部应对上述变更情况，向业主及时办理工期变更手续。

13.4 炼钢连铸工程施工进度网络计划实现条件

设计单位的及时出图、设备单位的按时供货是工期保证的前提，必要资源的投入、强有力的施工组织、切实可行的管理措施、先进的施工技术是保证工期行之有效的手段。

13.4.1 施工进度网络计划实现条件

施工进度计划实现条件如图 13-4 所示。

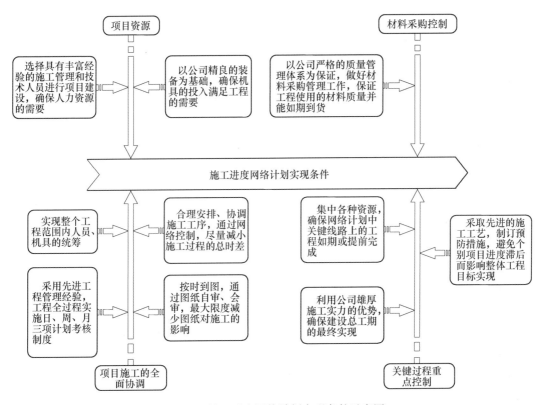

图 13-4 施工进度网络计划实现条件示意图

13.4.2 对设计、设备供货的要求

为了保证工期目标的实现，设计图纸、设备供货须满足施工进度计划的要求。

13.4.2.1 对设计的要求

（1）主厂房柱基基础、转炉基础、厂房内电缆隧道、管廊、深基坑支护施工图必须一次提供。

（2）主厂房钢结构制造、安装量大，开工前一必须提供主厂房钢柱、柱间支撑、吊车梁、制动桁架、平台梁的制作图。

（3）综合管线图尽可能提前提供，避免造成施工返工。

（4）工艺总图不能代替设备安装图，单体设备要有安装图。

（5）引进国外设备时，应提供转化过的资料和图纸。

（6）工艺管线图必须与设备图接口到位。

（7）在电气设计中，建议传动控制操作电源与主回路电源分离，既便利检修，又有利于自动化的模拟调试；既可以缩短施工过程模拟调试时间，也简化了自动控制的系统模拟过程。

（8）设计单位派驻现场的人员应经验丰富，有独立处理问题的能力，及时解决施工中出现的各类问题。

13.4.2.2 对设备供货的要求

（1）设备制造商应提供全套设备图及说明书，国外进口设备还应提供作业指导书，以利于设备安装调试及生产时设备维护和检修。

（2）只要运输许可，单台设备或部件尽可能整体供货。

（3）设备安装调试阶段，制造商应派员在现场服务，处理设备本身的质量及与设计图纸不符问题。

（4）高跨行车、汽化冷却烟道、加料跨行车等设备，应根据施工单位提供的设备到货计划按时供货。

13.4.3　施工进度计划保证措施

13.4.3.1　组织保证措施

组织强有力的项目管理班子，落实管理岗位职责。对工程进度、质量、安全进行全过程控制并进行考核。具体内容如下：

（1）工程现场设立项目经理部，组成工程项目管理组织体系，对工程建设的全过程进行管理。

（2）项目经理为工期第一责任人，负责工程的进度日常管理，在项目上享有充分的人、财、物处置权利。

（3）项目经理部每月对工程进行大检查，对施工现场安全、质量、文明施工加强管理。

（4）企业负责监管工程进度，对工程中出现的有关进度方面的问题，在企业范围内予以协调解决。

（5）建立工程协调会制度，加强与劳务分包单位的配合和协调，及时同有关分包单位互通信息，掌握施工动态，协调内部各专业工种之间的工作，注意后续工序的准备，布置工序之间的交接，及时解决施工中出现的各类问题。各专业施工要根据总的施工进度计划编制实施作业计划，经综合平衡并确认后付诸实施。

（6）强化现场管理，落实责、权、利。对各道工序严格把关，避免返工。项目经理部内部实行考核制度，针对各施工工序的实际进度，结合各岗位人员的工作实绩进行奖罚；同样，对各作业班组实行工程进度考核，保质按期完成计划进度部位的给予奖励，反之则进行罚款。通过奖优罚劣，充分调动管理人员和作业班组的生产积极性，以确保工程进度计划的严肃性。

13.4.3.2　资源保证措施

配足施工的各种资源，包括材料、机械、人力、资金，确保工程能够顺利进行。

A　项目管理资源保证

（1）公司派懂管理、业务精、能力强、有才能、敢负责，具有类似项目管理经验的同志担任项目部项目经理。

（2）项目经理挑选各专业骨干人员参加项目部的管理；各专业作业处配备强有力的管理人员。

B　劳动力资源保证

（1）根据施工进度计划中各阶段、各专业劳动力的需求，落实劳动力资源。

（2）集中企业优势力量，调集技术业务精、素质高、有类似工程施工经验的施工队伍参与工程的施工。

（3）配备足够的各专业施工力量，加强外协劳动力的管理。

C 设备、材料资源保证

（1）按施工进度计划组织数量足够、性能良好的施工机械进入施工现场，以满足施工需要。

（2）制订材料进场计划，按材料计划组织材料供应，确保及时供料。

13.4.3.3 技术保证措施

（1）开工前认真编制施工组织设计、施工方案，做到技术方案合理、先进，并认真做好施工技术交底。

（2）以业主要求的施工工期及主要控制点为依据，科学地制定施工网络进度计划，并确定关键节点。

（3）尽量利用现有道路作为运输道路，对施工临时道路及时采取维护措施。

（4）工程收尾阶段应及时做好工程技术资料的整理，如期进行资料交接、工程验收，确保工程竣工。

13.4.3.4 管理保证措施

（1）以工程总体规划为依据，根据类似的工程经验，确定切实可行，符合工程项目特点的施工总程序。

（2）合理、科学地安排施工程序，施工以土建与钢结构同时推进，为设备安装创造条件为前提。

（3）强化现场管理，及时协调、组织工序中间交接，使现场施工工序搭接最佳化，保证工期、关键节点的按期实现。

（4）加强施工准备和调配，认真做好施工技术、施工条件、材料供应、机械装备等各方面的超前准备。

（5）根据划分的施工区域，合理平衡和安排劳动力，组织各专业穿插和搭接、立体交叉作业。

（6）根据施工总进度计划，编制各时期较为详细的实施计划，包括年度、季度和月进度计划。根据月计划编制每周作业计划，用来向各劳务队下达任务。每周召集一次平衡调度会，及时解决劳动力、施工材料、半成品加工、进场计划等问题。通过周计划保证月计划，通过月计划保证季度计划，使工程进度计划做到环环相扣，一级保一级，动态跟踪调整，确保关键线路不破网。

（7）对工程进度计划实行按月考核、关键节点考核，关键时期实行每天检查，按周计划考核。

（8）紧紧抓住施工网络计划中关键线路上重要节点的施工周期，及时完成重要节点。对位于非关键线路上的工作，往往有若干机动时间即时差，在工作完成日期适当挪动不影响计划工期的前提下，合理利用这些时差，可以更有利地安排施工机械和劳动力的流水施工，减少窝工，提高工效。

（9）编制各时期各种材料供应计划，及时了解材料、设备供应动态，对缺口物资要做到心中有数，并积极协调调剂，对于需要外委加工的构配件，市场上紧俏的材料和配件，应估计订货、采购、加工、运输和进场（库）时间，提前编制供货计划。

（10）实行弹性工作时间，有些工种要组织加班加点，作业班组二班轮换，延长整体作业时间。在春节、农忙期间，做好一线工人留岗的思想工作，保证有足够的工人上班，妥善安排施工时间，做好后勤服务工作。

（11）利用经济杠杆的作用，提高施工人员工作积极性，做到个人收入与计划完成好坏挂钩。

（12）收尾阶段，组织混合班组，分层分区做好收尾工作。竣工前组织一次初验，发现不足之处及时更改，确保竣工验收一次通过。交工资料提前开始整理、汇总，并尽早提交有关部门审核、归档。

（13）项目部要派专人收听天气预报，以便根据天气变化情况调整网络进度计划，制定相应应急措施。

（14）主动与场内其他单位进行协调，减少对工程施工的干扰，加快施工进度。坚持技术、安全、质量、进度交底制度，日、周、月计划下达班组，层层落实。

（15）在施工过程中与建设、设计、质监、监理等单位保持经常性的联系，以便及时将有关信息反馈到项目部。

（16）施工期间，建议业主、监理、设计单位的代表驻施工现场，随时解决施工过程中出现的问题，便于加快施工进度。

13.4.3.5　质量保证措施

工期与质量是相互依存的，合理的工期是保证质量的必要条件，良好的质量又可以保障工程顺利进行，促进工程进度。

（1）项目经理是质量管理工作第一责任人，建立各级质量责任制，把责任落实到每个管理岗位上的工作人员，全员抓质量。

（2）加强质量管理，争创优质工程，避免因工程返工造成工期延误。

（3）认真落实各级质量责任制，强化"三检制"，严格执行质量法规，把好质量关。

（4）保证质量体系的正常运行，根据建立的质量管理体系来开展工作，建立以项目总工程师负责的质量保证管理机构。

（5）认真贯彻企业质量管理制度，建立健全项目各项质量管理体系和制度。

（6）加强材料、设备质量的管理，材料设备检验有见证。

（7）加强计量器具的管理和现场测试计量器具的确认。

（8）建立质量管理点，开展 QC 质量活动，强化工序管理，加强过程管控，把质量理的重点放在工序质量管理上。

13.4.3.6　安全文明保证措施

（1）建立以项目经理为第一责任人的横向到边、纵向到底，项目部各部门直到班组，职责明确、落实到人的项目安全管理责任制。

（2）加强施工安全管理，杜绝重大安全事故的发生，就是对施工有序进行，工期如期实现重要保证。

（3）强化标准化工地管理，以良好的施工环境来促进施工的顺利进行。

（4）严格按业主单位批准后的施工总平面布置图建设大临设施，合理使用场地，认真听取和尊重建设单位、地方政府意见，大临搭建整齐规范化，搞好环境卫生、环境保护制度化。

13.4.3.7　后勤服务保证措施

（1）结合工程实际情况，妥善安排好施工人员的生活居住。

（2）合理地安排职工休息、作业时间和降低劳动强度，使每个职工心情舒畅。

（3）满足施工现场加班饮食的需要，并做好食品卫生。

（4）施工现场设休息室，供职工休息和用餐，后勤人员要保证施工现场茶水供应。后勤服务部门应做好各阶段的后勤服务工作。

13.4.3.8　开展劳动竞赛活动

（1）根据施工进度计划进行项目分解，明确责任、目标，实行项目承包。奖惩与业绩挂钩，效益与效果挂钩，奖罚分明，利用经济杠杆的作用，提高施工人员工作积极性。

（2）开展全员责任感教育，树立企业形象，充分调动全体员工的积极性，是实现工程项目早日建成的保证。

（3）开展各种形式的劳动竞赛活动，激发员工干劲，加快工程建设速度。

13.4.3.9　利用新技术、新工艺保证措施

以科技为先导，采用新技术、新工艺、优选施工方案，主动提出合理化建议，优化设计，是加快施工建设、提高工作效率、缩短施工工期的有效措施之一。

13.5　施工进度网络计划偏差分析及赶工措施

13.5.1　施工进度计划偏差分析

炼钢连铸工程施工时，各子系统相互穿插，互相影响，实际施工过程中可能出现很多不确定的要素，这些不确定的要素都有可能影响施工计划的安排，进而产生各种偏差。导致施工进度计划出现偏差的原因主要有以下几个方面。

13.5.1.1　设计图纸迟到

按照常规，开工前设计图纸就应该全部发到施工单位手中，并及时完成图纸自审和图纸会审，但炼钢连铸系统工程复杂，设计量很大，往往在施工时图纸不能够完全发放到位，造成一边施工一边等图纸的情况。同时，由于到图不及时，无法及时进行各专业间的图纸会审，对设计存在的问题不能及时发现，造成施工过程中的修改，甚至停顿、返工，导致工期拖延。

13.5.1.2　设备供货不及时

在炼钢连铸系统工程中，有些设备必须与钢结构安装同步穿插进行。如果设备供货不及时，会导致钢结构施工的停滞等待。同时，造成大型吊装机具设备也无法退场，其站位区域内的其他项目不能施工。

13.5.1.3　钢结构制作滞后

在炼钢连铸系统工程中，钢结构工程量很大，尤其是转炉高层框架钢结构，是整个工程施工计划关键线路上的重点。钢结构制作及供货能否满足施工现场吊装进度的要求，是整个工程能否最终保证工期的重要环节。在构件制造中，由于人员、原材料等各种因素影

响，可能造成构件供货不及时、不同步，影响构件安装进度。

13.5.1.4　工程材料供应不及时

炼钢连铸系统工程是对混凝土需求量很大的建设项目，当混凝土材料供货不及时或供给不足时，对工期影响很大。

13.5.1.5　劳动力不足

由于炼钢连铸工程由很多系统组成，工程量大，必须由大量的施工管理人员及施工作业人员来共同完成。由于炼钢连铸项目一般施工工期较长，期间会经过各种节假日、农忙时段，造成项目上的客观减员，导致间断性的劳动力不足，影响工程进度。

13.5.1.6　各子项系统交叉施工，互相影响

炼钢连铸系统工程，子项系统多、参与施工的承建单位及下属施工单位相应很多，各单位、各专业、各工序相互之间的交叉施工影响不可避免，相互制约的情况多有发生，降低了整体施工效率。

13.5.1.7　建设资金不到位

资金不及时到位必然导致材料、设备供应滞后，员工拖欠工资，影响工程进度。

13.5.1.8　恶劣天气影响

在高温、严寒、台风、雷电、雨雪等恶劣气候下，劳动效率降低，有些部位、工序甚至无法安排施工作业，势必对工程进度造成影响。

13.5.2　耽误节点工期的赶工措施

在炼钢连铸工程施工网络计划执行过程中，原则上按照施工进度计划均衡组织施工。若因重大设计变更、自然灾害或其他各种因素影响了计划工期，可能造成施工节点发生偏差，则采取适当的措施修正偏差、进行调整，确保总工期的实现。根据炼钢连铸工程的特点通常采取有效的赶工措施。

13.5.2.1　基本措施

（1）在总进度的控制范围内，对分项工程进度进行及时调整、优化。

（2）对延误的工序进行认真分析，分析工序延期的原因，针对延期的原因，制定切实可行的相应措施。

（3）及时调配各种资源，增加延期工序的资源配置，使延期工序的资源配置最大化。

（4）延长作业时间，在原作业班次的基础上，增加施工人员和作业时间，连班或倒班作业。

（5）调整作业面，增加工作面，改流水作业为平行作业。

（6）制定详细赶工措施，按周、天编制作业计划，做到当天任务当天完成。

（7）进一步优化方案，增加投入，抢回工期。

（8）采用新工艺、新技术、新设备，加快施工进度。

（9）加大奖励力度，充分调动施工人员的积极性。

13.5.2.2　土建工程赶工措施

（1）施工前认真做好设备、材料的进场计划，提前落实自购物资的采购、发运、质检和验收等工作，确保设备材料及时到场，避免停工待料的现象发生；确保到达现场的物资

质量符合要求，避免因质量问题退货而延误工期。施工机械和周转材料的准备上应保证一定数量的库存，预备不时之需和应急之用。

（2）在施工配合阶段要尽可能穿插施工，采取交叉作业的方式，少占工期甚至不占工期，为机电设备的安装、调试，抢工期创造有利条件。

13.5.2.3 设备安装工程赶工措施

（1）集中优势兵力，增调援兵。在设备安装的高峰期，一旦工期延误，可从外部调集人力资源。

（2）以科技为本，大力采用新技术、新工艺，如液压系统管道可采用预配制加工的方法或集成块安装法，在设备未安装前将管道配制好，一旦设备就位立即安装，减少现场配制的时间。

13.5.2.4 电气、管道工程赶工措施

（1）准备一定的电气、管道施工后备力量以备不时之需。一旦出现紧急需要，能迅速赶到工地，突击补救。

（2）必要时组织两班或三班作业。

13.6 施工进度网络计划优化

13.6.1 管理优化

（1）充分利用计算机、网络，实现办公自动化，建立集技术管理、资金管理、施工管理、材料采购及设备管理为一体的项目经理部，做到精简管理机构，减少管理层次，优化管理手段，加强材料供应、施工等各部门的协作力度，达到内部资源上的有效利用。

（2）强化计划进度管理，运用网络计划技术，抓住关键线路，运用公司已形成的工程动态管理模式，详细编制季度、月度、周各分项工程施工进度计划，最终实现总目标。

（3）制定各专业分项目工程进度计划，分别确立每项工程的关键线路。在总工期的控制下，对各专业进度进行进一步的优化，确定合理的专业之间的搭接进度安排。根据关键线路倒排工期，每天检查考核，要求当天任务当天完成，以细化到每天的节点控制，保证总工期。

（4）运用工程网络计划前锋线对工程进度进行控制管理。工程进展如未能达到网络计划节点，项目经理随时根据工程进度情况调动人力、物力资源，确保平行作业。

（5）对材料采购及维护实施集中共享运作，减少在材料采购及管理运作中发生的人员、机具及临时设施的投入，内部可交流资源共享示意图如图13-5所示。

（6）加强施工准备，合理、科学地安排施工程序。

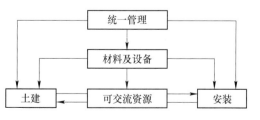

图13-5 内部可交流资源共享示意图

（7）强化现场管理，及时协调工序中间交接，使现场施工组织、工序搭接最佳化，保证工期、关键节点的按期实现。

（8）设备、构件、材料进场按计划进行，施工管理人员要跟班作业，了解现场动态，做到随要随到，保证不拖后，不积压。

13.6.2　工期优化

工期优化是通过合理压缩和计算工期，一般是通过压缩关键线路工作的持续时间来实现优化目标的。排定施工进度网络计划后，在进行工期优化时，首先要确保施工队伍的施工实力及施工人员的能力，再根据施工现场及周边环境条件，选定以下方式对工期进行部分优化：

（1）选择持续时间对工程质量及施工安全影响较小的工作进行压缩。

（2）选择备用资源相对充足的工作进行压缩。

（3）选择压缩工序时间后，相应增加费用较少的工作进行压缩。

（4）合理地调整施工技术方法，也能够有效地缩短施工时间，如：

1）基础施工时，采用钢筋网笼和模板支撑结构；采用混凝土早强剂等，能够有效地缩短工期。

2）结构吊装时，结合现场条件及设备起重能力，采用组合式整体吊装、单机一钩多吊的方式等，可以提高劳动效率，达到压缩工期的目的。

3）采用大流量液压冲洗设备进行循环冲洗，可以缩短冲洗时间，尽早为系统调试创造条件。

13.6.3　费用优化

（1）费用优化主要指成本优化，在进行费用优化时，按照降低工程总成本的目的寻求工期目标。

（2）工程费用主要包括工程直接费、工程间接费、税金、利润等。一般此类费用随着工期缩短而增加，增加的费用主要包括人员赶工费用、增加的周转材料及施工设备的购置费用或租赁费用等。但如果工期拖得过长，同样会增加人员工资费用、周转材料及施工设备的租赁费用等。所以费用的优化是要结合工程实际施工情况，在施工中寻求测算一个平衡点，即保证紧凑合理的工期，又达到降低施工成本的目的。

14 劳动力管理及控制

14.1 劳动力管理

14.1.1 劳动力管理的概念

（1）工程施工劳动力管理是指项目经理部把参加施工项目生产活动的人员作为生产要素，对其所进行的计划、组织、指挥、协调和控制等管理工作。

（2）劳动力管理应以实现劳动力优化配置、动态控制和成本节约为目的。优化配置就是安排劳动力资源在时间和空间上的位置，满足工程施工的需要，在数量、比例上合理，实现最佳的经济效益。

（3）劳动力管理核心是根据施工项目的特点和目标要求，合理地组织、高效率地使用和管理劳动力，培养提高劳动者素质，激发劳动者的积极性与创造性，提高劳动生产率，全面完成工程合同，获取更大效益。

14.1.2 劳动力管理的原则

14.1.2.1 两层分离原则

两层即项目管理层和劳务层。

A 项目管理人员

（1）以组织原理为指导，科学定员设岗。

（2）企业领导审批，逐级聘任上岗。

（3）依据项目承包合同管理。

B 劳务人员

（1）以企业为依托，企业适当保留一些与本企业专业密切相关的高级技术工种工人，其余劳动力由企业向社会劳动力市场招募。

（2）企业以工程项目经理部提供的劳动力需求计划为依据，按计划将所需劳动力供应给项目经理部。

（3）建筑劳务分包企业（有木工、砌筑、抹灰、油漆、钢筋、混凝土、脚手架、模板、焊接、水暖电安装、钣金、架线等13个作业类别）是施工项目的劳动力可靠且稳定的来源。

（4）依据劳务分包合同管理。

14.1.2.2 优化配置原则

A 素质优化

（1）以平等竞争、择优选用的原则，选择觉悟高、技术精、身体好的劳动者上岗。

（2）以双向选择、优化组合的原则组合生产班组。

（3）坚持上岗、转岗前培训制度，提高劳动者综合素质。

B　数量优化

（1）依据项目规模和施工技术特点，按照合理的比例配备管理人员和各工种工人。

（2）保证施工过程中充分利用劳动力，避免劳务失衡、劳务与生产脱节。

C　组织形式优化

建立适应项目特点的精干高效的组织形式。

14.1.2.3　动态管理原则

详见本书14.3节"劳动力动态控制"。

14.1.3　劳动力管理的内容

14.1.3.1　项目经理部直接组织管理

（1）项目内部经济责任制的执行，按内部合同进行管理。

（2）实施先进的劳动定额、定员，提高管理水平。

（3）组织与开展劳动竞赛，调动职工的积极性和创造性。

（4）对职工进行培训、考核、奖惩。

（5）加强劳动保护和安全卫生工作，改善劳动条件，保障职工身体健康与安全生产。

（6）抓好班组管理，加强劳动纪律。

14.1.3.2　对外包、分包劳务的管理

（1）认真签订和执行合同，并纳入整个施工项目管理控制系统，及时发现并协商解决问题，保证项目总体目标实现。

（2）对其保留一定的直接管理权，对违纪不适宜工作的工人，项目管理部门拥有辞退权，对贡献突出者有奖励权。

（3）间接干预劳务单位对劳务的组织管理工作，如工资奖励制度、劳务调配等。

（4）对劳务人员进行上岗前培训，并全面进行项目目标和技术交底工作。

14.1.3.3　与企业相关管理部门共同管理

（1）企业劳务管理部门与项目经理部签订劳务承包合同，派遣作业队伍完成承包任务。

（2）合同中应明确作业任务及应提供的计划工日数、劳动力人数、施工进度要求及劳动力进退场时间、双方的管理责任、劳务费计取及结算方式、奖励与罚款等。

（3）企业劳务部门的管理责任：包括任务量按时完成，安全施工和劳务费用。

（4）项目经理部的管理责任：在作业队进场后，保证施工任务饱满和生产的连续性、均衡性；保证物资供应、机械配套；保证各项质量、安全防护措施落实；保证及时供应技术资料；保证文明施工所需的一切费用及设施。对作业队伍进行现场管理，对其所完成任务的质量进行监督。

14.1.4　劳动定额与定员

14.1.4.1　劳动定额

劳动定额是指在正常生产条件下，为完成单位产品（或工作）所规定的劳动消耗的数量标准。其表现形式有两种：时间定额和产量定额。时间定额指完成合格产品所必需的时间。产量定额指单位时间内应完成合格产品的数量。二者在数值上互为倒数。

A　劳动定额的作用

劳动定额是劳动效率的标准，是劳动管理的基础，其主要作用是：

（1）劳动定额是编制施工项目劳动计划、作业计划、工资计划等各项计划的依据。

（2）劳动定额是项目经理部合理定编、定岗、定员及科学地组织生产劳动，推行经济责任制的依据。

（3）劳动定额是衡量考评工人劳动效率的标准，是按劳分配的依据。

（4）劳动定额是施工项目实施成本控制和经济核算的基础。

B　劳动定额水平

劳动定额水平必须先进合理。在正常生产条件下，定额应控制在多数工人经过努力能够完成，少数先进工人能够超过的水平上。定额要从实际出发，充分考虑到达到定额的实际可能性，同时还要注意保持不同工种定额水平之间的平衡。

14.1.4.2　劳动定员

劳动定员是指根据施工项目的规模和技术特点，为保证施工的顺利进行，在一定时期内（或施工阶段内）项目必须配备的各类人员的数量和比例。

A　劳动定员的作用

（1）劳动定员是建立各种经济责任制的前提。

（2）劳动定员是组织均衡生产，合理用人，实施动态管理的依据。

（3）劳动定员是提高劳动生产率的重要措施之一。

B　劳动定员计算方法

（1）按劳动定额定员，适用于有劳动定额的工作，计算公式如下：

$$某工种的定员人数 = \frac{某工种计划工程量}{该工种工人产量定额 \times 计划出勤工日利用率} \quad (14-1)$$

（2）按施工机械设备定员，适用于如车辆及施工机械的司机、装卸工人、机床工人等的定员。计算公式为：

$$某机械设备定员人数 = \frac{必须的机械设备台数 \times 每台设备工作班次}{工人看管定额 \times 计划出勤工日利用率} \quad (14-2)$$

（3）按比例定员。按某类人员占工人总数或与其他类人员之间的合理的比例关系确定人数。如：普通工人可按与技术工人比例定员。

（4）按岗位定员。按工作岗位数确定必要的定员人数，如维修工、门卫、消防人员等。

（5）按组织机构职责分工定员。适用于工程技术人员、管理人员的定员。

14.2　劳动力的优化配置

14.2.1　劳动力配置依据

（1）劳动力综合需要量计划确定：根据各工种工程量汇总表，分别列出各单位工程主要专业工种的工程量，查相关的定额，确定主要工种劳动量，再根据工程施工总进度计划中各单位工程专业工种的持续时间，即可得到某单位工程在某个时间内的平均劳动力需求量，进而得到各主要工种劳动力在整个工程施工工期内的综合需求量。

（2）炼钢工程施工前应根据工程施工特点，编制相应的施工方案、施工进度计划及施工预算等，依此为依据初步确定拟投入劳动力（工种）、进退场时间、劳动量及人员数量等，并汇集成表格形式，作为现场劳动力配置依据。

14.2.2　劳动力的配置方法

（1）对初步确定的劳动力需用量计划，进行细化和优化，防止漏配。在工程实施过程中，应根据具体情况对劳动力配备计划进行调整，以保证施工需要。

（2）如果发现劳动力投入无法满足施工要求，项目经理应及时向公司有关部门申请增加劳动力，或在其授权范围内自主进行劳动力招募，也可以将任务进行分包。新招募人员应具有相应的专业技术技能和其他素质要求。

（3）如果现有的劳动力配备计划可以满足施工要求，施工中还需要考虑节约原则。首先应尽量使劳动力均衡配置，便于管理，同时应使劳动资源强度适当，以达到节约的目的。

（4）劳动力配置应适当从紧，让工人不仅能按时完成，还有超额完成、获得奖励的可能，从而激发出工人的劳动积极性。

（5）作业层正在使用的劳动力和劳动组织，如果能适应劳动任务要求，进展顺利平稳，管理者要尽量保持其稳定，避免因频繁地调动而降效；如果不能适应劳动任务要求，管理者要及时进行劳动组织调整，敢于打破原有建制进行优化组合。

（6）为满足工程施工需要，在进行劳动力配置时，各工种组合的比例、技术工人与普通工人的比例必须适当、配套。

14.2.3　劳动力的来源

施工企业进行"两层"分离，组建了内部生产要素市场，施工项目的劳动力来源有两个渠道，即企业自有职工和合同制工人。

（1）整个建筑企业劳动力主要来源为"企业自有职工"和"合同制工人"。随着社会发展，合同制工人逐渐取代企业自有职工，而合同制工人主要来自各个建筑劳务公司，按照"定点定向，双向选择，专业配套，长期合作"的原则进行选择，形成当今建筑市场"两点（"劳务公司"与"用工单位"）一线（"建筑市场"）"的局面。

（2）施工项目劳动力主要来源为企业内部的劳务市场，企业按照工程项目经理部提供的劳动力计划向项目上进行人员输送。对劳动力中特殊工种，经企业相关部门批准后，可由项目经理部自行招聘。

（3）企业内部的劳务市场由企业劳动力管理部门统一管理，工程项目经理部不设固定的劳务队伍。当项目部有劳动力需要时，劳动力管理部门与项目经理部签订劳务合同，并根据劳务合同派遣队伍。

（4）项目经理对进场劳动力享有劳动用工自主权，自主决定用工时间、数量和条件等，并有权对其进行处置，如：辞退不称职劳务人员等。

14.3　劳动力动态控制

14.3.1　劳动力动态控制的意义

（1）工程的实施过程是一个不断变化的过程，对劳动力的需求也在不断变化。因此，劳动力的配置和组合也就需要不断地变化，这就需要对劳动力进行动态管理。

（2）动态管理的基本内容包括：根据工程的特点及施工部署，有效进行劳动力的计划、组织、协调与控制，使劳动力在项目中合理流动，在动态中寻找平衡。

14.3.2 劳动力动态控制的依据和目的

14.3.2.1 依据

以进度计划与劳务合同为依据，以动态平衡和日常调度为手段，允许劳动力合理流动。

14.3.2.2 目的

以达到劳动力优化组合，提高企业效益，充分调动作业人员劳动积极性为目的。

14.3.3 劳动力动态控制的方法

14.3.3.1 企业劳动管理部门对劳动力动态控制起主导作用

（1）根据企业整体施工任务的需要和变化，从社会劳务市场中招募及辞退劳动力。

（2）根据工程项目经理部提出的劳动力需求量计划，与项目经理部签订劳务合同，并根据劳务合同向作业队下达任务，派遣队伍。

（3）对劳动力进行企业范围内的平衡、调度和统一管理。施工项目中的施工任务完成后，收回作业人员，重新派遣到其他项目（或待岗）。

（4）负责对企业劳务人员的工资、奖金管理，实行按劳分配，兑现合同中的经济利益条款，进行合乎规章制度和合同约定的奖罚。

14.3.3.2 项目经理部是劳动力动态控制的直接责任者

（1）项目经理部向公司劳务管理部门申请派遣劳务人员的数量、工种、技术能力等要求，并签订劳务合同。

（2）项目经理部向参加施工的劳务人员下达施工任务单或承包任务书，并对其作业质量和效率进行检查、考核。

（3）项目经理部应对参加施工的劳务人员进行安全教育。

（4）根据施工生产任务和施工条件的变化，对劳动力进行跟踪平衡、协调，及时解决劳动力配合中出现的供需矛盾。

（5）在项目施工过程中，项目部劳务平衡、协调应与企业劳务部门保持信息沟通。

（6）按合同支付劳务报酬，解除劳务合同后，将人员遣归企业内部劳务市场。

14.4 劳动力动态控制的保证措施

14.4.1 劳动力数量的保证

炼钢工程为大型冶金系统工程，结构较复杂，安全、文明施工要求和质量要求高，根据施工总部署分阶段组织施工。为了使各阶段劳动力充分满足现场施工的连续性，保证按进度计划完成施工工期，充足的劳动力数量是进行劳动力动态控制的前提条件。

14.4.1.1 确定劳动力数量

（1）工程开工前，首先熟悉施工资料及施工环境，初步确定工程所需的各专业施工劳动力需求计划，上报企业劳动力管理部门。

（2）企业劳动力管理部门应提前做好劳动力准备，摸清企业自有员工的数量、状态等；外来劳务人员应确定人员的数量、劳务输出单位等，并签订劳务合同。劳动力准备应留有富余，以备因情况变化而临时增加的人员需求。

（3）工程项目经理部应提前做好劳动力进场的准备工作。在开工后三天内，妥善安排拟进场人员的住宿和饮食，使人员进场后可以立即投入施工，不至于因为食宿问题影响工作。

14.4.1.2　选择劳动力来源

A　劳动力选择的基本原则

（1）实行企业内部人力资源与外部劳务市场人力资源相结合的原则。

（2）外部劳务市场人力资源的选择，采用招标采购和协商采购两种方式结合的原则。

B　炼钢工程劳动力的来源主要分为两部分

（1）土建工程主要为地下工程，如钢筋混凝土柱基础、设备基础、地坑、电缆隧道等，施工环境复杂，施工工作量大，需要大量的辅助工种及壮工。

（2）钢结构安装工程、设备、管道、电气安装工程等，专业性较强，技术含量较高，安装工程的质量对炼钢工程今后的生产有着直接影响，采用企业自有队伍和劳务分包相结合的方式。

优先考虑企业自有劳动力资源，在劳动力资源不足的情况下再考虑招募外来劳务人员。

拟投入劳动力的来源应遵循"就近调遣"原则。招募外来劳务人员宜在工程所在地附近招募。

14.4.1.3　防止劳动力流失

（1）对于进入现场的施工人员应进行统筹安排、科学管理，才能充分调动施工人员的工作积极性；否则，将不仅降低工人的工作效率，还会造成无法控制的劳动力流失，使工程无法顺利进行。

（2）项目经理部要保证不拖欠工人工资、奖金，让工人干得放心，干得称心，专心工作。

14.4.2　劳动力素质的保证

劳动力是施工过程中的实际操作人员，是施工质量、进度、安全、文明施工最直接的保障者。为了保证工程质量及施工工期，劳动力的素质是关键因素之一，因此，在进行劳动力队伍的选择时，应该充分考虑这一因素。

14.4.2.1　劳动力队伍素质的选择

为了保证投入工程施工的劳动力队伍的素质，按以下原则进行劳动力队伍的选择：
具有良好的质量、安全意识；较高的技术等级；丰富的类似工程施工经验。

14.4.2.2　劳动力队伍素质的控制

（1）构建分包资源信息系统，建立分包单位资料库。

（2）每年查验分包单位营业执照、企业资质证明等材料。

（3）设立清退制度，对达到清退条件者，立即清退并取消其合格供方资格。

14.4.2.3 施工劳动力的优化

A 劳动力素质的优化

为保证工程施工质量及工期，对于经挑选后进入施工现场的劳动力，应进行岗前教育，然后进入施工现场。

根据工程的特点及质量、工期要求，对所组织的劳动力进行现场岗位技术培训，提高劳动者的操作技能，加强质量意识教育，组织学习国家有关规范、标准、规程，以提高施工现场劳动力的综合素质。

B 劳动力比例的优化性选择

为满足工程进度计划要求，同时提高劳动效率，劳动力配备的时候应充分考虑人员的比例安排，即：各专业工种的比例、技术工人比例、自有职工的比例、各阶段投入的比例等，既保证了投入劳动力的数量，又可以避免窝工现象，使得现有劳动力得以充分利用。

C 劳动力组织形式的选择

施工前对工程特点及施工环境等各因素分析，以确定适合于工程特点的精干、高效的劳动力组织形式，做到管理到位，人员调动灵活，降低管理费用，提高劳动生产率。

14.4.3 劳动力动态控制的保证

14.4.3.1 组织保证

（1）企业应成立专门人力资源管理机构，指定专人对劳动力进行调配管理。

（2）建立以项目经理全面负责的劳动力管理组织体系，项目经理全面负责，其他管理人员按分工负责、指导，劳务队长具体实施的管理体系。

（3）项目经理应组织项目管理人员，针对工程的质量、工期、安全、经营目标等，制订劳务管理制度及奖罚措施。

（4）在项目劳动力平衡协调过程中，应与公司劳务管理部门保持信息沟通。

14.4.3.2 管理保证

（1）项目部根据施工生产任务和施工条件的变化，在工程范围内，根据施工进度的需要对各施工队伍实行动态管理，对劳动力进行补充或减员，使之合理流动，同时及时解决各专业劳动力配合中出现的矛盾，以达到最佳劳动效率和满足现场施工进度的需要。

（2）项目部按月对劳务分包商的作业签发合同履约单，安排施工任务，并检查分包方作业队的操作质量，安全生产和现场用料，提供证实资料，以便与施工进度相吻合；对不能按计划完成任务的作业队伍，劝其退出施工现场。

（3）按合同支付劳务报酬，制订切实可行的激励机制，优胜劣汰，对不能满足合同需要的进行处罚或辞退，对有突出贡献者进行奖励，充分调动广大职工的积极性、创造性，以保证工程的劳动力满足要求。

（4）组织开展劳动竞赛，调动劳务施工队伍的积极性、主动性和创造性。

（5）在施工人员进场前，必须做好后勤工作，为职工的衣、食、住、行、就医等予以全面考虑，认真落实，以便充分调动职工的积极性。

14.4.3.3　节假日人员安排措施

炼钢工程工期较长，施工期间不可避免要经历国家法定假日及农忙，为了保证工程在节日及农忙期间能正常施工，不能因缺乏劳动力导致工程进度缓慢：

（1）在节日之前，工程不紧张阶段，分批安排部分人员回家探亲。

（2）节假日、农忙来临之前，与员工做好思想沟通工作，尽量克服困难，坚守在工地。

（3）用备用劳务队伍来补充因节假日、农忙造成的工地劳动力不足。

14.5　劳务分包的管理

14.5.1　劳务分包的概念

（1）劳务作业分包，是指施工总承包企业或者专业承包企业，将其承包工程中的劳务作业发包给劳务分包企业完成的活动。简单来说就是：甲施工单位承揽工程后，自己买材料，然后另外请乙劳务单位负责找工人进行施工，仍然由甲单位组织施工管理。

（2）《建筑法》第 29 条规定："建筑工程总承包单位可以将承包工程中的部分工程发包给具有相应资质条件的分包单位"。劳务分包是目前施工企业的普遍做法，法律在一定范围内允许，但是禁止劳务公司将承揽到的劳务分包再转包或者分包给其他的公司，禁止主体工程专业分包，主体工程的完成具有排他性、不可替代性。

（3）随着项目管理法的推广，施工企业管理层和劳务层进一步"两层分离"。施工生产过程中，经过全面平衡，认为在人力、设备资源等方面不能满足施工需求，同时合同工期紧迫，不分包难以按期履约，总承包单位就可以考虑将部分工程分包。

14.5.2　劳务分包的采购

14.5.2.1　劳务分包单位的资格准入

施工总承包企业或者专业承包企业成立专门的管理机构，负责对有合作意向的劳务分包单位进行审查，审查内容包括：劳务分包资质、能力、业绩和合作信誉等。审查合格后进入企业合格分包方名录。

定期对准入的劳务分包企业进行核查，一般采用年检制度。年检合格的单位继续合作，不合格单位终止合作关系。

劳务分包企业准入原则：

（1）长期合作的原则。选用的合格分包方必须符合企业的长期发展战略，避免短期行为。选择分包队伍一定要保持相对稳定，只有经过长期合作，才能彼此信任，互相帮助，达到共同发展的目的。

（2）优势互补的原则。重点选择一批实力较强、专业技术水平高、业绩佳、资信好，且愿与公司同舟共济，荣辱与共的分包方，提高企业的整体施工能力及水平。

（3）互惠互利的原则。双方只有通过互惠互利的合作，才能达到"双赢"的目的，这是双方长期合作、共同发展的前提。

（4）动态更新的原则。根据分包方履行合同情况，企业负责组织对分包方进行全面、客观、公正的评价，根据考评结果，实行优胜劣汰，动态管理。

14.5.2.2 现场劳务分包队伍的选择

（1）项目部成立项目经理负责制的劳务分包管理小组，加强对分包队伍的管理。

（2）中标劳务分包队伍进场前应对其施工能力（人员、机械设备、财务情况）、已施工过的项目的安全、质量、进度、履约情况、业绩情况及协作单位的评价等进行详细调查，考核合格并报公司相关部门审核同意后进场。

14.5.2.3 劳务分包合同的签订

（1）严格执行劳务分包先签合同后进场的原则。

（2）劳务分包合同的签订应依照《劳动合同法》及其他法规的规定，遵循平等、自愿的原则，双方充分协商。

（3）根据公司劳务分包合同文本，报公司有关部门审核、批准、备案后方可签订合同。

14.5.3 劳务分包的管理

14.5.3.1 劳动力进场管理

（1）项目经理部根据施工进度计划及劳动力需求计划，及时通知劳务分包队伍按期进场，做好施工前的准备工作，包括体检、准备必要的劳动工具等。

（2）分包队伍进场时，项目经理部须认真进行进场验证核查：营业执照、资质证书和安全生产许可证原件必须齐全有效，复印件加盖分包法人单位公章备案。

（3）分包队伍进场后，须与自有队伍一样进行安全、质量教育，进行安全技术交底；对分包队伍要一视同仁、平等对待、规范管理。

（4）项目经理部向进场的作业班组提供必需的施工条件，包括工具房的搭建、临时用水、临时用电的提供等。

（5）所有进入施工现场的人员，项目经理部进行身份验证后，核发出入证，挂牌上岗。

14.5.3.2 劳务人员进场教育及培训

（1）劳务人员进场后，项目经理部负责组织对其规章制度的教育；进行质量及安全意识的教育；针对不同工种，对现场劳动力进行施工质量、安全及文明施工的相关培训。

（2）现场劳动力中的特殊工种实行持证上岗，项目经理部指定专人负责特殊工种操作人员的证件审查及登记工作，填写《特殊工种人员登记台账》，保留其证件复印件。项目经理部对特殊工种人员实行动态管理，及时掌握特殊工种人员进出场的变动情况、其操作证件的有效期限及复审情况。

14.5.3.3 劳动力的现场管理

（1）根据项目使用分包劳务人员的数量设置劳资员、安全员等岗位。

（2）危险性大、专业性强的施工作业关键岗位人员如：架工、起重工、司索工、电工、运转工、焊工、场内机动车操作工等必须持操作证上岗。

（3）项目部组织工程技术人员对分包方进行技术交底，并根据合同条款、设计文件和施工规范，对分包方进行监督管理，以保证施工质量。分包方的施工工艺及方案应由项目部审定。

（4）劳务分包单位在施工中严重违反分包合同，影响企业信誉，或发生重大安全、质量责任事故的，项目部有权将其清退并追究其责任。

（5）劳务分包单位在承包工程项目完工后，项目部组织验收小组，验收工程质量和工程数量，查出的问题，限期整改，确保工程按合同条款要求保质保量按时完成。

（6）配合企业劳动人事部门对项目劳动力的招用情况进行定期监督检查，指导项目部按规定使用劳务工，纠正不规范用工行为。

14.5.3.4　分包劳务人员的工资支付管理

（1）劳务用工工资支付按分级负责、属地管理的原则进行。

（2）项目经理部不得以工程款迟到为由拖欠劳务人员工资。因业主或总包方未按照合同约定支付工程款，致使项目拖欠劳务人员工资的，应有企业负责协调解决。

（3）分包方须在其用工合同中明确按月支付劳务人员工资条款。

（4）企业职能部门不定期对项目经理部劳务人员工资发放情况进行检查。项目经理部在对分包方支付进度款时，应核查分包方对劳务人员工资发放的情况，分包方应提供当期劳务人员工资发放记录。

14.5.3.5　分包队伍的评价

（1）项目经理部负责对所用分包队伍及时、准确地进行客观公正的评价。

（2）项目经理要对评价负总责，签署意见，并报公司有关部门。

14.5.3.6　分包队伍处理

当分包方在执行分包合同中有下述情况之一时，项目经理部应当按合同约定及有关规定办理合同解除手续，情节严重时由企业暂停其投标资格甚至取消其合格供方资格。

（1）相互串通投标，或者以行贿等不正当手段获得中标的。

（2）分包工程再次转包，收取中介费的。

（3）人员素质、技术水平、装备能力达不到合同要求的。

（4）发生重大质量事故、安全险肇事故或死亡事故，分包单位负主要责任的。

（5）谎报、拖延报告工程质量事故和安全事故或者破坏事故现场、阻碍对事故调查或隐瞒者。

（6）由于分包方原因不能按合同工期完工的。

（7）实质性违反双方之间合同的规定；分包法人单位对分包项目不闻不问、不管理的。

（8）表现出没有诚信，能力与投标前的承诺不相匹配的，无理取闹、恶意讨薪，在社会上造成不良影响的。

14.5.4　劳动力退场管理

（1）劳务分包在施工现场完成了合同任务或因各种原因暂时停工，项目经理部可以组织其退场。

（2）项目经理部应提前告知分包方，让劳务作业队做好退场准备，按时有序地组织退场工作。

14.5.5　对分包劳动力的控制重点

（1）市场准入资格确认。

（2）监督招标、开标、评标各环节。

（3）验证分包方进场的施工队伍（尤其是分包方现场负责人、管理人员、技术工种等人员的年龄和健康状况）及施工装备的安全使用性。

（4）现场作业人员的保险购买情况核查、登记。

（5）工程进度款支付额度和工资实际发放情况。

15 工程项目管理

15.1 工程项目管理

15.1.1 工程项目管理模式

工程项目管理模式很多，目前主要有 DBB 模式，CM 模式等几种。

15.1.1.1 DBB 模式

设计-招标-建造（Design-Bid-Build）模式，这是一种传统的工程项目管理模式。该管理模式在国际上最为通用，世行、亚行贷款项目及以国际咨询工程师联合会（FIDIC）合同条件为依据的项目多采用这种模式。其最突出的特点是强调工程项目的实施必须按照设计-招标-建造的顺序方式进行，只有一个阶段结束以后另一个阶段才能开始。我国第一个利用世行贷款项目——鲁布革水电站工程项目实行的就是这种管理模式。

该模式的优点是通用性强，可自由选择咨询、设计、监理方，各方均熟悉使用标准的合同文本，有利于合同管理、风险管理和减少投资。缺点是工程项目要经过规划、设计、施工三个环节之后才移交给业主，项目周期长；业主管理费用较高，前期投入大；有变更时容易引起较多索赔。

15.1.1.2 CM 模式

建设-管理（Construction-Management）模式，又称为阶段发包方式，就是在采用快速路径法进行施工时，从开始阶段就雇用具有施工经验的 CM 单位参与到建设工程实施过程中来，以便为设计人员提供施工方面的建议且随后负责管理施工过程。这种模式改变了过去那种设计完成后才进行招标的传统模式，采取分阶段发包，由业主、CM 单位和设计单位组成一个联合小组，共同负责组织和管理工程的规划、设计和施工，CM 单位负责工程的监督、协调及管理工作，在施工阶段定期与承包商会晤，对成本、质量和进度进行监督，并预测和监控成本和进度的变化。CM 模式，于 20 世纪 60 年代发源于美国，进入 80 年代以来，在国外广泛流行，它的最大优点就是可以缩短工程从规划、设计到竣工的周期，节约建设投资，减少投资风险，可以比较早地取得收益。

15.1.1.3 DBM 模式

设计-建造模式（Design-Build Method），就是在项目原则确定后，业主只选定唯一的实体负责项目的设计与施工，设计—建造承包商不但对设计阶段的成本负责，而且可用竞争性招标的方式选择分包商或使用本企业的专业人员自行完成工程，包括设计和施工等。在这种方式下，业主首先选择一家专业咨询机构代替业主研究、拟定拟建项目的基本要求，授权一个具有足够专业知识和管理能力的人作为业主代表，与设计—建造承包商联系。

15.1.1.4 BOT 模式

建造-运营-移交（Build-Operate-Transfer）模式。BOT 模式是 20 世纪 80 年代在国外

兴起的一种将政府基础设施建设项目依靠私人资本的一种融资、建造的项目管理方式，或者说是基础设施国有项目民营化。政府开放本国基础设施建设和运营市场，授权项目公司负责筹资和组织建设，建成后负责运营及偿还贷款，协议期满后，再无偿移交给政府。BOT 方式不增加东道主国家外债负担，又可解决基础设施不足和建设资金不足的问题。项目发起人必须具备很强的经济实力（大财团），资格预审及招投标程序复杂。

15.1.1.5 PMC 模式

项目承包（Project Management Contractor）模式，就是业主聘请专业的项目管理公司，代表业主对工程项目的组织实施进行全过程或若干阶段的管理和服务。由于 PMC 承包商在项目的设计、采购、施工、调试等阶段的参与程度和职责范围不同，因此 PMC 模式具有较大的灵活性。总体而言，PMC 有三种基本应用模式：

（1）业主选择设计单位、施工承包商、供货商，并与之签订设计合同、施工合同和供货合同，委托 PMC 承包商进行工程项目管理。

（2）业主与 PMC 承包商签订项目管理合同，业主通过指定或招标方式选择设计单位、施工承包商、供货商（或其中的部分），但不签合同，由 PMC 承包商与之分别签订设计合同、施工合同和供货合同。

（3）业主与 PMC 承包商签订项目管理合同，由 PMC 承包商自主选择施工承包商和供货商并签订施工合同和供货合同，但不负责设计工作。

15.1.1.6 EPC 模式

设计-采购-建造（Engineering-Procurement-Construction）模式，在我国又称之为"工程总承包"模式。在 EPC 模式中，Engineering 不仅包括具体的设计工作，而且可能包括整个建设工程内容的总体策划以及整个建设工程实施组织管理的策划和具体工作。在 EPC 模式下，业主只要大致说明一下投资意图和要求，其余工作均由 EPC 承包单位来完成；业主不聘请监理工程师来管理工程，而是自己或委派业主代表来管理工程；承包商承担设计风险、自然力风险、不可预见的困难等大部分风险；一般采用总价合同。传统承包模式中，材料与工程设备通常是由项目总承包单位采购，但业主可保留对部分重要工程设备和特殊材料的采购在工程实施过程中的风险。在 EPC 标准合同条件中规定由承包商负责全部设计，并承担工程全部责任，故业主不能过多地干预承包商的工作。EPC 合同条件的基本出发点是业主参与工程管理工作很少，因承包商已承担了工程建设的大部分风险，业主重点进行竣工验收。

15.1.1.7 Partnering 模式

合伙（Partnering）模式，是在充分考虑建设各方利益的基础上确定建设工程共同目标的一种管理模式。它一般要求业主与参建各方在相互信任、资源共享的基础上达成一种短期或长期的协议，通过建立工作小组相互合作，及时沟通以避免争议和诉讼的产生，共同解决建设工程实施过程中出现的问题，共同分担工程风险和有关费用，以保证参与各方目标和利益的实现。合伙协议并不仅仅是业主与施工单位双方之间的协议，而需要建设工程参与各方共同签署，包括业主、总包商、分包商、设计单位、咨询单位、主要的材料设备供应单位等。合伙协议一般都是围绕建设工程的三大目标以及工程变更管理、争议和索赔管理、安全管理、信息沟通和管理、公共关系等问题做出相应的规定。

15.1.2　如何提高项目管理效率

15.1.2.1　组建精干项目经理部

按照"精干管理层、优化劳务层、降低管理成本"的管理要求，对一项工程，由企业选派精兵强将组成一个强有力的风险共担、利益共享的项目经理部。项目经理部全面负责施工生产、质量管控、安全保障、关系协调及经济核算等工作。其经营管理的目标为：在安全、优质、按期完工的前提下，实现项目经济效益最大化。

15.1.2.2　扩大管理幅度，强化统一管理

一个工程项目宜只设立一个项目经理部，可减少管理层次，扩大管理幅度，强化统一管理。这样有利于提升项目经理的全局意识，有利于项目经理部总体规划和项目管理责任目标的实现。

15.1.2.3　实行一级项目管理

（1）有利于发挥物资集中采购优势，大幅降低材料采购成本。在工程成本的构成中，约30%～50%为材料成本，因而有效降低材料成本乃是成本控制的关键。在一个项目经理部管理下，可以通过对施工所需主要材料进行统一招标采购，在保证材料质量的前提下，有效降低材料采购成本。

（2）有利于充分利用资源。可以有效整合项目经理部资源，最大限度发挥资源利用效率。合理配置资源是管理的重要手段，项目经理部有权、更有责任充分利用项目内人财物等各项资源，做到人尽其才、物尽其用，合理安排时间和空间，有效提高机械设备使用效率，提高周转材料周转次数，减少不必要的重复购置和闲置。

（3）有利于责任制落实。可以更有效地推行责任成本核算制度，以完善的责任考核和奖罚分明的激励机制，保证项目目标的实现。

（4）有利于培养综合管理人才。实行一级项目管理，可以更好地培养和造就综合性管理人才，使项目经理部真正成为企业人才的摇篮。项目经理部的管理者直接面对的是施工一线，要对施工现场负责，这就要求其不仅精通专业技能，而且还应具备协调、组织和指挥能力，能够随时根据现场及环境的变化做出反应和调整。

15.1.3　对项目经理部的基本要求

（1）保证企业质量、环境、职业健康安全管理体系在项目上持续有效运行，企业各项管理制度得到贯彻执行。

（2）根据合同规定的工期要求编制施工进度计划，并以此作为管理的目标，合理配置施工资源，对施工的全过程经常进行检查、对照、分析，及时发现实施中的偏差，采取有效措施，调整工程建设施工进度计划，保证工程项目工期目标按期实现。

（3）根据施工图纸、文件资料、施工规范和技术标准要求编制施工质量控制方案，合理配置管理资源，对施工工序进行检查，及时发现施工中的偏差，及时采取有效措施予以纠正，确保工程质量满足合同要求。

（4）强化全员安全意识，严格安全管理，重视加强对施工关键部位安全防护的管理。保持施工现场干净整洁，做到安全施工，文明施工。

（5）精心组织，精细策划，在确保工程项目工期、质量、安全、文明施工满足合同要求的前提下，创新经营，优质服务，塑造企业形象和信誉，尽可能降低成本，为企业创利。

（6）重视与业主、设计和监理等方面的沟通交流。通过经常性的沟通交流，提前了解他们对于工程项目的有关要求和建议，及时根据他们的意见采取改进措施，确保项目的顺利推进。

（7）在工程项目上开展企业文化建设，项目外化规范、美观。

15.1.4　项目组织机构

15.1.4.1　项目组织机构类型

项目组织机构类型有许多，常见的有直线职能型、项目型、矩阵型、工作队式、部门控制式等。各种类型的组织机构适应不同的企业规模及项目需要。这里介绍几种常见的类型。

A　直线职能型

直线职能型组织是一种层次型的组织结构，按专业化的原则设置一系列职能部门，这种项目的组织是按照职能部门组成的，将项目按职能分为不同的子项目。

a　职能型优点

在人员使用上具有较大的灵活性。只要选择了一个合适的职能部门作为项目的上级，该部门就能为项目提供它所需要的专业技术人员，而且技术专家可以同时被不同的项目所使用，并在工作完成后又可以回去做他原来的工作。

b　职能型缺点

活动和所关心的焦点不是客户。各个职能部门的工作方式只面对部门，忽略了整个项目的目标。技术复杂的项目通常需要多个部门的共同合作，但这种组织结构在跨部门之间的合作与交流方面存在一定困难。

B　项目型

企业中所有人都是按项目划分，几乎不再存在职能部门。在项目型组织里，每个项目就如同一个微型企业那样运作，完成每个项目目标所需的所有资源完全分配给这个项目，专门为这个项目服务，专职的项目经理对项目组拥有完全的项目权力和行政权力。

a　项目型优点

项目经理对项目全权负责，易于调用资源。项目组织成员直接对项目经理负责，避免发生多重领导、无所适从的局面。权力集中能够加快决策速度。项目目标明确，使团队精神能够充分得到发挥。项目从职能部门中分离，沟通途径简洁，易于操作，各方面控制较为灵活。

b　项目型缺点

当同时有多个项目运行时，独立的项目班子会造成人员设施技术及设备资源的重复配置。缺乏事业的连续性和保障性。创建自我控制的项目团队，限制了最好的技术解决问题。

C　矩阵型

项目组织与职能部门同时存在，既发挥职能部门的纵向优势，又发挥项目组织的横向优势。专业职能部门是永久性的，项目组织是临时性的。职能部门负责人对参与项目组织的人员有组织调配和业务指导的责任。项目经理将参与项目组织的职能人员在横向上有效地组织在一起。项目经理对项目的结果负责。

　　a　矩阵型优点

有专门人员即项目经理负责整个项目。其项目组织是覆盖职能部门的，可临时抽调所需人才。当有多个项目同时进行时，企业可以平衡资源以保证让各个项目都完成各方面的需求。项目成员对项目结束后的顾虑减少。一则与项目是强关联，二则是有家的安全感。对客户需求能够快捷灵活的作出响应，同时对企业组织内部的要求也可作出较快响应。

　　b　矩阵型缺点

可能会加剧职能经理与项目经理之间的紧张局面。跨项目分享设备、人力等资源，有限资源存在竞争的现象。项目执行中，项目经理需与职能经理协商才能解决问题，可能会耽误工程的进度。项目组成员的上级不明确，命令不同，导致无所适从。

　　D　工作队式

项目经理在企业内抽调职能部门的人员组成管理机构。项目管理班子成员在项目工作过程中，由项目经理领导，原单位领导只负责业务指导，不干预其工作或随意调回人员。项目结束后机构撤销，所有人员仍回原来的部门。

　　a　工作队式优点

能发挥各方面专家的特长和作用。各专业人才集中办公，减少了扯皮和等待时间，办事效率高，解决问题快。项目经理权力集中，受干扰少，决策及时，指挥灵便。不会打乱企业的原有结构。

　　b　工作队式缺点

各类人员来自不同部门，具有不同的专业背景，配合不熟悉。各类人员在同一时期内所担负的管理工作任务可能有很大差别，很容易产生忙闲不均。成员离开原单位，需要重新适应环境，也容易产生临时观点。

　　E　部门控制式

按职能原则建立项目组织，把项目委托给某一职能部门，由职能部门主管负责，在企业选择人员组成项目组织。

　　a　部门控制式优点

人事关系容易协调。从接受任务到组织运转，启动时间短。职能专一，关系简单。

　　b　部门控制式缺点

不适应大项目需要。项目专业和范围有一定的局限性。

通过前面的介绍，可以看出，每一种组织结构形式都有其优点、缺点和适用条件，没有一种万能的，最好的组织结构形式。

对不同的项目，应根据项目具体目标、任务条件、项目环境等因素进行分析、比较，选择最合适的组织结构形式。

炼钢工程项目大多采用改进型组织机构，吸收了这几种常见类型的一些优点。

15.1.4.2　项目组织机构设置

　　A　项目组织机构部门设置

项目经理部管理机构的设置应根据企业管理要求进行设置。例如：可设五部一室：工程技术部、经营部、质量部、安全部、物资供应部、办公室。也可把质量部、安全部合设为质量安全部。中小型项目可根据实际情况，将部分业务部门合并。每个业务部门配置具有相应能力的工作人员。各个企业项目经理部设置的项目管理业务部门名称、数量可能不一定相同，但其为项目服务的相关职能功能应该是相同的。

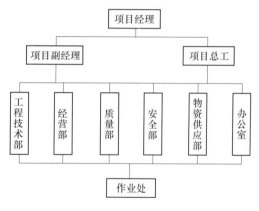

图 15-1　项目经理部组织机构示意图

　　B　项目经理部组织机构

框图如图 15-1 所示。

15.1.5　项目经理部职责

15.1.5.1　项目经理主要职责

项目经理是企业法定代表人授权委托项目上的代理人，是项目实施全过程各项管理工作的第一责任人，主持项目经理部的全面工作。对项目管理目标责任书中约定的项目管理目标负第一责任，履行企业与业主签订的工程项目施工合同。

　　A　项目准备阶段

项目准备阶段负责：

（1）组建项目经理部。按规定设置项目管理机构，从企业选择符合上岗条件或上岗资格的总工程师、项目副经理及其他专业技术人员、管理人员。

若从社会上招聘人员，应符合国家政策和企业有关规定。

明确各类人员岗位职责和职权，与其签订聘用合同，确定办公场所及生活设施、建立 Internet 网络平台和通信方式。

（2）以国家工程建设法律法规、工程项目合同及相关工程技术文件、国家现行标准规范、设计施工图为依据，组织编制项目施工总设计。

项目开工前，项目经理应组织项目经理部有关人员编制项目策划书，其主要内容为：工程概况、项目特点难点、项目管理机构设置、生产和生活大临设置、现场道路布置、网络工期安排、各专业施工任务划分、工程分包计划、材料采购计划、劳动力资源配置计划、施工机械配置计划、项目风险预测及拟采取的风险规避措施等方面内容。

（3）制定项目管理总目标、阶段目标和构成制造成本的单项预算控制目标；催收工程预付款。

（4）按项目策划书要求，进行工程分包采购和劳务分包招标采购，配置生产要素，签订经济合同。

（5）组织工程设备、工程材料和各类生产要素按计划进场。

（6）贯彻执行企业各项管理制度。

（7）建立与业主、当地政府有关部门、工程监理、质量、安全、环境监督机构、施工单位和分包商的沟通方式；以企业代理人身份处理内外部关系，及时解决出现的问题。

（8）组织临时设施建设和其他生活条件准备。

（9）组织协调"四通一平"和开工前的其他施工准备工作。

（10）负责进场管理人员和作业人员的劳动纪律教育。组织制订管理人员岗位工作职责和工作标准、业务流程、工作纪律和奖罚规定。

（11）组织策划现场的企业文化建设。

B　项目实施阶段

项目实施阶段负责：

（1）带领现场管理人员学习企业各项管理制度，执行企业各项管理制度，不断提高以顾客为关注焦点的服务意识、职业健康安全意识、质量意识、成本意识和环境意识。

（2）继续组织编报施工图预算，并催促业主审批和工程款到位，组织自行编制控制项目制造成本的成本预算。

（3）继续组织项目施工资源最佳配置和有效控制。

（4）贯彻企业管理方针和管理目标，保持质量、安全管理体系在本项目的有效运行，接受内外部审核，并持续改进。

（5）组织办理开工报告。依据项目总网络进度计划，组织编制年、季、月施工进度计划。

（6）组织按期考核本部人员业绩，并按规定同其薪酬挂钩；坚持企业财务审批制度，控制各项成本，组织成本分析和索赔工作。

（7）项目经理是工程款回收的第一责任人，应及时向发包方按期足额缴纳、支付约定的费用。

（8）组织实施以劳动定额、材料消耗定额和机械台班定额为依据的全额计件工资制，并与支付其有关费用挂钩。

（9）组织实施应对风险的应急预案；组织处理安全事故和工程质量事故。

（10）接受企业对项目的监督、检查、审计和考核。

C　工程竣工交工阶段

工程竣工交工阶段负责：

（1）组织办理工程技术竣工、竣工交验、试运行、考核验收期间的服务工作。

（2）督促工程交工资料的整理和交接；做好创优工程项目申报前的各项基础工作。

（3）组织工程结算、价款回收和期间债权债务清付，办理合法的债权手续。

（4）组织编写项目终结报告。

（5）全面及时地向发包方档案室送交符合规定要求的工程档案资料。

（6）项目后续工程跟踪和信息反馈。

D　项目经理部解体后

项目经理部解体后原项目经理应负责：

（1）协助企业进行本项目的债权回收和债务处理。

（2）参与工程保修期内的工程回访、保修。

（3）配合企业进行项目评奖申报工作。

（4）参与工程保修期内一般及以上质量事故的处理。

（5）参与有关本项目的法律诉讼或仲裁事务。

15.1.5.2 项目副经理主要职责

项目副经理职责由项目经理确定，项目经理外出期间须委托一名项目副经理主持日常工作。

A 项目施工副经理的主要职责和职权

（1）组织工程设备、工程材料和各类生产要素按计划进场。

（2）参与施工图纸自审事宜，参加图纸会审。

（3）具体负责开工前各项施工准备工作。

（4）参与工程设备、工程分包、劳务分包等招标采购工作。

（5）参与单位工程、分部、分项工程划分。

（6）负责组织实施工程网络计划，并落实需配备的各类资源。

（7）负责现场施工作业管理及现场工程调度工作。

（8）组织施工设备进退场、试车、验收、作业调度等管理工作。

（9）具体负责项目安全管理及现场文明施工管理。

（10）组织对工程分包方、劳务分包方、设备供货方等合作方准入、验证、作业调度等。

（11）组织专业工序交接和工程成品（半成品）维护。

（12）收集和处理顾客对工程工期、质量和服务的投诉信息，实施顾客满意度的监视和测量。

（13）定期向项目经理汇报工作，接受企业相关部门的监督检查，完成项目经理交办的其他工作。

B 项目经营副经理的主要职责和职权

（1）组织项目成本控制计划的编制和实施，并做好动态监控工作。

（2）组织编制和实施本项目制造成本实施计划和成本预算、材料预算，审核分包工程施工图预算（工程量清单计价）预算。

（3）负责项目经理部工程设备、材料、工程分包和劳务分包招标采购或委托集中采购具体组织工作。

（4）审核本项目工程设备、工程分包、工程材料、劳务分包采购价格和施工设备等租赁价格。

（5）依据施工图预算和工程进度计划，组织编制业主供货计划和其他材料采购计划及材料进场验收工作。

（6）负责组织劳动定额、机械台班定额和材料消耗定额管理。

（7）负责项目预结算工作，办理工程结算、决算和索赔工作。

（8）负责及时、准确的编报经营方面的各类统计报表，每月进行经济活动分析。

（9）负责项目人力资源需求评估及配置工作。

（10）负责项目分包合同的签订工作。

（11）监督、审查分包工程进度款的支付情况，监督项目资金的使用情况。

（12）组织项目全面预算的编制、执行、控制和分析。

（13）组织开展项目成本预算的分解、控制、核算和分析工作。

（14）组织项目财务结算和工程款回收，以及债权债务清理。

（15）负责项目参加施工单位的项目成本的核算、指导、协调、控制和分析。

（16）定期向项目经理汇报工作，接受企业相关部门的监督检查，完成项目经理交办的其他工作。

15.1.5.3　项目总工程师主要职责

（1）贯彻执行国家及上级技术政策和本项目采用的技术标准和规范，贯彻实施企业确定的本项目创优计划及目标。

（2）负责建立和健全项目技术质量责任制，组织现场人员的技术教育和质量教育。

（3）组织项目经理部工程技术人员进行图纸自审，并组织有关人员参加业主方主持的图纸会审。

（4）主持编制和组织实施项目施工组织总设计。

（5）负责单位工程、分部、分项工程划分；组织单位工程质量评定；组织编制项目质量计划，负责质量管理体系运行工作。

（6）主持本项目技术、质量和现场计量工作。

（7）负责特殊过程的质量监控和组织处理工程质量问题。

（8）负责组织工程总承包项目实施阶段的设计管理、工程设备采购的技术谈判。

（9）组织编制工程技术竣工方案。

（10）组织交工项目的工程技术资料整理和移交。

（11）负责组织编写工程技术总结。

（12）定期向项目经理汇报工作，接受企业相关部门的监督检查，完成项目经理交办的其他工作。

15.1.5.4　项目经理部业务部门基本职责

A　经营部

（1）坚持先算后干原则，依据项目施工组织总设计和项目进度计划，组织编制和实施本项目制造成本实施计划和成本预算、材料预算，审核分包工程施工图预算；掌握市场价格信息，审核工程设备、工程分包、工程材料、劳务分包采购价格和施工设备等租赁价格；向业主及时报送施工图预算，催收工程款。

（2）管理工程合同，承办关于施工图预算、材料预算编制和分包工程结算审核手续。

（3）工程开工后下达经项目经理批准的成本实施计划，工程竣工阶段组织成本核算，按时编制财务会计报表和成本分析报告。

（4）管理劳动定额、机械台班定额和材料消耗定额。

（5）编制资金收支计划，控制向供方资金支付额度，按有关合同进行费用结算和承办日常会计事务；管理银行账户和货币资金，确保其安全。

（6）协助项目经理监督资金使用，具体负责工程款回收和期间债权、债务清付，办理工程结算和索赔工作。

（7）履行管理体系分配的管理职责；负责现场特殊作业人员资格证书的归口管理和组织现场员工的培训管理工作。

（8）及时、准确地编报经营方面的各类统计报表，进行经济活动分析，负责本项目工程结算书的编制。

（9）具体组织工程结算。

B　工程技术部

（1）管理施工图纸、设计变更通知书和采用的技术标准和验收规范。

（2）承办施工图纸自审事宜，参加图纸会审，负责总图管理，具体负责开工前各项施工准备工作，起草开工报告。

（3）编制项目组织总设计和年、季、月施工进度计划、施工资源采购总规划，经批准后具体组织控制；参与工程设备、工程分包、劳务分包等招标采购工作。

（4）具体负责单位工程、分部、分项工程、检验批划分。

（5）编制和组织实施单位工程施工方案、特殊过程作业指导书及安全专项方案。

（6）负责办理工程签证、工程联系单等手续，以及同业主其他工程技术事项的沟通。

（7）组织施工设备进退场、试车，验收、作业调度等管理工作；组织对工程分包方、劳务分包方验证、作业调度、工程验收、进退场等。

（8）履行管理体系分配的管理职责。对关键工序、特殊工序的施工进行监控，管理现场加工件和现场计量工作，组织消除项目实施过程中潜在的危险因素；负责组织专业工序交接和工程成品（半成品）维护。

（9）负责收集、整理和处理顾客对工程质量、工期和服务的投诉信息，实施顾客满意度的监视和测量。

（10）负责工程调度和工程日记管理。

（11）负责编制工程影像资料管理计划，拍摄和收集工程影像技术资料。

（12）具体办理技术竣工和交工手续，工程技术资料的整理、移交手续。

（13）编写工程技术总结。

（14）参与工程设备、工程分包、劳务分包和安全物资等招标采购工作。

C　质量安全部

（1）履行管理体系分配的管理职责，主持质量、安全管理体系运行的日常工作。

（2）编制和实施项目安全管理方案、质量计划，组织开展现场人员的职业健康、安全和质量教育。

（3）参与工程设备、工程分包、劳务分包和安全物资等招标采购工作。

（4）控制现场作业层工序质量和安全环境，及时制止违章操作行为和消除危险因素；负责特殊人员安全操作证件登记造册，并保存证件的复印件。

（5）具体负责检查工序质量、分部、分项工程质量；进行分部、分项工程检验批质量评定；行使工程质量否决权。

（6）具体负责与业主、监理、地方安全和质量监督部门的业务沟通；负责向政府主管部门报验特种设备，并办理签字确认手续。

（7）负责一般及以上质量事故（不合格品）报告和处置后的质量复检，不合格信息统计上报；负责办理建筑工人团体人身意外伤害保险。

（8）经批准，启动并具体实施应对危险源突发事件的应急预案，并对其实施结果进行评价，提出改进建议；主持工程现场安全事故和道路交通事故处理的日常工作。

（9）负责工程现场文明施工管理。

　　D　物资供应部

（1）依据施工图预算和工程进度计划，负责编制甲供材料计划和自行采购材料计划；办理材料代用手续。

（2）会同经营部对甲供和自行采购的工程材料进场验收。

（3）负责由自行采购材料市场调查、询价和供方评定，参与自行采购材料的招标。

（4）履行管理体系分配的管理职责。

（5）办理施工周转材料承租事项。

（6）负责现场工程材料、半成品限额领料，现场材料管理和月末盘点，向经营部出具月度材料核算账表，分析物料消耗和材料成本；负责材料的及时进场。

（7）负责本部有关的各项原始记录、凭证的计算机管理。做到日记日清。

（8）负责项目经理部废旧物资处理。

（9）参与工程设备、工程分包、劳务分包和安全物资等招标采购工作。

（10）参与工程结算。

　　E　办公室

（1）履行管理体系分配的管理职责。

（2）负责项目经理部的文秘工作和计算机管理。

（3）负责本项目文件和资料控制与内部沟通。

（4）负责组织现场企业文化建设及现场保卫、消防工作。

（5）负责办公场所、生活区域后勤管理。

（6）负责项目经理部会务工作和外事接待工作。

（7）负责项目经理部办公、生活资产的租用合同签订及管理。

（8）负责组织协调施工人员现场出入证的办理。

15.1.6　项目经理部岗位设置

　　项目经理部岗位人员配备，应根据炼钢工程规模大小、工程范围、合同工期要求、企业资源情况、管理人员水平等方面综合考虑，进行配备。

　　对于有着丰富施工管理经验的单位来说，一般根据项目合同价款和项目工期长短，就可以合理配备相应的项目管理人员，见表15-1。

表 15-1　项目经理部岗位人员配备

岗位设置 ＼ 合同额	1 亿元以下	1～2 亿元	2～3 亿元	3 亿元以上
项目经理	1 人	1 人	1 人	1 人
副经理		1 人	2 人	2～3 人
总工程师	1 人	1 人	1 人	1 人
总会计师	—	—	—	1 人
党群负责人	—	1 人（兼职）	1 人（兼职）	1 人（兼职）

合同额 岗位设置	1亿元以下	1~2亿元	2~3亿元	3亿元以上
副总工程师	—	—	—	可设1~3人
工程技术部	部长1人	部长1人	部长1人	部长1人
	技术员1人	技术员1人	技术员1~2人	技术员2~3人
	—	资料员1人	资料员1人	资料员1人
经营部	部长1人	部长1人	部长1人	部长1人
	预算员1人	预算员1人	预算员1~2人	预算员2~3人
	财务1人	财务1人	财务1~2人	财务2人
质量安全部	部长1人	部长1人	部长1人	部长1人
	质检员1人	质检员1人	质检员1~2人	质检员2~3人
	安全员1人	安全员1人	安全员1~2人	安全员1~2人
物资供应部	部长1人	部长1人	部长1人	部长1人
	—	材料员1人	材料员1人	材料员1~2人
办公室	主任1人	主任1人	主任1人	主任1人
合计 （定员数）	12人	18人	25人	35人

注：1. 本表仅供参考。
　　2. 项目经理部管理人员人数按照项目年度预完成营业收入分等级定员。员级岗的具体配置由各项目经理部根据项目实际情况确定，但定员控制数均以合计栏人数为上限。

15.2　工程项目施工阶段管理

工程项目施工一般分为三个阶段，即施工准备阶段，施工阶段和竣工验收阶段。

15.2.1　施工准备阶段的施工管理

15.2.1.1　项目组织机构建立

（1）项目中标后，首先按企业有关规定组建项目经理部，确定项目经理，项目副经理、项目总工程师及其他管理人员。

（2）明确项目部管理职责权限，进行项目部人员责任分工。

（3）由企业合同签约部门对项目经理部工程管理人员进行合同交底，重点是工期及重大节点时间，质量要求，付款条件等内容。

（4）项目经理与企业签订《项目管理目标责任书》。

（5）明确项目经理及班子成员、职能部门管理职责。

15.2.1.2　项目策划

项目策划在项目中标、承包合同签订后，由项目经理部负责编制。项目策划一般分为施工组织策划、技术质量和项目经营策划。

A　施工组织策划

a　工程概况

（1）简述工程合同的主要内容和业主总包方、监理、设计单位名称。

（2）工程所在地的气候环境特征、施工条件。

（3）项目管理的总体目标。

（4）工程特点及难点。

（5）安全管理目标、创标化工地目标。

b　施工准备阶段工作计划

（1）技术准备、营地及办公设施准备、主材存放场地安排、工地检试验室安排。

（2）启动资金需求。

（3）工程所在地的施工资源、当地社会环境调查情况等。

c　施工部署

（1）项目组织机构和管理人员需求、施工资源需求、施工阶段初步划分，施工任务初步分工。

（2）项目管理总体安排，专业分包和劳务分包的分配计划及集中招标采购的时间安排。

（3）施工组织总设计，主要包括以下内容：工程总体进度计划和主要节点；主要工程实物量；资源配置计划，特别是大型机械设备和作业人员需求计划，各类外购件、外委加工计划；施工总平面布置，包括：办公及生活营地设施、主材存放场地、预制场、搅拌站、加工制作及组对场地、测量控制网、水电等的布置情况；对施工现场人员出入现场的门卫制度管理、现场材料、设备的出门手续管理做出部署；特殊地区的施工应对措施。

d　项目精细化管理布置及安排

（1）项目精细化管理目标。

重点对项目重大节点完成率、降本增效目标、安全指标、质量目标、劳务分包比例等内容进行明确。

（2）项目精细化管理措施。

根据已确立的精细化管理目标制定落实措施、明确责任人。

e　项目风险分析与对策

项目风险的识别评估，可按企业要求另行编制《项目经营策划书》。

f　项目信息化管理

结合企业综合项目管理系统进行数据录入，明确责任人。

g　质量创优计划

项目的质量要求和创优规划。

另有，安全策划、突发事件的应对预案制订和预案实施计划；项目月度检查及其他应该补充说明的内容等。

B　技术质量策划内容

a　工程概况

简述工程合同的主要内容和业主总包方、监理、设计单位名称；工程所在地的气候环境特征；主要工程内容及实物量；工程特点及难点等。

b　图纸自审

各专业图纸问题；各专业衔接之间的问题；工程区域与外界衔接的问题。

c　图纸会审

图纸自审问题的解决情况；设计交底的重要问题及注意事项；业主提出的重要问题及注意事项。

d　施工方案及安全专项方案策划

（1）施工方案编制清单。

（2）安全专项方案编制清单。

（3）施工方法策划。

（4）分包方的技术方案编制与管理。

e　项目关键技术及技术创新策划

（1）为降低施工成本，采用新技术、新材料、新工艺等措施。

（2）住建部（2010年版）建筑业10项新技术应用。

f　质量策划

（1）合同质量目标及实现分析。

（2）项目质量目标及实现分析。

g　验收标准

（1）执行标准情况分析。

（2）验收标准清单。

h　检试验

（1）材料复检批次分析。

（2）材料复检计划。

（3）功能性检测计划。

i　质量检查

（1）检查频次确定。

（2）关键工序和特殊工序界定。

（3）质量控制点设置。

j　质量通病防治

（1）质量通病清单。

（2）质量通病防治措施。

C　经营策划的内容

a　合同概况

（1）工程概况、项目主要施工内容、合同交底及关键合同条款、合同工期、质量、安全要求。

（2）工程进度款支付方式、支付比例、进度、预付款情况等、合同造价及结算方式。

（3）设备材料划分原则及各类物资的供应方式、合同优惠条件及关键条款。

b　项目目标

工期目标及关键节点工期、质量目标、安全目标、健康环境目标等。

c　项目经营管理

（1）经营管理目标。

（2）项目成本的测算。

（3）项目成本控制的主要措施。

（4）项目经营合同管理的主要措施。

（5）项目资金需求计划与控制措施。

d 项目工程分包的策划

根据工程情况，分包采购策划及风险防范措施。

e 项目物资采购的策划

（1）根据施工图等资料，编制项目总材料采购计划。

（2）按市场行情及已有采购价编制采购计划。

（3）物资保管、发放等管理控制措施。

另有，项目大型机械使用的策划；项目二次经营开发的策划；根据工程实际条件及合同条款，制定二次经营目标及实现措施。

f 项目经营管理的沟通

包括需要沟通的事项和计划、沟通采取的方法和措施、沟通效果的评价。

另有，项目竣工结算经营管理策划。

g 项目经营风险分析及应对措施

（1）项目经营方面的风险分析及应对措施。

（2）合同签订和履行方面的风险分析及应对措施。

（3）项目经营风险分析及应对措施。

（4）项目经营风险防范措施、对策。

15.2.1.3 现场准备

（1）建立现场测量控制网。

（2）在业主完成现场"三通一平"工作的基础上，完善施工范围内的区域施工道路；从业主给定的给水点铺设施工用水临时水管、完善给排水系统；从业主给定的供电点按要求设立（变压器）一、二级配电箱，架设施工临时电缆。

（3）按施工总规划和企业相关规定，搭设现场办公大临、生产大临、生活大临。

15.2.2 项目施工阶段的施工管理

15.2.2.1 细化施工进度计划

（1）按合同要求将施工进度计划按项目进行细化为年度、月度、周进度计划，并按施工实际情况进行不断的调整。总的原则是用周计划保月度计划，月度计划保年度计划，年度计划保项目总计划目标。

（2）根据进度计划相应编制施工图纸（包括制作施工详图）、设备、材料供应计划。根据细化的进度计划适时组织人力、施工机具、周转材料进场、退场。

15.2.2.2 召开周（月）工程例会、专题会

（1）工程开工后，项目部要组织召开项目周（月）工程例会。重点是上周（月）计划完成情况总结，布置本周（月）施工进度计划。协调工程中出现的重大进度、质量、安全问题。

（2）工程进行到重要阶段或工程遇到重大和特殊问题，项目部适时组织召开工程推进

会、专题会。以推进工程进度、解决工程所遇的问题。

15.2.2.3　进行施工各方的协调工作

A　施工方外部协调

a　与建设单位的协调。

服从建设单位的工程管理，按施工进度要求协调建设单位负责的图纸、设备、材料的供应，水电气能源的供应工作。施工总平面、道路、排水等方面的协调。

b　设计单位的协调。

根据图纸供应计划协调施工图纸供应。根据图纸的自审、会审中提出的问题与设计交流，督促设计变更按时发放。

c　与监理单位的协调。

服从监理单位监理，按监理要求及时完成各种报验手续。

d　与政府相关部门的协调。

与工程所在地政府相关部门取得联系，完成项目开工、起重机械、压力管道、压力容器、锅炉等特种设备施工报验程序，包括施工特种机械的报验工作。与质量监督站联系，完成工程各工序的报验手续。

B　与施工单位内部的协调

a　总图平面管理的协调

主要是施工各单位的施工用电、供排水、道路的协调工作，生产大临的布置、搭设、拆除等。

b　各种资源的协调

按工程的实际情况和要求，适时组织包括劳动力、施工机械、周转材料等施工资源进退场。完成技术交底、机械报验、材料复检等工作。

c　各专业、工序之间的协调

这是工程施工阶段的重点管理工作，贯穿整个工程的施工过程。着重注意的有工序间的交接工作，如：桩基工程向土建工程提出的交接资料；土建向安装工程提出的交接资料；反之安装向土建、土建向桩基进行验收复测后提出的复测资料，根据复测资料提出的问题，提出解决办法、并落实整改。另一个重点管理工作是上道工序为下道工序创造条件的协调工作。

15.2.3　竣工验收阶段施工管理

15.2.3.1　竣工验收管理程序

竣工验收准备→编制竣工验收计划→组织现场验收→进行竣工结算→移交竣工资料→办理竣工手续。

15.2.3.2　竣工验收准备

（1）建立由项目经理、技术负责人等组成的竣工收尾工作小组。

（2）编制一个切实可行、便于检查考核的施工项目竣工收尾计划。

（3）项目经理部完成各项竣工收尾计划。

（4）向业主发出竣工验收函。

15.2.3.3　施工项目竣工验收的步骤

（1）竣工自验（或竣工预验）。

（2）向建设单位提交工程竣工申请报告。

（3）由建设单位邀请设计单位监理单位及有关方面参加，同施工单位一起进行检查验收。

（4）签发《工程竣工验收报告》。

（5）办理工程档案资料移交。

（6）办理工程移交手续。

（7）办理工程结算手续。

（8）实施工程保修。

15.3　施工质量管理

15.3.1　质量管理体系

15.3.1.1　质量管理体系的建立

为保证工程项目的施工质量，按照 ISO9001《质量管理体系要求》标准，结合项目的质量管理要求，建立项目质量管理体系。质量管理体系组织机构如图 15-2 所示。

15.3.1.2　质量管理责任

A　企业法定代表人

企业法定代表人依法承担施工质量责任。

B　企业总工程师

（1）总工程师是企业质量管理的第一责任人，负责企业质量管理体系的建立和正常运行。

（2）负责批准工程施工组织总设计及重大安全专项施工方案。

（3）参加总体工程竣工验收。

（4）负责一般以上质量事故的处理。

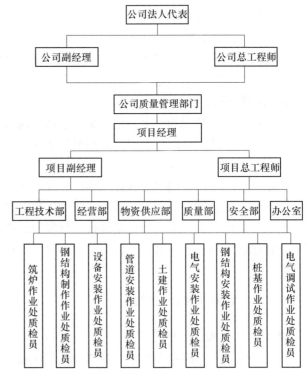

图 15-2　质量管理体系组织机构图

C　项目经理

（1）项目经理是企业法定代表人授权委托项目上的代理人，是项目实施全过程质量管理工作的第一责任人。

（2）领导制定并批准项目质量计划，确定和调整项目经理部质量管理职责和人员。

（3）确保企业质量管理体系在项目上有效运行，接受企业内部和认证中心的审核。

（4）组织工程验收、交工及其保修期内的回访和保修工作。

D　项目副经理

项目副经理质量职责由项目经理确定，项目经理外出期间须委托一名项目副经理主持日常工作，并承担项目经理的质量责任。

E　项目总工程师

（1）贯彻执行国家及当地政府相关规定和项目采用的技术标准和规范。

（2）负责建立和健全项目技术质量责任制，组织现场人员的技术教育和质量意识教育。

（3）组织图纸自审，参与甲方组织的图纸会审。

（4）组织编制项目组织总设计，施工组织设计；批准单位工程施工方案。

（5）负责特殊过程的质量监控，组织处理轻微工程质量事故。

（6）负责组织单位、分部、分项工程划分，组织单位、分部工程质量评定。

（7）负责项目检测、检验、测量设备配置和管理工作。

F　质检部

（1）负责对工程质量进行监督控制，对不合格品、质量缺陷纠正措施的监督实施，并对纠正后的质量验证。

（2）负责对原材料、半成品和设备标识的检查监督。

（3）负责联系建设单位、质量监督部门、监理公司参与对工程质量的监督、隐蔽工程验收、签证，参加单位工程的质量验收以及工程竣工后的质量评定、核定。

（4）负责分部、分项工程的质量验收、评定。

（5）负责质量、技术措施实施的监督验收。

G　质检部专检员

（1）负责各道工序质量的验收、把关。

（2）负责检验批、分项工程质量评定。

（3）负责通知业主代表（或监理工程师）进行工程隐蔽（二次灌浆通知单），并在隐蔽工程验收记录上签字。

（4）参与分部、单位工程验收，监督验收遗留问题的整改并确认。

（5）参加由业主、监理组织的外部质量联合检查；参加由企业、项目经理、项目总工程师组织的质量检查和评比。

（6）参与一般以下质量事故的处理，负责监督纠正、预防措施的落实。

（7）行使质量否决权。

H　作业处质检员

（1）负责工序施工过程质量检查（自检），组织班组之间互检。

（2）负责检验批、分项工程质量验收评定表提供。

（3）负责通知专检员进行工序检验和转序。

（4）参加隐蔽工程检查、验收。

（5）参与质量事故调查。

I　工程技术部

（1）管理施工图纸、设计变更通知书和采用的技术标准和验收规范。

（2）参加图纸会审，负责总图管理，具体负责开工前各项施工准备工作。

（3）组织对一般不合格品的处置，落实纠正和预防措施。

（4）负责项目施工过程中的技术问题的解决，对重大技术难题，报告企业相关部门组织处理，负责关键工序、特殊工序的界定及有效控制。

（5）负责项目所需的有效版本规范、标准和规程的配备和检查。

J　物供部

（1）负责建设单位提供的工程材料、半成品的验收及进场后的保管、供应和标识。

（2）负责自行采购材料、半成品的质量及合格供应方的评审、签订合同。

（3）确保不合格材料和半成品不进入工程中使用。

（4）办理材料代用证并保证质量。

15.3.1.3　质量管理体系的运行

项目部应从思想上、组织上、施工过程控制和质量检验这 4 个方面开展质量管理活动，确保质量管理体系的有效运行。

（1）质量管理人员有效行使职权。项目经理是质量第一责任人，项目总工担负全面技术责任，两者有效行使职权，在质量管理上进行统一控制和协调。

（2）从人、料、机、法、环五方面全面管理质量。充分调动作业人员的积极性、创造性，增加员工的工作责任感；在施工项目中，加强对材料的质量控制；选好和用好施工机械设备。

（3）加强对施工工艺的控制，施工过程中严格按工艺标准和作业指导书的要求操作。

（4）加强对施工工序的质量控制，强化质量检验工作，对质量状况进行综合统计与分析，及时掌握质量动态，自始至终使工序活动的质量满足规范和设计要求，使工序始终处于良好的受控状态。

（5）对操作人员的进行培训，明确不同岗位的知识和技能要求，制定全面的培训计划并实施。

（6）加强对检验手段和检测设备的管理，按照要求购置必备的仪器和检测设备，定期进行计量检测。

（7）严格执行质量标准，对任何施工质量缺陷，层层把关，不掩盖，不隐瞒，分析原因，追究责任，由质量检查员、监理、施工人员共同制定整改措施，及时处理，以满足质量标准要求，不留任何隐患。

（8）质量管理人员分工明确，各司其职，从材料进场检验、工序过程抽检、分项工程成品检查，到竣工验收检查，构成一个全过程的施工质量保证体系。

（9）控制影响工程质量的环境因素，如工程地质、水文、气象、劳动组合、作业场所、工作面等，根据工程项目的特点和具体条件，对影响质量的环境因素，采取有效的控制措施。

15.3.1.4　质量控制网络

建立从施工准备阶段、施工阶段到交工验收阶段全过程质量控制网络，如图 15-3 所示，确保施工质量满足设计和规范要求。

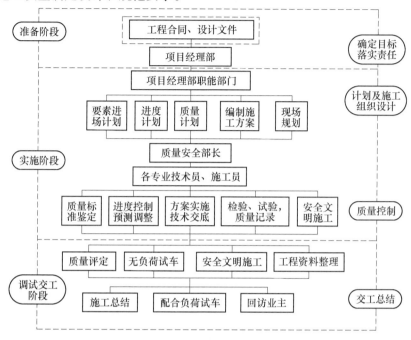

图 15-3　质量控制网络图

15.3.2　质量控制措施

15.3.2.1　质量策划

A　确定质量目标

项目经理部根据工程合同、施工单位年度质量管理工作计划对项目质量的要求，确立项目的质量目标，并分解到各单作业处和单位工程。

B　项目质量策划

主要包括：制定项目质量管理制度；编制项目质量计划；编制项目创优规划；编制项目检查、试验计划；工程项目单位、分部、分项工程划分；质量通病防止等。

15.3.2.2　项目质量控制流程

项目质量控制流程如图 15-4 所示。

15.3.2.3　工程各阶段质量控制

按照施工准备、施工过程、交竣工三个阶段抓好工程质量控制工作。

A　施工准备阶段质量控制

a　培训

工程开工前针对工程特点，由项目总工程师负责组织对管理层和作业层进行质量意识教育，使全体员工树立"百年大计，质量第一"的思想，并落实到实际工作中去，以确保项目质量计划的顺利实现。

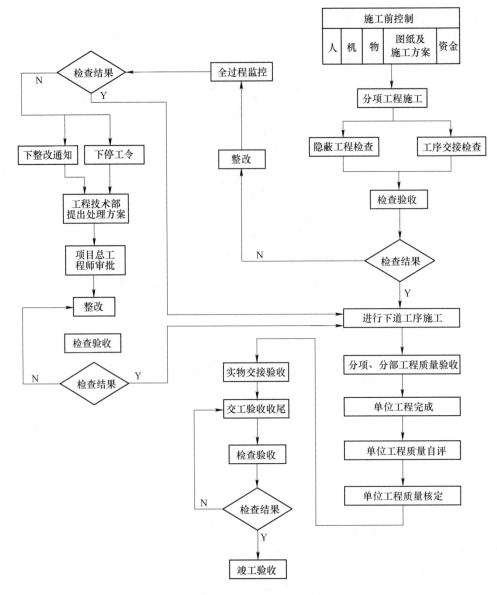

图 15-4 质量控制流程图

b 材料供应商的选择

首先要选择企业信誉好的材料供应商,保证产品质量优良、价格合理、供货便利。

严格执行材料进场检验制度,把好质量关。材料管理人员应做好材料入库台账,收、发记录,并及时收集材料的材质证明文件及产品合格证。

c 进场验证要求

特种作业人员,应做到持证上岗,项目部保存证件复印件并建台账,保持验证记录。

对进场的施工设备,项目经理部组织进场验收,保持进场验收记录,特种设备要到当地主管部门办理验收准用手续,确保合格设备进入现场。

对专业分包队伍的资质、人员和设备进行进场验证,保持进场验收记录。

另外，工程技术人员应进行图纸自审，学习规范，严格按图纸和规范施工，对图纸存在的问题，及时反馈到设计单位。

进行质量策划，编制施工组织总设计，制订质量目标。

B 施工阶段质量控制

施工过程中的质量控制重点是控制工序质量：

（1）项目工程质量的检验采用自检、互检、专检（三检制）的方式进行，并做好相应的记录。

（2）项目施工必须执行施工方案，不得擅自改动。

（3）检验批、分项工程、分部工程评定资料应和工程进度同步。

（4）质检员、质检部行使质量否确权并应有记录。

（5）技术措施交底、工序交接、隐蔽工程、事故处理等要有记录；成品保护有保护措施。

（6）关键、特殊工序施工要有方案，人员持证上岗，有施工过程记录。

C 交、竣工验收阶段质量控制

（1）项目部在全面完成所承包的工程内容，经监理工程师同意后，项目技术负责人组织自检和初步验收，按规定的质量评定标准和办法，对完成的单位工程进行质量评价，并向建设单位提出交工申请。

（2）项目经理部组织有关专业技术人员按合同要求，整理工程竣工资料。

（3）工程交工后，项目经理部对施工质量缺陷负责对缺陷修复。

15.3.3 质量保证措施

15.3.3.1 组织保证措施

（1）按 ISO9001 标准建立项目质量管理体系，进行质量职责分配。

（2）成立以项目经理为组长的质量管理领导小组，对工程质量实施监督和管理，各作业处分别设立质量检查员。

（3）各分包方建立质量管理机构，其质量管理工作纳入项目经理部质量管理体系。

15.3.3.2 技术保证措施

（1）编制项目施工组织总设计、单位工程施工组织设计、安全专项方案、施工方案；编制检查试验计划和创优质工程计划。

（2）建立完善的项目施工技术管理和技术复核制度。

（3）坚持工程图纸自审、会审制度，充分领会设计意图。

（4）坚持技术交底制度，将有关施工中质量控制的重点、难点，向作业人员交底。

（5）根据建设单位提供的测量基准点，编制施工测量控制网测设方案，并报建设单位和监理审批。

（6）采用新工艺、新技术、新材料，促进和提高工程质量。

（7）确保标准、规范的有效性，过期作废的标准严禁在工程中使用。

（8）使用的计量器具应有鉴定合格证，并在有效期内。

15.3.3.3 材料、半成品、设备保证措施

（1）物供部应根据工程技术人员提供的材料、半成品、设备、规范标准及设计要求进

行采购；材料、半成品、设备供应商提供材料合格证和设备使用说明书。

（2）招标确定材料、半成品、设备供应商，并应组织项目经理部相关人员进行评审。

（3）严把材料、半成品、设备进场关，首先应进行外观检查，在外观合格的基础上按规范要求进行见证取样复检。出现材料、半成品、设备不合格时，严格按有关文件要求进行处置、隔离和退货，杜绝不合格材料的使用。

（4）进场后的工程材料、半成品、设备应按规定建立的台账，现场进行标识，以防混用。产品应与合格证、检验记录、质量验收资料、报验资料等原始资料一致，使工程所用的材料具有可追溯性。

（5）结构件的运输和码放，必须按照相关规定进行。

（6）易受潮变质、易燃、易爆材料应严格按照相关规定进行存放，其中易燃、易爆材料存放，必须满足安全存放的规定。

15.3.3.4　施工过程中的质量保证措施

（1）按专业配足专职质量检查人员。

（2）实行"谁施工谁负责质量"的责任制度，切实加强班组"自检"工作。

（3）严格履行工程交接程序，切实加强班组"互检"工作，无工序交接手续，下道工序不准施工。

（4）项目经理部配备专职质检员，负责"专检"和把关，在质量验收合格的基础上向监理工程师报验。

（5）实行"事前、事中、事后"的全过程质量检查，实施"巡查、抽查和全数检查"的方法，确保工程施工的全过程、全工作面都受到检查。

（6）隐蔽工程的质量检查，必须在检查合格的基础上，报建设单位、监理工程师检查验收合格后，方可隐蔽。

（7）切实抓好施工过程的"检验、试验"工作，严格按规范要求做好"检、试验计划"并执行。

（8）工程质量记录应真实、准确、规范填写，报验资料要及时、齐全，应按文件要求建立健全质量管理资料台账。

（9）关键、特殊工序是重要的质量控制点，在项目质量计划中应界定。

（10）对关键工序和特殊工序，项目经理部应编制详细的施工方案或作业设计，且对该工序的施工人员进行交底，相关特种工作人员必须持证上岗。

（11）项目经理部对关键工序、特殊工序的施工过程实施连续监控检查，并保留施工记录。

（12）特种设备安装前需事先向当地监察部门告知。

15.3.3.5　成品保护措施

（1）制定成品保护管理办法，规定成品保护工艺纪律，加大对成品保护工作的奖罚力度。

（2）采取对安装用吊索进行包裹或选用吊装带等措施，防止吊索破坏构件、设备表面油漆。

（3）在抓好专业间工序交接的同时，加强成品保护工作责任的确定，后道工序对上道工序成品有保护责任。

（4）应特别注意对设备基础的边角、建筑物的地面、墙面、楼梯踏步、防静电地板、工艺设备、电气和管道的保护。

15.3.3.6 经济保证措施

（1）项目经理部应制订质量管理奖惩制度，实行奖优罚劣。

（2）开展多种形式的质量竞赛活动，奖励"亮点工程"、"精品工程"，并对质量做出贡献的单位、班组和个人给予奖励。

15.3.4 工程创优管理

15.3.4.1 工程创优规划

（1）明确创优目标：根据业主和施工单位自身的要求，结合工程的实际情况，确定切实可行的创优目标。

（2）制定工程创优规划：根据创优目标、有关评选办法的规定和文件要求，开工前制定切实可行的创优规划，提出一个总体管理框架、实施办法、评比办法和奖惩制度。

15.3.4.2 工程创优规划的实施

（1）成立创优领导小组和创优管理机构，全面负责协调项目的创优工作。按照创优规划、评比办法和奖惩制度，实行全员、全方位、全过程的"三全"控制。同时，层层建立创优体系，层层签订责任书，形成项目经理部、施工管理层、操作层的三级管理网络，提高全员的责任感，形成完整的"创优"责任体系。

（2）制订工程创优规划的各项管理制度，使创优工作有章可循。通过集中管理，分解细化，用制度来保证质量目标的实施。同时采用经济手段，建立把职工的经济利益与质量挂钩的分配制度，做到"奖优罚劣"，形成质量目标管理与考核相结合的机制。

（3）落实技术措施，按照高起点、高标准、高质量的创优要求，不断优化施工方案，改进施工工艺，创新施工方法，在施工过程中努力采用现代管理方法和科技手段，开展科技攻关，以确保创优目标的实现。

（4）依靠科技进步，加快新技术、新工艺、新设备、新材料的推广应用，提高科技含量，深入开展 QC 小组活动，大力推行工艺改革。

（5）加强过程控制，对分项工程及每个操作工艺过程进行策划、实施，使每一过程始终保持受控状态。重视对分项、分部工程的质量检查和监督，严格执行"三检制"，即自检、互检、专检，发现问题及时整改。

（6）严把材料进场关。优质建筑材料是工程创优的先决条件。施工中严格按照质量管理体系文件要求，建立材料采购、库存、领用过程中的审批制度。

（7）加强现场管理，把创优工作的出发点和落脚点放在现场。

（8）为保证工程质量，采用样板引路，即施工前先做样板，正式施工时按样板去做。

（9）参观取经，由项目经理部牵头，到其他单位参观、学习，做到"取人之长，补己之短"。

（10）策划"亮点工程"，为创优质量工程评比加分。

15.3.5　工程常见质量通病及防治措施

15.3.5.1　土建工程

A　混凝土工程

混凝土工程常见质量通病及防治措施见表 15-2。

表 15-2　混凝土工程质量通病及防治措施

序号	质量通病现状	防治措施
1	混凝土露筋	(1) 砂浆垫块垫得适量可靠；可采用埋有铁丝的垫块，并要用铁丝将钢筋骨架拉向模板，挤牢垫块； (2) 混凝土振捣严禁撞击钢筋；保护层处混凝土要仔细振捣密实； (3) 模板拼缝应严密
2	混凝土表面有麻面、蜂窝现象	(1) 控制混凝土下落高度，分层捣固，防止漏振，防止漏浆； (2) 对于较大的蜂窝，先凿去蜂窝处薄弱松散的混凝土和突出的颗粒，刷洗干净后支模，用高一级强度的细石混凝土仔细捣实，并认真养护； (3) 模板表面应清理干净，浇筑前，模板应浇水充分湿润； (4) 模板拼缝应严密，如有缝隙，应用油毡纸、塑料条、纤维板或腻子堵严；拆模不应过早； (5) 混凝土振捣时应分层均匀至排出气泡为止，并防止漏浆
3	墙、柱烂根、烂脖子	(1) 底模外用砂浆密封，吊模下加压脚板； (2) 控制混凝土的浇筑速度，下部浇筑沉实后再浇筑上部； (3) 利用接头模板
4	胀　模	支模时必须保证足够的强度和刚度
5	混凝土墙面接茬错台	(1) 上下墙接茬处，模板不能拆光，至少留一节； (2) 第二次浇灌混凝土时要上下垂直度一起检查
6	铁件凸凹不平，预埋螺栓偏位	(1) 浇筑前铁件要用螺栓与模板固定好； (2) 预埋地脚螺栓固定架要保持独立稳固，不允许焊在钢筋上； (3) 混凝土凝固前检查铁件位置并调整
7	预埋铁件空鼓	(1) 水平铁件在钢板上钻排气孔； (2) 混凝土采用赶浆法施工，一侧下料振捣，另一侧挤出； (3) 混凝土应采用干硬性混凝土浇筑，以减少干缩
8	还能否产生"冷缝"、接缝不密实	(1) 控制混凝土的浇筑速度，保证连续浇筑，如出现特殊情况应进行技术处理； (2) 施工缝必须凿去浮浆，露出石子
9	混凝土不密实	分层下混凝土，严格振捣，确保混凝土密实，防止漏振、过振、欠振
10	养护不好，拆模太早	(1) 要有专人定期浇水养护，采取覆盖措施，混凝土表面保持湿润养护； (2) 要有足够天数，一般不少于 7 天，抗渗不少于 14 天； (3) 养护液养护
11	裂缝、渗漏	(1) 加强振捣和养护； (2) 观察现象，是否继续发展，必要时做石膏饼； (3) 分析原因，制定处理方案，报监理审定后组织处理； (4) 必要时设置伸缩缝； (5) 加构造配筋

序号	质量通病现状	防　治　措　施
12	缺棱、掉角	（1）控制拆模时间； （2）防止野蛮拆模，加强成品保护
13	表面起砂	（1）确保合格原材料和配合比，控制混凝土拌和料； （2）适当掌握压光时间，表面覆盖，浇水养护时间，一般不少于 7 天； （3）防止混凝土受冻

B　模板工程

模板工程常见质量通病及防治措施见表 15-3。

表 15-3　模板工程质量通病及防治措施

序号	质量通病现状	防　治　措　施
1	钢板止水板连接处漏焊	止水板连接必须双面满焊，经检查合格后方可使用
2	模板接缝宽度超差	（1）选用合格的模板进行配板设计； （2）如有局部接缝宽度超差，则采取堵、塞缝措施
3	模板表面不清洁	模板使用前必须清理表面附着物
4	模板表面漏刷隔离剂	模板安装前必须先进行检查，涂刷专用隔离剂
5	模板表面刷废机油	严禁模板表面脱模剂刷废机油
6	沟道墙板模板支撑、剪刀撑不符合要求	模板支撑必须严格按审批同意的施工方案进行安装
7	标高超差	（1）底模安装前设置足够多的标高控制点； （2）竖向模板安装前模板根部要找平
8	预埋角铁接缝采用直接	（1）拼缝采用 45°斜接； （2）焊接后打磨平整
9	支撑立管不到底，水平管不到头	混凝土浇筑前对模板支撑系统进行检查验收
10	混凝土浇筑时产生漏浆，拆模后出现蜂窝、麻面	（1）控制木模板含水率，制作时拼缝要严密； （2）浇筑混凝土时，木模板要提前浇水湿润； （3）钢模之间的嵌缝措施要控制
11	内外墙模板垂直度超差	对大墙板模板进行实测实量，超差处进行调整
12	预埋铁件加工表面不平整	（1）尽量利用半自动切割机下料制作； （2）手工切割面必须打磨平整
13	预埋件锚固筋被随意割除	（1）封模板前对预埋铁件的锚固筋进行检查； （2）对割掉的锚固筋按设计要求进行补焊
14	有防渗要求的对拉螺栓、预埋套管缺止水环	对拉螺栓、预埋套管在安装后进行检查，止水环必须满焊
15	预埋螺栓固定架与钢筋相连	预埋螺栓必须焊独立的固定架，不得与钢筋连在一起
16	施工缝橡胶止水带安装不在缝中，有的被拉破	安装橡胶止水带要用钢筋夹住，安装位置正确，保证前后两次浇灌混凝土各隐蔽一半
17	预埋螺栓标高超差	（1）混凝土浇筑前进行测量复核，标高超差的及时调整； （2）安装固定支架，浇筑混凝土时进行测量
18	预埋件与模板固定用电焊点在模板上	预埋件必须用螺丝与模板固定，确保铁件与混凝土的表面平整度符合规范要求

C　砌体工程

砌体工程常见质量通病及防治措施见表 15-4。

表 15-4　砌体质量通病及防治措施

序号	质量通病现状	防治措施
1	游丁不错缝	（1）错缝砌筑； （2）第一批要摆砖
2	水平灰缝厚薄不均	（1）针对该批进场的砖，测十块厚度取平均值； （2）根据规范要求，确定砌体水平缝的厚度； （3）立皮树干且标准
3	第一皮砖不进行摆底	开始砌砖前，根据墙体宽度、长度及砖的模数进行摆底，确定墙体砌筑方法
4	搅拌砂浆不计量	根据砂浆配合比的要求认真按重量比进行配制，应挂牌作业
5	砌体拉结筋漏掉或埋设间距不均，漏掉拉结筋或点焊	（1）砌筑前应检查砌体拉结筋的位置、规格、长度，严格控制间距； （2）漏掉的拉结筋，应凿出柱子主筋，将拉结筋弯成 90°焊在柱子主筋上，焊接长度应大于 6cm，或采用植筋的办法进行处理
6	门窗洞口尺寸超差	在皮数杆上应划出门窗洞口的标高，操作中严格控制洞口尺寸
7	砖混结构梁下、窗下砌空心砖	若砌体为空心砖，梁下、地坪和楼板上、窗下必须采用三皮实心砖砌筑
8	水平灰缝和竖向灰缝不饱满	（1）严禁干砖上墙； （2）每一工作班应抽查两次，砂浆饱满度平均应等于或大于 80%

D　抹灰工程

抹灰工程常见质量通病及防治措施见表 15-5。

表 15-5　抹灰工程质量通病及防治措施

序号	质量通病现状	防治措施
1	抹灰砂浆无配合比或任意拌砂浆，不计量	（1）按设计或规范要求进行配合比设计； （2）严格按重量比进行投料和搅拌砂浆
2	随意拌和砂浆不用搅拌机	根据工程量大小配备砂浆搅拌机或采用半成品的商品砂浆
3	基层处理不当	（1）开始抹灰前对墙面需认真清理，光滑面应进行凿毛处理； （2）较干时，抹灰前应浇水湿润，混凝土墙、柱表面要涂刷界面剂； （3）墙面脚手架孔应作为一道工序处理
4	墙面不找平，不冲筋	对墙面先找出平面点，然后根据抹灰厚度冲筋，坚持冲筋（贴饼）、刮糙、罩面三道施工
5	室内门框和柱子的阳角不用水泥砂浆，不做护角就大面积抹灰	在墙面大面积抹灰前，阳角应用 1:2 的水泥砂浆，抹 2m 高的护角
6	窗台抹灰外高内低，倒泛水	严格按建筑设计节点大样图施工，严格检查
7	屋面、雨棚、窗台窗框不做滴水线	抹灰前先埋好塑料条
8	墙面起泡、开花	（1）石灰熟化时间不少于 30 天，严禁使用未经熟化的石灰膏； （2）底子灰过分干燥，罩面前应浇水湿润； （3）抹完罩面灰后，要等灰浆收水后再压光

续表 15-5

序号	质量通病现状	防 治 措 施
9	墙面分格线深浅不一，缝格不直、接头不平	（1）拉通线在基层上弹水平和垂直分隔线； （2）如用木条要成楔形，使用前浸泡分格条要掌握好时间； （3）使用成品分隔缝条
10	墙面空鼓、龟裂，填充墙不同材料界面处裂缝	（1）严格控制砂浆配合比，正确使用抹灰砂浆的品种； （2）抹灰前先在混凝土界面处设置细钢丝网，分层抹灰； （3）空鼓处周边切割机割除后进行修补
11	砖砌女儿墙沿屋面长度方向水平裂缝	（1）在女儿墙与屋面交界处设水平分隔缝； （2）加一层铁丝网后抹灰

E 门、窗安装工程

门、窗安装工程常见质量通病及防治措施见表 15-6。

表 15-6 门、窗安装质量通病及防治措施

序号	质量通病现状	防 治 措 施
1	外门窗框边未留嵌缝密封胶槽口	（1）门窗套粉刷时，应在门窗框边嵌条，留出 5~8mm 深的槽口，槽口内用密封胶嵌填密封； （2）胶体表面应压平、光洁
2	窗框周边水泥砂浆嵌缝	（1）窗框四周应为弹性连接，填充 20mm 厚的保温材料或泡沫塑料，用密封胶填平、压实； （2）严禁用水泥砂浆直接同窗框接触
3	砖墙体用射钉连接铝合金门窗框，铁脚不牢	应用钻孔方法，用膨胀螺栓固定连接件
4	外墙面推拉窗槽口积水，发生渗水	（1）外框和轨道根部钻排水孔； （2）槽竖框相交处注硅酮胶密封
5	窗扇推拉不灵活	（1）安装前要仔细检查尺寸，选择框、扇尺寸配合良好，且厚度要符合设计要求的构件； （2）在窗框四周与洞口墙体的缝隙间采用柔性连接，防止窗框受挤压变形
6	玻璃胶条龟裂、短缺、脱落	（1）安装玻璃胶条前，要先将槽口清理干净； （2）要选择弹性好、耐老化的优质玻璃胶条； （3）玻璃胶条下料时要留出 2% 的余量
7	外墙窗户下边框与墙体间渗水	（1）框外墙体应做成斜面，使表面不积水； （2）密封胶要连续且有一定的厚度
8	扇面和框之间密封不严	（1）框四周局部变形； （2）扇面不平，密封条不好

15.3.5.2 钢结构工程

A 钢结构制作工程

钢结构制作工程常见质量通病及防治措施见表 15-7。

表 15-7　钢结构制作质量通病及防治措施

序号	质量通病现状	防治措施
1	钢材表面卡具压痕或划痕损伤	（1）深度大于该钢材厚度负允许偏差值 1/2 时，采取局部补焊后再打磨平整； （2）小于 0.5mm 时，予以磨修平整
2	火焰切割面存在大于 1.0mm 的缺棱，切割边熔化物不清理	（1）选择合适的切割工艺； （2）非焊接面的缺棱，应予补焊并打磨平整； （3）切割边熔化物予以清理
3	现场焊缝坡口不规范	（1）坡口角度、钝边误差要在允许公差之内； （2）坡口表面割痕要打磨； （3）尽量不用手把火焰切割
4	焊缝应力孔切割不规范	（1）严格按详图尺寸或规范要求开孔； （2）用样板号孔，割孔面应打磨
5	螺栓孔倾斜，孔周边毛刺不清除	（1）钻孔前钻头与构件表面调垂直； （2）孔周边毛刺，用磨光机打磨清除
6	构件矫正后仍存在变形超标	（1）在涂装前重新校正； （2）根据变形类型，选择矫正方法和矫正工艺
7	薄板或较薄中厚板用单头火焰切割后出现侧弯曲	（1）火焰切割时宜间断进行，留短长度的固定点，待板冷却后再彻底断开； （2）尽量采用多头抽条机切割
8	零部件组对后出现定位焊缝开裂	（1）加大定位焊缝的长度和角焊缝焊脚高度； （2）厚板或环境温度较低时，要先预热后点焊； （3）开裂定位焊缝必须刨掉
9	隔板、肋板装配不垂直	（1）按组装工艺要求组装； （2）用直角尺找正后焊接，两侧焊缝对称焊接； （3）用机械或火焰方法矫正
10	钻孔定位基准线或基准面随意改变	（1）基准改变容易造成较大的误差积累，尤其对长度较大的构件更明显； （2）对每一组螺栓孔中心，应从构件中部位置作为基准线或基准面
11	成品构件编号、中心、重心标识不清晰、不规范	（1）严格要求，加强精品意识教育； （2）按施工详图统一编号；编号要求在施工技术文件中予以明确； （3）中心、重心位置用规定油漆颜色标注清楚； （4）出口构件，还应按国际惯例标识
12	构件在装卸倒运时，未采取有效保护措施	（1）在详图设计时，设临时吊耳，安装后割除； （2）钢丝绳捆扎处必须垫木板或橡胶皮
13	焊缝咬边	（1）选择合适的焊接电流； （2）采取短弧焊； （3）掌握合适的焊接角度
14	构件上有焊瘤	（1）焊接电流和焊接速度要适当； （2）装配间隙不能太大； （3）坡口边缘污物清理干净； （4）临时固定件割除后要打磨

序号	质量通病现状	防 治 措 施
15	焊缝有弧坑	(1) 熄弧前焊条回弧填满熔池； (2) 焊接电流要适当； (3) 焊接时要加引弧板
16	焊缝有气孔	(1) 清理焊接区表面油污、浮锈、底漆、水分等污物； (2) 焊前焊条、焊剂烘干
17	焊缝有夹渣	(1) 仔细清理熔渣（每一层）； (2) 稍微提高焊接电流，加快焊接速度； (3) 加大坡口角度，增加根部间隙； (4) 正确掌握运条方法
18	焊缝有冷裂纹	(1) 使用低氢型、韧性好、抗裂性好的焊条； (2) 正确安排焊接顺序； (3) 进行预热或后热控制层间温度，选用合适的焊接工艺参数； (4) 分析产生裂纹的原因，制定返修方案
19	焊缝未焊透	(1) 坡口角度或间隙放大，钝边放小； (2) 焊接电流要适当调大； (3) 根据超探结果返修
20	焊接变形过大	(1) 号料时要留焊缝收缩裕量； (2) 正确安排焊接顺序； (3) 选择适当的焊接参数； (4) 采取强制约束或反变形法技术措施
21	焊接飞溅多	(1) 选择合适的焊接参数，尽量防止磁偏吹； (2) 焊前焊条烘干； (3) 用混合气体代替 CO_2 气体
22	电弧损伤母材	(1) 电焊把线绝缘良好，不得裸露导线； (2) 带电焊钳不得接触钢板； (3) 不允许在焊道以外引弧，按规定设置引弧板和引出板
23	焊缝成型质量欠佳：焊缝高低不平，焊缝宽窄不一，焊缝不直，焊肉与母材过渡不平滑	(1) 严格执行焊接工艺，严格控制坡口度数，坡口间隙力求一致； (2) 焊肉超高的部分用磨光机修磨
24	涂装前构件表面有油污	(1) 防止吊车和其机械设备漏油； (2) 构件上有油污及时清理
25	涂装前构件表面有药皮、飞溅、尘灰	(1) 严格工序交接制度，涂装前药皮、飞溅等应清除干净； (2) 涂刷底漆或两道漆之间，构件表面的尘灰均要用抹布擦干净
26	喷砂或抛丸除锈、达不到设计要求	(1) 抛丸机行走小车速度要保证表面除锈质量； (2) 调整好抛头或喷枪角度； (3) 夜间施工要保证照明亮度； (4) 随时进行自检，确保达到设计要求
27	高强螺栓摩擦面残留氧化铁皮、铁锈、毛刺、油漆等	(1) 保证除锈工序质量； (2) 钻孔后及时打磨毛刺； (3) 板切割后，清除边缘氧化铁皮

续表 15-7

序号	质量通病现状	防治措施
28	漆膜返锈	(1) 涂装前清净构件基层铁锈、灰土、水分、油污； (2) 除锈后及时涂装； (3) 涂刷均匀，不出针孔，达到设计要求涂层厚度
29	连接板等小件局部漏刷油漆	(1) 技术人员向涂装人员进行现场交底； (2) 给涂装人员创造良好的施工条件
30	漆膜起皱、流坠	(1) 检查油漆黏度，稀释剂掺兑是否合适； (2) 刷涂或滚筒涂装时，刷子和滚筒不能蘸漆太多； (3) 底、中、面漆逐层干后再涂装
31	漆膜起泡、局部脱落	(1) 喷涂时，保持压缩空气干燥； (2) 雨天或湿度超过85%时禁止涂装； (3) 构件表面温度超过43℃时不宜涂漆
32	漆膜厚度达不到设计要求	(1) 漆膜厚度偏差要满足设计或规范要求； (2) 坚持油漆质量检查监督制度； (3) 保证涂刷遍数
33	不按规范要求补刷油漆	(1) 损坏漆膜后及时补涂油漆； (2) 补涂前用小铲、钢丝刷将烧坏漆膜清理干净，露出金属光泽； (3) 补涂时，应按照设计要求的涂装遍数进行
34	漆膜表面粗糙，不光滑	(1) 涂装前处理好构件基层，尤其是清除残留在表面的砂粒灰尘； (2) 保证油漆合适黏度； (3) 均匀涂刷，用喷涂代替刷涂
35	漆膜色差大	(1) 面漆批次间颜色有差异，必须对照色卡验收； (2) 同一批构件，尽量用同一批次面漆涂装； (3) 一次均匀涂装，减少返工
36	漆膜表面受污染	(1) 清除、隔绝现场周围污染源； (2) 大风天涂装采取措施或停止施工； (3) 涂装好的构件存放时不得沾染泥污
37	漆膜破损	(1) 涂装后待漆膜干后方可翻转、吊运、摆放； (2) 运输过程中采取保护措施； (3) 涂装前应确认构件合格，涂装后不再进行焊接、矫正作业
38	标识不规范或不清晰	(1) 统一部位，统一标识大小、形式； (2) 在明显的位量喷涂标识，做到清晰醒目，标识数量宜多不宜少
39	栓钉不垂直、焊缝不连续	(1) 用机械方法矫正，符合规范要求； (2) 调整栓钉焊机参数； (3) 用手工电弧焊补焊
40	高强度螺栓摩擦面不采取保护措施，孔周边留不涂漆距离不足	(1) 施工前，技术人员向施工人员现场技术交底； (2) 涂装前采取措施保护好摩擦面，可采取贴纸或粘胶带的方式； (3) 构件出厂前检查摩擦面，有问题在厂内处理
41	出厂前成品结构件变形	(1) 成品堆放支垫应平稳可靠； (2) 慢速卸车，防止构件间产生碰撞； (3) 防止外力碰撞； (4) 在出厂前矫正成品构件变形

序号	质量通病现状	防 治 措 施
42	成品钢构件漆膜被钢丝绳勒损或沾染油污	（1）吊装大件要用专用钢丝绳，绳外套橡胶管保护； （2）在钢绳勒紧处垫橡胶板（或废橡胶轮胎皮）； （3）在钢构件之间垫硬杂木方或粗草绳
43	装车运输时，构件之间未采取支垫措施或支垫不稳	必须采取适当的防止构件滑落或碰撞的支垫措施

B　钢结构安装

钢结构安装工程常见质量通病及防治措施见表 15-8。

表 15-8　钢结构安装工程质量通病及防治措施

序号	质量通病现状	防 治 措 施
1	构件表面沾染泥沙，不清洁	（1）及时用水冲洗或擦干净，不许带泥吊装； （2）构件不能直接摆放在地上，用道木等支垫
2	安装前发生的损伤变形未矫正	必须用冷或热矫方法予以矫正，并补涂底漆和面漆
3	局部涂漆层损伤脱落未处理	先用手动或电动工具除锈，然后用同牌号的底漆和面漆补涂
4	用火焰割扩螺栓孔	（1）采用铰刀扩孔或更换连接板； （2）堵焊后重新钻孔
5	高强螺栓的摩擦面处理不干净	（1）必须磨平孔周边的毛刺； （2）清除摩擦上的油污、泥沙和浮锈
6	高强螺栓垫片装反、露出丝扣不一致	（1）垫片有倒角面向外，和螺母凸台面相配，大六角头螺栓头侧垫片倒角朝向螺栓头； （2）同一板叠厚度选用的螺栓长度应一致，露出的丝扣长度以 2～3 扣为宜
7	高强螺栓强行用铁锤敲入、穿入方向不一致	（1）严禁用锤敲击穿入； （2）孔错位不大时采用铰刀扩孔后安装； （3）穿入方向应便于螺栓拧紧，力求方向一致
8	高强螺栓一次拧到位	高强螺栓必须分初拧和终拧
9	角焊缝焊脚高度不足	（1）焊接前应进行技术交底，要求焊工按图焊接； （2）焊接层数不要过分减少； （3）焊缝高度不足处进行补焊
10	焊缝（主要是角焊缝）药皮、飞溅物未清除，焊缝成形不良	（1）焊缝药皮、飞溅物应由焊工及时清除； （2）加强质量自检，随时处理存在缺陷； （3）加强精品意识教育； （4）对明显的焊缝成形不良部位予以修整
11	平台栏杆立杆不垂直、横杆不平直，栏杆焊接口不打磨	（1）现场散装，立杆用靠尺找正，横杆拉线找平直； （2）整片安装，要先消除运输、吊装变形，然后安装； （3）焊接口（尤其梯子栏杆的横杆）必须打磨光
12	永久螺栓的螺母松动或出现遗漏	（1）施工作业时及时做好自检，随时处理； （2）工序完成后专门安排专人检查

序号	质量通病现状	防治措施
13	安装焊缝的焊渣不清除，不涂底漆只涂面漆	（1）在补涂之前进行技术交底，加强责任心； （2）严格按规程操作，焊渣随焊随清； （3）安装焊缝部位涂漆要按正式涂装程序，进行补刷油漆
14	安装焊缝部位涂装油漆露底、流淌、皱纹和色泽	（1）严格按操作规程操作，不允许用滚筒滚刷，保证油漆遍数和漆膜厚度； （2）强化作业者责任心和质量意识教育
15	安装焊接时结构背面的涂漆烧坏后清除不干净，漏补油漆	必须将烧坏的油漆清除干净，按设计和规范要求分层进行补刷油漆
16	安完的钢结构被下道工序（专业）电焊、切割、砌筑时污染、损坏	（1）进行工序交接时，对下工序（专业）讲清楚； （2）项目部加强成品保护教育； （3）坚持谁损坏谁负责修复的原则
17	现场加工的栏杆、支架、小平台等除锈不彻底	（1）手工除锈应达到规定要求； （2）严禁用未除锈的素材加工构件
18	柱脚底板下或钢平台底部垫板不符合规范要求，超块数和不进行点焊	（1）必须加工专用垫板，其块数不得超过 5 块； （2）在二次灌浆前应将垫板调整并予以点焊
19	檩条安装不平直	（1）檩托位置不对时，调整檩托或重新安装檩托； （2）调整檩条间支撑或螺栓拉杆
20	金属压型板屋面板檐口、墙面板上下端头不齐	（1）拉线、挂线安装，第一块板必须找正； （2）每块板端头应垂直，相同尺寸的板下料长度要一致
21	金属压型板钻打的抽芯铆钉间距长短不一，安装室外板未使用防水铆钉	（1）抽芯铆钉间距应按标准图集节点要求保持一致，铆钉直径符合要求； （2）安装室外屋面或墙板必须使用防水铆钉
22	墙顶伸缩缝金属压型泛水板设置不规范	（1）按照相关图集和规程压制成形，设置成既防风防雨，又能够自由伸缩的泛水板； （2）不得随意施工
23	屋面和墙面的金属压型板防风堵头未设置或设置不齐全	（1）按照相关图集和规程正确设置防风、防雨堵头； （2）不得随意施工
24	室外门窗、墙顶墙脚的泛水板和包角板之间搭接长度不规范，未打防水密封膏	（1）泛水板和包角板之间搭接长度按照相关图集节点大样进行，防水密封膏在钉两侧至少打一道止水； （2）属于一次性施工项目，需一次做好； （3）向作业者做好技术交底，作为重要工序控制
25	屋面抽芯铆钉施打时，错钻孔未用防水密封胶封堵	（1）必须做好顶头部位涂防水密封胶的最后一道工序； （2）凡是错钻空洞应用防水密封胶封堵； （3）向作业者做好技术交底
26	采光带上下口高低不一，造成不美观	（1）安装前要进行技术交底，统一规定采光带的搭接尺寸； （2）施工过程加强检查控制
27	屋面板表面划擦痕迹和刮擦磨损漏出金属面的涂漆损伤	（1）在屋面板安装后，统一安排专门人员进行补涂； （2）先补一道底漆，后补一道同色面漆； （3）在安装中尽量避免与板刮擦碰撞
28	屋面板上部的施工杂物和建筑垃圾未清	（1）边施工边清除施工杂物和建筑垃圾； （2）屋面板施工结束后要进行一次统一清理和检查

15.3.5.3 机械设备安装工程

A 设备安装工程

设备安装工程常见质量通病及防治措施见表15-9。

表15-9 设备安装工程质量通病及防治措施

序号	质量通病现状	防 治 措 施
1	座浆料不按配合比计量	(1) 座浆料要经过筛选，按规范选择配合比； (2) 座浆用砂石、水泥、水必须计量准确； (3) 留置试块
2	座浆墩养护不规范	(1) 对坐好的浆墩要盖上草袋或塑料薄膜； (2) 气温高时要浇水养护，冬季不能浇水，要用塑料膜和草袋覆盖
3	座浆墩顶面平垫板设置超差	(1) 座浆墩凝固后，认真检查垫板的标高、水平、接触（是否空鼓）情况； (2) 顶面低于混凝土面、水平度超差、空鼓严重的，要重新座浆
4	预留孔地脚螺栓外露长度不均匀	地脚螺栓按规定留出长度，确定长度无误后再灌浆
5	垫板外露长短不一致，垫板组摆放不整齐	(1) 垫板安装要按规定尺寸露出设备底座； (2) 垫板组按规定放置； (3) 经检查不符合要求的要进行修整或调整
6	设备座浆坑深度不够，表面清洁不好	(1) 坑深要大于30mm，达不到要求的要重新铲凿； (2) 座浆前清除坑内杂物，冲洗干净
7	地脚螺栓保护不好，有的锈蚀或螺纹损坏	(1) 安装后的地脚螺栓要涂干油保护； (2) 外露螺纹要注意保护
8	设备中分面保护不好	中分面作为测量面使用后，要涂刷防护油防止锈蚀
9	设备零部件之间、设备与管道之间的结合面，油污和污物清理不净	油污或污物要及时清理干净；二次污染后仍要清洗
10	地脚螺栓孔灌浆前污物清理不彻底	(1) 预留孔内水及其他污物必须清理干净； (2) 要经专检或监理确认
11	斜垫板之间未点焊或点焊不牢	发现未点焊或点焊不牢的要进行补焊，否则不能灌浆
12	垫板组内块数多于五块	(1) 一组垫板的数量，不许超过五块，否则要更换成厚垫板以减少垫板数量； (2) 厚的放底，薄的放中间
13	斜垫板的接触面过小	有接触面要求时，垫板要进行人工研磨，且接触面积一般不小于70%
14	零、部件清洗后二次污染	(1) 清洗后的零、部件要及时安装； (2) 不能很快安装的零、部件要妥善保管，避免污染、生锈和丢失
15	设备安装挂线不规范	(1) 选择直径0.35~0.50mm的整根钢线； (2) 两端支架牢固，两端滑轮支撑在同一标高面上，长度不宜超过16m； (3) 重锤的重量应控制在钢线破断拉力的30%~80%

序号	质量通病现状	防 治 措 施
16	中心标板及基准点埋设不规范，永久点未设保护装置	（1）中心标板及基准点可采用铜材、不锈钢材，在采用普通钢材时应有防腐措施； （2）要按施工方案规定的位置安装、固定和予以保护，可采用防护罩、围栏、醒目的标记等保护措施
17	轴承端盖渗油	（1）密封件装配不正确或密封件局部有损坏； （2）重装或更换密封件； （3）油位超过规定要求，适当降低油位； （4）检查装配尺寸

B　液压、润滑管道安装工程

液压、润滑管道安装工程常见质量通病及防治措施见表 15-10。

表 15-10　液压管道安装工程质量通病及防治措施

序号	质量通病现状	防治措施
1	用氧-乙炔火焰或砂轮切割	（1）严禁用氧-乙炔火焰切割和砂轮切割； （2）必须使用锯床、专用切管机、钢锯割
2	冷煨管的椭圆度超差	（1）选用匹配的冷弯管模具，管子置于模具的位置要准确； （2）管子的壁厚宜采用正公差； （3）椭圆度超过规定不能使用
3	液压软管弯曲半径不够与设备相碰摩擦	（1）软管连接严禁扭曲，如发现要及时调整； （2）软管的弯曲半径要符合规范规定； （3）软管如果出现与设备相碰时，需核对软管的选用和安装位置是否正确
4	液压管支架、管夹固定不牢、排列不美观	（1）液压管支架，管夹焊缝应饱满，固定应牢靠； （2）液压管安装要做到横平竖直，管道之间平行度符合要求
5	酸洗后二次污染	管口及时封堵
6	酸液浓度、温度、酸洗时间等参数控制不严，发生过酸性	严格控制酸的浓度、温度及酸洗时间，防止过酸性
7	有来回弯的管子，酸洗不彻底	保证酸液充满管内所有空腔，彻底排除管内空气
8	循环酸洗管道最高部位无排气点，最低部位无排放点	（1）严格检查酸洗回路中的排气点、排放点的设置位置； （2）不符合要求必须改正
9	油冲洗取样油的取点不对	（1）在监理旁站下取样； （2）在冲洗回路的最后一根管道上取样
10	液压软管在运动时相互摩擦	（1）软管规格、长度、弯曲半径应符合规定要求； （2）软管管夹固定
11	管卡安装不规范	（1）管卡和管径匹配； （2）管卡与支架固定牢固； （3）管卡数量充足、位置正确
12	油漆流挂、漏涂、露底、洒落、污染	（1）管径小，毛刷蘸漆不能太多； （2）管子下面仰刷或用小窄刷掏刷； （3）涂装时采取保护措施，避免油漆洒落污染其他物件和地面

15.4　安全管理

炼钢连铸工程投资大、规模大、建设周期短，参建单位、人员较多，管理的要求严、起点高。建安工作量大，工程施工较复杂，施工难度、危险性较大，专业多、施工工艺复杂，施工现场存在大量的、不断变化的风险因素，项目部必须树立风险意识，重视风险问题，结合项目实际情况，对施工风险进行主动预防和控制，对炼钢连铸工程项目施工现场职业健康、安全与环境风险管理进行策划。依靠"预防为主、综合治理"的措施和手段，来实现"安全第一"目标。根据"安全生产，人人有责"和"各负其责"的原则，项目施工全体员工都必须在各自岗位对实现安全施工负责，建立和推行项目区域安全责任体系，有效地推动项目各项安全管理制度和安全技术措施的运行和落实。

15.4.1　建立健全项目安全管理责任体系

15.4.1.1　责任体系的建立

（1）项目安全责任体系的建立，必须要坚持以人为本、以人为核心的原则，因为人是工程建设的决策者、组织者、管理者和操作者。在工程建设中，各单位、各部门、各岗位人员的工作质量水平和完善程度，都直接或间接地影响工程施工安全。所以在项目施工过程中，明确和落实每个人的安全责任是非常重要的，以此来规范每个人的安全行为，发挥每个人的积极性和创造性，以每个人的安全工作质量来保证施工安全。

（2）施工单位设置独立的安全监管部，按规定足额配备专职安全管理人员。

（3）项目部设置安全管理部门，按照相关规定的要求配置安全管理人员。

15.4.1.2　主要责任人的安全职责

A　企业领导层安全生产职责

（1）对企业安全生产负全面领导责任。

（2）贯彻执行国家和地方有关安全生产方针、政策，掌握企业安全生产动态。

（3）监督、指导企业经理层建立健全企业安全管理体系、安全生产责任制。

（4）监督、指导企业经理层制定企业安全生产制度、操作规程、应急预案等。

（5）督促企业制定安全生产教育和培训计划。

（6）主持召开企业安委会，部署企业安全工作任务，决定安全工作事项。

（7）督促、指导企业安全生产投入的有效实施。

（8）督促、检查企业安全生产工作，及时消除生产安全事故隐患。

（9）及时、如实报告安全生产事故。

B　各职能部门相同职责

（1）学习贯彻落实国家、行业、地方新近颁发的政策和企业安全管理制度。

（2）坚持宣传贯彻落实"安全第一、预防为主、综合治理"的方针。

（3）坚持安全生产首席负责制的原则，做好本部门的安全管理工作。

（4）负责办理企业安委会办公室日常工作，负责本制度的编制、修订、完善相关规定，并督促贯彻实施。

C　项目经理安全职责

（1）项目经理是项目施工安全第一责任人，组织建立项目安全技术、安全执行、安全监控体系。

（2）贯彻企业安全管理制度，建立健全所在项目的安全生产责任制和安全管理体系并确保其运行有效，是项目安全第一责任人。

（3）根据项目的特点，制定安全管理目标。组织项目资源配备、费用投入、过程监控检查、安全措施落实、安全绩效评价等。

（4）正确处理安全与施工的关系，认真组织整改项目安全不符合项，采取有效措施，消除事故隐患。

（5）组织制定项目应急救援预案，并组织演练；发生事故，及时抢救，上报有关部门，协助调查组做好事故调查处理。

（6）根据住建部（建质〔2011〕111号）文件规定，坚持在施工现场安全生产带班，并填写《企业负责人带班检查记录》。

D　从业人员的安全职责

（1）从业人员应当自觉遵守各项安全生产规章制度，服从管理，不违章作业，上岗必须按规定着装，正确佩戴和使用劳动防护用品；

（2）从业人员应当掌握本职工作所需的安全生产知识，提高安全生产技能，增加事故预防和应急处理能力；

（3）参加输出单位（劳务公司或专业公司）和输入单位（所在项目部）各项安全培训教育，不断提高安全意识，丰富安全生产知识，增加自我防范能力；

（4）正确分析、判断和处理各种事故苗头，避免事故伤害，发生事故，及时如实地报告，保护现场；

（5）发现直接危及人身安全的紧急情况时，应停止作业或者在采取可能的应急措施后，撤离作业现场，有权拒绝违章指挥和强令冒险作业；

（6）作业前认真进行安全检查，作业中发现异常情况，及时处理和报告，加强设备维护，保持作业现场整洁，做好文明施工。

15.4.1.3　项目安全责任体系的落实

（1）在项目施工准备阶段，各级区域安全责任人必须严格执行各类施工资源进场确认制度，项目经理部主要负责人组织有关人员向施工区域负责人及有关人员进行施工前总交底；以合同为依据，交底内容包括施工技术文件，安全体系文件，安全生产规章制度和文明施工管理要求；对合同规定施工过程中应提供的人力资源、机械设备、安全设施和防护用品，必须经项目经理部验证符合合同规定以及企业管理要求，同时对进场人员进行入场前安全教育和培训，确认合格后方可进场进行施工。

（2）在项目施工阶段，各级施工区域安全责任人及时组织完善各项安全技术措施、专项安全方案、安全技术交底工作，对本责任区域施工安全进行全过程、全方位的控制，重点控制和预防人的不安全行为、物的不安全状态和管理缺陷在本区域内发生，实施定期安全检查和安全日常巡查，发现问题，及时整改纠正。

（3）当一个施工区域内存在工程（工序）未交接就有相关专业进行交叉作业时，必须以先入为主的观念，后进场施工的队伍（班组）必须遵守和执行该施工区域安全负责人的各项安全指令，双方签订作业区域安全责任书，负责本专业队伍（班组）作业区域安全，以及对周围作业区域安全不构成威胁。

15.4.1.4 项目安全责任体系的监控

（1）项目施工安全经理和项目安全管理部门负责人以及各级专（兼）职安全员是"项目安全责任体系"推行工作的责任主体，负责整体推进工作的策划、指导和监控。并根据工程实际适时抽调工作经验丰富的安全协管员，作为项目部专职安全员工作的助手，积极配合项目部专职安全员的各项现场安全监管工作，履行施工现场的安全协助管理职责。

（2）各级安全管理人员明确各自的监控区域和监控责任，对本施工区域存在的危险源进行识别与评价，根据工程特点、危险性大小制定预防控制措施和各施工阶段的安全控制要点，组织对区域内的设备性能、人员资格、周围环境安全设施进行安全检查和安全验收，组织对人员进行安全教育，建立安全检查、安全放行制度和安全处罚制度，确认各项施工资源（技术、设备、人员等）配备符合安全管理要求后，才能准许进行施工。对危险性较大工程施工进行旁站监督。

（3）各级安全管理人员在施工过程中，对项目施工现场进行日常安全检查。查设备和周围环境的各项安全性能；查员工安全意识及"违反操作规程"现象；对发现的问题和隐患，及时监督和落实区域安全责任人组织制定整改计划、方案，限期整改，进行验证放行，及时消除事故隐患，确保施工过程中的安全。

15.4.2 项目安全施工策划

针对工程项目的规模、结构、环境、技术含量、施工风险和资源配置等因素进行安全生产策划，策划的内容包括资源配置，施工方案实施等。

15.4.2.1 资源配置

配置必要的设施、装备和专业人员，确定控制和检查的手段、措施。

15.4.2.2 施工方案实施

确定整个施工过程中应执行的文件、规范。如脚手架工程、高空作业、机械作业、临时用电、动用明火、沉井、深挖基础施工和爆破工程等作业规定。

15.4.2.3 季节性施工

确定冬季、雨季、雪天和夜间施工时的安全技术措施及夏季的防暑降温工作。

15.4.2.4 安全专项施工方案落实

确定危险部位和过程，对危险性较大和专业性强的工程项目进行安全论证。同时采取相适宜的安全技术措施，并得到有关部门的批准。

15.4.2.5 做好安全技术交底记录

生产作业前对直接作业人员进行安全操作规程和注意事项的培训，由工程技术部门负责组织实施，安全监管部门参加交底，交底记录应由交底人、被交底人、专职安全员进行签字确认，并记录存档。

15.4.2.6　特种设备施工管理

特种设备因机构复杂、载荷多变、结构庞大、运行空间广、危险性大，应对特种设备进行专业化管理，建立特种设备安全生产责任制，实行动态监管体系。

15.4.3　项目主要危险源及控制措施

15.4.3.1　土建工程

A　土方开挖

主要危险源分析：

（1）临边防护不稳定，缺少扫地杆，部分基坑缺少防护。

（2）空气压缩机压力表，安全阀损坏，没有定期检查。

（3）作业人员上下基坑没有设置斜道。

（4）基坑上下人员的斜道扶手不符合安全要求（没有设防滑条或防护栏杆高度不够）。

（5）水泵在使用前没有进行绝缘测试。

（6）作业人员没有戴安全帽或没有正确戴安全帽。

（7）作业人员没有穿防水鞋或光脚作业。

（8）石方爆炸违章。

（9）负荷极限：体力、听力、视力超过极限。

（10）心情烦躁、紧张、低落易发生安全问题。

（11）挖掘机在作业过程中，其他人员离挖掘机的距离过近。

（12）土方作业前施工人员没有对作业人员进行安全交底。

（13）机械作业人员没有经过培训，无证上岗、操作失误。

主要控制措施：

（1）严格遵守土方开挖技术措施，开挖深度超过5m必须编制专项安全方案，并经过专家论证。

（2）项目经理部对操作人员进行安全培训和交底，严格按要求进行施工。

（3）爆破土方要遵守爆破作业安全有关规定。

B　深基坑支护

主要危险源分析：

（1）支护方案或设计缺乏或者不符合要求。

（2）临边防护措施缺乏或者不符合要求。

（3）坑壁支护不符合要求。

（4）夜间无红色警示灯标志。

（5）雨水、污水排泄不畅。

（6）支护设施存在缺陷。

（7）物品堆放不合理造成坑边荷载超载。

（8）人员上下通道缺乏或设置不合理。

（9）基坑作业环境不符合要求。

主要控制措施：

（1）严格执行基坑支护方案施工。

（2）基坑内应设置爬梯作为上下通道提供给施工人员上下基坑。

（3）通道旁坑槽使用栏杆及安全网，夜间设置红色警示灯。

（4）设置排水设施。

（5）加强支护检查和变形监测。

（6）堆放物品距离坑边不小于1.5m，高度不超过2m。

C　外脚手架搭设

主要危险源分析：

（1）脚手架搭设无方案或未按方案施工。

（2）作业人员无证上岗。

（3）作业前未对作业人员进行安全技术交底和安全专项教育。

（4）作业人员高处作业未按规定戴防护用品。

（5）钢管、扣件材质不符规范要求。

（6）钢管上违规钻孔。

（7）基础没有平整夯实排水不畅。

（8）脚手架搭设不符合规范要求。

（9）违章违纪工作及违反安全要求。

（10）搭设作业时，作业区域下方未拉设警戒线，无专人进行旁站监督。

主要控制措施：

（1）从事架子工种的人员，必须定期进行体检。

（2）作业人员持有效资格证件上岗。

（3）脚手架搭设前，必须制定施工方案和进行安全技术交底。

（4）脚手架搭设前，作业人员应戴好安全帽、系好安全带、穿好防滑鞋。

（5）架管、扣件、安全带、安全网应维护保养完好和合理配置，不合格的不得使用。

（6）遇有恶劣气候影响安全施工时应停止高处作业。

（7）脚手架搭设过程中，严格按照相关规范搭设。

（8）脚手架搭设时，地面应设围栏和警戒标志，并设专人看守，严禁非操作人员入内。

（9）脚手架搭设后，按规范进行验收，验收合格后方可投入使用。

D　满堂脚手架搭设

主要危险源分析：

（1）无专项施工方案。

（2）无安全技术措施或未交底施工。

（3）违章违纪工作及违反安全要求。

（4）钢管及扣件选择不合格。

（5）满堂支架搭设不规范。

主要控制措施：

（1）有针对性且可操作性的安全技术措施，并进行安全技术交底。

（2）施工中严禁打闹、抛物等违章违纪行为。

（3）严格按规范、方案、技术交底施工，不得擅自篡改。

（4）严禁私自拆除、挪用安全装置及设施。

（5）进入现场佩戴安全帽；钢管、扣件质量符合现行国家相关标准。

15.4.3.2 起重吊装作业主要危险源及控制措施

A 大型构件、设备吊装

主要危险源分析：

（1）未编制安全专项施工方案或编审批不符合要求。

（2）起重设备司机无证上岗或证件失效。

（3）未经安全交底施工。

（4）操作人员精神状态不佳或起重指挥操作人员配合不协调。

（5）各吊机交叉作业。

（6）起重作业工机具，索具未检查就使用或偷懒降低安全系数使用。

（7）吊具吊索未检查以小带大。

（8）钢丝绳连接方式或绳卡安装位置不合理。

（9）指挥人员对机械性能不熟悉，指挥不清，信号不明，精神状况不好。

（10）两机抬吊同一货物措施不完善或指挥失误。

（11）吊机配合不协调。

（12）两机吊点受力不均匀。

（13）设备限位缺失或失效。

（14）司机吊重物从人上方通行。

（15）违反十不吊原则。

主要控制措施：

（1）安全专项施工方案的编制严格执行规范规定。

（2）项目部对起重设备司机及司索信号工进行岗前安全培训和作业前交底，并严格按照方案进行施工作业。

（3）对作业时段合理进行规划，避免疲劳作业。

（4）对设备定期进行维护保养，并形成记录，确保各项限位灵敏有效。

（5）项目部在作业前统一进行规划，避免交叉作业。

（6）吊装作业前设置警戒区域，设专人进行旁站。

（7）多台设备配合作业时，应统一进行指挥。

（8）严格执行十不吊原则。

B 屋面彩板安装

主要危险源分析：

（1）高处作业人员未戴安全帽和未系安全带。

（2）彩板压制机架在屋面上支架不稳。

（3）手持电动工具漏电。

（4）吊点选择不当。

（5）人与障碍物之间通道狭窄。

（6）彩板未均匀堆放在屋面，导致屋面超载。

主要控制措施：

（1）作业人员正确佩戴安全帽、系安全带。

（2）屋面系统作业时应铺安全网。

（3）不得在屋面上使用彩板压制机制作彩板。

（4）设置带漏电保护器的开关箱，使用前检查。

（5）竖向吊运应不少于两个吊点，必须使用卡环连接。

（6）作业前检查通道情况，采取安全防护。

（7）彩板屋面均匀堆放。

15.4.3.3 其他作业主要危险源及控制措施

（1）基坑坍塌：严格按照施工方案进行放坡、或采用其他方法进行基坑支护例如锚索、钢板桩、土钉墙等方式。

（2）钢结构焊接时夜间照明：在主要通道和作业面设置充足照明，且现场禁止使用碘钨灯，应使用防雨探照灯等。

（3）钢结构构件放置：对于大型钢结构构件应设置防倾倒装置，四周设置警戒区域。

（4）高处作业设置有效临边防护设施：土建各层平台应设置规范的临边防护栏杆，钢结构各层平台上下应设置有效、固定的上下爬梯并设置生命绳，在平台板未铺设、未铺设完毕情况下，应在平台梁两端设置两根立柱再拉设钢丝绳，立柱应焊接牢靠，钢丝绳应拉紧，下坠高度不能过大。平台板铺设的同时楼梯栏杆应与其同步，对于预留的孔洞四周应设置硬防护，例如设置盖板、临边栏杆，若预留孔洞尺寸较大还应拉设安全网。

（5）起重设备安装、拆卸：

1）两机抬吊时，指挥统一、信号明确。

2）应设专人进行指挥。

（6）起重设备使用：

1）司机发现吊点选择不当停止操作。

2）应对司机进行安全技术交底，过程中组织专业人员对司机、指挥人员进行培训。

3）在吊装过程中发现吊点选择不当应立即停止吊装，并且告知司索指挥人员更换吊点。

4）司机使用吊车斜拉、斜吊、拔吊。

5）坚持十不吊原则严禁斜拉、斜吊、拔吊。

（7）物料提升机使用：

1）上行程限位必须灵敏、安全越程符合规范要求。

2）应安装上行程限位并灵敏可靠，上下行程限位应安装撞尺，安全越程不应小于3m。

3）应规范设置进料口防护棚。

4）钢丝绳磨损、断丝、变形、锈蚀量应在规范允许范围内。

5）停层平台通道处的结构应采取加强措施，应与墙体连接，严禁与脚手架连接。

（8）塔式起重机：

1）吊钩应安装钢丝绳防脱钩装置并应完整可靠。

2）任意两台塔式起重机之间的最小架设距离须符合规范要求。

3）低位塔式起重机的起重臂端部与另一台塔式起重机的塔身之间的距离不得小于 2m。

4）高位塔式起重机的最低位置的部件（或吊钩升至最高点或平衡重的最低部位）与低位塔式起重机中处于最高位置部件之间的垂直距离不得小于 2m。

5）基础应设置排水措施。

6）高强螺栓、销轴、紧固件的紧固、连接应符合规范要求，高强螺栓应使用力矩扳手或专用工具紧固。

7）为避免雷击，塔式起重机的主体结构、电机机座和所有电气设备的金属外壳、导线的金属保护管均应可靠接地。

（9）有限空间作业：

1）在有限空间外醒目处，应设置警戒区、警戒线、警戒标志。

2）有限空间的出入口应设置防护栏、格筛、护盖和警告标志等，可见度不高时，应设警示灯。

3）需要设置格筛防护时，格筛网孔规格应满足防上方坠物要求。

（10）氧气、乙炔瓶存放、使用：

1）氧气、乙炔笼应存放至通风情况良好处，并且张挂危险源辨识牌及严禁烟火警示牌，并且旁边设置数量足够的灭火器，笼子要设置防暴晒设施。

2）在使用中，氧气瓶和乙炔瓶之间应保持 5m 以上的安全距离。

3）在使用时，要对乙炔瓶直立存放，并采取可靠的预防措施。

4）在使用过程中要对氧气、乙炔瓶设置防倾倒装置。

（11）气割：

1）乙炔作业中配备回火器并且保证回火器正常有效。

2）作业中开关瓶阀应缓慢不得动火过猛。

3）在进行切割作业时氧气、乙炔瓶旁应设置灭火器。

（12）管道试压：

1）有毒、有害气体应无泄漏。

2）操作有毒有害介质管道时，操作者应戴防毒面具。

（13）试车：

1）事先制定试车方案。

2）待试车方案通过业主、监理审批后方可进行试车。

蒸汽管道阀门漏气：

1）设置警戒标志，保持安全距离。

2）设置警戒标志，保持安全距离，配备检测报警器。

3）设警戒区域和标识，专人监护。

4）试车区域防护应到位，试车前对试车区域进行检查，完善各项防护设施后方可试车。

5）送、停电操作均应按指令进行。

6）严禁用约时方式停、送电。

（14）单体试车设备：

1）严格按照试车方案操作，作业前安全技术交底。

2）单体试车设备应严格按照试车方案操作，作业前安全技术交底。

15.4.4　项目安全技术控制

15.4.4.1　安全技术措施的检查

应对安全技术措施的实施进行检查、分析和评价，审核过程作业的指导文件，应使人员、机械、材料、方法、环境等因素均处于受控状态，保证实施过程的正确性和有效性。

15.4.4.2　安全措施制定要求

项目施工安全技术控制措施的实施应符合下列要求：

（1）应根据危险等级、安全规划制定安全技术控制措施。

（2）安全技术控制措施应符合安全技术分析的要求。

（3）安全技术控制措施实施程序的更改应处于控制之中。

（4）安全技术控制措施应按施工流程及工序、施工工艺实施，提高安全技术控制措施的有效性。

（5）应以数据分析、信息分析以及过程监测反馈为基础，控制安全技术措施实施的过程以及这些过程之间的相互作用。

15.4.4.3　危险等级分类

项目施工安全技术应按危险等级分级控制，并应符合下列要求：

（1）Ⅰ级：必须编制分部分项工程专项施工方案和应急救援预案，组织专家论证，履行审核、审批手续，对安全技术方案内容进行技术交底、组织验收，采取监测预警技术进行全过程监控。

（2）Ⅱ级：应编制分部分项工程专项施工方案和应急救援措施，履行审核、审批手续，进行技术交底、组织验收，采取监测预警技术进行全过程监控。

（3）Ⅲ级：应制定安全技术措施、进行技术交底，通过安全教育、培训、个体防护措施的手段予以控制。

15.4.4.4　特殊过程控制

项目施工过程中，各工序应按相应专业技术标准进行安全控制，并对关键环节、特殊环节、采用新技术新工艺的环节进行重点安全技术控制。

15.4.4.5　安全措施实施前的预控

项目施工安全技术措施在实施前进行预控，实施中进行过程控制。

（1）安全技术措施预控应包括：

1）材料质量及检验复验；

2）设备、设施检验检测；

3）作业人员应具备的资格及技术能力；

4）作业人员的安全教育；

5）安全技术交底。

（2）安全技术措施过程控制应包括：

1）施工工艺和流程；

2）安全操作规程；

3）施工荷载；

4）设备、设施；

5）监测预警；

6）阶段验收。

15.4.4.6　安全措施实施过程控制

预控阶段需对采取的安全技术措施所涉及的人员资格和操作技能熟练程度、设备设施的运转情况、施工方法和施工工艺、施工所需材料的质量、作业过程所处的施工环境5个方面进行充分的分析和研究。过程控制需覆盖安全技术措施实施的整个过程，应重点关注采取的施工工艺是否合理、施工流程是否正确、操作人员的操作规程执行情况、施工荷载的控制以及设备设施的运转情况是否良好、相关的监测预警手段是否到位等，同时为保证工程的顺利进行，各道工序之间的衔接，需对上道工序进行检查验收，待上道工序验收合格以后方可进行下道工序的施工。

15.4.5　项目施工安全应急救援

15.4.5.1　应急预案定义

应急预案，是为有效预防和控制可能发生的事故，最大程度减少事故及其造成损害而预先制定的工作方案。其目的是解决突发事故（件）事前、事发、事中、事后，谁来做、怎样做、做什么、何时做的问题。应急预案是应急准备的重要组成部分。

应根据施工现场安全管理、工程特点、环境特征和危险等级，制定项目施工安全专项应急预案。

15.4.5.2　项目施工安全专项应急预案内容

（1）潜在的安全生产事故、紧急情况、事故类型及特征分析。

（2）应急救援组织机构与人员职责分工、权限。

（3）应急救援技术措施的选择和采用。

（4）应急救援设备、器材、物资的配置、选择、使用方法和调用程序。

（5）应急救援设备、物资、器材的维护和定期检测的要求，以保持其持续的适用性。

（6）与企业内部相关职能部门的信息报告、联系方法。

（7）与外部政府、消防、救险、医疗等相关单位与部门的信息报告、联系方法。

（8）组织抢险急救、现场保护、人员撤离或疏散等活动的具体安排。

（9）重要的安全技术记录文件和相应设备的保护。

15.4.5.3　项目施工安全专项应急预案的组织活动

（1）组建应急组织体系，成立应急指挥中心，负责安全事故应急救援工作的组织和指挥。

（2）对全体从业人员进行针对性的培训和交底。

（3）定期组织专项应急救援演练。

15.4.5.4　项目施工安全专项应急预案评价

根据项目施工安全专项应急预案演练和实战的结果，应对项目施工安全专项应急预案的适宜性和可操作性组织评价，并进行修改和完善。

15.5　文明施工管理

文明施工是炼钢工程施工现场管理的重要组成部分，是项目施工管理的一项基础性工作，其目的是在施工现场管理中创造和保持良好的施工作业环境和施工作业秩序。文明施工管理的水准反映一个现代企业的综合管理水平，项目部应认真搞好施工现场管理，做到文明施工。

15.5.1　文明施工管理的组织、职责与内容

15.5.1.1　文明施工管理的组织

项目部成立以项目经理为组长的文明施工领导小组，成员由生产、技术、安全、设备、保卫、物资、生活卫生等部门负责人及相关人员组成。

15.5.1.2　文明施工管理的职责

(1) 文明施工领导小组负责制定项目文明施工管理规划，明确创建文明施工管理目标，实行"分层负责，区域管理"的原则，明确专业责任分工和主管部门（人员），开展文明施工管理工作。

(2) 项目经理负责文明施工的决策、组织、协调和指导工作，并对文明施工规划提出指导性意见。

(3) 施工现场文明施工由施工单位负责，实行总承包的，由总承包单位负责。各施工分包单位应服从总承包单位的管理，建立和健全相应的管理体系，负责各自责任区域的文明施工管理工作。

15.5.1.3　文明施工管理的内容

文明施工管理的内容包括：施工总平面管理，施工场地管理，施工道路管理，场容卫生管理，施工场内环境管理，施工场外环境管理，场地封闭维护管理，现场材料管理，防火措施管理，生活区管理。

15.5.2　施工准备阶段的文明施工要求

项目部在编写项目施工管理规划时，应对文明施工管理做出总体布置，并要求施工分包单位针对所承建部分的项目特点和具体要求编制文明施工实施细则。

加强施工总平面布置和管理，确定施工现场区域规划图和施工总平面布置图。合理布置施工现场所需要的设备、材料、机具，明确材料、设备等物资需要量及进场计划、运输方式、处置方法，确保实现施工现场秩序化、标准化、规范化，体现出文明施工水平。

施工总平面布置应预先进行策划，保证布置合理、安全、美观。

15.5.3　工程施工阶段的文明施工要求

15.5.3.1　作业过程要求

(1) 项目部所属各单位应强化文明施工责任区的管理，遵循"谁施工、谁负责"的

原则，每个施工区域、施工点、作业面做到"工完、料净、场地清"。

（2）作业项目开工前，结合安全交底对文明施工的相关要求进行交底。

（3）设备、材料应按计划有序进场，并不得妨碍道路通行和现场施工作业；定置堆放的设备和材料的标识应清楚，以免错用；露天放置材料应分类摆放整齐，妥善保护；安装后的设备应予以标识，标识应符合要求并具有可追溯性。

（4）按规定运输和使用有毒、有害、易燃易爆物品及放射性物品。

（5）按规定处理施工产生的污水、废油、废气，固体废弃物应分类收集、存放，并及时清理出现场，不得在施工场地内存留。

（6）各施工单位应加强对设备和产品的保护。

15.5.3.2　作业环境要求

（1）工地现场设置大门和连续、密闭的临时围护设施，按规定制作各类工程标志、标牌。

（2）场内道路平整、坚实、畅通，有完善的排水措施；现场运输泥土、水泥等车辆应做好防扬尘措施，施工路面应及时清洁，不定期洒水。

（3）严格按施工组织设计中平面布置图划定的位置整齐堆放原材料和机具、设备。进入现场的各类车辆应按要求停放。合理布置临时施工照明，施工区域（或施工点）的照明应符合安全要求。

（4）施工现场各施工层或重点施工区域应按规定配备消防器材，做好现场安全施工的检查和监护。保护施工现场的安全、消防、文明施工设施，严禁乱拆乱动。各类标志齐全、完好。

（5）施工现场应设置卫生设施，宜采用冲水厕所。

（6）各类皮带线（电焊皮带、氧乙炔皮带）拉设在符合安全要求，应遵循"平直、整齐"的原则，实行定向管理，穿越道路应采取加套管等防护措施。

15.5.3.3　作业安全要求

（1）安全帽、安全带以及特殊工种个人防护用品佩戴应符合要求。

（2）楼梯口、电梯井口、预留洞口、通道口防护应符合要求。

（3）脚手架搭设牢固、合理，所用材质符合要求；防护棚搭设符合要求。

（4）设备、材料放置安全合理，施工现场无违章作业。

15.5.3.4　设备管理要求

（1）设备安全防护装置齐全；室外设备有防护棚、罩；加工场地平整、整洁。

（2）起重设备、物料提升机、电动吊篮、塔吊等限位、保险装置齐全有效。

（3）机械设备的操作规程、标识、台账、维护保养等齐全并符合规定要求；起重设备装拆方案、租赁合同、安全协议、交底应齐全；操作人员要持证上岗，设备安装经验收合格后方可使用。

15.5.3.5　临时用电要求

（1）施工区、生活区、办公区的配电线路架设和照明设备、灯具的安装、使用应符合规范要求；特殊施工部位的用电线路按规范要求采取特殊安全防护措施。

（2）配电箱和开关箱选型、配置合理，安装符合规定，箱体整洁、牢固。配电系统和施工机具采用可靠的接零保护，配电箱和开关箱均设两级及以上漏电保护。

（3）电动机具电源线压接牢固，绝缘良好；电焊机一、二次线防护齐全，焊把线双线到位，无破损。

（4）临时用电要有方案和管理制度，值班电工个人防护整齐，持证上岗，值班、检测、维修记录齐全。

15.5.3.6　保卫消防要求

（1）施工现场要有保卫、消防制度和方案、预案，要有负责人和组织机构，要有检查落实和整改措施。

（2）施工现场出入口应设警卫室，保卫措施有效。

（3）施工现场要有明显防火标志，消防通道畅通，消防设施、工具、器材符合要求；施工现场不准吸烟。

（4）易燃、易爆、剧毒材料必须单独存放、搬运、使用符合标准；明火作业要严格审批程序。

15.5.3.7　生活区管理要求

（1）生活区设置符合标准：

1）办公室、宿舍清洁、整齐；

2）有防暑降温或取暖措施；

3）配备药品和急救器材；

4）有食物中毒应急措施。

（2）食堂符合卫生标准：

1）炊事人员上岗穿戴工作服、帽；

2）食品、炊具等存放符合标准。

（3）厕所符合标准，专人定期保洁。

（4）有灭鼠灭蝇等措施。

15.5.3.8　标识管理要求

（1）施工现场各项管理制度、操作规程等应用看板、挂板等展示清楚。

（2）施工现场主要管理人员在施工现场应佩戴证明其身份的证卡、袖标。分区施工现场管理岗位责任人亦应设标牌显示。

（3）施工现场应在明显处设置"五牌一图"（工程概况牌、组织机构和管理人员名单及监督联系电话牌、消防保卫牌、安全生产牌、文明施工牌和施工现场平面图）。

（4）可以不同颜色的安全帽来区分项目人员身份。

（5）正确使用不同色彩灯光标志来显示消防和交通通道。

15.5.4　竣工验收阶段的文明施工要求

（1）永久照明和检修电源应逐步投入使用；各层平台、栏杆扶梯应做到齐全、牢固。

（2）现场各类沟道干净，盖板齐全平整，排水（污）沟（管）道畅通；施工现场环境整洁，地面干净，无污迹、杂物等。

（3）施工临时设施除按要求必须保留的以外，应拆除和清理干净。

（4）及时消除生产设备存在的漏风、漏气（汽）、漏水、漏油、漏粉等现象。

（5）施工分承包单位应主动在责任区域消除基建痕迹，做好系统维护和设备保护工作。

15.6　项目绿色施工管理

项目绿色施工管理由环境保护、节材与材料资源利用、节水与水资源利用、节能与能源利用、节地与施工用地保护等方面组成。

15.6.1　环境保护技术要点

15.6.1.1　扬尘控制

（1）运送土方、垃圾、设备及建筑材料时，不应污损道路。运输容易散落、飞扬、流漏物料的车辆，应采取措施封闭严密。施工现场出口应设置洗车设施，保持开出现场车辆的清洁。

（2）现场道路、加工区、材料堆放区宜及时进行地面硬化。

（3）土方作业阶段，采取洒水、覆盖等措施，达到作业区目测扬尘高度小于 1.5m，不扩散到场区外。

（4）对易产生扬尘的堆放材料应采取覆盖措施；对粉末状材料应封闭存放。

（5）建（构）筑物机械拆除前，做好扬尘控制计划。

（6）拆除爆破作业前应做好扬尘控制计划。

（7）不得在施工现场燃烧废弃物。

（8）管道和钢结构预制应在封闭的厂房内进行喷砂除锈作业。

15.6.1.2　噪声与振动控制

（1）在施工场界对噪声进行实时监测与控制，现场噪声排放不得超过国家标准《建筑施工场界环境噪声排放标准》（GB 12523—2011）的规定。

（2）尽量使用低噪声、低振动的机具，采取隔声与隔振措施。

15.6.1.3　光污染控制

（1）夜间电焊作业应采取遮挡措施，避免电焊弧光外泄。

（2）大型照明灯应控制照射角度，防止强光外泄。

15.6.1.4　水污染控制

（1）在施工现场应针对不同的污水，设置相应的处理设施。

（2）污水排放应委托有资质的单位进行废水水质检测，提供相应的污水检测报告。

（3）保护地下水环境。采用隔水性能好的边坡支护技术。

（4）对于化学品等有毒材料、油料的储存地，应有严格的隔水层设计，做好渗漏液收集和处理。

15.6.1.5　土壤保护

（1）保护地表环境，防止土壤侵蚀、流失。因施工造成的裸土应及时覆盖。

（2）污水处理设施等不发生堵塞、渗漏、溢出等现象。

（3）防腐保温用油漆、绝缘脂和易产生粉尘的材料等应妥善保管，对现场地面造成污染时应及时进行清理。

（4）对于有毒、有害废弃物应回收后交有资质的单位处理，不能作为建筑垃圾外运。

（5）施工后应恢复施工活动破坏的植被。

15.6.1.6　建筑垃圾控制

（1）制订建筑垃圾减量化计划。

（2）加强建筑垃圾的回收再利用，力争建筑垃圾的再利用和回收率达到30%。碎石类、土石方类建筑垃圾应用作地基和路基回填材料。

（3）施工现场生活区应设置封闭式垃圾容器，施工场地生活垃圾实行袋装化，及时清运。

15.6.1.7　地下设施、文物和资源保护

（1）施工前应调查清楚地下各种设施，做好保护计划，保证施工场地周边的各类管道、管线、建筑物、构筑物的安全。

（2）进行地下工程施工或基础挖掘时，如发现化石、文物、电缆、管道、爆炸物等，应立即停止施工，及时向有关部门报告，按有关规定妥善处理后，方可继续施工。

15.6.2　节材与材料资源利用技术要点

（1）图纸会审时，应审核节材与材料资源利用的相关内容。

（2）优化安装工程的预留、预埋、管线路径等方案。

（3）优化钢板、钢筋和钢构件下料方案。

（4）使用预拌混凝土和商品砂浆。

（5）使用高强钢筋和高性能混凝土。

（6）采用钢筋专业化加工和配送。

（7）采用"三维建模"、"工厂化预制、模块化安装"等先进施工技术，精密设计、建造，提高材料利用率。

15.6.3　节水与水资源利用的技术要点

15.6.3.1　提高用水效率

（1）施工中采用先进的节水施工工艺。

（2）施工现场机具、设备、车辆冲洗、喷洒路面、绿化浇灌等不宜使用自来水。现场混凝土施工宜优先采用中水搅拌、中水养护，有条件的项目应收集雨水养护；处于基坑降水阶段的项目，宜优先采用地下水作为混凝土搅拌用水、养护用水。

（3）施工现场供水管网和用水器具不应有渗漏。

（4）现场机具、设备、车辆冲洗用水应设立循环用水装置。施工现场办公区、生活区的生活用水应采用节水系统和节水器具。

（5）施工现场应建立可再利用水的收集处理系统。雨量充沛地区的大型施工现场应建立雨水收集利用系统。

（6）施工现场分别对生活用水与工程用水确定用水定额指标，凡具备条件的应分别计量管理，并进行专项计量考核。

15.6.3.2　用水安全

在非传统水源和现场循环再利用水的使用过程中，应制定有效的水质检测与卫生保障措施，确保避免对人体健康、工程质量以及周围环境产生不良影响。

15.6.4　节能与能源利用的技术要点

15.6.4.1　节能措施

（1）制定合理的施工能耗指标，提高施工能源利用率。

（2）优先使用国家、行业推荐的节能、高效、环保的施工设备和机具。

（3）施工现场分别设定生产、生活、办公和施工设备的用电控制指标，定期进行计量、核算、对比分析。

（4）在施工组织设计中，合理安排施工顺序、工作面，以减少作业区域的机具数量，相邻作业区充分利用共有的机具资源。

（5）根据当地气候和自然资源条件，充分利用太阳能等可再生能源。

15.6.4.2　机械设备与机具

（1）建立施工机械设备管理制度，用电、用油计量，完善设备档案，及时做好维修保养工作。

（2）选择功率与负载相匹配的施工机械设备。采用节电型机械设备。

（3）合理安排工序，提高各种机械的使用率和满载率。

15.6.4.3　生产、生活及办公临时设施

（1）利用场地自然条件，使生产、生活及办公临时设施获得良好的日照、通风和采光。

（2）临时设施宜采用节能、隔热材料。

（3）合理配置采暖、空调、风扇数量。

（4）临时用电宜优先选用节能灯具，采用声控、光控等节能照明灯具。

15.6.5　节地与施工用地保护的技术要点

15.6.5.1　临时用地指标

根据施工规模及现场条件等因素合理确定临时设施。施工平面布置应合理、紧凑。

15.6.5.2　临时用地保护

（1）施工方案进行优化，减少土方开挖和回填量，最大限度地减少对土地的扰动。

（2）建设红线外临时占地应尽量使用荒地、废地。生态薄弱地区施工完成后，应进行地貌恢复。

（3）保护施工用地范围内原有绿色植被。

15.6.5.3　施工总平面布置

（1）施工总平面布置应做到科学、合理，充分利用原有建筑物、构筑物、道路、管线为施工服务。

（2）施工现场搅拌站、仓库、加工厂、作业棚、材料堆场等布置应尽量靠近已有交通线路或即将修建的正式或临时交通线路，缩短运输距离。

（3）加大管道、钢结构的工厂化预制深度，节省现场临时用地。

（4）施工现场道路按照永久道路和临时道路相结合的原则布置。

（5）临时设施布置应注意远近结合，努力减少大量临时建筑拆迁和场地搬迁。

15.7　项目信息化管理

信息化管理是项目管理的重要组成部分，科学和高效的项目施工信息化管理方式将直接地代表着项目管理的水平。在施工管理中采用工程数据及资料全信息化管理模式，实现与业主、监理、设计、设备材料供应之间的高效、快速的信息交换及处理。工程施工中采用计算机辅助施工项目管理网络系统、通过局域网及经过实践证明的一系列现代化工程管理软件的应用，达到及时、准确加工处理及传递施工管理所涉及的各种数据、图文、图表、图像等多媒体资料，使项目管理人员能够适时跟踪项目进展情况，及时发现和预测并解决问题，为进一步调整实施规划提供决策依据。

项目经理部应设置小型计算机局域网，并通过 Internet 的网络通讯系统及时与管理网络进行信息互通及传递，便于及时监管和起到可靠而及时的支撑作用，使现场上所有电脑实现互相可视，在网上实现资源共享和信息、数据的交换。

目前建设领域的信息化管理系统，主要包括工程信息的电子数据处理系统、工程管理信息系统等。

15.7.1　工程信息的电子数据处理系统

主要包括文档处理、财务核算、人事工资管理及 CAD 辅助绘图等独立性管理，是现代信息化施工的最基本手段。

15.7.2　工程管理信息系统

以工程总承包项目管理模式为基础，建立局域网，连接国际互联网，建立"工程项目施工管理信息系统"。

15.7.3　计算机应用和开发综合技术

（1）建立工程项目管理信息系统。运用项目综合管理信息平台对项目的运行情况实行全流程管理，提高项目运营水平和实时管控。

（2）开发应用数据库管理系统，统一指导各种材料的采购、运输；设备、材料进场的管理等环节。

（3）采用图形、音像等计算机多媒体技术，真实、直观地记录和展示工程实施过程。

（4）为确保安全，在施工现场根据现场安全管理需要安装电子监控系统，使用电视录像监控技术、实施全流程安全监控。

（5）全面使用基于物联网的安全绳佩戴状态远程监测系统（GPS 定位）。

（6）在测量、基槽等施工中合理采取一些有效的控制和监测方法。如：在基槽开挖时，利用计算机收集支护结构的受力、变形等情况，及时调整和修护支护体系，保证支护体系安全、有效。

15.8　外协队伍的管理

15.8.1　市场准入条件

（1）必须具有与《建筑业企业资质管理规定》相适应的专业承包资格，必须是法人或拥有有效法人授权委托的其他组织。

（2）必须具有自主经营权，可自行承担合同义务。

（3）必须是经过核准的合格分供方的单位。

15.8.2　外协队伍的选择

（1）确需使用外协队伍时，项目经理部应事先填报《工程分包申请表》，按业主要求将分包原因、分包工程名称、价款、分包商名称、资源、业绩、业务状况、主要人员、主要设备陈述清楚，经施工单位认可，报业主审批后分包。

（2）对业主指定的分包工程，仍需按照程序文件的要求对外协队伍实施合格分包商的审查与考核。

15.8.3　工程分包范围

（1）项目经理部可将专业工程通过竞标方式发包给分包方，但主体结构工程，关键性工程或其他被界定不可分包的工程以及业主不同意分包的工程必须自行完成或实行劳务分包作业，禁止转包。项目经理部不得违反合同约定的责任和义务，将其承包的全部工程转包给他人或者将其承包的全部工程肢解后以分包的名义转给他人。

（2）禁止违法分包：

1）项目经理部不得将专业工程分包给不具有相应资质条件的单位。

2）不得将主体工程、关键性工程或其他被界定不可分包的工程分包给他人，分包单位不得将其承包的工程再分包。

15.8.4　外协队伍的使用

（1）对分包工程所使用的协力队伍的操作人员要进行上岗前的考核培训，特种作业人员必须持证上岗。

（2）对外协队伍按贯标程序文件要求实施动态管理和考核，不合格的分包商从合格分供方名录中除名。

15.9　外事管理

根据业主需要，对项目执行外事合同管理、专家管理和翻译管理。在项目经理部设立外事组，进行涉外人员的外事教育，执行合同阶段的外事管理、专家管理和翻译管理等日常业务。

15.10 施工过程中的配合措施

15.10.1 施工专业间的配合措施

（1）组建高素质、强有力的项目经理部，组织、指挥、协调各施工专业之间的工程施工。项目经理部领导班子及部门负责人、各专业作业层负责人思想态度端正，工作作风正，办事效率高，全局意识强，并紧密地团结在项目第一负责人即项目经理的周围，服从项目经理的统一领导和贯彻项目经理的决策意图，做到统一指挥，统一步调。

（2）项目经理部应设立党工委，设专职党工书记，负责对参建人员的思想教育和效能业绩的考核，监督所属管理人员在工程实施过程中的工作态度，工作责任心和办事效果，对不负责任或不称职者进行适当处置。

（3）建立健全各项规章制度，在施工项目管理通则的基础上项目经理部结合工程项目实际和业主的要求制订和细化各项管理规章，加以实施。并在制度上明确对各类人员有约束、有考核、有奖惩，规范员工的行为。使各岗位、部门、作业层明确职责、工作任务和工作标准，以便各项工作落实到位，明确完成时限和质量标准。

（4）项目经理部在工程合同签订后首先认真编制工程施工总规划，并以总规划为指导大纲编制各专业的施工组织设计和单位工程施工方案、作业设计。

（5）在施工组织设计和总进度网络中明确重点工程、关键线路、关键工序和各专业的配合关系、重点控制点作为工程实施过程的科学、合理组织、指挥、协调施工的依据。

（6）各专业施工以施工组织设计及施工方案为依据，及早做好本专业施工的各类资源落实和技术准备、现场准备，使工程准点开工，顺利推进，保证质量、按期完成，为下道工序进入创造良好条件。

（7）各专业的施工进展和配合的管理，项目部日常由专人负责，并采取项目经理部召开定期的"例会"制度，不定期的专项（专题）会议制度，以及或以重点工程内容、关键时期的"推进会"形式，布置落实、检查督促有关工程的专业施工的进度、质量、配合等事宜，对存在的问题或可能出现的问题项目经理部采取针对措施及时予以解决，使各专业配合密切，工程整体按计划实现目标。

15.10.2 与业主配合的措施

（1）项目经理部积极主动地配合好业主，做好工程建设中的各项工作，及时地提出积极建议，想业主所想，急业主所急，在工程项目实施的过程中，服从业主的各方面管理，通过良好的合作，全面履行合同。

（2）加强对项目经理部各级管理人员和全体员工的教育，树立全心全意为业主的观念，遵守业主的各项规定。管理人员加强与业主的沟通、理解和合作。

（3）在施工准备阶段，根据施工经验，对测量控制网、业主提供的水、电接点给予落实。

（4）对业主所提出的工程总进度、工程质量目标、安全管理目标、现场文明施工及施工工、机具设备材料的管理、综合治理等方面的要求，不折不扣地执行，并制定相应措施予以保证落实。

（5）对于业主在机电、设备材料选型、采购、仓储、运输等各方面提出配合的要求，积极主动提建议、想方法，在必要时抽调专业人员，订立实施方案，配合业主共同实现工作目标。

15.10.3　中间交接措施

（1）工程中间交接按计划时间及时办理，中间交接交出的工程实体确保符合质量要求，相关资料齐全做到同时交接，周围环境满足下道工序施工需要。中间交接由项目经理部等部门负责组织。

（2）对于工程在项目部内部各专业间的工程中间交接工作，在工程内容完成后经项目经理部工程、质量部门检查确认后及时通知监理部门检查验收，办理签证后连同工程资料一并交下道工序，接收单位应复核检查交接的工程实体和资料，然后进行下道工序施工。

（3）涉及非项目部专业之间的中间交接工作由项目经理部及时通知业主方，组织由监理方、交出方、接收方及相关方（必要时有设计方、设备供应方）人员参加进行工程交接，并办理交接手续。

（4）在工程正式交接前，由项目经理部组织进行工程检查验收和整理好交出资料，经监理检查符合要求后进行正式交接程序。

15.10.4　与设计单位配合的措施

（1）认真进行图纸和设计资料自审和专业间会审，及时向设计单位提交消化设计文件时发现的疑难问题请予以解答，积极协助业主搞好设计交底，深刻理解设计意图。通过"设计图纸疑难解答记录"和"技术核定单"的形式提请审查，促使设计问题得到早日解决。

（2）在正式设计图纸尚未出版时，及早地与设计人员进行沟通，把设计意图尽早地体现在工程准备中。重点工程在施工图设计前与设计做好结合，使设计更切合实际，有利工程顺利进行。

（3）对设计单位提出的设计变更和设计修改认真对待，做好施工准备和技术准备工作，不因设计变更和设计修改而影响总工期的实施。同时根据我们施工经验，向设计单位提出合理化建议，最大限度地减少设计变更和设计修改。

15.10.5　与监理单位配合的措施

（1）为保证质量按期完成本工程，本着对业主负责的宗旨，在施工全过程中，加强与监理的密切配合。尊重监理人员，不顶撞，有不同看法时做到耐心解释。按工程监理的规定和程序做好各项工作。

（2）隐蔽工程验收提前通知监理，并提供完整的隐蔽工程验收资料，任何分项工程必须通过监理验收方可进行下道工序，监理检查过程中提出的问题必须及时整改，整改后要经过检验方可继续施工。

（3）监理人员必须到场确认的检查项目，按规定提前联系，未经确认不得进行下道工序。

（4）对施工过程中出现的质量问题，按规定程序进行认真分析质量问题产生的原因，制定处理质量问题的方法，督促和检查处理方案的实施，及时向监理反馈和验证，坚决做到不留隐患，不影响工程质量等级。

（5）每月组织一次邀请由监理方参与的工程质量抽查和质量管理考评并针对施工现场存在的质量问题进行会诊，对施工过程中产生的质量通病及质量可能产生的隐患进行系统地分析，作出当月的质量评价及提出质量改进措施，以便工程质量持续提高。

（6）根据合同和图纸要求，认真审查工程材料、设备清单及质保书，并对工程中使用的原材料、构件及设备进行必要的抽检，并对各类材料样品经复核后，送监理方审定。

15.10.6 与其他标段施工单位的配合措施

（1）坚决服从业主的施工总平面规划及总平面布置的管理按业主要求办理各项审批手续，杜绝擅自行事。

（2）将对道路、供电、给水、排水、厕所、车辆进出口、车辆冲洗点、建设标志牌等按合同要求规划、统一步调。

（3）对相关介质、交接口提前友好地与相邻施工单位进行协调。

15.10.7 与外方人员的配合措施

（1）尊重外方专家，态度和蔼，有礼有节，与他们有不同看法时，做到耐心解释。

（2）对外方专家做到言而有信，自己拿不准的事不随意答应，请示有关人员后再回答，凡答应的事必须不折不扣地按时完成。

（3）对外方专家的书面技术指导资料，做好档案管理，及时翻译发放。

（4）虚心地听取外方专家的意见，不强迫使对方满足自己的要求。

（5）关心外方专家的工作与生活，尽可能提供方便，严格外事纪律，增进友谊，做好工程。

15.10.8 投产保驾、保修措施

（1）根据国家有关工程质量保修、质量责任终身制的规定，本着想业主之所想，急业主之所急的原则，在投产保驾期内，认真履行双方约定的保驾责任，做到及时到位，保驾有力，服务全面。并严格执行《建筑工程质量管理条例》的规定，认真履行质量保修责任的约定。

（2）组建专业保驾、保修队伍，安排技术精湛、服务意识强的人员在工程施工过程中，搞好服务、配合工作。

（3）在遇到不可抗力事件发生时，主动、迅速地采取措施，尽力减少损失，并立即通知业主和监理单位。

（4）在进行联动试车过程中，预先组织突击队伍，迅速处理因各种原因所造成的影响工程进展的不良因素。

（5）在负荷试生产过程中，进行定检和点检，负责损坏设备的维护修理。

（6）积极配合业主负荷试车、试生产保驾工作，及时主动地解决此期间出现的问题。

16 炼钢、连铸工程施工实例

16.1 某钢300t转炉与精炼系统建筑安装工程

16.1.1 工程概况

16.1.1.1 项目综述

我国某大型钢铁联合企业，为了适应市场竞争，优化产品结构，发展高附加值产品，提高经济效益，一次性投资250亿元，建设"十一·五"改造和调整项目（年钢产量500万吨）。该项目工艺布置合理，技术装备先进，自动化程度高，节能环保，于2007年9月20日竣工投产。

新建的300t转炉与钢水精炼设施包括：两座300t转炉、铁水供应及处理设施、钢水精炼设施和与上述主体工程相应的公用辅助配套设施、厂区综合介质管线、车间生产管理服务设施等。

16.1.1.2 炼钢工艺

（1）采用320t混铁车运输铁水，用机车从炼铁厂运至炼钢车间倒罐站，转炉铁水罐坐在倒罐坑内的铁水罐车（带称量装置）上，转炉需要时，铁水罐车开至兑铁位，混铁车倾翻将铁水倒入转炉铁水罐内，到达预定质量后，混铁车停止倾翻，铁水罐车开至加料跨。用加料跨480t行车将铁水罐吊运至铁水罐脱硫站的脱硅铁水罐车上，在扒渣工位进行扒渣操作，然后运行至搅拌工位进行脱硫处理，脱硫后的铁水罐车再返回至扒渣工位进行扒渣操作，最后铁水吊车将铁水兑入转炉中。扒渣工位采用渣罐回转台方式，区别前渣和后渣，利于回收CaO高的脱硫渣。铁水区还设有两台烘烤器，用于铁水罐烘烤和铁水保温。铁水预处理站考虑了将来实施脱磷工艺发展空间。

（2）废钢由自卸汽车从废钢堆存间运至废钢间，分类堆放于地面，按废钢配比，用32t电磁起重机将废钢装入废钢料槽车上的废钢料槽内，起重机带电子秤，可按规定值进行废钢配料，废钢料槽车轨道下设有废钢称量装置，可进行最终核准，配好料的废钢料槽由废钢料槽车运至加料跨，用100t+100t吊车吊起废钢料槽装入转炉内。

（3）熔剂材料除活性石灰、轻烧白云石用皮带机直接由活性石灰车间运至转炉高位料仓外，其余均采用汽车运输并卸入地下料仓贮存，需要时通过皮带机输送至转炉高位料仓内，经熔剂加料系统加入转炉或钢水罐中。

铁合金地下料仓设在铁合金仓库内，经皮带机输送至转炉、LF和RH中位料仓内贮存，铁合金转炉炉后、钢包吹氩站、LF和RH处理位置均可通过各自的加料系统加入钢水罐内。

（4）转炉采用顶底复合吹炼工艺，计算机动态控制。出钢时采用挡渣装置挡渣出钢，钢水按钢种要求可经钢包吹氩站调温处理，成分微调；或经LF进行钢水升温和成分微调处理；或经RH真空处理；也可经LF、RH双重处理后供连铸机。低温钢水和连铸机事故时的返回钢水可在LF、RH进行钢水升温、保温处理。对于低磷及纯净钢种考虑了采取两座转炉双联冶炼工艺，即一座转炉脱磷，一座转炉脱碳或在一座转炉内采用双联工艺。

（5）转炉渣由渣罐车运至炉渣间，转炉渣经水淬或风淬处理，经过磁选筛分后，送至不同的用户。还设有渣处理落锤，可以处理大块渣钢。

铁水罐脱硫渣用吊车将脱硫渣罐吊运至过渡车上运至炉渣间，铸余渣考虑在钢水接受跨经水淬处理后，回收废钢铁送废钢间，其他外送给其他用户。

（6）转炉烟气采用未燃法湿法除尘，炉尘回收供烧结厂，烟气冷却采用汽化冷却，蒸汽回收利用。凡产生烟尘的作业点如铁水倒罐站、脱硫站、铁合金和熔剂上料及加料系统、转炉兑铁和出钢、钢包吹氩站、LF 炉、RH 保温剂添加系统等处均设有二次烟气除尘以改善操作环境。

（7）转炉炼钢总体自动化系统，设有基础自动化、过程控制计算机 2 级系统。转炉吹炼过程采用副枪动态自动控制，还配有炉渣监控、炉气分析等动态控制手段，化验室数据管理，与连铸计算机进行数据通信，并完成全厂的生产计划管理、生产调度、过程跟踪和质量管理等。

（8）转炉冶炼工艺流程如图 16-1 所示。

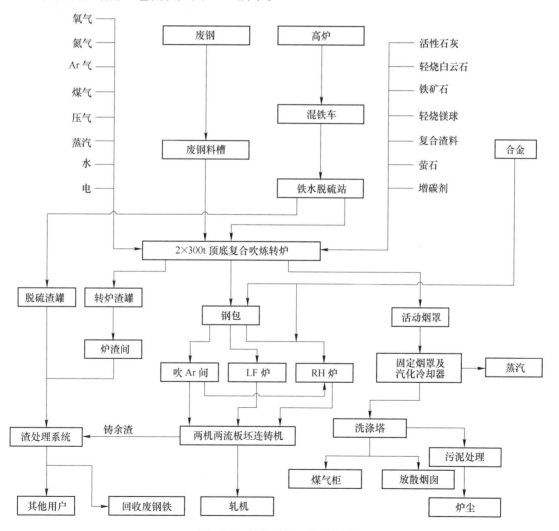

图 16-1 转炉冶炼工艺流程图

16.1.1.3　承建范围及工程实物量

（1）承建范围包括新建二座 300t 转炉及铁水预处理、钢水精炼等辅助配套设施的建筑安装工程，从土建（不含桩基工程）开工至竣工交付使用、配合业主试生产等内容。

（2）工程实物量见表 16-1。

表 16-1　工程实物量统计表

序号	项　目	单　位	实物量
1	混凝土	m^3	93000
2	钢　筋	t	15598
3	建筑钢结构	t	44932
4	工艺钢结	t	1964
5	墙屋面彩板	m^2	153000
6	门　窗	m^2	4000
7	设备（不包括脱硫、LF、RH 炉设备）	t	17500
8	桥　架	t	200
9	电气配管	t	50
10	灯　具	套	1420
11	变压器	台	43
12	动补、控制、ups 装置	台	12
13	电　机	台	242
14	高、低压开关柜	台	315
15	计算机、PLC、仪表、控制柜	台	279
16	通信系统	只	304
17	监视系统	套	50
18	自动化仪表	台	1964
19	耐火材料	t	3600
20	金属管道	t	2871

16.1.1.4　工程的特点、难点

（1）场地小，工程集中。本工程建构筑物及管线布置十分紧凑，工程用地范围相对狭小，工程施工用地因受场地狭小的制约，施工困难增大，突出地表现在主厂房内各类基础多而集中，厂房结构复杂。

（2）转炉基础、RH 炉基础、铁水倒罐站、地下料仓底板等大型基础，其混凝土一次浇筑量均超过 1000m³，属大体积混凝土结构。大体积混凝土施工易产生有害裂缝，控制裂缝是其关键技术。

（3）倒罐站、地下料仓等地下构筑物属大型深基础，施工工艺复杂，难度大，采用基坑支护新技术（SMW 工法）。

（4）主厂房钢结构和设备安装量大炼钢主厂房建筑钢结构和工艺钢结构量约 4.7 万多吨，尤其转炉跨厂房高近 80m，且有多层钢平台，各层平台上满布工艺设备，这些炼钢设

备体积大，重量大，须配置足够数量的大型起重设备。

16.1.2　施工工期

16.1.2.1　日历工期

炼钢工程施工日历工期为：2005 年 7 月 1 日～2007 年 2 月 28 日，计 20（不包括地基处理工期 3）。

16.1.2.2　重大节点（里程碑节点）

（1）2005 年 7 月 1 日：土建开工。

（2）2005 年 11 月 1 日：结构安装开工。

（3）2006 年 5 月 1 日：设备安装开工（以转炉安装为标志）。

（4）2006 年 11 月 1 日：单试（以转炉倾动为标志）。

（5）2007 年 1 月 1 日：1 号转炉系统联试。

（6）2007 年 2 月 15 日：1 号转炉系统热试。

（7）2007 年 2 月 28 日：2 号转炉系统热试。

16.1.3　资源配置

16.1.3.1　劳动力

（1）土建专业高峰期劳动力需用量计划见表 16-2。

表 16-2　土建专业高峰期劳动力需用量计划表

序号	工　种	数量/人	序号	工　种	数量/人
1	测量工	12	10	瓦　工	80
2	维护电工	8	11	防水工	20
3	运转工	20	12	油漆工	10
4	电焊工	20	13	起重工	8
6	钳　工	8	15	普　工	290
7	木　工	450	16	架　工	50
8	钢筋工	260	17	司　机	16
9	混凝土工	48		合　计	1300

（2）钢结构安装专业高峰期劳动力需用量计划见表 16-3。

表 16-3　钢结构安装专业高峰期劳动力需用量计划表

序号	工　种	数量/人	序号	工　种	数量/人
1	起重工	90	6	油漆工	25
2	铆　工	70	7	司机、修理工	16
3	电　焊	80	8	电　工	6
4	火焊工	20	9	普　工	75
5	测量工	8		合　计	400

（3）设备安装专业高峰期劳动力需用量计划见表16-4。

表16-4　设备安装专业高峰期劳动力需用量计划表

序号	工　种	数量/人	序号	工　种	数量/人
1	钳工	100	5	火焊工	15
2	起重工	60	6	测量工	6
3	铆工	50	7	普工	49
4	电焊工	30		合计	310

（4）管道安装专业高峰期劳动力需用量计划见表16-5。

表16-5　管道安装专业高峰期劳动力需用量计划表

序号	工　种	数量/人	序号	工　种	数量/人
1	管工	66	7	电工	6
2	电焊工	60	8	测量工	4
3	起重工	64	9	普工	84
4	铆工	40	10	司机	2
5	钳工	28		合计	370
6	油漆工	16			

（5）电气专业高峰期劳动力需用量计划见表16-6。

表16-6　电气专业高峰期劳动力需用量计划表

序号	工　种	数量/人	序号	工　种	数量/人
1	电气安装工	180	4	调试工	40
2	仪表工	40		合计	280
3	通信工	20			

整个工程高预计峰期所需劳动力为1660人，不包括钢结构制作、筑炉和项目经理部管理人员。

16.1.3.2　主要施工设备、机具

（1）土建施工机具配置见表16-7。

表16-7　土建施工机具配置表

序号	名　称	规格型号	单位	数量	备注
1	汽车吊	25t、50t	台	4+2	
2	挖土机	1.2m³	台	6	
3	挖土机	0.5m³	台	2	
4	自卸汽车	15t	台	20	
5	推土机	SH120	台	2	
6	压路机	12t	台	2	
7	振动打夯机	—	台	20	
8	全站仪	LaicaTc1102	台	1	

续表 16-7

序号	名　称	规格型号	单位	数量	备注
9	经纬仪	J_2	台	8	
10	水准仪	S_3	台	8	
11	精密水准仪	N_3	台	2	
12	钢筋对焊机	UN-100	台	4	
13	钢筋弯曲机	WJ40-1	台	8	
14	钢筋切割机	GJ-40	台	8	
15	轻型井点降水设备	100 根/套	套	20	
16	混凝土平板振动器	—	台	10	
17	插入式振动棒	HZ-50	根	100	
18	砂浆搅拌机	—	台	5	
19	木工圆盘锯	MJ104	台	12	
20	木工台钻	ZLY-B	台	6	
21	套丝机	ZLY-B	台	4	
22	SMW 工法设备	—	套	1	配50t吊车
23	试验设备	—	套	1	
24	装载机	—	台	4	
25	铲车	—	台	2	
26	卷扬机	3t	台	3	
		2t	台	3	
		1t	台	10	
27	潜水泵	—	台	30	
28	空压机	$6m^3$	台	4	
29	套筒直螺纹连接设备	—	套	4	
30	CO_2气体保护焊焊机	—	台	2	
31	交流电焊机	交流	台	15	
32	直流电焊机	直流	台	4	
33	电渣压力焊机	—	台	2	

（2）钢结构安装施工机械配置见表16-8。

表 16-8　钢结构安装施工机械配置表

序号	名　称	型号	单位	数　量
1	塔吊	2100t·m	台	1
2	塔吊	DBQ4000	台	1
3	500t 履带吊	CC2500-1	台	1
4	150t 履带吊	CCH1500E	台	1
5	200t 履带吊	神钢 7200	台	1
6	50t 履带吊	QUY50	台	4
7	20~50t 汽车吊		台	2
8	平板	40t	台	5
9	平板	60t	台	2

序号	名　称	型号	单位	数　量
10	平　板	100t	台	2
11	平　板	200t	台	1
12	半　挂	10t	台	4
13	半　挂	20t	台	4
14	电焊机	BX3-400	台	40
15	电焊机	BX3-500	台	30
16	空压机	$0.6m^3$	台	6
17	空压机	$0.9m^3$	台	4
18	初拧电动扳手	—	台	8
19	终拧电动扳手	—	台	8
20	经纬仪	J2	台	8
21	水准仪	S3	台	6
22	超声波探伤仪	—	台	2
23	手拉葫芦	1 ~ 10t	台	60
24	液压油顶	40t	台	4
25	液压油顶	15t	台	4
26	卷扬机	1 ~ 5t	台	8
27	烘干箱	—	台	8
28	彩瓦成型机	—	台	3
29	彩瓦咬咬口机	—	台	2
30	电　钻	$\phi6mm ~ 22.3mm$	台	20
31	铝热焊机	—	台	1

（3）设备安装施工机械配置见表 16-9。

表 16-9　设备安装施工机械配置表

序号	名　称	规　格	单位	数量	备注
1	精密水准仪	N_3	台	2	
2	经纬仪	J_2	台	6	
3	水准仪	S_3	台	6	
4	CO_2 气体保护焊机	NBC4-500-1	台	5	
5	氩弧焊机	NSA4-300	台	10	
6	交流焊机	BX3-500	台	15	
7	直流焊机	AX-400A	台	10	
8	精细滤油机		台	2	
9	冲洗装置	$Q = 1500l/min$	套	2	
10	履带吊	50t、150t、500t	台	3	
11	汽车吊	100t	台	1	
12	电动试压泵	16MPa	台	2	
13	卷扬机	1 ~ 10t	台	20	
14	电动液压千斤顶	200t	台	8	
15	电动液压千斤顶	100t	台	8	

（4）管道施工机械配置见表 16-10。

表 16-10　管道施工机械配置表

序号	机械名称	规格或型号	单位	数量	备注
1	200t 履带吊	神钢 7200	台	1	
2	50t 履带吊	QAY50	台	2	
3	汽车吊	20t	台	2	
4	挖土机	0.6m³	台	1	
5	卷板机	W11-30×3000	台	2	
6	电焊机	BX3-500-2	台	15	
7	氩弧焊机	SW351	台	10	
8	焊条烘干箱	ZYH-60～200	台	3	
9	自动焊机		台	2	
10	卷扬机	1～3t	台	6	
11	射线探伤仪		台	2	
12	电动（火焰）坡口机		台	10	
13	角向磨光机		台	40	
14	电动试压泵	4DY-30/40	台	3	
15	等离子切割机	LGKB-100	台	2	
16	电动套丝机	TQ-100	台	4	
17	潜水泵	50～100mm	台	8	

（5）三电安装施工机具、仪表配置见表 16-11。

表 16-11　三电安装施工机具、仪表配置表

序号	名称	规格型号	单位	数量	备注
1	电焊机	AX3-400	台	20	
2	卷扬机	2t	台	5	
3	液压小车		台	4	
4	真空净油机		台	1	
5	真空泵		台	1	
6	贮油罐		只	2	
7	液压弯管机		台	6	
8	电动套丝机		台	6	
9	砂轮切割机		台	20	
10	电锤		台	20	
11	台钻		台	10	
12	油压钳		台	15	
13	电动液压千斤顶		套	3	
14	电动扳手		套	3	

序号	名　　称	规格型号	单位	数量	备注
15	力矩扳手		套	6	
16	打卡（号）机		台	3	
17	母线煨弯机		台	3	
18	绝缘电阻测试仪	HIOK3112	台	2	
19	信号发生器		台	3	
20	兆欧表		只	10	
21	仪表综合校验仪		套	1	
22	编程器/手提电脑		套	2	
23	光纤熔接器		套	1	
24	对讲机		对	15	
25	数字万用表	FLUKE170	只	20	
26	标准压力表		台	20	
27	标准电压表		台	10	
28	标准电流表		台	10	
29	直流电桥		台	2	
30	光功率计		台	1	
31	光纤测试仪、（光时域反射仪）		台	1	
32	信息线缆测试仪		台	2	
33	示波器		台	2	
34	彩色信号发生器		台	1	
35	扫频仪		台	1	
36	噪声测试仪		台	1	
37	感温、感烟探测器试验器		台	1	
38	火灾报警检查装置		台	1	
39	经纬仪		台	1	
40	水准仪		台	1	
41	变压器绕组测试仪	BZD-Ⅱ	台	1	
42	智能变比及组别测试仪	GCBC-3	台	1	
43	智能介损测试仪	HVMIB	台	1	
44	智能 CT 综合测试仪	FA-102	台	1	
45	绝缘电阻测试仪	PC27-2H	台	2	
46	直流泄漏试验仪	ZGSⅡ-120/2	台	1	
47	微机继电保护测试仪	Pw40	台	1	
48	开关特性测试仪	KJTC-Ⅲ（B）	台	1	
49	回路电阻测试仪	HLDZ	台	2	
50	直流双臂电桥	QJ44	台	1	
51	工频耐压试验成套设备	100kV/30kV·A 50kV/30kV·A	套	各 1	
52	钳型电流表	HIOK	台	10	
53	试验标准电压表、电流表	0.5	台	12	

16.1.3.3 主要施工用料配置计划

（1）建筑工程施工用料配备计划见表16-12。

表16-12 建筑工程施工用料配备计划表

序号	名称	规格/mm	单位	数量	备　注
1	钢管	$\phi48mm \times 3.5mm$	t	600	搭架子用
2	扣件	—	只	100000	搭架子用
3	钢管微调	—	只	1000	支撑模板用
4	钢模板	—	m²	15000	
5	九合板	—	m²	3000	
6	跳板	$\delta = 50$	m³	100	
7	角钢	$\angle 50mm \times 5mm$	t	50	螺栓、铁件固定架用
		$\angle 63mm \times 16mm$	t	10	螺栓、铁件固定架用
		$\angle 75mm \times 6mm$	t	10	螺栓、铁件固定架用
8	钢筋	$\phi12$	t	40	对拉螺栓用
		$\phi18$	t	10	螺栓、铁件固定架用
		$\phi20$	t	10	螺栓、铁件固定架用
		$\phi25$	t	20	站脚用
9	钢板	$\delta = 3$	m²	100	止水带用
10	路基箱	—	块	40	垫路用
11	道木	$160mm \times 220mm \times 2500mm$	根	1200	安装用
12	方木	$100mm \times 100mm \times 2000mm$	根	500	支模板用
13	方木	$50mm \times 100mm \times 2000mm$	根	1000	支模板用

（2）安装工程施工用料配备计划见表16-13。

表16-13 安装工程施工用料配备计划表

序号	名称	规格型号/mm	单位	数量	用途
1	电控箱	—	件	10	电源柜
2	钢板	$\delta = 50$	块	40	坦克吊跑板
3	角钢	$\angle 40mm \times 4mm$	t	20	爬梯用
4	元钢	$\phi16$	t	30	爬梯用
5	钢丝绳	$\phi63 \sim \phi19$	m	5000	吊装绳
6	安全网	$50mm \times 50mm$	m²	10000	
7	跳板	$300mm \times 4000mm \times 50mm$	块	2000	脚手架用
8	电缆	$3mm \times (25+2)mm \times (16 \sim 3)mm \times (185+2)mm \times 120mm$	m	5000	

16.1.4 施工平面布置

16.1.4.1 施工平面布置图

该工程施工平面布置如图16-2所示。

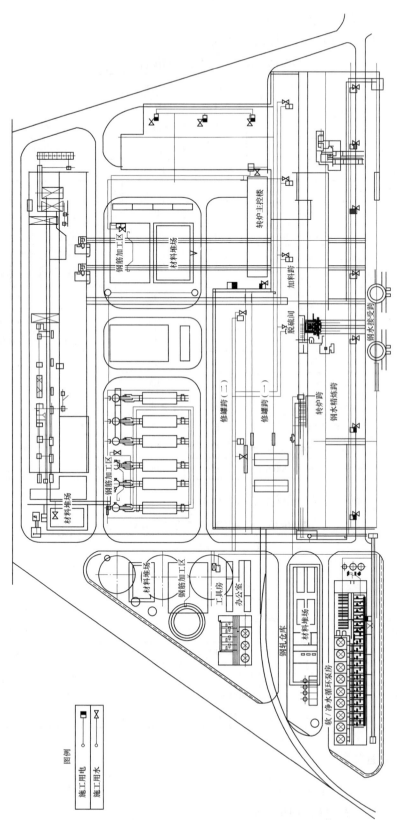

图 16-2 300t 转炉炼钢工程施工平面布置图

16.1.4.2 施工用电

（1）施工用电从业主提供的接线电源接出，施工总用电量约 2000kV·A。建议在一次除尘区域的西南角增设 800kV·A、10/0.4kV 变压器一台。

（2）临时电源采用电缆埋地敷设，电缆穿越道路采用钢管作为套管。在施工区域设置容量为 400A 左右的带计量的动力配电箱，作为现场用电接入装置。埋设电缆的线路上设明显的标志。

（3）为确保加料跨行车提前安装调试，要求建一座 10/3kV 临时变电所，供行车用电，需要总容量 3000kV·A，三回路馈出。

（4）为保证现场的夜间照明，在施工现场不影响工程施工的地方设夜间照明灯灯塔，每座灯塔上设一只 3~10kW 照明灯。

16.1.4.3 施工用水

（1）施工用水包括建筑工程施工用水、管道冲洗、现场生活及消防用水等。按照要求生产用水、生活及消防用水分别接取。

（2）施工用水由业主提供的施工给水干管线 DN150mm 管网上接出，取水点接出并设计量装。施工用水管线采用 DN100mm 的黑铁管作为主管，管线沿道路敷设，接入施工使用地点，支管用 DN50mm 钢管，每隔 40m 设置一只 DN25mm 的双水龙头，作为现场施工用水。管线采用明铺与埋地相结合的方式，并在管线穿越处做明显的标记。

（3）生活用水从业主提供的接点处接出管线并设置计量装置。管道采用 DN25mm 的镀锌钢管，管线沿道路敷设至现场办公地点。

（4）消防用水管线采用 DN100mm 的黑铁管作为主管，管线沿主要建筑物环状布置，支管采用 DN50mm 钢管，每隔 100m 设一个消火栓，作为现场消防用水。

16.1.5 施工部署

现场外设施准备：

（1）钢结构加工制作的安排为确保本工程的钢结构件制作，在原有基础上对生产工艺线进行整合改造，扩建重型钢构生产线的厂房，在各条生产线上增添加工设备，使之形成每月 4000t 的生产能力。主要内容如下：

1）重型钢构生产线增设龙门吊轨道 80m，增建封闭厂房 44m×200m（8800m²）。

2）原各条生产线的工艺装备适当调整，如 30mm×2100mm 滚床移至重钢生产线。

3）添置工艺装备 35 台，计有 50t 龙门吊 1 台，H 型钢组立机 2 台，门型焊机 1 台，成品抛丸机 2 台，三维数控钻床 1 台，平面数控钻床 1 台，埋弧自动焊机 6 台，CO_2 气体保护焊机 20 台，端面铣 1 台。

小型工艺钢结构就近委托其他钢构厂制作，保证每月制作钢结构 1000t。

（2）考虑到几项工程同时建设，混凝土量巨大且集中，为确保施工现场对混凝土的需求，在征得业主同意后，拟在工程所在地附近租地建一座混凝土集中搅拌站，作为业主指定混凝土供应商的补充和后备。

拟建集中搅拌站暂定建设 2m³ 搅拌机系统，如有需要可再增加一条 2m³ 搅拌机生产线。

（3）考虑到劳务工的生活住宿及部分单身职工的需要，租地建立生活区。生活区内除宿舍外，一并建设食堂、浴室及相应的文化娱乐设施，其中生活区食堂还承担向工地供应饭菜的任务。

16.1.6　施工阶段的划分和实施

依据工程的具体情况，工程分为土建施工阶段、结构安装阶段及机电设备安装调试三大阶段。

16.1.6.1　土建施工阶段

（1）土建施工安排的原则是：

1）先主厂房，后外部；

2）先深后浅；

3）施工内容不影响钢结构吊装。

（2）本阶段施工以下内容：

1）主厂房厂房基础，主控楼基础、地下室；

2）转炉基础；

3）地下管廊、电缆隧道；

4）倒罐站支护体（SMW 工法）；

5）主厂房内其他不影响结构吊装的基础；

6）RH 顶升液压缸地坑；

7）施工网络计划中安排的其他施工内容。

（3）本阶段考核工期四。

16.1.6.2　结构安装阶段

转炉工程中主厂房钢结构的安装是工程顺利进展，实现工期目标的关键：

（1）本阶段施工总体安排是：主厂房高跨先安装，低跨随后安排；高跨分段分层安装，各层平台上的设备穿插就位。

（2）大型起重设备配置如下：4000t·m 塔吊一台，500t 履带吊一台，2100t·m 塔吊一台，200t 履带吊一台，150t 履带吊一台。

上述主吊均配 50t 或 25t 履带吊作为辅吊。

（3）主吊车的布置：

1）加料跨 11-20 线布置 4000t·m 塔吊，加料跨 10-1 线布置 200t 履带吊；

2）精炼跨 11-20 线布置 500t 履带吊，精炼跨 10-1 线布置 2100t·m 塔吊；

3）修罐跨（倒罐站），钢水接受跨布置 150t 履带吊。

（4）本阶段中需同步就位的主要生产设备：

1）汽化烟道斜烟道，转角烟道及洗涤塔；

2）汽包、除氧器；各跨行车；

3）屋面烟道及阀门。

（5）本阶段高跨结构安装工期 6。

16.1.6.3　设备安装调试阶段

（1）本阶段中机、电、仪、管各专业齐头并进，其中电气、管道安装将随结构安装进展，先期进入，以减少后期工作量。

（2）加料跨 480t 行车是转炉安装的重要条件，必须确保如期投用。

（3）转炉安装在与业主、设计院协商的基础上，根据所选用的炉型和炉壳分段，采用滑移法安装工艺。

（4）二台转炉的安装开工相隔一，以避免施工平面及空间的拥挤，确保有序、安全，调试工作相差 0.5，2 号转炉在 1 号转炉热试后半进入热试。LF 炉与 1 号转炉同步，RH 炉与 2 号转炉同步。

（5）进入调试阶段前，成立调试领导小组组织指挥调试工作。

（6）本阶段的工期为 1 号转炉系统 9.5，2 号转炉系统 10。

16.2 某钢高效板坯连铸机建筑安装工程

16.2.1 工程概况

16.2.1.1 工程概述

某钢厂"十一五"结构调整高效板坯连铸机工程分两期建设，一期工程新建两台双流板坯连铸机（自钢水接受至热连轧入炉辊道），二期工程续建第三台连铸机。

一期工程新建的两台双流板坯连铸机，设计年产合格坯 567 万吨。铸机生产的板坯采用直接热送、热装后序热轧生产线加热炉，形成一条连铸、热轧制连续生产线。

主要生产钢种有碳素结构钢、超低碳钢、低合金高强度钢、耐候钢、管线钢、汽车结构钢、桥梁结构钢、压力容器钢以及桥梁钢。铸坯规格为（230、250）mm ×（900 ~ 2150）mm ×（5000 ~ 12000）mm。

16.2.1.2 连铸工艺

A 车间布置

为适应全连铸和直接热装轧制工艺要求，连铸与热轧采用紧凑布置方式，连铸钢水接受与转炉出钢共跨，板坯清理跨与热轧板坯库相毗连。连铸主厂房共有五跨组成，自北向南分别为浇注跨（G ~ F）、切割跨（E ~ D）、设备维修跨（D ~ C）、去毛刺跨（C ~ B）、精整跨（B ~ A）、主厂房与热轧分界确定在 A 列线。

车间按功能划分为浇注、中间罐维修、设备维修、冷却精整、备件存放 5 个相对独立的区域。

B 工艺流程

工艺流程如图 16-3 所示。

16.2.1.3 承建范围及工程实物量

A 承建范围

新建两台双流板坯连铸机及相关辅助配套设施，该工程采用建筑、安装工程总承包方式。其工作内容包括从施工准备至交付使用、配合业主试生产等。

B 主要工程量

主要工程量见表 16-14。

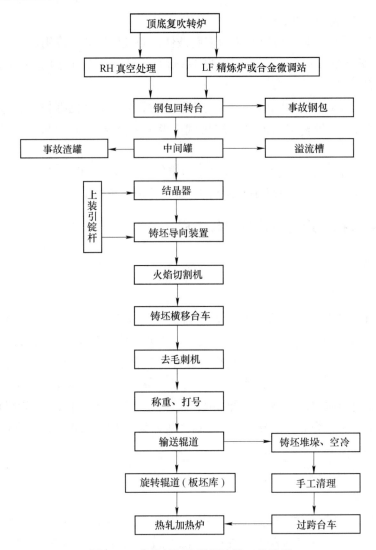

图 16-3　高效板坯连铸机连铸工艺流程

表 16-14　主要工程量

序　号	单位工程及部分分项工程名称	单位	数量	说　　　明
一	土建部分			
1	连铸厂房柱基础	m³	9702	
2	厂房钢结构	t	14784	柱、吊车梁喷砂除锈
3	屋面彩瓦	m²	50387	
4	墙面彩瓦	m²	9945	
5	钢筋混凝土设备基础	m³	31740	含大包回转台、本体设备、离线设备基础
6	钢平台基础	m³	2262	
7	钢平台（含平台柱、梁、板）	t	3835	
8	钢筋混凝土平台	m³	1917	
9	电缆隧道、综合管沟	m³	5000	
10	电气室	m²	2450	框架结构、塑钢门窗

续表 16-14

序 号	单位工程及部分分项工程名称	单位	数量	说　明
二	设备、管道部分			
1	连铸在线设备	t	7599	
2	起重机	t	1825	
3	线外设备	t	341	
4	冷却水阀门站设备配管	t	20	
		t	140	
5	液压、润滑系统设备配管	t	250	
		t	52	
6	通风低噪音轴流风机空调	台	107	
		台	42	
三	电气部分			
1	各类变压器 630~2500kV·A	台	20	
2	高压开关柜	台	37	
3	配电柜	台	60	
4	各类电动机	台	366	包括高压电动机
5	计算机柜	台	30	
6	MCC柜	台	96	
7	自动化仪表	台（件）	646	

16.2.1.4　工程特点、难点

（1）连铸车间东临河流，北连炼钢，南靠热轧车间，西与高炉接壤，总平面无法向四周拓展，而且连铸区域设备基础纵向贯穿整个厂房，给吊装机械的行走、物料调配和施工大临道路的综合规划，带来较大的难度。

（2）大包回转台、冲渣沟、旋流沉淀池等为深基础。深基础的施工要尽早组织，在厂房吊装时须采取必要措施保证大型机械行走的安全。

（3）连铸钢水接受与转炉出钢共跨，地上与地下联系紧密，施工互相交叉给工程协调带来较大困难，为此，炼钢、连铸在开工前对施工界面及工作内容必须进行详细分工。

（4）连铸钢结构平台为工艺平台，面积相对较大，因生产工艺需要，多采用高强度螺栓连接，安装精度要求高。

（5）板坯连铸机不同于其他设备，在整个安装过程中所有的结晶器、扇形段设备均需要在离线组装对中架上进行预装配安装，并进行所属设备的液压、电气、仪表、冷却水系统的安装检测试验。工作量非常巨大。

（6）板坯连铸机工艺主体设备均为单体设备件，其安装控制基准线为一条连续弧线，安装精度要求高，安装工艺复杂。

16.2.2　施工工期

16.2.2.1　日历工期

连铸工程施工日历工期为：2005 年 7 月 1 日~2007 年 1 月 15 日，计 19.5（不包括地

基处理工期3）。

16.2.2.2　重大节点（里程碑节点）

（1）2005年7月1日：深基础开工。

（2）2005年11月1日：厂房钢结构开始安装。

（3）2006年2月1日：浇注跨150t行车、切割跨75t行车安装。

（4）2006年3月1日：连铸设备开始安装。

（5）2006年8月1日：主电室受电、自动化系统网络开通。

（6）2006年10月1日：能源介质开通。

（7）2006年11月1日：单体试车。

（8）2007年1月15日：无符合联动试车。

（9）2007年1月31日：1号连铸机系统热试。

（10）2007年2月15日：2号连铸机系统热试。

16.2.3　资源配置

16.2.3.1　劳动力

（1）土建专业高峰期劳动力需用量计划见表16-15。

表16-15　土建专业高峰期劳动力需用量计划表

序　号	工　种	数　量	序　号	工　种	数　量
1	测量工	5	10	瓦　工	60
2	维护电工	5	11	司　机	14
3	运转工	6	12	防水工	10
4	电焊工	10	13	油漆工	5
5	火焊工	5	14	架　工	50
6	钳　工	6	15	起重工	4
7	木　工	100	16	普　工	100
8	钢筋工	80	17	合　计	500
9	混凝土工	40			

（2）钢结构安装专业高峰期劳动力需用量计划见表16-16。

表16-16　钢结构安装专业高峰期劳动力需用量计划表

序　号	工　种	数　量	序　号	工　种	数　量
1	起重工	30	6	油漆工	10
2	铆　工	20	7	司　机	8
3	电焊	25	8	电　工	4
4	火焊工	8	9	现场普工	20
5	测量工	5	10	合　计	130

（3）设备安装专业高峰期劳动力需用量计划见表16-17。

表 16-17　设备安装专业高峰期劳动力需用量计划表

序　号	工　种	数量	序　号	工　种	数量
1	钳　工	80	5	火焊工	10
2	起重工	20	6	测量工	5
3	铆　工	15	7	管　工	20
4	电焊工	20		合　计	170

（4）管道安装专业高峰期劳动力需用量计划见表 16-18。

表 16-18　管道安装专业高峰期劳动力需用量计划表

序　号	工　种	数量	序　号	工　种	数量
1	管　工	50	6	油漆工	8
2	电焊工	15	7	维护电工	2
3	起重工	15	8	测量工	2
4	铆　工	10	9	普　工	20
5	钳　工	8	10	合　计	130

（5）电气专业高峰期劳动力需用量计划见表 16-19。

表 16-19　电气专业高峰期劳动力需用量计划表

序　号	工　种	数量	序　号	工　种	数量
1	电气安装工	70	6	起重工	6
2	自动化仪表工	12	7	普　工	20
3	通信工	10	8	合　计	140
4	电气调试工	18			
5	变压器检修工	4			

　　整个工程高预计峰期所需劳动力为 1060 人，不包括钢结构制作、筑炉和项目经理部管理人员。

16.2.3.2　主要施工设备机具

（1）土建施工机具配置见表 16-20。

表 16-20　土建施工机具配置表

序号	名　称	规格型号	单　位	数　量	备　注
1	汽车吊	25t	台	1	铁件制作
2	挖土机	1m³	台	3	
3	挖土机	0.6m³	台	2	
4	自卸汽车	15t	台	10	
5	推土机	SH120	台	2	
6	压路机	12t	台	2	
7	蛙式打夯机		台	6	

序号	名　称	规格型号	单　位	数　量	备　注
8	全站仪	LaicaTc1102	台	1	
9	经纬仪	J_2	台	3	
10	水准仪	S_3	台	3	
11	精密水准仪	N_3	台	2	
12	钢筋对焊机	UN-150	台	2	
13	钢筋弯曲机	WJ40-1	台	2	
14	钢筋切割机	GJ-40	台	2	
15	打桩机		台	2	钢板桩施工
16	插入式振动棒	HZ-50	根	40	
17	轻型井点降水设备	100 根/套	套	10	
18	混凝土平板振动器		台	8	
19	混凝土地泵		台	2	
20	交流电焊机	交流	台	5	
21	直流电焊机	直流	台	3	
22	电渣压力焊机		台	2	
23	砂浆搅拌机		台	5	
24	木工圆盘锯	MJ104	台	6	
25	木工台钻	ZLY-B	台	6	
26	套丝机	ZLY-B	台	4	
27	地下连续墙成槽机		套	1	配 50t 吊车
28	卷扬机	3t	台	6	
		2t	台	6	
		1t	台	8	
29	潜水泵		台	10	
30	空压机	$6m^3$	台	2	
31	套筒直螺纹连接设备		套	3	
32	电动混凝土地坪磨光机		台	4	

（2）钢结构安装施工机具配置见表 16-21。

表 16-21　钢结构安装施工机具配置表

序号	名　称	规　格　型　号	单　位	数　量	备　注
1	履带吊	300t	台	1	
2	履带吊	150t	台	1	CCH1500E
3	履带吊	50t	台	2	W2001
4	履带吊	25t	台	1	TG352
5	汽车吊	35t	台	1	
6	平板拖	60t	台	2	

续表 16-21

序号	名　称	规　格　型　号	单位	数量	备　注
7	平板拖	40t	台	1	
8	半挂	20t	台	2	
9	半挂	10t	台	3	
10	电焊机	BX_3-400	台	15	
11	电焊机	BX_5-500	台	10	
12	液压油顶	5～40t	台	12	
13	空压机	0.6～0.9m^3	台	6	
14	直流焊机	AX-500	台	6	
15	钢丝绳	$\phi51～\phi9.3mm$	米	800	
16	烘干箱		台	4	
17	倒链	1～10t	只	30	
18	彩板加工机	$SX_3600/SX820.SX_3720$	台	各1	
19	角向磨光机	$\phi100/\phi125$	台	10/10	
20	电动扳手	初/终拧	台	2/2	
21	卷扬机	1t	套	2	
22	咬口机		台	1	
23	电钻	$\phi6.5～\phi23$	台	15	

（3）设备安装专业施工机具配置见表 16-22。

表 16-22　设备安装专业施工机具配置表

序号	名　称	规　格	单位	数量	备　注
1	精密水准仪	N_3	台	2	
2	经纬仪	J_2	台	3	
3	水准仪	S_3	台	3	
4	氩弧焊机	NSA4-300	台	6	
5	交流焊机	BX3-500	台	4	
6	直流焊机	AX-400A	台	6	
7	精细滤油机		台	4	
8	电动桶式泵		台	2	
9	冲洗装置	$Q=1500L/min$	套	6	
10	在线酸洗装置	$Q=1500L/min$	台	4	
11	水平尺	6000mm	把	2	
12	水平尺	4000mm	把	2	
13	水平尺	3000mm	把	2	
14	水平尺	2000mm	把	2	
15	量块		套	2	
16	框式方水平仪	0.02/1000mm	只	6	
17	框式方水平仪	0.1/1000mm	只	4	
18	内径千分尺	1000m	件	4	

序号	名　称	规　格	单位	数量	备　注
19	外径千分尺	ϕ 250 ~ 300mm	件	1	
20	外径千分尺	ϕ 200 ~ 250mm	件	1	
21	外径千分尺	ϕ 150 ~ 200mm	件	2	
22	外径千分尺	ϕ 100 ~ 150mm	件	2	
23	外径千分尺	ϕ 75 ~ 100mm	件	2	
24	外径千分尺	ϕ 50 ~ 75mm	件	2	
25	外径千分尺	ϕ 25 ~ 50mm	件	2	
26	外径千分尺	ϕ 0 ~ 25mm	件	4	
27	卷扬机	10t	台	2	
28	卷扬机	5t	台	2	
29	卷扬机	3t	台	2	
30	卷扬机	2t	台	4	
31	倒链	20t	件	4	
32	倒链	10t	件	4	
33	倒链	5t、3t、2t	件	10	
34	千斤顶	200t	件	2	
35	千斤顶	50t	件	4	
36	千斤顶	32t	件	4	
37	千斤顶	16t	件	4	
38	千斤顶	5t	件	4	
39	电动试压泵	25MPa	台	2	
40	起重滑车	H80 × 80	套	8	
41	起重滑车	H32 × 60	套	8	
42	起重滑车	H20 × 40	套	16	
43	起重滑车	H10 × 1KBG	件	10	
44	起重滑车	H5 × 1KBG	件	10	

（4）管道专业施工机具配置见表 16-23。

表 16-23　管道专业施工机具配置表

序号	名　称	型　号	单位	数量	备　注
1	履带式起重机	QW50	台	1	
2	汽车式起重机	TG452	台	1	
3	汽车式起重机	QY25	台	1	
4	剪板机	Q11Y16 × 2500	台	1	
5	卷板机	20 × 2000	台	1	
6	电动空压机	3L10-8	台	1	
7	电动试压机		台	2	
8	氩弧焊机	WS400	台	6	

序号	名　称	型　号	单位	数量	备　注
9	氩弧焊机	NSA4-300	台	4	
10	交流焊机	QX-300	台	10	
11	直流焊机	ZX-400	台	10	
12	X 射线探伤仪	XXQ2505	台	1	
13	漆膜测厚仪	CCH24	台	1	
14	经纬仪	J2	台	1	
15	水准仪	NA	台	1	
16	电动卷扬	1~3t	台	6	

（5）三电安装施工机具、仪表配置见表 16-24。

表 16-24　三电安装施工机具、仪表配置表

序号	名　称	单位	数量	备　注
1	电焊机	台	15	
2	卷扬机	台	3	
3	液压小车	台	2	
4	真空净油机	台	2	
5	真空泵	台	1	
6	贮油罐	只	2	
7	液压弯管机	台	4	
8	电动套丝机	台	4	
9	砂轮切割机	台	8	
10	电锤	台	10	
11	台钻	台	4	
12	油压钳	台	8	
13	电动液压千斤顶	套	4	
14	电动扳手	套	4	
15	力矩扳手	套	4	
16	打卡机	台	4	
17	母线煨弯机	台	4	
18	接地电阻测试仪	台	3	
19	信号发生器	台	2	
20	兆欧表	只	10	
21	仪表综合校验仪	套	1	
22	编程器/手提电脑	套	2	
23	光纤熔接器	套	1	
24	对讲机	对	15	
25	数字万用表	只	10	
26	标准压力表	台	10	
27	标准电压表	台	8	
28	标准电流表	台	8	

序号	名　　称	单　位	数　量	备　注
29	直流电桥	台	4	
30	光功率计	台	2	
31	光纤测试仪、（光时域反射仪）	台	2	
32	网络测试仪	台	1	
33	示波器	台	3	
34	彩色信号发生器	台	1	
35	扫频仪	台	1	
36	噪声测试仪	台	1	
37	感温、感烟探测器试验器	台	2	
38	火灾报警检查装置	台	1	
39	经纬仪	台	1	
40	水准仪	台	1	
41	变压器绕组测试仪 BZD-Ⅱ	台	2	
42	智能变比及组别测试仪 GCBC-3	台	2	
43	智能介损测试仪 HVMIB	台	2	
44	智能 CT 综合测试仪 FA-102	台	1	
45	钳型电流表 HIOK	块	2	
46	绝缘电阻测试仪 PC27-2H	台	3	
47	绝缘电阻测试仪 HIOK3112	台	2	
48	直流泄漏试验仪 ZGSⅡ-120/2	台	4	
49	微机继电保护测试仪 Pw40	台	2	
50	开关特性测试仪 KJTC-Ⅲ	台	3	
51	回路电阻测试仪 HLDZ	台	2	
52	直流双臂电桥 QJ44	台	4	
53	工频耐压试验成套设备 100kV/30kV·A	台	1	
54	工频耐压试验成套设备 50kV/30kV·A	台	2	
55	数字万用表 FLUKE170	台	6	
56	试验电压表、电流表	台	各 20	
57	接地电阻测试仪 WH2571-Ⅱ	台	3	
58	波形记录仪：HIOK18842	台	1	
59	示波器：泰克 TDS2014（100MHz）	台	1	
60	笔记本电脑：IBM（P4）/DELL	台	2	
61	直流稳压电源	台	2	
62	脉冲信号发生器	台	2	
63	其他常用调试仪表	台	视需要	

16.2.3.3 主要施工材料

主要施工材料配置见表 16-25。

表 16-25 主要施工材料配置表

序号	名 称	规格/mm	单位	数量	备 注
1	钢 管	$\phi48mm \times 3.5mm$	t	600	搭架子用
2	扣 件		只	10 万	搭架子用
3	钢管微调		只	1000	支撑模板用
4	钢模板		m²	10000	
5	九合板		m²	2000	
6	跳 板	$\delta = 50$	m³	80	
7	角 钢	$\angle 30mm \times 3mm$	t	3	
		$\angle 50mm \times 5mm$	t	50	螺栓、铁件固定架用
		$\angle 63mm \times 16mm$	t	10	螺栓、铁件固定架用
		$\angle 75mm \times 6mm$	t	10	螺栓、铁件固定架用
8	钢 筋	$\phi6$	t	5	
		$\phi12$	t	40	对拉螺栓用
		$\phi18$	t	10	螺栓、铁件固定架用
		$\phi20$	t	10	螺栓、铁件固定架用
		$\phi25$	t	20	站脚用
9	钢 板	$\delta = 3$	m²	400	止水带用
10	路基箱		块	20	垫路用
11	道 木	$2.4m \times 0.22m \times 0.18m$	根	100	支撑用
12	方 木	$2m \times 0.1m \times 0.1m$	根	300	支模板用
13	方 木	$2m \times 0.1m \times 0.05m$	根	400	支模板用
14	槽 钢	$[12$	m	1200	支模板用
15	钢丝绳	$\phi13$	m	1000	
		$\phi25$	m	500	
16	钢 板	$\delta = 10 \sim 30$	t	30	制作垫板
17	钢丝绳	$\phi6$	m	1200	
18	安全网		张	600	
19	各种规格电缆		m	3000	
20	电焊把线		m	2000	

16.2.4 施工平面布置

16.2.4.1 施工平面布置图

该工程施工平面布置图如图 16-4 所示。

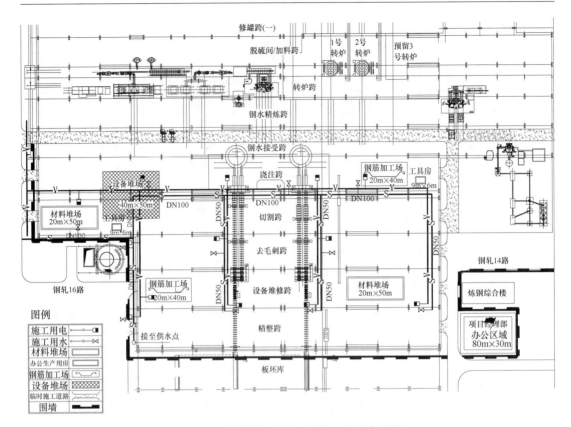

图 16-4　高效板坯连铸工程施工平面布置图

16.2.4.2　施工用电

（1）施工用电根据业主提供的电源接出，施工总用电量约 1200kV·A。

（2）临时电源电缆采用埋地敷设，穿越道路采用钢管作为套管进行埋设，在施工区域设置带计量配电箱作为现场用电接入装置。埋设电缆的线路上设明显的标志。

（3）为保证现场的夜间照明，在施工现场不影响工程施工的地方设夜间照明灯塔，每座灯塔上设一只 3kV·A 照明灯。

16.2.4.3　施工用水

（1）施工用水主要供砂浆搅拌、混凝土养护、泥浆搅拌及冲洗管道和现场生活及消防用水等，按照要求生产用水与生活及消防用水分别接取。

（2）施工用水在业主提供的供水管网上接出并设计量装置。用水量为 100m³/h，施工用水管线采用 DN100mm 的黑铁管作为主管，管线沿厂房柱列线或道路敷设。接入施工地点，支管 DN50mm，约每隔 50m 设置一只 DN25mm 的双水龙头，作为现场施工用水。管线用明铺与埋地相结合的方式，穿越道路处管线采取埋地敷设，并在管线穿越处做明显的标记。

（3）生活用水从业主提供的接点处接出管线并设置计量装置。管道采用 DN25mm 的镀锌钢管，管线沿道路敷设至现场办公地点。

（4）消防用水管线采用 DN100mm 的黑铁管作为主管，每隔 50m 设置消防栓。

16.2.5　施工部署

16.2.5.1　施工阶段的划分

工程主要分为如下 4 个施工阶段：

（1）第一阶段为基础施工阶段，工期 4 个月，其施工内容包括厂房柱基，连铸机设备基础，连铸冲渣沟，主电室以及电缆隧道和管沟等埋深超过柱基的构筑物及基础。本阶段的目标是按节点完成，交付主厂房钢结构安装。

（2）第二阶段为结构安装阶段，工期 8 个月，其施工内容包括厂房柱、吊车梁结构安装，厂房屋盖系统结构安装及金属压型板安装，厂房墙面金属压型板，采光带及门窗安装，天沟及水落管安装。本阶段的目标是浇注跨、切坯跨行车开通交付连铸机设备安装。

（3）第三阶段为设备安装阶段，工期 6 个月，其施工内容包括起重设备、连铸工艺设备（包括工艺钢结构）、工艺介质管道、液压润滑设备、三电设备的安装与调试以及耐火材料砌筑。本阶段的目标是主电室按时受电，能源介质开通，开始设备单体试运转。

（4）第四阶段为试运转阶段，工期 3.5 个月，该阶段分单体和联动试运转两个步骤来进行。本阶段的目标是按时交工、实现热负荷试车。

16.2.5.2　关键节点

本连铸工程四个阶段共设置如下 10 个关键节点：

（1）深基础开工挖土。

（2）厂房钢结构开始安装。

（3）浇注跨、切割跨行车开通、屋面封闭。

（4）连铸设备开始安装。

（5）主电室交付三电安装。

（6）主电室受电、电气设备单元调试。

（7）连铸车间能源介质通水、通气。

（8）连铸系统自动化系统网络开通，开始单体试车。

（9）连铸系统开始无负荷联动试车。

（10）连铸系统开始热负荷试运行。

16.3　某钢铁基地项目炼钢主体工程

16.3.1　工程概况

16.3.1.1　工程概述

某钢铁基地项目炼钢工程设计年产钢水 892.8 万吨，优化配置铁水预处理、转炉炼钢、精炼主体冶炼设施以及与之相配套的公辅设施。配置独立设置铁水预处理中心（含倒罐站），配置两个铁水倒罐坑；配置机械搅拌脱硫装置 ×3 套，预留 1 套；配置公称容量 350t 复吹转炉 ×3 座；配置单工位 RH ×2 套，LATS ×2 套，双工位 LF ×1 套（仅施工桩基、土建工程施工），均离线布置。

本工程由炼钢主厂房、南区、北区炼钢综合楼、钢水罐维修间、铁水罐维修间、铁水预处理中心、铁水倒罐站、炼钢连铸净环水处理站、OG浊循环水处理站、精炼浊循环水处理站、蓄热器站、铁合金地下料仓、副原料地下料仓及其配套的公辅设施组成。

炼钢主车间包括加料跨、转炉跨、精炼跨、钢水接受跨；辅助间包括倒罐站、脱硫站、铁水吊运跨、钢水罐（铁水罐）维修间。炼钢主车间建筑面积约为 $47780m^2$，辅助间建筑面积约为 $16805m^2$；炼钢车间总建筑面积约为 $64585m^2$。炼钢车间结构形式为钢结构，主车间外墙及屋面采用彩涂压型板围护。

16.3.1.2　炼钢工艺

（1）炼钢用铁水由二座 $5050m^3$ 高炉供应。用350t鱼雷罐车运到倒罐站，炼钢车间年需铁水约823万吨。

转炉所需铁水全部经过铁水预处理中心进行预处理，铁水扒渣后，由铁水过跨旋转台车驳运至加料跨，由加料跨480/100t起重机吊往转炉。用于极低磷等钢种生产的铁水可经过脱磷转炉进行双联法脱磷处理。

合格废钢在废钢堆场废钢配料间按工艺要求的轻重配比配料装槽、称量，由废钢料槽运输车运至加料跨，再用转炉加料跨内的110t+110t废钢装料起重机吊起废钢料槽，运到转炉炉前并加入转炉。

各种副原料和铁合金由自卸汽车运到地下料仓，其中活性石灰和轻烧白云石直接从石灰车间输送至主上料带式输送机上。各副原料和铁合金再经皮带机输送至转炉跨转炉炉顶高/中位料仓、精炼炉炉顶高位料仓。

转炉采用顶底复吹技术，设置副枪检测系统，配合二级计算机系统，实现转炉冶炼的动态过程控制。集中设置转炉主控室，对转炉生产各系统设备进行操作控制。

转炉冶炼完毕，钢水终点成分和温度符合预定目标值后即可进行出钢作业。转炉出钢过程中通过炉后铁合金旋转溜槽将铁合金加入钢水罐中，使钢水脱氧和合金化，同时经钢水罐底部向罐内吹入氩气，均匀钢水成分和温度，加快夹杂物上浮。转炉出钢口设置出钢挡渣滑板机构，以便进行挡渣出钢。出钢完毕，钢水罐自动加盖，经台车、起重机驳运送往精炼工位，自动脱盖后进行精炼处理。

（2）炼钢工艺流程如图16-5所示。

16.3.1.3　承建范围及工程实物量

（1）承建范围包括新建3套机械搅拌脱硫装置（预留1套），3座公称容量350t顶底复吹转炉，2套单工位RH，2套LATS，1套双工位LF以及与之相配套的公辅设施。该工程采用建筑、安装工程总承包方式。其工作内容包括从施工准备至交付使用、配合业主试生产等。

（2）工程实物量见表16-26。

16.3.1.4　工程的特点及难点

（1）工程地处海边，雨期长、湿度大，台风、雷电频繁，雨季施工不可避免，增加了深基坑施工、钢结构防腐、结构吊装等施工难度，制约了工程均衡、连续施工，给施工质量、工期、安全等方面带来很大影响。

（2）工程地质条件复杂，含多种单元地貌，无典型地质剖面，加大了土建地下工程施工难度。

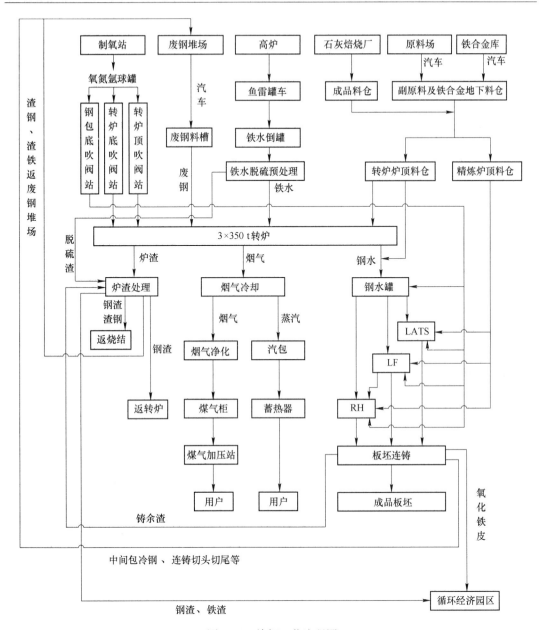

图 16-5　炼钢工艺流程图

表 16-26　工程实物量统计表

序　号	项　目	单　位	实物量
1	混凝土	m³	123000
2	辅助用房	m²	23000
3	钢结构	t	53500
4	工艺设备	t	25000
5	彩钢板	m²	141000
6	金属管道	t	7900
7	电　缆	km	1000

（3）设备基础多属于大体积混凝土工程，施工中混凝土水化热控制是关键。

（4）钢结构制作量大、时间紧，且工程所在地区无大型钢结构制作厂，柱、梁构件超大、超重，制作、运输难度大。

（5）吊车梁采用 Q390 系列厚钢板，焊接难度达 C 级。

16.3.2　施工工期

16.3.2.1　日历工期

炼钢工程施工日历工期为：2013 年 10 月 26 日开工，2016 年 9 月 5 日交工，计 1047 天（不包含地基处理施工）。

16.3.2.2　重大节点（里程碑节点）

（1）2013 年 10 月 26 日：土建开工。

（2）2014 年 6 月 1 日：主厂房钢结构吊装。

（3）2014 年 11 月 1 日：加料跨行车安装。

（4）2015 年 1 月 31 日：转炉设备安装。

（5）2015 年 3 月 4 日：主电室受点。

（6）2015 年 7 月 1 日：1 号转炉单体试车。

（7）2015 年 9 月 15 日：1 号转炉无负荷联动试车。

（8）2015 年 11 月 15 日：1 号转炉热负荷联动试车。

（9）2015 年 12 月 20 日：2 号转炉热负荷联动试车。

（10）2016 年 6 月 15 日：3 号转炉热负荷联动试车。

（11）2016 年 9 月 5 日：工程交工验收完。

16.3.3　资源配置

16.3.3.1　劳动力

（1）土建专业劳动力需用量见表 16-27。

表 16-27　土建专业劳动力需用量表

序号	工　种	数量/人	序号	工　种	数量/人
1	测量工	6	10	防水工	10
2	维护电工	8	11	油漆工	10
3	运转工	10	12	起重工	2
4	电焊工	10	13	普　工	50
5	钳　工	4	14	架　工	40
6	木　工	300	15	机械操作工	30
7	钢筋工	240	16	基坑支护人员	40
8	混凝土工	50		合　计	860
9	瓦　工	50			

（2）钢结构安装专业劳动力需用量见表 16-28。

表 16-28　钢结构安装专业劳动力需用量表

序号	工　种	数量/人	序号	工　种	数量/人
1	起重工	70	6	油漆工	25
2	铆工	70	7	司机、修理	16
3	电焊工	60	8	电工	6
4	火焊工	30	9	普工	100
5	测量工	8		合计	385

（3）设备、仪表、电气、管道安装、筑炉专业劳动力需用见表 16-29。

表 16-29　设备、仪表、电气、管道安装、筑炉专业劳动力需用表

序号	工　种	数量/人	序号	工　种	数量/人
1	钳工	60	8	电气安装工	180
2	铆工	30	9	电气调试工	30
3	管工	150	10	筑炉工	40
4	起重工	60	11	保温、防腐工	50
5	电焊工	50	12	普工	90
6	氩弧焊工	30	13	合计	776
7	测量工	6	14		

整个工程高预计峰期所需劳动力为 2020 人，不包括钢结构制作和项目经理部管理人员。

16.3.3.2　主要施工设备机具

（1）土建专业施工机具配置计划见表 16-30。

表 16-30　土建专业施工机具配置计划表

序号	名　称	规格型号	单位	数量	备注
1	全站仪	LaicaTc1102	台	1	
2	经纬仪	J_2	台	3	
3	水准仪	S_3	台	5	
4	精密水准仪	N_3	台	1	
5	挖土机	$1.0m^3$	台	11	
6	挖土机	$1.8m^3$	台	2	
7	挖土机（长臂）	$0.6m^3$	台	2	
8	自卸汽车	15t	台	30	
9	推土机	SH120	台	2	
10	压路机	12t	台	1	
11	钢筋对焊机	UN-150	台	3	
12	钢筋弯曲机	WJ40-1	台	6	
13	钢筋切断机	GJ-40	台	6	

序号	名 称	规格型号	单位	数量	备 注
14	交流电焊机	交流	台	20	
15	轻型井点降水设备	50 根/套	套	10	
16	汽车吊	25t	台	1	
17	塔吊	QTZ63	台	2	垂直运输
18	钻孔灌注桩机	GPS-15	台	8	
19	高压旋喷桩机		台	4	
20	钢板桩施工设备		套	1	
21	深井降水设备		套	30	
22	沥青道路设备			1 套	

（2）钢结构安装专业施工机具配置计划见表 16-31。

表 16-31　钢结构安装专业施工机具配置计划表

序号	名 称	型 号	单位	数量	备注
1	塔 吊	DBQ4000t · m	台	1	
2	350t 履带吊	CC2500-1	台	1	
3	280t 履带吊	CCH1500E	台	1	
4	200t 履带吊	神钢 7200	台	1	
5	50t 履带吊	QUY50	台	4	
6	20～50t 汽车吊		台	4	
7	平板车、半挂车	10～200t	台	18	
8	电焊机	BX3-400、BX3-500	台	50	
9	空压机	$0.6～0.9m^3$	台	10	
10	初拧、终拧电动扳手		台	各 8	
11	经纬仪	J2	台	8	
12	水准仪	S3	台	6	
13	超声波探伤仪		台	2	
14	彩瓦成型机		台	3	
15	彩瓦咬口机		台	2	
16	铝热焊机		台	2	

（3）设备安装专业施工机具配置计划见表 16-32。

表 16-32　设备安装专业施工机具配置计划表

序号	名 称	规 格	单位	数量	备 注
1	塔 吊	DBQ4000t · m	台	1	共用
2	350t 履带吊	CC2500-1	台	1	共用
3	280t 履带吊	CCH1500E	台	1	共用
4	200t 履带吊	神钢 7200	台	1	共用
5	电焊机	500A	台	15	

序号	名　称	规　格	单位	数量	备　注
6	氩弧焊机	400A	台	6	
7	电动液压千斤顶	300t、100t	台	各4	
8	液压冲洗装置	$Q = 1500L/min$	套	2	
9	精密水准仪	N3	台	1	
10	经纬仪	J2	台	4	
11	水准仪	S3	台	2	
12	电动煨管机	DN150	台	4	
13	电动试压泵		台	2	
14	扭矩扳手		台	8	

（4）管道安装专业施工机具配置计划见表16-33。

表16-33　管道安装专业施工机具配置计划表

序号	名　称	规　格	单位	数量	备　注
1	电焊机	BX3-500-2	台	25	
2	氩弧焊机	SW351	台	20	
3	焊条烘干箱	ZYH-60～200	台	4	
4	卷扬机	1～2t	台	15	
5	电动坡口机		台	6	
6	电动试压泵	4DY-30/40	台	2	
7	等离子切割机	LGKB-100	台	2	
8	电动套丝机	tQ-100	台	4	
9	潜水泵	DN50	台	8	

（5）三电安装专业施工机具配置计划见表16-34。

表16-34　三电安装专业施工机具配置计划表

序号	名　称	规格型号	单位	数量	备　注
1	电焊机		台	15	
2	净油机		台	1	
3	贮油罐		只	1	
4	液压弯管机		台	2	
5	电动套丝机	$\phi100$	台	4	
6	油压钳		台	8	
7	打号机		台	2	
8	母线煨弯机		台	2	
9	仪表综合校验仪		套	2	
10	编程器/手提电脑		套	2	

序号	名　　称	规格型号	单位	数量	备　　注
11	直流电桥		台	4	
12	感温、感烟探测器试验器		台	2	
13	火灾报警检查装置		台	1	
14	变压器绕组测试仪	BZD-Ⅱ	台	2	
15	智能变比及组别测试仪	GCBC-3	台	2	
16	智能介损测试仪	HVMIB	台	2	
17	智能 Ct 综合测试仪	FA-102	台	1	
18	直流泄漏试验仪	ZGSⅡ-120/2	台	4	
19	微机继电保护测试仪	Pw40	台	2	
20	开关特性测试仪	KJtC-Ⅲ	台	3	
21	回路电阻测试仪	HLDZ	台	2	
22	直流双臂电桥	QJ44	台	4	
24	工频耐压试验成套设备	100kV/30kV·A	台	1	
25	工频耐压试验成套设备	50kV/30kV·A	台	2	
26	波形记录仪	HIOK18842	台	1	

16.3.4　施工平面布置

16.3.4.1　施工平面布置图

该工程施工平面布置图如图 16-6 所示。

16.3.4.2　施工用电

（1）现场临时施工用电接 10kV 架空线至炼钢主厂房施工区域，接变压器，共设置 5 座变压器，630kV·A 的变压器 2 座（其中 1 座布置在生活大临区域），1000kV·A 的变压器 3 座（其中 1 座布置在现场钢结构制作场地），变压器下设供电总电箱，内设计量表，引出三相五线制 380/220V 电源。

（2）主电路在进场后经过一电箱后分路，分路电缆沿道路架空敷设，架空高度应不小于 1.8m。电缆过主要路口时，进行埋地敷设，埋地深度应不小于 0.8m，加套管保护并回填黄沙处理。

（3）电缆在转角及直线间距 30m 左右处设鲜明标志标明电缆走向，沿铺设方向根据施工需要布设一级配电箱。

（4）在现场施工重点位置架设灯架，配置镝灯，用于夜间施工的照明。所有配电箱（柜）分级设置，并设置隔离开关做良好的接地。总配电箱及一级配电箱，由专业厂家定制，其余二、三级和手提箱体等一律采用当地安检站和建委推荐的玻璃钢制产品。

16.3.4.3　施工用水

该工程现场临时用水从业主提供的取水点，采用 D50mm 的 UPVC 管作为主管，管线沿道路敷设，接入施工使用地点，作为现场施工用水。临时管网于接驳点处安装阀门、计量表。临时用水管沿现场临时道路路边埋地敷设，埋深 0.8m，穿越道路处加套管保护。

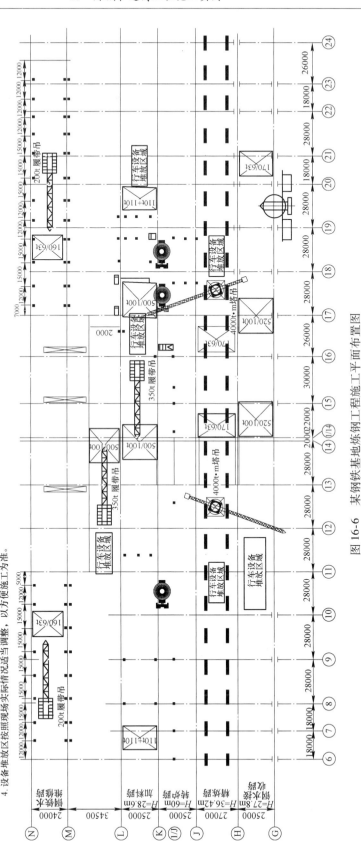

图16-6 某钢铁基地炼钢工程施工平面布置图

说明:

1. 4000 t·m塔吊安装水接受跨2台520/100t行车,1台170/63t行车,精炼跨2台170/63t行车以及高跨50t行车。

2. 350t履带吊安加料跨2台500/100t行车,1台170/63t行车,铁水预处理1台500/100t行车。

3. 200t履带吊安装铁水罐维修跨170/63t行车。

4. 设备堆放区按照现场实际情况适当调整,以方便施工为准。

16.3.4.4　排水布置

（1）该工程沿临时施工道路两侧设置二级、三级排系统，一级排水系统现已形成，将二级、三级排水系统导入一级排水系统内。施工场地内面积较大的浅积水影响人员行走、机械站位或者材料堆放，则人工挖临时导流沟，及时将水引入最近的排水沟。

（2）排水沟采用砖砌排水沟，过路段埋设排水管，管顶部必须采用适当的材料回填覆盖，防止管道被破坏。

（3）所有现场排水均必须经沉沙井沉沙、拦渣后才能排入全厂正式雨水管网，严禁泥沙排入一级沟。沉沙井与全厂排水的雨水井之间安装混凝土管贯通。沉沙井出水口处设置 $\phi 12mm@50mm$ 钢筋拦渣网，上口周边设置安全防护栏。

（4）定期对沟渠内的沉积物进行清理，防止阻塞。尤其是每次大雨、暴雨过后，都要对沟渠边坡进行检查，及时修好损坏的部位。

16.3.5　施工部署

16.3.5.1　施工阶段划分

根据该工程特点和施工总体要求，为更有序组织工程实施，将炼钢工程一步、二步项目分为两个大施工段，先施工一步炼钢相关项目，接着施工二步炼钢项目，流水作业。一步、二步炼钢施工分为 4 个阶段：

（1）第一阶段为土建施工阶段，其内容包括厂房柱基、厂房内主要设备基础及管廊、铁水倒罐坑施工，铁合金及副原料上料地坑、主控楼、水处理泵房及水池构筑物施工，除尘设施基础及构筑物施工等。本阶段的目标是按节点完成，交付主厂房钢结构及设备安装。

（2）第二阶段为结构安装阶段，其内容包括主厂房钢结构安装、转炉跨大型设备就位、部分行车安装。本阶段的目标是主厂房主体结构形成、部分行车投入使用，为转炉设备、介质管道安装创造条件。

（3）第三阶段为机、电、管安装阶段，其内容包括起重设备、转炉、精炼设施等工艺设备（包括工艺钢结构）、介质管道、水处理设施、三电设备的安装与调试、介质管道试压吹扫。本阶段的目标是按时通水、通气、电气设备按时受电。

（4）第四阶段为试运转阶段，该阶段分单体和联动试运转两个步骤来进行。进入试运转阶段前，编制试车方案，成立试运转领导小组，组织指挥试运转工作。

16.3.5.2　重点工程

该炼钢共设 8 个重点工程，具体如下：

（1）转炉基础施工。

（2）倒罐站、地下料仓、地下管廊施工。

（3）钢结构制作、安装。

（4）加料跨 500t 行车安装。

（5）汽化冷却系统安装。

（6）转炉炉壳焊接、转炉安装就位。

（7）氧气、氮气、氩气等压力管道安装。

（8）转炉高压供配电系统安装调试。

参 考 文 献

[1] 人力和社会保障部教材办公室．全国中等职业技术学校冶金专业教材 ［M］．转炉炼钢工艺及设备．北京：中国劳动社会保障出版社，2009.

[2] 阎立懿．电弧炉炼钢的历史及发展前景 ［J］．工业加热，2001.5.

[3] 人力和社会保障部教材办公室．全国中等职业技术学校冶金专业教材．连铸设备及工艺 ［M］．中国劳动社会保障出版社，2009.

[4] 中华人民共和国住房和城乡建设部．危险性较大的分部分项工程安全管理办法．建质 ［2009］．87号．

[5] 中华人民共和国国家标准．工程测量规范 GB 50026—2007.

[6] 中华人民共和国行业标准．建筑地基处理技术规范 JGJ 79—2012.

[7] 中华人民共和国国家标准．土工合成材料应用技术规范 GB/T 50290—2014.

[8] 中华人民共和国国家标准．建筑地基基础设计规范 GB 50007—2011.

[9] 中华人民共和国国家标准．湿陷性黄土地区建筑规范 GB 50025—2004.

[10] 中华人民共和国国家标准．岩土工程勘察规范 GB 50021—2001（2009 年修订版）．

[11] 中华人民共和国行业标准．建筑桩基技术规范 JGJ 94—2008.

[12] 中华人民共和国国家标准．建筑抗震设计规范 GB 50011—2010.

[13] 中华人民共和国行业标准．既有建筑地基基础加固技术规范 JGJ 123—2012.

[14] 中华人民共和国国家标准．工业建筑防腐蚀设计规范 GB 50046—2008.

[15] 中华人民共和国国家标准．建筑地基基础工程施工质量验收规范 GB 50202—2002.

[16] 中华人民共和国行业标准．水运工程混凝土结构设计规范 JTS 151—2011.

[17] 中华人民共和国行业标准．钢筋机械连接通用技术规程 JGJ 107—2010.

[18] 中华人民共和国行业标准．钢筋焊接及验收规程 JGJ 18—2012.

[19] 中华人民共和国国家标准．混凝土结构工程施工质量验收规范 GB 50204—2015.

[20] 中华人民共和国国家标准．先张法预应力混凝土管桩 GB 13476—2009.

[21] 中华人民共和国行业标准．先张法预应力混凝土薄壁管桩 JC 888—2001.

[22] 中华人民共和国行业标准．预应力混凝土空心方桩 JG 197—2006.

[23] 中华人民共和国国家标准．钢结构焊接规范 GB 50661—2011.

[24] 中华人民共和国国家标准．钢结构工程施工质量验收规范 GB 50205—2001.

[25] 中华人民共和国国家标准．钢结构焊接规范 GB 50661—2011.

[26] 中华人民共和国行业标准．载体桩设计规程 JGJ 135—2007.

[27] 中华人民共和国国家标准．混凝土结构设计规范 GB 50010—2010.

[28] 中华人民共和国行业标准．挤扩支盘灌注桩技术规程 CEC S192—2005.

[29] 中华人民共和国国家标准．大体积混凝土施工规范 GB 50496—2009.

[30] 中华人民共和国国家标准．通用硅酸盐水泥 GB 175—2007.

[31] 中华人民共和国行业标准．普通混凝土用砂、石质量及检验方法标准 JGJ 52—2006.

[32] 中华人民共和国国家标准．用于水泥和混凝土中的粉煤灰 GB 1596—2005.

[33] 中华人民共和国国家标准．用于水泥和混凝土中的粒化高炉矿渣粉 GB/T 18046—2008.

[34] 中华人民共和国国家标准．混凝土外加剂 GB 8076—2008.

[35] 中华人民共和国国家标准．混凝土外加剂应用技术规范 GB 50119—2013.

[36] 中华人民共和国行业标准．混凝土用水标准 JGJ 63—2006.

[37] 中华人民共和国行业标准．普通混凝土配合比设计规程 JGJ 55—2011.

[38] 中华人民共和国国家标准．预拌混凝土 GB/T 14902—2012.

［39］中华人民共和国行业标准．建筑工程冬季施工规范 JGJ 104—2011.

［40］中华人民共和国行业标准．施工现场临时用电安全技术规范 JGJ 46—2005.

［41］中华人民共和国国家标准．建设工程施工现场消防安全技术规范 GB 50720—2011.

［42］中华人民共和国行业标准．建筑基坑支护技术规程 JGJ 120—2012.

［43］中华人民共和国行业标准．建筑施工扣件式钢管脚手架安全技术规范 JGJ 130—2011.

［44］中华人民共和国国家标准．混凝土结构工程施工质量验收规范 GB 50204—2015.

［45］中华人民共和国国家标准．建筑工程施工质量验收统一标准 GB 50300—2013.

［46］中华人民共和国国家标准．地下工程防水技术规范 GB 50108—2008.

［47］中华人民共和国生产安全法．中华人民共和国主席令第 30 号令．

［48］建设工程安全生产管理条例．中华人民共和国国务院令第 393 号令．

［49］于阳．转炉炼钢新工艺、新技术与质量控制实用手册［M］．北京：当代中国出版社，2011.

［50］樊兆馥．机械设备安装工程手册［M］．北京：冶金工业出版社，2004.

［51］张云建．管道工厂化预制在工程中的应用［J］．石油化工建设，2007，29（1）：21-22.

［52］杨守全．管道预制工厂化现状及发展趋势［J］．石油化工建设，2007，29（1）：13-16.

［53］颜思展．建筑业 10 项新技术（2010 版）之机电安装工程技术［J］．施工技术．2011，40（5）．

［54］康文甲．从宝钢炼钢厂管道看日本对配管施工技术的要求［J］．建筑施工，1983（2）．

［55］陈方太．压力管道安装过程控制［J］．山西建筑，2007（11）．

［56］王伟静，王东，曹茂康．炼钢转炉污泥管道输送的设计与应用［J］．节能与环保，2006（1）．

［57］李冬庆，张华，米静，等．转炉饱和蒸汽发电系统及其参数选择［J］．热力发电，2008（11）．

［58］谢宝木．欧伏岭．莱钢转炉炼钢生产工艺流程系统优化［J］．山东冶金，2008（4）．

［59］郑太强．化工工艺管道的合理安装方法探讨［J］．化工管理，2014（6）．

［60］温承桥．氩弧焊打底工艺在承压管道焊接中的应用［J］．焊接技术，2000（4）．

［61］王若愚．管道修复的一种非常规焊接方法［J］．焊接，2009（1）．